ISBN 978-0-243-87047-9
PIBN 10752077

1 MONTH OF
FREE
READING

at

www.ForgottenBooks.com

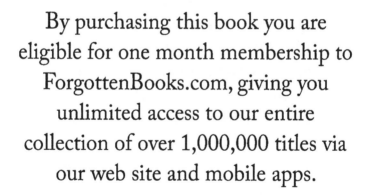

By purchasing this book you are eligible for one month membership to ForgottenBooks.com, giving you unlimited access to our entire collection of over 1,000,000 titles via our web site and mobile apps.

To claim your free month visit:
www.forgottenbooks.com/free752077

English
Français
Deutsche
Italiano
Español
Português

www.forgottenbooks.com

Mythology Photography **Fiction**
Fishing Christianity **Art** Cooking
Essays Buddhism Freemasonry
Medicine **Biology** Music **Ancient
Egypt** Evolution Carpentry Physics
Dance Geology **Mathematics** Fitness
Shakespeare **Folklore** Yoga Marketing
Confidence Immortality Biographies
Poetry **Psychology** Witchcraft
Electronics Chemistry History **Law**
Accounting **Philosophy** Anthropology
Alchemy Drama Quantum Mechanics
Atheism Sexual Health **Ancient History**
Entrepreneurship Languages Sport
Paleontology Needlework Islam
Metaphysics Investment Archaeology
Parenting Statistics Criminology
Motivational

WISSENSCHAFTLICHE

VERÖFFENTLICHUNGEN

DES

VEREINS FÜR ERDKUNDE

ZU LEIPZIG. —

ZWEITER BAND.

LEIPZIG,
VERLAG VON DUNCKER & HUMBLOT.
1895.

ANTHROPOGEOGRAPHISCHE BEITRÄGE.

ZUR GEBIRGSKUNDE,

VORZÜGLICH

BEOBACHTUNGEN ÜBER HÖHENGRENZEN UND HÖHENGÜRTEL.

HERAUSGEGEBEN IM AUFTRAGE DES VEREINS FÜR ERDKUNDE
UND DER CARL RITTER-STIFTUNG ZU LEIPZIG

VON

FRIEDRICH RATZEL.

MIT ZEHN KARTEN UND ZAHLREICHEN ILLUSTRATIONEN.

LEIPZIG,
VERLAG VON DUNCKER & HUMBLOT.
1895.

INHALTSVERZEICHNIS.

III.

Menschen. Von Dr. **Albert Fr. J. Bargmann.** Mit 6 Tafeln. 1*

I.

DIE ABHÄNGIGKEIT DER VERSCHIEDENEN BEVÖLKERUNGSDICHTIGKEITEN DES KÖNIGREICHS SACHSEN

VON DEN

GEOGRAPHISCHEN BEDINGUNGEN.

DR. RICHARD BUSCHICK.

✓ MIT DREI TAFELN.

Wissenschaftl. Veröffentl. d. V. f. Erdk. z. Lpzg. II.

EINLEITUNG[1].

Das Königreich Sachsen, mit dessen Bevölkerungsdichte die vorliegende Arbeit sich beschäftigt, liegt zwischen 50° 11' und 51° 27' nördlicher Breite und 11° 52' und 15° 2' östlicher Länge von Greenwich und bildet eines der südlichen Grenzländer des deutschen Reiches gegen Österreich. Doch ist es nicht, wie man daraus schliefsen könnte, an den Rand geschoben, sondern die grofse nordsüdliche Ausdehnung Westdeutschlands verschafft ihm den Vorteil einer mittleren Lage. Es ist, von einigen unbedeutenden Parzellen abgesehen, die in weimaranischem und altenburgischem Gebiet liegen, ein geschlossenes Ganzes und nimmt einen Flächenraum von 14992,94 qkm ein, der nach der Zählung von 1890 von 3502684 Menschen bewohnt wurde. Die politischen Grenzen des Landes umschliefsen in der Hauptsache die nördliche, sanfte Abdachung des Elster-, Erz- und Lausitzergebirges. Zwischen die beiden letztgenannten schiebt sich das Elbsandsteingebirge ein, während das Elstergebirge die Verbindung zwischen dem Erzgebirge und Fichtelgebirge herstellt. Verschieden wie der Aufbau der Gebirge ist ihre Ausstattung, die das Erwerbsleben vielfach beeinflufst und infolgedessen für die Verteilung und Gröfse der Bevölkerung von grofser Bedeutung ist. Das Elstergebirge reicht ungefähr von dem Oberlauf der Elster bis zu dem der Zwota und Zwickauer Mulde. Es erreicht nirgends die Höhe von 800 m und bildet so eine Einsenkung zwischen dem höheren Erzgebirge einerseits und dem Fichtelgebirge und Frankenwald andererseits. Seit Jahrhunderten zieht der Verkehr über diese

---

[1] An dieser Stelle will der Verfasser ein gedrängtes Bild Sachsens geben, damit der Leser vor dem Eintritt in das Problem eine Übersicht über das Land gewinne.

Einsenkung und verbindet die Thäler des Mains, der Eger und Donau mit der sächsisch-thüringischen Bucht, deren Mittelpunkt Leipzig ist. In sanften Höhenwellen, die noch reiche Waldbestände tragen, senkt es sich zu beiden Seiten der Elster nach der oberen Pleifse und Saale und bildet in seiner nördlichen Verflachung die südliche Grenze der erwähnten grofsen Tieflandbucht. Das Erzgebirge zieht sich in einer Ausdehnung von ungefähr 110 km von Südwest nach Nordost an der sächsisch-böhmischen Grenze hin. Zwota und Gottleuba bilden die westliche und östliche Grenzlinie. Auf dieser ganzen Strecke fällt es steil nach Süden, nach dem Egerthal, ab, während es sich nach Norden in leichten Wellen zum Tiefland neigt. Seine letzten Ausläufer erscheinen bei Meifsen, Oschatz, Mutzschen, Lausigk, Kohren, wo sie unmerklich unter die jüngeren Formationen der norddeutschen Tiefebene tauchen. Als Erzgebirge im engeren Sinne versteht man nur den Teil des Gebirges, der nicht unter 400 m herabsinkt und dessen Gebirgscharakter noch deutlich erkennbar ist. Eine dem Kamm parallel laufende Linie, die Tharandt, Freiberg, Chemnitz, Zwickau und Reichenbach berührt, würde dann die Nordgrenze des eigentlichen Erzgebirges bilden. Sie würde sich ungefähr decken mit der wichtigen Verkehrslinie, die von Dresden aus in westsüdwestlicher Richtung durch das Vogtland nach Bayern zieht. Die Gipfel des Gebirges heben sich nur als sanfte Kuppen von der wenig geneigten Oberfläche ab; keiner erreicht eine gröfsere relative Höhe als 300 m. Der Kamm des Gebirges senkt sich von West nach Ost. Seine höchste Höhe gewinnt er mit 1000 m im Quellgebiet der Zschopau, Sehma und Pöhl. Hier erheben sich auch die höchsten Gipfel des Gebirges, der Keilberg in Böhmen und der Fichtelberg in Sachsen, die bis 1243 m, bezw. 1213 m aufsteigen. Hier liegt Oberwiesenthal, die höchstgelegene Stadt Sachsens und des deutschen Reiches. Mit der Höhe des Kammes nach Osten nimmt auch die der Berge ab; der Geising und Spitzberg erheben sich bis 823 m und 724 m, während der Kamm unter 600 m sinkt.

Am Nordwestrand des eigentlichen Erzgebirges ist das Zwickauer Steinkohlenbecken eingesenkt, das sich ungefähr in der Richtung des Gebirgskammes von Werdau bis in die Gegend von Hainichen hinzieht, in seiner Längserstreckung die Breitenausdehnung weit übertreffend. Bei Zwickau und Lugau sind die reichen Steinkohlenlager erschlossen, die für die Entwickelung der wirtschaftlichen Verhältnisse des ganzen westlichen Sachsens und dessen Bevölkerung eine aufserordentliche Bedeutung gewonnen haben.

An das Steinkohlenbecken schliefst sich im Norden das sächsische

Mittelgebirge, das eine Ellipse darstellt, an deren Peripherie die Städte Glauchau, Frankenberg, Döbeln, Rochlitz liegen.

Die letzten Ausläufer des mittelsächsischen Berglandes, wie die erwähnte Gebirgsscholle auch heifst, verlieren sich im Tiefland, das den nördlichen Teil Sachsens einnimmt. Die wenig gegliederte Oberfläche desselben besteht in der Hauptsache aus diluvialen Bildungen, die nur an wenigen Stellen vom festen Gestein durchbrochen werden. Die fruchtbarsten Gebiete sind die Gegenden von Borna und Leipzig und die Lommatzscher Pflege, die das beste Ackerland Sachsens ist.

An den Ostrand des Erzgebirges schliefst sich das Elbsandsteingebirge, ein keilförmiger Fortsatz des grofsen Sandsteingebietes, das den nordöstlichen Winkel von Böhmen erfüllt. Die Grenzen bilden annähernd die Gottleuba und Wesenitz. Das Gebirge ist ein vielfach zerschnittenes und zerrissenes Plateau, das aus Quadersandstein aufgebaut ist und sich nicht höher als 300 m erhebt. Die Berge oder „Steine", die ihm aufgesetzt sind, zeigen die bekannte Tafelbergform, nur der kleine und grofse Winterberg verraten in ihrer Kegelform den Aufbau aus Basalt. In einer mächtigen Kluft durchfliefst die zusammengeprefste Elbe die sächsische Schweiz, wie das an Naturschönheiten reiche Gebirge gewöhnlich genannt wird, und teilt es in 2 Flügel, die durch Flüfschen und Bäche weiter gespalten sind. Die bedeutendsten sind die Biela, Lachsbach und Kirnitzsch.

Die Quellen der zwei zuletzt genannten Flüfschen liegen da, wo das Elbsandsteingebirge und das Lausitzer Gebirge sich berühren. In seinem nördlichen Teil, der den breitesten Raum einnimmt, stellt sich dieses als eine Hochebene mit aufgesetzten Bergrücken und zerstreuten Kuppen dar, die meist unter 600 m bleiben, und zwischen denen die unbedeutenden Gewässer gleichsam umherirren. Im Süden schliefsen sich die Berge enger zusammen und bilden einen Zug, dessen Glieder eine gemeinsame Kammlinie verbindet. Die höchsten sind Lausche und Hochwald, die hart an der Grenze liegen. Bei Meifsen, Radeburg, Kamenz und nördlich von Bautzen verschwinden die letzten Höhen des Gebirges und machen dem einförmigen, zum gröfsten Teil unfruchtbaren Tieflande Platz.

Überblicken wir die kurz vorgeführten orographischen Verhältnisse, so gewinnen wir das Bild hunter Zusammensetzung, die eine reiche Mannigfaltigkeit der natürlichen Bedingungen schafft, unter die das menschliche Leben gestellt ist. —

Fassen wir die hydrographischen Verhältnisse ins Auge. Ein Blick auf die Karte lehrt Sachsen als ein reichbewässertes Land erkennen, dessen Gewässer, dem Aufbau des Landes entsprechend, mit

wenigen Ausnahmen eine nördliche Richtung einschlagen. Die gröfsten
Flüsse, die Elbe ausgenommen, entspringen auf dem regen- und
schneereichen Erzgebirge. — Die meisten Gewässer Sachsens zieht die
Elbe an sich; nur die Neifse, die die Südostecke Sachsens entwässert,
gehört zum Odergebiet.

Das Elbgebiet. Die Elbe tritt zwei Stunden oberhalb Schandau
in einer Höhe von 114 m über dem Spiegel der Ostsee in Sachsen
ein, nachdem sie in einem Bogen durch Böhmen geflossen ist. Die
Länge des Stromlaufes in Sachsen beträgt 118 km. Auf dieser Strecke
fällt der Strom um 27 m, verläfst also in einer Höhe von 87 m über
dem Seespiegel das Land. Nach seinem Eintritt in Sachsen zwängt
er sich zunächst durch das Elbsandsteingebirge und erreicht dann bei
Pirna einen weiten Thalkessel, dessen Mittelpunkt Dresden ist. Bei
Meifsen tritt er wie aus einer Pforte in das norddeutsche Tiefland
und fliefst zwischen niedrigen Uferrändern seinem nördlichen Ziele zu.
Das geringe Gefäll und der Wasserreichtum haben die Elbe zu einer der
befahrensten und wichtigsten Wasserstrafsen gemacht, auf der namentlich die Produkte Böhmens und des Elbsandsteingebirges befördert
werden. Die Nebenflüfschen, die der Elbe in Sachsen zufliefsen, sind
unbedeutend; die gröfsten sind die Wesenitz und Weifseritz, von denen
die letztere das kleine, aber industriell bedeutsame Potschappeler
Steinkohlenbecken durchfliefst. Die gröfseren Flüsse des östlichen
Sachsens, die der Elbe tributär sind, erreichen sie erst auf preufsischem
Gebiet. Die wichtigsten sind die Schwarze Elster und die Spree. Die
erstere entspringt am Sibyllenstein in der Oberlausitz und verläfst
schon nach kurzem, trägem Lauf Sachsen. Ihre wichtigsten Nebenflüsse,
die noch in Sachsen ihre Quelle haben, die Röder und Pulsnitz, fliefsen
ihr erst in Preufsen zu.

Wasserreicher als die Schwarze Elster ist die Spree, deren
Quelle tiefer im Gebirgsland, bei Altgersdorf, liegt. Ihr stärkster
Nebenflufs ist das Löbauer Wasser. Unterhalb Bautzen tritt sie in
die Niederung ein und nimmt bald die Eigentümlichkeit der Niederungs-
flüsse an, indem sie sich teilt, sich stellenweise seenartig erweitert
und ihre Arme wieder vereinigt. Ihre Ufer sind sehr flach, das Gefäll
aufserordentlich gering.

Das Gebiet der beiden Mulden. Die Freiberger Mulde entspringt
auf dem Kamme des Erzgebirges noch auf böhmischem Gebiet und
fliefst in einem engen Thal nach Norden. Bei Nossen wendet sie sich
nach Westnordwest und fängt auf dieser Strecke ihre wasserreichsten
Nebenflüsse auf, die Striegis und die raschfliefsende Zschopau, die bei
Flöha den gleichnamigen Flufs aufgenommen hat. Die Zwickauer

Mulde fließt aus dem Schönecker Wald und betritt, nachdem ihr das Schwarzwasser zugeflossen ist, das Steinkohlenbecken, das sie in einem breiten Thal durchmißt. Unterhalb Glauchau tritt sie in das sächsische Mittelgebirge ein, zu dessen schönsten Thälern das ihre zählt. Bei Lunzenau nimmt sie die Chemnitz auf, die aus Würschnitz und Zwönitz zusammengeflossen ist. Bei Kleinsermuth unterhalb Colditz vereinigen sich die beiden Mulden und erreichen als vereinigte Mulde nach kurzem Lauf das Tiefland. Schon bei Wurzen kennzeichnet sie sich in ihren Schlangenwindungen und toten Armen als Tieflandfluß. Eigentümlich ist, daß die beiden Mulden fast alle Gewässer von der inneren Seite des Winkels empfangen, den sie einschließen.

Das Gebiet der Weißen Elster. Die Weiße Elster gehört nur in ihrem Ober- und Unterlauf zu Sachsen. Sie hat ihre Quelle im Elstergebirge noch auf böhmischem Boden und durchfließt in einem anmutigen Thale das westliche Vogtland, das sie entwässert. Kurz vor ihrem Austritt aus Sachsen, der unterhalb Elsterberg erfolgt, vereinigen sich die Trieb und Göltzsch mit ihr. Bei Pegau tritt sie wieder in sächsisches Gebiet ein. Bis Leipzig, wo sie die Pleiße und Parthe aufnimmt, behält sie ihre nördliche Richtung bei. Dann zwingt sie ein seichter Höhenzug, nach Westen abzulenken.

Das Gebiet der Neiße. Die Neiße hat ihre Quelle im Isergebirge auf böhmischem Gebiet. Südlich von Zittau tritt sie in Sachsen ein und durchfließt den südöstlichen Teil der Lausitz in einer langgestreckten, breiten Bucht, in deren Mitte Zittau liegt.

Die politische Einteilung Sachsens. In politischer Beziehung ist das Land in vier Kreishauptmannschaften geteilt, deren jede durch bestimmte natürliche Gebiete charakterisiert ist und deshalb ein eigenes Gepräge zeigt.

Die Kreishauptmannschaft Zwickau umfaßt das Vogtland und den größten Teil des Erzgebirges mit dem Steinkohlenbecken, in hydrographischer Hinsicht den Oberlauf der Weißen Elster, der Zwickauer Mulde, der Zschopau und Flöha. Innerhalb der Grenzen dieser wirtschaftlich bedeutsamsten und bevölkertsten Gebiete Sachsens liegen die betriebsamsten Industriestädte des Landes: Chemnitz, Plauen, Zwickau, Glauchau, Meerane, Reichenbach, Crimmitschau, Werdau, Annaberg, Limbach, Frankenberg. 917 268 Menschen wohnten 1890 in Orten mit 2000 und mehr Einwohnern, 393 015 in kleineren Gemeinden. Die städtische Bevölkerung ist also 2 1/3 mal so groß als die ländliche. Dieses Verhältnis kehrt in Sachsen nicht wieder. Die Kreishauptmannschaft Zwickau schließt die Gebiete des engsten Zusammenwohnens, einer ungleichmäßigen Verteilung der Bevölkerung

ein, die den Industriebezirken eigentümlich sind. Die Dichtigkeit der
Ortschaften ist eine verhältnismäfsig geringe.

Zur Kreishauptmannschaft Leipzig gehören in der Hauptsache das
mittelsächsische Bergland und das Tiefland westlich von der Elbe, also
die Gebiete des Unterlaufes der Weifsen Elster und Pleifse und des
Mittellaufes der Mulde. Sie hat den Vorzug, die fruchtbarsten Gebiete
des Landes einzuschliefsen. Die Landbevölkerung, die wesentlich in
Ortschaften mit weniger als 2000 Einwohnern wohnt, betrug 1890
287531, die Stadtbevölkerung 583601. Das Verhältnis der beiden
ist schon 1:2. Leipzig, die bedeutendste Stadt der Kreishauptmannschaft,
behauptet den gröfsten Anteil — 357122 — an der Stadtbevölkerung.
Über 10000 Einwohner haben aufser Leipzig nur Wurzen, Döbeln,
Mittweida, während die Zwickauer Kreishauptmannschaft 11 solcher
Städte zählt. Die Dichtigkeit der Ortschaften ist die gröfste im Lande.

Die natürlichen Gebiete, die hauptsächlich die Dresdner Kreishauptmannschaft ausmachen, sind das östliche Erzgebirge, das Elbsandsteingebirge, das Potschappeler Steinkohlenbecken, das Elbthal
und ein Teil des nördlichen Flachlandes. Nur das kleinste von ihnen,
das Steinkohlenbecken, hat für die Industrie Bedeutung, während ein
Teil des Flachlandes, die Lommatzscher Pflege und das Elbthal für
den Ackerbau die wertvollsten Gebiete darstellen. Es wird uns deshalb nicht überraschen, wenn wir für die Landbevölkerung die Zahl
410069 angegeben finden, der eine Stadtbevölkerung von 540641
entgegensteht. Das Verhältnis ist also bereits 1:1 ¹/₄. Dresden, die
Hauptstadt des Landes und der Kreishauptmannschaft, nimmt mit
276522 Einwohnern die Hälfte der Stadtbevölkerung für sich in Anspruch. Über 10000 Einwohner zählen aufser Dresden nur Freiberg,
Meifsen, Pirna, Grofsenhain.

Die Bautzner Kreishauptmannschaft schliefst den gröfsten Teil
des Lausitzer Gebirges, die Lausitzer Bucht und einen Teil des nördlichen Flachlandes ein. Die Lausitz, wie man die Kreishauptmannschaft auch nennt, ist die ländlichste der Verwaltungsbezirke ihrer
Art. Die Landbevölkerung überwiegt um ein weniges die städtische;
das beiderseitige Verhältnis spricht sich in den beiden Zahlen 187458
und 183281 aus. Der Ackerbau findet in dem gröfsten Teil der Lausitz
die günstigsten Bedingungen, während Steinkohlen, deren Abbau für
die Anhäufung der Bevölkerung sich so günstig erweist, nicht gefunden
werden. Nur 2 Städte, Zittau und Bautzen, überschreiten die Einwohnerzahl 10000; die Kreishauptmannschaft ist die städteärmste
von allen.

Es giebt wenig Länder, in denen auf engem Raum eine so dichte Bevölkerung sitzt wie in Sachsen. Jede neue Zählung bestätigt diese Behauptung und berichtet auch von einer Zunahme, die besonders in den letzten Jahren eine aufserordentliche genannt werden mufs. Die Statistiker belehren uns, dafs in dem Zeitraum 1834—1890 die Bevölkerung von 1071897 auf 3502684 gestiegen ist und die Durchschnittszahl der Bewohner auf eine Quadratmeile in derselben Zeit sich von 5873 auf 12864 erhöht hat. Der jetzigen Art der Berechnung entsprechend, würde das ein Fortschreiten der Bevölkerung für 1 qkm von 104 auf 233 bedeuten. Nur die 3 Stadtgebiete Hamburg, Lübeck und Bremen übertreffen Sachsen in dieser Beziehung, kein anderer deutscher Staat erreicht es. Die jährliche Durchschnittszunahme bewegte sich in dem genannten Zeitraum von 3,53% auf 10,08%, auf eine Höhe, die Sachsen auch in dieser Beziehung an die Spitze sämtlicher deutschen Staaten gröfseren Umfanges stellt. Nur in wenigen Amtshauptmannschaften sinkt die Durchschnittszahl der Bevölkerung für 1 qkm unter das mittlere Niveau herab, das die Zahl 91 für das deutsche Reich repräsentiert. Der procentale Anteil Sachsens am Reichsgebiet ist 2,77, der seiner Bewohnerzahl an der Gesamtbevölkerung Deutschlands aber 7,08, so dafs die Bevölkerungsdichte Sachsens 2½ mal so grofs ist als die Deutschlands.

Diese Bevölkerungsverhältnisse sind das Ergebnis des Zusammenwirkens verschiedener Faktoren, deren Wirkungen auf die Bevölkerung sich wechselseitig beeinflussen und verbinden. Den hervorragenden Anteil der geographischen Thatsachen aufzusuchen und in ihrem Einflufs zu würdigen, ist die Aufgabe dieser Arbeit.

Man wird hier, am Eingang in das Problem, die Frage aufwerfen dürfen: Sind in einem so dicht bevölkerten Lande wie Sachsen, wo das Übermafs der Bevölkerung die Menschen dazu treiben, ja zwingen mufste, sich über den Raum zu ergiefsen und sich an jedem, nur einigermafsen erträglichen Platze festzusetzen, — wo die Thatkraft des Menschen notgedrungen ein grofses Mafs der Ungunst der natürlichen Verhältnisse überwunden hat, — wo eine zum grofsen Teil aufserordentlich genügsame Bevölkerung auch mit den kärglichsten Gaben etwas anzufangen weifs, — wo der entwickelte Verkehr die natürlichen Hilfsmittel und Rohprodukte der Erwerbsthätigkeit auch in ärmlich ausgestattete Gebiete führt und ihnen reicheres Leben bringt, — wo derselbe Verkehr die Bewegung und Verschiebung der Bevölkerung, die ohnehin durch sociale und politische Verhältnisse so gefördert wird, aufserordentlich erleichtert, — sind in einem solchen Lande die Wirkungen der geographischen Thatsachen noch so deutlich erkennbar, dafs man sie mit Sicherheit bestimmen und abgrenzen kann? Diese Frage ist berechtigt, und wir werden allerdings Gebiete kennen lernen, die für ihre Bevölkerungsdichtigkeit eine Begründung durch geographische Thatsachen nicht in Anspruch nehmen können. Dennoch kann man behaupten, dafs sich aus der Verteilung der Bevölkerung die geographischen Thatsachen, gleichsam der natürliche Grundrifs des Landes, noch erkennen lassen. Kohl, der — ohne ein bestimmtes Land im Auge zu haben — besonders die Bedeutung der Bodengestalt erwägt, äufsert sich in demselben Sinne: „Die natürlichen Einflüsse werden durch die politischen und moralischen Einflüsse in ihrer Wirksamkeit sehr beschränkt und vielfach bedingt; sie sind aber doch zu stark, als dafs die letzteren sie ganz überwinden und bleibend verändern könnten, daher gewöhnlich die Besiedelung und Verkehrsbewegung eines Landes aus der Natur seiner Bodengestaltung hervorgegangen sich darstellt" [1].

Die Gewifsheit, dafs es auch heute noch möglich ist, in einem sehr dicht bevölkerten Lande wie Sachsen eine nicht ergebnislose Ermittelung der Bevölkerungsdichtigkeit auf Grund geographischer Bedingungen vorzunehmen, führte den Verfasser darauf, das Nacheinander der Behandlung von geographischen Verhältnissen, besonders den Bodenformen, abhängig zu machen. Es erschien ihm wenig angemessen, die willkürlich gezogenen Grenzlinien der Kreis- und Amtshauptmannschaften sich in einer Arbeit zur Richtschnur dienen zu lassen, die die natürlichen Grundlagen der Bevölkerungsdichtigkeit erweisen und würdigen soll. Diese Grundlagen werden aber nicht von Verwaltungsgrenzen eingeschlossen und gesondert. Deshalb wurde der Versuch gemacht, das Land in natürliche Gebiete zu teilen und so einen wirksameren Hintergrund für das Bild der Verteilung der Bevölkerung und ihre Stärke zu schaffen, als ihn die Verwaltungsbezirke zu bieten vermögen. Der Verfasser ist von Leipzig ausgegangen und hat sich darauf der Umgebung zugewendet, um von da aus in der Weise vorwärts zu gehen, dafs dem Nebeneinander in der Wirklichkeit das Aufeinander der Betrachtung entspricht.

Treffliche Fingerzeige, die den forschenden Blick in die Richtung der geographischen Thatsachen lenkten, boten dem Verfasser die Ergebnisse der Berufszählung vom 5. Juni 1882. Leider sind sie nur für die Amtshauptmannschaften und grofsen Bevölkerungszentren, nicht auch für die Amtsgerichtsbezirke und kleinen Städte vorhanden. Nicht nur dem Geographen wäre mit einer Darstellung, die auch die kleinsten Bezirke berücksichtigte, gedient.

---

[1] Kohl, Der Verkehr und die Ansiedelungen. 1841. S. 559.

Bei der Bearbeitung und Darstellung des Stoffes erschien es empfehlenswert, diejenigen geographischen Faktoren, für deren umfangreichen Wirkungskreis die natürlichen Provinzen oder Verwaltungsbezirke zu klein sind, und deren Behandlung sich deshalb wiederholen müfste, am Eingange zu untersuchen. Sie sollen die allgemeine Bevölkerungsdichtigkeit des Landes erklären helfen, während die Verteilung der verschiedenen Dichtigkeiten der späteren Darstellung vorbehalten bleiben soll. Zu diesen Faktoren rechnen wir die allgemeine Lage des Landes, das Klima, die Erhebungsverhältnisse, die Bewässerung im allgemeinen, die politische Lage.

Allgemeine Lage, Klima, Erhebungsverhältnisse, Bewässerung und politische Stellung Sachsens und ihre Einwirkung auf die Bevölkerungsdichtigkeit.

Sachsen liegt in Mitteleuropa, in dem Teile Europas, den die Gunst der natürlichen Verhältnisse zum Schauplatz einer reichen Kulturentwickelung gemacht hat. Die günstigen Erhebungs- und klimatischen Verhältnisse, die Mannigfaltigkeit der Gliederung und der Ausstattung haben die menschliche Thätigkeit vielseitig und förderlich beeinflufst und Mitteleuropa zur bevorzugten Wohnstätte einer dichten Bevölkerung geschaffen, deren gegenseitige rege Beziehungen ein entwickelter Verkehr vermittelt. Die Lage Sachsens inmitten eines solchen Gebietes bedeutet für das Land die Teilnahme an zahlreichen Segnungen und Vorteilen, die für seine Bevölkerung und deren Wachstum von erheblicher Wirksamkeit sein müssen.

Die Mäfsigung, die wir betonten, zeigt in erster Linie das Klima. Die mittlere Jahrestemperatur Sachsens beträgt nach den Ermittelungen Hoppes 7,36° C. und bewegt sich innerhalb der Grenzpunkte von 9,07° C., der Temperatur, die Riesa, den wärmsten Ort des Landes, charakterisiert, und 4,47° C., die als Jahresmittel für Rehefeld, den kältesten Ort, berechnet sind. Die mittlere Monatstemperatur ergiebt, nach Monatsmitteln gefunden, für den Januar —· 1,26° C.; sie steigt bis zu einer Julitemperatur von 17,14° C., um dann langsam wieder herabzusinken. Die Unterschiede zwischen den Temperaturen des wärmsten und kältesten Monats schwanken im ganzen Lande nur zwischen 17°—19°, und die Übergänge von der sommerlichen Wärme zur Kälte des Winters und umgekehrt sind durchaus allmähliche[1]. Das sind Verhältnisse, die der Arbeit des Menschen und der Be-

---

[1] Hoppe, Ergebnisse der Temperaturbeobachtungen von 34 Stationen Sachsens 1865—1884 und in Leipzig 1830—1884. Jahrbuch des Kgl. sächsischen meteorologischen Instituts 1886. Anhang 4. S. 84—90.

siedelung des Landes freundlich gegenüberstehen, die auch für den Gesundheitszustand der Bevölkerung von wohlthätigem Einfluſs sein müssen. Von besonderer Wichtigkeit sind ihre günstigen Wirkungen auf die Pflanzenwelt, die die einfluſsreichsten Bedingungen für das menschliche Dasein in sich vereinigt. Die Wärmesumme, die über das Land ausgegossen wird, erhebt sich zu einer Höhe, die zur vollen Entwickelung des Getreides, des Obstes und der Futterpflanzen genügt.

Da ein groſser Teil Sachsens Gebirge ist und sich in höhere Luftregionen erhebt, so erfordern die Temperaturverhältnisse des Erzgebirges, das hier in Betracht kommt, eine kurze Erläuterung. Seine mittlere Jahrestemperatur erniedrigt sich auf 6,3° C., die mittlere Wintertemperatur in den rauhesten Gegenden, die durch die Lage der Städte Eibenstock und Oberwiesenthal bezeichnet werden, bis auf — 3,3° C. Dennoch ist der Winter des Erzgebirges milder als der an der Ostseeküste und in Polen. Das Jahresmittel des Kammes, des kältesten Teiles des Gebirges, ist dasselbe wie das von Dorpat. Die Winter der Abhänge gleichen denen von Linz, Graz, Brünn, während die des Kammes mit den Wintern von Ratibor, Memel, Regensburg, Innsbruck auf gleicher Stufe stehen. In seinem Einfluſs auf die Pflanzenwelt kann er aber erst gewürdigt werden, wenn die Schranken, die das Eintreten des ersten und letzten Frostes und des ersten und letzten Schneefalles der Entwickelung der Pflanzenwelt ziehen, bestimmt sind. Nach Bertholds Untersuchungen fällt der letzte Schnee am Nordabhang im Mittel am 5. Mai, der erste am 20. Oktober. Der letzte Frosttag ist im Mittel der 5. April, der erste der 7. November. Für die Dauer der Nachtfröste würde nach derselben Art der Berechnung der 17. Mai der Endtermin, der 13. Oktober der Anfangstermin sein[1]. So ungünstig diese Verhältnisse für die Bodenkultur erscheinen, so können sie dieselbe doch nur erschweren, nicht unmöglich machen. Im Mittel ist selbst der Landmann auf dem höchsten Kamm 4 Monate sicher vor Nachtfrösten, 6 Monate vor Frosttagen. Dieser Zeitraum gewährt aber einen genügenden Spielraum, innerhalb dessen das Wachstum und die Reife der Kulturgewächse vor sich gehen kann. Hafer, Kartoffeln, Roggen gedeihen auch in den hohen Gebirgsregionen, Weizen noch bei 600 m. Besonders seitdem man gelernt hat, winterharte Getreidearten zu kultivieren, kann sich der Landbau in Bezug auf das Klima auch im Gebirge einer gesicherten Stellung erfreuen. Er-

---

[1] Berthold, Das Klima des Erzgebirges. 4. Bericht über das Kgl. Lehrerseminar zu Schneeberg. 1886. S. 21 ff.

wähnen wir endlich noch das günstige Gegengewicht, das die Rauheit des Gebirgsklimas durch den Umstand erfährt, dafs die Gebirgsluft dünn ist und weniger Wasserdampf enthält als die des Tieflandes, daher auch weniger Licht und Wärme absorbiert und eine starke Bestrahlung und hohe Erwärmung des Bodens gestattet, so dafs dadurch die Wachstums- und Reifeperiode der Kulturpflanzen bedeutend abgekürzt wird, — ziehen wir auch in Betracht, dafs Frost und starke Erwärmung sich förderlich für die Zersetzung des Bodens erweisen, so kommen wir zu dem Schlufs, dafs das Klima des Erzgebirges der Pflanzenwelt keine grofsen Nachteile schafft und als ein schwächender Faktor für die Bevölkerungsdichtigkeit nicht angesehen werden kann. Nur in Verbindung mit ungünstigen Boden- und Neigungsverhältnissen kann es einen störenden Einflufs ausüben, und das ist nur in kleinen Gebieten der Fall.

Den günstigen Wärmeverhältnissen schliefsen sich die der Niederschläge an, deren Menge und Verteilung eine zufriedenstellende ist. Birkner berechnet die jährliche Niederschlagshöhe für das ganze Land auf 687 mm, die sich aus einer Reihe von Summanden zusammensetzt, deren niedrigster die Zahl 412, deren höchster die Zahl 995 im Mittel ist[1]. Jene gilt für Riesa im Tiefland, diese für Oberwiesenthal, die höchste meteorologische Station Sachsens. Sie drücken im allgemeinen die Zunahme der Niederschläge mit der Höhe aus, die folgende Tabelle genauer bestimmt.

100—200 m Höhe	571 mm Niederschläge	
200—300 m	-	626 mm	-
300—400 m	-	733 mm	-
400—700 m	-	753 mm	-
700—900 m	-	937 mm	-

Im Verein mit der Wärme erweisen sich diese Verhältnisse als durchaus förderlich für Pflanzenwachstum und -gedeihen, zumal die Verteilung der Regenmenge eine solche ist, dafs sie anhaltende Perioden grofser Trockenheit oder Nässe ausschliefst. Sie zeigt sich in der Zahl von 179 Regentagen im Mittel für das ganze Land. Die höchste Zahl erreicht Niederpfannenstiel bei Aue mit 222, die niedrigste Riesa mit 114 Regentagen. Die gröfsten Niederschlagsmengen stellen sich in den Monaten des höchsten Sonnenstandes, der gröfsten Wärmeentwickelung und damit der reichsten Entfaltung des Pflanzenlebens

---

[1] Birkner, Über die Niederschlagsverhältnisse des Königreichs Sachsen (Beiträge zur Klimatologie Sachsens. Anhang I des Jahrbuches des Kgl. sächsischen meteorologischen Instituts 1885. III. Jahrgang. 1886. S. 8).

ein. — Die größeren Niederschlagsmengen des Erzgebirges erweisen sich auch nach einer anderen Richtung von Bedeutung. Indem sie der großen Zahl fließender Gewässer, die von der Höhe des Gebirges in raschem Gefäll der Tiefebene zueilen, eine erhebliche Wasserfülle zuführen, ermöglichen sie deren großartige Ausnutzung seitens der Industrie, die ihrerseits zahlreiche Menschenkräfte beschäftigt. Der Bau von Wassermotoren, besonders zu bergmännischen Zwecken, hat daher schon seit Jahrhunderten in Sachsen eine hohe Entwickelung genommen. — Eine statistische Erhebung aus dem Jahre 1884 belehrt uns, daß in Sachsen mehr als die Hälfte aller Motorenbetriebe solche mit Wassermotoren sind.

Bodenform und Höhenlage stehen zur Bevölkerung und ihrer Dichtigkeit in einem ähnlichen freundlichen Verhältnis wie Lage und Klima. Einesteils nimmt das Tief- und Flachland große Räume ein, und die Natur der Gebirge, besonders des Erzgebirges, trägt nirgends den Zug menschenfeindlicher Herbheit. Andererseits erhebt sich das Land auch in den höchsten Höhen, die nur wenig über 1200 m hinausgehen, nicht in solche unwirtliche Regionen, die die Besiedelung unmöglich machen. — Das Tiefland erweist sich auch in Sachsen von entscheidendem Einfluß auf die Bevölkerungsdichtigkeit. Hier findet der Mensch im allgemeinen die einladendsten Bedingungen des Wohnens und Wirkens: mildes Klima, Fruchtbarkeit des Bodens, größere Flußentwickelung, ungehinderte Verkehrsmöglichkeit. Diese günstigen Verhältnisse nehmen mit der Erhebung des Bodens ab. Die räumliche Ausdehnung erfährt Einschränkungen, das Klima wird rauher, der Boden verliert durch Abschwemmungen, die Pflanzenwelt wird ärmer, der Verkehr findet mannigfache Hemmungen, die Gewässer werden kleiner und wilder. Daher ist das Tiefland der Boden, auf dem die Großstädte erwachsen sind und eine mehr oder minder dichte Ackerbaubevölkerung sich ausbreitet. Demgemäß gestaltet sich das Kartenbild Sachsens, das im Tiefland die breit hingelagerten Gestalten der Großstädte und die zahlreichen Symbole der kleinen und mittleren Ackerbaudörfer, in die sich kleine Landstädte mischen, zur Darstellung bringt. An das Tiefland schließen sich das plateauähnliche sächsische Mittelgebirge und der breite, träge Abfall des Erzgebirges an, das auf weite Erstreckung hin den Eindruck des Flachlandes macht. Bis hoch hinauf wahrt das Erzgebirge, das Cotta treffend ein Gebirge ohne Berge nennt, den Charakter des Plateaus und läßt die ungehinderte Ausbreitung der Menschen zu. Einen Beleg dafür bietet das Verhältnis der landwirtschaftlich benutzten Fläche zur Gesamtoberfläche der verschiedenen Gebiete Sachsens. Im allgemeinen nimmt sie, je mehr man sich dem Kamm nähert, ab, aber nicht in

dem Maſse, wie man erwarten könnte. Für die Amtshauptmannschaften Leipzig, Oschatz, Borna, Grimma, die das Tiefland und flachwellige Hügelland umschlieſsen, finden wir für die landwirtschaftlich
benutzte Fläche die Zahlen 85,12%, 77,38%, 85,86%, 75,31% angegeben[1]. Noch 78,31% und 69,51% zeigen die in mittlerer Höhe
— 409 und 413 m — gelegenen Amtshauptmannschaften Chemnitz
und Flöha, und die Amtshauptmannschaft Annaberg, der höchstgelegene
gröſsere Verwaltungsbezirk Sachsens, dessen mittlere Erhebung 629 m
beträgt, hat noch 53,85 % landwirtschaftlich benutzte Oberfläche. In der
Amtshauptmannschaft Dippoldiswalde treibt man noch Ackerbau über
700 m. Rechnet man zu dem Grund und Boden, den die Landwirtschaft in Anspruch nehmen kann, noch die forstwirtschaftlich benutzte
Fläche, so ergiebt sich, daſs unter den 26 Amtshauptmannschaften
nur 3 sind, in denen der Anteil der land- und forstwirtschaftlich benutzten Fläche an der Gesamtoberfläche weniger als $\frac{9,5}{100}$ beträgt; für
keine findet sich ein niedrigerer Procentsatz als 90. Es ist klar, daſs
eine solche Bodengestaltung, die der Bethätigung der menschlichen
Kräfte in Bodenkultur und Verkehr groſsen Spielraum gewährt, für
die Bevölkerungsdichte von günstigstem Einfluſs sein muſs. Deshalb
finden wir den Abfall des Erzgebirges dicht mit Ortschaften besetzt;
es ist das bevölkertste der deutschen Mittelgebirge. Allerdings sind
dafür noch andere Verhältnisse verantwortlich zu machen, so die
Kohlen- und Metallschätze, die für die Bevölkerungsdichtigkeit von
gröſster Bedeutung sind.

Daſs eine Abnahme der Bevölkerung mit der Höhe auch unter
diesen günstigen Verhältnissen stattfindet, ist selbstverständlich. Die
folgende Tabelle will diese Abnahme verdeutlichen. Sie wurde gewonnen durch eine Zusammenstellung der Siedelungen gleicher Höhenlage und die Berechnung ihrer Bewohnerzahl. Demnach wohnten,
die Zählung von 1890 vorausgesetzt, auf der Höhenstufe

bis	200 m	1 238 230	Menschen	= 35,37%	der Gesamtbevölkerung
von 200 -	300 m	894 643	-	= 25 55%	-	-
- 300 -	400 m	704 473	-	= 20,12%	-	
- 400 -	500 m	377 434	-	= 10,80%	-	
- 500 -	600 m	179 313	-	= 5,12%	-	
- 600 -	700 m	72 100	-	= 2,00%	-	
- 700 -	800 m	28 370	-	= 0,81%	-	
- 800 -	900 m	5 623	-	= 0,16%	-	
- 900 -	1000 m	2 066	-	= 0,07%	-	
		3 502 252	-	100,00%	-	

---

[1] von Langsdorff, Die Landwirtschaft im Königreich Sachsen, ihre Entwickelung bis einschlieſslich 1885 und die Einrichtungen und Wirksamkeit des
Landeskulturrates für das Königreich Sachsen bis 1888. 1889. S. 46.

Der geringfügige Unterschied zwischen der Summe, die sich in der voranstehenden Tabelle ergiebt, gegen die wirkliche Bewohnerzahl Sachsens — 3 502 684 — erklärt sich daraus, daſs diese Berechnung nach den provisorischen Ergebnissen der Volkszählung von 1890 vorgenommen werden muſste, die von den definitiven eine Kleinigkeit abweichen.

Eine Ermittelung der Bewohnerzahlen der Orte über 2000 Einwohner, also der Stadtbevölkerung, führte zu folgenden Resultaten:

bis	200 m	852 111 Menschen	= 38,96%	der gesamten Stadtbevölkerung
von 200 -	300 m	553 847	-	= 25,31% -	-
- 300 -	400 m	377 007	-	= 17,22% -	-
- 400 -	500 m	251 740	-	= 11,50% -	-
- 500 -	600 m	103 954	-	= 4,75% -	-
- 600 -	700 m	34 137	-	= 1,56% -	-
- 700 -	800 m	15 279	-	= 0,70% -	-
- 800 -	900 m	—	-	= — -	-
- 900 -	1000 m	—	-	= — -	-
		2 188 075	-	100,00% -	-

Beide Tabellen erweisen den mächtigen Einfluſs des Tieflandes auf die Bevölkerung; die letzte veranschaulicht den groſsen Anteil der Stadtbevölkerung an der Gesamtbevölkerung. Es sei an dieser Stelle auf die Arbeit Burgkhardts hingewiesen: Das Erzgebirge. Eine orometrisch-anthropogeographische Studie. (Forschungen zur deutschen Landes- und Volkskunde. 3. Band). Nach seinen Berechnungen verteilten sich die Bewohner des ganzen Erzgebirges, also auch des österreichischen Teiles desselben, die Zählung von 1885 vorausgesetzt, folgendermaſsen auf die Höhenstufen:

1100—1200 m	15 Menschen	0,00%
1000—1100 m	1 507 -	0,11%
900—1000 m	6 440 -	0,47%
800— 900 m	31 293 -	2,34%
700— 800 m	63 291 -	4,74%
600— 700 m	138 534 -	10,39%
500— 600 m	172 190 -	12,92%
400— 500 m	281 362 -	21,12%
300— 400 m	512 346 -	38,45%
200— 300 m	125 950 -	9,46%

In den Bevölkerungsverhältnissen aller Länder spielen die flieſsenden Gewässer als menschensammelnde Faktoren eine groſse Rolle, und ihre Wirkung erstreckt sich nicht nur auf den nahen Uferrand, sondern auch auf das Thal, das sie durchflieſsen, dessen Boden in den meisten Fällen ihr Produkt ist. Diesen verdichtenden Einfluſs muſs auch ein so reichbewässertes Land wie Sachsen erkennen lassen, das sich des Vorzugs rühmen kann, Gewässer zu besitzen, die teils selbst, teils durch ihr Thal dem Verkehr die wichtigsten Dienste leisten, deren fruchtbare Anschwemmungen die Grundlage einer ergiebigen Bodenkultur sind, und deren Triebkraft der Industrie eine wertvolle Unterstützung leiht. Die Anziehungskraft des Wassers ist auch in Sachsen eine allgemeine. Es erschien dem Verfasser nicht wertlos, den zahlenmäßigen Beweis dafür zu erbringen. Zu dem Zweck wurde die Generalstabskarte von Sachsen genau durchforscht und die Lage der Siedelungen zum fließenden Wasser untersucht. Auf Grund der Untersuchung kann man behaupten, daß es ein Ausnahmefall ist, wenn ein Ort nicht an einem fließenden Gewässer liegt. Von 3 502 684 Menschen wohnten 1890 nur 111 965 — noch nicht 3 % — über 1 km von einem solchen entfernt, 210 811 — 6 % — hatten weniger als 1 km zurückzulegen, um zu dem belebenden Element zu gelangen, während 3 169 837 — 90½ % — in Siedelungen lebten, die an einem fließenden Wasser liegen. Der verbleibende Rest verteilt sich auf Einzelsiedelungen.

Eine Bereicherung seiner Bevölkerung erfährt Sachsen auch durch seine politische Lage, der man den Vorzug einer zentralen einräumen muß, trotzdem das Land eines der südlichen Grenzländer Deutschlands bildet. Aber die eigentümliche Gestalt Deutschlands bedingt, daß verschiedene Mittellinien, die man durch das deutsche Reich legen kann, Sachsen schneiden, so die Linien von Mühlhausen nach Königsberg, von Ratibor nach Emden, von Köln nach Breslau. Noch mehr springt die Mittellage ins Auge, wenn man die Lage zu Österreich erwägt, das mit Deutschland in ebenso inniger Wechselbeziehung steht wie seine Grenzgebiete mit Sachsen. Diese zentrale Lage macht Sachsen zum vielbenutzten Durchgangsland. Zwei der wichtigsten Verkehrs- und Durchgangsstraßen ziehen durch das Land: die über Leipzig nach dem südwestlichen Deutschland und die durch das Elbthal nach Österreich. Bedeutung beansprucht auch die Straße, die, in westöstlicher Richtung Sachsen durchschneidend, Bayern und Schlesien verbindet, und ebenso diejenige, der die Lausitzer Bucht den Zugang nach Böhmen und Schlesien öffnet. Von jeher hat sich deshalb ein starker Strom von Fremden nach dem im Herzen Deutschlands gelegenen Sachsen gerichtet und sich über das kleine Land ergossen. Für 1880 geben die statistischen Aufzeichnungen 266 149 Fremde an, für 1885 342 965; das sind in beiden Fällen 11 % der Bevölkerung! Zieht man nur die Reichsausländer in Betracht, so ergiebt sich, daß unter die 3½ Millionen betragende Bevölkerung Sachsens 79 142 Reichsausländer gemischt sind, während Bayern, das

5¹/₂ Millionen Einwohner zählt, nur 74313 aufweist. Noch auffallender ist der Unterschied zwischen Sachsen und Preußen. Während Preußens Bevölkerung fast 9 mal so groß ist als die Sachsens, (29955291 zu 3502684) ist die Zahl der Reichsausländer in dem großen Preußen nur doppelt so groß wie in dem kleinen Sachsen (164798 zu 79142). Der lebhaften Einwanderung steht eine kleine Auswanderung entgegen, eine Erscheinung, die sich aus dem Charakter Sachsens als Industrieland, das vielfache Arbeitsgelegenheit bietet, begreift. Das dichtbevölkerte Sachsen, das der Bewohnerzahl nach an dritter Stelle unter den deutschen Staaten steht, beteiligte sich im Durchschnitt, der nach den Angaben für die Jahre 1874—1888 berechnet wurde, an der deutschen Auswanderung nur mit 3,38 %.

Das Flachland links der Elbe.

Die Grenzen dieses Gebietes bilden im Norden und Westen die Landesgrenze, im Süden die Isohypse von 200 m, die für das Tiefland gebräuchliche Grenzlinie. Eine Linie, die von Riesa ausgeht und über Mügeln, Colditz und Frohburg zieht, wird mit jener ziemlich zusammenfallen.

In der Nordwestecke dieses flachwelligen Hügellandes liegt Leipzig, das mit seinen 355000 Einwohnern die hervorragendste Stellung in dem ganzen Gebiet inne hat. Leipzigs Anwachsen zur Großstadt läßt sich nicht allein aus den Verhältnissen der Gegenwart erklären. Der Grundstein zu seiner Größe ruht zum großen Teil in der Vergangenheit, in einer Zeit, wo die Entwickelung der menschlichen Verhältnisse in größerer Abhängigkeit von den natürlichen stand als heute. — Die günstige Lage auf festem Baugrund, an einer langgestreckten, sumpfigen Flußniederung, die sichernd die Stadt auf zwei Seiten umfing, an einer bequemen Übergangsstelle über Pleiße und Elster und deren versumpfte Umgebung, die den Verkehr auf diesen Punkt als auf den einzigen auf weite Erstreckung bestimmend hinwies, war eine treffliche Mitgift, die die nähere Umgebung der jungen Stadt bot. Neben dem Vorzug, ein Durchgangs- und Ruhepunkt für den Handel zu sein, genoß die Stadt auch den, der geschäftliche Mittelpunkt eines reichen Ackerbaugebietes zu werden, das schon zeitig eine dichte Bevölkerung nährte. Das war umso leichter möglich, als das Leipziger Becken die Anlegung von bequemen Wegen, besonders an den Flüssen hin, wesentlich erleichterte.

Von größerer Bedeutung für Leipzig war aber seine Lage in dem Tieflandbusen, der sich in das mitteldeutsche Bergland hineinbuchtet und bis zu dessen Rand Erzgebirge, Thüringerwald und Harz ihren Fufs vorschieben. Der bequemste Weg von der Ebene nach Oberdeutschland führte und führt durch diese südliche Fortsetzung der norddeutschen Tiefebene. „Wer von unserer nordöstlichen Ebene möglichst bequem und doch möglichst zentral ins Oberland ein- zudringen strebt, so dafs er zugleich das Donau- und das Rheinthal gleichmäfsig leicht zu gewinnen vermöchte, der wird genau so wie ein anderer, der vom Innern des Gebirgslandes so bald und so leicht als möglich das Herz jener Tiefebene erreichen will, sicher die am weitesten gen Süden reichende Ausbuchtung dieser Ebene zum Ziel wählen"[1]. Waren so für Leipzig nach Norden Thür und Thor ge- öffnet, so stand auf der anderen Seite der Verbindung mit dem an- grenzenden Gebirgsland und seinem höheren Hinterland durch be- queme Thalwege nichts im Wege. Es war natürlich, dafs im Mittel- punkt dieser Tieflandbucht, wo zwei so verschieden ausgestattete Ge- biete — Tiefland und Gebirgsland — sich berühren, ein Ort auf- blühen mufste, in dem die Bedürfnisse des einen Teiles in den Er- zeugnissen des anderen Befriedigung fanden. So wurde Leipzig der Stapelplatz, wo die Produkte des gewerbfleifsigen Erzgebirges und Thüringerwaldes einen lohnenden Absatz nach dem stets bedürftigen Osten fanden. Eine wertvolle Bereicherung erfuhr jene Ausbuchtung dadurch, dafs sich an ihrem Südende dem Verkehr ein Zugang zu den Thälern des Mains und der oberen Donau mit ihren wichtigen Handelsplätzen darbot. Nur der breite, niedrige Kamm des Frankenwaldes war zu überwinden, wenn die Handelszüge wieder in bequeme Thalstrafsen einlenken wollten. Eine ähnliche willkommene Pforte stand dem Ver- kehr, der nach Frankfurt a. M. zielte, am Nordwestende des Thüringer- waldes und zwischen Vogelsgebirge und Rhön offen. Der Zugang nach dem gesegneten Böhmen aber wurde ihm durch die niedrigen Plateauflächen des Vogtlandes erschlossen, die zwischen Erz- und Fichtelgebirge eingesenkt sind, während im Nordwesten die goldene Aue südlich vom Harz zum Wesergebirge hinüberleitete und die Ein- senkungen nördlich vom Harz auf Bremen hinwiesen. Diesen günstigen Bodenverhältnissen dankte es Leipzig, dafs sich die wichtigsten Handels- strafsen Innerdeutschlands hier konzentrierten und den Verkehr, der von jeher menschensammelnd wirkt, auf diese bevorzugte Stelle lenkten. Zog Leipzig für seine Entwickelung schon von der Gunst dieser Lage grofsen Nutzen, so wurde dieser noch erhöht durch den

---

[1] **Kirchhoff**, Über die Lagenverhältnisse der Stadt Halle. Mitteilungen des Vereins für Erdkunde zu Halle. 1877. S. 96.

bedeutsamen Umstand, daſs es ziemlich genau in der Mitte Deutschlands lag und so ein Beziehungspunkt für den gesamten deutschen
Verkehr wurde — und das in einer Zeit, wo der politische Verband
des Reiches noch fest war und eine Absonderung der groſsen Staaten
und damit der Verkehrsgebiete noch nicht stattgefunden hatte[1].
Die hervorragende Bedeutung der Leipziger Messen im Mittelalter
spricht deutlich dafür.

Auch für die heutige Entwickelung der Bevölkerungsverhältnisse
Leipzigs darf man die zentrale Lage der Stadt als wesentlichen Faktor
ansprechen, obgleich Sachsen durch die Neugestaltung der politischen
Verhältnisse an die Peripherie des Reiches gedrängt worden ist.
„Aber die mehr als 1000 jährige Verbindung Deutsch-Österreichs mit
dem jetzigen deutschen Reich, die Gleichartigkeit der Kulturentwickelung
haben den Zusammenhang trotz der politischen Trennung nicht lösen
können"[2]. War Leipzig im Mittelalter durch seine Lage zum Knotenpunkt wichtiger Straſsenzüge bestimmt gewesen, so wurde es in der
Neuzeit aus demselben Grunde ein Sammelpunkt wichtiger Eisenbahnlinien und ein Durchgangspunkt des internationalen Verkehrs. Es war
durchaus richtig, daſs die sächsische Regierung im Beginn der Eisen-
bahnära den topographischen und kommerziellen Verhältnissen Leipzigs
entsprechend, diese Stadt als Mittelpunkt eines zukünftigen Eisenbahnnetzes betrachtete, das einerseits aus Bahnen zur Vermittelung des
Verkehrs mit dem Auslande, andererseits aus Bahnen bestehen sollte,
deren Zweck die innere Verbindung des Landes war. Für die Beweisführung des Geographen aber ist es eine erfreuliche Thatsache, daſs
diesen belebenden Verkehrslinien dieselben geographischen Verhältnisse
Ziel und Richtung weisen, wie einst den alten Landstraſsen, auf denen
der Verkehr des Mittelalters dahin zog. Die wichtigen Schienen-
stränge nach Bayern und Böhmen benutzen wie vor Zeiten die alten
Reichsstraſsen, die Einsenkungen im Zug der deutschen Mittelgebirge,
die wir als Frankenwald und Vogtland kennen gelernt haben, und die
Geleise der Eisenbahn, die Erfurt und Frankfurt a. M. mit Leipzig
verbindet, liegen nicht weit von den Meilensteinen der Straſse, die im
Mittelalter diese Handelsemporien in lebensvolle Beziehungen setzte.
(Die wichtigsten Stationen jener alten Straſse und der Eisenbahn sind
Leipzig, Weiſsenfels, Naumburg, Eckartsberga, Buttelstedt, Erfurt,
Eisenach, Fulda, Schlüchtern, Gelnhausen, Hanau, Frankfurt a. M.)

---

[1] Heller, Die Handelswege Innerdeutschlands im 16., 17. und 18. Jahrhundert
und ihre Beziehungen zu Leipzig. 1884. S. 4.

[2] Gebauer, Die Volkswirtschaft im Königreich Sachsen. 1888—1892. S. 2.

Nur wenige Städte können sich in dieser Beziehung Leipzig an die
Seite stellen, und es ist bezeichnend für die aufserordentliche Bedeutung der mehrfach erwähnten Tief landbucht, dafs hier nebeneinander
zwei Eisenbahnzentren wie Leipzig und Halle entstehen konnten[1].
Wie sehr verdichtend aber solche Zusammenstrahlungen von Eisenbahnlinien wirken, ist eine Erfahrung, die das schnelle Wachstum
ähnlicher Zentren aufs nachdrücklichste bestätigt. Wie grofs mufste
die Wirkung der Eisenbahnen für eine Stadt wie Leipzig sein, die
man vom Standpunkte des Verkehrs einen bestellten Boden nennen
kann! Einen belehrenden Beleg dafür bietet die Thatsache, dafs im
Jahre 1889, also vor Einverleibung der Vororte, Leipzig im Post-
verkehr unter den deutschen Städten an dritter, bezw. an zweiter
Stelle stand, Hamburg in vielen Stücken übertreffend und nur Berlin
nachstehend. Bezeichnend ist ferner, dafs die gröfste Zahl der Fremden in Sachsen auf die Kreishauptmannschaft Leipzig entfällt, was
auf die starke Anziehungskraft Leipzigs und den grofsen Verkehr mit
den thüringischen Staaten zurückzuführen ist, denn für letztere ist
Leipzig ebenso sehr der natürliche Mittelpunkt, wie für die eigene
Kreishauptmannschaft. Die Fremdenzahl der Leipziger Messen wird
im westlichen Europa von keiner Stadt erreicht, obgleich die jetzige
Gestaltung des Mefsverkehrs die persönliche Anwesenheit der Ge-
schäftsleute nicht mehr in dem Mafse fordert, wie das früher der
Fall war. Dazu kommt noch, dafs Leipzigs Handel im nahen Vogtland und Erzgebirge einen nachhaltigen Rückhalt hat. „Leipzigs
Handel,“ sagt Kirchhoff, „hat im Erzgebirge eine Basis, die demselben stets einen Vorsprung sichert, der so grofs ist, dafs er durch
keine künstliche Verlegung von Verkehrswegen vernichtet werden
kann.“ Die Berufszählung vom 5. Juni 1882 ergab für Leipzig
154 345 Einwohner, davon fanden 16 149 — 10 $\frac{1}{3}$ % — im Handel und
Verkehr ihren Erwerb. Rechnet man zu ihnen ihre Angehörigen
und Dienenden, so ergiebt sich die Zahl von 40 616 — 26 $\frac{1}{3}$ % —.
So hat sich die Lage Leipzigs, die die Wahl der Stadt als Mittelpunkt des deutschen Buchhandels und als Sitz des Reichsgerichts
rechtfertigt, als unvergängliche geographische Grundlage bis in die
Neuzeit bewährt. Aber sie allein ist nicht mehr der Grund für das
schnelle Wachstum Leipzigs in der Gegenwart. Mächtig hat auf die
Bevölkerungszunahme die Industrie eingewirkt, deren natürliche Grundlage die Steinkohlenlager des Zwickauer Beckens sind, die durch die

---

[1] Kirchhoff, Über die Lagenverhältnisse der Stadt Halle. Mitteilungen des
Vereins für Erdkunde zu Halle. 1877. S. 99.

Eisenbahnen weithin aufgeschlossen sind. Sie hat namentlich die jetzt
einverleibten Vororte, von deren Bevölkerung ein grofser Teil von
industrieller Thätigkeit lebt, in hohen Procentsätzen anwachsen lassen.
Für Altleipzig giebt die Berufszählung vom 5. Juni 1882 von 154 345
Einwohnern 15 170 — fast 10 % — an, die die Industrie beschäftigte. Mit ihren Angehörigen ergaben sie die Zahl 32 622
— 21 %. — Die Industrie, die in Grofsstädten und ihrer Umgebung sich so viele Hände dienstbar macht, verdankt ihre Ausdehnung zum Teil der nahen Grofsstadt selbst, wo sie teilweise Absatz für ihre Produkte, hier, wo der Verkehr so viele fremde Elemente
zusammenbringt, Anregung und Vorbilder und mannigfache geschäftliche Anknüpfungspunkte findet. Mit der Industrie stehen aber
Handel und Verkehr in inniger Beziehung. Das Wachstum der Industrie bedingt ein Anschwellen des Verkehrs, und so wirken beide
auf die Bevölkerungszunahme wie zwei Hebel, die an verschiedenen
Punkten eingesetzt werden und ihre Wirkung gegenseitig verstärken.

Endlich dürfen wir einen Grund für die grofse Bevölkerung Leipzigs,
wie jeder anderen Grofsstadt, in der Menschenanhäufung selbst ansprechen. Jede Grofsstadt übt als Stätte der Bildung und des Lebens-
genusses in jeder Form, als Ort reicher Erwerbsthätigkeit und darum
vielfacher Erwerbsmöglichkeit, als Sitz mannigfacher Behörden, als
reger Markt und vielseitiger Beziehungspunkt zahlreicher Interessen
eine unwiderstehliche Anziehungskraft auf weite Kreise aus, die durch
die Leichtigkeit des Eisenbahnverkehrs und durch die Umgestaltung
der socialen Verhältnisse wesentlich unterstützt wird. Wie die Stärke
eines Magneten mit seiner Belastung wächst, so nimmt mit dem
Wachstum der Grofsstädte ihre Aufnahmefähigkeit zu. Riehl schrieb
1867: „Das Land und die kleinen Städte wandern aus nach der
Grofsstadt"[1]. Das unerfreuliche Anschwellen der Bevölkerung der
Grofsstädte, das der weitsichtige Socialpolitiker als Gefahr erkannte,
hat sich seitdem in ungeahnter Weise vollzogen. Die statistischen
Erhebungen belehren uns, dafs in Leipzig am 1. Dezember 1885 von
1000 Personen der ortsanwesenden Bevölkerung nur 361 in Leipzig
selbst geboren waren, 292 waren aus Sachsen zugezogen, 319 aus
anderen deutschen Staaten, 23 aus dem übrigen Europa, 3 aus aufser-
europäischen Ländern. Der Überschufs der Eingewanderten über die Zahl
der in Leipzig Geborenen belief sich in den Jahren 1880—1885 auf 13 379.

Die grofsen Vororte um Leipzig stehen sämtlich unter dem weit-
reichenden wirtschaftlichen Einflufs der Grofsstadt, in die sie jetzt

---

[1] Riehl, Land und Leute. 1867. S. 95.

aufgenommen sind. Aus stillen Ackerbaudörfern, für deren land-
wirtschaftliche Produkte Leipzig von jeher ein offener Markt war, sind
infolge der guten Verbindung mit dem Zwickauer Steinkohlenbecken
rege Industrieorte geworden, die viele Tausende von Menschen bergen
und ein Arbeitsmarkt von großer Bedeutung für die weiten Land-
bezirke geworden sind, die ihre überschüssigen Arbeitskräfte hierher
senden. So wuchs in den Jahren 1880—1885 die Bevölkerung der
Amtshauptmannschaft Leipzig, unter deren Verwaltung die erwähnten
Orte bis vor kurzer Zeit gehörten, um 33 594 Personen, also um
20,74 %. Der Geburtenüberschuß trat um 15 034 hinter der Zahl der
Eingewanderten zurück. Noch erdrückender zeigen sich die Wachstumsverhältnisse in dem Plus von 55 680 Personen, das die Vororte
während der Periode von 1880—1885 aufzuweisen hatten, während
Leipzig mit der Erhöhung seiner Einwohnerzahl um 8207 weit hinter
den aufstrebenden Tochtergemeinden zurückstehen mußte.

Den Bannkreis der Stadt verlassend betreten wir das Ackerbau-
gebiet des Flachlandes. Für die Begründung der Bevölkerungsdichtigkeit eines solchen Gebietes muß in erster Linie der Boden als be-
stimmender Faktor herangezogen werden. Die Pflugschar wendet hier
einen gleichartigen, bündigen, humusreichen Boden, den nur an wenigen
Stellen das feste Gestein durchbricht. Das Flachland ist mit Lehm,
Sand und Geschieben bedeckt, die die Grundmoräne des Binneneises
aufgeschüttet hat, unter dem während der Glacialperiode das Land
begraben lag. Das Innere beherbergt Braunkohlenflöze, die indessen
nur örtlich auftreten und in ihrer Zerstreuung einen merklichen Einfluß auf die Bevölkerungsdichte nicht erkennen lassen. Nach den
Bodenuntersuchungen Fallous[1] ist es Sand- und Grandlehm, der die
Bodendecke des erwähnten Gebietes bildet. Er ist zu 50—25 %
gemengt mit Sand und Grand, d. h. mit Kies und feinkörnigem
Kieselsand. Trotz der geringen Mächtigkeit, die 1 m im Durchschnitt nicht erreicht, hat die Kulturarbeit diesen Boden zu einem
ertragsreichen gemacht, und es ist ein günstiges Zeugnis für ihn, daß
der anspruchsvolle Raps und Weizen die Aussaat reichlich lohnen.
Bei diesen erfreulichen Bodenverhältnissen braucht der Grundbesitz
des Einzelnen nicht groß zu sein, um ihm ein genügendes Einkommen
zu sichern. So dürfen wir erwarten, in unserem Gebiete eine dichte
Landbevölkerung in zahlreichen Ansiedelungen mit verhältnismäßig
kleinen Feldfluren zu finden und, da der Boden von Ort zu Ort nicht
wesentliche Unterschiede zeigt, die Ansiedelungen auch in annähernd

---

[1] **Fallou**, Die Ackererden des Königreichs Sachsen. 1868. S. 161, 162.

regelmäfsiger Verteilung. Diese Erwartung wird durch einen Blick
auf die Karte bestätigt. Am reinsten tritt sie verwirklicht auf in dem
Gebiet, das sich westwärts von Leipzig zwischen dem Elsterknie und
der Landesgrenze erstreckt. Eine ähnliche gleichmäfsige Verteilung
der Bevölkerung und ihrer Wohnsitze finden wir in dem gesamten
Gebiet, das sich zwischen der Mulde und einer Linie über Colditz und
Frohburg nach der Landesgrenze ausdehnt. Und doch können dem
Betrachter der Karte die individuellen Züge nicht entgehen, die das Gesicht dieses gleichmäfsig besiedelten Gebietes im Kartenbild erkennen
läfst. Wir finden eine Zusammendrängung der Bevölkerung an den
Flüfschen, die in flachen Mulden mit weiten Auen das Land durchziehen. Ungesucht bietet sich da die Elster mit ihren Armen dar.
Von der Landesgrenze bis Pegau liegen dichtgedrängt am sogenannten
Elstermühlgraben auf einer Strecke von 3½ km sieben Dörfer, unterhalb der Stadt bis nach Zwenkau acht. Diese Zusammendrängung
kleiner Ackerbaudörfer mit ihrer wohlhabenden Bevölkerung stützt
sich auf den fetten, schwarzen Humusboden, der diesem Teil der
Elsteraue den Namen der goldenen eingetragen hat. Fallou bezeichnet ihn als eine Art Torfmoorboden, der nach seiner Entwässe-
rung die fruchtbarste Ackererde darstellt, deren Gehalt an Reinerde
86—97 % beträgt. Da dieser Boden auch über die Elster hinüber-
greift, so kann die stattliche Dörferreihe zwischen Groitzsch und
Zwenkau nicht wunder nehmen. In ähnlichem Mafse verdichtend wie
die Elster wirken auch die Pleifse mit der Eula und Gosel, und ebenso auffällig wie die Elsterdörfer bei Pegau sind die Dörfer an der
unteren Parthe wie Perlen an der Schnur aufgereiht. Der fette
Auenlehm in den Niederungen der genannten Flüfschen, der eine
Mächtigkeit von 2—3 m im Durchschnitt erreicht, kommt den höchsten
Ansprüchen eines intensiven Acker- und Gemüsebaues aufs bereit-
willigste entgegen und liefert auf geringer Bodenfläche reiche Erträgnisse.

Aus der Menge der Dörfer heben sich nur wenige grofse Ortschaften heraus, und die Orte über 2000 Einwohner sind zum gröfsten
Teil gröfsere Ackerbausiedelungen. Eine erwähnenswerte Industrie
finden wir nur in Colditz, wo die Wasserkraft der Mulde zur Verfügung steht, und wo die in der Umgegend auftretenden Kaolinthone
eine lebhafte Steingutfabrikation ins Leben gerufen haben; in Borna,
wo die mächtigen Braunkohlenlager und Thongruben zahlreiche
Menschenkräfte beschäftigen, und in Groitzsch. Am besten werden
die Bevölkerungsverhältnisse dieses südlichen Teiles des Flachlandes
verdeutlicht durch die Zählungsergebnisse der Amtshauptmannschaft

Borna. Sie zählte 1890 auf einem Flächenraum von 548,76 qkm 73342 Einwohner gegen 71570 im Jahre 1885 und 68364 im Jahre 1880. Die Durchschnittszahlen der Bevölkerung für 1 qkm würden, dieselbe Jahresfolge angenommen, 133,5, 132,1, 126 sein. In diesen Zahlen zeigt sich das langsame Wachstum eines vorwiegend landwirtschaftlichen Gebietes; 3 Städte und eine Anzahl Dörfer zeigten sogar die in Sachsen ungewohnte Erscheinung des Rückganges der Bevölkerung. Deutlich spiegeln die zahlenmäfsigen Ergebnisse der Berufszählung vom 5. Juni 1882 den geographischen Charakter unseres Gebietes und seinen Einflufs auf die Bevölkerungszahlen wieder. Von 70178 Menschen hingen 26572 — 37^1/$_2$ % — vom Ackerbau, 4058 — 5^5/$_7$ % — vom Bergbau und der Gewinnung von Steinen und Erden und nur 5600 — 8% — von der Industrie ab. Ein ganz anderes Zahlenbild gewährt die industrielle Amtshauptmannschaft Leipzig. Ihr nur 482,24 qkm grofser Flächenraum wurde 1885 von 193358 Menschen bewohnt, 1890 von 262012 — die Stadt Leipzig ist dabei unberücksichtigt. Für 1 qkm ergaben sich die Zahlen 405,5 und 543,4. Die Berufszählung vom 5. Juni 1882 giebt für sie 171401 Einwohner an. 33511, also mehr als der sechste Teil — 19% —, waren auf die Industrie angewiesen, 22032 — 12^3/$_4$ % — auf die Landwirtschaft, während die Bedeutung des Gebietes für Handel und Verkehr sich in der hohen Zahl von 28023 — 16% — wiederspiegelt.

Nach der Mulde zu werden die Verhältnisse für den Ackerbau etwas ungünstiger. Das Gebiet der langgezogenen flachen Wellen liegt hinter uns, nun wechseln Höhen und Tiefen rascher auf engem Raum, die Böschungen werden steiler, und nicht selten tritt der nackte Fels zu Tage. Unter solchen Verhältnissen läfst sich dem Boden weniger Ackerland abgewinnen, und ausgedehnte Wälder mischen sich zwischen behaute Strecken. Unschwer läfst sich auf der Karte das weitmaschigere Netz der Ortschaften erkennen. Die Mulde vermag in diesem Abschnitt ihres Laufes wenig Menschen zu fesseln. Der Flufs fliefst in ungeregeltem Laufe dahin und ist trotz seiner nicht geringen Wassermasse keine Wasserstrafse geworden. An vielen Stellen tritt der Flufs hart an die malerischen Ufer, so dafs oft kaum Bahn und Strafse Platz finden. Nur wenig gröfsere Siedelungen, wie Grimma und Trebsen, haben sich in Thalerweiterungen entfalten können. Selbst das gewerbreiche Wurzen, das mit seinen 15000 Einwohnern nach Leipzig die gröfste Stadt des Flachlandes ist, liegt nicht an der Mulde selbst. Die Ergebnisse der Zählungen lassen die geschilderten Verhältnisse erkennen. Die Amtshauptmannschaft Grimma, die unser Gebiet umschliefst, zählte nach der Zählung von 1885 auf

846,54 qkm 85262 Menschen, auf 1 qkm also 100,5, während die
gleichfalls vorwiegend Ackerbau treibende Amtshauptmannschaft Borna
für 1 qkm 133,1 aufwies. Die Zählung von 1890 ergiebt für die
Amtshauptmannschaft Grimma 90918 Bewohner, für 1 qkm 107,4,
für die Amtshauptmannschaft Borna für 1 qkm 133,8.

Der östliche, zwischen Elbe und Mulde gelegene Teil des Flachlandes hat einen viel geringhaltigeren Boden, der stark mit Sand und
Geröll gemischt ist. Trockenheit und zu grofse Durchlässigkeit zeichnen
ihn in unvorteilhafter Weise vor dem ertragsreichen Lehmboden des
Westens aus, der in der fruchtbaren Muldenaue seinen Abschlufs findet.
Der Wald tritt deshalb in beträchtlicher Ausdehnung auf und schafft
gröfsere an menschlichen Siedelungen leere Stellen. Die Erträgnisse
des Ackerbaues gestalten sich ungünstiger, und dementsprechend
mufs der Grundbesitz des Einzelnen gröfser werden. Die Ge-
meindefluren dehnen sich aus, die Dörfer rücken auseinander, die
Bevölkerungsdichte wird merklich geringer. Auch die zahlreichen Steinbrüche in den Hohburger Bergen und ihrer Umgebung
vermögen keinen merklichen Einflufs auf diese auszuüben. Aus einem
derartigen Gebiet, das seiner Bevölkerung aufser dem Boden keine
natürliche Grundlage der Bethätigung der Kräfte bieten kann, wendet
sich der gröfste Teil des Bevölkerungsüberschusses weg, um an anderen
Plätzen eine lohnende Thätigkeit auszuüben. Und schwerlich kehren
die Weggezogenen — meist junge Leute — auf die Dauer in die
Heimat zurück. Auf der Bevölkerungskarte sehen wir die Dörfer,
die sich auch hier gern an die Flüfschen anlehnen, deren fruchtbarer
Aulehm noch am besten die Arbeit des Landmannes lohnt, weit zerstreut und zwischen ihnen nur wenig gröfsere Orte, von denen nur
Oschatz mit seinen 9000 Einwohnern Bedeutung hat. Den natürlichen Verhältnissen entsprechend, gestalten sich die Zahlen, die uns
die Zählungsergebnisse der Amtshauptmannschaft Oschatz an die
Hand geben. Um der Wahrheit so nahe als möglich zu kommen,
wurde bei der Berechnung der Amtsgerichtsbezirk Mügeln, der schon
dem reichen Löfsgebiet angehört, ausgeschlossen. Demnach wohnten
in dem genannten Verwaltungsbezirk 1885 39385 Menschen, 1890
38575, auf 1 qkm also 88, bezw. 91. Mit diesen Zahlen steht die
Amtshauptmannschaft an 24. Stelle unter den 27 Verwaltungsbezirken
ihrer Art. Dieselbe Stelle nimmt sie in Bezug auf die Wachstumsverhältnisse ein, die sich für die beiden letzten Zählungsperioden
in den niedrigen Procentsätzen von 1,72% und 2,07% darstellen.

An das geschilderte Gebiet schliefst sich im Süden, unmerklich
die Höhenstufe von 200 m überschreitend, das reiche Löfsgebiet

Sachsens an, das im Süden wieder ohne scharfe Grenze in eine Land-
schaft übergeht, die durch ihre Bodenbeschaffenheit jenem fast eben-
bürtig zur Seite steht. Die Grenzen dieses besten Ackerbaugebietes
von Sachsen, dessen dichte Besiedelung schon die topographische
Karte zeigt, sind im Westen die Freiberger und bis in die Gegend von
Nerchau die vereinigte Mulde, im Osten fast genau die Elbe, im
Süden die Weißeritz bis Tharandt und von da eine Linie bis nach
Nossen, im Norden eine Linie von Zehren unterhalb Meißen über
Mügeln nach Nerchau. Die günstige Zusammensetzung aus gelb-
braunem Thon, der mit Quarzsand und etwas Kalk gemischt ist,
sichert dem Löß die ungemeine Fruchtbarkeit, die ihresgleichen
sucht. Er enthält bis 99 % Reinerde, und die Kultur hat seine für
den Ackerbau wertvollen Eigenschaften: Lockerheit, hinreichende Absorption, leichte Bearbeitbarkeit, gute Wasser- und Luftzirkulation
nur noch gesteigert. In der Nähe der Granit- und Porphyrmassen,
die an vielen Stellen abgebaut werden, bietet der Boden in seinem
Kaolin und Thon wertvolle Gaben, deren Hebung man sich angelegen
sein läßt. Das sich im Süden anschließende Lehmgebiet zeigt dieselben vorteilhaften Züge. — Seit der Zeit der Sorben, die bereits
diesem gesegneten Boden reiche Ernten abgewannen, ist die Bevölkerung eine dichte gewesen und geblieben. Diese echte Landbevölkerung, deren Wohlhabenheit sprichwörtlich geworden ist, drängt
sich in zahlreichen, kleinen Ortschaften zusammen, die nur durch geringe Entfernungen geschieden sind, und deren Einwohnerzahl nur in
wenigen Fällen die Zahl 1000 überschreitet. Eine gleichmäßiger
verteilte Bevölkerung weist Sachsen nirgends auf, und die wenigen
Landstädte mit ihren geringen Einwohnerzahlen können keinen
störenden Zug in das Bild der Gleichmäßigkeit bringen. Das Material
zur zahlenmäßigen Darstellung der Bevölkerungsverhältnisse liefern
uns die Amtshauptmannschaften Meißen und Döbeln, die sich in das
Lößgebiet teilen. Die Gesamtbevölkerung der beiden Bezirke betrug
nach der Berufszählung vom 5. Juni 1882 92721, bezw. 98225 Einwohner. 32173 — 34 % —, bezw. 28616 — 30 % —, standen im Dienste
der Landwirtschaft, während die wirtschaftliche Existenz von 6546
— 7 % —, bezw. 1835 — 2 % —, sich auf die Gewinnung von Erden
und Steinen gründete. Die Durchschnittszahl der Bevölkerung für
1 qkm der Amtshauptmannschaft Meißen giebt der statistische Bericht
von 1885 mit 138,8, von 1890 mit 148,8 an; für die Amtshauptmannschaft Döbeln fand der Verfasser die Zahl 145,4, bezw. 169,3, nachdem er
den Amtsgerichtsbezirk Waldheim, der zum sächsischen Mittelgebirge gehört, ausgeschieden und den Amtsgerichtsbezirk Mügeln, den wir als
um Lößgebiet gehörig schon kennen gelernt haben, angegliedert hatte.

Das mittelsächsische Bergland.

Der elliptisch geformte Granulitstock von ungefähr 20 Quadratmeilen Gröfse und 300 m durchschnittlicher Höhe, der sich zwischen
das Erzgebirge und Tiefland legt, ist das mittelsächsische Bergland.
Als ein flachwelliges Plateau dehnt es sich in seiner gröfsten Längen-
erstreckung von Glauchau bis Döbeln aus und erreicht seine gröfste
Breite zwischen Frankenberg und Rochlitz. Ein schmaler Ring von
Glimmerschiefer, der wieder von Thonschiefer eingeschlossen ist, umgiebt den Granulitkern, der von zahlreichen Granitgängen und Gneis-
schollen durchsetzt ist, die einen lebhaften Steinbruchbetrieb hervorgerufen haben. Die Mannigfaltigkeit der Gesteinszusammensetzung
äufsert sich in der wechselvollen Gestaltung der Thäler, die die Reize
der Landschaft bergen und ein wesentlicher Anziehungspunkt derselben
geworden sind. Durch den Westrand geht die Zwickauer, durch den
Ostrand die Freiberger Mulde, das Innere durchfliefsen Zschopau und
Chemnitz. Die Flüsse durchziehen das Gebiet im raschen Lauf in
stark gewundenen, zum Teil schroffen und felsigen Thälern, deren
Sohle oft 100 m tiefer liegt als das Niveau der das Thal einschliefsenden
Höhen. Schon ein flüchtiger Blick auf die Karte belehrt über die
Verteilung der Bevölkerung dieser Landschaft. Die gröfseren Ortschaften,
deren Bevölkerung zum grofsen Teil im Dienst der Industrie steht, haben
die Thäler und den Rand des Gebirges aufgesucht; die Dörfer mit
ihrer wohlhabenden Landbevölkerung liegen auf den Höhen, deren
geringe Niveauunterschiede die Arbeit des Pfluges nur selten erschweren.
Löfs und Lehm, die bald in einander übergehen, bald über und untereinander gelagert sind, erweisen sich auch hier als die Träger einer
ergiebigen Bodenkultur, die das ganze Gebiet in Anspruch genommen
hat. Eine dichte Landbevölkerung hat sich hier angesiedelt und sich
gleichmäfsig in kleinen und mittleren Siedelungen über das Land verbreitet. Nur an wenigen Stellen ist die reiche Naturausstattung
unterbrochen. Das sind die Abhänge der tief eingeschnittenen Thäler,
die nur spärlich mit Ackererde überdeckt und meist mit Wald bestanden sind, und die Stellen, wo das Grundgebirge die Ackerkrume
durchbricht und kühne, malerische Formen schafft. Die engen Thäler
erlauben nicht die gemächliche, gleichmäfsige Ausbreitung der Bevölkerung, die wir auf dem Plateau finden. Hier wiesen die Verhältnisse die Bevölkerung gebieterisch darauf hin, sich in wenigen
Siedelungen zu konzentrieren, die durch längere Zwischenräume getrennt sind, in denen wegen der Enge der Thalsohle die Anlage einer
Siedelung überhaupt unmöglich ist. Wo das Thal sich erweitert, wo

ein Seitenthal mit einem Flüfschen oder Bache in das Hauptthal
mündet, da sind die kleinen Städte entstanden, deren lebhafte Industrie
durch die ansehnlichen Wasserkräfte der Flüsse bedingt wurde und vielfach heute noch bedingt wird. So liegen an der Zwickauer Mulde im
sächsischen Mittelgebirge vier Städte — Waldenburg, Penig, Lunzenau,
Rochlitz — mit zusammen 19 310 Einwohnern; an der Zschopau, die von
allen sächsischen Flüssen der Industrie die wichtigsten Dienste leistet,
drei Städte — Frankenberg, Mittweida, Waldheim — mit 31 883 und an
der Freiberger Mulde Döbeln und Rofswein mit 21 490 Einwohnern.

Die Industrie hat in den Thälern auch zahlreiche Einzelsiedelungen
hervorgerufen. In kurzen Entfernungen trifft man Fabriken, Mühlen,
Holzschleifereien, Spinnereien, deren Betrieb sich auf die Triebkraft
der Flüsse stützt. In den Ergebnissen der Berufszählung finden wir
die Wirkungen der geographischen Grundlagen der Bevölkerungsdichtigkeit wieder. Die Amtshauptmannschaft Rochlitz, die den gröfsten
Teil des Mittelgebirges umschliefst, zählte 1882 93 488 Einwohner,
von denen 25 025 — 27 % — dem Ackerbau, 2018 — 2 % — der
Gewinnung von Steinen und Erden und bereits 31 508 — 33 % —
den verschiedenen Zweigen der Industrie ihren Lebensunterhalt
verdankten. Die Durchschnittszahl betrug für 1885 bereits 187
für 1 qkm, 1890 198. Bei der Berechnung wurde der Amtsgerichtsbezirk Waldheim, der unserm natürlichen Gebiet zugehört, mit
in Rechnung gesetzt. Cotta erinnert bei der Besprechung des sächsischen Mittelgebirges an die verdichtende Kraft, die ein Gebirge an
seinem Fufs auf die Bevölkerung ausübt und die z. B. am Harz und
Thüringerwald zahlreiche Ansiedelungen erzeugt hat. Und in der
That, wenn wir die 14 gröfseren Ortschaften am Rande unseres Gebietes — es sind Penig, Wechselburg, Lunzenau, Rochlitz, Gerings-
walde, Hartha, Döbeln, Rofswein, Hainichen, Frankenberg, Hohenstein,
Ernstthal, Glauchau, Waldenburg mit 104 662 Einwohnern — ins
Auge fassen, so können wir nicht umhin, die Thatsache anzuerkennen,
dafs dieser Rest eines Gebirges an seinem Rande eine ähnliche Wirkung
erzielt, wie sie bei Leipzig am Fufse des gröfseren Erzgebirges zur
glänzenden Erscheinung kommt. — „Beinahe alle Gebirge,“ so sagt Cotta
(in seinem Buch über Deutschlands Boden. 1854. S. 22), „die nicht allmählich in die Ebene verlaufen, sondern eine deutliche und bestimmte
Grenze erkennen lassen, zeigen an dieser einen vorzugsweisen Reichtum kleiner, meist gewerbfleifsiger Städte.“ Den Grund findet er darin,
dafs der Rand der Gebirge günstigere Lagen für Städteanlagen biete
als das Innere der Gebirge, dafs hier die Kraft der Gewässer, die der
Mensch in seinen Dienst zwingt, eine bedeutende sei und dafs sich

hier häufig Gelegenheit geboten habe, feste Plätze anzulegen. Dazu
komme noch, dafs der Verkehr, der sich wie Flüssigkeit von den
Höhen in die Tiefen herabsenkt, hier gehemmt oder geändert werde.

Das erzgebirgische Steinkohlenbecken.

Das erzgebirgische Steinkohlenbecken ist eine flache Einsenkung von
300—400 m mittlerer Erhebung, die sich an das Erzgebirge anschliefst
und im Süden und Norden von Höhenzügen umrahmt wird. Es erstreckt sich in der Gestalt eines Füllhorns von Südwest nach Nordost,
wo es, indem es sich verjüngt, in der Gegend von Hainichen ausläuft.
Der breiteste und wichtigste Teil dieses Beckens ist die Gegend von
Werdau bis Chemnitz, deren Grenze eine Linie von Werdau über
Glauchau nach Chemnitz und von hier zurück nach Stollberg, Harten-
stein, Wildenfels bis Fraureuth im Fürstentum Reufs südlich von
Werdau bilden würde. Die schmale, unregelmäfsige Verlängerung
des Beckens bis Hainichen ist wegen der Armut an Kohlen von geringer Bedeutung. Dem Beschauer, der von den höheren Rändern
das Gebiet überblickt, bietet sich das nüchterne Bild eines flachwelligen, wenig gegliederten Stückes Land dar, in dessen weichem
Boden sich die Flüsse breite, flache Thäler ausgewaschen haben, die
sie in ruhigem Laufe durchfliefsen. Es ist ein kleines Gebiet von
ungefähr 330 qkm Gröfse, das zu den bevölkertsten Landschaften Sachsens
zählt. Der Grund der dichten Bevölkerung liegt in und unter dem
Boden. Der Pflug wendet hier eine rötliche Scholle um, tiefgründigen
Rotsandsteinboden, wie ihn Fallou nennt, dessen Gehalt an Reinerde
den hohen Procentsatz von 87 erreicht. Er hat sich für den Ackerbau seit langer Zeit als sichere Grundlage erwiesen und der Gegend
von Glauchau, Crimmitschau, Chemnitz und Zwickau den Ruf der
besten Pflege des ehemaligen erzgebirgischen Kreises eingetragen.
Noch heute ist die Zahl der Ackerbauer nicht so klein, dafs sie in
der Industriebevölkerung verschwände. Nach der Berufszählung von
1882 zählt die Amtshauptmannschaft Zwickau, die den gröfsten Teil
des Beckens umschliefst, 25 046 von 175 892 Menschen — 14 % —, für
deren Existenz der Ackerbau die Grundlage abgab, und für die Amtshauptmannschaften Chemnitz und Glauchau, die auch teil an dem Becken
haben, ergaben sich die Zahlen 19 719 von 152 150 — 13 % — und 15 344
von 123 617 — 12 % —. Die Gegenwart hat aus den ursprünglichen Ackerbausiedelungen volkreiche Ortschaften gemacht und die hier in Frage
kommenden Amtshauptmannschaften in Bezug auf die Gröfse ihrer Ein-

wohnerzahlen und die hohen Durchschnittszahlen an die Spitze sämtlicher Verwaltungsbezirke gestellt. Es wohnten

	1885	1890
in der Amtshauptmannschaft Zwickau	205 820	227 563 Menschen
- - - Chemnitz	166 450	187 800 -
- - Glauchau	128 874	137 709 -

Für 1 qkm ergab die Berechnung

	1885	1890
in der Amtshauptmannschaft Zwickau	382,7	372,8
- - - Chemnitz	334,9	377,9
- - - Glauchau	407,8	435,7

Bei der Berechnung wurde der Amtsgerichtsbezirk Kirchberg als nicht zum Becken gehörig ausgeschaltet. — Es sind bekanntlich die Steinkohlenlager, die köstliche Hinterlassenschaft des carbonischen Zeitalters, die die wichtigste Grundlage der aufserordentlichen Bevölkerungsdichtigkeit des Beckens bilden. Eine dichte Bevölkerung hat sich besonders an zwei Stellen, wo die Steinkohlenlager aufgeschlossen sind, konzentriert, im Zwickauer und Lugau-Oelsnitzer Kohlenrevier. Das erste, das am vollständigsten aufgeschlossen ist, das auch die meisten und wichtigsten Flöze enthält, findet sich in der nächsten Umgebung Zwickaus und hat hier eine Menschenanhäufung von über 86 000 hervorgerufen. Das andere Revier, das nordöstlich von Stolberg liegt, vereinigt in 6 Ortschaften über 30 000 Menschen. Es liegt in der konzentrierten Art des Auftretens der Steinkohlen, dafs sie so aufserordentlich verdichtend auf engem Raume sich erweisen. Zum höchsten Grade mufste diese Wirkung gesteigert werden, als die Industrie hier einzog, wo sie ihr Lebenselement, die billige Kohle, aus erster Hand haben kann. So ist das Zwickauer Steinkohlenbecken ein Bezirk geworden, wo die mannigfachsten Industrieen, die zum Teil Ergänzungen und Folgen einer vorhergehenden sind, sich entwickelt haben. Und wie fördernd mufste das Wachstum der Industrie auf den Steinkohlenbergbau zurückwirken und die Zahl der Menschenkräfte mehren. Die Schätze der Tiefe wirken auf die Bevölkerungsdichte aber auch insofern, als sie für Handel und Verkehr die Grundlage einer schnellen Entwickelung bieten und die dichtbevölkerten Orte zu Handels- und Verkehrsstädten von Bedeutung machen. Und können sich auch die Zahlen, die uns die Berufszählung in dieser Hinsicht an die Hand giebt, nicht mit denen messen, die die Industrie geschaffen, so sind sie doch bedeutend genug, um in die Wagschale zu fallen. Der Übersichtlichkeit wegen seien die Zahlen, die die geschilderten geographischen Thatsachen für die hier in Betracht kommenden Amtshauptmannschaften zum Ausdruck bringen sollen, in einer kleinen Tabelle vereinigt, der die Resultate der Berufszählung von 1882 zu Grunde liegen.

Amtshaupt-mannschaft:	Gesamtbe-völkerung:	Landwirtschaft:	Bergbau:	Industrie:	Handel u. Verkehr:
Zwickau:	195 872	25 046 — 12%	36 945 = 18%	63 340 = 32%	16 304 = 8%
Chemnitz:	249 866	19 719 = 8%	9 536 = 4%	129 032 = 50%	24 556 = 10%
Glauchau:	123 617	15 344 = 12%	3 868 = 3%	66 397 = 53%	7 979 = 6%

Die beiden Mittelpunkte des Beckens sind Zwickau und Chemnitz, alte Industrieorte, deren Produkte — Tuch und Leinwand — schon im Mittelalter einen guten Klang hatten. Durch ihre Lage inmitten eines Beckens erwuchs ihnen eine nicht geringe Verkehrsbedeutung. Chemnitz lag am Kreuzungspunkt von zwei wichtigen Verkehrswegen, deren einer die Reichsstrafse war, die aus Süddeutschland über Zwickau, Chemnitz und Dresden nach Schlesien führte, während die andere unter dem Namen Kaiserstrafse von Wien über Prag ziehend, über Zschopau und Chemnitz Leipzig erreichte. Zwickau aber war die grofse Ruhestation an der alten Reichsstrafse von Nürnberg nach Leipzig, wo die Handelszüge Halt machten, wenn sie nach der Überschreitung des Gebirges das Becken betraten. So haben Industrie, Handel und Verkehr seit langer Zeit sich in unserem Gebiet Heimatrecht erworben, und als endlich die lange unbekannten Naturkräfte in den Dienst der Industrie und des Verkehrs gezogen wurden, da stand eine geübte Bevölkerung bereit, die Gunst der neugeschaffenen Verhältnisse mit kräftiger Hand zu erfassen und zu verwerten. Heute gehören die beiden Städte zu den wichtigsten Mittelpunkten des sächsischen Eisenbahnnetzes; der 6. Teil ihrer Bevölkerung ist nach der Berufszählung von 1882 auf Handel und Verkehr hingewiesen. Für Zwickau ist das Verhältnis 6354 : 35 992 — 17% —, bei Chemnitz 16 542 : 97 716 — 17% —. Der dichten Bevölkerung entsprechend gestalten sich die Wachstumsverhältnisse, die einesteils durch die natürliche Vermehrung, anderenteils durch die starke Zuwanderung auf eine grofse Höhe gebracht werden. Die Zunahme der Bevölkerung betrug von 1880—1885, bezw. von 1885—1890

in der Stadt Chemnitz   16,50%, bezw. 25,39%
- - Amtshauptmannschaft Chemnitz 14,14%, -   12 81%
-        -   Glauchau 2,88%, -   6,81%
- -   -   Zwickau   6,94%, -   10,59%

Wir befinden uns im Zwickauer Steinkohlenbecken auf einem Höhepunkt der Bevölkerungsdichtigkeit; nur das kleine Potschappeler Steinkohlenbecken steht ihm ebenbürtig zur Seite.

Das Vogtland.

Unter dem Vogtland verstehen wir das sanft sich abdachende
Bergland, das in seiner nördlichen Verflachung die südliche Grenze
des Leipziger Beckens, im Osten aber den Übergang zum Erzgebirge bildet, das hier' zu einer Höhe aufsteigt, die den Unterschied
zwischen dem Gebirge und dem niedrigeren Vogtlande, das 800 m
Höhe nicht erreicht, deutlich wahrnehmen läfst. Dieser Umstand, der
unserem Gebiet eine gewisse Selbständigkeit verleiht und einen natürlichen Abschlufs schafft, sowie die eigene geologische Zusammensetzung
aus Thonschiefer, Grünstein und Grauwacke, zu deren geringem
Formenreichtum die energische Gestaltung der Granitmassen des westlichen Erzgebirgsflügels einen wirksamen Gegensatz bildet, die Eigentümlichkeit des vogtländischen Volkscharakters und nicht zum mindesten die Verteilung und Dichte der Bevölkerung liefsen es rätlich
erscheinen, die Grenze des Vogtlandes in der üblichen Weise anzunehmen. Demnach würde eine Linie vom Quellgebiet der Zwota über
die Wasserscheide der Göltzsch und Mulde die Grenze im Osten und
Norden darstellen; im übrigen wird sie von der Landesgrenze gebildet.
Das vogtländische Bergland zeigt in seiner welligen Oberfläche und
den lang ausgezogenen Höhen wenig Gebirgscharakter; nur die tief
eingeschnittenen Thäler, die die jugendlichen Flüsse durchrauschen,
unterbrechen die eintönige Natur der Landschaft und bekunden die
Gebirgsnatur des Landes. Dieser Plateaucharakter hat die Besiedelung
allenthalben begünstigt. Die Karte zeigt die Ortschaften dicht gesät,
und nur die waldbedeckten Striche in der Umgegend von Falken-
stein, Schöneck und Markneukirchen schaffen Lücken in das dichte
Maschennetz der Siedelungen.

Bei der Beantwortung der Frage nach den natürlichen Grundlagen der ziemlich grofsen Bevölkerungsdichtigkeit des Vogtlandes sei
zunächst der Boden herangezogen. Der Ackerboden ist im wesentlichen schüttiger Thonschieferboden, der an einzelnen Stellen von
Grünstein und Grauwacke durchsetzt ist. Es ist das ein Boden, der,
über der Dammschuttlinie gelegen, deren Höhe Fallou zu 325 m annimmt, nur durch Verwitterung des Untergrundes entstanden ist und
nicht die wirksame Zersetzung durch Wasser erfahren hat, die für
Pflanzenwachstum und -gedeihen sich so förderlich erweist. Er ist
deshalb reich an unzersetzten Bestandteilen, steinig und flachgründig.
Nur die unermüdliche Ausdauer der vogtländischen Landbevölkerung
überwindet diese Ungunst der Verhältnisse. Der Ackerbau ist immerhin noch eine Hauptbeschäftigung, und die Zahl derer, deren Existenz

auf ihm beruht, ist eine beachtenswerte in der Summe der Bewohnerzahlen.
So finden wir in den Ergebnissen der Berufszählung von 1882 unter der
Rubrik Landwirtschaft von 111 848 Bewohnern der Amtshauptmannschaft
Plauen die Zahl 18 353 — 16 % — und für die Amtshauptmannschaft
Ölsnitz von 51 721 14 621 — 28 % —. Von grofser Tragweite ist es,
dafs die Kartoffel, die in der Ernährung des Vogtländers und Erz-
gebirglers eine grofse Rolle spielt, trotz mageren Bodens und rauhen
Klimas die Bedingungen eines fröhlichen Gedeihens hier findet. Eine
wichtige Ergänzung des Feldbaues bildet die Viehzucht. Der Quellen-
reichtum des Thonschiefers, die sanften Gehänge, die zahlreichen
moorigen Strecken begünstigen in hervorragendem Mafse die Anlegung
und Bewässerung trefflicher Wiesen, deren reiche Erträge eine wichtige Grundlage für den genannten Erwerbszweig abgeben. In den
hier in Frage kommenden Amtshauptmannschaften Auerbach, Plauen
und Ölsnitz zeigt die Anteilnahme der Wiesen an der Gesamtfläche
die hohen Procentsätze 20,3, 19,9, 18, die sich sonst nirgends in
Sachsen nachweisen lassen. — Aufser den genannten sind nur noch
einige natürliche Momente zu nennen, denen man einen geringeren
und auch nur örtlich begrenzten Einflufs auf die Bevölkerungszahlen
zuschreiben kann. Das sind einmal die Heilquellen des Bades Elster,
in deren Nähe der freundliche Ort erwuchs, der fast 2000 Einwohner
zählt, von denen viele direkt oder indirekt durch die Quellen
hierher gelockt worden sind. Dann ist es das Vorkommen der Perl-
muschel in der Elster, Trieb und ihren Zuflüssen, das die Perlmutter-
fabrikation in Adorf hervorrief, die mehr als 1000 Menschen Beschäftigung und Verdienst schafft. Schon lange genügt indessen die
Elsterperlmuschel nicht mehr, um den grofsen Bedarf zu decken; es
müssen Muscheln aus Böhmen und Bayern, sowie Meermuscheln eingeführt werden. Hiermit sind die geographischen Momente erschöpft,
die wir als mitbestimmend für die Bevölkerungsdichte ansprechen
können. Ihr Einflufs tritt weit hinter dem zurück, den die Industrie
ausübt, die nur zum kleinen Teil auf natürlicher Grundlage beruht
und mehr das Ergebnis einer geschichtlichen Entwickelung ist. Die
Notwendigkeit, einer rasch wachsenden Bevölkerung Beschäftigung zu
verschaffen, wurde die Veranlassung, dafs das Vogtland der Sitz jener
kleinen Gebirgsindustrieen geworden ist, deren Werkstätte jede Hütte
sein kann. Daher ist das Vogtland auch nicht reich an grofsen
Städten und volkreichen Dörfern, wie sie in charakteristischer Weise
die Gebiete der Grofsindustrie zeigen. Nur dort, wo die Nähe des
Zwickauer Steinkohlenbeckens oder die gute Verbindung mit diesem
eine Grofsindustrie ermöglicht, finden sich menschenreiche Ortschaften,

wie Reichenbach, Netzschkau, Mylau, Lengenfeld und Plauen, die
Hauptstadt des Vogtlandes, der aufserdem die günstige Lage an einer
der grofsen Verkehrsstrafsen zu gute kommt, die Nord- und Süddeutschland verbinden. Je weiter man nach Süden gebt, desto mehr treten
an Stelle der gröfseren die kleinen Ortschaften, deren Bewohner hinter
dem Pflug und vor dem Meiler, am Webstuhl und am Klöppelsack,
an der Drehbank und am Stickrahmen ihr Brot verdienen. Die Thatsache der Auflockerung der Bevölkerung nach Süden zu spricht sich
in der Durchschnittszahl von 127,1 Menschen für 1 qkm der Amtshauptmannschaft Ölsnitz aus, während in der Amtshauptmannschaft
Plauen 250,2 auf 1 qkm kommen. Die Berufszählung begründet mit
ihren Ergebnissen die verschiedenen Dichtigkeiten, indem sie uns belehrt, dafs die Industriebevölkerung der Amtshauptmannschaft Plauen
38 % der Gesamtbevölkerung ausmacht, die der Amtshauptmannschaft
Ölsnitz nur 31 %.

Das Erzgebirge.

Der westliche Teil des Erzgebirges, das wir, ostwärts schreitend,
durchmessen wollen, unterscheidet sich in seinem Aufbau und in
seinem Einflufs auf die Bevölkerungsdichte scharf vom Vogtland. Die
Grenze, die wir in der üblichen Weise für Vogtland und Erzgebirge
angenommen haben, bildet zugleich die Scheidelinie zwischen der
dichteren Bevölkerung des Vogtlandes und der dünneren dieses
Gebirgsflügels, dessen Ostgrenze Schwarzwasser und Zwickauer Mulde
bilden.

Wir befinden uns in dem Teil des Gebirges, dessen lebhafte
Niveauschwankungen und verhältnismäfsig grofser Formenreichtum von
einer bewegten, geologischen Geschichte reden, wie sie das übrige
Erzgebirge nur an wenigen Stellen kennt. Es ist Granit, der hier
bis zu einer Höhe von 1000 m emporgestiegen ist und zwei mächtige
Stöcke gebildet hat, als deren Mittelpunkte wir Eibenstock und Kirchberg bezeichnen können. In die Höhenfalten haben sich Hochmoore
gebettet, die den reichlichen Niederschlägen Entstehung und Bestand
verdanken. Welche Bedeutung haben diese Verhältnisse für die
Bevölkerungsdichtigkeit? Ist die wechselvolle Gestaltung des Bodens
an und für sich nicht günstig für seine Besiedelung und Bearbeitung,
so werden dieser noch Schranken durch seine Beschaffenheit gesetzt.
Die Ackererde ist zersetztes, verwittertes Grundgestein, reichlich unter-
mengt mit Geröll und Steinen und von so geringer Mächtigkeit, dafs
der Pflug häufig im festen Gestein sitzen bleibt. Der Gehalt an Rein-

erde, der durch Abschwemmung noch weitere Einbuſse erleidet, beträgt durchschnittlich nur 33 Procent und sinkt in der Nähe von
Carlsfeld sogar auf 27 Procent herab. In diesen Verhältnissen, zu
denen noch die Rauheit des Klimas tritt, begegnet der Ackerbau den
ernstesten Hindernissen, und dem Trieb des Menschen, die Grenze
des Getreidebaues mit versuchender Hand immer weiter hinauf-
zuschieben, ist hier ein scharfes Halt geboten. Daher hat der
Wald mehr als die Hälfte des Gebietes inne und deckt mit seinem
dunklen Schatten die Blöſse der kargen Natur, die auch den ange-
strengtesten Fleiſs des Menschen nicht lohnt. „In den wilden,
schauerlichen Gründen bei Wildenthal, Carlsfeld, Rautenkranz,
Friedrichsgrün und Sachsengrund," sagt Fallou, „verschwindet
jeglicher Ackerbau, kaum daſs noch hier und da an sommer-
lehnigen Gehängen ein kleines Feldstück mit seinem lichten Saaten-
grün durch Wipfel schwarzer Fichtenwaldungen leuchtet". Von einer
zahlenmäſsigen Darstellung der Ackerbaubevölkerung muſs der Verfasser in diesem Fall Abstand nehmen, da die in Frage kommenden
Amtshauptmannschaften auch besser gestellte Gebiete umschlieſsen.
Namhafte natürliche Quellen, die die Existenz des Menschen stützen
könnten, sind nicht vorhanden. Die Eisen-, Silber- und Wismutgruben,
die zerstreuten Steinbrüche vermögen nur einigen Tausend Menschen
Beschäftigung zu bieten. So bleibt nur die Industrie übrig, die mit
Ausnahme der bedeutenden Holzstofffabrikation und Holzschleiferei
eine künstliche Schöpfung ist. Belebend erweisen sich Mulde und
Schwarzwasser, deren Wasserkräfte in einer so wenig freigebigen
Natur doppelt zur Ausnutzung reizen muſsten. Eine Zusammenstellung
der Bewohnerzahlen der Orte der beiden Thäler ergab auf Grund
der Zählung von 1890 33 410 Menschen. Für 1 qkm der Amtsgerichtsbezirke Johanngeorgenstadt, Eibenstock und Schwarzenberg ergab eine
Berechnung 71, 90 und 132 Menschen. Stellt man aber die 3 Städte
gleiches Namens mit in Rechnung, so erhöhen sich diese Ziffern auf
172, 128 und 150! Man erkennt sofort die groſse Aufsaugung der
Bevölkerung durch die Städte, die als Sitze einer für jene Bezirke
bedeutenden Industrie die Menschen, die in ihrer Umgebung so wenig
Existenzbedingungen finden, mit leichter Mühe an sich locken. In der
hohen Durchschnittszahl von 132 Menschen für 1 qkm, die dem Amtsgerichtsbezirk Schwarzenberg zukommt, spricht sich der gewerbreiche Charakter
des Schwarzwasserthals aus. — Das nördliche Granitgebiet, dessen durchschnittliche Höhe 500 m nicht erreicht, teilt mit dem südlichen die Ungunst der Gestaltungs- und Bodenverhältnisse und vermag aus eigner Kraft
seine Bevölkerung nicht zu tragen. Aber auf dem, dem Steinkohlenbecken

zugekehrten Rand hat sich die Großindustrie eingebürgert und verdichtend gewirkt, so daß der Amtsgerichtsbezirk Kirchberg schon eine Durchschnittszahl von 167, 5 Menschen auf 1 qkm aufweist.

Nach der Überschreitung des Schwarzwassers betreten wir den bevölkertsten Teil des Erzgebirges, das mittlere Erzgebirge, das ungefähr bis zur Flöha reicht. Im Süden begleitet ihn ein Strich dünner Bevölkerung, und hier sind auch alle Verhältnisse dazu angethan, den Menschen von der Besiedelung abzuschrecken. Das Gebirge erhebt sich hier zu seinen höchsten Höhen; das Klima, das der Gegend zwischen Eibenstock und Jöhstadt den Namen des sächsischen Sibiriens eingetragen hat, zeigt hier seine rauhesten Seiten, und „der Boden ist eigentlich weiter nichts als das aufgewühlte, mehr oder minder in Verwitterung übergehende Gesplitter des Grundgesteins[1]“. Die Bebauung des Bodens ist deshalb oft nur ein Versuch, der nicht die Kosten deckt. Der Waldbau ist die einzig rentable Kulturform in diesem Teil des Gebirges, und die langen, nur hier und da unterbrochenen weißen Flächen im Kartenbild zeugen von dem geschlossenen Auftreten des Waldes, dessen zahlreiche Ausläufer sich weit in die niederen Gegenden ziehen. Die Zahl von 77 Menschen, die durchschnittlich auf 1 qkm des Amtsgerichtsbezirkes Oberwiesenthal wohnen, ist ein sprechender Ausdruck der Bevölkerungsverhältnisse. Auch die Stadt Oberwiesenthal, in den Kreis der Berechnung gezogen, erhöht sie nur auf 102,9.

Welchen Gegensatz bilden dazu die angrenzenden Amtsgerichtsbezirke Lößnitz, Annaberg, Ehrenfriedersdorf, deren durchschnittliche Bevölkerung auf 1 qkm 240,9, 277 und 340,4 beträgt, während die hier in Frage kommenden Amtshauptmannschaften Annaberg, Flöha und Marienberg die Durchschnittszahlen 228,7 — 198,2 — 150,4 zeigen. Der Geograph steht der Aufgabe, diese Bevölkerungsdichtigkeit zu begründen, mit einiger Verlegenheit gegenüber, und er muß schließlich bekennen, daß er auf ihre haltbare Begründung durch geographische Thatsachen verzichten muß. Seine Beweisführung würde eher das Gegenteil der thatsächlichen Verhältnisse ergeben. Der Gneisboden ist vorwiegend loser Schutt von geringer Mächtigkeit und großer Ärmlichkeit an Reinerde. Er läßt nur einen dürftigen Ackerbau zu und mag wohl nur in geringem Maße zur Besiedelung verlockt haben, so wenig Schwierigkeiten auch die einförmige Hochebene mit ihren langgestreckten, flachen Höhen an sich der Besiedelung und Bodenkultur entgegenstellen. Ebensowenig können die zahlreichen

---

[1] Gebauer, Die Volkswirtschaft im Königreich Sachsen. 1888—1892. S. 108.

Granit-, Schiefer-, Kalk- und Serpentinsteinbrüche, die z. B. in Lössnitz,
Crottendorf, Zöblitz und anderen Orten die natürliche Grundlage einer
emsigen Thätigkeit sind, herangezogen werden, wenn wir die grosse
Bevölkerungsdichtigkeit der ganzen Landschaft erklären wollen. Ein
geschichtlicher Rückblick wird uns Aufklärung verschaffen. Gegen
Ende des 15. Jahrhunderts entdeckte man die Erzadern des oberen
Erzgebirges, und es begann eine Einwanderung sich hierher zu er-
giessen, die mit einem Schlage Leben und Unruhe in die stillen Wald-
gegenden brachte. Der Wald wurde gerodet, Feldfluren wurden angelegt, damit die materielle Existenz der neuen Siedler nicht auf die
unsichere Ferne angewiesen sei, zahlreiche Niederlassungen wurden
gegründet. In schneller Reihenfolge entstanden von 1477—1540
Schneeberg, Buchholz, Scheibenberg, Schlettau, Brand, Jöhstadt, Oberwiesenthal, in wenig über 60 Jahren 8 Städte, deren Bevölkerung
schnell zu einer bedeutenden anschwoll[1]. Rechnen wir dazu die
zahlreichen kleinen Orte und Siedelungen, besonders in der Nähe und
im Zusammenhang mit Zechen, Wäschen, Stollen, Hütten u. s. w.,
so gewinnen wir das Bild einer Besiedelung und Bevölkerungsdichte,
die selbst dem Menschen der Gegenwart ausserordentlich erscheint.
Aber die Quellen, aus denen solche Resultate flossen, versiegten sehr
bald, nachdem sie reiche Schätze gespendet hatten, deren Segen das
ganze Land verspürte, und die Massen von Menschen, die sich sess-
haft gemacht hatten und die teils die Hoffnung auf neues Erblühen
der rasch vergangenen Herrlichkeit festhielt, teils wohl auch der kon-
servative Sinn, der den Deutschen auch die dürftige Scholle lieb-
gewinnen lässt, mussten notgedrungen zu anderen Erwerbszweigen
greifen. So zog die Industrie in das Gebirge ein, die sich zunächst
an den Bergbau anschloss, indem sie Eisen, Kobalt, Wismut u. s. w.
in den weiten Kreis ihrer Thätigkeit zog, — bei Schneeberg und
Schwarzenberg hat diese Industrie noch heute ihre Bedeutung — der
Waldreichtum wies sehr bald auf die Verarbeitung des Holzes hin,
im Flachs stand eine wertvolle Gespinstpflanze zur Verfügung, die
neben der Kartoffel mit dem dürftigen Boden und der geringen
Sommerwärme fürlieb nahm, und in den zahlreichen rasch fliessenden
Gewässern fand der Mensch eine Kraft, die ihn wesentlich unterstützte.
Und als auch diese natürlichen Grundlagen die Arbeit suchenden
Hände nicht befriedigten, zog das Weben und Spinnen, Klöppeln,
Flechten und Tambourieren in die zahlreichen Ortschaften mit den
arbeitsfreudigen Menschen ein. Der Verkehr brachte fremde Roh-

---

[1] von Süssmilch-Hörnig, Das Erzgebirge in Vorzeit, Vergangenheit und
Gegenwart. 1889. S. 66.

stoffe wie Wolle und Baumwolle ins Land, der belebende Einfluſs des
Steinkohlenbeckens erstreckte sich bald auch hierher, und als die
Blütezeit der Industrie eintrat, begann eine zweite Einwanderung, die
die Volksdichte noch mehr steigerte, freilich auch eine Überspannung
der wirtschaftlichen Verhältnisse zeitigte, die in Zeiten industriellen
Schwankens oder Niederganges schlimme Folgen mit sich brachte.
Eine Berechnung der Ergebnisse der Berufszählung von 1882 ergab
für den Anteil der Industriebevölkerung an der Gesamtbevölkerung
für die Amtshauptmannschaften Annaberg, Flöha, Marienberg 46%,
40%, 37%. Wie hoch diese Procentsätze sind, leuchtet ein, wenn
wir uns erinnern, daſs die Industriebevölkerung der Amtshauptmannschaft Zwickau, deren Natur dem Gewerbfleiſs so entgegenkommt, nur
32% der Gesamtbevölkerung ausmacht.

Der östliche Teil des Erzgebirges, dessen Ostgrenze eine Linie
von Hellendorf an der böhmischen Grenze bis Nossen bildet, zeigt
eine gewisse Ruhe in den Bevölkerungs- und Besiedelungsverhältnissen.
Die Zusammenballungen der Bevölkerung, die so charakteristisch für
die Bezirke der Groſsindustrie sind, sucht man hier vergebens. In
ruhiger, stiller Arbeit muſs der Mensch ein Stück Land nach dem
anderen unter den Pflug genommen und seine Wohnstätten über das
Land verbreitet haben. Diese Art sticht sehr ab gegen den stürmischen
Anlauf, mit dem die Gegenden um Schneeberg, Annaberg und Marien-
cerg in Besitz genommen worden sind. Das Auseinandertreten der mittleren und kleinen Ortschaften belehrt uns, daſs eine dünne Ackerbaubevölkerung dieses Gebiet bewohnt, die freilich nicht mit den günstigen
Verhältnissen rechnen kann, die die Lommatzscher Landbevölkerung
zur reichsten Sachsens machen. Indessen gestattet der leicht gewellte,
magere Gneisboden die Landwirtschaft fast allenthalben; allerdings sind
ihre Erträgnisse keine glänzenden. Nach Norden zu, in der Gegend
von Freiberg, Wilsdruff, Nossen, genügt der Boden höheren Ansprüchen.
Im niedrigeren Osten gedeiht auf dem Gebirgsboden ein Weizen,
dessen Stroh sich sehr gut zum Verflechten eignet. Dieser Umstand
ist die Grundlage der Strohflechterei, der Hausindustrie des östlichen
Erzgebirges, geworden, die indessen für unsere Frage von geringer
Bedeutung ist, da sie ein Nebenerwerb ist, der vorwiegend Frauen
und Kinder beschäftigt. Beträchtliche Gebiete hat der Wald noch in
Besitz, besonders in der Nähe von Altenberg, wo der Geising und
Kahle Berg in kühnen Formen aufsteigen. Der dürftigen Ausstattung
der Erdoberfläche geht die Ärmlichkeit an unterirdischen Schätzen
parallel. Wohl durchziehen zahlreiche Erzgänge die mächtige Gneis-
scholle, aber ihre schwache Erzführung hat nur im Norden, in der
Gegend von Freiberg, einen lohnenden Bergbau aufkommen lassen.

Der Eisen- und Zinnbergbau im Altenberger Revier vermag nur wenig mehr als 400 Menschen an sich zu fesseln. Eine uns ungewohnte Rolle spielen die Thäler der kleinen Flüsse. Die des westlichen und mittleren Erzgebirges zeigten sich uns belebt und bewohnt, jene finden wir fast leer und still. Die Flüfschen und Bäche haben sich tief in die Felsmasse eingewühlt; ihre Thäler sind meist enge Schluchten, deren Gehänge nicht selten als senkrechte, zerrissene Felswände aufsteigen. Die Thalsohlen sind fast durchgängig so schmal, dafs höchstens Wiesenstreifen in ihnen Platz finden; die Feldfluren liegen durchgängig auf der Hochebene. Fassen wir die geschilderten Verhältnisse ins Auge, so werden uns die Ergebnisse der statistischen Berechnung nicht überraschen, die uns belehren, dafs die Amtshauptmannschaft Dippoldiswalde, der Typus unseres Gebietes, der am dünnsten bevölkerte Verwaltungsbezirk seiner Art ist. Nach der Zählung von 1885, bezw. 1890, wohnten auf 1 qkm 79,2, bezw. 80,9 Menschen. Zu der Gesamtbevölkerung von 51 681 Menschen trug nach der Berufszählung der Ackerbau die Summe von 21 654 = 42 % bei, die Waldkultur 1776 — 3½ % —; die Industrie brachte es nur auf 7782 = 15 %, und dabei darf man nicht übersehen, dafs die Holzindustrie, der die Zählung 3780 Menschen — 7 % — zuweist, wesentlich zu jener Summe beiträgt. — Die benachbarte Amtshauptmannschaft Freiberg, die demselben Gebirgsflügel angehört, zeigt in der statistischen Aufstellung von 1885 und 1890 die überraschenden Durchschnittszahlen von 173 und 178 für 1 qkm. Hier offenbart sich der Einflufs zweier Verdichtungen, es sind der Seiffener Winkel im Quellgebiet der Flöha und die weitere Umgegend von Freiberg, deren dichter Kern die Stadt Freiberg, die einzige grofse Stadt des östlichen Erzgebirges, ist. — Die weniger hervortretende Verdichtung des Seiffener Winkels beruht zum grofsen Teil auf dem Waldreichtum der Landschaft, der auf die Verwertung des Holzes hinwies, die sich besonders zur Spielwarenfabrikation ausgebildet hat. Es ist nicht ohne Bedeutung, dafs Laub- und Nadelwald die nahen Höhen und Thalgehänge überziehen. In den gemischten Beständen steht der genannten Industrie ein verschiedenartiger Rohstoff zu Gebote, ein Umstand, der für ihre Mannigfaltigkeit nur förderlich sein kann. In hohem Mafse unterstützt wird sie durch die Triebkraft der zahlreichen Bäche, die durch die Drehereien aufserordentlich ausgenutzt wird. Von Seiffen aus hat sich die Spielwarenfabrikation, die vornehmlich Hausindustrie ist, bis nach Lengefeld und Zöblitz verbreitet, und die zahlreichen, ansehnlichen Ortschaften zeugen von der verdichtenden Kraft, die sie auf die Bevölkerung ausgeübt hat. Um ihren zahlenmäfsigen Ausdruck festzustellen, müssen wir die Ergebnisse der Berufszählung für die Amtshauptmannschaften Marienberg und Freiberg, die sich in den Seiffener Winkel teilen, zu Rate ziehen. Sie giebt für beide Bezirke unter „Forstwirtschaft" 2775 — 2% — an, unter „Holzindustrie" 14 062 — 10%. — Die andere Verdichtung der Bevölkerung, die bei Freiberg, findet ihren natürlichen Erklärungsgrund in dem Vorkommen von Silber-, Schwefel-, Blei- und Arsenerzen, deren Abbau sich von Freiberg aus verbreitet hat. Wir finden den Erzbergbau ausgedehnt über ein Gebiet, dessen äußerste Grenzpunkte mit Meißen, Tharandt und Sayda angegeben werden können. Diese weite Verbreitung der Erzgänge und die daraus sich ergebende Zerstreuung der Gruben bewirken, daß die Verdichtung, die der Erzbergbau schafft, durchaus nicht so in die Augen springt wie die, die die Steinkohle zur Folge hat, die in großen Massen auf kleinem Raume angehäuft ist. Dazu kommt, daß die Erzgänge schmal sind und nur wenigen Menschen ermöglichen, nebeneinander zu arbeiten, so daß die Belegschaften der Gruben weit geringere sein müssen als die der Steinkohlengruben. Die verdichtende Wirkung des Erzbergbaues würde eine noch weniger auffallende sein, wenn sich nicht in unmittelbarem Anschluß an ihn das Hüttenwesen entwickelt hätte, das neben der Verarbeitung der Erze vorzüglich die zahlreichen und wertvollen Nebenprodukte des Silberbergbaues, wie Arsen, Schwefel, Kupfervitriol u. a., ausscheidet. Der glänzende Ruf des Freiberger Hüttenwesens hat zur Folge, daß auch fremde Erze hier zur Verhüttung gelangen.

Für die Bewohnerzahl der Stadt Freiberg ist die Industrie von einiger Bedeutung, die sich in Anlehnung an den Bergbau entwickelt hat, z. B. die Herstellung von Schrot, Gold- und Silberdrähten, die Gewinnung von Gold- und Silbersalzen. Im ganzen und großen hat die Industrie für die Bevölkerungsdichte unseres Bezirkes wenig Bedeutung; der Einfluß der beiden Steinkohlenbecken reicht nicht hierher. Zwar giebt die Berufszählung immer noch 18 765 Menschen als den verschiedenen Industriezweigen zugehörig an, 17% der Gesamtbevölkerung, aber die schon gewürdigte bodenständige Holzindustrie beansprucht davon 8309 oder 7,5%. Der Ackerbau vereinigte 1882 nach derselben Zählung 26 008 Menschen, also 24%, auf seiner Seite; Bergbau und Hüttenwesen standen ihm mit 22 042 Menschenkräften, die 20% darstellen, nach.

Das Elbsandsteingebirge.

An das östliche Erzgebirge schließt sich, ihm in Aufbau und geologischem Charakter durchaus unähnlich, aber in Bezug auf die Bevölkerungsdichtigkeit gleichsam seine Fortsetzung, das Elbsandstein-

gebirge an, das sich in zwei bandartigen Streifen so an die Elbe anlehnt,
daſs es sich nach der Landesgrenze hin breit entfaltet, landeinwärts
aber, nach Pirna, keilartig zuspitzt. Im Westen kann man im allgemeinen die Gottleuba als Grenze angeben. Weniger scharf als diese
verläuft die Ostgrenze, die als eine Linie von Pirna nach Dittersbach
an der Wesenitz, von da über Rathewalde und Hohenstein nach
Hinterhermsdorf gedacht wird. Dieses etwa 450 qkm groſse Gebiet
ist ein Plateau, das, aus Sandstein aufgebaut, in seiner vorwiegend
horizontalen, regelmäſsigen Schichtung als Wassergebilde sich erweist.
Aber der Hochebenencharakter ist heute fast nur ein idealer; an vielen
Stellen erscheint das Gebirge wie aufgelöst. Die Gewässer haben es
mit leichter Mühe, begünstigt durch die geringe Widerstandsfähigkeit
des Materials, in gröſsere und kleinere Blöcke gespalten. So entstanden jene romantischen Schluchten und Gründe und jener Formenreichtum, der eine wesentliche Anziehungskraft des Gebirges geworden
ist und seinen Namen zu einem der bekanntesten gemacht hat. „Auch
das Elbthal ist hier nur ein schmaler, fast senkrecht in den Felsen
gesprengter Kanal, eine von hohen natürlichen Mauern eingefaſste
Felsengasse, vom Zahn der Zeit zernagt und zerklüftet, gleich einer
Reihe von Burgruinen" [1]. Die wilde Zerrissenheit des Gebirges ist
die Ursache, daſs groſse Strecken, aller Kultur unfähig, als tote Felsmasse zu Tage liegen. — Die Entstehung des Gebirges als Niederschlag
aus Sand erklärt seine Bodenverhältnisse. Der Boden ist Sand, dem
nur wenig wertvolle organische Stoffe beigemengt sind. Nach Fallous
Untersuchungen bildet ihn Quadersandstein zu 96 % —98 %. Durchaus locker, selbst im feuchten Zustand nicht bündig, wird er von
Wind und Regen mit leichter Mühe verweht und weggespült. So erklärt sich nicht nur seine Gehaltlosigkeit und Unfruchtbarkeit, sondern
auch seine Flachgründigkeit. Genügsamer Nadelwald bedeckt daher
groſse Strecken. Auch die Wasserarmut, eine in Sachsen ungewohnte
Erscheinung, findet ihre Begründung in dem Charakter des Gebirges.
In dem porösen, zerklüfteten Gestein öffnen sich den Niederschlägen
zahlreiche Pforten in die Tiefe, und nur nach gröſseren Regengüssen
und zur Zeit der Schneeschmelze flieſst ein Teil des Wassers oberflächlich ab. Den Kulturpflanzen, die ihre Wurzeln nicht tief in den
Boden senken, fehlt deshalb oft die genügende Bodenfeuchtigkeit. In
den Schluchten tritt ein Teil des versickerten Wassers an den Schichten-
fugen wieder zu Tage, wenn auch in unbedeutender Menge. Zahlreiche
Thäler und Gründe sind meist nur im Frühjahr von wirklichen Bächen

---

[1] Fallou, Die Ackererden des Königreichs Sachsen. 1868. S. 18.

durchflossen, die im Sommer zu schwachen Wasserfäden zusammenschrumpfen. Besonders in dem Gebiet rechts der Elbe, dessen wagerechte Schichtung dem Wasserzusammenfluß keine bestimmte Richtung weist, macht sich der Wassermangel fühlbar. In den geschilderten Verhältnissen sind die Gründe für die geringe Bevölkerungsdichtigkeit zum größten Teil gegeben. Sie erreicht in den hier in Frage kommenden Amtsgerichtsbezirken Königstein und Schandau nur die geringen Zahlen von 95,8, bezw. 118,7 Menschen auf 1 qkm. Der Ackerbau hat mit schweren Hindernissen zu kämpfen. In den Thälern haben in günstigen Fällen kaum einige Wiesenstreifen, geschweige denn ein Feldstück, Platz, und auf den Hochebenen spottet der trockene, flüchtige Sand oder der barhaupte Fels oft der erfolgreichen Bearbeitung. Die Größe der Ackerbaubevölkerung in unserem Gebiet kann leider nicht angegeben werden, da die Berufszählung die Zahlen nur nach Amtshauptmannschaften angiebt. Die Amtshauptmannschaft Pirna aber, die das Elbsandsteingebirge umfaßt, schließt auch einen Teil des sorgfältig angebauten Elbthales ein. Wenig förderlich für die Besiedelung erweisen sich die Thäler, deren ständige Bewohner wohl nur in seltenen Fällen nach soviel Hunderten zählen, als Tausende sie jährlich durchwandern. Selbst in den wichtigeren fehlt fast überall der Raum zur Entfaltung größerer Ortschaften, und die geringen unsicheren Wasserkräfte können keiner Industrie Aussicht auf erfolgreiche Thätigkeit bieten. Darum hat sich an den Holzreichtum keine weitreichende industrielle Verwertung angeschlossen. Auch das Elbthal stellt der Besiedelung sehr erschwerende Momente entgegen. Von einer Thalsohle ist kaum zu reden, und die oft in Häuserreihen aufgelösten Ortschaften ziehen sich auf schmalen Streifen am Strom hin, dessen Fluten sie häufig genug unter Wasser setzen. Dennoch hat die Anziehung des Stromes, der großen Verkehrsstraße des straßenarmen Gebirges, den Einfluß der ungünstigen Verhältnisse überwunden und eine große Menschenmenge in das Thal gezogen. Als billige Wasserstraße ist er für den Transport von Holz und Steinen, den Produkten des Gebirges, und den Naturerzeugnissen des reichen Böhmens von großer Bedeutung. Mit Geschick haben die Menschen die der Besiedelung günstigsten Stellen herausgesucht. In die Mündungswinkel, die die Schluchten der Bäche mit dem Elbthal bilden und die einigermaßen Platz bieten, haben sich Dörfer wie Schmilka, Krippen und Rathen gedrängt. Größere Siedelungen finden wir da, wo ansehnlichere Flüßchen oder Bäche sich in die Elbe ergießen, deren Thäler breitere Ausgangsthore bilden, vor denen ein größeres Vorland durch Aufschüttung des Gebirgsschuttes entstanden ist. So liegt Pirna

am Einfluſs der Gottleuba in die Elbe, Königstein und Schandau an
der Mündung der Biela, beziehentlich der Kirnitzsch. — Die zahlenmäſsige Darstellung zeigt die Anziehungskraft des Stromes. Von den
27515 Bewohnern der 258 qkm groſsen Amtsgerichtsbezirke Königstein und Schandau wohnten nach der Zählung von 1890 am Ufer
des Stromes auf wenigen qkm 10551, also mehr als der dritte Teil.
— Unvermerkt sind wir den Faktoren nahe getreten, die den Bestand
der vorhandenen Bevölkerung ermöglicht haben und erhalten. Neben
dem Strom ist das Gebirge selbst zu nennen. Viele Tausende von
Besuchern erfüllen jährlich die Gründe und Thäler und bringen Leben
in die stille Natur, die ihre Anziehungskraft wohl nie einbüſsen wird.
Und nicht allein der flüchtige Besucher ist es, der das Gebirge auf-
sucht und dem zu Nutz und Frommen sich andere seſshaft machen,
sondern auch der Naturfreund, der Ermüdete, der Genesende, der sich
in der eigenartigen Natur festsetzt. — Einen wenn auch nur annähernd
zahlenmäſsigen Beleg für die Wirkung der erwähnten Umstände bieten
die Ergebnisse der Berufszählung von 1882, die sich auf die Amtshauptmannschaft Pirna beziehen. Wir finden da unter der Rubrik
Land- und Wasserverkehr die Zahl 6728 — 6 % —, während für den
Handel, der in der Hauptsache nur mit zwei Produkten, Holz und
Steinen, rechnen kann, nur 4164 — noch nicht 4 % — angegeben sind.
Unter der Bezeichnung Beherbergung und Erquickung tritt uns die Zahl
2335 — 2 % — entgegen. Nun steht diese mit gutem Grund hinter
denen zurück, die Dresden, Leipzig, Chemnitz und Zwickau aufweisen,
aber unter den rein ländlichen Amtshauptmannschaften steht die Amtshauptmannschaft Pirna in dieser Beziehung an erster Stelle.

Ein anderer Grundstein, auf dem die Bevölkerungszahlen des
Elbsandsteingebirges sich aufbauen, ist das Gestein selbst, das neben
dem Strom als der wichtigste wirtschaftliche Faktor des Gebirges angesehen werden muſs. Als schönes, leicht zu bearbeitendes Material
spielt der Sandstein bei den Bauten der Elbstädte, die er auf dem
billigen Wasserwege erreicht, eine wichtige Rolle, ohne indessen auf
sie beschränkt zu sein. Seine vortrefflichen Eigenschaften als Bau-
stein haben ihm ein weites Gebiet der Verwertung erschlossen. Auf
seiner Gewinnung und Bearbeitung beruht nach der Berufszählung
von 1882 in der Amtshauptmannschaft Pirna die wirtschaftliche Existenz
von 9112 Menschen, und diese Zahl können wir mit einem ganz geringen Abzug vollständig dem Elbsandsteingebirge zu gute schreiben.
Nehmen wir für die Bevölkerung des Gebirges die der Amtsgerichtsbezirke Schandau und Königstein an, die ziemlich das ganze natürliche Gebiet umschlieſsen, so würde jene Zahl den dritten Teil der

Gesamtbevölkerung ausmachen. Freilich kommt diese Bereicherung an Menschenkräften in der Hauptsache dem Elbthal zu gute, denn der Gesteinsreichtum kann nicht in dem von der Natur gebotenen Umfang nutzbar gemacht werden, da seiner Beförderung überhaupt und der billigen besonders, die für ein solches Rohprodukt unerläfs- liche Bedingung ist, enge Schranken gezogen sind. So ist es ein ver- hältnismäfsig kleines Gebiet, wo Sandstein gewonnen wird: das Elb- thal und die Mündungsgebiete der Nebenthäler. Im Gottleubathal hat die Eisenbahn auf weitere Erschliefsung der wertvollen Rottwerndorfer Sandsteinbrüche einen fördernden Einflufs ausgeübt.

Das Elbthal.

Von einem Elbthal kann man mit vollem Recht erst von Pirna an reden, wo die Elbe aus dem Felsengewirr des Elbsandsteingebirges in den langgestreckten Kessel tritt, der bis Meifsen reicht. Ruhigen Laufes durchfliefst der kraftvolle Strom, der Fesseln ledig, die ihn einschnürten, die schöne Landschaft, deren belebendes Element er darstellt. Die Thalsohle entwickelt sich zu gröfserer Breite, nur bei Meifsen treten die Höhen zu gröfserer Nähe zusammen. Das linke Ufer ist in dieser Beziehung das bevorzugtere. Der Abfall erstirbt hier in flachen Wellenlinien, während auf dem rechten Ufer nur ein schmaler Saum zwischen Flufs und Höhen sich hinzieht. So ist durch die Verhältnisse Raum für die Besiedelung und Bethätigung der menschlichen Kräfte geboten. Die Karte zeigt auch, dafs die Schranken, die das Elbsandsteingebirge der Ausbreitung der Bevölkerung zieht, hier nicht mehr vorhanden sind. Die kleinen und mittleren Ortschaften haben sich gleichmäfsig über das Thal und die sanften Gehänge verbreitet. Die Ackererde, ein Produkt des Stromes, ist teils Sand, teils Mergelsand, ein lockerer, bündiger, leicht bearbeit- barer Boden, dessen natürliche Ertragsfähigkeit eine lange Kultur ge- steigert hat, und auf dessen Fruchtbarkeit ein blühender Acker-, Obst- und Gemüsebau beruht, dessen Produkte teils in der nahen Grofsstadt einen offenen Markt finden, teils als viel begehrte Artikel nach dem Norden verschickt werden. So gewinnen z. B. die Erdbeeren der Löfsnitz unterhalb Dresden geradezu eine wirtschaftliche und Handels- bedeutung. Zahlreiche kleine Existenzen finden in der Bearbeitung des Bodens die Quelle ihres materiellen Wohlergehens. Von den 79 412 Einwohnern, die die Berufszählung von 1882 für die Amts- hauptmannschaft Dresden-Neustadt, den hier in Frage kommenden

Verwaltungsbezirk, angiebt, sind 16668, also mehr als der 5. Teil, auf
Ackerbau und verwandte Beschäftigungen angewiesen.

Möge im Bereich der Erwägungen, die uns hier beschäftigen, die
Bedeutung Dresdens für die Dichtigkeitsverhältnisse des Elbthales Erwähnung finden. Die Grofsstadtnatur Dresdens läfst hier ähnliche
Erscheinungen wiederkehren, wie wir sie schon bei Leipzig beobachten
konnten. Der Bannkreis der Stadt, innerhalb dessen ihre verdichtende
Wirkung nachweisbar ist, ist ein bedeutender. ·Delitsch belehrt uns,
dafs sich gerade bei Dresden zeigt, wie die Bevölkerung der Ortschaften mit ihrer Annäherung an das Bevölkerungszentrum steigt[1].
Nach ihm zeigt die Zunahme der Bevölkerung nördlich von Dresden,
„wo auf der einen Seite die mit Wald und Reben bewachsenen Berge
einen gleichartigen, schmalen, für die Industrie wenig geeigneten
Raum übrig lassen und wo der Grundsatz der Physik, dafs die Wirkung einer Kraft mit dem Quadrat der Entfernung abnimmt, ungestört
walten konnte", in den Jahren 1871/75 folgendes Gepräge:

Pieschen	42,8 %
Trachau	23 %
Kaditz, Mickten, Übigau	14,1 %
Radebeul, Serkowitz	13,5 %
Löfsnitz	8,4 %
Kötzschenbroda	8,1 %
Zitzschewig, Naundorf	5,9 %
Coswig, Kötitz	3,7 %
Sörnewitz	0,6 %

Die nachstehende Tabelle zeigt den verdichtenden Einflufs der
Stadt mit derselben Deutlichkeit in den Bewohnerzahlen der Orte
oberhalb Dresden, die in nordsüdlicher Richtung von dem Bevölkerungszentrum sich entfernen:

Striefsen	10820
Blasewitz	4828
Loschwitz	4325
Wachwitz	844
Niederpoyritz	620
Pillnitz	693
Oberpoyritz	184

Gedenken wir endlich noch des verdichtenden Faktors, dessen
ideale Natur in einem seltsamen Gegensatz zu den prosaischen Er-

---

[1] Delitsch, Bevölkerungszunahme und Wohnortswechsel. Eine statistische
Skizze. Petermanns Mitteilungen. 1880. S. 129.

wägungen steht, die uns bis jetzt beschäftigten. Es ist die Schönheit
der Natur, die das Elbthal in hervorragendem Mafse auszeichnet und
die Gebauer geradezu als volkswirtschaftlichen Faktor anführt[1].
Die Anmut, die über die Gelände ausgegossen ist und die in dem
Gegensatz zwischen dem rebenbekränzten Steilabfall der Lausitzer
Platte auf dem rechten Elbufer und den sanften Linien, in denen
auf der linken Seite die erzgebirgischen Terrassen sich zur Elbe
senken, zur schönen Entfaltung kommt, ist ein Vorzug, der nicht nur
den flüchtigen Besucher fesselt, sondern zum Bleiben einladet. Die
Blüte der Villenorte ober- und unterhalb Dresden beruht auf diesem Vorzug.

Die Wirkungen der hervorgehobenen Thatsachen haben sich für
die Dichtigkeit der Bevölkerung in hohem Grade günstig bewiesen.
In der 371,26 qkm grofsen Amtshauptmannschaft Dresden-Neustadt
wohnten 1885 82628, 1890 102543 Menschen, auf 1 qkm durchschnittlich 225,3, bezw. 279,7.

Fassen wir die einzelnen hervortretenden Verdichtungen des Elbthales ins Auge, so beansprucht zunächst Pirna, die viel passierte
Eingangspforte in die sächsische Schweiz, unsere Aufmerksamkeit. In
der raschen Entwickelung, die sich in der Verdoppelung ihrer Bewohnerzahl seit 1834 ausspricht, offenbart sich deutlich die Gunst
ihrer Lage. Am Ende des Elbdurchbruches gelegen, da, wo der Strom
das freie Land betritt, empfindet die Stadt nicht die unliebsame Beschränkung der Entfaltung wie ihre Schwestern im Gebirge. Der
Strom weist auf den Handel, und der ist auch die starke Seite der
Stadt geworden. Erweitert wird er durch den Eisenbahnverkehr,
dessen Linien sich hier, wo die einmündenden breiten Thäler der
Gottleuba und Wesenitz die Anlegung von Schienenwegen begünstigen,
zu einem Knoten schürzen. Wenn die Berufszählung von 1882 für
die Amtshauptmannschaft Pirna, die damals 110906 Einwohner zählte,
unter Verkehr die Zahl 6728 — 6 % — und unter Handel die Zahl 4164
— fast 4 % — aufführt, so darf man für die Stadt Pirna ein gutes Teil in
Anrechnung bringen. Die mannigfaltigen Gaben der Umgebung, der
Sandstein des Gebirges, die nahen Thon- und Lehmlager, der Weizen,
der auf dem mageren Gneisboden in der Gegend von Mügeln und
Dohna seine Halme reift, die für Strohflechterei und -näherei ein
brauchbares Material abgeben, sind die Grundlagen einer emsigen Bethätigung geworden.

Das Herz des Elbthales ist Dresden, eine Stadt, die die Gunst der
natürlichen Verhältnisse und die der sächsischen Fürsten in die Höhe

---

[1] Gebauer, Die Volkswirtschaft im Königreich Sachsen. 1888—1892. S. 63.

gebracht hat. Als Mittelpunkt der Verwaltung des Landes, als Sitz
des Hofes übt die Hauptstadt des Landes eine leicht erklärliche Anziehungskraft aus. Die Berufszählung von 1882 giebt für Dresden,
das in diesem Jahre 222241 Einwohner zählte, 32530 — 14½% —
unter der Rubrik Staats-, Gemeinde-, Kirchendienst u. s. w. an. — Die
Stadt liegt in der Mitte des Elbthales, „da, wo der Strom durch zwei
von Nord nach Süd ins Elbthal gebaute Schutthalden eingeschnürt
erscheint und einst in dem von Überschwemmungen heimgesuchten
Gebiet die Gelegenheit einer Ansiedelung auf trockenem Boden gab"[1],
in einer fruchtbaren Landschaft, deren wirtschaftlicher und Handels-
mittelpunkt es mit derselben Notwendigkeit wurde wie Leipzig für
seine Umgebung. Aus dem vorbeifliefsenden Strom, der die Verbindung mit der norddeutschen Tiefebene und den wichtigen Elb-
städten Hamburg und Magdeburg erleichtert, schöpfen Handel und
Verkehr zum grofsen Teil ihre Kraft und Bedeutung. Die meisten
der zahlreichen Besucher des Elbsandsteingebirges, dessen Berge von
der Stadt aus zu erkennen sind, führt ihr Weg über Dresden. Die
Gestalt des Elbkessels lenkt den Landverkehr, besonders den Eisenbahnverkehr, hier zusammen. Vier Eisenbahnlinien: Leipzig-Meifsen-
Dresden, Leipzig-Riesa-Dresden, Berlin-Dresden, Cottbus-Grofsenhain-
Dresden neigen sich im Elbthal zusammen und finden in Dresden
ihren Vereinigungspunkt. Besonders wertvoll wird es immer sein, dafs
die kürzeste Verbindung zwischen Berlin und Wien über Dresden
führt. Mit den genannten nord-südlichen Bahnen kreuzen sich wichtige Bahnen aus Westen, die das handelsthätige Leipzig und das
gewerbfleifsige Erzgebirge mit der Hauptstadt verbinden und ihre Fortsetzung in der wichtigen Linie Dresden-Bautzen-Görlitz-Breslau finden,
die nach der Lausitz und Schlesien führt. Nach diesen Erwägungen
wird die Zahl 17543 von 222241 — 8% —, die die Berufszählung
von 1882 unter der Rubrik Land- und Wasserverkehr für Dresden
angiebt, nicht befremden. Leipzig steht mit 9215 — 6% — hinter
dieser Zahl zurück. Auf den Handel gründete sich die Existenz von
26516 Personen — nahezu 12% —, und diese Zahl ist nicht sehr
weit entfernt von den 31401 — 20% —, die die Handelsbevölkerung
Leipzigs ausmachen. — Die günstige Verkehrslage, die so frucht-
bringend für das Wachstum der Bevölkerung sich erweist, ist auch
bedeutsam für die Industrie Dresdens, der die Stadt besonders in den
letzten Jahrzehnten den schnellen wirtschaftlichen Aufschwung verdankt. Aus der Lage Dresdens an einem schiffbaren Strom erwächst

---

[1] Kirchhoff, Unser Wissen von der Erde. 1887. S. 456.

der Industrie der Vorteil, auf dem billigen Wasserwege sich die Rohstoffe zu verschaffen und die Fabrikate zu versenden. Den mächtigsten
Hebel ihrer Entwickelung findet sie aber in den nahen Kohlenflözen,
die ihr das Lebenselement, die billige Kohle, liefern. Die Bevölkerung,
die durch diesen Umstand herangezogen worden ist, bildete 1882 in
der Gesamtbevölkerung den wichtigen Summanden von 36 534, also 16 %.

Lassen wir endlich noch den verdichtenden Faktor als Zahl in
die Erscheinung treten, den wir schon in den Bevölkerungsverhältnissen des Elbthales wirksam gesehen haben. Es ist die schöne Lage
Dresdens inmitten zahlreicher Landschaftsreize und einer Anmut, die
sich besonders in der näheren Umgebung offenbart. Sie ist es zum
gröfsten Teil, die Dresden zur Fremdenstadt und zu einer grofsen
Ruhe- und Erholungsstation gemacht hat. Es wird deshalb nicht
wunder nehmen, wenn die Berufszählung von 1882 für Dresden
26 878 — 12 % — für solche ohne Beruf angiebt.

Am Ende des Elbkessels liegt Meifsen mit seinen 18 000 Einwohnern, an der Stelle, wo auf beiden Seiten Höhen in ununterbrochener Reihe den Strom einschliefsen. Ein Felsen, der auf dem
linken Ufer herausfordernd nach der Elbe zu hervortritt, durch tiefe
Thäler von drei Seiten unnahbar, war die Veranlassung, dafs Heinrich I.
hier eine Burg anlegte, deren Besatzung die umwohnenden Daleminzier
im Zaume halten sollte. Die strategische Bedeutung des Platzes rief
eine Ansiedelung hervor, die sich rasch entwickelte und eine hohe
Bedeutung für das Land gewann. Die aufserordentlich fruchtbare
Landschaft, der Strom und sein belebender Einflufs, die Sicherheit
der Lage, die sich besonders im Anfang der Entwickelung der Stadt
von Nutzen erwies, das sind wohl die geographischen Faktoren, die
Meifsen aufblühen liefsen und seine Bevölkerung steigerten. Es trat
die menschensammelnde Industrie dazu, deren Entwickelung einerseits durch die Lage an der Elbe begünstigt wird, andererseits
sich des Vorteils erfreut, die Rohstoffe, die sie verarbeitet, in
der nächsten Umgebung zu finden. Es sind die reichen Lager von
Thon- und Porzellanerde, die, aus verwittertem Felsitporphyr entstanden,
besonders südlich und südwestlich von der Stadt ausgebeutet werden.
Neben der altberühmten Meifsner Porzellanfabrik, deren Produkte in
alle Welt gehen, verarbeitet die ausgedehnte Thonwarenindustrie
Meifsens die genannten Rohstoffe. In der Zahl von 6546 Menschen
— 7 % —, die die Berufszählung von 1882 für die Amtshauptmannschaft Meifsen als die aufführt, deren wirtschaftliche Existenz auf der
Verarbeitung von Steinen und Erden beruht, ist diese Thatsache ziffer-
mäfsig ausgedrückt.

Mit Meifsen glaubt der Verfasser das Elbthal abschliefsen zu
dürfen. Weiter nach Norden verflachen sich die Uferränder des
Stromes immer mehr; die Ebene beginnt sich auszubreiten.

Das Potschappeler Steinkohlenbecken.

Bei Dresden mündet die Weifseritz, ein kleines Gebirgsflüfschen,
dessen Thal durch seine grofse Bevölkerungsdichte dem forschenden
Blicke nicht entgehen kann. Von jeher hat es eine zahlreiche Bevölkerung beherbergt, für welche die Fruchtbarkeit des Bodens, die
ausgiebige Triebkraft des Flüfschens, das wertvolle Steinmaterial der
Felsengehänge, das in der nahen Grofsstadt die ausgiebigste Verwendung
fand und noch findet, die Quellen reicher Bethätigung wurden. Die Erschliefsung der Steinkohlenlager, die besonders in diesem Jahrhundert
betrieben wurde, hat die Dichtigkeit aufs höchste gesteigert und das
Weifseritzthal mit seinen Seitenbuchten zur belebtesten Landschaft
Sachsens umgewandelt. Es war natürlich, dafs dieses Steinkohlen-
gebiet der Mutterboden einer bedeutenden Industrie wurde, die besonders vor den Thoren Dresdens ihre zahlreichen Werkstätten errichtet hat und deren Entwickelung die günstigen Umstände zu gute
kommen, die wir der Dresdner Industrie zusprechen mufsten. Die
Amtshauptmannschaft Dresden-Altstadt umschliefst das Kohlenbecken
nicht ganz, dennoch läfst sie in ihren Dichtigkeitsverhältnissen den
Einflufs der unterirdischen Bodenschätze deutlich erkennen. Sie zählte
1885 auf 249 qkm 90 908 und 1890 105 965 Menschen, auf 1 qkm
also 364, bezw. 427,6, während die benachbarte Amtshauptmannschaft
Dippoldiswalde, die von so wirksamen Faktoren wie Steinkohlenbergbau und Industrie so gut wie nicht berührt wird, nur 80,9 Bewohner
auf 1 qkm aufweisen kann. Nur die Amtshauptmannschaften Leipzig
und Glauchau übertreffen sie an Bevölkerungsdichte, haben freilich
vor ihr voraus, dafs sie kein grofses, menschenarmes Waldgebiet
(Tharandter Wald) umschliefsen. Von den 86 089 Menschen, die nach
der Berufszählung von 1882 als Bevölkerung für unseren Verwaltungsbezirk sich ergaben, waren 10 809, also 12½ %, die der Bergbau,
5547 — 6 % —, die die Verarbeitung von Steinen und Erden, 15 057
— 18 % — der Bevölkerung, die die Industrie teils unmittelbar beschäftigte, teils mittelbar erhielt. Die Cultur des Bodens, dessen Ergiebigkeit wir schon betonten, spielte mit 11 379 Menschen — 13 % —, die sie
sich dienstbar gemacht, eine beachtenswerte Rolle. Die Grundlagen
der Bevölkerungsverhältnisse zeigen also hier dieselben Umrisse wie

im Zwickauer Steinkohlenbecken. Besonders deutlich offenbart sich die Wirkung der geschilderten Umstände, wenn wir den Amtsgerichtsbezirk Döhlen, der das Kohlenbecken einschließt, ins Auge fassen. Auf dem kleinen Flächenraum von 29,40 qkm wohnten 1885 25 983, 1890 28 717 Menschen, auf 1 qkm im Durchschnitt also 893 bezw. 976,9! Nur die Amtsgerichtsbezirke Leipzig und Dresden, denen die volkreichen Großstädte das Übergewicht sichern, übertreffen sie noch.

Das Lausitzer Bergland.

Das Lausitzer Bergland unterscheidet sich in wesentlichen Stücken vom Erzgebirge und zeigt deshalb in seinen Wirkungen auf die Bevölkerungsdichte ein anderes Bild als das linkselbische Gebirge. Es ist kein eigentliches Gebirge; ohne Zusammenhang und regellos sind die meist bewaldeten Berge und Hügel zerstreut, bald hier, bald da die gleichmäßige Besiedelung störend, die das Erzgebirge so begünstigt. Im Süden erhebt sich der Granit, das Grundgestein des Berglandes, zu bedeutenden, flach gewölbten Bergen, im Norden verflachen sich die Höhen mehr und mehr. Im Westen schieben sich die Erhebungen bis an die Elbe vor und begleiten deren Ufer bis über Meißen hinaus. Eine Grenze gegen das Tiefland ist wegen des allmählichen Überganges der beiden Bodenformen schwer zu ziehen. In seiner charakteristischen Ausbildung zeigt sich das Bergland in den Amtshauptmannschaften Zittau, Löbau, im südlichen Teil der Amtshauptmannschaft Bautzen und in den Gegenden von Radeberg, Stolpen und Neustadt. Vergebens suchen wir innerhalb dieser Gebiete einen größeren Fluß; die Spree wird erst im Tieflande bedeutend, und die Neiße erlangt erst außerhalb Sachsens eine größere Wichtigkeit. Die kleineren Gewässer, deren Wasserführung und Gefäll, der Höhe des Berglandes entsprechend, gering ist, umgehen meist in sanft eingeschnittenen Thälern das feste Gestein und leisten der Industrie nur geringe Dienste. Ebenso entbehrt das Bergland der Steinkohlen und damit eines wesentlichen Faktors der Bevölkerungsverdichtung. In diesen Verhältnissen liegen die Gründe für die geringere Bevölkerungsdichtigkeit der Lausitz. Wäre nicht die ausgebreitete Hausindustrie der Weberei, so würde die durchschnittliche Bevölkerung auf 1 qkm in den Amtshauptmannschaften Löbau, Zittau, Bautzen 135, 152, 104 heißen und nicht 177, 225, 124 (Berufszählung 1882). Versuchen wir nun die geographischen Faktoren zu würdigen, die in größerem oder geringerem Maße eine Grundlage der vorhandenen

4*

Bevölkerungsdichte sind. Von grofser Wichtigkeit erweisen sich die
Bodenverhältnisse, denen der Ackerbau seine hohe Blüte verdankt.
Ein grofser Teil des Berglandes ist von Thonlehm bedeckt, der für
die Bodenkultur von hohem Werte ist. Seine Mächtigkeit wechselt
im bergigen Teil, also besonders im Süden, sehr, wo sie im Durchschnitt kaum 1 m erreicht. Dagegen wächst sie in dem Gebiet, das
durch die Städte Zittau, Ostritz, Löbau, Bautzen gekennzeichnet ist,
so, dafs man vergebens nach einer Blöfse des Gebirges sucht. Da die
günstige Zusammensetzung der Ackererde zugleich in dieser Richtung
wächst, so gewinnen diese Gegenden eine ähnliche Bedeutung für den
Ackerbau wie das Gebiet zwischen Mulde und Pleifse. Die folgenden
Zahlen der Berufszählung von 1882 zeigen die Bedeutung des Ackerbaues für die Gesamtbevölkerung und die Zunahme der Ackerbaubevölkerung mit der Güte und Mächtigkeit des Bodens. Die Ackerbaubevölkerung der Amtshauptmannschaft Zittau betrug 1882 17 907,
der Amtshauptmannschaft Löbau 24 604, der Amtshauptmannschaft
Bautzen 38 390. Im erstgenannten Verwaltungsbezirk gehörten nahezu 19 % der Gesamtbevölkerung zur Ackerbaubevölkerung, im zweiten
26 %, im dritten 37$^{1}/_{2}$ %. Leider geniefst nicht das ganze Bergland
die Gunst der erwähnten Bodenverhältnisse. Die Striche bei Bischofs-
werda, Radeberg und Stolpen haben einen viel geringwertigeren Boden,
von dem man grofse Teile dem Wald überlassen hat. Demgemäfs
rücken die Siedelungen, deren Bevölkerung zum gröfsten Teil auf Industrie angewiesen ist, auseinander. — In seinem Granit und Sandstein liefert das Bergland ein wertvolles Material. Wie der Sandstein der sächsischen Schweiz, so wird auch der Granit der Lausitz
in bedeutenden Massen ausgebeutet. Die Produkte der zahlreichen
Steinbrüche sind umsomehr eines reichlichen Absatzes sicher, als sie
der felsenarmen norddeutschen Tiefebene nahe liegen. Die Berufszählung von 1882 giebt für die in Frage kommenden genannten Amtshauptmannschaften 8909 Menschen an — 2$^{1}/_{3}$ % —, für die der Steinbruchbetrieb die Grundlage der wirtschaftlichen Existenz bildet. Eine
unbedeutende Rolle spielen die Braunkohlen, die in geringer Tiefe lagern
und mit leichter Mühe gefördert werden können. Doch kann ihr geringer Wert, der einen weiten Transport nicht erlaubt, wenig Einflufs
auf die Erwerbsthätigkeit und die Zahl der Menschenkräfte gewinnen.
Im Jahre 1889 waren es nur wenig über 2000 Arbeiter, die in den
zerstreuten Gruben, die nur in der Zittauer Gegend in gröfserer Anzahl sich finden, beschäftigt wurden[1].

---

[1] Gebauer. Die Volkswirtschaft im Königreich Sachsen. 1891. S. 600.

Eine Art Vorland des Lausitzer Berglandes ist die Lausitzer Bucht, durch welche jenes vom Sudetenzug getrennt wird. Von Görlitz her zieht sich zu beiden Seiten der Neiſse durch den südöstlichen Winkel Sachsens bis nach Reichenberg in Böhmen ein flachwelliges Land von ungefähr 200 m Höhe. Wie die Leipziger Bucht zeichnet auch sie sich durch hohe Fruchtbarkeit des Bodens aus, während sich in der Tiefe zahlreiche Braunkohlenflöze finden. Auch in Bezug auf ihre Verkehrsbedeutung kann sie mit dem dicht bevölkerten Leipziger Tieflandbusen in Parallele gestellt werden. Sie leitet die Verkehrswege über und um die Lausitzer Platte in das nordöstliche Böhmen. Die genannten Vorzüge machen diese Bucht zur bevölkertsten Landschaft der Lausitz. 1890 bewohnten sie in 16 Ortschaften 35 126 Menschen; das sind nahezu 38 %/o der Gesamtbevölkerung der dichtbevölkerten Amtshauptmannschaft Zittau. In dieser Bucht, inmitten einer fruchtbaren Landschaft, an der wichtigen Verkehrsstraſse, die jene mit dem reichen Böhmen und dem gewerbfleiſsigen Schlesien in Beziehung setzt, in einem Braunkohlengebiet, das der Industrie eine wichtige Unterstützung bietet, an der Grenze gegen Österreich, konnte eine Stadt entstehen, deren rasche Entwickelung auf natürlichen Grundlagen sie zur ersten Stadt der Lausitz erhob. In den Ergebnissen der Berufszählung von 1882 finden wir unter der Rubrik Industrie für Zittau 5421 Menschen angegeben, unter Handel und Verkehr 3090, unter Landwirtschaft und Gärtnerei 1323. Diese Zahlen repräsentieren 24 %/o, 14 %/o, 6 %/o der Gesamtbevölkerung.

Neben Zittau nimmt Bautzen eine wichtige Stellung ein, die sich vom Geographen wohl begründen läſst. Die Stadt liegt auf der Grenze zwischen Tiefebene und Gebirgsland, von denen dieses die Grundlage des Gewerbes, jenes die der Landwirtschaft bildet. So gelegene Orte sind stets Stapel- und Austauschplätze der gegenseitigen Erzeugnisse. Die günstige Lage an den zwei alten Verkehrsstraſsen, denen die Natur des Landes die Richtung über Bautzen wies, war ein weiteres Moment, das für das Wachstum der Bevölkerung der Stadt Bedeutung gewann. Die Eisenbahnlinien, deren Knotenpunkt Bautzen geworden ist, folgen der Richtung jener Straſsen, deren eine der Spreelinie parallel lief, während die andere an der Grenze des Berglandes auf ebener Bahn Dresden zustrebte.

Überblicken wir zum Schluſs die Wirkungen der geographischen Faktoren auf die Bevölkerungsdichte des Lausitzer Berglandes, so kann nicht geleugnet werden, daſs ihr Gewicht in die Wagschale fällt. Dennoch spielen sie in der Begründung derselben nicht die Haupt-

rolle. Diese muſs der Industrie zuerkannt werden, die freilich keine
bodenständige ist. Es ist belehrend, zu sehen, wie die Industriebevölkerung im allgemeinen nach Süden zunimmt, entsprechend der Erhebung des Landes, der Mannigfaltigkeit der Gliederung, die dem
Ackerbau sich hindernd in den Weg stellen und den Menschen an den
Webstuhl oder in die Fabrik weisen. 1882 betrug der Anteil der
Industriebevölkerung an dem Gesamtergebnis der Zählung in der Amtshauptmannschaft Bautzen 24 %, in der Amtshauptmannschaft Löbau
41 %, in der Amtshauptmannschaft Zittau 40 %.

Das Flachland rechts der Elbe.

Dieses Gebiet, dessen Natur und Bevölkerungsdichte sich scharf
von denen des Lausitzer Berglandes abheben, dehnt sich als ein flachwelliges, zum Teil ebenes Land im Norden Sachsens aus. Kleine
Flüsse durchziehen zwischen niedrigen Uferrändern in zahlreichen
Windungen mit geringem Gefäll das Tiefland, oft sich in Arme spaltend,
oft im Lauf fast ersterbend. Sie spielen weder durch ihre Trieb-,
noch durch ihre Tragkraft eine Rolle. Die zahlreichen Bodensenken
füllen häufig schilfdurchwachsene Teiche, in anderen haben sich Sümpfe
und Moore eingebettet. Der gröſste Teil des Flachlandes ist mit ge-
haltlosem Heidesand überzogen, der zu ²/₃ aus feinem, losem Quarzsand besteht, darum so gut wie keine Bündigkeit besitzt und sogar
die Erscheinung des Flugsandes zeigt. So ist ein groſser Teil dieses
Schwemmlandes mit dem Mal der Unfruchtbarkeit gezeichnet, und
ausgedehnte Strecken mögen dem Ackerbau wohl für immer entzogen
sein. Wohl treten inselartig zwischen den öden Sandflächen Ein-
lagerungen von fruchtbarem Boden und verwittertem Grundgestein
auf, deren kräftige Pflanzenbedeckung sich vorteilhaft von der Umgebung abhebt, aber sie sind zu klein und zu wenig zahlreich, als
daſs sie das allgemeine Urteil ändern könnten. Ausgedehnte Waldungen,
die den unergiebigen Boden wenigstens nach einer Richtung hin nutz-
bringend machen, schieben sich zwischen die Kulturflächen. Kärglich
ist auch, was der Schoſs der Erde zu spenden vermag. Granit und
Grauwacke, die in zerstreuten Steinbrüchen gewonnen, Braunkohlen,
die hier und da gehoben werden, Thoneinlagerungen, die für lokale
Industrieen, wie die Töpferei in Kamenz, einige Bedeutung haben, sind
alles, was auſser dem Boden an natürlichen Gaben dem Menschen zur
Bethätigung seiner Kräfte zur Verfügung steht. Die Wirkung all der
ungünstigen Verhältnisse liegt auf der Hand. Es kann uns nicht

überraschen, wenn die statistischen Erhebungen uns berichten, daſs
die Amtshauptmannschaften Groſsenhain und Kamenz, die hier in Betracht kommen, in Bezug auf ihre Bevölkerungsdichtigkeit an vor- und
drittletzter Stelle der Verwaltungsbezirke ihrer Art stehen. Die letzte
Zählung ergab 90,5, bezw. 89,5 Bewohner für 1 qkm. Einen sprechenden
Ausdruck finden die Bevölkerungsverhältnisse im Kartenbild, das
die kleinen und mittleren Dörfer weit auseinander gerückt zeigt;
bedeutende Städte hat das Flachland nicht hervorbringen können.
Nur Groſsenhain scheint durch seine Industrie, für deren rasche Entwickelung natürliche Momente kaum maſsgebend sein dürften, einer
gewissen Blüte entgegengehen zu wollen. — Da die Verhältnisse des
Flachlandes im groſsen und ganzen überall die gleichen sind, so ist
auch die Verteilung der Bevölkerung eine gleichmäſsige, und selbst
die Flüsse, die auch hier gern die Siedelungen an sich fesseln und
gleichsam Oasenreihen im dürren Sand bilden, den sie auf einige
Entfernung tränken und befeuchten, bringen keine Verschiebung hervor. — Noch bildet die Kultur des Bodens, die mit demselben un-
verdrossenen Fleiſs betrieben wird wie der Ackerbau auf den rauhen,
unfruchtbaren Höhen des Erzgebirges, die Hauptbeschäftigung der
Menschen, aber schon schiebt sich die Textilindustrie, auch hier vorwiegend Hausindustrie, in die unfruchtbaren Gebiete, den Händen
Beschäftigung bietend, für die die Landwirtschaft keine Arbeit hat.
Ohne sie würde die Bevölkerungsdichte noch geringer sein. 1882
waren in der Amtshauptmannschaft Kamenz von der Gesamtbevölkerung von 57 689 Menschen 22 121 — 38 % — auf den Ackerbau
19 328 — 33$\frac{1}{2}$ % — auf die Industrie hingewiesen, und in der Amtshauptmannschaft Groſsenhain gehörten von 64 945 Bewohnern 25 267
— fast 39 % — zur Ackerbaubevölkerung, 9 447 — 14 % — zur
Industriebevölkerung.

Die Bevölkerungskarte.

Das Feld, das in dieser Arbeit angebaut wird, ist bekanntlich
ein Grenzgebiet zwischen Statistik und Geographie. Die Statistik hat
insofern groſsen Raum auf diesem Gebiet gewonnen, als die Ermittelung
und besonders die Darstellung der Volksdichte in der Hauptsache nach
ihren Principien durchgeführt wird. Es sind wesentlich 2 Formen
der Darstellungsweise, die uns in den statistischen, aber auch geographischen Arbeiten begegnen, die sich über das Thema der Volksdichte verbreiten, das Diagramm und das Kartogramm. Das erstere

ist eine Veranschaulichung durch Punkte, Linien und Figuren, das letztere eine Karte, auf der die gewonnenen Durchschnittszahlen durch Schraffur oder Farbe dargestellt werden. Unseres Wissens giebt es nur 2 ältere Karten, die vom rein geographischen Standpunkte die Volksdichte zu veranschaulichen suchen, die Petermannsche Karte von Siebenbürgen [1] und die Karte der Bevölkerungsdichte von Sachsen von Lange [2]. Während jene sehr klein ist, so dafs die verschiedenen Signaturen, die die Siedelungen darstellen, nur schwer von einander zu unterscheiden sind, ist auf dieser das Princip der geographischen Bevölkerungskarte, die, um es vornweg zu sagen, eine Karte der Wohnplätze ist, rein durchgeführt; nur wirkt störend, dafs den gröfseren Orten der Name beigefügt ist. Die vorliegende Karte ist auch eine geographische Bevölkerungskarte und will also besonders dem Geographen dienen, was mit allem Nachdruck hervorgehoben sein soll. Zweifellos hat dieser das Recht, sich eine Darstellungsweise zu schaffen, die seinen Bedürfnissen besser entspricht als die statistische. Den Statistiker, der einen anderen Standpunkt einnimmt als der Geograph, wird sie wahrscheinlich nicht befriedigen, und er wird meinen, dafs seinen Anforderungen ein Diagramm oder Kartogramm mehr genügt. — Warum befriedigt aber den Geographen die statistische Darstellungsweise nicht? Das Diagramm zunächst ist für ihn völlig wertlos, weil es eine zahlenmäfsige Darstellung ist, die auf die Fragen nach dem Wo und Warum stumm bleibt. Einen gröfseren Wert hat für ihn die statistische Karte oder das Kartogramm, das den Vorzug hat, die geographische Lagerung der Bevölkerung zu zeigen. Bekanntlich wird ein Kartogramm entworfen, indem man die mittlere Volksdichte für miteinander gleichwertige Bezirke berechnet und diese auf der Karte mit einer der Volksdichte entsprechenden Schraffur oder Farbe belegt. Es ist keine Frage, dafs eine solche Karte den Zug des Schematischen und Summarischen an sich tragen mufs, denn die Bezirke sind selten der Natur des Landes angepafst, und ihre Grenzen trennen sehr oft, was zusammengehört und vereinigen Verschiedenartiges. Diese Grenzlinien entsprechen durchaus nicht den Kurven, die die Gebiete verschiedener Bevölkerungsdichte von einander scheiden. Schematisch wird eine solche Karte besonders durch die Darstellung der mittleren Volksdichte der einzelnen Bezirke. Indem der Statistiker die Menschen auf einen Flächenraum gleichmäfsig zerstreut, entfernt er sich um so

[1] Petermann, Bevölkerung Siebenbürgens. Petermanns Mitteilungen. Tafel 25. 1857.
[2] Lange, Atlas von Sachsen. 1860. Karte Nr. 8.

mehr von der Wirklichkeit, je größer die Bezirke sind, die er gewählt hat, und je mehr verschiedenartige Elemente er deshalb in das
Prokrustesbett des Durchschnitts gezwängt hat. Es wird niemandem
einfallen, ihm einen Vorwurf daraus zu machen; für seine Zwecke
wird eine solche Karte ihren hohen Wert haben, aber nicht für den
Geographen, der den Erdboden im Auge hat. Brauchbarer wird ein
Kartogramm für diesen, wenn kleine Bezirke gewählt werden; eine
solche Karte antwortet mehr und richtiger. Den Aufbau des Karto-
gramms aus möglichst vielen kleinen Elementen hat besonders Georg
Mayr empfohlen, der diese Methode die geographische Methode in der
Statistik nannte. Freilich behalten auch bei weitgehender Verkleinerung der Verwaltungsbezirke bei kleinem Maßstab die Grenzen
als Scheidelinien von Gebieten verschiedener Volksdichtigkeit immer
etwas Gezwungenes, Unnatürliches, was dem Geographen wenig zu-
sagt[1]. Von der zuletzt erwähnten Darstellungsweise ist es nicht mehr
weit zur geographischen Karte. Wenn es klar ist, daß eine Karte
der Bevölkerungsdichtigkeit nur gewinnt, je kleiner die Elemente
sind, aus denen sie sich aufbaut, warum thut man dann nicht den
letzten Schritt, indem man zu den Wohnplätzen heruntersteigt und
sie als Elemente der Bevölkerungskarte verwertet? Es ist doch recht
naturgemäß, die Bevölkerung da darzustellen, wo sie in Wirklichkeit
vorhanden ist, nämlich in ihren Wohnplätzen. Den Geographen, für
den die Durchschnittszahlen bei weitem nicht den Wert haben wie
für den Statistiker, muß dieser Gedanke besonders ansprechen, und
es ist nicht ohne Interesse, daß ein Geograph zuerst diesen Weg
einschlug. Ist doch die Erdoberfläche mit ihren Erscheinungen das
Gebiet seiner Forschung, und ist doch der Mensch auch ein Teil
der Erdoberfläche, die er umgestaltet und mit seinen Spuren zeichnet,
aus deren Zahl und Größe der Geograph auf die Zahl derer schließt,
die sie hinterließen. Eine Karte der Siedelungen entspricht der wirklichen Verteilung der Menschen in der That mehr als die statistische.
Der Statistiker wird selbst Gletscher und Einöden mit der Schraffur
oder Farbe bedecken, die dem Gebiet zukommen, das sie einschließt;
auf der geographischen Karte werden sie leer erscheinen, wie sie in
Wirklichkeit sind. Auch in Bezug auf die zahlenmäßige Darstellung
wird diese den thatsächlichen Verhältnissen mehr entsprechen als die
statistische, indem sie, so weit es möglich ist, die wirklichen Einwohnerzahlen zum Ausdruck bringt. Besonders aber ermöglicht sie

---

[1] Küster, Zur Methodik der Volksdichtedarstellung. Ausland 1891. Heft 8. 9.
S. 156.

in höherem Maße als die statistische Karte, aus der Zahl und Größe
der Siedelungen, aus ihrer Anhäufung und Zerstreuung, die der
größeren oder geringeren Volksdichte parallel gehen, auf die geographischen Faktoren zu schließen. Wenn Küster in seiner Kritik
der verschiedenen Darstellungen der Volksdichte sagt: Eine Volks-
dichtekarte, die den Anthropogeographen befriedigen soll, muß die
Anzahl der auf dem dargestellten Gebiete lebenden Menschen getreu
wiedergeben, sie muß deren naturwahre Verteilung über das Gebiet
in ihrer Abhängigkeit von sämtlichen geographischen Faktoren zur
Darstellung bringen[1], so könnte eine gut gezeichnete geographische
Karte der Volksdichte Anspruch machen, diesen Anforderungen zu
genügen.

Die Karte, die der Verfasser hiermit vorlegt, macht nicht den
Anspruch, eine vollendete geographische Karte der Bevölkerungsdichte
darzustellen. Sie ist ein Versuch und kann nichts anderes sein. Der
Weg zur Vollendung wird auch hier durch die Erfahrung gehen.

Der im Maßstab 1 : 375 000 gezeichneten Karte liegen die Angaben
der Generalstabskarte von Sachsen (Ausgabe 1888—1890) und die
Ergebnisse der Volkszählung von 1890 zu Grunde. Die Orte mit
mehr als 1000 Einwohnern wurden nach ihrer wirklichen Gestalt und
entsprechenden Größe dargestellt; der gewählte Maßstab zwang den
Verfasser, für die kleineren Orte Symbole anzuwenden. Doch hat
diese Art und Weise den Vorzug, auf der Karte sofort die Ackerbau-
gebiete erkennen zu lassen, die gewöhnlich mit kleinen Ortschaften
besetzt sind. Die Intensität des Wohnens wurde wiederzugeben versucht durch eine wechselnde Betonung und Verdoppelung der Umrisse,
sowie durch eine fortschreitende Ausfüllung durch Schraffur. Be-
friedigend ist allerdings auf diese Weise das Problem noch nicht ge-
löst; vielleicht ist es den Farben vorbehalten, zur endgiltigen Beantwortung der Frage, wie die Intensität des Wohnens dargestellt werden
solle, beizutragen. — Um der Wirklichkeit so nahe als möglich zu
kommen, wurden die Stufen der Skala, in die die Ortschaften nach
ihrer Bewohnerzahl eingereiht sind, nicht hoch angenommen. Doch
hielt sich der Verfasser nicht streng an die aufgestellten Zahlen,
sondern bewegte sich innerhalb eines Spielraumes von 15%. Ein
Ort von 200—230 Einwohnern wurde noch in die Ortschaften aufgenommen, die bis 200 Einwohner zählen. Es ist klar, daß er dem
Sinne nach unter diese Kategorie gehört; wie leicht kann ein einziger

---

[1] Küster, Zur Methodik der Volksdichtedarstellung. Ausland 1891. Heft 8. 9.
S. 155.

Besitzwechsel die Bewohnerzahl wieder unter 200 drücken. Ähnliche Verhältnisse gröfseren Umfanges finden in gröfseren Orten statt. Die Grenzen zwischen den einzelnen Kategorieen sind nicht starre Scheidewände, sondern Grenzzonen, innerhalb deren die Bevölkerungszahlen hin und her wogen. Auf diese Weise wird der Karte der Charakter des Augenblicksbildes etwas genommen, der ihr ja besonders eigen ist.

Auf der Karte, die die Kreishauptmannschaft Zwickau darstellt, hat der Verfasser auf die symbolische Bezeichnung der Siedelungen vollständig verzichtet und sie in ihrer wirklichen Gestalt und entsprechenden Gröfse eingetragen. Vom rein geographischen Standpunkte aus erscheint diese Darstellung als die folgerichtigste. Die Einzelsiedelungen sind durch Punkte bezeichnet, die Orte bis 1000 Einwohner durch schwache, die bis 2000 Einwohner durch stärkere Umrandung dargestellt. Die Umrisse der Orte bis 5000 Einwohner sind verdoppelt, derjenigen bis 10 000 Einwohner zum Teil und derjenigen bis 50 000 Einwohner ganz mit Schraffur ausgefüllt, während Chemnitz, das über 50 000 Einwohner zählt, leicht kenntlich hervortritt.

Die Verkehrskarte.

Die grofse Bevölkerungsdichte Sachsens und die allseitige Kultur des Landes finden ihren Ausdruck in dem engen Maschennetz der Verkehrswege. Die menschenreichen Striche des mittleren Erzgebirges, des Steinkohlenbeckens, die Grofsstädte und ihre Umgebungen sind auch die regsten Verkehrsgebiete, wo die Verkehrswege zu engen Maschen zusammenlaufen, während die menschenarmen Gebiete im Norden Sachsens, im östlichen Erzgebirge und in der sächsischen Schweiz wenig vom grofsen Verkehr berührt werden.

Neben der grofsen Bevölkerungsdichte erwächst dem Verkehr eine besondere Gunst in den Gestaltungsverhältnissen des Bodens. Wie diese eine ungehinderte Verbreitung der Bevölkerung zulassen, so gestatten sie auch eine fast unbegrenzte Verkehrsmöglichkeit. Auf dem trägen Abfall des Erzgebirges kreuzen sich Landstrafsen und Eisenbahnen in grofser Zahl, wenn auch ihre zahlreichen Windungen bezeugen, dafs man bei ihrem Bau mehr Schwierigkeiten und Hindernissen aus dem Wege gehen mufste als im Flachland, wo die einfache, gerade Linienführung der Verkehrswege die Leichtigkeit der Anlage verrät. Den breiten Kamm des Erzgebirges überschreiten 4 Eisenbahnen und 16 Landstrafsen, jene in den industriereichen Thälern bis zum Kamme vordringend, diese auf dem sanft sich neigenden Plateau sich hinziehend.

Es erscheint auf den ersten Blick befremdlich, dafs die Landstrafsen, die bis auf wenige Werke der Vergangenheit sind, nicht den
Flufsthälern folgen. Und in der That ist das eine Eigentümlichkeit,
wie sie kein anderes europäisches Gebirge aufweist. Sie erklärt sich
aus der Natur der engen, zum Teil tief eingerissenen Thäler, die der
unvollkommenen Strafsenbautechnik der früheren Jahrhunderte un-
überwindliche Schwierigkeiten entgegenstellte. Man vermied deshalb
die Thäler und führte die Strafsenzüge über den Abfall des Gebirges
zur Höhe. Die Technik der Gegenwart wufste sich die versperrten
Wege zu erzwingen; die Eisenbahnlinien begleiten fast durchgehends
die Flufsläufe und vermitteln die Beziehungen der zahlreichen Bevölkerung der industriellen Thäler mit dem Weltverkehr.

Geringere Schwierigkeiten als das Erzgebirge stellt das niedrige-
flachwellige Vogtland dem Verkehr der Vergangenheit und Gegenwart
entgegen, und so wurde dieses ein vielbegangenes Durchgangsgebiet.
Drei Hauptstrafsenzüge verbanden das südliche Deutschland mit dem
nördlichen. Der eine zog von Plauen durch das Zwotathal, um das
verkehrsreiche Egerthal zu gewinnen, der zweite verband Plauen
über Brambach mit Eger, während der dritte von Plauen nach Hof
führte. Diesen drei alten Verkehrsstrafsen entsprechen in der Gegenwart die drei gleichnamigen Eisenbahnlinien.—Auch das Lausitzer Bergland steht dem Verkehr durchaus freundlich gegenüber. In seinen
sanften Thälern, die die Höhenzüge umgehen, erlangt es, wie Gebauer
hervorhebt, eine Durchlässigkeit, welche die Anlage eines wirklichen
Netzes von Verkehrswegen sehr erleichterte, während im Erzgebirge
sich das Eisenbahnnetz nach Süden immer mehr in einzelne Fäden
auflöst, deren Verbindung man erst in neuerer Zeit anstrebt. — Nur
das zerrissene Elbsandsteingebirge hat der Anlage von Eisenbahnen
und Landstrafsen grofse Schwierigkeiten entgegengestellt. Durch das
Elbthal führt heute noch keine Strafse, und die Geleise der Eisenbahn
liegen zum gröfsten Teil auf künstlichen Dämmen.

Den wichtigsten Beziehungspunkt für den Eisenbahnverkehr
Sachsens stellt das Zwickauer Steinkohlenbecken dar, einesteils durch
seine grofse Bevölkerungsdichte, dann aber auch durch die Steinkohlen, deren weitreichender, intensiver Versand einen grofsartigen
Ausbau der Verkehrsstrafsen erfordert und eine wachsende Erweiterung
der Verkehrsanlagen verlangt. Der Ausfuhr der Steinkohlen, mit der
sich die der zahlreichen Erzeugnisse des Gewerbfleifses verbindet,
steht eine bedeutende Einfuhr gegenüber, die die Industrie des Stein,
kohlenbeckens mit den nötigen Rohstoffen, besonders mit Eisen, Wolle

und Baumwolle, versorgt und der Bevölkerung die Produkte des Land-
baues des Tieflandes zuführt.

Von Einfluſs für die Verkehrsentwickelung Sachsens ist das benachbarte Böhmen, dessen reiche Braunkohlenschätze und Boden-
erzeugnisse eine breite Grundlage für den Verkehr abgeben, der sich
auf und an der Elbe bewegt, während die besuchten Kurorte Karlsbad und Teplitz maſsgebend für die Entwickelung der Verkehrsstraſsen
geworden sind, die über den Kamm des Gebirges gelegt sind. Von
Karlsbad und Falkenau aus wenden sich 6 Straſsenzüge nach Norden,
die den Kamm zwischen Klingenthal und Jöhstadt überschreiten, während
man von Teplitz aus auf 3 Straſsen, die auf Dresden zielen, über das
Gebirge gelangen kann.

LITTERATUR.

Neben den bereits angeführten Werken lagen dem Verfasser noch vor:

Ratzel, Anthropogeographie I, II. 1882. 1891.
    Die Gedanken, die unter der Überschrift: Bevölkerungskarte gegeben
werden, sind diesem Werke entlehnt.
Mayr, Die Gesetzmäſsigkeit im Gesellschaftsleben. 1877.
Zeitschrift des Kgl. Sächsischen statistischen Bureaus; herausgeg. von V. Böhmert.
1878—1891.
Kalender und statistisches Jahrbuch für das Königreich Sachsen. 1885—1892.
Die Erläuterungen zur geologischen Specialkarte von Sachsen. 1878—1891.
Gebauer, Unser deutsches Land und Volk. Bilder aus dem sächsischen Bergland,
    der Oberlausitz und den Ebenen an der Elbe, Elster und Saale. 1883.
Engel, Das Königreich Sachsen in statistischer und staatswirtschaftlicher Be-
    ziehung. 1853.

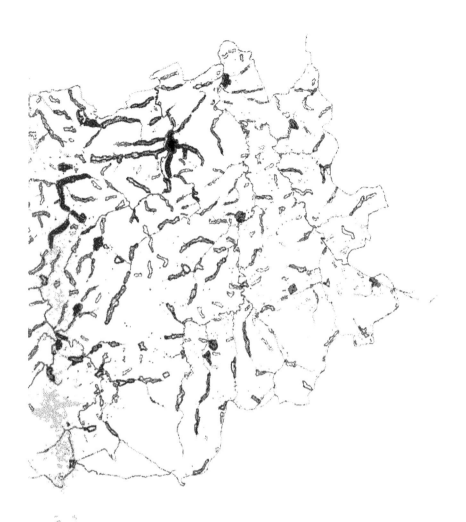

KARTE
der
BEVÖLKERUNGSDICHTIGKEIT
der
KREISHAUPTMANNSCHAFT ZWICKAU.

Nach geographischer Methode

dargestellt von

R. BUSCHICK.

Maßstab 1 : 520.000

10   5   0   10   20

Kilometer

Photolithogr. Druck von Wagner & Debes

II.

DIE VOLKSDICHTE
IM WESTLICHEN CENTRAL-AFRIKA.

MIT VIER KARTEN.

———

VON

DR. A. VIERKANDT.

EINLEITUNG.

In der folgenden Arbeit soll die Frage nach der Dichte der Bevölkerung im westlichen Central-Afrika, soweit es nach dem heutigen Stande unserer Kenntnisse möglich ist, einer detaillierten Betrachtung unterworfen werden. Ursprünglich auf das Centralgebiet zwischen der Küste und dem westlichen Abfall des östlichen Hochlandes, d. h. auf Gebiete reiner Bantu-Völker beschränkt, hat sich die Untersuchung allmählich auch auf Ober-Guinea und den westlichen Sudan, d. h. also auch Gebiete, die von Sudannegern und hellfarbigen Stämmen bewohnt sind, ausgedehnt. Hat dadurch auch die Einheitlichkeit des betrachteten Gebietes, besonders in ethnographischer Hinsicht, einige Einbuße erlitten, so wird dieser Mangel einigermaßen durch die Möglichkeit aufgewogen, zwischen verschiedenartigen Gebieten Vergleiche anzustellen und Parallelen zu ziehen, die sich besonders auf die Nachwirkungen des ehemaligen europäischen Sklavenhandels und die Zunahme der Bevölkerung von der Küste nach dem Innern hin beziehen. In wirtschaftlicher Hinsicht ist das behandelte Gebiet im wesentlichen gleichartiger Natur: der Ackerbau bildet überall die Grundlage des Lebens, neben der Fischfang, Handel und Industrie stellenweise eine erhebliche Rolle spielen, während Jagd und Viehzucht durchweg in den Hintergrund treten oder ganz fortfallen, abgesehen von den teilweise von Jägerstämmen bevölkerten Urwäldern. Die Bedingungen für den Ackerbau sind nicht überall gleich günstig: südlich vom unteren Kongo und teilweise nach Norden über ihn hinausgreifend, ebenso auch stellenweise im Innern unter derselben Breite haben wir ein steppenartiges Gebiet mit oft unzureichender Niederschlagsmenge, im übrigen durchweg Wald tragende Länder; in den letzteren treten uns alle Abstufungen von der Savanne bis zum zusammenhängenden dunklen Urwalde entgegen. In anthropogeographischer Hinsicht ist nur

der Gegensatz zwischen dem letzteren, der dem Anbau wie dem Verkehr die gröfsten Schwierigkeiten bietet, und dem übrigen Gebiet von
Wichtigkeit. Dieser Urwald tritt bekanntlich in einer kompakten
Masse im östlichen Kongobecken auf; westlich finden wir ihn am
mittleren Ogowe und in Kamerun wieder, und Spuren von ihm begegnen uns auch in Ober-Guinea. Beide Gebiete hängen wahrscheinlich nördlich vom Äquator durch einen schmalen Streifen zusammen.
Die Abgrenzung kann heute nur eine ungefähre sein, teils aus Mangel
an genaueren Kenntnissen, teils wohl auch aus inneren Gründen.
Denn der scharfe Gegensatz, den Stanley auf seiner letzten Reise
zwischen dem Wald- und dem Graslande beobachtete, wiederholt sich
nicht überall; es dürften besonders im Westen des centralen Waldgebietes und in Oberguinea, Übergangsformen auftreten, die teils natürlichen Ursprungs, teils durch Menschen geschaffen sind. Bedenkt man,
dafs durch energisches Roden auch der stolze Urwald niedergelegt
werden kann, dafs auf dem einmal gerodeten Gebiet zunächst nur
ein niedriger Buschwald sich bildet[1] und dafs überhaupt das Wieder-
aufkommen des Waldes durch die Grasbrände, wie sie besonders am
untern Kongo und nördlich von ihm üblich sind, sehr erschwert wird,
so kann man sich der Vermutung nicht verschliefsen, dafs das Gebiet
des centralen Urwaldes einst, besonders nach Westen, weiter gereicht hat[2].

In ethnographischer Hinsicht tritt uns neben den Gegensätzen zwischen mohammedanischen und fetischistischen Sudanbewohnern,
zwischen Sudan- und Bantunegern — Gegensätzen, die stets zugleich
kulturelle Bedeutung haben und daher auch ceteris paribus Abstufungen
der Bevölkerungsdichte darstellen — der Gegensatz zwischen ansässigen
Negern und schweifenden Zwergvölkern entgegen. Die letzteren
bewohnen vornehmlich, wenn auch nicht ausschliefslich — man denke
an Baumanns letzte Reise — Urwaldgebiete; sie weisen nicht blofs in
den ziemlich vereinzelten Gebieten, die sie ausschliefslich erfüllen, sondern auch da, wo sie in der Form einer Art Symbiose unter kulturell höher
stehenden Völkern hausen, auf niedrige Bevölkerungsziffern
hin, und zwar wegen ihrer äufserst extensiven Wirtschaftsform, mit der sie
sich in dicht bewohnten Gebieten nicht mehr zu behaupten vermöchten.
Ein schönes Beispiel dafür beobachtete Baumann[3] auf seiner letzten

[1] Pechuel-Loesche, Die deutsche Loango-Expedition III, 1 S. 140 und
Weifsenborn, Mitteilungen aus den deutschen Schutzgebieten I, 122.
    [2] Vgl. Pechuel-Loesche l. c. S. 127 und Dupont, Lettres sur le Congo
S. 592.
    [3] Durch Massailand zur Nilquelle S. 215.

Reise in Urundi, dessen Bevölkerungsdichte er nur auf 7 Menschen pro qkm veranschlagt, wo aber die dort hausenden Zwerge, die Watwa, neben der Jagd, die für sie nicht mehr ergiebig genug war, sich schon der Töpferei gewidmet hatten.

Neben diesen sachlichen mögen hier noch einige methodologische Vorbemerkungen Platz finden; sie erscheinen um so angebrachter, als wir uns hier auf einem bisher wenig betretenen Gebiete bewegen. Zwar hat sich neben der Grund legenden Arbeit von Behm, Supan und Wagner mit ihrer makroskopischen die ganze Erdoberfläche in grofsen Zügen und unter geflissentlicher Zurückdrückung des Details umfassenden Betrachtungsweise frühzeitig die Special-Forschung für solche Länder entwickelt, die der Statistik zugänglich sind; gingen diese Arbeiten zunächst auch aus dem Bureau des Statistikers hervor, so hat uns doch besonders das letzte Jahrzehnt auch eine Reihe einschlägiger Specialarbeiten vom anthropogeographischen Gesichtspunkte aus gebracht. Anders ist es mit denjenigen Gebieten, bei denen wir auf Schätzungen, gestützt auf Reiseberichte oder direkt aus ihnen entnommen, angewiesen sind; hier liegen bis jetzt nur wenig Detailarbeiten vor, wie etwa die Karten Stuhlmanns und Baumanns über Teile von Ost-Afrika. Eine derartige mikroskopische Betrachtung mufs natürlich in viel höherem Mafse, als die makroskopische von Supan und Wagner, die geographischen Gesichtspunkte in den Vordergrund stellen. Von der Statistik im Stich gelassen mufs sie sich ihre eigene Methode schaffen.

Was zunächst die Quellen anlangt, die uns für unsere Untersuchung zu Gebote stehen, so zerfallen die einschlägigen Angaben in quantitative und qualitative. Bei den ersteren können wir direkte und indirekte unterscheiden. Die direkten Angaben über die Bevölkerungsdichte eines Gebietes können aber wieder zwei ganz verschiedene Ursprünge besitzen, und demgemäfs einen ganz verschiedenen Charakter tragen, nämlich entweder einen statistischen oder einen geographischen. Im ersten Falle ist durch Erkundigungen oder irgend welche Schätzung die gesamte Bevölkerungszahl eines gröfseren Gebietes ermittelt, wozu dann noch eine Abschätzung des Areals treten mufs, um eine Bestimmung der Dichte zu ermöglichen. Dieser generellen Ermittelungsweise tritt eine individuelle gegenüber, die auf einzelnen kleineren Strecken der Route detaillierte Zählungen und Schätzungen der Siedelungen und ihrer Einwohnerzahl unternimmt und von da aus einen generalisierenden Schlufs auf das Ganze zieht. Dabei entsteht natürlich, falls die zu Grunde gelegten Einzelgebiete zu klein sind, die Gefahr, Zufälligkeiten ungerechtfertigt zu verallgemeinern; aber in

5*

geographischer Hinsicht steht diese zweite Schätzung natürlich viel
höher. Wenn uns Binger[1] z. B. von Samorys Reich erzählt, dafs die
Dichte, wie er sie auf einer kleinen Strecke durch genaue Zählung
ermittelte, für drei Viertel des Reiches 1 Menschen pro qkm beträgt,
für das letzte Viertel aber 4, so ist diese Angabe viel individuali-
sierter und darum geographisch viel wertvoller, als wenn er uns einfach die Durchschnittsziffer aus beiden mitgeteilt hätte.

Die Überlegenheit der zweiten Methode spricht sich schon darin
aus, dafs bei ihr die Menschenzahl uns stets sofort in räumlicher Anordnung entgegentritt, während bei der ersten das Areal selbständig
bestimmt wird, woraus sofort eine zweite Fehlerquelle erwächst. Die
Hauptschwierigkeit liegt bei der zweiten Methode in der Umsetzung
der Längengröfsen in Flächengröfsen, sofern nämlich ursprünglich in
der Regel nur längs einer Linie geschätzt ist. Hier macht man bekanntlich die Annahme einer quadratischen Verteilung der Siedelungen,
derart, dafs die Seite des Quadrates gleich dem mittleren Abstande
der Dörfer ist — eine Annahme, die selbstverständlich rein kon-
ventionell ist und sich nur dadurch empfiehlt, dafs wir sie durch keine
bessere oder vielmehr richtigere ersetzen können.

Die indirekten quantitativen Angaben beziehen sich teils auf die
Einwohnerzahl der Hütten und die Hüttenzahl der Dörfer, teils auf
die Häufigkeit der Dörfer längs der Route, wie man sie von einem
guten Itinerar oft ablesen kann, auch wenn im Text nicht eingehender
davon die Rede ist. Eine direkte Abschätzung der Bevölkerungsdichte
auf Grund solcher Angaben durch den kritischen Bearbeiter ist in der
Regel mifslich wegen der Mangelhaftigkeit der vorliegenden Angaben
und wegen der Fehler, die sich leicht einschleichen können, besonders
bezüglich der Einwohnerzahl der einzelnen Hütten. In dieser letzteren
Beziehung sei hier ein lehrreiches Beispiel eingeschaltet. Für die
Oase El Chargeh liegen uns drei Schätzungen von Hoskins, Schwein-
furth und Rohlfs vor, bei denen auf das einzelne Haus bez. 5, 10 und
4 Personen angenommen wurden[2]: hätten also diese drei Beobachter
an einem Tage geschätzt, so würden wir drei um mehr als das doppelte
differierende Angaben erhalten haben. Immerhin aber können derartige Angaben innerhalb eines in der Hauptsache gleichartigen Gebietes uns zu Vergleichungen zwischen einzelnen Teilgebieten nützlich
sein: Gröfse der einzelnen Siedelungen sowohl nach ihrer Hütten-,
wie ihrer Einwohnerzahl, Häufigkeit der Dörfer und Bevölkerungs-

---

[1] Du Niger au Golfe de Guinée I, 122.
[2] Rohlfs, Drei Monate in der Libyschen Wüste S. 313.

dichte pflegen in auf- und absteigender Linie einander einigermafsen proportional zu sein. So lange es sich um denselben Reisebericht handelt, kann auch das Bedenken, dafs auf dem Itinerar nicht
alle Dörfer eingetragen sind, nicht zu schwer ins Gewicht fallen, da
ein derartiger Mangel in der Regel der Häufigkeit der Siedelungen
einigermafsen proportional sein wird.

Die qualitativen Angaben sind teils wirtschaftlicher, teils kul-
tureller Natur. Der Zusammenhang, in dem Handel und Industrie mit
einer dichten, und Jagd, Anthropophagie, Sklavenraub und ewige Kriege
mit einer dünnen Bevölkerung stehen, bedarf keines Wortes, ebenso
wenig wie derjenige, der zwischen dem Kulturniveau und der Bevölkerungsmenge besteht.

Die kritische Auswertung solcher Quellenangaben hat vor allem
drei Regeln zu beobachten. Die e r s t e fordert das Vermeiden uner-
laubter Verallgemeinerungen. Eine solche Gefahr liegt bei der allgemeinen Unstetigkeit der Naturvölker nahe. Je dünner ein Gebiet
besiedelt, desto ungleichmäfsiger ist nach einem allgemeinen Satz der
Anthropogeographie seine Bevölkerung zeitlich wie räumlich verteilt[1].
Demgemäfs sehen wir bei allen Naturvölkern die Dichte rasch wechseln.
Daher das Verwirrende und Widerspruchsvolle, das die Siedelungsverhältnisse der Naturvölker überhaupt an sich haben, und das auch
in den Angaben der Reiseberichte zum Vorschein kommt, besonders
dann, wenn sie nur aus einem engeren Gebiete schöpfen. Hier kann
dann der reine Zufall das Bild der Bevölkerungsdichtigkeit bestimmen, das der Beobachter empfängt und in seinem Berichte ausprägt. Wenn Van der Velde die Dichte für ein Gebiet am untern
Congo auf 50[2], d'Hannis sie für die Umgegend Upotos auf 50 bezw.
100 schätzt[2], so haben wir hier derartige einseitige Angaben vor uns,
die — ganz abgesehen von dem Bedenken starker Übertreibung —
nur für kleine Gebiete lokale Giltigkeit beanspruchen können und
bei Generalisierungen die gröfsten Irrtümer hervorrufen würden. Ein
anderes Beispiel: die Kongogegend bis zum Kassai bezeichnet Dupont[3]
als „aufserordentlich dünn" bevölkert, während Dybowski[4] die Ufer vom
Pool bis zum Kassai mit einer „intensiven Bevölkerung" besetzt nennt.
Hier treten uns zwei lokale Beobachtungen in der Form allgemeiner
Bemerkungen entgegen, und erst ihre Kombination giebt ein getreues
Bild der hier herrschenden Unstetigkeit der Besiedelungsverhältnisse.

[1] Ratzel, Anthropogeographie II, 241.
[2] Bulletin de la Soc. Géogr. belge 1884 S. 384 und 1890 S. 27.
[3] Lettres sur le Kongo S. 60.
[4] La Route du Tsad S. 115.

Hier berühren wir freilich den Kern aller tiefer liegenden Schwierigkeiten, mit denen das in Rede stehende Problem behaftet ist. Gerade
bei der aufserordentlichen Ungleichmäfsigkeit in der Verteilung der
Bevölkerung mufs jede derartige Studie möglichst kleine Flächen zu
Grunde legen, wofern sie nicht blofs eine Reihe von schematisch-
statistischen Durchschnittszahlen, sondern ein individualisierendes, geo-
graphisches Gemälde liefern will. Mit der Verkleinerung der zu Grunde
gelegten Flächen wächst aber bei der Ungleichheit der Verhältnisse
die Gefahr, an Zufälligkeiten und störenden Nebenumständen haften
zu bleiben. Nur eine kritische Betrachtungsweise kann diese Gefahr
vermeiden, indem sie überall, wo sie stark divergierende Angaben
findet, diese auf ihre subjektiven und objektiven Ursachen zurückführt
und das Mafsgebende von dem Nebensächlichen trennt.

Es handelt sich mit anderen Worten darum — das ist die
zweite Regel — das Typische in den Erscheinungen herauszufinden,
zu jeder Angabe einen zugehörigen Typus zu bestimmen und dessen
Ursache und räumlichen Geltungsbezirk zu ermitteln. Bei differierenden Angaben müssen wir unterscheiden, welche den herrschenden
Haupttypus der Bevölkerungsverteilung repräsentieren, und welche
auf mehr zufällige Gründe zurückweisend lokale Abweichungen von ihm
darstellen. Sehen wir z. B. auf Levasseurs Karte der Bevölkerungsdichtigkeit Frankreichs die untere Seine von einem dichten Bevölke-
rungsstreifen umsäumt, das Rhonedelta dagegen mit einer dünnen
Bevölkerung besetzt, so werden wir daraus natürlich nicht schliefsen,
dafs die Flufsthäler in Frankreich teils dünn, teils dicht bevölkert
sind, sondern in dem einen der beiden Fälle den herrschenden Typus,
in dem anderen eine aus lokalen Gründen resultierende Abweichung
von ihm erblicken. Ebensowenig werden uns die Einäscherungen und
Verwüstungen, mit denen die vordringenden mohammedanischen Sudanvölker den Benue und den unteren Niger heimsuchen, an dem Glauben
irre machen, dafs hier im Durchschnitt eine dichte Bevölkerung haust.
Gerade in der Nähe von Gegenden mit dichter Bevölkerung rufen vor-
wärtsdrängende Völkerbewegungen oft ein Gebiet der Auflockerung
und Verwüstung hervor, das zu jener dichten Bevölkerung in scharfem
Gegensatze steht. Nur die scharfe Unterscheidung und genaue räumliche Abgrenzung beider Typen kann uns hier vor Verwirrung und
Irrtum bewahren. Umgekehrt treten Konzentrationen der Bevölkerung, wie z. B. im Lande der Baschilange, neben weiten Flächen
dünner Bevölkerung auf, und auch hier würde ein Verallgemeinern des
ersteren Typus über gröfsere Gebiete einen Irrtum zu ungunsten des
zweiten Typus hervorrufen.

Wir berühren damit die dritte Regel, die freilich schon in den beiden früheren enthalten; sie fordert Vorsicht gegenüber allen hohen Angaben — eine Forderung, die auf Grund gemachter Erfahrungen heute, wo eine allgemeine Tendenz zur Reduktion solcher Angaben herrscht, wohl ohne weiteres auf Zustimmung rechnen darf. Ein schönes Beispiel für ihre Berechtigung liefern uns Coquilhats Schätzungen der Bangala, denen er anfangs 11, später nur 7 Seelen pro qkm zuschrieb. Ein anderes, viel drastischeres Beispiel bietet die Landschaft Urundi, für die Stanley[1] einst die Dichte 75, Baumann heute, wie schon oben erwähnt, die Zahl 7 angesetzt. Besonders drei Fehlerquellen haben die Übertreibungen der älteren Angaben veranlafst[2]. Erstens die allgemeine menschliche Neigung, die Gegensätze zu übertreiben — eine Neigung, die angesichts der hier herrschenden Unstetigkeit der Siedelungsverhältnisse doppelt verhängnisvoll wird. In jedem dünn besiedelten Gebiet werden die spärlichen Menschenanhäufungen im Bewufstsein des Beobachters gehoben durch die dazwischen liegenden leeren Räume. Dazu kommt zweitens eine Neigung, mehr am Positiven als am Negativen zu haften. Von seiner Reise nördlich vom Ubangi erzählt Dybowski im Mouvement Géographique (1893 S. 27), er sei während ganzer Tage durch äufserst sorgfältig bestellte Kulturen gezogen, auf die manche europäische Gegend eifersüchtig sein könne, und manches Gebiet habe eine „sehr dichte Bevölkerung" aufgewiesen. In Wahrheit sind hier, wie wir später sehen werden, einzelne bevorzugte Striche einseitig hervorgehoben; auf dem Gemälde ist neben dem Lichte der Schatten vergessen. Ähnlich hängt das Auge des Beobachters mit Vorliebe an den sich ihm darbietenden Siedelungen und vergifst darüber die vorher zurückgelegten leeren Strecken; so können Gruppen isolierter Dörfer leicht zu einer zusammenhängenden Stadt verschmelzen. Ebenso fällt dem Reisenden an jeder Niederlassung eher ihre grofse Ausdehnung in die Länge als ihre geringe Dichte und Tiefe auf. Das ist von grofser Bedeutung angesichts der afrikanischen Bauart, die durchweg sehr weitläufig ist, statt einer Stadt lose zusammenhängende Gruppen von Dörfern bevorzugt und besonders an Handelsstrafsen gerne bisweilen kilometerlange Reihen von Hütten setzt, hinter denen sofort der Busch oder das Ackerland beginnt[3]. Solche Fehlerquellen

---

[1] Die Bevölkerung der Erde, Petermanns Ergänzungshefte 55, S. 54.
[2] Vgl. Ratzel, Anthropogeographie II, 154 ff.
[3] Vgl. z. B. für die Baschilange: Wissmann, Unter deutscher Flagge quer durch Afrika S. 144; für Togoland: Verhandlungen d. G. f. E., Berlin 1893, S. 55.

sprechen z. B. bei den enthusiastischen Schilderungen der dichten Besiedelung der Kongo- und Ubangiufer, z. B. bei Stanleys pomphafter
Beschreibung der „grofsen Stadt" Vinyadschara[1] mit. Derartige Darstellungen erblassen vor nüchternen Zahlenangaben, wie z. B. der erwähnten Coquilhats von einer Dichte gleich 7 in einem der am
dichtesten besiedelten Gebiete am Kongo. Wir sehen an diesem Beispiel, dafs in gewissen Teilen unseres Gebietes die Zahl 7 schon eine
sehr hohe Dichte bedeutet. Das Land der Bakete bezeichnet Wolff
als dicht bevölkert, setzt aber diese Dichte nur zu 4 an[2]. Das sind
warnende Belege für die Relativität des Ausdruckes „dicht"; wir entnehmen ihnen die Regel, uns durch keinerlei rein qualitative Angaben
über dichte Bevölkerung zu hohen ziffermäfsigen Ansätzen hinreifsen
zu lassen, vielmehr die Bedeutung solcher Angaben stets nach ihrem
anthropogeographischen Hintergrund zu bemessen. Wir dürfen nie
vergessen, dafs, wie die angeführten Beispiele zeigen, starke psycho-
logische Antriebe vorhanden sein müssen, den Beobachter dichte
Menschenanhäufungen da sehen zu lassen, wo in Wahrheit nur im
Sinne afrikanischer Verhältnisse von solchen die Rede sein kann.

Die dritte Ursache der Überschätzung liegt in unberech-
tigten Analogien. Schon die Art, wie früher in der „Bevölkerung der Erde" die Menschenmenge Central-Afrikas aus der der umgebenden Gebiete berechnet wurde, indem man die mittlere Dichte in
beiden Fällen einander gleich setzte, bildete eine solche damals zwar
unvermeidliche, aber doch innerlich unberechtigte Analogie. Besonders
die dicht besiedelten Gebiete haben für unser Gebiet häufig ungerecht-
fertigte Generalisationen veranlafst, und zwar erstens die vereinzelten
dichten Bevölkerungen im Innern, wie die Manyema und Baschilange,
zweitens die Besiedelungen der Flufsränder. Der Streit zwischen
Pechuel-Loesche und Stanley bezw. Wauters dreht sich hauptsächlich um solche Übertragungen. Vereinzelte Anhäufungen im Innern
sind aber, wie die folgende Einzelbetrachtung wiederholt zeigen wird,
stets nur als mehr oder minder ausgedehnte lokale Erscheinungen
aufzufassen. Die Flufsufer vollends, als bevorzugte Randgebiete, ver-
bieten jeden Schlufs auf das Innere. Sie stellen ein Gebiet für sich
dar, ihre Bevölkerung steht oft als rein handeltreibend im Gegensatz
zu der ackerbautreibenden des Hinterlandes, und der Verkehr saugt
gleichsam die Menschen aus weiter Entfernung hierhin auf.

---

[1] Stanley, Durch d. dunklen Erdteil, deutsch II, 200. Vgl. dazu Ratzel,
a. a. O. II 424.

[2] Wissmann, Im Innern Afrikas S. 245.

Beobachtet man aber auch die besprochenen Regeln, so wird man trotz aller kritischen Vorsicht über manche Schwierigkeiten nicht hinwegkommen, weil diese zu sehr im Wesen der Sache liegen. Sie sind daher auch von manchem Reisenden lebhaft empfunden worden. So sagt z. B. Chavanne[1]: „Die Erkundigungen über die Volkszahl und Bevölkerungsdichtigkeit bei den Eingeborenen erheischen die größte Vorsicht und vielfache Kontrolle, denn ebenso, wie die Eingeborenen über die Entfernung zwischen zwei Orten die konfusesten Angaben machen, ebenso verworren sind die Angaben der Häuptlinge über die Zahl der in ihrem Distrikte lebenden Unterthanen. Die Prahlsucht und Eitelkeit der Häuptlinge erheischt das größte Mißtrauen und die Reduktion zu nüchternen Zahlen." Jannasch vermochte bei seiner Reise im südlichen Marokko sich überhaupt kein abschließendes Urteil über die Bevölkerungsdichte zu bilden: „In gleicher Unkenntnis, wie über die agrarischen Verhältnisse," erklärte er[2], „sind wir über die Bevölkerungszahlen der von uns durchwanderten Ortschaften geblieben. Ich habe mir in Glimim die größte Mühe gegeben, um genauere Angaben über die Bevölkerungsziffer des Ortes zu ermitteln, bin aber zu keinem auch nur annähernd sicheren Resultate gelangt. Ich könnte die Einwohnerzahl ebenso gut auf 2000, wie auf 6000 Seelen angeben." Ähnlich resigniert ist Staudingers Angabe über die Stadt Keffi, die, nach Art aller Sudanstädte, über eine große Fläche ausgebreitet, neben und zwischen den Behausungen der Eingeborenen viele wüste Strecken, bebaute Felder und selbst Sümpfe enthält: „Ich gebe keine bestimmte Schätzung der Bevölkerung, da eine mit absoluter Sicherheit ausgesprochene Zahl nur eine vage Behauptung wäre. Der König selbst kannte die Anzahl seiner Unterthanen nicht, und ein Reisender, welcher sich nur kurze Zeit aufhält, kann schwerlich eine genaue Schätzung vornehmen. Auch bei langem Aufenthalte wird es schwierig sein, ein nur ungefähr sicheres Resultat zu erzielen. Die Summe der Gehöfte entscheidet nicht immer. Oft wohnen in einer kleinen Hütte eine größere Anzahl von Leuten, als in einem großen Grundstück mit 6—8 Gebäuden". Wenn Staudinger schließlich seine Vorstellung auf 20 000— 25 000 Einwohner fixiert, so geschieht das, wie er ausdrücklich hinzufügt, ohne alle Verbindlichkeit für die Richtigkeit[3]. Mit ähnlicher Zurückhaltung gesteht Baumann[4], für das Gebiet seiner letzten Reise

---

[1] Reisen und Forschungen im alten und neuen Kongostaat S. 380.
[2] Die deutsche Handelsexpedition S. 207.
[3] Im Herzen der Haussaländer S. 149.
[4] Durch Massailand zur Nilquelle S. 248.

nur Vermutungen über die Bewohnerzahl aussprechen zu können, da
die Nomaden sich jeder Beobachtung entziehen, und auch in den fest
besiedelten Gegenden das Routennetz zu weitmaschig war, um die
gemachten Erfahrungen auf ein grofses Gebiet generalisierend übertragen zu können.

Infolge dieser Schwierigkeiten stofsen wir auch öfter auf W i d e r -
s p r ü c h e , die uns mit bangem Mifstrauen an der Lösbarkeit unserer
Aufgabe überhaupt erfüllen müssen. Das Beispiel von der Oase El
Chargeh haben wir oben (S. 68) erwähnt. Einen weiteren Fall
bilden die widersprechenden Angaben über die Bevölkerungsdichte
Ugandas. Diese Dichte hat Ratzel auf 670 pro qm[1], Behm auf 1240,
später auf 1350[2], Réclus sogar auf 5000[3] geschätzt, wobei allerdings
zum Teil eine verschiedene Abgrenzung des Gebietes mitspricht.

Angesichts solcher Schwierigkeiten und Widersprüche ergiebt sich
für den kritischen Betrachter zweierlei: e r s t e n s darf man die Ansprüche nicht zu hoch spannen, darf nicht vergessen, dafs es sich
eben nur um S c h ä t z u n g e n handelt, die naturgemäfs stets mit
Fehlern belastet sind; entspringen sie doch dem Verlangen, eine Lücke
auszufüllen, wenn es nicht mit Gewifsheit möglich ist, wenigstens mit
Wahrscheinlichkeit. Bestreitbare Angaben werden hier der völligen
Resignation vorgezogen. Z w e i t e n s ergiebt sich für eine vergleichende
und zusammenfassende Bearbeitung die Aufgabe, die einzelnen Aussagen an einander zu messen und sie darnach, wenn nötig, zu berich-
tigen. Man darf nicht vergessen, dafs auch der Beobachter an Ort
und Stelle schon gewissen Fehlerquellen ausgesetzt ist, und dafs daher
seine Angaben nicht als unantastbare Heiligtümer gelten dürfen, vor
denen die Kritik Halt machen mufs. Eine solche Kritik ist vielmehr zur Entfernung der Widersprüche häufig erforderlich; sie kann
sich zur Rechtfertigung ihrer Thätigkeit auf den allgemeinen Satz der
Logik berufen, dafs überall da, wo — wie im vorliegenden Fall —
uns die Belehrung durch die direkte Anschauung versagt ist, das
einzige Kriterium der Wahrheit in der w i d e r s p r u c h s l o s e n Ver-
knüpfung der einzelnen Thatsachen zu einem zusammenhängenden
Ganzen besteht.

---

[1] Völkerkunde I, 480.
[2] Bevölkerung der Erde. Petermanns Ergänzungshefte IX, 112 u. XIV, 69.
[3] Nouvelle Géographie X, 131.

A. Einzelbetrachtung.

I. DER WESTLICHE SUDAN.

1. Das Land westlich vom oberen Niger.

Dieses Gebiet unterscheidet sich von dem östlich vom unteren Niger gelegenen in anthropogeographischer Hinsicht durch zwei wichtige Merkmale: erstens ist es gebirgiger, zweitens liegt es dem Ocean — wenigstens in der Richtung West-Ost — näher. Beides ist für die Besiedelungsverhältnisse verhängnisvoll geworden. Erinnern wir uns jener gewaltigen religiös-politischen Bewegungen, die mit epidemischer Wirksamkeit von Zeit zu Zeit besonders die Fulbe-Völker zu durchzucken und sich in tumultuarischen Kriegs- und Eroberungszügen zu entladen pflegen. Solche Bewegungen gewahren wir bekanntlich seit alter Zeit auf der ganzen Linie der Sudanvölker, und stets ist ihr Verlauf von den verheerendsten Wirkungen begleitet gewesen. Wie jüngst die Mahdistenbewegung ihr weites Gebiet durch Verluste im Kriege, Aussetzen des Ackerbaues und eine schreckliche Hungersnot völlig entvölkert hat, so daß an manchen Stellen die Leichen zu Tausenden die Erde bedecken sollen[1], so ist auch die Geschichte der Staatengründungen im mittleren Sudan mit blutigen Zügen geschrieben, und diese Gründungen sind, fehlen uns auch bestimmte Nachrichten darüber, jedenfalls von ähnlichen entvölkernden Wirkungen begleitet gewesen. Während aber hier auf Grund jener größeren Staatenbildungen heute ein relativ stabiler Zustand mit blühenden Verhältnissen und einer dichten Bevölkerung herrscht, finden wir westlich vom untern Niger und östlich von Wadai einen fluktuierenden Zustand, ein ewiges Drängen und Kämpfen der Völker. Für unser Gebiet sind diese Vorgänge ganz besonders verhängnisvoll geworden

---

[1] Nach Erkundigungen von Menger: Petermanns Mitteil. 1894 S. 71.

infolge seiner gebirgigen Natur. In offenen Gebieten, wie sie der
mittlere und östliche Sudan vorwiegend enthält, hat bei solchen Er-
oberungen die einheimische Bevölkerung, falls sie nicht auswandert,
nur die Wahl, entweder sich vernichten zu lassen oder als Unter-
worfene allmählich in der Rasse des Siegers aufzugehen. Die Fulbe
zwischen Niger und Benue z. B. huldigen der Taktik, ein neues
Gebiet erst durch Menschenraub zu veröden, dann aber sich zu assi-
milieren[1]. Jedenfalls folgt so auf die erste tiefe Depression eine Zeit
relativen Friedens und Gedeihens. In bergigen Gegenden aber kann
die eingeborene Bevölkerung sich in schwer zugängliche Schlupfwinkel
zurückziehen, von dort aus die Ebene plündernd überfallen und so
den anfänglichen Zustand des Krieges und die begleitende wirtschaftliche Depression verewigen. Wir brauchen nur an den erfolgreichen
Widerstand, den die Nubaneger dem Mahdi leisteten, zu erinnern, um
die Bedeutung dieses Faktors ins hellste Licht zu setzen. Ebenso
haben am Benue die Tangalia einen besonders erfolgreichen Widerstand leisten können, weil sie auf isolierten Bergen hausen[2]. So hat
sich auch auf unserem Gebiete an vielen Stellen ein dauernder
Guerillakrieg entwickelt, der überall auch mit der dieser Kriegsführung eigenen Wildheit geführt wird: die Städte werden eingeäschert,
die Männer getötet, Weiber und Kinder in die Sklaverei geschleppt
— so schildert Humbert[3] den Typus dieser Kriegsführung. Dazu
kommt die lange Dauer dieses Zustandes: bis 1802, bis Othmans
Auftreten, können wir rückwärts die Bewegungen genauer verfolgen,
aber ohne Zweifel reichen sie mindestens ein Jahrhundert weiter
zurück, so daß wir von einem Jahrhunderte alten Zustande zer-
splitternder und verheerender Guerillakriege sprechen können, der
notwendig eine allgemeine Entvölkerung herbeiführen muß.

Die zweite wichtige Eigenschaft unserer Gebiete ist, wie erwähnt,
die Nähe des Atlantischen Oceans. Wie alle Stämme in den Hinterländern von Guinea, sind auch die Fulbe von dem Drängen nach
der Küste beherrscht. Ein bei ihnen weit verbreitetes Wort verheißt
ihnen für den Fall, daß sie das Meer erreichen, die Herrschaft über
die ganze Welt. Daher auch das Vorwiegen einer westlichen Richtung
in ihren Bewegungen. El Hadj Omar wurde 1857 erst bei Bakhel
von Faidherbe zurückgeschlagen, bis wohin er vom Niger vorgedrungen
war. Sein Sohn Ahmadu, ursprünglich in Segu ansässig, folgte der

---

[1] Vgl. Ratzels Völkerkunde III, 275.
[2] Macdonald in den Proceedings of the R. G. S., London 1891 S. 466.
[3] Comptes rendus d. l. S. G. 1891, S. 284 u. Bulletin d. l. S. G. 1891, S. 247.

Bahn des Vaters und trug sich schon mit Plänen zur Zerstörung von St. Louis, als er unerwartet 1873 im Kampfe gegen die Franzosen fiel.

Diese beiden Beispiele zeigen, wie die Kriegszüge sich einen besonderen Teil unserer Gebiete mit Vorliebe zum Schauplatz gewählt haben; es handelt sich um die Route vom oberen Niger am Senegal entlang durch den französischen Sudan, die hier die natürliche Verkehrsstraße zwischen dem Innern und der Küste bildet. Andererseits besitzt von unserem Gebiete gerade der französische Sudan auch in ausgeprägter Weise jene gebirgige Natur, deren Bedeutung wir oben beleuchteten. Beide Faktoren, Gebirgsnatur und Küstennähe, vereinigen sich also hier, um uns die dünnste Bevölkerung unseres Gebietes erwarten zu lassen. Diese Erwartung bestätigen auch alle älteren Berichte. In Mages Schilderung seiner Reise (1863—1866) erscheint die an Ruinen und öden Strecken reiche Route von Medina nach Bafulabe in dunklerer Beleuchtung, als die nördlichen Gebiete Kaarta und Beledugu, in denen die Ruinen teils seltener sind, teils durch neue Gründungen aufgewogen werden. Ähnlich sehen wir bei Gallienis erster Reise, sowie die Mandingo verlassen sind und der Niger überschritten ist, die Landschaft belebter werden. Bei einem allgemeinen Überblick treten in seiner Darstellung[1] Gebieten relativ dichter Bevölkerung, wie Kaarta und Beledugu, Länder, wie Fuladugu, Birgo, Mandingo als besonders verödet gegenüber. Freilich ist diese Verödung hier verhältnismäßig neu. Mungo Park fand in Fuladugu am Bakhoy noch blühende Städte, die erst in der zweiten Hälfte des Jahrhunderts von den Tukulör verwüstet wurden[2]. Die schlimmste Zeit brach über den französischen Sudan erst mit den Tagen El Hadj Omars (1857) herein; von da hat über 30 Jahre jener verheerende Guerillakrieg gewütet, der die natürlichen Verhältnisse stellenweise geradezu auf den Kopf stellte; hatten die Bewohner vorher offene Siedelungen in der fruchtbaren Ebene und besonders in den verkehrsreichen Thälern bevorzugt, so flohen sie nun in die Berge und ließen die günstigeren Ebenen teilweise unbebaut und brach liegen. Die Wälder, die sie einst hier ausgerodet, überzogen seit Omars Tagen wieder die Ebenen[3]. Auch in das Gebirge folgten ihnen teilweise ihre Bedränger. In Birgo fand Gallieni[4] in der Stadt Murgula, die in einem Thalkessel rings von Bergen umgeben liegt

---

[1] Voyage au Soudan français S. 551 u. 591.
[2] Boyol im Bulletin de l. S. G. 1881, 2, S. 50.
[3] Gallieni, a. a. O. S. 512.
[4] Voyage au Soudan français S. 272.

und nur durch einen langen Engpaſs sich erreichen läſst, ein Raub-
nest von nur 600 Einwohnern, dessen Herrscherfamilie von hier aus
die ganze Gegend durch Sklavenjagd verheert und als eine Art
Parasitenkolonie ganz Birgo ausgesogen hatte. Auch dieses Beispiel
zeigt, wie überall der Gebirgscharakter den Kampf verschärft und
die Zustände verschlimmert. Weite Strecken in der Ebene verödeten
vollständig. Von Bafulabe nach Khore, auf einer Strecke von 160 km,
passierte Bayol[1] eine menschenleere Einöde von 85 km. Gehäuft
traten diese Einöden um Kita auf, das geradezu als eine Art Entvölkerungscentrum bezeichnet werden kann, eine Folge seiner kommerziellen Lage, da hier die Straſsen von der Sahara nach Manding
und Murgula und vom Senegal zum oberen Niger sich kreuzen, so
daſs es alle Völkerwogen gleichsam aus erster Hand empfängt. Mage
zog von hier nach Norden 75 km lang durch unbevölkerte Gebiete[2];
Gallieni[3], von Westen kommend, fand von Fangalla bis Kita keine
Siedelungen und durchzog von da nach Osten 75 km eine fast verlassene Gegend; und Péroz[4] stieſs zwar 10 km südlich von Kita
auf ein Dorf, von da weiter aber auf eine 44 km lange Einöde.

Suchen wir jetzt unsere Vorstellung von der Bevölkerungsdichtigkeit in Zahlen auszuprägen, so stimmt Gallienis Angabe[5] einer mittleren Dichtigkeit von 2 Seelen pro qkm zu unseren Erwartungen.
Freilich ist die Dichtigkeit keine gleichförmige, da auch das weiter
nördlich und dicht am Niger gelegene, dichter bevölkerte Beledugu
mit eingeschlossen ist. Für den Kreis Bammako, der Beledugu mit
enthält, giebt Gallieni 98 920 Einwohner auf 10 650 qkm, so daſs für
das übrige Gebiet noch rund 183 000 Einwohner auf 121 000 qkm
übrig bleiben. So würde sich die Durchschnittszahl 2 in die beiden
Dichtigkeiten 9,5 und 1,5 auflösen. Auch diese sind freilich wieder
nur Durchschnittswerte; dem dichtestbevölkerten Beledugu steht der
südlichste Teil des Kreises Bammako als ein an der Entvölkerung
participierendes Gebiet gegenüber. Für den übrigen Teil des Gebietes
endlich empfangen wir den Eindruck, dass es, je weiter von Medina
an am Senegal aufwärts, um so dünner bevölkert ist. Die im
äuſsersten Westen gelegene Landschaft Bambuk bezeichnet Pascal
als von Raubzügen verhältnismäſsig wenig berührt[6]. Dazu stimmt,

---

[1] Bulletin de la Soc. Géogr. 1881, 2, S. 39.
[2] Voyage dans le Soudan français S. 104.
[3] Voyage dans le Soudan français S. 552.
[4] Au Soudan français, Karte.
[5] Bulletin de la Soc. Géogr. 1889 S. 180.
[6] Tour du Monde 1861, 1, S. 42.

wenn bei Gallienis erster Reise die Gegend um Bafulabe den Eintritt in fast verlassene Gebiete bezeichnet, in dem zahlreiche Löwen und Nilpferde sich tummeln. Bayol[1] giebt am Senegal für die 120 km lange Strecke von Medina bis Bafulabe eine Bevölkerung von 11 200 Seelen an, dagegen am Bakhoy bei 13° n. Br. auf eine Strecke von 40 km nur 2500 Seelen und endlich von Bafulabe bis zur Grenze von Fuladugu auf 160 km nur 4850 Bewohner an. Sollten wir danach eine eigene Schätzung versuchen, so würden wir die Dichte für Beledugu auf 10, für die Umgegend des Senegal von Medina bis Bafulabe auf 3 und für das übrige Gebiet auf 1 annehmen. Diesen niedrigen Zahlen entspricht auch die geringe Einwohnerzahl der einzelnen Plätze. Die grofsen als Handelscentren fungierenden Städte, die sonst der Sudan aufweist, fehlen hier völlig oder sind wenigstens durch die Kriege entvölkert. Eine Bevölkerung von 1500 Seelen, wie sie Mage[2] für Banamba (7° w. L. v. Gr. 13½ n. Br.) angiebt, bildet hier schon ein Maximum, das erst an der nördlichen Grenze unseres Gebietes um den vierzehnten Parallel in begünstigten Gegenden wieder übertroffen wird durch Städte, wie Dianghirte (3000), Socolo (nach Lenz[3] über 6000 Einwohner) oder Khayes an der nordwestlichen Grenze unseres Gebietes (über 5000 Einwohner).

Die bisherige Darstellung stützt sich überall auf ältere Angaben; selbst Gallienis Schätzung bezieht sich auf das Jahr 1888. Über die Zustände in den letzten Jahren besitzen wir leider keine erheblichen Belehrungen; wir sind daher nicht darüber unterrichtet, wie weit der Umschwung zum Bessern infolge der französischen Okkupation gediehen ist. Seinen Beginn spüren wir schon in den bisherigen Berichten, z. B. wenn wir Bingers Reise (1887—1889) mit Gallienis Darstellung seiner ersten Reise (1879—1881) vergleichen. Stand zu Gallienis Zeit das durch ewige Kriege zerrüttete Gebiet westlich vom Niger dem östlichen nach, so dafs mit dem Passieren des Niger der Reisende sofort günstige Eindrücke erhielt, so fand Binger den unter der französischen Herrschaft eines gewissen Friedens sich erfreuenden Westen blühender, als den unter Despotismus und Sklavenraub seufzenden Osten. Die Franzosen dürfen sich wohl rühmen, als Befreier zu kommen; die Eingeborenen von Fuladugu, erzählt Bayol[4], begrüfsten sie mit Freuden als Verdränger

[1] Bulletin de la Soc. Géogr. 1881, 2, S. 34—37.
[2] Voyage dans le Soudan français S. 161.
[3] Von Marokko bis Timbuktu II, 212.
[4] Bulletin de la Soc. Géogr. 1881, 2, S. 50.

der Tukulör; die Bewohner wagten sich wieder von den Bergen in die fruchtbare Ebene hinab. Im Schutze des neu errichteten Forts von Bafulabe wuchsen 7 neue Dörfer der Eingeborenen aus dem Boden[1]. Bei Kita entstanden ähnlich 14 Dörfer, darunter ein Ort Bangassi, der 1840 von Hadj Omar zerstört war, und dessen Bewohner, damals in die Berge geflüchtet, jetzt die Franzosen um die Erlaubnis zur Rückkehr baten[2]. So stellt sich allmählich das natürliche Verhältnis, daſs die Ebene dicht, die Berge dünn bevölkert sind, an Stelle seines Gegenteiles wieder her; die Siedelungen, in ihrer Lage während des dreiſsigjährigen Krieges vorwiegend durch das S c h u t z - b e d ü r f n i s bestimmt, werden jetzt wieder vorwiegend durch das E r - w e r b s b e d ü r f n i s beeinfluſst. War vordem der vom Verkehr am meisten begünstigte Landstreifen am Senegal durch relativ dünne, die nördlichen und südlichen Gebiete durch relativ dichte Bevölkerung ausgezeichnet, so muſs jetzt, wo der Handel ungestörter seine konzentrierende Kraft ausüben kann, das Verhältnis sich umkehren. Das Bild, das die Zukunft von der Dichte der Bevölkerung und der Lage der Siedelung unter dem Zeichen des Verkehrs und Erwerbes bieten wird, muſs gleichsam das Negativ darstellen zu dem früheren in seinen Zügen fast nur vom Schutzbedürfnis bestimmten. Vollendet kann diese Umwandlung heute jedenfalls noch nicht sein; ein 30jähriges bellum omnium contra omnes hinterläſst auf längere Zeit Spuren, die noch in die besseren Tage hineinreichen, zumal bei Stämmen, die wie die Sudanesischen kulturell höher stehen als die leicht beweglichen reinen Negervölker, und die daher in jeder Beziehung stetiger und im besonderen mit dem Boden fester verwachsen, schwerer ihre einmal gewählten Siedelungen verlassen. Wenn daher Binger[3] für das ganze in Rede stehende Gebiet, abgesehen von Futa Djallon und dem von da östlich bis zur Nigerquelle liegenden Lande eine gleichmäſsige Dichte von 10—12 annimmt — eine Zahl, die offenbar nicht für die Zeit seines Besuches, sondern für die Gegenwart (1892) gemeint ist — so müssen wir diese Angabe, stimmt sie auch zu Gallienis oben erwähnter Schätzung des weniger heimgesuchten Beledugu auf eine Dichte von 10, doch angesichts der Spuren der Verheerung, welche nach einstimmigem Bericht aller Reisenden hier häufig sind, für zu optimistisch halten; wir wählen

---

[1] Noirot, A travers le Fouta-Djallon S. 359.
[2] Péroz, Au Soudan français S. 155—157.
[3] S. die Karte am Schluſs seines Werkes. Es muſs dabei jedoch bemerkt werden, daſs die Karte mit dem Text nicht immer übereinstimmt: in solchen Fällen hat natürlich der Text den Vorrang.

daher das ungefähre Mittel aus Bingers und Gallienis Annahme, nämlich 7.

Eine Sonderstellung nimmt Futa Djallon ein, das sich überall von seinem Nachbargebiete in günstiger Weise abhebt. Als Noirot[1] von dort aus über den Gambia nach Westen zog, fand er zwar auch noch reiche kultivierte Gebiete, aber mit Futa Djallon konnte sich die Landschaft nicht messen. Auch hier haben allerdings, freilich wahrscheinlich schon am Ende des vorigen Jahrhunderts, Völkerkämpfe gewogt, aber mit anderem Ausgang, als im französischen Sudan; die Fulbe haben, wie weiter östlich in den Haussaländern, das Land völlig erobert, die eingeborene Bevölkerung teils in die Sklaverei verkauft, teils unterdrückt oder sich assimiliert, so daß heute dort nur wenige rasch zusammenschmelzende Reste fremder Stämme die Ruhe des Landes bedrohen. Das Land, wohl bewässert, ist besonders in den Thälern gut angebaut und sehr ertragreich; „schon der Besitz von fünf Sklaven genügt, um einer großen Familie samt den Sklaven die nötigen Existenzmittel zu sichern"[2]. Entsprechend dem Vorwiegen des Ackerbaues sind die Siedelungen nicht übermäßig groß; Gouldsbury fand sie im Mittel zu 105 Hütten à 3—5 Bewohnern[3], und das Maximum soll 1500 Einwohner sein[4]. Wenn Gallieni ihre Dichte nur zu 5,5 veranschlagt, so erscheint das allerdings seiner eigenen Schilderung[5] wenig zu entsprechen; andererseits stimmt aber auch Bingers Annahme einer Dichte von 15—20[6] schlecht mit den übrigen Angaben. Die Erwartungen, die wir uns von einer „dichten" Bevölkerung machen dürfen, sind in diesem Gebiet offenbar nicht groß! Aus dem Itinerar Gouldsbury's ist in Petermanns Mitteilungen[3] eine Dichte von 8,2 abgeleitet, wobei sogar die Einwohnerzahl der Hütte zu 5 angenommen ist, während Gouldsbury selbst sie in einem Einzelfall (Timbo, S. 100) nur zu 3 annimmt. Auch Bayols Angabe[7], der die Bevölkerung zu 350000 Seelen ansetzt, würde, selbst wenn man nur die Hälfte des von Supan angenommenen Areals[8] (110000 qkm) zu Grunde legte, nur auf eine Dichte von 7 führen. Andererseits werden

---

[1] A travers Le Fouta-Djallon S. 291.
[2] Aimé Olivier in Petermanns Mitteil. 1882 S. 284.
[3] Petermanns Mitteil. 1882 S. 296.
[4] Noirot, a. a. O. S. 188.
[5] Bulletin de l. Soc. G., Paris 1889, S. 121—127.
[6] S. die Karte in seinem Werke.
[7] Petermanns Mitteil. 1882 S. 288.
[8] Bevölkerung der Erde VIII, 163.

wir Futa Djallon dem benachbarten Sudan nicht nachstehend denken
dürfen; wir wählen daher die Ziffer 8. Die Dichte ist dabei nicht
gleichmäßig, sondern nimmt, wie eine Routenkarte Lamberts aus dem
Jahre 1860 zeigt[1], nach Westen und Norden ab. An der Peripherie
dieses Gebietes schildern uns ältere Berichte im Westen und Norden
weite politische Wüsten. Doelter[2] fand an der Westgrenze eine auffallend menschenarme Gegend, Gouldsbury[3] fand von Yarbutenda bis
Jallakota das Land „in der Regel unbewohnt", auf dem Wasser 180
englische Meilen lang keinen Kahn, und Aimé Olivier[4] fand zwischen
Labi und Lela eine menschenleere Wildnis — lauter Beweise, wie
scharf sich das dichtbevölkerte Futa Djallon als eine isolierte Erscheinung von seiner Umgebung abhob und zugleich ebensoviel Gründe
für den optimistischen Ton seiner Schilderungen. Heute ist jener
Gegensatz nach Osten verlegt; hier stoßen hart an den dichtest besiedelten Teil unseres Gebietes die Sofa, deren Bewegung sich offenbar
hier wie an einer Mauer gebrochen hat.

Diese Sofa sind 1873—1876 von Segu aufgebrochen und am
Djoliba entlang gezogen und führen jetzt, an der Nordostgrenze von
Sierra Leone zwischen französischem und englischem Gebiete auf-
gestaut, einen Vernichtungskrieg gegen alle, die nicht auf Samorys
Fahnen schwören[5]. In jüngster Zeit mußten die Engländer auf einem
Zuge gegen sie 10 Tage lang durch ein Gebiet marschieren, das jene
zur Wüste gemacht hatten; unter anderem fand man einen 9 Fuß
hohen Haufen von Kinder- und Weiberleichen[6]. Die Dichte dieses
verwüsteten Gebietes können wir nicht über 1 annehmen.

2. Der obere Niger bis Timbuktu.

Bei einer monographischen Behandlung muß das unmittelbare
Ufergebiet des Niger gesondert betrachtet werden wegen der exceptionellen Stellung, welche die Flußgebiete vermöge der Anziehungskraft
ihrer Ufer einnehmen. Wenn Caron[7] auf eine Uferstrecke von
1200 km 140 000 Einwohner schätzt und daraus unter Zugrunde-
legung eines auf beiden Ufern 3 km breiten Streifens eine Dichtig-

[1] Tour du Monde 1861, 1.
[2] Über die Capverden nach Rio Grande S. 210.
[3] Petermanns Mitteil. 1882 S. 293.
[4] Petermanns Mitteil. 1882 S. 286.
[5] Mitteil. der Wiener Geogr. Gesellsch. 1894 S. 195.
[6] Globus 1894 S. 114.
[7] De St. Louis au port de Timbouctou S. 352.

keit von 20 ableitet, so prägt sich in diesen Zahlen schon die Ausnahmestellung unseres Gebietes aus; freilich darf jene Ziffer 20 nur einen statistischen Wert beanspruchen, da wir auch hier auf erhebliche Ungleichmäfsigkeit stofsen. Dafs öfter verödete Uferstrecken, in ihrer Einwohnerzahl reduzierte Siedelungen u. s. w. erwähnt werden — von Yamina fand Mage[1] drei Viertel, von Sansanding Caron[2] mindestens zwei Drittel unbewohnt —, ist angesichts der vielen Völkerbewegungen nicht überraschend und übersteigt nicht die Bedeutung vorübergehender Störungen, über die die Gunst der natürlichen Lage schliefslich doch triumphiert. Am besten sieht man das an Timbuktu, das oft erobert, doch nie vom Boden verschwunden ist, das zwar von Lenz nur auf 15000 Einwohner geschätzt und im Niedergang begriffen befunden wurde, das aber unter französischer Herrschaft voraussichtlich wieder aufblühen wird.

Caron hat seine oben angeführten Schätzungen in einzelne Teile gegliedert, wobei sich beträchtliche Unterschiede in der Dichtigkeit ergeben. Fast am dichtesten (nämlich mit 33 Seelen pro qkm bei der oben erwähnten Annahme) erscheint die Strecke von Bammako bis Diafarabé bevölkert; sie wird nur übertroffen durch die kurze Strecke von Sa bis Dar Salam, wo auf höchstens 100 km Länge 300000 Bewohner hausen sollen, was eine Dichte von mindestens 50 ergiebt. Die letzte Strecke von Dar Salam bis Timbuktu ist dagegen bis auf vereinzelte Dörfer öde — eine Folge der vielen von Timbuktu geführten Kriege, die diese Stadt gleichsam zu einem Entvölkerungscentrum gemacht haben. Dünn bevölkert sind auch die Strecken Diafarabé — Mopti (7) und Mopti — Lac Deboe (13).

3. Das Gebiet östlich vom oberen Niger.

Über dieses Gebiet sind wir weit weniger unterrichtet, als über das westliche; immerhin aber vermögen wir hinsichtlich der Bevölkerungsverhältnisse einige charakteristische Typen zu unterscheiden.

1. Beginnen wir im Norden mit Massina, so finden wir in einer älteren Angabe[3] dem Reiche eine Dichte von 27 Menschen pro qkm zugeschrieben, eine Zahl, die wir gegen die niederen Zahlen des westlichen Gebietes und angesichts der allgemeinen Reduktion, die die afrikanischen Bevölkerungsziffern erfahren haben, für zu hoch

---

[1] Voyage dans le Soudan occidental S. 185.

[2] De St. Louis au port de Timbouctou S. 123.

[3] Von Supan noch im vorletzten Heft (VIII) der Bevölkerung der Erde zu Grunde gelegt.

halten müssen, umsomehr, als gerade hier in der Nähe von Timbuktu,
wie oben bemerkt, selbst die Ufer des Niger relativ spärlicher bewohnt sind. Wenn ferner Binger auf seinem Kärtchen für das Gebiet
eine Dichte von 15—20 angesetzt hat, so ist auch diese Angabe, da
sie nicht auf Autopsie beruht, für uns nicht verpflichtend; besser
stimmt zu unserer Erwartung Carons Angabe[1], der allerdings für
ein weit kleineres Areal eine Dichtigkeit von 7—8 angiebt. Ausdrücklich wird hinzufügt, daß die Verteilung sehr ungleichmäßig ist;
z. B. ist ein bergiges Gebiet östlich von Bandiagara, La Doventra,
ungewöhnlich dicht bevölkert. Dürfen wir diese Bemerkungen ver-
mutungsweise verallgemeinern, so würden wir überhaupt dem Osten,
der dem dicht bevölkerten Mossi nahe liegt, eine höhere Dichtigkeit
zuschreiben, als dem vom Niger durchströmten Westen, der der
Schauplatz der Kämpfe um Timbuktu gewesen ist, und den selbst am
Niger in der Gegend des Lac Deboe Gallieni auf seiner zweiten Reise
stellenweise verlassen fand[2].

2. Das Reich Samorys hat in der letzten Zeit eine Reihe von
Wandlungen durchgemacht; früher zersplittert und durch fortwährende
Bürgerkriege entvölkert, erlebte es unter der einigenden Regierung
Samorys zunächst eine Zeit verhältnismäßiger Ruhe und Blüte.
Péroz, der es zu dieser Zeit sah, schätzt die Dichtigkeit auf 4 Menschen
pro qkm[3]; aber die Unfähigkeit der Neger zur Bildung grösserer
Staaten trat auch hier bald zu Tage. Die unterworfenen Stämme
revoltierten häufig, und Samory wurde immer mehr zum grimmigen
Despoten, der den ganzen Staat auf der Grundlage des Raubes aufbaute[4].
Raubzüge in sein eigenes Gebiet gehen oft von ihm aus, um Nah-
rungsmittel für Heer und Hof und selbst Menschen zu rauben, die
als Bezahlung für eingeführte Waren, wie Pferde und Pulver, in die
Sklaverei verkauft werden. Die Folge ist allgemeine Entvölkerung;
keine Stadt besitzt mehr über 2000 Seelen. Grofse Marktcentren in
Wassolo zählen nur noch 300 bis 500 Bewohner, und nur das
Gebiet südlich von Wassolo, von wo Samory seine Laufbahn begann, ist noch etwas günstiger gestellt. Nach einer auf seiner
Reise vorgenommenen Schätzung nimmt daher Binger für drei Viertel
des Reiches (120 000 qkm) eine Dichtigkeit von 1 Menschen, für das
letzte Viertel eine solche von 4 Menschen an. Zu diesem letzten
Viertel gehört offenbar hauptsächlich das eben genannte Gebiet, da-

---

[1] a. a. O. S. 201.
[2] Tour du Monde 1890, 1 S. 324. 333.
[3] Péroz, Au Soudan français S. 375.
[4] Binger, Du Niger au Golfe de Guinée I, 122 ff.

neben: aber muſs auch der äuſserste Westen von Wassolo hierher
gerechnet werden; denn Garretts[1] traf hier einige sehr groſse Dörfer-
komplexe wie Bissanalugu (2723 Hütten) und Banankoro (1447
Hütten), und Péroz[2] gründete seine Annahme einer Dichte von 4 für
das Reich Samorys auf den Besuch dieser Gegend.

3. Ein ganz anderes Bild entwirft Binger von Mossi[3]. Obwohl
in der Kultur hinter seinen Nachbarn zurückgeblieben und ohne Er-
hebliches in Handel und Industrie zu leisten, zeichnet es sich doch
durch intensiven Ackerbau und starke Viehzucht aus. Dazu kommt
die Gunst der politischen Verhältnisse; die Bevölkerung, aus einer
Rasse bestehend, hat seit Jahrhunderten keine groſsen verheerenden
Kriege geführt und hat auch nicht von übermächtigen Nachbarn zu
leiden. Die Dichtigkeit setzen wir daher mit Binger auf 20 Menschen
pro qkm an.

Freilich traf Binger das Land in einem Zustande der Verschlechterung[4]. Völlige Anarchie war eingerissen, Haussaeinfälle und
Raubzüge verheerten es. Doch war dieser Umschwung offenbar zu
neu, um schon seine entvölkernde Kraft spüren zu lassen.

4. Ein entgegengesetztes Bild bietet das benachbarte Gurunsi[5],
das zwar wohl bewässert und trotz seiner Bewaldung wie zur Kultur
geschaffen erscheint, aber unter der Ungunst ethnographischer Verhältnisse zu leiden hat. Wir haben es hier mit einem Konglomerat
schwacher Stämme zu thun, die, von höher stehenden Völkern in
diese Wälder zurückgedrängt, sich in steten Kriegen untereinander
aufreiben. Die Bewohner Mossis rauben sich von hier ihre Sklaven,
und ein Bandenführer Gandiari hatte wenige Jahre vor Bingers An-
kunft das Land zum Sitz seiner verwüstenden Thätigkeit erkoren.
Die Handelsrouten umgeben daher wegen der allgemeinen Unsicherheit
möglichst dieses Gebiet. Zu diesem Bild stimmt es, wenn Binger
auf seiner Karte ihm eine Dichtigkeit von 1—5 Menschen pro qkm
zuschreibt. Die vielen Ruinen aber lassen nach Binger[6] darauf
schlieſsen, daſs dem heutigen Zustande eine Zeit dichterer Besiedelung vorhergegangen ist.

Ein ähnliches trauriges Bild, wie hier, bot sich Binger[7] übrigens

[1] Proceedings, London 1892, S. 450, 452.
[2] Tour du Monde 1890, 1 S. 365.
[3] a. a. O. I, 501.
[4] Bulletin d. l. Soc. d. G. de Lyon 1889 S. 671.
[5] Binger, a. a. O. II, 35.
[6] a. a. O. I, 446.
[7] Bulletin d. l. Soc. d. G. de Lyon 1889 S. 663.

auf einem kleinen Gebiete bei 10° s. Br. am westlichen Arme des Comoe, wo er ein Agglomerat von acht versprengten Völkern fand, alle von niederer Kulturstufe, kaum bekleidet und ärmlich.

5. Das Reich Tiebas gehört zu den dichter bevölkerten Gebieten [1]. Eine reichliche Bewässerung und eine Anzahl größerer Handelsstraßen, die es besonders von Norden nach Süden durchziehen, prädestinieren es dazu. Hier treten uns auch, besonders in Bendugu und Kendugu, eine Anzahl größerer Städte oder genauer Dorfkomplexe entgegen, deren Einwohnerzahlen von den phantasiereichen Negern bis auf 20000, von Binger bis auf 6000 Menschen angenommen werden. Der nördlichen Hälfte des Reiches steht Follona als ein verfallenes, von dem Vater Tiebas verwüstetes Gebiet gegenüber; wenn daher Binger die mittlere Dichtigkeit auf 12—15 Menschen pro qkm annimmt, so müssen wir uns in Wahrheit die Dichte in. den nördlichen Teilen über, in Follona unter dieser Ziffer denken. Nach seiner Natur würde dieses Gebiet eine noch höhere Dichtigkeit erwarten lassen, und Binger glaubte auch Spuren auf seiner Reise zu finden, daß eine solche (bis 40) wenigstens stellenweise einst geherrscht hat. Auch hier sind es Kriege, die die natürliche Gunst der Lage zum Teil zunichte gemacht haben und es noch jetzt thun.

6. Für das Gebiet Kong müssen wir wegen seiner lebhaften Handelsbewegung, als dessen Centren uns Kong und Djimini entgegentreten, ebenfalls eine größere Dichte annehmen, auf die übrigens schon die Größe der Stadt Kong (15000 Einwohner nach Binger [2]) hinweist; denn wir sehen überall entvölkerte und verwüstete Gebiete vom Handel geflohen. In Ermangelung anderer Daten nehmen wir daher für dieses Gebiet dieselbe Dichte, wie für das vorige an.

7. Ebenfalls ein dicht bevölkertes Gebiet erstreckt sich von Kong aus nach Osten; dieses werden wir aber erst im Zusammenhange mit Togo besprechen.

Blicken wir jetzt auf das ganze Gebiet zurück, so sehen wir überall zwei ganz verschiedenartige Typen der Bevölkerungsdichtigkeit abwechseln, sich vermischen und durchkreuzen. Der erste Typus ist der einer friedlichen Bevölkerung mit intensivem Ackerbau und oft auch viel Handel und Industrie; der zweite der einer vom Kriege zerrütteten und verfallenden, oft vom Raube und in ewigen Fehden lebenden Bevölkerung. Beide sehen wir östlich vom unteren

---

[1] Binger, Du Niger au Golfe de Guinée 1, 231 ff.
[2] Bulletin de la Soc. d. G. de Lyon 1889, S. 666.

Niger häufig miteinander abwechseln, oft auch zeitlich rasch einen den anderen ablösen oder allmählich in ihn eindringen, während westlich vom unteren Niger der eine Typus jetzt allmählich dem anderen Platz macht. Der ganze westliche Sudan steht in dieser Beziehung, wie schon bemerkt, in scharfem Gegensatze zum mittleren, wo die Haussavölker eine Reihe verhältnismäfsig dauernder Staatengründungen aufzuweisen haben, während hier die staatenbildende Kraft zu schwach, der centrifugale Trieb der Negernatur zu stark ist, um es zu dauernden Konsolidationen kommen zu lassen. Auf diesen Verhältnissen beruhen auch die Schwierigkeiten, mit denen hier die Ermittelung von Bevölkerungsziffern zu kämpfen hat. Die Grenze der beiden verschiedenartigen Typen lassen sich weder zeitlich noch räumlich genau bestimmen; alles was man thun kann, ist, sie aufstellen und sie mit einigen Beispielen belegen.

II. DIE GUINEAKÜSTE.

Dieses Gebiet, das wir hier von Liberia bis Kamerun mit Einschlufs der vorliegenden Inseln rechnen, ist — um das Ergebnis unserer Untersuchung gleich vorweg zu nehmen — überall charakterisiert durch den Gegensatz zwischen einem dichtbevölkerten Küstenstreifen und einem dünn bevölkerten Hinterlande. Statt dieser Zweiteilung kann auch eine Dreiteilung auftreten, indem auf die genannten beiden Zonen nach innen zu wieder eine dichte Bevölkerung folgt[1]. Eine solche dritte Zone tritt uns in Togo und Kamerun mit typischer Klarheit entgegen, während sie in den übrigen Gebieten durch die Verheerungen im Sudan ziemlich ausgeschlossen ist.

Fragen wir nach den Gründen dieser ungleichen Verteilung der Bevölkerung, so entspringt zunächst die grofse Dichtigkeit der ersten Zone, d. h. der Küstenbesiedelungen aus drei Ursachen. Die erste besteht in dem Fischfang, einer ebenso leichten wie ergiebigen und daher auch bei den Negern durchweg beliebten Ernährungsquelle. Beiläufig bemerkt wirken übrigens auch die Flüsse im Innern teilweise ebenso, freilich nicht in allen Fällen, da der

---

[1] Eine ähnliche Unterscheidung von drei Zonen macht Millson, Proceedings, London 1891, S. 587.

Neger in seinem unwirtschaftlichen Leichtsinn durch blindes Verfolgen der Tiere und Vergiften der Gewässer sich dort bisweilen selbst diese Erwerbsquelle abschneidet[1]. Die zweite Ursache der Verdichtung bildet der Handel. Dieser kulturfördernde Faktor brauchte freilich seine Wirksamkeit nicht auf die Küste einzuschränken und wird sie in Zukunft unter dem Schutze europäischer Herrschaft auch tiefer ins Innere hineintragen. Bis jetzt giebt es im allgemeinen vermöge des kurzsichtigen Egoismus der Neger keinen direkten durchgehenden Handel, sondern nur einen solchen von Stamm zu Stamm; jeder Stamm betreibt ihn in seinem Gebiete selbst, um sich den Gewinn nicht entgehen zu lassen. Die europäischen Händler sucht man überall an einem direkten tieferen Eindringen zu verhindern, teils mit Gewalt, vor allem aber mit List. Handeltreibende Völker haben von je sich ihrer Konkurrenten durch lügenhafte Gerüchte zu erwehren gesucht[2]; das haben europäische Reisende und Händler in vielen Fällen auch in Afrika an sich erfahren. So erzählten die Eingeborenen Kund in Kamerun, dafs der Handel auf gewissen Pfaden überhaupt nur zur Trockenzeit stattfinde — eine Angabe, die sich später als eine absichtliche Lüge herausstellte, um ihn vom weiteren Vordringen abzuhalten[3]. Fourneau erregte am oberen Ogowe bei den Stämmen, die er als erster Europäer besuchte, eine allgemeine Panik, weil die Oganda über die Europäer lauter Ungünstiges ausgestreut hatten[4]. Nur die Flüsse als natürliche Verkehrsadern machen hiervon eine gewisse Ausnahme. Die Bedeutung der Benuestrafse erblickte Flegel in der Möglichkeit, hier durch den direkten Verkehr der Verteuerung durch den Zwischenhandel zu entgehen. Freilich haben sich auch hier die Eingeborenen gegen diese Benachteiligung gewehrt; am unteren Niger haben die Engländer gelegentlich Dörfer eingeäschert, deren Bewohner den Flufs durch förmliche Reusen zu sperren suchten, und wenn noch im verflossenen Jahrzehnt am Benue englische Faktoreien wiederholt überfallen und geplündert wurden[5], so dürfte daran nicht blofs die augenblickliche Habgier der Neger schuld sein. Selbst auf dem Niger konnten die Europäer bis 1882 nur bis Egga kommen. Erst in jenem Jahre wurde ihnen Bida freigegeben[6].

---

[1] Für das Hinterland von Togo von Herold berichtet: Mitteil. aus d. deutsch. Schutzgebieten VI 275.

[2] Roscher und Jannasch, Kolonien S. 17.

[3] Mitteilungen aus d. deutsch. Schutzgebieten 1888, S. 4.

[4] Comptes Rendus de la S. d. G., Paris 1885, S. 597—599.

[5] Proceedings of the R. G. S., London 1891, S. 457. 461.

[6] Viard, Au Bas-Niger S. 54. 64.

Die Folge dieser Verhältnisse ist eine unverhältnismäfsige Verteuerung aller weiter aus dem Innern kommenden Produkte. Nimmt man dazu die Unsicherheit, mit der die kurzsichtige Beutegier des Negers die Händler bedroht, und die schlechten Verkehrsmittel, von denen nur wenige schiftbare Wasserstrassen eine Ausnahme machen, so begreift man, dafs der Handel seine volle Wirksamkeit nur innerhalb eines schmalen Küstenstrichs entfalten, ins Innere aber nur wenige Pioniere auf schmalen Ausläufern entsenden kann. Mit der wirtschaftlichen Planlosigkeit und Blindheit, die für ein tiefes Kulturniveau charakteristisch ist, berauben die Bewohner des innern Landes sich selbst der segnenden und verdichtenden Wirkungen eines intensiven Handels.

Der dritte in Betracht kommende Faktor ist jenes allgemeine Drängen der Stämme nach der Küste hin, das sich auf der ganzen Linie von Liberia bis Kamerun verfolgen läfst, und auf das alle Verschiebungen in der historischen Zeit hinweisen. So sind die Joruba von Nordwest her bis ans Meer gerückt und haben die vorgefundene Bevölkerung, die Idscho, teils verdrängt, teils aufgerieben[1]. Am Niger sehen wir andrängende mohammedanische Völker zwischen eingeborne Stämme sich einschieben — eine Mischung, die schon seit den dreifsiger Jahren vor sich geht, aus welcher Zeit Kapitän Allen von rauchenden Dörfern am Flusse erzählt[2]. Weiter nach der Mündung zu hat gehäufte Mischung zu einem bunten Rassengemisch und einer völligen politischen Zersplitterung in kleine, sich gegenseitig aufreibende Stämme geführt[3]. Im südlichen Kamerun haben sich die Sassu, weiter von Osten her kommend, zwischen Campo und die Samagunda gesetzt, um die letzteren nicht zum Handel nach Campo durchzulassen[4]. Neben diesen gewaltsamen Massenbewegungen gehen friedliche und fast unmerkliche Strömungen einher; der Islam sendet seine Apostel teils als Händler, wie die Haussa, teils als Lehrer in Knabenschulen, wie die Mandingo, unaufhaltsam immer weiter nach Süden. Den heidnischen Neger des Hinterlandes aber treibt der Neid gegen den bevorzugten Küstenbewohner, der den Handel in der Hand hat, an, sich „langsam und fast unmerklich, wie der Sandfloh seines Landes, vorwärts zu bohren"[5].

Der Hauptgrund für alle diese Bewegungen liegt, von dem religiösen Motiv abgesehen, offenbar erstens in dem Wunsch, sich

[1] Staudinger, Im Herzen der Haussaländer S. 531.
[2] Flegel in den Mitteilungen der Afrikanischen Gesellschaft IV, 138.
[3] Gros, Voyages de Bonnat chez les Ashanti S. 61.
[4] Deutsches Kolonialblatt 1893 S. 270.
[5] Zintgraff, Mitteilungen aus d. deutsch. Schutzgebieten 1888 S. 190.

des Handels an der Küste zu bemächtigen, der dem Neger nicht blofs bequemer und angenehmer als der Ackerbau erscheint, sondern auch gewinnbringender ist; zweitens in einem allgemeinen Begehren nach den Gütern der europäischen Kultur, das so viele Naturvölker beherrscht, und ihnen leider so oft verhängnisvoll wird. Die Folgen dieser Völkerverschiebungen aber sind, wie uns in der Folge viele einzelne Beispiele zeigen werden, zweifacher Art. Im Innern, wo jeder Stamm den folgenden vorwärts treibt und gleichsam eine Zone der Verwüstung vor sich her trägt, wirken sie verödend; die alte Bevölkerung weicht teilweise zurück, ohne dafs ihr Gebiet gleich völlig besetzt wird, teils reibt sie sich und ihre Bedränger im Widerstande auf; es entsteht eine allgemeine Auflockerung und politische Zersplitterung, ein Gewirr sich drängender, schiebender, befehdender und splitternder Stämme: wir erhalten ein ähnliches Bild, wie es uns schon aus dem französischen Sudan bekannt ist. Besonders wo mohammedanische Stämme gegen negroide andrängen, erweisen diese sich auf die Dauer zu schwach und zerstören sich schliefslich selbst. Indem sie aber zunächst, besonders in bergigen Gegenden, sich zur Wehre setzen, den Feind an Ansiedelungen hindernd oder diese mit Verwüstung heimsuchend, schaffen sie um sich her ein Gebiet der Verödung, wie wir es z. B. am Benue sehr schön beobachten können. An der Küste dagegen haben wir das entgegengesetzte Bild: hier stauen sich die drängenden Massen und verdichten sich dabei naturgemäfs.

Nicht immer ist es so gewesen. Bis zum Beginn unseres Jahrhunderts hat hier der Sklavenhandel geherrscht. Seine Wirkungen können wir heute im Osten, im Urwaldgebiet und am Seengürtel bei den Arabern erkennen, deren Siedelungen zu Verödungscentren geworden sind, die weithin nach allen Seiten die Menschenleben gleichsam absorbieren. Damals kann jenes Drängen nicht stattgefunden haben, mufs die Küste dünner als das Innere bevölkert gewesen sein, abgesehen etwa von vereinzelten bevorzugten Stellen an der Küste, die die Sklavenhändler als Ausgangsplätze ihrer Raubzüge erkoren und klüglich schonten: so hat Whydah nach Zöllers Meinung damals seine Blütezeit gehabt und seitdem fast die Hälfte seiner Bevölkerung verloren [1]. Die Wirkungen des Sklavenhandels, die wir uns, wie gesagt, nach Analogie der heute da, wo die Araber hausen, zu beobachtenden Vorgänge [2] denken müssen, bestehen aber nicht blofs in

---

[1] Zöller, Kamerun I, 23.
[2] S. unten Abschnitt VI.

einer Auflockrung der Bevölkerung, sondern auch politisch in einer allgemeinen Zersplitterung; jenes bellum omnium contra omnes, zu
dem der Neger ohnehin neigt, wird von dem Sklavenhändler, der
einen Stamm auf den andern hetzt, um selber die Früchte davon
zu ernten, zum normalen Zustande erhoben. Auf wirtschaftlichem
Gebiet aber schwindet aller Fleiſs, und statt dessen tritt die Neigung
zum ·Räuberleben hervor. Diese verheerenden Wirkungen müssen
sich von der Küste allmählich weiter ins Innere verbreitet haben,
so daſs damals die Dichte von der Küste nach dem Innern zunahm. Spuren dieses älteren Zustandes werden wir noch in einzelnen Gebieten antreffen, im allgemeinen aber hat ein friedlicher
Handel an der Küste jene Wunden wieder heilen, Ruhe und Vertrauen bei der Bevölkerung wiederkehren lassen. Im Innern aber
konnte, wie oben erwähnt, der Handel seine Wirksamkeit nur in
geringem Maſse entfalten; und in jener allgemeinen politischen Zersplitterung, die dort so häufig ist, dürfen wir, wenn sie sich auch in
erster Linie aus den Völkerbewegungen erklärt, doch in zweiter Linie
auch noch Nachwirkungen des früheren Sklavenhandels erblicken.
Den Beweis dafür finden wir darin, daſs heute an der Küste selbst
gerade da, wo der Sklavenhandel am intensivsten betrieben wurde,
ebenfalls noch analoge Nachwirkungen zu beobachten sind. Die Niger-
mündungen, besonders Braſs und Neu-Calabar waren früher bevorzugte Depots für den Menschenhandel; heute finden wir in derselben
Gegend kleine, ewig sich befehdende, von Raub und Diebstahl
lebende Stämme [1]. Ähnliches wiederholt sich, wie wir sehen werden,
wenn auch in abgeschwächterem Maſse, an der Mündung des Kongo.

Fassen wir jetzt zusammen, so haben wir heute durchweg zu
unterscheiden zwischen einer Küstenzone, bei der Fischfang, Handel
und Stauung drängender Stämme eine Verdichtung bewirken, und
einem Hinterlande, bei dem jene Begünstigungen fortfallen, und ·statt
dessen Völkerverschiebung und Nachwehen der Sklavereiperiode eine
relative Verdünnung hervorrufen. Hinter diesen aber kann, wo die
Wirkungssphäre jener Faktoren erlischt, dann wieder ein dicht bevölkertes Gebiet auftreten, besonders, wenn wir hier zugleich eine
ethnographische oder geographische Scheide vor uns haben. So nimmt
nördlich vom Golf von Guinea die Dichte gelegentlich zu bei dem
Passieren der Grenze zwischen heidnischer und muhamedanischer Bevölkerung, während in Kamerun die Grenze zwischen der zweiten und

---

[1] Gros, Voyage de Bonnat chez les Ashanti S. 61. — Viard, Au Bas-
Niger S. 32.

der dritten Zone mit dem östlichen Rande des hinter der Küstenzone
auftretenden unbewohnten Urwaldes zusammenfällt. Dieser Urwaldstreifen, der in einer Breite bis 100 km hier die ganze zweite Zone
repräsentiert, tritt übrigens auch in dem übrigen Gebiete überall auf,
wenn auch in geringerer Breite und nur einen Bruchteil der zweiten
Zone bildend. In Liberia passierte ihn Büttikofer in einigen Tagen[1];
in Dahomey giebt ihm Chaudoin[2] eine Breite von über 10 km; von
Gwato nach Benin zog Gallwey[3] 40 km im Urwalde; und von Ijebu
nach dem centralen Joruba führte Millsons Route ebenfalls durch
dichte Wälder, wenn diese auch keine eigentlichen Urwälder waren[4].
Auch sonst mag in botanischem Sinne westlich von Kamerun die Vorstellung des ununterbrochenen lichtlosen Urwaldes nicht mehr überall
angebracht sein, anthropogeographisch aber kommt die Vegetations-
form einem solchen gleich, indem sie in der zweiten Zone ein besonderes, unabhängig von den übrigen Faktoren dünn bevölkertes
Gebiet erzeugt.

Wo dieser Urwaldstreifen, wie in Kamerun, die ganze Breite der
zweiten Zone erfüllt, besteht zwischen ihr und der dritten ein schroffer
Sprung, der sonst im allgemeinen zwischen ihnen nicht zu beobachten ist.
Ebenso ist durchweg der Übergang zwischen der ersten und zweiten
Zone ein allmähliger, sodafs wir ihn meistens überhaupt nicht genau
bestimmen können. Es kann auch die erste oder die zweite Zone
ganz fortfallen, wie wir es in Liberia bezw. in Joruba finden werden.
Überhaupt haben wir hier nur den Typus feststellen wollen, von dem
im einzelnen manche Abweichungen eintreten können; besonders
machen, wie schon bemerkt, die Gebiete in der Nähe des unteren
Niger hier eine Ausnahme.

Wir kommen nun zur Betrachtung der einzelnen Gebiete, wobei
wir leider die Elfenbeinküste aus Mangel an Material von unserer
Betrachtung ausschliefsen müssen.

1. Liberia.

Unter diesem Namen fassen wir ein Gebiet zusammen, das sich
in anthropogeographischer Hinsicht aus zwei verschiedenen Teilen zusammensetzt. Zunächst treten der alten eingeborenen Bevölkerung
die Liberianer gegenüber. Die Hoffnung, die Ritter mit der Gründung

---

[1] Büttikofer, Liberia I, 97. 338.
[2] Trois Mois de captivité au Dahomey S. 193.
[3] Geographical Journal I (1893), S. 128.
[4] Proceedings of the R. G. S., London 1891, S. 581.

ihres Staates verknüpft, haben sich bekanntlich nicht erfüllt: deutlich
erkennt man vielmehr den Verfall der aus Amerika mitgebrachten
Kultur: bei einer Einwanderung aus Amerika fand Lenz[1] über ein
Viertel in der ersten Zeit an Hungersnot wegen ungenügender Ver-
pflegung dahin geschwunden; bei einem gegenwärtig geplanten grofsen
Nachschub aus Amerika ist daher auch geplant, jedem Einwanderer
gleich für drei Monate Lebensmittel mitzugeben[2]. In der Hauptstadt
Monrovia machen nicht blofs die aufsen luxuriös gebauten, inwendig
ärmlich ausgestatteten Häuser, sondern selbst der Galgen den Eindruck, dafs die Stadt einst bessere Tage gesehen hat[3]. Die Wege,
was für den Handel von Wichtigkeit ist, sollen schlechter als in
Deutsch-Togo sein[4]. Kurz, wir dürfen uns bei den Liberianern keinen
übertriebenen Erwartungen hinsichtlich der Bevölkerungsdichte hingeben, wenn auch die eingeborene Bevölkerung unter noch
ungünstigeren Verhältnissen lebt. Hier wirken nämlich politische Zer-
splitterungen und ewige Kriege lähmend ein; wie sie sich äufserlich
dem Auge durch den Schutztypus der Siedelungen — diese suchen
durchweg die Höhenlage — ankündigen, so machen sie gänzliche Ver-
armung und alljährliche Wiederkehr der Hungersnot nach Büttikofer[5]
zur Signatur des Landes. Nördlich von Monrovia fand Anderson[6]
die Stämme der Deys durch Kriege völlig zersplittert, teils vernichtet,
teils absorbiert. Bei Cambana fand Büttikofer[7] eine durch räuberische
Einfälle ruinierte, der Hungersnot ausgesetzte Gegend, deren Bewohner zum Teil geflohen waren. Am Cape Mount fand derselbe
Gewährsmann[8] die Bewohner durch wiederholte Einfälle der Kosso
dezimiert, jede Nacht den Himmel durch Feuersäulen erleuchtet, den
Handel stark reduziert. In solchen Fällen sehen wir die zweite Zone
sich bis an die Küste erstrecken und die erste überhaupt fortfallen.
Wie weit dieses Fortfallen stattfindet, läfst sich im einzelnen natürlich
nicht genau bestimmen. Was die dritte Zone anbetrifft, so sehen
wir uns, da der Weg ins Innere unmittelbar nach Samorys arg ver-
wüstetem Reiche führt, heute vergeblich nach ihr um. In Andersons[9]

---

[1] Skizzen aus Westafrika S. 220—226.
[2] Globus LXV, 316.
[3] Nach Büttikofer, Liberia II, 97, 179 u. a. St.
[4] Henrici, Das Deutsche Togoland S. 40.
[5] Liberia II, 197—203.
[6] Anderson, Narrative of a journey to Musardu S. 12.
[7] a. a. O. I, 222.
[8] a. a. O. I, 246.
[9] Anderson, a. a. O. S. 39. 91.

älterer Schilderung finden wir aber noch Spuren einer Zunahme der
Bevölkerung im Hinterlande von Liberia. Sie entspringen dem lebhaften Handel, von dem auch die Gröfse mancher Siedelung — Boporu
schätzte Anderson (vielleicht etwas übertrieben?) auf 10 000, Musardu
auf 8000—9000 Einwohner —, zeugt, die in Liberia selbst nirgends
erreicht wird.

Suchen wir jetzt unsere Vorstellungen in Zahlen zu fixieren, so
können wir Büttikofers Bemerkung[1], dafs Schätzungen von 30 bis
40 Menschen pro qkm zu hoch sind, auch noch auf die etwas niedrigere
Schätzung Wolffs[2], der 620 000 Einwohner auf 450 qMl., also 25
pro qkm annimmt, anwenden. Die Schätzung des Konsuls der Ver-
einigten Staaten auf 765 000 Menschen entspricht, wenn wir ihr eine
Fläche von rund 50 000 qkm zu Grunde legen[3], mit einer Dichtigkeit
von 15 besser unserer Erwartung. Wir wollen sie daher adoptieren
und nur beifügen, dafs die Dichte nicht als konstant vorgestellt werden
darf. Fällt auch im allgemeinen, wie erwähnt, der Unterschied
zwischen der ersten und zweiten Zone fort, so mufs doch das Bereich
der Liberianer als ein Teil der ersten Zone gedacht werden. Der
Grund, warum im übrigen die Küste hier keine verdichtende Kraft
entfaltet, ist in dem Mangel grofser Handelsstrafsen zu suchen: solche
ziehen wohl weiter westlich vom Senegal bis Sierra-Leona zum Meere,
treten dann aber erst im östlichen Teile der Goldküste wieder auf.

2. Die Goldküste von Ashanti.

Über die Goldküste liegen uns vier widersprechende Angaben vor.
Zöller giebt in seinem Buche „Togoland und die Sklavenküste" das
Areal auf 40 000 qkm, die Bewohnerzahl auf 450 000, die Dichte
also auf 11 an. Eine officielle Angabe hat statt dessen für das Jahr
1887 die Zahlen 76 000 qkm mit 1 405 000 Einwohner, also eine Dichte
von 20 Menschen pro qkm. Ein neuer officieller Bericht aus dem
Jahre 1891 giebt 1½ Millionen Seelen auf 100 000 qkm an[4]. Die
grofse Diskrepanz der einzelnen Angaben über die Dichte (11; 20;
15) ist beachtenswert. Zum Teil mag sie sich aus der verschiedenen
Gröfse des zu Grunde gelegten Gebietes erklären, zum Teil aber weist
sie auf erhebliche Fehler bei den Abschätzungen hin. Da hier im

---

[1] a. a. O. II, 78.
[2] Von Banana zum Kiamwo S. 18.
[3] Nach Supan, Bevölkerung d. Erde VIII, 168 Anm. 8.
[4] Die Bevölkerung der Erde VIII, 166.

Gegensatz zu Liberia ein reger Handel vom Innern nach der Küste besteht, so kann die Dichte hinter der Liberias (15) jedenfalls nicht zurückstehen. Wir entscheiden uns daher für die Zahl 20. Auch diese
Zahl hat nur den Wert einer statistischen Durchschnittsziffer, da, wie
aus der Größe des zu Grunde gelegten Gebietes hervorgeht, das
Innere in weiter Ausdehnung mit herangezogen ist.

Über einen Teil dieses Innern, nämlich Ashanti, besitzen wir
zwei genauere Itinerare, die in ihrem Widerspruch abermals lehrreich
sind. Der Missionar Gundert[1] durchzog bei seiner Gefangennahme
durch die Ashanti deren Länder vom Volta (bei 7° n. Br.) bis Kumanse.
Karte und Text ergeben, daß zunächst eine öde Graslandschaft ohne
Siedelungen, 110 km lang, bis Tafo, einem Ort von 500—600 Einwohner, dann eine Strecke von 90 km mit 6 Dörfern, von denen
eins 700 Einwohner hatte, zurückgelegt wurde; zuletzt endlich ging
es durch eine üppig bebaute, volkreiche Gegend nach Kumanse: auf
30 km zeigt das Itinerar 5 Dörfer außer Kumanse und Dschaben.
Von den letzten beiden Orten abgesehen, würden wir also im ganzen
auf 230 km 12 Dörfer erhalten, was einer Dichte von weniger als 2
entspräche, selbst wenn wir für ein Dorf durchschnittlich 700 Einwohner annehmen. Dagegen hat Boyle[2] 5 Jahre später auf der Reise
von Cape Coast Castle nach Kumanse nach Angabe seiner Karte auf
200 km 81 Dörfer getroffen, wobei sich zwischen den einzelnen Teilen
des Weges keine erheblichen Unterschiede hinsichtlich der Dichte der
Siedelungen ergeben. In dieser letzteren Beziehung bestätigen die
beiden vorliegenden Beispiele wieder den bekannten Satz, daß in
dünn bevölkerten Gegenden die Siedelungen viel ungleichmäßiger verteilt sind als in dicht bewohnten. Überhaupt aber zeigt die Diskrepanz
beider Angaben die außerordentliche Ungleichmäßigkeit der Bevölkerungsdichte in größeren Gebieten. Sie erklärt sich übrigens zum
Teil daraus, daß eine Verkehrsstraße von Kumanse nach Cape Coast
Castle besteht, die natürlich verdichtend wirkt. Dazu stimmt auch,
daß bei der ersten Route die Siedelungen in der Nähe Kumanses sich
häufen, sodaß wir, wenn wir ihren letzten Teil allein zu Grunde
legten, ähnliche Resultate, wie aus Boyles Route erhalten würden.
Die Entvölkerung des übrigen von Gundert durchzogenen Gebietes
erklärt sich zum Teil aus den blutigen und grausamen Sitten der
Bevölkerung; während eines gewöhnlichen Jahres wurden nach Gundert[3]

---

[1] Through Fantuland to Coomassie, 1875.
[2] Vier Jahre in Ashanti, 1875.
[3] a. a. O. S. 285. 286.

in Kumanse etwa 600 Menschen geschlachtet, bei dem Tode eines im Kriege gefallenen Häuptlings oder eines Königs aber besondere Hekatomben: der Tod des Königs Kwako soll über 1000 Menschenleben gekostet haben. Wir müssen uns demnach im Innern Ashantis zwei verschiedene Typen der Bevölkerungsdichte gemischt denken, nämlich die Bevölkerung im allgemeinen stark aufgelockert, an einigen gröfseren Verkehrsstrafsen konzentrirt vorstellen; ihre Fortsetzung finden diese Konzentrationen dann an der Küste. In Zahlen wollen wir uns die dünner bevölkerten Gebiete durch die Zahl 10, die dichter bevölkerten durch die Zahl 30 repräsentiert denken. Die erstere Zahl erscheint zwar Gunderts Itinerar gegenüber noch zu hoch; allein dieses scheint wirklich Ausnahmeverhältnisse darzustellen; wir dürfen hier selbst bei dünn bevölkerten Gegenden — der Ausdruck „dünn bevölkert" ist ja überhaupt relativ! — unsre Erwartungen nicht zu tief spannen, wenn z. B., wie wir bald hören werden, in der zweiten Zone des Togolandes v. François die Dichte auf 25 schätzt, obwohl auch hier tagelange Einöden auftreten.

3. Das Königreich Dahomey.

Die Zustände Dahomeys — wir haben im Folgenden stets die Zeit v o r dem französischen Eingriff (1892) im Auge — versetzen uns gewissermafsen in die Zeit zurück, wo der Sklavenhandel an der Guineaküste blühte. Zwar werden Sklaven heute nicht mehr an der Küste Dahomeys eingeschifft, aber sogenannte freiwillige Arbeiteranwerbungen, die bekanntlich nicht viel höher stehen, haben noch vor kurzem stattgefunden[1], und nach dem Innern wird auch heute noch ein schwunghafter Sklavenhandel betrieben. Mit systematischer Berechnung hat sich dieses Gebiet gegen die europäische Kultur abgeschlossen: Der König darf z. B. das Meer nicht sehen; Europäer dürfen im Innern nur in Begleitung und unter Überwachung Eingeborener reisen, keine Erkundigungen einziehen und im besonderen die Sprache der Eingeborenen nicht lernen[2]. Bei dieser Isolierung hat sich die Bevölkerung ihre kriegerische Wildheit und Grausamkeit bewahrt. Menschenopfer unter raffinierten Martern sind wie in Ashanti an der Tagesordnung; die Kriegszüge nach den dichtbevölkerten Jorubaländern, ursprünglich des Sklavenhandels wegen unternommen,

---

[1] Chaudoin, Trois mois de captivité au Dahomey S. 265.

[2] Chaudoin, a. a. O. S. 274. 372—374. Comptes Rendus de l. S. d. G., Paris 1894, S. 306.

sind gleichsam aus Gewohnheit beibehalten; andere Kriegszüge unternimmt der König des Menschenraubes wegen oder um eine erlittene Niederlage durch einen wohlfeilen Triumph wieder wett zu machen, gegen schwächere Stämme[1]. Nur in einer Beziehung erhebt sich Dahomey über das Niveau jener Epoche: statt der Zersplitterung herrscht straffe Centralisation; die Sicherheit wird von allen Reisenden gerühmt; sie ist wichtig für den Handel, der besonders von Salaga aus in einer Anzahl Straßen zur Küste zieht. Haben Handel und Produktion hier auch nicht denselben Umfang wie im benachbarten Togoland, so zeugen von seiner Bedeutung doch die zahlreichen verhältnismäßsig großen Städte, an denen Dahomey besonders an der Küste reich ist: wie Whydah (10 000—15 0000 Einw.), Agomé (7000 Einw.), Agomé-Siva (6000 Einw.), Abanam-quein (3000 Einw.), Gr. Popo (2000 Einw.), Abome (3000 Einw.)[2].

Die Thatsache, daß diese Städte meist an der Küste liegen, weist schon darauf hin, daß wir auch hier zwischen der ersten und zweiten Zone zu unterscheiden haben. Denselben Eindruck empfangen wir aus den vorliegenden Schätzungen. Eine ältere französische Schätzung aus dem Anfang der sechziger Jahre nimmt wegen der Menge der Dörfer und Krieger 700 000—800 000 Menschen an, wobei das Gebiet im Norden durch das Konggebirge begrenzt sein soll[3]. Nehmen wir im übrigen die heutigen Grenzen an, so erhalten wir ein etwa 110 km breites und 200 km tiefes Gebiet, also eine Dichte von etwa 35. Wir dürfen wohl annehmen, daß auch diese Schätzung sich vor der Neigung der älteren Angaben zur Übertreibung nicht bewahrt hat. Chaudoin[4] rechnet 300 000 Menschen auf ein Gebiet, das von Abomey nicht über 200 km entfernt sein soll; verstehen wir diese etwas unbestimmte Angabe dahin, daß es sich um ein etwa 100 km langes und 300 km tiefes Gebiet handelt, so ergäbe das die Dichte 10. Dazu stimmt eine andere neuere französische Angabe[5], die für ein etwa 55 km langes und 330 km tiefes Gebiet 250 000 Menschen annimmt, was einer Dichte von 14 entspräche. Im Gegensatz hierzu steht d'Albécas[6] Angabe, der für das ganze französische Gebiet von Dahomey 600 000 Menschen, für einen kleineren Theil in der Umgegend von Whydahi 250 000

[1] Vgl. Chaudoin, a. a. O. S. 265. 398 u. a. St.
[2] d'Albéca, Les établissements français du Golfe de Bénin S. 61—63. Scobels Handbuch S. 310.
[3] Répin im Tour du Monde 1863, I S. 69.
[4] a. a. O. S. 403.
[5] Chautard im Bulletin de la S. d. G. Lyon 1890 S. 63.
[6] d'Albéca, a. a. O. S. 63. 68.

Menschen, beide Mal leider ohne Angabe des Areals, annimmt. Dabei ist zu beachten, daſs bei der früheren Abgeschlossenheit des Landes genauere Schätzungen nur für die Küstengegend möglich waren, und daher im Hinblick auf deren dichtere Besiedelung die Gefahr einer Übertreibung nahe lag. In den letzten Jahren hat überdies der Krieg mit den Franzosen das Land stark entvölkert. Daher nehmen wir im Mittel die Dichte nur zu 15 an [1]; der wahre Wert würde im Innern etwas niedriger (etwa 10), an der Küste bedeutend höher (etwa 30) sein.

4. Togo und sein Hinterland bis zum Salaga.

In diesem Gebiet treten uns unsere drei Zonen mit typischer Klarheit entgegen: wir finden von der Küste nach dem Innern zu zunächst eine dichte Bevölkerung, dann eine dünnere Bevölkerung in einer politisch zersplitterten gebirgigen Gegend, dahinter endlich ein dicht bevölkertes, neben Ackerbau viel Handel und Industrie treibendes Hinterland.

Die erste Zone, die durchschnittlich bis 7° n. Br. reicht, ist durch eine ungewöhnliche Intensität des Ackerbaues gekennzeichnet, die uns berechtigt, hier geradezu von einem Gartenbau zu sprechen. Nach François Schilderung [2] kennt man hier Fruchtwechsel zwischen Knollen- und Körnerfrüchten nebst einer 2—3 jährigen Brache. Samen und Pflanzen werden ordentlich in Reihen gesetzt, die emporkommenden Pflanzen mehrere Male behäufelt, ja sogar das Unkraut ausgegätet. Dabei ist aller verfügbarer Boden wirklich bebaut: „da hier buchstäblich jeder Fuſs breite Boden benutzt wird, so ist es auſserordentlich schwer, wenn nicht unmöglich, Land zu kaufen." François machte diese Beobachtung nahe der Küste bei Sebbe und befand sich offenbar auf einem bevorzugten Boden; Zöller [3] fand im Togoland nur 5—10% vom Boden bebaut, aber auch diesen Bruchteil bei der Fruchtbarkeit des Bodens für eine dichte Bevölkerung ausreichend; und ähnlich erklärt Henrici [4], der ebenfalls weiter ins Innere kam, den gröſsten Teil des Landes für unbebaut. Auch hier spiegelt sich in dieser Differenz der Angaben offenbar eine Abnahme der Dichte von der Küste nach dem Innern. Die Rolle, die Handel und Industrie dabei spielen, verrät sich auch in der Gröſse der Siedelungen.

---

[1] Auch Burton (A mission to Gelele II, 231) nimmt beiläufig auf 4000 engl. qm 150 000 Einwohner an. Vergleiche übrigens die nachträgliche Bemerkung auf S. 158.

[2] Mitteilungen aus den deutschen Schutzgebieten I, 89.

[3] Togoland S. 116.

[4] Henrici, Das deutsche Togogebiet S. 119.

Zwar fehlt es, ein Zeichen für die Wichtigkeit des Ackerbaues, nicht
an vielen kleineren Dörfchen und Gehöften, deren Bewohner allein
von ihm leben; auf der andern Seite aber haben wir eine Anzahl
grofser auf dem Handel beruhender Städte, wie Klein Popo (10000
Einw.), Togo (8000 Einw.), Amutive (3000 Einw.), Lome (1500
Einw.)[1]. Die Mehrzahl der Siedelungen scheint eine mittlere Gröfse
zu besitzen. Bei einer Ortsliste, die Bürgi[2] für den Ketadistrikt
giebt, besitzen die einzelnen Dörfer durchweg nicht unter 400 Einwohnern; das ist schon eine verhältnismäfsig hohe Zahl, in der sich
die relativ hohe Dichtigkeit der Bevölkerung wiederspiegelt[3].

Die zweite Zone, das gebirgige Land nördlich etwa vom 7.
Parallel veranschaulicht uns wieder die Epoche des Sklavenhandels,
der noch jetzt bei den Ewe in häfslichster Weise in Blüte steht, wenn
er auch im Abnehmen begriffen ist. Noch in die Jahre 1869—1873
fällt der letzte grofse Einfall der Ashanti, dessen Nachwehen noch
heute auf Schritt und Tritt bemerkbar sind[4]. Gerade hier im Gebirge haben sich die früheren Zustände am ungestörtesten erhalten;
politische Zersplitterung, Kriege und eine allgemeine Unsicherheit,
die keinen Handel aufkommen läfst, bilden noch heute die Signatur;
auch ist dem Ackerbau viel Boden als zu steinig entzogen. Unter
diesen Umständen mufs die Bevölkerungsdichte der der ersten Zone
nachstehen. Auch die Gleichmäfsigkeit der Vertheilung ist gering.
So durchzog Kling zwei Tage lang von Bismarckburg nach Kebu eine
unbesiedelte Strecke[5]. Ebenso durchzog Wolf zwischen einem Adeli-
dorf und Fasugu eine „unbewohnte Wildnis“[6]. Gröfsere Städte bilden
eine Ausnahme und sind leicht mit Zerstörung bedroht; Unstetigkeit
und rascher Wechsel herrschen auch in dieser Beziehung. Die ehemalige Stadt Atakpame z. B. fand Wolf als eine Ruine vor, auf deren
Platz zerstreut liegende kleine Ortschaften aufgebaut waren; kurze
Zeit später traf Kling dort 3 grofse Dörfer, darunter eins mit 300
Hütten[7]. Auch die durchschnittliche Einwohnerzahl scheint geringer
als in der ersten Zone zu sein, nämlich nach Wolf[6], der auf 15 Adeli-
dörfer 3000 Seelen rechnet, nur 200.

---

[1] Nach Scobels Handbuch S. 308.
[2] Petermanns Mitteilungen 1888 S. 236.
[3] Henrici (a. a. O. S. 91) schätzt die mittlere Dichte der Dörfer übrigens
nur auf 200—300 Einw.
[4] Mitteilungen aus den deutschen Schutzgebieten V, 168.
[5] Mitteilungen u. s. w. II, 70.
[6] Mitteilungen u. s. w. I, 182.
[7] Mitteilungen u. s. w. I, 101 und II, 78.

Die dritte Zone können wir im Süden etwa durch den Parallel von Bismarckburg begrenzen; von dort ging Kling nach Süden, wie erwähnt, noch zwei Tage durch unbewohntes Land, während nördlich die bis Wangara und Salaga vordringende deutsche Expedition[1] durchweg dicht bevölkertes Gebiet durchzog. Der Ackerbau wird hier ebenfalls recht intensiv betrieben; häufig trafen die Expeditionen den ganzen Tag „unabsehbare Flächen auf das sorgfältigste bestellter und mit peinlichstem Fleiſs gepflegter Jamsfelder" und „schier endlos sich ausdehnende Hirsefelder" mit 5 m hohen, schweren Halmen; und eine fleiſsige Sklavenschar regte sich bis Sonnenuntergang, die Ernte zu bergen. Wir gewahren hier denselben Fleiſs bei der Bestellung des Ackers wie oben in der Küstenzone, und wir begreifen angesichts seiner, wenn ein Beobachter[2], der die Negernatur in Togo kennen lernte, geneigt ist, die Faulheit überhaupt nicht zu den Eigenschaften des Negers zu rechnen, während sie in Wahrheit hier wohl nur durch wirtschaftliche Faktoren zurückgedrängt ist. Freilich fehlte es dazwischen auch nicht an leeren, gänzlich unbewohnten Strecken. Die Itinerare verzeichnen neben gehäuften, oft stadtartigen Siedelungen auch leere Strecken von 20—30, ja auch von 40—50 km Länge; nördlich der Linie Salaga-Bismarckburg tritt sogar zwischen Bimbile und Irrepa eine unbewohnte Strecke von 80 km Länge auf. Zum Teil rührt das daher, daſs Handel und Industrie hier eine gröſsere Rolle im Erwerbsleben der Bevölkerung spielen. Diese Faktoren konzentrieren die Massen an einigen Stellen, während sie andere entvölkern — ein Vorgang, den wir ähnlich in schwächerem Maſse bei allen der Industrie huldigenden Kulturvölkern sich wiederholen sehen. Bezeichnend für den Zusammenhang zwischen Industrie und Rückgang des Ackerbaues ist die Bemerkung der Expedition, daſs dicht im Osten Kintampos kein Anbau längs der Route zu merken war, indem die wenigen Dörfer nur als Markt- oder Zollplätze angelegt waren. Charakteristisch für die Bedeutung von Handel und Industrie ist die Häufigkeit groſser stadtartiger Siedelungen. Auf der Strecke Bismarckburg-Aledjo (ca. 165 km) finden wir z. B. an Orten über 600 Hütten: Katambara mit 1000 Hütten, Seberinga mit 800 Hütten, Agulu mit 2000 Hütten, Kirikri mit 800 Hütten und Aledjo mit 800 Hütten. Die Route Aledjo—Wangara und etwas westlich in einem Bogen zurück (ca. 140 km) weist auſser Aledjo und Wangara (2000 Hütten) eine Siedelung von 1800 Hütten und einen

---

[1] Mitteilungen aus den deutschen Schutzgebieten VI, 106 ff. nebst Karte.
[2] Herold in den Verhandlungen d. G. f. E., Berlin 1893, S. 54.

Komplex von 15 Dörfern mit ca. 4000 Hütten auf. Auf der Strecke
von Wu (600—800 Hütten) bis Salaga (ca. 210 km) finden wir aufser
diesen beiden Punkten noch Napari mit 1000 Hütten und Bimbile mit
1000—1500 Hütten. Also im Durchschnitt alle 30—50 km eine stadt-
artige Siedelung. Freilich kann man aus der Hüttenzahl keinen
sicheren Schlufs auf die Seelenzahl ziehen, denn viele Hütten können
leer stehen, manche entsprechend dem regen Marktleben nur zeitweilig bewohnt sein. Jedenfalls mufs vor übertriebenen Vorstellungen
gewarnt werden. Salaga, von dem er dabei ausdrücklich bemerkt,
dafs es den gröfsten Teil des Jahres nur schwach bevölkert ist, schreibt
zwar Kling[1] 6000 Hütten, Binger[2] aber nur eine jedenfalls als ständig
gedachte Bevölkerung von 6000 Einwohnern zu. Fügen wir hinzu, dafs
der letztere[3] Bonduku auf 7000—8000, Kong auf 12000—15000,
an einer anderen Stelle auf 15000—20000 Einwohner schätzt, so ist
damit die obere Grenze der hier in Betracht kommenden Werthe erreicht. Immerhin sind derartige Zahlen nur bei einer entsprechenden
Entwicklung von Handel und Industrie möglich: eine nur vom Ackerbau lebende Stadt wird im Sudan im allgemeinen nicht über 3000—
3500 Bewohner zählen, da die Kulturen sich sonst zu weit — über
10 km — von ihr entfernen müfsten[4]. Auch bei diesen Siedelungen
sind die Entfernungen schon so beträchtlich, dafs man in den Feldern
oft besondere, nur zeitweilig bewohnte Hütten findet[5]. Charakteristisch
ist dabei der Aufbau dieser Siedelungen, die wie überall die Städte
oder sogenannten Städte im Sudan und bei den Negern in eine Anzahl
getrennter Einheiten zerfallen. Aledjo besteht z. B. aus drei innerhalb einer Ringmauer vereinigter Dörfer, Bafilo ist ein Komplex von
30 Dörfern mit 15000 Einwohnern, und Agulu wird uns als ein Dorf
von 2000 Hütten beschrieben, dessen einzelne Teile je 2—10 Hütten
enthalten und durch Busch, Gras und Felder von einander getrennt
sind[6]. Bei dieser Erscheinung, in der sich zunächst die Wertlosig-
keit des Raumes bei Naturvölkern ausdrückt, kann ein Schutzbedürfnis
mitsprechen, z. B. wenn wir es mit einer Gruppe von Dörfern zu
thun haben, deren jedes einzelne auf einem besonderen Hügel liegt;
auch der Wunsch, die Kulturen möglichst in der Nähe zu haben,
kann mitwirken. In der Regel aber weist sie wohl auf die Entstehung

---

[1] Mitteilungen aus den deutschen Schutzgebieten VI, 126.
[2] Bulletin de la Société de Géogr. de Lyon 1889 S. 674.
[3] a. a. O. S. 664 und Mitteilungen d. G. G. Wien 1893 S. 442.
[4] Binger, Du Niger au Golf de Guinée I, 256.
[5] Verhandlungen d. V. f. E. zu Berlin 1893 S. 54.
[6] Mitteilungen u. s. w. VI, 112.

solcher Komplexe aus einer Anzahl getrennter Dörfer durch Zwischen-
lagerung neuer hin; die Konzentration vollzog sich in dem Maße, in
dem der Ackerbau dem Handel und der Industrie Platz machte; so
widerlegt auch dieser Typus den Satz Kohls, daß Städte durchweg
als Städte geboren werden. Er gilt hier umso weniger, als auch ihr
Schicksal wandelbar ist und derjenigen Stetigkeit entbehrt, die ein
Vorrecht höherer Kulturstufen ist. Habsucht und Raubgier bedrohen
leicht ihr Gedeihen, worauf uns schon das Schutzbedürfnis hinweist,
das sich in der hohen Lage oder der Umwallung mit Ringmauern
ausspricht. Jendi fand François Salaga gegenüber im Nachteil, weil
der Sultan einen zu hohen Zoll erhob und die Karavanen so zu mög-
lichster Umgehung des Ortes veranlaßte; ebenso fand Binger Bonduku im Niedergang wegen der Wildheit seiner muhamedanischen Bevölkerung.

Neben den großen städtischen Siedelungen fehlen aber auch kleine
und kleinste nicht; sie sind natürlich vorwiegend dem Ackerbau,
manche aber auch, wie oben für einen Punkt bei Kintampo erwähnt,
für Markt- und Zollplätze bestimmt. Auf der Strecke Salaga—
Irrepa finden wir außer Bimbile und Napari auf 200 km 17 Dörfer
mit durchschnittlich 32 Hütten[1]; und ähnlich lauten alle anderen
Itinerare, z. B. zwischen Aiyumasu und Salaga 80 km mit 10 Dörfern
von durchschnittlich 35 Hütten. Man sieht, diese Siedelungen allein
würden dem Lande nur eine sehr geringe Dichtigkeit verleihen; erst
die ziemlich isoliert auftretenden großen Centren liefern die Hauptmasse der Bevölkerung; diese ist also, ähnlich wie in allen modernen
Industrie treibenden Staaten in einzelnen Punkten zusammengedrängt,
zwischen denen verhältnismäßig dünn besiedelte Flächen liegen.
Darin spricht sich der industrielle Typus dieser Siedelungsverhältnisse
scharf aus; darin liegt auch der Unterschied dieses Gebietes von der
Küstenzone, die dem stärkeren Vorwiegen des Ackerbaues entsprechend
ihre Bevölkerung viel gleichmäßiger verteilt.

Als ein drittes Element endlich treten uns neben großen und
kleinen Siedelungen leere Flächen entgegen, deren Auftreten die Ungleichmäßigkeit der Verhältnisse erhöht und ihnen abermals im Gegensatz zur Küstenzone eine größere Unstetigkeit verleiht. Hier nur ein
Beispiel dafür: von Bismarckburg nach Norden traf Kling zunächst
auf 15 km 3 Dörfer mit 60, 15 und 35 Hütten, dann kam eine
50 km lange leere Strecke bis Fasugu mit seinen 500—600 Hütten

---

[1] Mitteilungen u. s. w. VI, Karte zu S. 106 ff.

und 3000 Einwohnern. In ähnlicher Weise zeigen alle Itinerare einen
Wechsel jener drei Elemente.

Endlich noch eiuen Blick auf den Volta. Nächst Salaga ist
Krakye (5000—6000 Einwohner nach dem Missionar Ramseyer[1]) am
Volta der wichtigste Punkt auf der Westseite Togos. Diese aber
steht kulturell höher als die Ostseite: Wohnung und Kleidung sind
hier luxuriös, dort ärmlich. In diesen Angaben spricht sich die verdichtende Kraft des Volta aus[2]. Er übt sie besonders aus, weil er
den Handel begünstigt, der mit seinen Gewinn verheifsenden Aus-
sichten selbst den arbeitsscheuen Neger anspornt. Herold[3] fand am
Volta und seinen Nebenflüssen bei einer Reise als Neuheit viele Brücken,
die gebaut waren, um den inzwischen aufgekommenen einträglichen
Kanuhandel zu fördern. Eine Bevölkerung, die so empfänglich für
die Begünstigungen des Handels ist, mufs sich an den Flufsrändern
rasch verdichten. In der That bezeichnet François[4] neben dem Küstengebiet das des oberen Volta als das dichtest bevölkerte von Togo.
Der Missionar Ramseyer[5] stiefs, als er bei $7^1/2^0$ n. Br. am Volta nach
Osten zog, zunächst auf das Land der Boem, das nach seiner Schätzung
in 37 Städten 20 000—30 000 Einwohner enthalten soll; weiter östlich
bezeichnet er uns das Land der Booso (Akposo?) als dünn bevölkert;
trotz der Unbestimmtheit der letzten Angabe glauben wir doch im
Hinblick auf die mittlere Bevölkerung der einzelnen Siedelungen im
erstgenannten Gebiet in dieser Darstellung die Abnahme der Dichte der
Bevölkerung mit der Entfernung vom Flufs deutlich zu erkennen.
Werfen wir zum Vergleich noch einen Blick auf den Comoe, so finden
wir dort eine Intensität des Ackerbaues, des Handels und der Industrie,
die Binger[6] fast an eine europäische Kulturlandschaft erinnerte.

Schreiten wir jetzt zu einer zahlenmäfsigen Abschätzung der Bevölkerungsdichte, so stofsen wir auf François Schätzung[7] des Küstengebietes auf eine Dichte von 40 pro qkm und der zweiten Zone auf

---

[1] Proceedings of the R. G. S., London 1886 S. 252. 253.
[2] Mitteilungen u. s. w. III, 141. 146. Auch v. Doering fand bei einer Reise
von Bismarckburg zum Volta und zurück im Innern nur Dörfer mit bis 120 Hütten,
nahe dem Volta aber Kete mit 2000 Hütten (D. Kolonialblatt 1894 S. 451).
[3] Mitteilungen u. s. w. VI, 275.
[4] Mitteilungen u. s. w. I, 47.
[5] Proceedings of the R. G. S. 1886 S. 253.
[6] Bulletin de la Société d. Géogr. de Lyon 1889 S. 685.
[7] Mitteilungen u. s. w. I, 145. 148.

25. Trotz der Vorsicht, die man hohen Zahlen gegenüber beobachten
muß, muß uns die Zahl 40 angesichts des gartenbauähnlichen Betriebes eher noch zu niedrig, als zu hoch erscheinen. Der Missionar
Bürgi[1] schätzte den Ketadistrikt auf 106800 Menschen; machen wir
für das Areal nach der Karte die ganz rohe Annahme, daß es 30
km lang und 50 km tief sei, so erhalten wir sogar die Dichte 70.
Das deutsche Kolonialblatt (1892, S. 143) enthält eine Schätzung
des Küstengebietes im engeren Sinne auf rund 57000 Menschen.
Nehmen wir die Länge zu 70 km, die Tiefe zu 10 km an, so erhalten
wir 80 als Dichte, wobei freilich die Bevorzugung zu beachten ist,
die der eigentliche Küstenstrich vor dem übrigen Gebiet der ersten
Zone genießt. Für die dritte Zone fehlen Angaben; da leere Flächen
auftreten und die großen Anhäufungen von Menschen durch weite, nur
dünn bevölkerte Zwischenräume getrennt sind, so dürfte die Dichte
hinter der der ersten Zone zurückstehen; andererseits muß sie die
der zweiten übertreffen. Wir nehmen daher das Mittel, nämlich 32.
Ausdrücklich sei dabei noch einmal bemerkt, daß aus den vorliegenden
Angaben an sich auf eine sehr hohe Zahl nicht geschlossen werden
kann, da die Gegend, abgesehen von den großen Centren, verhältnismäßig dünn bevölkert scheint, der Einfluß jener Centren aber schwer
in Rechnung gezogen werden kann. — Dem Rand des Volta dürfte
überall die Dichte 40 zukommen.

5. Das Niger-Benue-Gebiet.

Wir verstehen unter diesem Gebiet das Land zwischen Dahomey
unter dem unteren Niger, sowie die unmittelbare Umgegend des
unteren und des mittleren Niger und des Benue.

Die Küstenzone weist vom Nigerdelta bis Calabar keine
dichte Bevölkerung auf. Ihre Entwicklung verhindert schon der un-
fruchtbare Boden und das ungesunde Klima, das z. B. im unteren
Teil des Nigerdeltas die europäischen Händler auf verankerten Schiffen
statt auf dem sumpfigen, epidemienreichen Festlande wohnen läßt[2],
sowie das beschwerliche Terrain, besonders an den Flußläufen, mit
seinen Dickichten, Mangrovewäldern und Schlammmassen. Dazu
kommen die schon früher beleuchteten Nachwirkungen des Sklavenhandels, der überall an den Flußmündungen die Bevölkerung in kleine,
sich befehdende Bruchstücke zersplittert hat, die durchweg auf

---

[1] Petermanns Mitteilungen 1888 S. 236.
[2] Burdo, Niger and Benue S. 91. 113. — Viard, Au Bas Niger S. 30.

niederem Kulturniveau stehen — die Ijo huldigen noch heute der Anthropophagie[1] — und noch heute dem europäischen Handel oft feindselig entgegentreten, wie im Jahre 1876 am unteren Niger, wo die Eingeborenen durch Pfähle den Fluſs zu sperren suchten, wofür die Engländer ihre Dörfer verbrannten und sie selbst füsilierten, wo sie ihrer habhaft wurden. Wir werden für das ganze Küstengebiet eine Dichte von etwa 6 Menschen pro qkm annehmen dürfen.

Weiter oberhalb verdichtet sich die Bevölkerung sofort an den Flüssen. Für den Ummon verbürgt uns Goldie diese Thatsache[2]. Am Niger erstreckt sich das feindselige Gebiet bis etwa 5° 20′; die Ibos, von Johnston für das am meisten versprechende Volk am unteren Niger erklärt, wohnen von $5^1/_2$° — 6° n. Br.[3]. Die Zunahme der Bevölkerung stromaufwärts stellt sich uns auch auf der Routenkarte des letzten Beobachters dar, wo wir im Mündungsgebiet (bis 5° n. Br.) an einem Arme auf 110 km 10 Dörfer ablesen, oberhalb aber von 5° — 6° auf 160 km 27 Dörfer und von 6° — 7° n. Br. auf 130 km 18 Dörfer. Verfolgen wir den Strom gleich weiter aufwärts, wo er durch die dicht bevölkerten Haussa-Länder fließt, so bieten uns besonders Flegels Angaben einigen Anhalt für zahlenmäſsige Belege[4]. Seine Route stromaufwärts von Balaba bis Gomba verzeichnet auf 420 km 88 Dörfer. Dabei wird Gbere mit 500—600 Einwohnern ausdrücklich als ein kleiner Ort bezeichnet; einige andere weisen Bevölkerungen von 1000, 1500—1800, 1300—1500 Seelen auf; nehmen wir als Mittel nur 1000 Seelen und die Breite des Streifens am Fluſs zu 6 km an, so erhalten wir eine Dichte von etwa 40. Im Hinterlande nach Adamaua zu scheint beiläufig die Dichte noch zu steigen, da die Route von Gomba nach Kalgo und von Birni-n-kebbi nach Sokoto beziehungsweise 42 Dörfer auf 150 km und 50 Dörfer auf 170 km aufweisen. Anders auf dem rechten Ufer, wo in der Gegend von Opa Flegels Route auf 230 km 21 Dörfer aufweist, wobei allerdings die Einwohnerzahlen, soweit angegeben, höher sind — nämlich 1000, 3000, 1500—1800 Seelen —; immerhin läſst sich daraus nur auf eine Dichte von etwa 20 schließen.

Weiter nach Süden heben sich die Zahlen allerdings. Für Yoruba berechnet Supan aus den Angaben des Blaubuches eine Dichte von 44 Menschen pro qkm[5], und wenn wir für Idjebu 400000 Menschen

[1] Mittheilungen der Geogr. Ges., Wien 1893, S. 543.
[2] Scottish Magazin I (1885) S. 282.
[3] Proceedings of the R. G. S. 1888 S. 759.
[4] Mitteilungen der Afrikan. Gesellsch. III, 39 ff. nebst Karte.
[5] Die Bevölkerung der Erde VIII, 169 Anmerkung.

angegeben finden[1] und diese Ziffer auf ein Areal von 10000 qkm
beziehen, so erhalten wir ebenfalls die Dichte 40. Spielen hier
Handel und Industrie eine grofse Rolle, so stofsen wir dagegen unmittelbar westlich vom unteren Niger noch auf Stämme, die von der
europäischen Kultur völlig unberührt sind; ein englischer Missionar
fand dort jüngst im steten Abstande von 7 km auf ausgedehnten
Lichtungen im Urwald sehr grofse Siedelungen[2]. Nehmen wir für
sie 1000 Seelen an, so erhalten wir eine Dichte von 20 in Übereinstimmung mit dem Schlufs, den wir aus Flegels Route südlich
vom mittleren Niger zogen. Zwischen dem Niger und einem Gebiete,
dessen Kern Yoruba bildet und das in der Umgegend von Lagos bis
ans Meer reicht, zwischen diesen beiden dicht bevölkerten Gebieten
scheint sich also längs des rechten Niger-Ufers eine Zone dünnerer Bevölkerung einzuschieben. Die Bedeutung des Handels und der Industrie
in der ersteren Zone erhellt sofort aus der häufigen Existenz von
Städten, deren Gröfse selbst die im Togoland auftretenden übertrifft:
so wird Bida[3] auf eine ständige Bevölkerung von 50000, Lagos[4]
auf 75000, Ilovin[4] auf 100000, Abeokuta[5] auf 80000 oder sogar
200000 Einwohner geschätzt.

Das Gebiet des Benue erfreut sich dagegen keiner ebenso
grofsen Dichte, weil hier die Völkerscheide mit ihren schon oben
beleuchteten, wenigstens zeitweise verheerenden Wirkungen sich entlang
zieht und die konzentrierende Kraft des Wassers teilweise lähmt. Überall
können wir daher hier zwei Typen sich ablösen und sich durchdringen
sehen: bald gewahren wir ein von den Haussa noch unberührtes
blühendes Gebiet, bald ein von ihnen verwüstetes, bald ein unter
ihrer Herrschaft wieder aufblühendes; bald tritt uns die verödende
Kraft des Krieges, bald die konzentrierende des Handels entgegen.
Den Bula, den letzten Resten unabhängiger Neger-Bevölkerung rühmt
Flegel eine grofse Bevölkerungsdichte nach[6]. Die Stadt Wukari hatte
bei seinem ersten Besuche stark durch die Fulbe gelitten, bei seinem
zweiten Besuche aber war sie unter ihrer Herrschaft in neuem Aufblühen begriffen[7]. Ebenso zählte die Stadt Djen bei seinem Besuche
im Jahre 1854 nur 1000 Bewohner, im Jahre 1879 2000 Einwohner[8].

---

[1] Bouche, La côte des esclaves S. 312.
[2] Globus LXV, 232.
[3] Mitteilungen der Afrikan. Gesellsch. II, 99 bezw. IV, 351.
[4] Bouche, a. a. O. S. 255.
[5] Tour du Monde 1876, 1 S. 246 bezw. Mouvement Géogr. 1892 S. 21.
[6] Petermanns Mitteilungen 1880 S. 150 bezw. Mitteil. d. Afrik. Ges. III, 258.
[7] Petermanns Mitteilungen 1880 S. 223.
[8] Petermanns Mitteilungen 1880 S. 147.

Umgekehrt bezeichnet Flegel das Gebiet westlich von Wukari als vor
20—30 Jahren viel volkreicher [1]. Daſs alle Berichte von häufigen
Einöden, besonders am rechten Ufer erzählen, darf uns angesichts
dieser Verhältnisse nicht wundern. Viard verzeichnet auf seiner Route
von Loko aufwärts auf 400 km nur 24 Siedelungen, die fast alle am
linken Ufer liegen [2]. Macdonald [3], der später den Benue bis zum
Kebbi-Einfluſs hinauf befuhr, fand häufig von Muhamedanern verwüstete Strecken, selbst auf beiden Ufern, dazwischen freilich wieder
dicht bevölkertes Gebiet. Am Kebbi fand er, so lange er westlich
in der Richtung der Volksscheide flieſst, das linke Ufer mehr kultiviert
als das rechte; dieser Unterschied verschwindet sofort am Knie des
Kebbi, bis wohin er südwärts in reinem muhamedanischen Gebiete
flieſst. Das linke Ufer des Benue tritt uns in Flegels Berichten in
noch ziemlich ungestörtem Besitz der heidnischen Neger gegenüber;
doch tragen ihre Zustände bereits den Keim in sich, der sie dem
muhamedanischen Expansionstriebe zum Opfer fallen läſst. Durch
ihre beständigen zersplitternden Kämpfe dezimiert die eingeborene
Bevölkerung sich selbst und bereitet so den Muhamedanern gleichsam den Boden, die sie aufsaugen „wie ein trockner Schwamm“.
Loko gegenüber fand Flegel [4] den Ort Ubi von Räubern überfallen
und seine Bewohner in einen verschanzten Felsort geflüchtet. Die Mi-
nuntschi südlich von Wukari sitzen zwar dichtgedrängt in einem gut
angebauten Lande; aber schon der Umstand, daſs ihre Dörfer nicht
mehr als 50 bis 70 Hütten, bisweilen nur 10 zählen, weist auf den
ewigen Krieg hin, durch den sie sich selbst zerstören [5]. — Die Dichte
werden wir, im Hinblick auf die Zahl 40, die wir für den Niger an-
nahmen, hier im Durchschnitt nur auf 30 ansetzen dürfen.

6. Kamerun.

In Kamerun treten uns unsere drei Zonen in groſser Deutlichkeit
entgegen, soweit es sich um das Gebiet südlich vom 4. Parallel
handelt; weiter nördlich dagegen verliert die zweite Zone, die bis
dahin durch das Urwald-Gebiet in typischer Klarheit dargestellt wird,
sehr an Deutlichkeit. Wir wollen daher beide Gebiete trennen und
mit dem südlichen beginnen.

---

[1] Mitteilungen d. Afrikan. Gesellsch. III, 257.
[2] Viard, Au Bas Niger, Karte.
[3] Proceedings of the R. G. S. 1891 S. 451 ff. und Karte.
[4] Verhandlungen d. G. f. E., Berlin 1886, S. 433.
[5] Petermanns Mitteilungen 1883 S. 247.

Die erste Zone kann nicht so dicht bevölkert sein wie in
Togo. Zunächst nämlich tritt der Ackerbau vor dem Handel fast
völlig zurück. Der Grund dafür liegt in der Arbeitsscheuheit
der Bevölkerung, die auf einen tieferen Stand der Gesittung
überhaupt hinweist. Dazu stimmt es, wenn Morgen[1] den Ma-
jimbesen an der Sannaga-Mündung Neigung zur Gewaltthätigkeit beim
Handel nachsagt. Dazu stimmen die Schilderungen über die Dualla,
in deren Beschreibung Jähzorn, häufiges Blutvergießen, Wildheit und
Unsicherheit des Lebens hervorstechende Züge bilden[2]. Dazu stimmt
die Schilderung der durch Einwanderer aus Fernando Po von der
Küste abgeschnittenen Bakwiri, denen Unreinlichkeit und physische
Degeneration vorgeworfen werden[3]. Solche kulturellen Verhältnisse,
in denen sich der Unterschied der Bantustämme von den Sudannegern
spiegelt, lassen keine Vergleiche mit Togo zu. Zweitens sind manche
kleine Gebiete, besonders an den Flußmündungen, wenn sie sumpfigen
ungesunden Boden und Mangrovewälder besitzen, dünn oder garnicht
bevölkert. Bevölkerung und Handel beginnen an den Flüssen häufig
erst, wo ihre Schiffbarkeit endet[4]. So fand Zöller die Mündung des
Moanjo unbewohnt[5]. Die Gegend am Kamerunfluß war zu Buchholzs[6]
Zeit auf vier Meilen ins Innere unbewohnt. Weiter aufwärts wohnen
umgekehrt die Dualla wohl dicht am Ufer, aber dahinter dehnt sich
eine menschenleere Savanne aus[7]. Am Sannaga fand Morgen von
den Idea-Fällen abwärts die erste Hälfte des Weges bis zur Mündung
auf der rechten Seite unbewohnt[8]. Das sind freilich nur lokale Erscheinungen, die aber in ihrer Häufung doch ins Gewicht fallen.

Im allgemeinen gilt die Regel, daß der Küstensaum und die
Flüsse des Fischfanges wegen die Bevölkerung konzentrieren[9]. Selbst
bei einem kleinen Fluß, wie dem Wuri ist noch im Mitellauf der
Fischfang bedeutend. Außer dem Fischfang aber kommen auch Völkerbewegungen mit ihrer aufstauenden Wirkung in Betracht: bis zum
vierten Parallel macht sich der Einfluß der vom Gabun aufwärts
drängenden Fan bemerklich: sie veranlassen von dort ab das An-

---

[1] Durch Kamerun S. 139.
[2] Buchner, Kamerun S. 22—25.
[3] Mitteilungen aus d. deutsch. Schutzgebieten I, 36.
[4] Ebenda I, 33.
[5] Zöller, Kamerun III, 26.
[6] Land und Leute in Westafrika S. 8.
[7] Buchner, Kamerun S. 14.
[8] Mitteilungen aus d. deutsch. Schutzgebieten II, Tafel I.
[9] Langhans in d. Deutschen Rundschau für G. u. St. 1887 S. 147.

drängen der Ibea an die Küste, sie haben die Bakoko und diese wieder die Dualla nach Norden gedrängt[1].

Die zweite Zone wird durch den Urwaldstreifen repräsentiert, der unser ganzes Gebiet in einer Breite von durchschnittlich über 100 km, die übrigens von Süden nach Norden abnimmt, durchzieht. In diesem Urwald haust ein zwerghaftes Jägervolk, über das noch keine näheren Nachrichten vorliegen. Für die Bevölkerung kommt es wegen seiner Spärlichkeit kaum in Betracht. Von ihm abgesehen ist der Urwald in seiner westlichen Hälfte gänzlich unbewohnt, auf der östlichen läßt sich ein allmähliches, leises Zunehmen der Besiedelungen nach seinem Rande hin wahrnehmen. Der Grund für diese Verteilung liegt darin, daß der Urwald erst vor kurzem, vielleicht vor 20 Jahren von Osten her von Negerstämmen betreten ist[2]. Bei den enormen Mühen, die er der Rodung und Wegbarmachung entgegensetzt, ist es begreiflich, daß die Stämme nur widerstrebend, von nachdrängenden geschoben, von Osten her allmählich in ihn eindringen. Kund[3], der ihn bei 3° s. Br. von der Küste aus betrat, fand die ersten 70 km keine Siedelung, dann ein winzig kleines Dorf, dann die folgenden 70 km vier Weiler und ein großes Dorf. Auf der Rückreise traf er ähnlich während der ersten 40 km auf fünf Dörfer, während die folgenden 110 km bis nach der Küste durch unbesiedeltes Gebiet führten. Morgen[4] fand von der Küste aus die ersten zehn Tage keine Menschenspur, während auf dem Rückwege die Route zunächst noch durch einzelne kleine Bakoko-Siedelungen belebt war, ehe völlige Öde eintrat.

In der dritten Zone nimmt im allgemeinen wieder die Dichte von Westen nach Osten zu. Freilich ist die Grenze zwischen dem Urwald und dieser Zone keine scharfe. Jenseits etwa des 11. Längengrades treten noch oft einzelne Urwaldparzellen abwechselnd mit Grasland auf, ehe die Zone des reinen Graslandes erreicht ist; dieses Grasland aber besitzt die höchste Bevölkerungsdichtigkeit im ganzen Kameruner Gebiet. Kund z. B. zog von Wunafira[5] nach Osten zuerst durch ein Gebiet mit einzelnen Dörfern der Jenoa, die aus Handelsstreitigkeiten teilweise oder ganz zerstört waren. Mit der Annäherung an den Schu nahm die Bevölkerung zu, der Wald wurde

---

[1] Mitteilungen aus d. deutsch. Schutzgebieten III, 64.
[2] Kund in d. Mitteilungen aus d. deutsch. Schutzgebieten I, 18.
[3] Mitteilungen aus d. deutsch. Schutzgebieten I, 25 ff.
[4] Durch Kamerun S. 35 ff. u. 127 ff. nebst Karte.
[5] Mitteilungen aus d. deutsch. Schutzgebieten I, 113—121 nebst Karte.

öfter von Kulturen unterbrochen, und endlich mit dem Überschreiten des Schu wurde ein aufserordentlich dichtbevölkertes Land mit sehr grofsen und schön gebauten Dörfern erreicht. Auch von Wunafira nördlich zum Sannaga, wohin es durch lauter Grasland ging, fand Kund durchweg zusammenhängende Dörfer.

Mit der Annäherung an den Sannaga aber ändern sich die Verhältnisse. An ihm etwa zieht jene grofse Völkerscheide zwischen Bantu-Negern und muhamedanischen Stämmen entlang. Die letzteren sehen wir über den Sanaga südlich hinausdringen und dabei eine allgemeine Zone der Verwüstung, ein grofses Gebiet allgemeinen, Fliehens, Splitterns und Drängens um sich verbreiten. Die Stämme ziehen sich infolge des allgemeinen hellum omnium contra omnes auf kleine Gebiete zusammen und schaffen rings Öden um sich her. Die Siedelungen zeigen durchweg den Schutztypus: sie liegen versteckt, hinter Sümpfen und in Urwaldparzellen[1]. Jede hat Wachen. Am charakteristischsten ist die grofse Ungleichmäfsigkeit in der Verteilung der Bevölkerung. Am Sannaga fand Kund Spuren, dafs am linken Ufer grofse Landstriche verwüstet waren, während am rechten Sudanneger vor kurzem Bantuneger vertrieben hatten[1]. Tappenbeck traf nördlich vom Sannaga verbrannte und zerstörte Dörfer an, an ihm die am linken Ufer wohnenden Bassenge mit den am rechten Ufer wohnenden Mbelle im Krieg. Bezeichnenderweise zeigt die Karte seiner Route stets Gruppen von Dörfern, die durch leere Intervalle getrennt sind[2]. Auf der Route Ramsays[3] am Sanaga vom 11.° ö. L. aufwärts finden wir neun verschiedene Angaben hinsichtlich der Bevölkerungsdichte, die zwischen völlig unbewohnter und aufserordentlich stark bevölkerter Landschaft variieren, wobei die einzelnen Angaben höchstens etwa 10 km von einander entfernt sind. Jährlich sehen wir die Verwüstungen weiter nach Süden ziehen, Morgen[4] fand auf seiner letzten Expedition schon südlich vom Sannaga auf dem Wege von den Yaunde zu ihm öde, durch Ngillas Scharen verwüstete Stätten.

Hat man diese Zone im Süden hinter sich gelassen und bewegt sich innerhalb rein sudanesischer Bevölkerung, so steigt die Dichte entsprechend dem höheren Kulturgrade der Sudanneger. Kling[5]

---

[1] Mitteilungen aus d. deutsch. Schutzgebieten I, 27.
[2] Ebenda III, 110.
[3] Ebenda VI, Tafel VI.
[4] Durch Kamerun S. 185.
[5] Mitteilungen aus d. deutsch. Schutzgebieten I 27.

bezeichnet das Dorf Guahara nördlich der Volksscheide als so grofs, wie er es in Afrika (d. h. in Kamerun) nie gesehen. Morgen konstatierte ebenfalls bei $5^{1/3}°$ n. Br. und dann abermals bei $6°$ n. Br. eine Zunahme der Bevölkerung[1]. Auch treten neben grofsen Siedelungen häufig kleine Dörfchen in grofsen Scharen auf. So fand Morgen bei Ngilla viele grofse Farmen mit kleinen 5—10 Hütten zählenden Dörfern — Verhältnisse, wie wir sie schon im Hinterlande von Togo kennen gelernt haben. Freilich tritt der Verdichtung der Bevölkerung hemmend die allgemeine Feindschaft der Stämme untereinander entgegen, die in der Lage der Siedelungen den Schutztypus zur Herrschaft bringt. Die erwähnten Dörfer um Ngilla dienten gleichzeitig als Vorposten. Im übrigen fand sie Morgen durchweg teils auf Felsen, teils völlig versteckt im Walde ohne gangbare Pfade liegen[2].

In dem Gebiet nördlich vom vierten Parallel finden wir ebenfalls unsere drei Zonen wieder, nur spielt die Urwaldzone dort nicht dieselbe hemmende Rolle in der Bewegung der Völker wie im eben betrachteten Gebiete. Während in ihm das Andrängen an die Küste von Süden her erfolgt und so den Urwald umgeht, fand hier Zintgraff nördlich vom Elefanten-See im Waldlande neue Ansiedelungen rasch aufblühen, angelegt von Stämmen, die weiter aus dem Innern kamen und durch den Urwald nach der Küste drängten[3]. Von da nahm jenseits der Völkerscheide die Bevölkerungsdichte wieder zu. Zintgraffs Itinerar verzeichnet vom Elefanten-See bis zu ihr auf einer Strecke von 160 km 7 kleine und 5 gröfsere Dörfer, jenseits ihr auf einer Strecke von 70 km aber 5 kleine und 4 gröfsere Dörfer; auch rühmt er die zuletzt erreichte Landschaft der Bayang ausdrücklich als dicht bevölkert.

Nördlich von dieser Landschaft beginnt die dritte Zone, das Grasland, das nicht nur eine dichtere Bevölkerung, sondern auch gröfsere Siedelungen aufweist. Im Waldland sind die Dörfer zwar zahlreich, aber klein: Dörfer mit 50 oder 60 Hütten sind auf der Karte schon ausgezeichnet. Im Graslande dagegen wohnt in der Regel ein ganzer Stamm in einem Dorf zusammen[4]. Zur Erläuterung schalten wir hier eine Skizze Herolds aus der Umgegend von Baliburg ein[5], der an ihr auch die dichte Bevölkerung des Graslandes

---

[1] Durch Kamerun S. 258. 292.
[2] Morgen, a. a. O. S. 258.
[3] Mitteilungen aus d. deutsch. Schutzgebieten I, 189. 190.
[4] Ebenda VII, 104 und Karte.
[5] Ebenda V, 176.

erläutern will. Nach einem rohen Überschlage würde sich aus ihr
eine Dichte von etwa 28 ergeben. Die großen Zahlen, die uns hier
bei den einzelnen Siedelungen entgegentreten, führen wegen der damit notwendig verbundenen weiten Ausdehnung der Kulturen zu besonderen Farmdörfern, die dauernd nur von Sklaven, von Freien nur
zur Erntezeit bewohnt werden[1].

Wenden wir uns jetzt zu den zahlenmäßigen Angaben,
so müssen wir bei Wichmanns und Langhans' Angaben[2], die für ein
Areal von 26 000 beziehungsweise 40 000 qkm eine Dichte von 18
beziehungsweise 12 Menschen pro qkm annehmen, beklagen, daß sie
die verschiedenen Zonen nicht unterschieden haben. Buchner[3], der
für das Küstengebiet mit Ausschluß des Hinterlandes die Bevölkerung

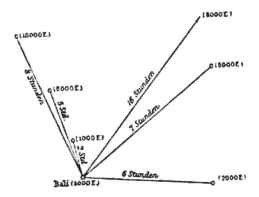

auf 200 000 — 300 000 Seelen schätzt, hat leider kein Areal beigefügt;
nehmen wir dieses als etwa 300 km lang und 30 km tief an, was
der Ausdehnung der ersten Zone ungefähr entsprechen würde, so ergiebt sich eine Dichte von 20—30. Ziehen wir zum Vergleich Togo
heran, hinter dessen Küstenzone die unserige jedenfalls zurückstehen
muß, so erscheint uns die Hälfte des dort angenommenen Wertes 40,
also die Dichte 20 als die zutreffendste. Für die zweite Zone nehmen
wir im südlichen Teil 0,5, im nördlichen, wo leider keinerlei Anhalte
gegeben sind, 10 als Dichte an. Für das Hinterland wollen wir im
Hinblick auf das Hinterland von Togo, mit dem das unsere im allgemeinen übereinstimmt, die Dichte 32 annehmen, was ungefähr auch
mit Herolds Skizze und der daran geknüpften Schätzung überein-

---

[1] Ebenda VII, 105.
[2] Deutsche Rundschau für Geographie u. Statistik 1887 S. 151.
[3] Kamerun S. 58.

stimmt. Ausgenommen ist dabei im südlichen Teil das verwüstete Gebiet der Völkerscheide, für das wir im Hinblick auf den französischen Sudan den Wert 6 wählen. Was die Abgrenzung der dritten Zone anlangt, so geht sie nach Norden in das ähnlich dichtbevölkerte Adamaua über, nach Osten dagegen haben wir keinen Grund, sie uns sehr weit ausgedehnt zu denken, da sich die Verdichtung. als eine lokale Erscheinung infolge einer Aufstauung am Rande des ungern betretenen Urwaldes gut verstehen läfst.

7. Die Guinea-Inseln[1].

Auf den Guinea-Inseln treten uns die beiden charakteristischen Merkmale insularer Siedelungsverhältnisse in ausgeprägter Form entgegen: eine grofse Dichte der Bevölkerung und der Gegensatz zwischen der dicht besiedelten Peripherie und dem dünn besiedelten Innern. Das erstere Merkmal vor allem bei den kleinen Inseln Corrisco, Eloby und Annobom, die Dichten von 133 bezw. 176 aufweisen, also die stärksten Aufstauungen auf kleinen Räumen zeigen. St. Thomé und Fernando Po wird im Mittel eine Dichte von 20 bez. 13 zugeschrieben; ihre wahre Bedeutung gewinnen diese Zahlen aber erst durch den Zusatz, dafs drei Viertel von St. Thomé nur dünn[2], das Innere von Fernando Po aber bis auf eine Reihe Siedelungen, die sich über den Loita Pafs von der West- nach der Ostküste ziehen, gar nicht bevölkert ist. Setzen wir die dünne Bevölkerung auf St. Thomé zu 5 an, so erhält das letzte Viertel eine Dichte von 65, und auf Fernando Po würde, wenn wir ein Viertel als bewohnt annehmen, der Rand der Insel 52 Menschen pro qkm zählen.

Die dichte Bevölkerung Fernando Pos verrät sich auch darin, dafs die Dörfer nach einer Angabe Blumentritts durchschnittlich 50—200 Hütten zählen. Hinsichtlich der Lage der Siedelungen ist von Belang, dafs sie in alter Zeit dicht am Strande lagen, seit Ende des vorigen Jahrhunderts, als der Sklavenhandel auch diese Gestade aus ihrer Ruhe aufschreckte, sich landeinwärts zurückzogen und gegenwärtig erst wieder ans Ufer hinabzurücken beginnen. Auch hier sehen wir also gewissermassen Schutz- und Erwerbstypus in der Lage der

---

[1] Die Zahlen nach Supan, Bevölkerung der Erde VIII, 173. Die Angaben über Fernando Po nach Baumanns Monographie.
[2] Petermanns Mitteilungen 1884 S. 130.

Siedelungen abwechseln, auch hier sehen wir lang andauernde Nachwirkungen des Sklavenhandels.

III. FRANZÖSISCH KONGO.

Wir verstehen unter diesem Namen aufser der Umgegend des
Gabun nur das südlich vom Äquator gelegene Gebiet, das vom Ocean
und vom Kongo umschlossen wird. In anthropogeographischer Hinsicht haben wir zu unterscheiden zwischen dem offenen Lande mit
lichtem Savannenwalde, das den gröfsten Teil unseres Gebietes einnimmt, und dem dichten Walde, der am Ogowe, und zwar hier als
echter Urwald, und in schwächeren Formen nördlich vom unteren
Kongo, besonders in Majombe auftritt; eine besondere Stellung nehmen
überdies die Küste und die Stromsysteme des Ogowe und einiger benachbarter Wasseradern ein.

1. Das Gebiet am Ogowe.

Beginnen wir mit dem letzteren, so ist hier die alles bestimmende
Thatsache das bekannte Drängen der Fan nach der Küste, das
Admiral Langle schon 1876 vierzig Jahre rückwärts verfolgen konnte[1].
Die Fan sind von Nordosten her an den Ogowe herangetreten; aus
den Urwäldern kommend und so der Schiffahrt unkundig, fanden sie
an ihm ein Hemmnis, das sie zunächst aufhielt; sie räumten hier
am nördlichen Ufer mit der bisherigen Bevölkerung auf, sie überall
auf das andere Ufer drängend. Schon Walker fand von der Mündung
des Ngunie aufwärts die Verhältnisse so[2]. Lenz[3] traf zwischen 11°
und 12° ö. L. die Apingi und Okanda nur am linken Ufer, während
sie das rechte gar nicht zu betreten wagten, obwohl die Siedelungen
der Fan meist vom Flusse entfernt mehr in den Wäldern lagen. Oberhalb des Landes der Okanda fand Lenz auch Fan am linken Ufer.
Im übrigen überlassen sie das südliche Ufer den Akelle, die dort

---

[1] Tour du Monde 1876, 1 S. 262.
[2] Petermanns Mitteilungen 1875 S. 112.
[3] Lenz hat seine Beobachtungen veröffentlicht in dem Korrespondenzblatt
der Afrikan. Gesellsch. I u. II, den Mitteilungen d. Geogr. Gesellsch., Wien, 1878
und in dem Buch: Skizzen aus Westafrika.

ebenso, wie gegenüber die Fan den ganzen Fluß entlang zur Küste drängen, wo die Woge sich nordwärts zum Gabun gewendet hat und über diesen Punkt hinaus ihre Wirkung sogar schon an der Küste Kameruns spüren läßt.

Der Einfluß dieser Bewegung auf die Bevölkerungsdichte ist, wie stets bei derartigen Vorgängen, ein wechselnder, hart nebeneinander zwei ganz verschiedene Typen schaffender; es findet an gewissen Punkten ein Aufstauen, an anderen ein allgemeines Drängen, Splittern und zuletzt Veröden statt.

Das Gebiet der Aufstauung finden wir am Gabun, von wo es nach rückwärts am Ogowe allmählich weiter um sich greift Admiral Langle schätzte hier die Zahl der Fan auf 60000, Conpiègne fand nach ihm diese Zahl schon viel zu niedrig[1]. Die ältere Bevölkerung dieses Gebietes besteht erstens aus den Bulus oder Schekianis, einem nomadischen Jägerstamm, dessen Beschreibung an die Zwergvölker erinnert, und der jedenfalls von Haus aus keine große Kopfzahl besaß, und zweitens aus den Mpongwe, die selbst eine ältere Schicht der Fan bildend, jetzt von diesen absorbiert werden[2]: Langle rechnete noch auf 60000 Fau insgesamt 80000 Köpfe, also 20000 Eingeborene; seitdem hat die Zahl jedenfalls stark abgenommen[3]. Die Grenze der dichten Bevölkerung passierte Brazza[4] etwa bei 0° 25', Conpiègne fand sie zwischen Ngosho und Sam Quita; und ein neuerer französischer Beobachter[5] fand die ca. 70 km lange Strecke von Lambarene bis Ndyole mit über 100 Dörfern besetzt und rechnet hier auf diese Strecke auf einen 30 km breiten Streifen etwa 200000 Fan — leider ohne Angabe, wie er diese Zahl gewonnen —, woraus sich die erstaunliche Dichte von 95 Menschen pro qkm ergäbe. Diese Zahl muß freilich gegenüber den in Togoland gefundenen Werten, die 40 nicht überschritten, als viel zu hoch erscheinen. Bedenkt man aber, daß hier der Handel dem Ackerbau zur Seite tritt, daß die Fan an der Küste ziemlich schnell ein hohes Kulturniveau erworben haben, so könnte man die Zahl 40 für angemessen halten und sie auf der Karte etwa von der letztgenannten Grenze an am Ogowe bis zum Gabun über eine Fläche ausgebreitet denken, über deren genaue Lage und Begrenzung wir leider nicht unterrichtet sind. Jedenfalls entspringt diese Anhäufung nur einer

[1] Compiègne, L'Afrique Equatorial II, 154.
[2] Bulletin de l. S. d. G., Paris 1889, S. 289. 290.
[3] Tour du Monde 1876, 1 S. 268.
[4] Neuville et Bréard, Les Voyages de Brazza, S. 134.
[5] Père Lejeune in den Comptes Rendus de la Soc. de Géogr. 1891 S. 499.

räumlich beschränkten anthropogeographischen Thatsache, und die genannte Zahl darf nicht als typisch für die gauze Küstengegend betrachtet werden. Man kann übrigens Bedenken tragen, ob jene Zahl
40 nicht noch zu hoch ist: in der Thatsache, dafs die Fan sich überall des Handels wegen an die Wasserränder drängen, das übrige Land
leer hinter sich lassend[1], liegt in der That eine Gefahr der Über-
schätzung.

Weiter aufwärts am Ogowe finden wir ein Gebiet der Zersplitterung und Aufreibung, dessen Zustände sich uns schon in
dem ganzen Typus der Siedelungen ankünden. Charakteristisch ist
schon die Zerstückelung der Bevölkerung in kleine Stämme, in Volks-
parzellen von wenigen Dörfern. Die Osaka, ein Stamm von 5—6
Dörfern von je 60—100 Hütten bezeichnet Lenz als typisch für die
allgemeine Zerstückelung. Die Okota schätzt derselbe Beobachter auf
1000—1500 Köpfe, die Apinge auf 500—600 Seelen. Hand in Hand
damit geht die Kleinheit der Siedelungen. Bei den Aduma fand
Marche Siedelungen von 5 Hütten mit einer gesamten Bevölkerung
von 5 Männern, 13 Frauen und einer Anzahl Kinder[2]. Die Hüttenzahl übersteigt in den Angaben selten 70, und 100 Hütten bezeichnet
Lenz selbst am unteren Ogowe als ein Maximum. Es entspricht dem
hier herrschenden Typus der Siedelungsverhältnisse, wenn Ballay[3] die
Dörfer im allgemeinen für gruppenweise verteilt erklärt. Charakteristisch
endlich ist auch die Schutzlage der Siedelungen, die zum Teil eine
Ursache ihrer Kleinheit ist und bei dem ewigen bellum omnium contra
omnes fast selbstverständlich erscheint. Die Dörfer liegen oft in
Sümpfen oder einsam im dichten Walde; denselben Grund hat es
offenbar, wenn die Fan die Nähe des Ogowe meiden und lieber
10—15 km entfernt im Dickicht der Wälder hausen. Auch der Handel
kann daran nichts ändern; er besteht zum gröfsten Teil im Sklavenhandel und wird auch sonst im Gegensatz zu dem friedlichen, segens-
reichen Typus des Handels, den wir in Guinea an der Küste kennen
lernten, in einer gewalttätigen, entvölkernden Weise betrieben, die
Crampel am Ivindi beobachten liefs, dafs die Bevölkerung sich in
dem Mafse vom Flufs entfernt, in dem der Europäer dort einheimisch
wird[4]. — Diese Verhältnisse lassen sich am Ogowe etwa bis 14° ö. L.
verfolgen. Doch scheint dabei die Bevölkerungsdichte nach Osten etwas
anzusteigen und namentlich östlich vom 12. Längengrade stellenweise

---

[1] Lenz in Petermanns Mitteilungen 1875 S. 125.
[2] Tour du Monde 1878 S. 406.
[3] Comptes Rendus de la Soc. de Géogr., Paris 1885, S. 284.
[4] Bulletin de la Soc. de Géogr. de Paris 1891 S. 535.

einen etwas höheren Wert zu erreichen, womit Lenz' allgemeine Bemerkung[1] übereinstimmt, daſs die Bevölkerung im Innern östlich von den Osheba (d. h. von 12° ö. L.) bedeutend dichter als näher der Küste sei. Nähmen wir bei den Okota, die nach Lenz[2] 1000—1500 Seelen zählen und nach der Karte einen Streifen von ca. 50 km Länge bedecken, für diesen Streifen eine Breite von nur 10 km an, so ergäbe sich eine Dichte von 2—3. Ebenso ergäbe sich bei den Apinge, die 500—600 Seelen zählen sollen[1], wenn wir nach der Karte für sie ein Gebiet von nur 3 Meilen Länge und 2 Meilen Breite annehmen, eine Dichte von 2. Beide Stämme wohnen zwischen 11° und 12° ö. L. Bei 13° dagegen finden wir[1] die Osaka mit 500—600 Hütten à 60—100 Hütten. Nehmen wir hier nach der Karte wieder das vorige Areal an, so erhalten wir eine Dichte von 6. Freilich stoſsen wir südlich von ihnen sofort auf tagelange unbewohnte Urwälder, welche die Grenze gegen die Osheba bilden, und darauf folgen am Ogowe die Aduma, bei denen man abseits vom Fluſs ebenfalls Urwälder von derselben Art trifft. Erheblich kann daher bis zum 14. Längengrade die Dichte jedenfalls nicht zunehmen. Noch spärlicher besiedelt sind die Urwälder, die zu beiden Seiten, vorzüglich am nördlichen Ufer des Ogowe sich erstrecken. Hier hausen Zwergvölker wie die Apinge in Siedelungen von oft nur 15—20 Köpfen. Ein solches Jägervolk, die Mbamba, auf ein Paar Hundert Seelen von Lenz geschätzt, scheint nach der Karte ein Gebiet von mindestens 15 Quadratmeilen zu bedecken, was einer Dichte von 0,5 gleich käme. Freilich breiten sich hier auſserdem die Fan überall aus. Bei ihrem wilden Charakter und angesichts der Natur dieses Gebiets, in dessen Urwäldern fast nur die Ränder der Wasseradern von ihnen besiedelt sind, würden wir aber eine sehr dünne Bevölkerung auch dann erwarten, wenn Lenz es uns nicht ausdrücklich versicherte.

Wenden wir uns nun am Ogowe von 14° ö. L. weiter aufwärts, so entwirft uns de Brazza von den Bateke (14—14½° ö. L.) das traurige Bild eines damals von einer schweren Hungersnot heimgesuchten Stammes, dessen Gebiet die östlicheren Apfuru mit einem schweren Raubzuge heimgesucht hatten[3]. Mit den Apfuru am Alima aber betreten wir ein besseres Gebiet: die Dörfer sind hier zahlreich, und der Handel, besonders der Maniokhandel nach dem Kongo hin hat am oberen Fluſs die Bevölkerung in engen, dicht bewohnten An-

---

[1] Korrespondenzblatt der Afrikan. Gesellsch. I, 360.
[2] Mitteilungen der Geogr. Gesellsch., Wien 1878, S. 468 ff. nebst Karte.
[3] Neuville et Bréard, Les Voyages de Brazza S. 94.

siedelungen verdichtet[1]. Dieser Handel scheint neueren Ursprungs zu sein, und der Übergang zu ihm sich gleichsam mit einer gewissen Hast vollzogen zu haben, sodafs die Bevölkerung noch nicht Zeit gefunden hat, sich der neu erstandenen Verdichtung in ihren Siedelungs- verhältnissen anzupassen: so begreift sich, dafs Ballay die Hütten zu eng, um die Bewohner zu fassen, und die Dörfer in einem kläglichen Zustande traf. Ähnlich zieht nach Brazza[2] von Francville nach Ntamo am Kongo eine Ader dichterer Bevölkerungen hin, wahr- scheinlich auch infolge einer Handelsverbindung. Wir spüren an diesen Beispielen, wie sich hier mit der Annäherung an den Kongo bereits von weitem die verdichtende, dem Handel entspringende Wirkung dieser Wasserader bemerkbar macht.

Suchen wir jetzt die gewonnenen Eindrücke in Zahlen zu fixieren, so werden wir für den mittleren Ogowe bis 12° ö. L. gemäfs den ge- gebenen Proben die Dichte auf 2, von da bis zur Quelle auf 4, für seine Urwaldumgebung im Norden, wie wir es später auch für das centrale Urwaldgebiet thun werden, auf 1, am Alima aber etwa auf 10 festsetzen können.

2. Das Küstengebiet.

Wir haben schon oben gesehen, dafs wir die Verdichtung der Bevölkerung am unteren Ogowe und am Gabun uns als eine örtlich beschränkte Erscheinung denken müssen. Weiter südlich ist uns das Küstenland erst im Bereich der Loango-Küste, also südlich von 3½° s. Br. besser bekannt. Hier tritt zunächst der Gegensatz zwischen dem relativ dichtbevölkerten, savannenartigen Küstenlande und dem waldreichen, dünn bevölkerten Hinterlande — im Süden Majombe — entgegen. Schon die ganze Art der Siedelungen, die dort ansehnlich und sauber sind und von Wohlhabenheit zeugen, hier aber als unsauber und ärmlich beschrieben werden[3], zeugt von diesem Gegensatz. Auch die Gröfse der Dörfer nimmt nach der Küste hin zu. In Majombe ist 20—30 eine selten überschrittene Hüttenzahl, Dybowski[4] erwähnt bei seinem Durchzuge eine nur aus einigen Hütten bestehende Siedelung; 60 Hütten gelten für ungewöhnlich viel; auch bei den Bayakas weiter nördlich giebt Güssfeld 15—16 Hütten als Durch-

---

[1] Ballay in den Comptes Rendus de la Soc. de Géogr. Paris 1885 S. 284.

[2] Neuville et Bréard a. a. O. S. 117.

[3] Die Loango-Expedition I, 43. 104.

[4] La Route du Tsad S. 34.

schnitt, 50 als Maximum an[1]. An der Küste aber fand die Loango-
Expedition[2] immerhin ein Dorf von 350—400 Hütten, allerdings als
eine völlig isolierte Ausnahme. Die Gründe für diesen Unterschied
liegen, abgesehen vom Fischfang an der Küste, in dem Handel, der
bei der politischen Zersplitterung und dem Mangel großer Gewässer
nur wenig ins Innere eindringen kann. Fast allein auf den Ackerbau
angewiesen, besitzen die Bewohner des Hinterlandes in ihm wegen
der nur periodischen und unsicheren Regengüsse eine unzuverlässige
Ernährungsquelle, die sie oft in Hungersnot versetzt, mit der dann
auch, wie Güssfeld es erlebte, die Blattern sich verbinden können[3].
Allerdings steht auch die Küste unter der Herrschaft dieser Übel-
stände, aber bei der Anwesenheit anderer Ernährungsquellen können
sie hier nicht so verheerend wirken. Von diesem Unterschied abgesehen, konstatiert Pechuel-Loesche[4] für das ganze Unterguinea von
1872—1887 einen allgemeinen Rückgang der Verhältnisse, eine Entvölkerung ganzer Distrikte durch wiederholte Hungersnot und Seuche, —
eine Bestätigung des allgemeinen Satzes, daß in allen steppen-
haften Gebieten die Bevölkerungsverhältnisse infolge der Unsicherheit
und Unstetigkeit der Ernährungsverhältnisse selbst etwas Unstetes,
rasch und jäh Wechselndes annehmen.

Innerhalb des Küstengebietes ist die Bevölkerung nicht
gleichmäßig verteilt. Bei Jumba[5] ($3^1/_2^0$ s. Br.) fand die Loango-
Expedition[6] spärlich zerstreute Dörfer von elendem Aussehen, entsprechend
der Thatsache, daß hier die politischen Verhältnisse noch zerfahrener
als an der Loango-Küste sind. Weiter südlich wird die Bevölkerung
überall als dicht beschrieben. Nördlich von der Mündung des Tschiloango
fand Bastian die Dörfer zahlreich, im Distrikt Anghoy südlich von
Cabinda die Ebene sogar mit Dörfern dicht besäet[6]. Wir würden
schon aus diesen spärlichen Angaben auf eine Zunahme der Bevölkerungsdichte mit der Annäherung an den Kongo schließen und sie aus der
die Bevölkerung an seinen Ufern konzentrierenden Kraft des Handels
erklären, auch wenn Pechuel-Loesche[7] uns dieser Zunahme nicht ausdrücklich versicherte. Umgekehrt werden wir daher nach Norden eine
Abnahme der Dichte, und im besonderen die Küste nördlich von

---

[1] Die Loango-Expedition I, 104. 105. 196.
[2] Ebenda I, 72.
[3] Ebenda I, 105. 162. Vgl. Soyaux, Aus Westafrika I, 143.
[4] Kongoland S. 221.
[5] Die Loango-Expedition I, 185.
[6] Ebenda I, 40. 80.
[7] Kongoland S. 226.

Loango, also etwa von dem oben erwähnten Jumba ab als relativ dünn bevölkert anzunehmen haben.

Die D i c h t e der Bevölkerung in Loango schätzt die deutsche Expedition[1] auf 20 Menschen pro qkm, womit auch Chavannes Schätzung eines schmalen Streifens von Landana bis Cabinda auf eine Dichte von 17 ziemlich übereinstimmt. Sehen wir von der Ungleichmäfsigkeit in der Ausbreitung der Bevölkerung dabei ab, da wir sie doch nicht genauer verfolgen können, so werden wir der Loangoküste als ganzem den nördlicheren Küstenstreifen gegenüberstellen und seine Dichte zu 10 annehmen können. Für das Waldland Majombe und seine nördliche Fortsetzung bis zur Ogowe-Mündung nehmen wir die Zahl 4 an.

3. Das Innere.

Für dieses Gebiet liegen leider wenig Angaben vor. Wohl verzeichnet Du Chaillu bei den Ischoge auf eine Strecke von 60 km 33 Dörfer der Ischogo, deren Siedelungen meistens 150—160 Hütten zählen sollen, und 13 Dörfer von Nachbarstämmen; doch führte, abgesehen von der geringen Zuverlässigkeit Du Chaillus, seine Route, wie er selbst bemerkt, durch ein besonders begünstigtes Gebiet[2]. Lenz[3] unterscheidet in der Gegend des Ogowe zwischen einem dünner bevölkerten westlichen Streifen mit der Dichte 4, der am Ogowe bei 12° ö. L. endet und einem dichter bevölkerten östlichen Streifen mit der Dichte 8. Unsere frühere Bemerkung über die dichtere Bevölkerung am Alima, sowie an der Strafse von Franceville nach Ntamo, sowie endlich über eine gewisse Zunahme der Dichte an dem oberen Lauf des Ogowe, weisen auf eine ähnliche Zweiteilung hin, ebenso auch der Gegensatz, in dem in Dybowskis Darstellung das „allerdings nicht völlig unbewohnte" Waldland Majombe zum dahinter liegenden fruchtbaren Graslande steht[4]. Damit steht aber im schärfsten Widerspruch Mizons Bericht, der von Wesso am Sangha bis Brazzaville eine völlig verödete Gegend durchzog, die auf 100 km keine 10 Siedelungen enthielt[5]. Eine nähere Aufklärung, besonders über den etwaigen Anteil der Araber, hat Mizon dieser lakonischen Notiz nicht beigefügt. Angesichts der ganzen Sachlage mufs aber diese pessimisti-

---

[1] Die Loango-Expedition III, 1 S. 3.
[2] Du Chaillu, A journey to Ashongo-land S. 255. 258. 288 nebst Karte.
[3] Korrespondenzblatt d. A. G. I 359.
[4] La Route du Tsad S. 34. 42.
[5] Comptes Rendus de la Soc. de Géogr., Paris 1892, S. 382.

sche Angabe schwer ins Gewicht fallen; wir nehmen daher für dieses
Gebiet nur dieselbe Dichte wie für das westlich gelegene Majombe
an [1], nämlich 4.

IV. DER KONGO VON DER MÜNDUNG BIS ZUM BEGINN DES URWALDES.

Als Verkehrsader, einst für den wilden Sklavenhandel, jetzt für
den friedlicheren, aber auch in den letzten Jahrzehnten noch durch
Kämpfe der Eingeborenen mit den Agenten des Kongo-Staates gestörten
Verkehr, nimmt der Kongo anthropogeographisch eine Sonderstellung
ein. Soweit er im Urwaldgürtel fließt, soll er weiter unten betrachtet
werden; weiter unterhalb lassen sich an seinen Ufern in physischer
Beziehung zwei Gebiete unterscheiden, deren Grenze etwa durch den
Stanley-Pool gebildet wird. Das untere gehört besonders auf dem
südlichen Ufer jenem weiten, unfruchtbaren Lateritgebiete an, in dem
ungünstige und unsichere Regenverhältnisse den Anbau nur mit einem
kargen, oft durch Hungersnot unterbrochenen Anbau belohnen. Neben
der Hungersnot suchen auch Epidemien dieses Gebiet heim: Eine
Epidemie im Jahre 1873—1874 z. B. hat ganze Dörfer aussterben
lassen [2]. Da auch anthropogeographisch, wie wir sehen werden, die
Gegend des Stanley-Pool die Grenze zwischen zwei verschiedenen Gebieten bildet, so wollen wir dementsprechend unsere Betrachtung in
zwei Teile gliedern.

1. Der Kongo bis Stanley-Pool.

Innerhalb dieser Strecke lassen sich wieder zwei Gebiete unterscheiden, deren Grenze etwa bei Isangbila liegt. In dieser Gegend
nämlich lassen alle Darstellungen, wenn die Route flußaufwärts geht,
eine merkliche Besserung in den Bevölkerungsverhältnissen erkennen.
Schon Wauters [3] erklärte in dem oben erwähnten Streit mit Pechuel-

---

[1] Auch in Scobels Handbuch (S. 310) ist, beiläufig bemerkt, (ohne Begründung) dieselbe Dichte angenommen.

[2] Pechuel-Loesche, Kongoland S. 358. Dupont, Lettres sur le Congo
S. 490.

[3] Le Congo S. 32.

Loesche die Strecke zwischen Isanghila und 'Stanley-Pool für die bevölkertste am ganzen Kongo bis Stanley-Pool; genau so urteilt Roger [1], dem sich auch Velcke anschliefst [2]. Auch Schynse [3] fand das Gebiet zwischen Manjanga und Stanley-Pool nicht so arm, wie das zwischen Vivi und Manjanga; dieselbe Unterscheidung macht Morgan [4], und auch Delcommune konstatierte bei Lukunga eine solche Grenze [5].

Dünn gesät und kläglich ist freilich die Bevölkerung längs beider Strecken. Schon die geringe Kopfzahl der einzelnen Siedelungen weist darauf hin. Selbst in Boma zählte man im Jahre 1887 nur 100 Weifse und 500 Neger, in Banana 1885 nur 56 Europäer und 700 Eingeborene [6]. Die Hüttenzahl einiger Negerdörfer bei Manjanga fand Dupont [7] zwischen 30—50, bei Lukunga sogar nur zwischen 10 und 30; die Zahl 50 wird im allgemeinen als ein Maximum bezeichnet [8], und ein Dorf, wie Ndunga, westlich von Lukunga, das nach Dupont 150 Hütten zählt, nimmt eine völlige Ausnahmestellung ein [7]. Ferner bestätigt sich auch hier der allgemeine Satz, dafs mit der geringen Zahl der Bewohner die Ungleichmäfsigkeit der Verteilung Hand in Hand geht. Von Vivi nach Isanghila verzeichnet Johnstons Itinerar auf die ersten 13 km 2 Dörfer, auf die folgenden 29 nur 1 Dorf. Von Isanghila nach Manjanga erwähnt sein Bericht keine Siedelung, bezeichnet aber den Distrikt um Manjanga selbst als gut bevölkert [9]. Dagegen kann es uns nicht überraschen, gelegentlich von einzelnen relativ, d. h. gegenüber der allgemeinen Öde, dicht bevölkerten Bezirken zu hören; so bezeichnet Herrmann Banza Ndunga als einen stark bevölkerten Dörferkomplex [10], Delcommune ebenso das Mündungsgebiet des Inkassi als dicht bevölkert [11], und vor allen ist hier der Thalkessel von Lukunga zu nennen, der in diesem ganzen Laterit-Gebiet die einzige erhebliche Strecke fruchtbaren Bodens darstellt. Neben der Ungleichmäfsigkeit besteht eine zweite charakteristische Thatsache darin, dafs die Bevölkerung, wenn auch andrerseits die Handelsroute am Kongo anziehend

---

[1] Bulletin de la Soc. Géogr. belge 1884 S. 662. 663.
[2] Conférences sur le Congo II, 51.
[3] Zwei Jahre am Kongo S. 39.
[4] Proceedings of the R. G. S. London VI, 186.
[5] Mouvement Géogr. 1888 S. 25.
[6] Mouvement Géogr. 1887 S. 49, 1885 S. 21.
[7] Dupont, Lettres sur le Congo S. 145. 314. 325. 352. 375.
[8] Mouvement Géogr. 1886 S. 31.
[9] Johnston, Der Kongo, Kap. IV. u V.
[10] Ausland 1887 S. 149.
[11] Mouvement Géogr. 1888 S. 25.

auf sie wirkt, doch öfter nach dem Innern hinein zunimmt. Die unfruchtbaren Uferberge des Kongo bilden gleichsam hemmende Barrièren, die die Bevölkerung von fruchtbaren Gebieten nach beiden Seiten hin abschliefsen. Aufser diesen physischen Umständen spielen noch geschichtliche Gründe mit, auf die wir später kommen. Als Beispiel für das südliche Ufer erwähnen wir, dafs nach einer französischen Angabe am Kuilu, einem kleinen Nebenflufs des Kongo, die dichteste Bevölkerung bei Kinsuka, d. h. am Oberlauf, d. h. also vom Kongo möglichst weit entfernt, hausen soll[1]. In diesem Zusammenhange sei auch der Angabe Mikics gedacht, der auf dem Wege von Boma nach Kibata auf etwa 200 km 64 Dörfer von durchschnittlich 125 Eingeborenen gefunden zu haben behauptet, woraus sich die erstaunliche Dichte von 40 Menschen pro qkm ergäbe[2]. Lassen wir dahingestellt, wie weit diese Angaben glaubwürdig sind — das Mouvement führt bekanntlich gerade in dieser Beziehung häufig eine etwas überschwängliche Sprache —, so kann doch die Möglichkeit nicht geleugnet werden, dafs zwischen dem dünn bevölkerten Kongoufer und dem dünn bevölkerten Majombe hier auf einem kleinen Gebiete eine Art Aufstauung — natürlich nur von ganz lokaler Bedeutung — stattgefunden hat. Schon Chavanne[3] hat das Dreieck des unteren Kongo und des Kuilu als besonders ungleichmäfsig bevölkert bezeichnet.

Wie relativ der Ausdruck dicht ist, ergiebt sich am besten daraus, dafs Dupont[4] für die Umgegend von Lukunga, dessen wir oben wegen seines fruchtbaren Thalkessels gedachten, nur eine Dichte von 5½ Menschen pro qkm annimmt. Auch Stanley, der doch zu Übertreibungen neigt, rechnet in der Gegend der Katarakte zwischen Vivi und Isanghila nur 5 Menschen pro qkm[5]. Die mittlere Dichte in dem zweiten, dem Stanley-Pool näher gelegenen Streifen, zu dem Lukungu gehört, können wir danach auf etwa 4,5 ansetzen, die des unteren auf 3,5, welch letztere Zahl auch mit Chavannes[6] Zählung übereinstimmt.

2. Der Kongo oberhalb Stanley-Pool.

Der Stanley-Pool gehört wie Lukunga zu den wenigen von der Natur bevorzugten Flecken in diesem Gebiet; die Bevölkerung zeigt

---

[1] Le Mouvement Géogr. 1891 S. 11.
[2] Le Mouvement Géogr. 1885 S. 178 Vgl. dazu 1888 S. 18.
[3] Reisen im Kongostaat S. 508.
[4] Lettres sur le Congo S. 145.
[5] Der Kongo (deutsch) I, 184.
[6] Reisen im Kongostaat S. 506.

daher auch an manchen Stellen dichte Anhäufung, dazwischen aber auch leere Stellen; im Ganzen empfing Comber dort den Eindruck eines Gebietes dünner Bevölkerung[1]. Befahren wir den Fluſs weiter aufwärts, so begegnen wir einem steten Wechsel zwischen dünn oder gar nicht und dicht bevölkerten Strecken. Von Stanley-Pool aufwärts traf Schynse[2] in den ersten drei Tagen nur 2 Dörfer. Büttner[3] konnte sogar die ersten 75 km gar keine Dörfer erblicken — ein Mangel, der sich daraus erklärt, daſs die Bateke fast ohne Fischfang und Handel, nur dem Ackerbau leben, den sie vom Fluſs entfernt auf der inneren Hochfläche treiben. Johnston[4] traf in dieser Gegend von Kimpoko aufwärts ebenfalls 60 km lang keine Spur von Siedelungen, dann auf 55 km 3 Dörfer, bis Msuata erreicht war, dessen Nachbarschaft allgemein als ein Centrum dicht bevölkerter Gebiete geschildert wird. Weiter oberhalb wird der Bezirk von Bolobo ebenfalls als ein solches noch stärkeres Centrum beschrieben[5]; Johnston rechnet dort auf einen Streifen von 120 km Länge und unbestimmter Breite 40 000—50 000 Menschen[6]. Dagegen fand François oberhalb der Kassaimündung die Landschaft völlig unbewohnt. Nördlich von Bolobo wiederholt sich dasselbe Schauspiel; Ngombe, Isindi und besonders Irebu schildert Stanley als Anhäufungspunkte, dazwischen scheint die Landschaft mehr oder weniger leer[7].

Gerade bei diesem Gebiet liegt die Gefahr der Überschätzung nahe angesichts der überschwänglichen und dabei rein qualitativen Schilderungen, die wir hier so häufig finden, sowie angesichts der auſserordentlichen Ungleichmäſsigkeit der Verteilung der Siedelungen. In ersterer Beziehung haben wir Stanleys übertriebene Beschreibung der „Stadt" Vinyadschara bereits in der Einleitung erwähnt. Hier sei nur noch einmal daran erinnert, wie leicht die ganze Bauart der am Uferraum in schmaler Linie sich hinziehenden Dörfer eine empfängliche Phantasie zu unerlaubten Ergänzungen in der Richtung der Tiefe verführen kann. Wie weit Johnstons oben erwähnte Angabe von 40 000—50 000 Menschen bei Bolobo mit einer derartigen Übertreibung behaftet ist, wissen wir nicht; legen wir aber selbst seine Angabe zu Grunde und nehmen dabei die Breite des Streifens zu 10 km an, so

---

[1] Proceedings of the R. G. S. VI, 75.
[2] Zwei Jahre am Kongo S. 45.
[3] Reisen im Kongolande S. 234.
[4] Der Kongo, Kap. VIII.
[5] Vgl. z. B. Johnston, a. a. O. Kap. IX.
[6] Johnston, a. a. O. S. 218. 405.
[7] Vgl. z. B. Comber, Proceedings of the R. G. S. VII, 368.

erhalten wir eine Dichte von rund 40 Menschen pro qkm. Setzen
wir das entgegengesetzte Ufer als unbewohnt voraus — ein solcher
Gegensatz zwischen einem dicht bewohnten und einem unbewohnten
Ufer wird oft erwähnt —, und nehmen wir ferner an, dafs derartige
Strecken mit fast unbewohnten gleichmäfsig wechseln, so erhalten wir
nur eine Dichte von 10 Menschen pro qkm. Selbst diese Zahl ist
vielleicht noch etwas zu hoch; einigermafsen aber stimmt sie zu der
Zahl 10, die wir für den Alima angenommen haben.

3. Die Gründe der Siedelungsverhältnisse.

Fragen wir nach den Gründen, warum wir hier nicht, wie nördlich vom Kongo, unsere drei Zonen wiederfinden, sondern die Dichte
einfach von der Küste nach dem Innern zunehmen sehen, so liegt
der Vergleich dieses Gebietes mit dem des Niger nahe, wo wir
ebenfalls eine ähnliche einfache Zunahme der Bevölkerung nach dem
Innern wahrgenommen haben.   Dieser Vergleich deckt auch die
Hauptursache auf, die wir hier wie dort in den Nachwirkungen des
früheren Sklavenhandels zu erblicken haben; ihr gegenüber kann die
physische Ungunst der Verhältnisse am unteren Kongo erst in zweiter
Linie in Betracht kommen und namentlich die Zunahme nach dem
Innern bis Stanley-Pool nicht erklären.   Eine so hervorragende und
dabei so vereinzelte Verkehrsstrafse, wie der Kongo — seine Bedeutung in dieser Beziehung wird am besten durch die Verbreitung
des Sandflohes erläutert, der von Ambriz innerhalb 20 Jahren auf
und an ihm bis Nyangwe gelangt ist — mufste den Sklavenhandel
im stärksten Mafse an sich ziehen.   Im Jahre 1830 sollen allein nach
Brasilien 78000 Sklaven aus den Gebieten südlich vom Äquator ausgeführt sein, zu denen der Kongo jedenfalls die Hauptmasse gestellt
hat.   Wenn nördlich vom Äquator schon 1814 die Sklavenausfuhr im
wesentlichen erloschen ist, so hat sie sich hier im Durchschnitt bis
1865 behauptet, und an einzelnen Stellen noch länger[1].   Wie in
Guinea innerhalb der zweiten Zone, so verraten sich uns auch hier
noch diese früheren Zustände durch die völlige politische Zersplitterung.   Wenn die Mussorongo an der Kongomündung noch 1869
gefürchtete Piraten waren[2] — ähnliches wird uns auch für alle An-

---

[1] Vgl. Dupont, Lettres sur le Congo S. 681 ff. Pechuel-Loesche, Kongoland S. 213. Stanley, Der Kongostaat I, 96—108. Wauters, Le Congo
S. 32 u. a. m.

[2] Jeannest, Quatre années au Congo S. 3.

wohner des Unterlaufes bis 13¹/₂⁰ ö. L. erzählt [1] — so ist das eine
ähnliche Nachwirkung, wie wir sie früher an der Nigermündung
kennen lernten. Wie noch heute weiter im Osten der Sklavenhandel
jede Lust zum Anbau rasch ertötet, so hat er auch hier verschuldet,
oder vielmehr, da ihm dabei die eigene Neigung der Neger entgegen-
kam, mit verschuldet, dass die Bevölkerung, vom Ackerbau abgewandt,
sich fast nur dem Handel widmete, und so ihrer Existenz nicht jene
solide Grundlage zu geben vermag, die uns in der Küstenzone
Guineas so wohlthuend berührt. Auch in dem Naturell der Bewohner,
das als ganz passiv und sehr furchtsam geschildert wird, finden wir
jene Leidensgeschichte ausgesprochen. Beiläufig bemerkt wird übrigens
auch gegen die Beamten des Kongostaates der Vorwurf erhoben, daſs
sie gelegentlich kleine Unbotmäſsigkeiten einzelner Stämme unver-
hältnismäſsig hart durch völlige Einäscherung ihrer Siedelungen ge-
ahndet und sie so vom Flusse und seiner Verkehrsroute fort ins
Innere gescheucht hätten. In demselben Sinne hat vermöge der
rohen Elemente, die er naturgemäſs enthält, der Karawanenverkehr
überhaupt gewirkt; von der Straſse zwischen Matadi und dem Pool
z. B. fand Baumann [2] aus diesem Grunde viele Dörfer der belästigten
Neger ins Innere verlegt.

Das Gesagte bezieht sich in erster Linie auf das Gebiet unterhalb
des Stanley-Pool, wo die besprochenen Verheerungen am schärfsten
ausgeprägt sind; weiter oberhalb würde die Dichte angesichts des
regen Verkehrs ohne jene früheren Vorgänge vielleicht auch noch
gröſser sein; vor allem aber dürfte die Zersplitterung der Bevölkerung,
wie sie sich in der ungleichmäſsigen Verteilung der Siedelungen ausspricht, zum Teil auf die frühere Herrschaft des Sklavenhandels zurückzuführen sein. Das Gebiet unterhalb des Stanley-Pool hingegen
können wir durchaus mit dem des unteren Niger vergleichen, nur
mit dem Unterschiede, daſs dort das Übel früher sein Ende gefunden
hat, und auch das Kulturniveau an sich höher steht. Dazu stimmt es
denn auch, wenn wir dort die Dichte zu 6, hier aber im Mittel zu
4 angenommen haben.

---

[1] Monteiro, Angola and the River Congo I, 91.
[2] Mitteilungen d. Anthrop. Ges., Wien 1887, S. 162.

V. DIE HOCHEBENE SÜDLICH VOM KONGO.

Das hier zu betrachtende Gebiet lassen wir im Süden etwa bis zum 13. Parallel reichen, während es im Osten seine natürliche Grenze durch den Abfall des Hochlandes zum Quango findet.

In physischer Hinsicht gilt hier dasselbe, was wir schon im vorigen Abschnitt über die Gegend am unteren Kongo sagten: ein unfruchtbarer Lateritboden, eine periodische und unzuverlässige Regenverteilung machen den Ackerbau zu einer wenig ergiebigen, oft von Mißwachs und Hungersnot heimgesuchten Beschäftigung. Eine Ausnahme machen nur die zahlreichen oft sehr breiten Thäler, deren reiche Vegetation überall mit der Armut der Hochebenen kontrastiert. Auch das Küstengebiet ist besser gestellt, ohne daß aber sein Vorzug im Gegensatz zu dem der meisten Thäler von den Eingeborenen entsprechend ausgenützt würde.

In politischer Hinsicht treffen wir überall auf die Spuren des früheren Sklavenraubes, dessen Wirkung Tams in den 40er Jahren noch deutlich erkennen konnte; die Neger an der Küste waren durch ihn der Industrie und dem Ackerbau entfremdet, während das Innere angesichts der Menge der jährlich exportierten Menschen — in Angola soll sie jährlich 100 000 Seelen betragen haben[1] — nicht anders als entvölkert gedacht werden kann. Die Neger, stets der Gefahr des Menschenraubes ausgesetzt, sollen damals in Benguela nur gewaffnet gereist sein. Ist heute der Sklavenhandel erloschen, so hat die portugiesische Regierung seitdem doch nichts zur Hebung des Landes gethan; die Deportierten, mit denen sie ihre Kolonie beschenkt, haben im Innern schlimm gehaust, und Roheit und Grausamkeit werden den portugiesischen Kolonisten überhaupt vorgeworfen, vor denen die Eingeborenen gerne die Heerstraße räumten, um sich seitab ungestört anzusiedeln. Die Schwäche der Regierung forderte andererseits die Eingeborenen zu häufigen, oft erfolgreichen Kämpfen heraus[2]. Im Norden hat auch der Kongostaat gelegentlich Siedelungen der Eingeborenen eingeäschert[3]. Schließlich vermag die schwache Regierung auch im Innern nicht für diejenige Sicherheit

---

[1] Monteiro, Angola and the River Congo I, 67.
[2] Vgl. Tams, Die portugiesischen Besitzungen in Südwestafrika S. VIII, S. 52. 55. 160.
[3] Jameson, Erlebnisse u. Forschungen im dunkelsten Afrika S. 22.

zu sorgen, die für die Entfaltung eines kräftigen Handels notwendig
ist; dieser spielt daher in der Ernährung der Bevölkerung eine verschwindende Rolle.

Aus allen diesen Umständen ergiebt sich das Bild einer allgemeinen politischen und räumlichen Zersplitterung der Bevölkerung;
Ungleichmäfsigkeit der Verteilung und Kleinheit der Siedelungen
bilden auch in der That die Signatur des Landes. Eine gruppenweise
Anordnung von Siedelungen, jede einzelne sehr klein, aber oft viele
auf einem kleinen Bezirke beisammen, um durch verhältnismäfsig
grofse Entfernungen von der nächsten Anhäufung getrennt zu sein,
bildet nach Magyar[1] das Charakteristische der Kimbundaländer. Nach
Chavanne[2] sind im Lateritgebiet ausgedehnte Gebietsteile teils völlig
unbewohnt, teils nur zeitweilig von Jägern durchstreift. Nach demselben
Gewährsmann zählen die Siedelungen auf der Strafse von Nokki
nach San Salvador und in einem Streifen zu beiden Seiten von San
Salvador durchschnittlich nicht über 100 Einwohner, und eine Siedelung von 80 Hütten bezeichnet dieser Gewährsmann[3] schon als eins
der gröfseren Dörfer. Auch an der Küste fehlen die grofsen Handelscentren, die wir an der Guineaküste finden, entsprechend der geringen
Ausdehnung des Handels: Dondo z. B. zählt nur 4000 Einwohner.

Aus diesem Rahmen einer dünn und ungleichmäfsig besiedelten
Landschaft treten indefs einzelne Strecken heraus, die teils durch die
Natur, teils durch den Handel bevorzugt sind. Schon im vorigen
Abschnitt haben wir in der Umgebung des Stanley-Pool und im Thalkessel von Lukunga fruchtbare Oasen im Lateritgebiet kennen gelernt;
hier kommt vor allem die Umgebung von San Salvador hinzu;
schon Bastian[4] bemerkte bei der Annäherung an San Salvador von
Ambriz her, wie die Gegend belebter wurde. Büttner verzeichnet
auf seiner Karte von Vivi bis Salvador auf 360 km nur 20 Dörfer,
für zwei Routen von San Salvador nach Kisulu aber beziehungsweise
14 Dörfer auf 84 km und 18 Dörfer auf 94 km, während östlich
von Kisulu wieder auf 112 km nur 8 Dörfer kommen. Ähnlich
rühmt Wolff[5] die Landschaft Zosso östlich von San Salvador als ungewöhnlich dicht bevölkert, seine Bewohner als entsprechend anspruchs-
voller in der Bekleidung als ihre östlichen Nachbarn. Hier haben wir
es freilich weniger mit einer besseren Qualität des Bodens, als viel-

---

[1] Südafrika S. 432.
[2] Chavanne, Reisen im Kongostaat S. 505 (Tabelle).
[3] Chavanne, a. a. O. S. 250—260.
[4] Ein Besuch in San Salvador S. 113.
[5] Von Banana zum Kiamwo S. 227.

mehr mit einem vom Handel bevorzugten Gebiete zu thun; fand doch Büttner[1] hier einen Markt von 10000 Menschen, den größten, den er überhaupt auf seiner Reise fand. Eine ähnlich bevorzugte Stellung nehmen naturgemäß die meisten Thäler ein, wie uns in manchen Fällen ausdrücklich bezeugt wird. Für die Bedeutung des Handels, die wir wegen seiner geringen Intensität weniger mit Beispielen belegen können, sei noch eine Bemerkung Chavannes[2] angeführt, wonach das Land an der Karawanenroute von Nokki nach San Salvador eine Dichte von 5 Menschen pro qkm, die Gegend unmittelbar westlich von ihr nur eine solche von 2—3 Menschen pro qkm besitzt.

Von zahlenmäfsigen Angaben finden wir zunächst Magyars[3] Schätzung der Kimbundaländer, die eine mittlere Dichte von 6 ergiebt; im einzelnen schwanken die Zahlen zwischen 3 und 8, leider ohne eine Gesetzmäfsigkeit erkennen zu lassen. Weiter nördlich giebt Chavanne[2] für 2 Streifen östlich und westlich von San Salvador eine Dichte von 9,3 und 11, als im Mittel von 10 an, eine Zahl, die wir für alle bevorzugten Gebiete ansetzen dürfen. Für die Route von Nokki nach San Salvador und für einen Strich westlich von ihr nimmt er, wie schon erwähnt, 5 beziehungsweise 2—3 an; diese Zahlen dürften aber entsprechend den Verhältnissen am unteren Kongo, deren Wirkungen sich stellenweise weiter nach Süden erstreckt haben, ausnahmsweise niedrig sein. Die durchschnittliche Bevölkerungsdichte des Lateritgebietes werden wir höher, etwa auf 6 annehmen müssen; das Mittel für das gesamte Gebiet nördlich der Kimbundaländer würde sich dann unter Berücksichtigung der wenigen bevorzugten Stellen etwa auf 6,5 ergeben, eine Zahl, die auch mit Chavannes[4] Schätzung eines grofsen Gebietes von 120000 qkm zwischen 4° und 8° s. Br. und zwischen der Küste und dem Meridian des Stanley-Pool wenigstens ungefähr übereinstimmt; für diese nimmt er nämlich 900000 Einwohner, also eine Dichte von 7,5 an.

---

[1] Reisen im Kongoland S. 120.
[2] Chavanne, a. a. O. S. 506 (Tabelle).
[3] Südafrika S. 362.
[4] Chavanne, a. a. O. S. 379.

VI. DER URWALD UND DAS GEBIET DES SKLAVENRAUBES.

Bezüglich der Lage und Ausbreitung des centralen Urwaldes können wir uns auf eine Arbeit Ratzels berufen[1]. Die Abgrenzung stöfst freilich noch auf manche Schwierigkeiten, nicht blofs aus Mangel an Information, sondern auch wegen der Existenz gewisser Übergangsformen. So finden wir z. B. schon im Baschilangegebiet vereinzelte Urwaldparzellen; als Ganzes tritt uns der Urwald aber erst nördlich von hier, als Grenze zwischen den Baluba und den Bakuba, bei 5—5$\frac{1}{3}$° s. Br., entgegen.

Das Gebiet der letzteren, ebenso wie die Ufer des Kassai, jenseit dessen Unterlauf übrigens Kund und Tappenbeck erst den Urwald beginnen sahen, betrachten wir als Übergangsform, jenen oben genannten, um den fünften Parallel gelagerten Urwaldstreifen also als einen vereinzelten, bis 21° n. L. reichenden Ausläufer, während wir uns im übrigen die südliche Grenzlinie weiter im Norden, etwas nördlich vom Kassai in einem flachen Bogen über den Unterlauf des Mfini zum Leopold II.-See, der vielleicht schon im Urwald liegt[2], verlaufen denken; von hier ab geht die Grenze nach Nordwest und kreuzt den Kongo etwas südlich vom Äquator. Sein Oberlauf wird von ihr bei 4° s. Br. geschnitten; von da geht die Grenze nordöstlich, schneidet den Äquator unter 29° ö. L.[3], breitet sich dann — Stanley schnitt sie bei 29° 46', Emin Pascha unter 29° 50' am Ituri (bei 1° 22' n. Br.) — bis 30° aus, geht bei 3° n. Br. bis 28° ö. L. zurück, verläuft von hier mit einer südlichen Ausbuchtung zwischen dem Aruwini und Rubi[4], schneidet den letzteren, und zieht, indem sie den Mongalla in ihr Gebiet einschliefst[4], bis zum Ubangi, an dem Gaillard bei 4° 18' die Waldeinfassung schwinden sah[5]. Westlich vom Ubangi können wir sie nicht weiter verfolgen; wahrscheinlich ist sie hier überhaupt teilweise offen.

Hinsichtlich der Bevölkerungsverhältnisse haben wir

---

[1] Petermanns Mitteilungen 1890 S. 281 ff.

[2] Die Schilderung de Meuses (Mouvement Géogr. 1892 S. 113, 1893 S. 94) läfst das nicht genau erkennen.

[3] Vgl. die Karte bei Stuhlmann, Mit E. P. ins Herz von Afrika.

[4] Mouvement Géogr. 1890 S. 60, 1891 S. 20.

[5] Bulletin d. l. S. d. G., Paris 1893, S. 232. Vgl. Dybowski, La route du Tsad, Karte.

im Urwaldgebiet d r e i T y p e n zu unterscheiden. Der dritte hat
einen äußeren, gleichsam zufälligen Ursprung; es ist der Typus der
von den Sklavenhändlern entvölkerten Gebiete: die beiden ersten
aber stellen, wenn wir sie nebeneinander halten, eine geschichtliche
Entwickelung dar. In einer früheren Zeit sind alle die Urwälder,
wie wahrscheinlich überhaupt der ganze südliche Teil Afrikas nur von
schweifenden und jagenden Zwergvölkern bewohnt gewesen, mag man
diese nun als eine autochthone Rasse oder als degenerierte Neger betrachten. Die einwandernden Neger haben diese aus den offenen
Gebieten fast vollständig vertrieben, während sie in die Urwälder,
als die ungünstigsten Teile des Landes, erst teilweise eingedrungen sind.
Wir sehen dieses Eindringen noch heute in Kamerun vor sich
gehen. Auch das oben erwähnte Gebiet der Bakete scheint ein
System dem Urwald erst jüngst abgerungener Lichtungen zu sein,
worauf schon die Thatsache hinweist, daß nach der Erinnerung der
Bewohner die Löwen, jetzt gering an Zahl, früher zahlreicher gewesen
sein sollen[1]; auch in dem Urwaldstreifen südlich von ihnen fand
Wißmann Spuren einer allmählichen Besiedelung und eine Bevölkerung im Übergangsstadium vom Jäger zum Ackerbauer. Für
uns ergeben sich daraus zwei Typen der Besiedelung, je nachdem
jene Einwanderung sich schon vollzogen hat oder nicht: entweder
haben wir es nur mit schweifenden Jägerstämmen zu thun, oder es
hat sich zwischen ihnen eine Schicht ansässiger Neger ausgebreitet.
Im Urwald von Kamerun finden wir beide Typen nebeneinander, den
einen im Westen, den anderen im Osten. In unserem Gebiet ist
zwar schon durchweg die Einwanderung erfolgt — die Verbreitung
gewisser Kulturpflanzen im Urwaldgebiet macht nach Stuhlmann wahrscheinlich, daß sie hauptsächlich vom Westen her geschehen ist[2] —,
an einzelnen Punkten aber scheinen noch leere Stellen, d. h. genauer
Stellen ohne ansässige Bevölkerung vorhanden zu sein. So sollen nördlich
von den Bangala, wenn man 3 Tage ins Innere gegangen ist, alle
Kulturen aufhören[3]; ebenso wird ein unbewohntes waldiges Gebiet
zwischen dem Aruwini und dem Rubi erwähnt[4]; endlich fanden Kund
und Tappenbeck das eine Ufer des Lokenje unbewohnt[5]. Durch solche
vereinzelte Stellen wird der e r s t e T y p u s dargestellt.

----

[1] Wißmann, Im Innern Afrikas S. 220.
[2] Mit Emin Pascha ins Herz von Afrika I, 464. 469.
[3] Proceedings of the R. G. S. 1889 S. 343.
[4] Mouvement Géogr. 1891 S. 22.
[5] Mitteilungen der Afrikan. Ges. V, 118.

Der zweite Typus wird bei der Verteilung der seßhaften Bevölkerung durch die Schwierigkeiten bestimmt, welche der Urwald sowohl dem Verkehr, als auch dem Nahrungserwerb bietet. Von den Mühen, mit welchen hier das Roden von Land, wie das Bahnen von Wegen verknüpft ist, befreien nur die Wasserränder, indem sie einen leichten Handel und Fischfang ermöglichen. Daher nehmen die Flußufer gerade hier eine ganz besonders exceptionelle Stellung ein: die Bevölkerung drängt sich an ihnen zusammen; es entstehen an ihnen Aufstauungen, wie auch infolge der mit der Zusammendrängung verknüpften Kämpfe Auflockerungen; der Wechsel verhältnismäßig dicht bevölkerter mit ziemlich unbelebten Strichen charakterisiert daher die Bevölkerungsverhältnisse: der doppelte Gegensatz, in dem diese dicht bevölkerten Uferstreifen sowohl zu den dahinter liegenden Waldgebieten, wie zu den übrigen Uferpartien stehen, legt auch hier dem Beobachter die Gefahr der Übertreibung nahe. Wie wenig Gewicht auch hier solchen unbestimmten Ausdrücken wie „zahlreiche Siedelungen" oder „ungewöhnlich dichte Bevölkerung" beizulegen ist — besonders das „Mouvement" ist bekanntlich reich an derartigen Wendungen —, dafür bietet uns das beste Beispiel die Schätzung der Bangala durch Coquilhat, auf die man sich gerne zu berufen pflegte, um eine hohe Bevölkerungssumme für den Kongostaat wahrscheinlich zu machen. Coquilhat, der jahrelang hier geweilt hat und diese Gegend ausdrücklich für eine der dichtest bevölkerten im ganzen nördlichen Teile des Freistaates erklärt, legte ihr anfangs eine Dichte von 11[1], später nur von 7 Menschen pro qkm bei[2]; die letztere Angabe müssen wir angesichts der heutigen Tendenz zur Reduktion, zumal, da sie sich in einer gründlicher gearbeiteten Darstellung findet, für maßgebend erachten.

Ein anderes Beispiel bietet der Lulongo, dessen Bevölkerung von einem französischen Bericht[3] als „an gewissen Punkten sehr dicht" bezeichnet wird, während François bei genauerer Betrachtung die mittlere Dichte nur zu 2 fand. Wenn D'Haunis[4] in der Umgebung von Upoto auf dem rechten und linken Ufer des Kongo je 8 Dörfer mit bezw. 20000 und 15000 Einwohner verzeichnet und daraus Dichten von 100 bezw. 50 ableitet, so müssen wir auch hier für wahrscheinlich halten, dass eine Reihe schmaler, langestreckter

[1] Conférences sur le Congo II, 52.
[2] Coquilhat, Sur le Haut Congo S. 471.
[3] Mouvement Géogr. 1890 S. 108.
[4] Bulletin de la Soc. Géogr. belge 1890 S. 27.

Dörfer, wie sie bei den Negern häufig sind, in dem Beobachter übertriebene Vorstellungen erweckt haben.

Nach der Höhe der Coquilhatschen Ziffer müssen nun auch alle anderen unbestimmten Angaben über dichte Bevölkerung reduziert werden. Wenn Van Gèle[1] am Ubangi zwischen dem dritten und vierten Parallel von einer ununterbrochenen Reihenfolge von Dörfern spricht, derartig, dafs die Dichte der Bevölkerung nur mit der der Bangala am Kongo sich vergleichen liefse, oder wenn er vom Kongo selber uns schreibt, dafs Städte wie Bolobo und Moie fast 5000 Einwohner zählen, dafs man in Irebu nicht selten Gruppen von 4—500 Menschen am Ufer findet, und dass endlich dieselbe Dichtigkeit auch bei den Bangala angetroffen wird[2], so verlieren solche Schilderungen vor Coquilhats nüchterner Ziffer ihre trügerische Kraft, uns eine Bevölkerungsdichte vorzuspiegeln, die nur in der durch den Gegensatz geblendeten Phantasie des Beobachters vorhanden ist. Wahrscheinlich wirkt, wie schon in der Einleitung betont, besonders die Form der Siedelungen täuschend, bei denen in Zusammenhang mit der Uferlage Tiefe und Stärke der Besiedelung in keinem Verhältnis zur Länge stehen. Auch hier erweisen sich ältere und unbestimmte Angaben neueren und bestimmteren gegenüber durchweg als übertrieben. Wenn nach Stanleys[3] Angaben die Dörfer der Bangala einen Streifen von 16 km in Zwischenräumen von $^3/_4$ — $1^1/_2$ km am Flusse entlang einnehmen, oder wenn Kapitän Thys eine halbe Stunde lang an einer ununterbrochenen Reihe von Dörfern mit einer Tiefe von 400—600 m entlang gefahren sein will[4], so erwecken solche unbestimmte Angaben viel höhere Erwartungen, als sie durch Coquilhats[5] genaue Karte befriedigt werden. Diese zeigt am rechten Ufer auf 25 km 14 Dörfer, dann 10 km unbewohnt, dann auf 7 km 6 Dörfer; das andere Ufer dagegen besitzt auf 100 km nur 4 Dörfer.

Auch diese Angabe legt übrigens Zeugnis ab für die Ungleichheit in der Verteilung der Siedelungen, die wir auch hier überall herrschend finden. Am mittleren Kongo haben wir früher diese Ungleichheit bis Bolobo verfolgt. Nördlich von Bolobo traf Coquilhat[6] zwei Tage lang ununterbrochen Reihen von Siedelungen, später zwei Tage lang kein Dorf, am folgenden Tage die dicht-

---

[1] Proceedings of the R. G. S. 1889 S. 327.
[2] Le Mouvement Géogr. 1885 S. 47. 48.
[3] Durch den dunkeln Erdteil II, 335.
[4] Bulletin de la Soc. Géogr. d'Anvers 1888 S. 406.
[5] Coquilhat, Sur le Haut Congo.
[6] Coquilhat, a. a. O. S. 125 ff.

bevölkerte Umgebung von Lukolela, dicht vor dem Äquator einen Tag keine Siedelung, den folgenden Tag wieder eine Dörferreihe. Ähnlich fand Baumann bei Upoto einen dicht bevölkerten Distrikt, fuhr aber am nächsten Tage an einem unbewohnten Teile des Ufers entlang; weiter oberhalb bei 22° bis 23° ö. L. fuhr er mehrere Tage zwischen unbewohnten Inseln, vorher aber an einer „Reihe von Dörfern", nachher an einem „grofsen Dorfe" vorbei[1]. Am Lulongo fand François[2] stromaufwärts bis zur Einmündung des Lopuri am linken Ufer „zahlreiche Dörfer", von da 40 km lang das rechte Ufer leer, am linken Ufer 1 Dorf mit 20 Hütten; etwas später kamen 100 km mit 19 Dörfern.

Die wichtige Rolle, die der Handel bei dieser Konzentration spielt, springt uns z. B. in die Augen bei der Angabe Stanleys[3], dafs in der Nähe der Pangafälle, wo er den Aruwimi umgehen mufste, sofort auch die Siedelungen sich von ihm entfernten. Auf dem oberen Kongo kommen und gehen wahre Flotillen. Bei dem Passieren der Dampfer bedecken sich die Ufer mit Eingeborenen, die ihre Waren anbieten. Wo die europäischen Dampfer ankommen, sind sie sofort von den Kanoes umringt. So lautet eine vielleicht etwas überschwängliche Schilderung im Mouvement[4]. Liénart fand am Ubangi den Loblay hinsichtlich seiner Schiffbarkeit, wie seiner Volksmenge gleichmäfsig unbedeutend, den Nghiri umgekehrt in beiden Beziehungen von hervorragender Bedeutung[5].

Für den Lulongo — die Breite des Uferstreifens zu 15 km angenommen — hat François[6] die Dichte der Bevölkerung auf 2 Menschen pro qkm angesetzt. Für den Tschuapa lautet die entsprechende Ziffer auf 4, wobei der Verfasser ausdrücklich den Flufs für dichter besiedelt als den Kongo erklärt und seine Bevölkerung eine sehr dichte nennt. Auch hier sehen wir eine genaue und sorgfältige Angabe ebenso niedrig ausfallen, wie oben bei Coquilhat. Für den Kongo selbst innerhalb des Urwaldgebietes werden wir demgemäfs — die Bangala mit der Ziffer 7 nehmen natürlich eine Ausnahmestellung ein, worauf wir unten noch zurückkommen — die mittlere Dichte nicht auf über 3,5 ansetzen dürfen. Die geringe Höhe der Bevölkerungsziffer erklärt sich, von der Abwechslung besiedelter mit

---

[1] Mitteilungen der Geogr. Ges., Wien 1886 S. 263. 347.
[2] François, Die Erforschung des Tschuapa u. Lulongo S. 65 ff. nebst Karte.
[3] Im dunkelsten Afrika I, 182.
[4] 1890 S. 70.
[5] Bulletin de la Soc. Géogr. belge 1888 S. 381 ff.
[6] François, a. a. O. S. 89. 169.

unbesiedelten Strichen abgesehen, zum Teil aus dem wilden, kriegerischen Sinn der Urwaldbevölkerung, die in dieser Hinsicht einerseits mit den Monbuttu und Njam-Njam, andererseits mit den Fan verwandt erscheint. Anthropophagie und Sklavenraub sind allgemein verbreitet; schwächere Stämme werden dadurch aufgerieben, wie es Dybowski[1] am Ubangi bei den Afuru vor sich gehen sah. Auf diese Verhältnisse weist auch die Zersplitterung der Bevölkerung hin, die sich in der ungleichmäfsigen Verteilung ihrer Siedelungen ausspricht. Unter diesen Umständen wird es begreiflich, dafs ein wegen seines Handels viel umworbenes Gebiet wie der Kongo an seinen Ufern keine so dichte Bevölkerung wie der ruhigere Tschuapa beherbergt. — Im ganzen gewinnen wir von dem Urwaldgebiet den Eindruck, dafs es erst vor verhältnismäfsig kurzer Zeit von den Negern besiedelt ist; jung besiedelte Gebiete aber müssen als solche immer dünn bevölkert sein. Dieses ganze Gebiet hat gleichsam seine Jungfräulichkeit erst teilweise eingebüfst; das ist der Eindruck, den auch die folgende Schilderung Stanleys in uns erweckt: „so volkreich auch die Ufer des Flusses sein mögen, sind sie doch nur wenig durch Arbeit gestört worden; hier und dort einige aufgegrabene Stellen, ein beschränktes Feld mit Maniok, eine schmale Linie kleiner Hütten — das ist alles"[2].

Im Innern, abseits der Flüsse müssen wir uns die Bevölkerung schon aus allgemeinen anthropogeographischen Gründen — wegen der Schwierigkeit der Besiedelung und der Bewirtschaftung, wegen der verhältnismäfsigen Neuheit der Einwanderung, und endlich im Hinblick auf die Verhältnisse im Urwaldgebiet von Kamerun — als sehr dünn vorstellen, wenn auch die Schilderungen von Stanley und Stuhlmann in uns nicht mehr als den allgemeinen Eindruck zu erwecken vermögen, dafs wir uns hier im Gebiet der dünnsten Bevölkerung Centralafrikas bewegen. Immerhin ist dabei nicht ausgeschlossen, dafs an einzelnen Stellen auch hier eine verhältnismäfsig dichte Bevölkerung haust; denn der Boden läfst sich für den Ackerbau zwar nur mit grofser Mühe, aber schliefslich doch mit Erfolg dienstbar machen. Selbst der Fischfang kann für ein beschränktes Gebiet im Innern mit herangezogen werden, wie denn am Tschuapa an einigen Stellen grofse Dörfer im Innern vorhanden sein sollen[3], während die vielen Fischer auf dem Flufs nur vorübergehend dort ihren Aufenthalt

---

[1] La Route du Tsad S. 136.
[2] Im dunkelsten Afrika I, 149.
[3] Mouvement Géogr. 1890 S. 108.

haben. Coquilhats Angabe, dafs auf dem rechten Ufer des Kongo
von den Bangala nordwärts das Innere bis zur Mündung des Mongalla ebenso dicht wie das Ufer bevölkert sei, gehört ebenfalls hierher. In diesem letzteren Falle könnte man allerdings, wie wir sogleich besprechen werden, an eine Art Aufstauung im Randgebiete
des Urwaldes denken. Solche Ausnahmen können aber bei der Festsetzung der Bevölkerungsdichte nicht ins Gewicht fallen. Leider
liegen für sie keinerlei Angaben vor, abgesehen etwa davon, dafs
dieses Gebiet auf Stuhlmanns[1] Karte der Bevölkerungsdichtigkeit mit
dem dem geringsten Grade der Besiedelung entsprechenden Farbenton
bedeckt ist. Wir entscheiden uns angesichts der Thatsache, dafs
François die Dichte am Lulongo auf 2 angiebt, auf die Hälfte,
also auf 1 —, einen Werth, den auch Supan angenommen hat.

Ausgenommen sind dabei gewisse Randgebiete des Urwaldes,
die eine gesonderte Betrachtung erheischen. Schon in Kamerun haben
wir am östlichen Rande des Urwaldes im Graslande eine Konzentration
der Bevölkerung angetroffen, bei der wir als mitwirkenden Grund eine
Abneigung gegen das Betreten des Urwaldes vermuteten. Analog
würden wir auch hier a priori gewisse Aufstauungen erwarten —
welche Gründe dabei aufser jener Abneigung noch mitsprechen können,
wird später[2] erörtert werden —, die sich entweder in der Savanne
oder, falls die Bevölkerung aus irgend welchen Gründen etwas weiter
gedrängt ist, im Urwalde selber nahe seiner Peripherie oder endlich auf einem Übergangsgebiet bilden können, mag dieses Übergangsgebiet dabei von Natur gegeben oder aus einem zusammenhängenden
Urwald durch energisches Roden entstanden sein. Ein Beispiel
solcher Konzentration in grossem Stile bieten uns für die Savanne
die Baschilange, zu denen sich früher auch die Manjema gesellten.
Für das Urwald- oder das Übergangsgebiet — um welches von beiden
Gebieten es sich handelt, lassen die Berichte nicht immer erkennen —
liegen bis jetzt leider nur wenige ziemlich unbestimmte Angaben vor.
Im Urwalde zwischen dem Sankurru und dem Lobenge fanden Kund
und Tappenbeck ein Volk, das kulturell höher stehend als seine
westlichen Nachbarn, alle 2—3 km ein sehr langes Dorf besaß und
den Anschein einer ziemlichen Bevölkerungsdichte erweckte[3]. Über
einen Besuch des Gebietes zwischen Ubangi und Kongo durch Schbagestrom lautet eine lakonische Nachricht: la région est très belle, très

[1] Mit Emin Pascha ins Herz von Afrika.
[2] S. unten Abschnitt VII u. VIII.
[3] Verhandlungen d. G. f. E., Berlin 1886, S. 327.

boisée et extrêmement peuplée [1]. Endlich haust um den Leopold II.-See
eine zwar kriegerisch wilde, teilweise sogar anthropophage, aber doch
als sehr dicht wohnend gerühmte Bevölkerung [2]. Zuletzt würde
übrigens auch die oben besprochene Anhäufung der Bangala, zumal
sie aus Norden eingewandert sind, hierher gehören, wenn auch das
Eindringen in den Urwald hier schon eine ziemliche Tiefe erreicht
hat. Wie relativ dabei wieder der Ausdruck dicht ist, beweist besonders das Beispiel der letztgenannten Bangala, denen Coquilhat
überall, selbst am Kongo, nur die Dichte 7 zuerkennt. Auch die
übrigen Ansätze, auf die wir teilweise noch später zurückkommen
werden, sind nach dieser Zahl zu bemessen.

Wir kommen jetzt zum **dritten Typus**, dem Gebiete durch
Sklavenjagden entvölkerter Gegenden. Dieses Gebiet greift freilich
über den Urwald hinaus, verdient aber, da es hinsichtlich der Besiedelungsverhältnisse ein gleichartiges Ganzes bildet, auch hier im
ganzen behandelt zu werden. Sein Ursprung ist bekanntlich neueren
Datums. Livingstone erlebte in Njangwe das schauerliche Blutbad,
mit dem die Araber ihre Herrschaft dort eröffneten. Von da wandten
sie sich am Kongo abwärts bis zum Aruwimi. Hier fand Baumann [3]
nahe der Mündung eine von Sklavenhändlern öfter heimgesuchte Gegend,
deren Siedlungen teilweise einen ausgeprägten Schutztypus zeigten:
einige Dörfer auf 30 m hohen Erhöhungen, die steil zum Wasser
abfielen und von ihm aus nur durch Bastseile u. ä. erreichbar waren.
Stanley fand dieses Gebiet bereits einigermaßen erholt, wenn auch
die allgemein politische Zersplitterung noch als eine Nachwirkung erschien. Erst dicht vor Ugarrowa begann für ihn das verödete Gebiet,
das etwa bei 29° ö. L. wieder verschwand [4]. Stuhlmann [5] berührte
dieses Gebiet an der Grenze des Waldlandes bei 2° n. Br. und 30°
ö. L., von wo aus alle Rekognoszierungen nach Osten nur auf verlassene Dörfer stießen, während nach Norden das Gebiet ebenfalls
weithin verwüstet war. Im Westen sehen wir die Verwüstung über
den Lomami hinausgedrungen; die genauere Abgrenzung gegen das
dicht bevölkerte Baschilangegebiet werden wir weiter unten versuchen.
Am Lomami, von seiner Mündung aufwärts, fand Delcommune zunächst ein gut bevölkertes Gebiet, dann aber, etwa beim vierten

---

[1] Tour du Monde 1894, 1 S. 88.
[2] De Meuse im Mouvement Géogr. 1893 S. 2. 94.
[3] Baumann in den Mitteilungen d. Anthropol. Ges., Wien 1887, S. 180.
[4] Im dunkelsten Afrika I, Kap. IX.
[5] Mit Emin Pascha ins Herz von Afrika S. 412.

Parallel, in der Nähe Fakis, die Zone der Verwüstung[1]. Die Eingeborenen leben hier nach Marinels[2] drastischer Schilderung in der Nähe der Ruinen ihrer ehemaligen Dörfer; wie der Affe vor dem Jäger verstecken sie sich vor jedem durchziehenden Europäer oder Araber. Die südliche Grenze dieser Zone passierte Delcommune etwa in der Höhe von Njangwe; in den Wakeni fand er noch einen von den Arabern unberührten Stamm. Daſs sich das Verwüstungsgebiet von Nyangwe aus nach Südosten noch weit hin ausdehnt, beweist uns der letzte Reisebericht Baumanns, der die Krokodile im Tanganjikasee täglich mit den Leichen verendeter Sklaven gefüttert sah, für die die entvölkerte Umgegend nicht Nahrungsmittel genug bot, sie vor dem Hungertode zu bewahren. Man sieht, die Abgrenzung ist hier noch schwieriger, als bei der Frage der Ausdehnung des Urwaldgebietes, zumal, da sie einem raschen zeitlichen Wechsel unterworfen ist; im allgemeinen können wir im Urwaldgebiet als Grenze uns eine Linie denken, die in der Höhe von Njangwe etwas westlich vom Lomami zunächst nach Norden, dann aber durch die Stanleyfälle etwa nach Nordost geht.

Die Wirkungen des Sklavenraubes und die Zustände, die er hervorruft, sind bekannt. Die Entvölkerung entsteht nicht bloſs durch den direkten Raub, bei dem bekanntlich viel mehr Menschen zu Grunde gehen, als wirkliche Sklaven gewonnen werden; vielleicht noch schlimmer sind die wirtschaftlichen Folgen: der Neger, aller Sicherheit beraubt, versäumt jede Fürsorge für die Zukunft, bestellt den Acker kaum und öffnet so der Hungersnot die Thore, in deren Gefolge dann auch Epidemien auftreten. Die Permanenz solcher Zustände erreicht der kluge Araber dadurch, daſs er gewisse Teile der heimgesuchten Bevölkerung für sich zu gewinnen und, bisweilen unter negroiden und dann noch blutdürstigeren Unterchefs, zu Sklavenjägern in seinem Gebiete anzuwerben weiſs.

Die Bevölkerungsdichte in diesem Teile des Urwaldes ist mit der Hälfte des normalen Satzes 1, den wir für den zweiten Typus aufgestellt haben, also mit 0,5, vielleicht schon zu hoch angenommen. Manche Gegenden, besonders im Waldlande, sind jedenfalls schon so gut wie ganz entvölkert. Andererseits schonen die Araber aus Klugheit manche Bezirke, wie z. B. die Strecke am Kongo zwischen den Fällen und Nyangwe durchaus nicht als völlig verödet beschrieben

---

[1] Mouvement Géogr. VI, 29.
[2] Mouvement Géogr. 1891 S. 37.

wird, so dafs die genannte Ziffer nur als Durchschnittswert Bedeutung beanspruchen kann.

VII. DAS NORDÄQUATORIALE GEBIET.

Das hier zu betrachtende Gebiet erstreckt sich nördlich vom centralen Urwald über den Ubangi hinaus und westlich vom Unterlauf des Ubangi zwischen 0° und 6—8° n. Br. bis zu den Grenzen Kameruns. In ethnographischer Hinsicht verläuft im Norden dieses Gebietes die Völkerscheide zwischen Sudan- und Bantunegern; sie tritt uns, besonders im Osten, vorwiegend in Form ausgedehnter politischer Wüsten entgegen, und auch weiter nach Süden übt sie noch gewisse Fernwirkungen aus, die sich in den Bewegungen der Stämme, wie in ihrer Zersplitterung und der Schutzlage der Siedelungen verraten. In physischer Hinsicht haben wir im Osten Grasland, im Westen aber neben der Steppe viel Wald, wahrscheinlich sogar einen Streifen echten Urwaldes, zwischen dem Ubangi und dem oberen Ogowe. Für unsere Betrachtung unterscheiden wir eine westliche und eine östliche Hälfte.

In der östlichen fesselt zunächst der Ubangi unsere Aufmerksamkeit. Innerhalb des Urwaldgebietes erscheinen, wie wir schon im vorigen Abschnitt erwähnt haben, die Besiedelungsverhältnisse seiner Ufer nach Van Gèles Darstellung denen des Kongo gleichwertig. Über die Bevölkerungsdichtigkeit des übrigen Gebietes haben uns Van Gèle[1] und Grenfell[2] enthusiastische, aber unbestimmte Schilderungen gegeben, auf Grund deren wir uns nach früheren, für den Kongo angestellten Betrachtungen keinen übertriebenen Erwartungen · hingeben dürfen. Immerhin mufs die Dichte im Graslande höher sein als im Urwalde. Dybowski[3] sah beim Passieren der Grenze zwischen beiden sofort das allgemeine Kulturniveau sich heben, den Anbau sorgfältiger, die Nahrung mannigfacher werden. Dazu stimmt, dafs Crampel an derselben Stelle den Eindruck von einer Zunahme der Bevölkerungsdichte gewonnen zu haben scheint[4]. Auch

---

[1] Proceedings of the R. G. S. 1889 S. 336.
[2] Mouvement Géogr. 1885 S. 65. Mitteilunggn der Afrikan. Ges. IV, 392.
[3] Dybowsky, La route du Tsad S. 204—206.
[4] Alis, A la conquête du Tsad S. 107.

Grenfell bezeichnet die Ufer des Ubangi besonders weiter oben als
sehr dicht bevölkert. Für eine zahlenmäfsige Abschätzung müssen
wir in Ermangelung besserer Daten von Van Gèles Erklärung aus-
gehen, dafs er am Ubangi im Graslande das dichtest bevölkerte Gebiet
von Afrika (d. h. vom Kongostaat) getroffen habe, während er innerhalb des Urwaldgebietes bevorzugte Uferstrecken des Flusses zwischen
3° und 4° n. Br., wie schon im vorigen Abschnitt bemerkt, mit den
Bangala verglich. Darnach nehmen wir die Dichte an den Ufern des
Ubangi im Waldlande auf 3,5, im Graslande auf 12 Menschen pro
qkm an.

Der Typus der Siedelungen am Ubangi ist durchweg der
Schutztypus. Dybowski fand bei den Banziri die meisten Dörfer
durch ein Dickicht von Bäumen versteckt, so dafs vom Flufs aus
auf sie höchstens ein meist wenig sichtbarer Pfad hinwies. Etwas
nördlicher, an der Grenze der Languassi, fand er die Pfade weniger
kenntlich, ein Beweis, wie wenig hier der Handel gepflegt wurde[1].
Weiter oberhalb hat Liénard die Dörfer wiederholt auf Anhöhen gefunden, von denen aus der Flufs nach auf- und abwärts gut zu überblicken war, und die stellenweise förmliche Aussichtsposten besafsen[2]
— eine Siedelungsart, bei der offenbar ebensoviel Gewicht auf die
Verteidigungsfähigkeit, wie auf den Auslug gelegt war. Hervorgerufen
ist dieser Typus offenbar durch das allgemeine Drängen der Bevölkerung. Einen schönen Beweis dafür fand Hodister am Mongalla,
wo er zwischen Papuri und Mussumbuli eine allgemeine Bewegung
der Bevölkerung am Flusse abwärts und aus dem Innern nach dem
Flusse hin beobachtete; vorübergehend war dort die ganze genannte
Strecke ohne Ansiedelungen, drei Monate später aber von 5000 Einwohnern besetzt. Die Bewohner von Papuri selbst waren inzwischen
einmal aus Furcht flufsabwärts gezogen, dann aber wieder zurück-
gekehrt[3]. Zum Vergleich wollen wir erwähnen, dafs Van Gèle das
rechte Ufer des unteren Ubangi eine lange Strecke über fast verlassen, das linke relativ dicht bevölkert fand[4] — eine Thatsache,
die eine von Westen kommende Bewegung der Bevölkerung wahrscheinlich macht, wie denn auch in der That nach Coquilhat[5] in dem
an das rechte Ufer anstofsenden Gebiet die Wanderungen durchweg
nach Osten und Süden gerichtet sind. Südlich gewandert sind auch

[1] Dybowski, a. a. O. S. 214. 226.
[2] Bulletin de la Soc. Géogr. belge 1888 S. 389.
[3] Mouvement Géogr. 1890 S. 103.
[4] Mouvement Géogr. 1887 S. 40.
[5] Sur le haut Congo S. 360.

die Ndjalis, die heute am Mongalla sitzen und von Ubangi dorthin gewandert sind [1]. Beachten wir ferner, daſs die Bangala aus Westen oder Norden eingewandert sind, und ebenso die Njam-Njam und Monbutta nördlicher Herkunft sind, so werden wir zu der Annahme geführt, daſs hier ein allgemeines Drängen der Stämme nach Osten und Süden, nach dem Urwald und dem Kongo nebst seinem Tributären stattfindet. Die Gründe dafür liegen jedenfalls erstens in dem Wunsche, an den Vorteilen des Handels zu partizipieren, und zweitens in der Furcht vor den von Norden her andrängenden Muhamedanern, vor denen ein allgemeines Fliehen stattfindet; endlich mag auch der Rand des Urwaldgebietes aus klimatischen Gründen der Steppe vorgezogen werden, weil er bessere und konstantere Regenverhältnisse für den Ackerbau bietet. Ein solches Drängen läſst auch hier die Existenz einer dichter bevölkerten Randzone am Urwalde, wie von ihr im vorigen Abschnitt die Rede war, erwarten, und zwar vermöge der gehäuften Gründe in verstärktem Maſse. Die Bangala bieten uns in der That eine solche Anhäufung, wenn auch mehr im Innern. Wie weit im übrigen gerade der Rand des Urwaldes hier eine dichtere Bevölkerung zeigt, als das übrige Gebiet, muſs die Zukunft lehren; wenn aber Van Gèle zwischen dem Mbili und Uelle dicht hinter Steppengebiet ein Waldland traf, das mit zahlreichen Dörfern bevölkert, überall Lebensmittel in Fülle bot [2], so widerspricht diese freilich unbestimmte Angabe einer solchen Annahme wenigstens nicht. Ein solches Drängen der Bevölkerung muſs einerseits Konzentration bewirken, andererseits aber besonders bei dem wilden, kriegerischen Charakter dieser Stämme, bei denen Sklavenraub und Anthropophagie verbreitet sind, zu einer allgemeinen Zersplitterung und zu häufigen Auflockerungen führen. Typisch sind in dieser Beziehung die Verhältnisse bei den Njam-Njam, bei denen nach Junkers berühmten Worten Centren der Verdichtung stets durch öde Strecken voneinander getrennt sind.

Ganz ähnliche Zustände traf auch Dybowski [3] auf seiner Reise nordwärts vom Ubangi bis zur Volksscheide. Bei den Langwassi fand er Dörfer von 2—3 Hütten, die von groſsen Kulturflächen umgeben waren, etwas nördlich eine Anhäufung kleiner Dörfer, deren Kulturen allmählich einen gröſseren Reichtum zeigten, bald darauf aber eine Strecke voll von Gewässern und Sümpfen mit nur wenig Kulturen.

---

[1] Mouvement Géogr. 1890 S. 6.
[2] Mouvement Géogr. 1891 S. 70.
[3] Dybowski, a. a. O. S. 226 ff.

Bei 6° n. Br. zeigte sich wieder eine lange Reihe von Dörfern mit vielen Kulturen. Dann aber folgte bis zum nördlichsten Punkte (7° 26½') ein durch die Muselmänner verwüstetes Gebiet, in dem überall der Hunger herrschte. Die Karte[1] verzeichnet hier auf volle 240 km nicht ein einziges Dorf. Zurück ging es durch ein verlassenes Waldgebiet bis Yabanda (ca. 6° 20' n. Br.), wo zuerst wieder Lebensmittel zu bekommen waren. Am Kemo fand derselbe Reisende bei etwa 5° 20' n. Br. keine Spur von Siedelungen, etwas weiter nördlich bei den Tokko ihre erheblichen Siedelungen erst im Innern vom Flusse entfernt, während sich ihm bei ca. 6° 20' n. Br. am Kemo ein unbegrenzter Blick über reiche mit Kulturen bedeckte Thäler eröffnete.

Ganz ähnliche Eindrücke empfangen wir etwas weiter im Westen aus Maistres Bericht[2], auf dessen Wiedergabe darum hier verzichtet sein möge. Nur macht sich die verheerende Einwirkung der Araber weniger bemerklich. Bis zum achten Parallel passierte Maistre nur zwei unbewohnte Streifen von 80 und 70 km Länge[3], die aber Grenzwildnisse eingeborener Stämme und mit den Arabern ausser Zusammenhang waren. Diese letzteren treten uns erst bei 8° n. Br. in Gestalt der Smussi entgegen, die allerdings die benachbarten Stämme mit ihren Razzien heimsuchen[4]. Auch Mizon[5] traf auf der Route von Jola zum Sangha auf der Grenze der Muhamedaner und Heiden blühende Verhältnisse, und erst jenseits ihr eine schon oben[6] besprochene verwüstete Zone, deren nördliche Grenze wir mindestens bei 2° n. Br. annehmen müssen. In der Thatsache, dafs von Baghirmi aus im Gegensatz zu den östlicheren Reichen eine friedliche Kolonisation durch die Erziehung der heidnischen Fürstensöhne am Hofe von Baghirmi u. ä. stattfindet, liegt die Erklärung für diesen Gegensatz.

Im ganzen erhalten wir also von der Einwirkung des muhamedanischen Elementes das folgende Bild. Östlich etwa von 20° ö. L. haben wir ein von den Arabern verheertes Gebiet, das im Süden bis etwa 6° n. Br. reicht. Weiter südlich sind bis jetzt nur einzelne Vorstöfse erfolgt; so soll z. B. am Makua die Bevölkerung sich etwa um 1880 erfolgreich gegen sudanesische Räuberscharen ge-

---

[1] Tour du Monde 1890, 2 S. 43.
[2] Tour du Monde 1893 2, S. 308—350.
[3] S. die Karte a. a. O. S. 327.
[4] a. a. O. S. 334.
[5] Comptes Rendus de l. S. de Géogr., Paris 1892, S. 382.
[6] S. oben S. 120.

wehrt haben[1]. Im Westen dagegen fehlte dieser Siedelungstypus wenigstens bis vor kurzem. Wie viel daran Rabahs Auftreten, der neuerdings die Gegend am oberen Schari schrecklich verwüstet und einen Teil Baghirmis genommen hat, auch Kuka schon erobert haben soll[2], geändert hat, wissen wir nicht.

Wenden wir uns jetzt zu dem westlichen Teile unseres Gebietes, so kann hier die Bevölkerung im allgemeinen nur dünn sein. Massari fand am Likuala die Bevölkerung sehr dünn besäet, 300 Menschen als die höchste Einwohnerzahl einer Siedelung und schöpfte daraus die Vermutung, daß das ganze Gebiet westlich vom Ubangi bei seinem Reichtum an sumpfigen Strecken nur wenig bevölkert sei[3]. Allerdings tritt uns am Sangha ein gewisser Handel entgegen, der z. B. vom Ogowe den Ivinde aufwärts über Land bis Ngoko kommt[4], während ein Elfenbeinhandel sich zwischen den Afuru und Baringa bewegt; doch kann auch dieser bei dem kriegerischen und räuberischen Sinne der meisten Stämme wenig verdichtend wirken; die Afuru z. B. leben nach Cholet in steter Furcht vor den Ubangistämmen, die sie mit ihren Razzien heimsuchen[5].

Übrigens tritt uns am Sangha auch der Schutztypus der Siedelungen in ausgeprägter Form entgegen; am unteren Sangha und am Ngoko wohnen die Eingeborenen nur auf den zahlreichen Flußinseln, nicht auf dem festen Lande, welches die Weiber nur in Begleitung Bewaffneter zur Bestellung der Felder zu betreten wagen — aus Furcht vor den räuberischen Nachbarn im Westen und Osten. Nach Norden bessern sich freilich die Verhältnisse von der Einmündung des Ikela an; hier fand Gaillard[6], dem wir auch die bisherigen Angaben verdanken, Inseln und Ufer gleich gut bewohnt, die Kulturen blühend und reichlich. Auch de Brazza[7] bezeichnet die Bevölkerung von jenem Punkte ab als sehr dicht, während umgekehrt am unteren Sangha Gaillard einmal mindestens vier Tage lang durch unbewohntes Gebiet fuhr. Wenn der letztere daher unter den Stämmen am Sangha auch Zwergvölker mit allen ihren charakteristichen Merkmalen aufführt, ohne ihr Verbreitungsgebiet abzugrenzen, so

---

[1] Mouvement Géogr. 1891 S. 20.
[2] Mitteilungen d. G. G., Wien 1894, S. 181.
[3] Mouvement Géogr. 1886 S. 93.
[4] Mouvement Géogr. 1891 S. 91.
[5] Comptes Rendus de la Soc. de Géogr., Paris 1890, S. 462.
[6] Bulletin de la Soc. de Géogr., Paris 1893, S. 225—227.
[7] Mouvement Géogr. 1892 S. 44.

werden wir sie uns als wahrscheinlich auf den unteren Teil des Flufslaufes beschränkt denken müssen.

Noch weiter westlich sind uns die Verhältnisse wenig bekannt. Crampel durchzog hier am Ivindi bei 13° ö. L. 2° n. Br. ein Urwaldgebiet, auf dessen Lichtungen eine dünne Bevölkerung von Fan hauste. Auch Zwergvölker sind hier beobachtet, mit Vorliebe in der Nähe der Wasserläufe in ihren kleinen Siedelungen — eines ihrer Dörfer zählte 15 Hütten — hausend[1]. Etwas weiter südlich sind uns analoge Verhältnisse bereits vom Ogowe her aus Lenz' Schilderung bekannt; im Nordwesten geht dieser Urwald mit seinen Zwergen vielleicht direkt in das Kameruner Gebiet über. Ob im Osten mit den Zwergen am Sangha ein Zusammenhang besteht, wissen wir nicht. Im allgemeinen lassen die Angaben, die wir bei Fourneau und Crampel finden, überall wieder jenen bekannten Wechsel dünner und dichter bevölkerter Gegenden erkennen[2]. Dafs wir aus letzteren nicht auf eine allgemeine erhebliche Dichte der Bevölkerung schliefsen dürfen, versteht sich von selbst.

Wir kommen nun zu den zahlenmäfsigen Angaben. Junker hat die Dichte bei den Njam-Njam bekanntlich auf 6 Menschen pro qkm geschätzt und für den französischen Kongo haben wir oben (S. 121) eine Dichte von 4 gefunden. Das vorliegende Gebiet ist den beiden genannten nicht blofs räumlich benachbart, sondern auch innerlich verwandt. Unstätigkeit der Siedelungsverhältnisse und politische Zersplitterung herrschen, wie bei den Njam-Njam, so auch hier durchweg. Wir müssen daher auch ähnliche Bevölkerungsziffern annehmen, dabei allerdings den Osten für dichter bevölkert als den Westen halten, wo allein schon die Existenz nomadischer Zwergvölker mit ihrer extensiven Wirtschaftsform uns auf den Mangel einer dichten Bevölkerung hinweist.

Für diesen Westen erscheint die Zahl 4, die wir schon für das entsprechende Gebiet südlich vom Äquator angenommen haben, vorläufig angemessen; ausgenommen sind davon gewisse auf der Karte noch nicht genauer festzulegende mit Zwergen besetzte Gebiete, die uns doch zu sehr an Lenz' Schilderungen der Urwälder nördlich vom Ogowe erinnern, als dafs wir trotz gelegentlicher von Fourneau und Crampel beobachteten Verdichtungen über die Zahl 2 hinauszugehen wagten. Für den Osten nehmen wir 6, im Süden, am Ur-

---

[1] Alis, A la conquête du Tsad S. 41 und Comptes Rendus de la Soc. de G., Paris 1890. S. 548.

[2] Bulletin de la Soc. de Géogr., Paris 1890, S. 537—551 u. 195—214.

waldrande, hypothetischer Weise 8 an. Ausgenommen ist dabei überall das Gebiet der Völkerscheide; im Osten empfiehlt sich hier die Zahl 2, die auch Gallieni früher für den verwüsteten französischen Sudan annahm, im Westen, wenn wir von Rabahs Auftreten aus Mangel an näheren Nachrichten vorläufig absehen, nach dem darüber Gesagten etwa die Zahl 8.

VIII. DAS LAND DER BASCHILANGE UND BALUBA [1].

Dieses dicht bevölkerte Gebiet, über das wir durch Wißmann vorzüglich orientiert sind, soll hier gesondert betrachtet werden. Bestimmen wir zunächst seine Grenzen (vgl. die Kartenskizze). Im Westen passierte sie Wißmann auf seiner ersten Reise bei 6° s. Br. zwischen 22° und 23° ö. L., auf seiner zweiten Reise etwas südlicher in der Nähe des Luebo [2]; in beiden Fällen verriet sich ihm der Beginn des neuen Siedelungstypus durch die Hebung des allgemeinen Kulturniveaus, die gut gehaltenen Felder, das bessere Aussehen der Hütten und Dorfstraßen, die großen Märkte und die geordneten politischen Verhältnisse. Im Norden wird unser Gebiet durch jenen Urwaldstreifen etwa bei 5^1/$_3$° s. Br. begrenzt, der als ein isolierter Ausläufer des centralen Waldgebietes sich zwischen den Baschilange und Bakuba nach Westen erstreckt. Das Gebiet der letzteren wird, obwohl als dicht bevölkert bezeichnet, von Wolff doch nur auf eine Dichte von reichlich 4 Menschen pro qkm geschätzt; es fällt daher nicht in den Rahmen dieses Kapitels. Wie westlich Wolff, so durchzog vom Lubi nach Osten Wißmann dieses Gebiet in einer 13 tägigen Wanderung, die ihn in Nahrungsmangel verwickelte. Am Sankurru erstreckt sich vielleicht ein schmaler Vorsprung unseres Gebietes durch den Urwald hindurch bis an die Grenze der Bakuba: wenigstens finden wir hier bei 5° s. Br. die Stadt Pania, der Parminter [3]

---

[1] Die Daten für dieses Gebiet sind entnommen aus Wißmanns drei Werken: Unter deutscher Flagge quer durch Afrika. Meine zweite Durchquerung Äquatorial-Afrikas. Im Innern Afrikas. (Im folgenden unter bez. W₁, W₃, W₂ citiert.)

[2] W₁ S. 80, W₂ S. 117.

[3] Mouvement Géogr. 1893 S. 80.

10000 Einwohner zuschreibt. Im Osten stöfst unser Gebiet an das
von den Arabern verheerte Bereich; die Grenze verläuft etwas
westlich vom Lomami; zwischen 25½° und 26° ö. L. stiefs Wifsmann
unter 6° s. Br. auf seiner ersten Reise auf sie; auf seiner dritten
fand er schon bei 24½° ö. L. unter 5½° s. Br. an Stellen der früheren
reichen Siedelungen eine allgemeine Zerstörung, aus deren Trümmern
aber Marinel ein halbes Jahr später schon wieder neue Dörfer frisch
erblühen sah[1], sodafs wir diese letztere Angabe zur Abgrenzung nicht
heranziehen dürfen. Im Süden passierte Marinel die Grenze bei 7°

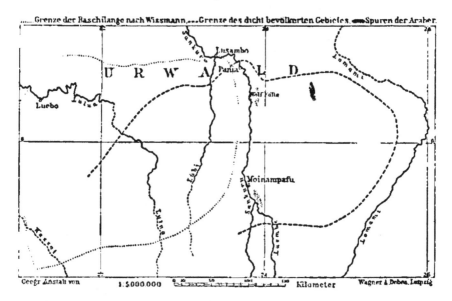

Grenze der Baschilange nach Wifsmann,.... Grenze des dicht bevölkerten Gebietes. Spuren der Araber.

s. Br. an den Ufern des Sankurru. Die Dichte der Bevölkerung
nahm auf seiner Route, wie gleich eingeschaltet sei, dabei von Norden
nach Süden ab: am Lubi bis 6°20' aufwärts hauste eine sehr dichte
Bevölkerung in fast ununterbrochnen Dörfern; südöstlich davon, bei
den Balungu, war die Dichte immerhin schon geringer und auch die
Verteilung der Menschen sofort ungleichmäfsiger: grofse Centren, noch
von kleinen Dörfern umgeben, waren durch gröfsere leere Intervalle
getrennt. Am Sankurru endlich nötigen uns nur die ausgezeichneten
Wege, die Marinel der Bevölkerung nachrühmt, auf ihre Dichte zu
schliefsen[2].

---

[1] W₁ S. 146, W₂ S. 143. 238.
[2] Mouvement Géogr. 1892 S. 10.

Die Grenzen sind im Vorigen vorwiegend nach Wifsmanns Reisen bestimmt; aber auch die neueren Berichte lassen trotz des Eindringens des arabischen Elementes nur geringe Veränderungen erkennen. Wohl finden wir im Jahre 1892 am Sankurru bei 5° s. Br. im Urwald- streifen die Araberstation Lusambo[1], aber sie hindert nicht, dafs noch im folgenden Jahr Pamia dicht dabei auf 10000 Einwohner geschätzt wird. Etwas weiter südlich, bei den Wolff-Fällen, traf Bia zwar eine von Sapo-Sap verheerte Gegend, aber nach Süden nahm die Zahl der Dörfer und Kulturen rasch wieder zu[2]. Andrerseits stiefs freilich Bia am Sankurru bei 6¹/₂° s. Br. wieder auf eine Araberstation, Moinampafu, mit einem Verwüstungsbezirk, und weiter südlich lebte eine zersplitterte, in stetem Kampf befindliche Bevölkerung in versteckten oder befestigten Siedelungen, sodafs Bias Erlebnisse zu Marinels Bericht in scharfem Gegensatz stehen. Im Ganzen empfangen wir aber doch den Eindruck, dafs die Araber hier verhältnismäfsig wenig zerstört haben; den Grund erblicken wir in der gröfseren Widerstandskraft, die eine dichte Be- völkerung von Haus aus besitzt, wie denn überhaupt die Araber bei ihren Zügen dünn besiedelte Gebiete, wie die Urwaldregion, bevor- zugen.

Innerhalb dieses Gebietes ist die Dichte nicht konstant, sondern nimmt nach Osten hin zu[3]. Wenn Wifsmann erzählt, dafs die Baluba wegen Übervölkerung Sklaven an die Baschilange verkaufen[4], so prägt sich darin schon eine solche Abstufung aus; auch der Sankurru, bei dessen Überschreiten Wifsmann das Wild verschwinden sah[5], um es erst am Lomani wieder anzutreffen, erscheint vermöge dieser That- sache als eine Grenze zwischen ungleich stark bevölkerten Gebieten. Am besten spürt man diese Ungleichheit und die allmählige Zunahme nach Osten in der Darstellung der dritten Reise Wifsmanns. Der Weg von Luluaburg zum Luebo führte durch keine hervorragend dicht bevölkerten Gebiete; dicht vor Luluaburg aber erwähnt der Text „viele Dörfer"; weiter östlich (bei 23° ö. L. und 6° s. Br.) erschien das Land der Bena Witanda „mit zahlreichen Dörfern be- säet", danach kam nach dem Passieren der Grenze der reinen Baluba das Gebiet der Bene-Ki, in deren „aufserordentlich dicht bevölkerten Prärien Wild natürlich nicht denkbar war" (23¹/₂°—24¹/₄° ö. L.).

---

[1] Mouvement Géogr. 1892 S. 87.
[2] Mouvement Géogr. 1892 S. 125.
[3] W₁ S. 250.
[4] Petermanns Mitteilungen 1889 S. 353.
[5] W₁ S. 126.

Im Gegensatz dazu fand an der westlichen Grenze der Baschilange
Pogge zwar auch eine ziemlich stark bevölkerte Gegend, aber nur kleine
Siedelungen mit schlechten Hütten und überhaupt ein hinter den hanf-
rauchenden Baschilange zurückstehendes Kulturniveau. Auch in der
Größe der Siedelungen finden wir eine solche Abstufung angedeutet.
Zwischen dem Kassai und Mukenge nennt Wißmann (W₂ S. 42—86)
einige Dörfer von 13—90 Hütten, während eine Anzahl Siedelungen
in der Umgegend, besonders im Südosten Mukenges (800 Hütten)
50—400 Hütten zählen (W₂ S. 267—297). Für den äußersten Westen
haben wir eben Pogges Beobachtung angeführt; das Gegenstück bilden
dazu im äußersten Osten die „Riesenstädte" der Bene-Ki, wie der
nüchterne Wißmann sie geradezu nennt (W₁ S. 142). Das Riesenhafte
liegt freilich nur in der Länge, nicht in der Breite. Eine Siedelung
war z. B. 17 km lang; zu beiden Seiten an der Landstraße lagen
Häuser, an die sich Gärten und Felder reihten (W₁ S. 144). Wenn
übrigens die mittlere Einwohnerzahl der Baschilangedörfer von Wißmann auf 1000—2000 Menschen angegeben wird[1], so prägt sich auch
darin der hohe Grad der Volksdichte aus.

Wenn nun Wißmann die mittlere Dichte der Baschilange auf
26 Menschen pro qkm abschätzt, so müssen wir schon hier die wahre
Dichte uns im Westen und nach Marinels Angaben auch im Süden
als etwas niedriger (etwa 20), im Osten als etwas höher (etwa 32)
vorstellen; für die Baluba aber müßten wir eine noch erheblich höhere
Dichte (etwa 40) annehmen[2], falls wir nicht die neueren Einwirkungen
der Araber in Rechnung zu ziehen hätten: so bleiben wir auch hier
bei 32.

Zum Vergleich sei daran erinnert, daß wir dieselbe Dichte 32 auch
für die Hinterländer von Togo und von Kamerun angesetzt haben. Aber
gerade dem Hinterlande der Togoküste gegenüber geht die Ähnlichkeit
nicht über bloße Zahlen hinaus; der Typus der Siedelungsverhältnisse
ist ein völlig verschiedener. Dort sind Handel und Industrie die Haupt-
hebel der Konzentration; daher die Entvölkerung weiter Gebiete zu
Gunsten kleiner Konzentrationspunkte, daher die durchgängige Ungleichheit in der Verteilung der Bevölkerung, wie in der Größe der
Siedelungen. Nichts davon finden wir hier, wo die Bevölkerung keine
Industrie und keinerlei nennenswerten Handel, auch keine Viehzucht
betreibt, sondern fast ausschließlich einem regen Ackerbau sich widmet;

---

[1] Petermanns Mitteilungen 1889 S. 353.

[2] Pogge schätzte die Dichte für das Gebiet östlich von Mukenge auf 30
bis 40. Mitteilungen d. Afrikan. Ges. IV, 242.

auch von dessen Intensität dürfen wir uns übrigens, da fast überall
die Frau allein den Acker bestellt, keine übertriebenen Vorstellungen
machen; der Ausdruck „Gartenbau", den wir auf die Togoküste an-
wandten, dürfte hier höchstens für das Gebiet der Beni-Ki zutreffend sein.

Im ganzen empfangen wir den Eindruck, daſs die dichte Besiedelung des Landes an der Guineaküste und ihren Hinterländern etwas
Normales, ja die Regel ist, die nur häufig durch Sklavenraub und
kriegerische Verwickelung zu Gunsten eines anderen Typus Ausnahmen
erleidet, während sie hier umgekehrt in dem sonst überall dünn bevölkerten Gebiet der Bantuneger als eine Ausnahme erscheint, für die
wir in einer besonderen Gunst der Verhältnisse die Ursachen zu suchen
haben. Solcher Ursachen lassen sich drei namhaft machen. Zunächst
eine politische, die uns wieder das Exceptionelle dieses Falles vor
Augen führt. Früher wie alle ihre Nachbarn völlig zersplittert, sind die
Baschilange erst seit etwa 35 Jahren unter dem Zeichen des friedlichen Riambakultus zu einer Einheit verknüpft, die zwar gelegent-
liche kleine Kämpfe nicht verhindert, im allgemeinen aber politische
Wüsten und die uns schon so geläufig gewordene Auflockerung der
Bevölkerung ausschlieſst, und die zugleich die Elemente eines höheren
Kulturniveaus in sich enthält: „Die Söhne des Hanfes begannen mit
einander zu verkehren, wurden zahmer und machten Gesetze". Der
letzte Punkt weist schon auf eine zweite Ursache hin, die ethnographischer Natur ist. Die Baschilange und Baluba werden uns von
Wiſsmann als das begabteste Volk bezeichnet, das er in Afrika kennen
lernte: sie sind zwar von Haus aus nicht sehr fleiſsig, auch nicht von
einnehmendem Wesen, z. B. sehr schmutzig und unordentlich, aber
lernbegierig und lernfähig. Besonders fällt dabei die friedliche Ge-
sinnung der Bevölkerung ins Gewicht, die durch den Riambukultus
vollends zur Entwickelung gebracht und von ihrem Herrscher Kalamba
geflissentlich gepflegt wurde, die aber in geringerem Maſse überhaupt
den Stämmen südlich vom Urwalde im Gegensatz zu den wilden
anthropophagen Völkern im Norden desselben einigermaſsen eigen
ist. Als geographische Ursache endlich kommt die Randlage
dieses Gebietes in Bezug auf den centralen Urwald in Betracht. So
wie wir an seinem nördlichen Rande ein Drängen nach Süden gefunden haben, so sind, wenn auch die Bakuba noch aus Nordosten
eingewandert sind, doch alle uns bekannten Wanderungen südlich vom
5. Parallel bis über den 10. hinaus nordwärts gerichtet[1]. Als Ur-

---

[1] Vgl. Karl Barthel, Völkerbewegungen auf d. Südhälfte der Afrikanischen
Kontinente S. 63 nebst Karte.

sache dafür werden wir, wie im vorigen Abschnitt, aufser dem Drängen
nach den Handelsstrafsen, die an den grofsen Wasseradern westwärts
führen, abermals die günstigeren klimatischen Bedingungen in diesem
Übergangsgebiet zwischen Savanne und Waldland vermuthen, das die
Vorteile beider in sich ein-, ihre Nachteile von sich ausschliefst. Die
Aufstauung, die auf diese Weise schliefslich entsteht, mufs, wenn sie
ihren höchsten Grad erreicht hat, schliefslich wieder zu einem Abfluſs führen: einen solchen sehen wir bei den Baluba in Gestalt des
oben erwähnten nach Westen gerichteten Sklavenhandels; bei den
Baschilange aber traf Wolff nördlich von ihrem eigentlichen Gebiet
im Urwald frische Siedelungen, deren Bewohner sich im Übergangsstadium vom Jäger zum Ackerbau befanden; in diesem Beispiel sehen
wir auch hier die Bevölkerung aus ihren zu eng gewordenen Gebieten
gleichsam heraus- und in den nur widerstrebend betretenen Urwald
hineingeprefst.

IX. DAS GEBIET SÜDLICH VOM URWALD.

1. Das Gebiet zwischen dem Quango und dem Kassai nördlich vom Lundareich.

In diesem Gebiet tritt uns ein doppelter Gegensatz entgegen: der
zwischen dem Flufsufer und dem übrigen Lande und an dem ersteren
wieder der zwischen den westlich und nördlich gerichteten Flufsläufen;
und zwar sind die Flufsränder vor dem übrigen Lande und von ihnen
wieder die westlich gerichteten vor den nördlich gerichteten bevorzugt.
Beginnen wir mit dem Kassai, so finden wir auf Wifsmanns Karte[1]
bei seiner Thalfahrt auf ihm von der Einmündung des Lulua bis zu
der des Sankurru, wo die nördliche Richtung des Flusses in die westliche übergeht, 12 Dörfer auf 130 km eingetragen, sodann bis zur
Quangomündung erst 22 Dörfer auf 165 km, dann 45 Dörfer auf
210 km; wenn dabei manche im Text erwähnte Siedelung fehlt, so
darf man doch annehmen, dafs dieser Mangel einigermafsen der Häufig-
keiten der Siedelungen überhaupt proportional ist. Weiter abwärts
empfangen wir zunächst den Eindruck einer noch gesteigerten Dichtigkeit — während zweier Tage sah Wifsmann Dorf an Dorf —, dann

---

[1] Im Innern Afrikas, Kap. XIV bis XIX nebst Karte.

aber verlieren sich die Siedelungen aus dem Gesichtskreise noch vor
der Einmündung in den Kongo, auf dem abwärts Wißmann zunächst
denselben Eindruck der Verlassenheit empfing. Der letzte Teil des
Kassailaufes nimmt offenbar schon an dem Typus der Siedelungsverhältnisse teil, der uns vom Kongo her bekannt ist: wir finden
auch hier die Nachwirkungen des ehemaligen europäischen Sklavenhandels. Dazu stimmen die primitiven kulturellen Zustände der Bevölkerung unterhalb des Mfini: Parminter sah hier den höchsten Grad
von Schmutz, so gut wie keine Bekleidung, endlich die Gewohnheit,
Hunde zu essen[1]. Der übrige Teil des Stromes aber bietet das Bild
einer naturgemäß mit der Wichtigkeit seiner Rolle zunehmenden
Dichte der Besiedelung. Für diese Dichte spricht auch die Größe
der Siedelungen. Delcommune fand schon auf der Strecke zwischen
den Einmündungen des Lulua und des Sankurru ein Dorf mit 300 Hütten
und 2000 Einwohnern[2]. Wir müssen uns darnach den Kassai als
ebenso dicht, wie den Kongo besiedelt denken und nehmen daher im
Mittel eine Dichte von 10 in einer bis dicht vor der Mündung ansteigenden Abstufung an. Weiter aufwärts von der Luluamündung
ändert sich das Bild. Wißmann fand hier den ersten Tag einen
völlig einsamen Galeriewald, den nächsten Tag zwar Fahrzeuge als
Zeichen eines Verkehrs auf dem Wasser, am Ufer aber wieder keine
Siedelungen. Ähnlich beobachtete Wolf, als er den Sankurru von
seiner Mündung aufwärts befuhr, zunächst einen regen Verkehr, der
auf eine dichte Bevölkerung schließen ließ; ein Besuch des Inneren
zeigt in der That viel Kulturen bei den Basongo Mino; weiter aufwärts aber erlosch in dem Maße, in dem der Fluß enger wurde, auch
der Handel an ihm, und wie wir wohl hinzu setzen dürfen, auch die
Dichte der Besiedelung[3].

Ein anderes Bild als der Kassai bietet der Quango. Mense,
der ihn aufwärts bis etwa $5^{1}/_{2}°$ s. Br. befuhr, fand dort eine arme,
wenig bekleidete, nur vom Fischfang lebende Bevölkerung, ohne
Handel mit der Küste; einmal erblickt er $1^{1}/_{2}$ Tage kein Dorf[4].
Capello und Ivens, die umgekehrt den Fluß abwärts bis $6^{3}/_{4}°$ s. Br.
befuhren, fanden an ihrem nördlichsten Punkte einen undurchdringlichen völlig unbewohnten Galeriewald[5]. Auch Büttner[6], der zwar

---

[1] Mouvement Géogr. 1893 S. 80.
[2] Mouvement Géogr. 1889 S. 35.
[3] Wißmann, Meine zweite Durchquerung Äquatorial-Afrikas, Kap. II u. III.
[4] Bulletin de la Soc. Géogr. belge 1888 S. 405. 410.
[5] Petermanns Mitteil. 1880 S. 351.
[6] Reisen im Kongolande.

im Innern reiste, aber den Flufs wiederholt berührte, berichtet von
keinerlei intensivem Leben an ihm. Der Grund dafür liegt offenbar
darin, dafs in dem ganzen Gebiet die grofsen Handelsstrafsen west-
östlich gerichtet sind, während umgekehrt von Norden nach Süden
eine Reihe reduzierender Völkerbewegungen stattgefunden haben und
noch stattfinden, die teils vom Lundareich ausstrahlen, teils überhaupt dem Kassai oder Sankurru zustreben. Unter beiden Gesichts-
punkten erscheinen die westlich gerichteten Flufspartien vor den nördlich gerichteten bevorzugt. Wir dürfen daher allgemein für die Ufer
der letzteren eine geringe Dichte, etwa eine solche von 6 pro qkm,
voraussetzen.

Dafs das Innere zwischen dem Quango und Kassai noch dünner
bevölkert ist, bedarf kaum der Erwähnung; ein Blick z. B. auf Bütt-
ners Darstellung, der überall die Siedelungen in den Seitenthälern des
Quango traf, beseitigt den letzten Zweifel. Auf seiner Reise zum
Muene Puto Kasongo fand er die letzten 30 km kein Dorf und ver-
zeichnet im ganzen für die letzten 110 km nur 7 Dörfer auf seiner
Karte. Wolff[1] fand sogar 7 Tage lang westlich von Muene Puto
Kasongo kein Dorf auf seiner Route, wenn es auch besonders die
letzten Tage nicht an Zeichen von Niederlassungen seitwärts des
Weges fehlte. Kund und Tappenbeck endlich fanden auf ihrem
Marsche vom Quango zum Kassai „eine fast unbewohnte Hochebene"[2].
Auch hier rührt die mit der Dünnheit verknüpfte ungleichmäfsige Verteilung der Bevölkerung davon her, dafs eine dünne Bevölkerung stets
die günstigsten Stellen, d. h. hier die Thäler bevorzugt. Bei seiner
zweiten Reise drängte sich z. B. Wifsmann die Beobachtung auf, dafs
die Bevölkerung, je näher dem Quango, desto dichter sei. Ein klassi-
sches Beispiel zu demselben Satze erlebte ferner derselbe Gewährsmann im Lundareich bei zwei kleinen Flüssen, dem Ulangale und
dem Hombo, deren dicht besiedelte Ränder mit ihren vielen Kulturen
und fleifsigen Arbeitern den schärfsten Gegensatz zu der übrigen
Hungergegend mit ihrer sonst sehr arbeitsscheuen Bevölkerung bildeten[3].

In Summa werden wir die Dichte 4 für dieses Gebiet eher für
zu hoch. als zu niedrig erachten müssen. Nördlich vom Kassai bis
zum Mfini nehmen wir dieselbe Zahl an mit Rücksicht auf die oben
erwähnte dünne Bevölkerung an dem letzteren; wir dürfen uns vorstellen, dafs der Kassai aus diesem Gebiet die Bevölkerung gleichsam

---

[1] Von Banana zum Kiamwo S. 223.
[2] Mouvement Géogr. 1886 S. 87.
[3] Wifsmann, Im Innern Afrikas S. 45—47.

aufsaugt. Die Umgebung des Leopold II.-See nimmt dagegen, wie schon oben (S. 137) erwähnt, als Randgebiet des Urwaldes eine Ausnahmestellung ein; wir nehmen für sie in Übereinstimmung mit dem früher besprochenen nördlichen Randgebiet zwischen dem Ubangi und dem Kongo die Dichte 8 an. Nach de Meuses Angabe, daſs hier ein 20 km langes und 25 km breites Gebiet 1200—2400 Krieger stellt, würde man, auf einen Krieger nur drei andere Personen gerechnet, sogar noch auf einen höheren Wert schließen können. Doch ist bekanntlich Zurückhaltung allen hohen Zahlen gegenüber geboten; hier ist sie um so angebrachter, als de Meuses übrige Angaben leider rein qualitativ sind, auch die einzelnen Stämme nach seiner Schilderung in stetem Kampfe mit einander leben[1].

2. Das Lundareich.

Das Lundareich tritt uns überall, von welcher Seite es auch betreten wird, als ein Gebiet ausnahmsweise dünner Bevölkerung entgegen. Schütt[2] verspürte diese Ausnahmestellung beim Betreten der Grenze, als er das Gebiet der Songo mit dem der Minungo vertauschte: so reich bevölkert jenes, so arm war dieses, seine Bewohner dumm, diebisch, häſslich. Für die weiter östlich wohnenden Kioko bezeugt uns Pogge, daſs ihr Land lange nicht so bevölkert ist, wie das der Songo. Im Osten verspürte Pogge den umgekehrten Wechsel, als er beim Betreten des Luluathals das Lundareich hinter sich hatte[3]. In Wiſsmanns Reisen bezeichnet die Durchquerung unseres Gebietes stets einen besonders tief stehenden Bevölkerungstypus. Auf seiner zweiten Reise passierte er 30 km lang verlassene Savannen, fand dann an zwei Thälern jene oben erwähnte concentrierte Bevölkerung, danach aber in der Waldeinöde von Kundugulu erst nach 60 km ein erstes und abermals nach 80 km ein zweites Dorf. Auch seine erste Reise führte ihn mehrere Tage lang in der Nähe des Lomani bei 9° s. Br. durch „völlig unbewohntes, infolge dessen wildreiches" Gebiet[4]. Schütt verzeichnet auf seiner Karte von Dondo bis zu den Songo zunächst auf 16 km 8 Dörfer, dann auf 70 km 14 Dörfer, dann

---

[1] Mouvement Géogr. 1893 S. 2. 94, 1892 S. 114.
[2] Schütt, Reisen im südwestlichen Becken des Kongo S. 113.
[3] Pogge, Im Reich des Muata Jamwo S. 46. 116.
[4] Wiſsmann, Unter deutscher Flagge quer durch Afrika S. 39. Meine zweite Durchquerung Äquatorial-Afrikas S. 42.

auf 50 km 11 Dörfer, im Lande der Songo auf 140 km 38 Dörfer, dann aber bei den Kioko auf 140 km 10 Dörfer, etwas weiter südlich auf 60 km 6 Dörfer, in einem Strich nordwestlich davon (20—21° ö. L., 7—8° s. Br.) sogar nur auf 150 km 7 Dörfer. Dabei sind die Siedelungen klein und unregelmäßig verteilt. Ihre Einwohnerzahl bewegt sich nach Buchner etwa zwischen 100 und 250 Personen[1]. Schütt[2] fand sogar einmal in der letzt genannten Gegend 7 Dörfer mit je 7 Hütten. Auch ganze leere Stellen treten uns entgegen: dicht vor dem Quango passierte Schütt eine 12 Stunden lange waldreiche Einöde, an einer anderen Stelle weiter südlich fand er 2 Tage keine Dörfer, und weiter östlich von Quicapa zwischen 8° und 9° s. B. einmal sogar 5 Tage kein Dorf[3]. Wißmanns Erfahrungen haben wir schon oben angeführt. Von der Kleinheit der Siedelungen machte nur Muata Jamwos, von Pogge auf 8000—10000 Einwohner geschätzte Hauptstadt[4] eine Ausnahme; in dem Umstande aber, daß sie jedesmal beim Tode des Herrschers gewechselt wird, spricht sich auch hier die alles beherrschende Unstetigkeit der Siedelungsverhältnisse aus.

Die Gründe für diese Verhältnisse liegen bekanntlich, abgesehen von Muata Jamwos tyrannischer Herrschaft, die in seiner Hauptstadt und in ihrer näheren Umgebung viel Blut fließen läßt, vor allem in den häufigen Plünderungs- und Verwüstungszügen, die nach der Peripherie des Reiches unternommen werden, teils um unbotmäßige Häuptlinge zu züchtigen, teils als bloßer Sport der vornehmen Jugend. Die Strafexpeditionen, die unterwegs frei verpflegt werden müssen, bezeichnen schon ihren Weg durch eine allgemeine Verheerung und führen vor allem an der Grenze häufige Verödungen herbei, indem sie die Bevölkerung zur Auswanderung veranlassen, ganz ähnlich beiläufig, wie in Dahomey aus entsprechenden Gründen die Auswanderung den Nachwuchs überwiegen und so in einigen Gegenden eine Art von Entvölkerung herrschen soll. Zwischen dem Lulua und Kallengi fand Pogge durch solche Züge einen Teil des Gebietes verwüstet. Ebenso fand er im Norden jenseits des Einflusses des Luisa in den Lulua die Bevölkerung wegen eines Überfalles am Lulua herabgezogen, so daß das Gebiet verlassen war[5]. In dieser Weise

---

[1] Briefliche Mitteilung an Herrn Prof. Ratzel 25. Juni 1890.
[2] Schütt, a. a. O. S. 174.
[3] Schütt, a. a. O. S. 118. 143. 173.
[4] Globus 1877 S. 28.
[5] Korrespondenzblatt der Afrikan. Ges. II, 121.

kennen wir eine ganze Reihe von Wanderungen, die vom Lundareich nach allen Seiten, besonders nach Norden und Nordosten ausstrahlen [1], während entsprechende Zuwanderungen als Ergänzung ihnen nicht zur Seite treten. Diesen Verhältnissen entspricht auch der ganze kulturelle Habitus der Lundaleute. Wißmann fand z. B. bei den Aqua Lunda Bogen, Pfeile und Messer liederlich, die Hütten nachlässig gebaut und schmutzig, den Menschenschlag stumpfsinnig [2].

Über die Verteilung und Größe der Bevölkerung im Einzelnen besitzen wir genaue Angaben von Buchner [3]: Am Quango zieht sich rechts eine einfache, links wegen der größeren Thalbreite eine doppelte Reihe von Dörfern entlang, die in der Richtung des Stromes durchschnittlich 10 km von einander entfernt sind; das einzelne Dorf besteht dabei durchschnittlich aus 50 Hütten von je 5 Bewohnern. Am dünnsten ist das Gebiet der vielen parallelen Flüsse zwischen dem Quango und dem Kassai bevölkert. Bei der Durchquerung von Westen nach Osten trifft man durchschnittlich alle 35 km einen Strich von Dörfern, die den größeren Flüssen folgend, an beiden Ufern liegend, je 20 km von einander entfernt sind und je 20 Hütten à 5 Menschen enthalten. Endlich der bevölkertste Teil des Lundareiches ist das Luluathal, wo die Dörfer ganz ebenso wie am Quango verteilt sind, jedoch an jedem Ufer sich nur eine Reihe befindet. Aus der zweiten Angabe ergiebt sich eine Dichte von 0,3 pro qkm; für das bevölkertste Gebiet aber würden wir, auch wenn wir die Breite des Uferstreifens nur zu 3 km rechnen, doch selbst am Fluß nur eine Dichte von 8 Menschen pro qkm erhalten. Bedenken wir, einen wie großen Teil unseres gesamten Gebietes jene dünn bevölkerte Gegend einnimmt, so werden wir den mittleren Wert der Bevölkerungsdichte näher der ersteren als der letzteren Zahl vermuten; auch Max Buchner, der ihn ehemals, als man noch weniger pessimistisch über diese Dinge dachte, zu 4 annahm, hat inzwischen einer Herabsetzung jenes Wertes beigestimmt [4]; wir wollen ihn daher zu 2,5 annehmen.

Was dabei die Verteilung im einzelnen anbetrifft, so weist die Thatsache, daß das dünnst und das dichtest bevölkerte Gebiet in der Richtung von Westen nach Osten auf einander folgen, uns daraufhin, daß die Dichte, wie wir schon z. B. am Kongo wahrgenommen haben,

---

[1] Vgl. Karl Barthels, a. a. O. S. 61.
[2] Wißmann, Unter deutscher Flagge quer durch Afrika S. 57.
[3] Briefliche Mitteilung u. s. w.
[4] Briefliche Mitteilung Herrn Dr. Max Buchners an den Verfasser vom 22. Juli und 7. August 1894.

mit dem Eindringen ins Innerste von der Küste aus schliefslich wieder steigt.

3. Das Gebiet östlich und nordöstlich vom Lundareich.

Über dieses Gebiet liegen leider nur wenige und ziemlich unbestimmte Angaben vor. Immerhin lassen sie uns einen Gegensatz zwischen einem nördlichen dichter und einem südlichen dünner bevölkerten Gebiet erkennen. Im Norden fand Delcommune zwischen und besonders in den Thälern des Lukuga und Lualaba (5$^{1}/_{2}$° bis 6$^{1}/_{2}$° s. Br.) die Bevölkerung sehr stark [1]. Bei Mukurru will Arnot bei einem zweistündigen Ausfluge 43 Siedelungen, dabei alle von grofsen Dimensionen getroffen haben — eine Häufung, infolge deren alles sichtbare Land kultiviert war [2]. Freilich treten dabei den hier hausenden Garengaze ihre Nachbarn, die, schwächer als sie, von ihrem Sklavenraub zu leiden haben, als die Bewohner eines dünn bevölkerten Gebietes gegenüber. Auch Sharpe fand das Gebiet zwischen Katanga und dem Moerosee anscheinend unbesiedelt [3]. Die Grenze zwischen einem dichter und einem dünner bevölkerten Gebiet, die uns hier entgegentritt, erscheint in den Darstellungen der Expeditionen von Delcommune, Bia und Marinel nach Norden über das Gebiet der Garengaze hinausgerückt. Bia fand noch am Luvoe und am Lomami, den er bei 9° s. Br. überschritt, zahlreiche Dörfer, einen Grad südlicher aber auf dem Wege nach Bunkeia die ganze Gegend infolge einer teilweise durch Heuschrecken hervorgerufenen Hungersnot verödet [4]. Delcommune traf zwischen Kilema und dem Kassalisee (etwa 7$^{1}/_{2}$° s. Br.) die dichteste Bevölkerung, die er in Afrika gesehen, in Katanga aber Hunger und Bürgerkrieg [5]. Die Hungersnot herrschte über weite Gebiete: täglich verlor Delcommune einige seiner Begleiter durch sie; von Ntenko zum Lualaba traf er auf 100 km keine Siedelungen. Weiter abwärts, an den Lualabafällen (10$^{1}/_{4}$° s. Br.) erneuerten sich alle Schrecknisse des Hungers [6]. Neben diesem blofs temporären Leiden sorgt aber vor allem ein dauernder Sklavenhandel für die Entvölkerung dieser Gebiete. Der Mensch, sagt Marinel, bildet den

---

[1] Bulletin de la Soc. Géogr. d'Anvers 1892 S. 237—240.

[2] Mouvement Géogr. 1888 S. 6, 1890 S. 54 u. 1891 S. 26 und Proceedings 1889 S. 77.

[3] Proceedings, London 1891, S. 427.

[4] Mouvement Géogr. 1892 S. 129. 130. 135.

[5] Mouvement Géogr. 1893 S. 12.

[6] Mouvement Géogr. 1892 S. 140. 141.

bevorzugten Handelsartikel in Katanga[1]. Die Gegend westlich vom Moerosee fand Stairs durch Razzien der Araber verheert[2], die hier einen nach Westen und Süden weit vorgeschobenen, ziemlich isolierten Posten zu bilden scheinen. Aus einem anderen Grunde ist das Gebirge von Kwandelungu mit seiner troglodytischen Bevölkerung[3] dünn besiedelt. Diese Bevölkerung erscheint in ihrem ganzen kulturellen Habitus, mit ihren kleinen von Jagd und Fischfang lebenden Horden, die zu den benachbarten seßhaften Stämmen im Verhältnis der Symbiose stehen, den Zwergvölkern homogen. Allerdings wird neben ihnen auch eine neuere, seßhafte Bevölkerung genannt, aber schon die Coexistenz der Troglodyten verbietet uns aus öfter besprochenen wirtschaftlichen Gründen eine hohe Dichte zu erwarten. In der That fand Bia die Dörfer, die allerdings ungewöhnlich groß zu sein scheinen — die drei größten hatten 2000, 2500, 3000—4000 Einwohner —, oft 60—80 km von einander entfernt — eine Angabe, aus der man auf eine Dichte von 1—2 schließen würde. Offenbar ist hier nur die seßhafte Bevölkerung gemeint, aber auch der Zuschuß der nomadischen würde nicht einmal zur Verdoppelung der Zahl berechtigen.

Fassen wir zusammen, so werden wir dem südlichen Gebiet eine Dichte von 2 zuschreiben können. Das nördliche — die Grenze zwischen beiden läuft etwa bei 9° s. Br. — muß nach Delcommunes Angaben im Centrum mit einer vielleicht geradezu an die Baschilange erinnernden Dichte besiedelt sein. Allein wir müssen in der Verallgemeinerung solcher einzelner Beobachtungen vorsichtig sein. Wenn in der That weiter westlich am Lubischi Marinel ein völlig zerklüftetes Gebiet fand, wo jedes Dorf selbständig ist, und jedes mit jedem in ewiger Fehde wegen Frauen und Nahrungsmitteln lebt[4], so stimmt das unsere Erwartung rasch wieder herab. Wenn ferner Bia auf seinem Wege nach Bunkeia etwas südlich von dem von Delcommune gerühmten Gebiet, zwischen 7½° und 8½° s. Br., die Sitte herrschen fand, die Karawanen im Gras versteckt zu erwarten, um sie dann räuberisch zu überfallen[5], so eröffnet sich uns daraus eine wirtschaftliche Perspektive, die ebenfalls die Annahme einer sehr großen Dichte verbietet. Wir werden daher im Mittel höchstens 8 annehmen dürfen.

Fragen wir nach den Gründen des Unterschiedes zwischen den

---

[1] Mouvement Géogr. 1892 S. 27.
[2] Mouvement Géogr. 1892 S. 40.
[3] Mouvement Géogr. 1893 S. 56. 57.
[4] Mouvement Géogr. 1892 S. 10.
[5] Mouvement Géogr. 1892 S. 136.

beiden Gebieten, so liegt der Gedanke an die Araber nahe, die — ihre
Spuren im Westen haben wir oben bei den Baschilange kennen gelernt — das centrale Gebiet rings mit einem allerdings nicht lücken-
losen Ringe umfassen. Die Verödung wird von dieser Peripherie aus
wahrscheinlich in Zukunft noch weiter gegen das Centrum vorrücken.
Andererseits muſs man aber beachten, daſs die Araber die dünner
bevölkerten Gebiete von Haus aus bevorzugen; auch die Troglodyten
von Kwandelungu weisen auf das Ursprüngliche des Unterschiedes hin,
ebenso endlich die Nachbarschaft, in der der Süden unseres Gebietes zum Lundareiche steht.

———————

Nachträgliche Bemerkung über Dahomey. Die franzö-
sische Expedition hat nördlich von $7^{1}/_{2}°$ n. Br. ein von den Raubzügen der Dahomeyneger heimgesuchtes verödetes Gebiet mit aus-
geprägtem Schutztypus der Siedelungen gefunden, dessen Beschreibung
(im Tour du Monde 1894, 2 S. 122—124) an die älteren Zustände
im französischen Sudan erinnert, so daſs man seine Dichte ebenfalls
zu etwa 2 annehmen darf. Das oben im Text Gesagte ist alsdann
nur auf das Gebiet südlich von $7^{1}/_{2}°$ n. Br. zu beziehen.

B. Allgemeine Ergebnisse.

Blicken wir jetzt auf das durchgewanderte Gebiet und die angestellten Betrachtungen zurück, so drängt sich uns zunächst die Klage auf
die Lippen, wie wenig wir im allgemeinen über die in Frage stehenden Dinge unterrichtet sind. Nur für wenig Gebiete, wie für die deutschen Gebiete Togo und Kamerun und für das Gebiet der Baschilange
haben wir eine detaillierte Betrachtung und eine genauere räumliche
Abgrenzung durchführen können, im übrigen haben wir durchweg nur
den Typus feststellen können, auf seine genaue räumliche und zeitliche Abgrenzung aber verzichten müssen. Für einzelne Gebiete, wie
das östlich vom Lundareich und das nördlich vom unteren Kassai sind
wir so gut wie gar nicht unterrichtet und daher gezwungen, die Lücke
nach Analogie benachbarter Gebiete und nach Maßgabe allgemeiner
Regeln auszufüllen — ein Verfahren, das bei der die Siedelungsverhältnisse allgemein beherrschenden Unstetigkeit sehr bedenklich bleibt
und daher nur als ein provisorisches asylum ignorantiae gelten kann.
Erst die Zukunft kann hier Besserung schaffen dadurch, daß die
Forschungsreisenden selbst diesen Dingen mehr als bisher ihre Aufmerksamkeit zuwenden. Die Reisewerke von Baumann und Stuhlmann, die Angaben von Wolf für Togo sind in dieser Beziehung
Muster, die eine allgemeine Nachahmung verdienen, ohne sie bisher gefunden zu haben. Namentlich muß angesichts der so oft betonten Unstetigkeit in diesen Verhältnissen der detaillirten Ermittelung
von Bevölkerungszahlen künftig ein breiter Raum bei Forschungsreisen
gewährt werden. Erst wenn uns eine größere Anzahl Itinerare zur
Verfügung stehen, bei denen häufig für größere Strecken die Hüttenzahl der einzelnen Siedelungen und die mittlere Einwohnerzahl der
Hütten sorgfältig ermittelt sind, werden wir uns ein genaueres Bild
von diesen Dingen entwerfen können. Heute kommen wir bei der
Entwerfung eines derartigen Bildes im allgemeinen nicht darüber hin-

aus, Typen festzustellen, für die auch der zahlenmäfsige Ansatz nur
auf ungefähren Schätzungen statt auf genaueren Ermittelungen beruht.
Nach dieser Vorbemerkung wenden wir uns jetzt zu einer kurzen
Betrachtung der allgemeinen Ergebnisse, die wir unter fünf Gesichts-
punkten ordnen wollen.

1. Die Verteilung der Bevölkerung. Im Bereich der
Bantustämme treten uns sowohl von West nach Ost wie von Nord
nach Süd gewisse Regelmäfsigkeiten in der Verteilung der Bevölkerung
entgegen. Im Westen finden wir vorwiegend eine dicht bevölkerte
Küstenzone, dahinter dünn besiedeltes Land und dichte Anhäufungen
erst weit im Innern. In meridionaler Richtung zeigt sich uns eine
gewisse Symmetrie zu beiden Seiten des centralen Urwaldgebietes;
selbst dünn besiedelt, enthält dieses an seinen Rändern im Norden wie
im Süden Stellen konzentrierter Bevölkerung; zuletzt folgen an der
Peripherie wieder dünn bevölkerte Gegenden, im Norden die Völkerscheide, im Süden das Lundagebiet und seine östliche Fortsetzung
um Katanga. Allerdings enthält der Norden keine so konzentrierten
Menschenanhäufungen, wie im Süden das Gebiet der Baschilange und
ehemals auch der Manyema — eine Folge des wilden, zu Sklavenraub
und Anthropophagie neigenden Sinnes der in dieser Beziehung mit
den Monbuttu einerseits, den Fan andererseits verwandten Bevölkerung des Nordens, die sich zu politischen Gebilden, wie dem der
Baschilange, nicht zu erheben vermag.

Als bestimmende Züge treten uns in diesem Bilde der Verteilung
der Bevölkerung erstens die Konzentration an den Rändern, zweitens
die Nachwirkungen des europäischen Sklavenraubes entgegen. Beide
seien jetzt kurz betrachtet.

2. Die Konzentration an den Rändern, ihr Zusammenhang mit den Wanderungen und die Zusammendrängung der Gegensätze. Dafs Küsten- und Flufsufer, überhaupt also Wasserränder, die Bevölkerung konzentrieren, ist ein aus
der allgemeinen Anthropogeographie hinlänglich bekannter Satz. Wir
müssen aber betonen, dafs wir ihn für unser Gebiet an zwei Stellen
durch keine Angaben belegt finden, nämlich an der Küste zwischen
dem Gabun und Kamerun und an der Küste südlich von der
Kongomündung. Die Gründe dafür mögen bei den letzteren Gebieten
zum Teil in dem geringen Handel und den zerrütteten Verhältnissen
des Landes überhaupt liegen; für das nördlichere Gebiet können wir
keine Ursache namhaft machen, müssen es uns aber angesichts der
Thatsache, dafs ein allgemeiner Typus stets durch lokale Ursachen
durchbrochen werden kann, versagen, diese Lücke unserer Kenntnisse

durch eine eigenmächtige Ergänzung auszufüllen. Ein weiteres Randgebiet ist das am grofsen Urwalde. Hier haben wir eine Verdichtung
der Bevölkerung mit Sicherheit nur bei den Baschilange und Baluba
und einst bei den Manjema, mit grofser Wahrscheinlichkeit aber auch
für manche Partien im Norden und Westen feststellen können. Die
nächsten Gründe für sie sind wahrscheinlich nicht blofs ein negativer,
nämlich die Scheu vor dem Urwalde, sondern auch ein positiver,
nämlich die gröfsere Gunst der Regenverhältnisse am Rande des Urwaldes. Wir würden so hier abermals einen Beleg für den allgemeinen
Satz der Siedelungskunde erhalten, dafs Siedelungen mit einer gewissen Vorliebe häufig die Grenze zweier verschiedenen Gebiete auf-
suchen, weil diese Grenze die Vorzüge beider Gebiete in sich vereinigt, ihre Nachteile aber ausschliefst. Andere Gründe ergeben sich
bei einem Blick auf die Wanderungen.

Der enge Zusammenhang der Wanderungen mit der Bevölkerungsdichte tritt uns mit grofser Klarheit entgegen. Gebiete allgemeiner
Auswanderung, wie das Lundareich, sind dünn bevölkert, umgekehrt
erweisen sich dicht bevölkerte Gebiete, wie wir am besten am Ogowe
und Gabun sehen, als Gebiete allgemeiner Zuwanderung. Am klarsten
tritt uns der in Rede stehende Zusammenhang entgegen in dem Begegnen südlicher und nördlicher Wandertendenzen innerhalb einer
Fläche, die zum Teil sich mit dem centralen Urwaldgebiet deckend,
im Süden durch den fünften Parallel begrenzt wird[1]. Das Drängen
von Norden und Süden nach der Mitte hin, das wir hier gewahren,
hängt einerseits mit der eben besprochenen Bevorzugung der Randgebiete zusammen, hauptsächlich aber gilt es den Wasser- und Verkehrsadern des Kongo mit ihrem den Neger stets besonders anziehen-
den Handel; endlich spricht auch ein Fliehen vor den Arabern im
Norden mit.

Im allgemeinen gilt hinsichtlich der Wanderungen der Satz, dafs
sie Gegensätze hervorrufen, indem sie hart nebeneinander eine Zone
dünner und eine Zone dichter Bevölkerung erschaffen, die eine als
Durchgangsgebiet der Wanderzüge, die andere als End- und Auf-
stauungsgebiet. Mit typischer Klarheit treten uns diese Verhältnisse am
Ogowe entgegen. Das Aneinanderrücken der Gegensätze, das wir
hier gewahren, beobachten wir auch sonst und aus anderen Gründen.
Die dichte, am Rande des centralen Urwaldes aufgestaute Bevölkerung

---

[1] Vgl. Karl Barthel, Völkerbewegungen auf d. Südhälfte d. afr. Kontinentes
S. 74 u. Karte.

kontrastiert mit der dünnen Besiedelung des inneren Waldes stärker
als die hinter jenen Anhäufungen hausenden Völker. Gleichsam das
umgekehrte Schauspiel sehen wir, wo eine verwüstende Bewegung, wie
die der Sofa oder der Araber, sich an dicht besiedelten Ländern bricht.
Hängt dieses Zusammendrängen der Gegensätze auch zunächst mit der
alle niederen Kulturstufen kennzeichnenden Unstetigkeit zusammen,
so bildet es doch in gewissem Grade eine Eigenschaft aller Siedelungsverhältnisse: jede Spezialkarte der Bevölkerungsdichte aus europäischen Gebieten zeigt z. B. ähnliches am Rande der meisten Gebirge;
freilich sind es auf höheren Kulturstufen nicht kriegerische Wanderungen, sondern industrielle Faktoren, die gewisse Gegenden entvölkern,
um an anderen Stellen die Menschen zu konzentrieren.

   3. Die Nachwirkung des europäischen Sklavenhandels. Diese Nachwirkung verrät sich in der Existenz einer Zone
dünner Bevölkerung, die sich zwischen einem dicht bevölkerten Küstengebiet und einem abermals dicht bevölkerten Hinterlande fast in ganz
Oberguinea konstatieren läfst; südlich von Kamerun dagegen sind die
Verheerungen, die allerdings hier nur der eigenen Natur der Neger entsprechen, soweit ins Innere gedrungen, dafs wir erst weit im Innern
wieder höhere Dichten finden. Wo das Übel am ausgeprägtesten gewesen ist, nämlich an den grofsen Flüssen, dem Niger und dem Kongo,
lassen sich seine Nachwirkungen noch heute bis zur Mündung verfolgen. In der Länge der Nachwirkungen zeigt sich uns ein Unterschied zwischen den Sudan- und den Bantunegern. Bei den ersten
ist der Sklavenhandel viel früher erloschen, als bei den letzteren;
finden wir trotzdem bei den ersteren jene Nachwirkungen vielleicht
noch stärker ausgeprägt, so bestätigt uns diese Thatsache den Satz,
dafs historische Ereignisse um so tiefer in das Leben eines Volkes
eingreifen, je höher dessen Kulturniveau ist. Einmalige vorübergehende
Raubzüge können an den beweglichen Bantunegern spurlos vorüber gehen,
wie uns oben ein Beispiel aus dem Gebiet der Baluba gezeigt hat.
Im französischen Sudan sehen wir einzelne Eroberungszüge ihre Spuren
viel tiefer in das Leben der Völker eingraben, entsprechend der
gröfseren Zähigkeit, mit der der Sudanneger an dem einmal gewählten
Wohnplatz festhält. Noch viel längere Nachwirkung als hier finden
wir beiläufig auf der Stufe hoher Kulturvölker, wofür hier ein inter-
essantes Beispiel eingeschaltet sein mäge: im Nordwesten der Mansfelder
Hochfläche finden wir auf einem Gebiet von fast 60 qkm nur zwei
Wohnplätze; bis zum Jahre 1115 war dieser Teil der Hochfläche
ebenso reich mit Dörfern besetzt, wie die übrigen; in jenem Jahre

aber brachte ein Krieg eine allgemeine Zerstörung, von der sich das
Gebiet noch heute nicht erholt hat[1].

Im Zusammenhange mit diesen Dingen sei hier noch ein Blick
auf die psychischen Wirkungen geworfen, welche die Berührung
mit der europäischen Kultur für die Neger gehabt hat. Es
ist vielen Beobachtern bei ihrem Eindringen ins Innere aufgefallen,
daß das allgemeine Kulturniveau mit der der Entfernung von der
Küste zunahm. Staudinger[2] machte diese Beobachtung bei den
Yoruba, bei den Ewe fand Zöller[3] die Kleidung an der Küste ärm-
licher, als im Innern, weiter südlich fand Wolff[4] die Bildung, soweit
sie sich auf Ackerbau, Komfort, Häuserbau u s. w. bezieht, am Quango
höher als an der Küste, und von ihm nach dem Innern abermals
steigend. Es sind das Belege für den depravierenden Einfluß, den
auch hier die europäische Kultur auf die Naturvölker geübt hat[5].
An der Küste finden wir ihn besonders ausgeprägt: wir erinnern an
die Liberianer, an die traurigen Opfer der Missionare in Viktoria und
St. Isabel, diese als coloured gentlemen oder Hosenniggers bekannten
Zerrbilder europäischer Civilisation; wir erinnern daran, daß die
Dualla in Kamerun in ihrer Trägheit und Unsauberkeit, dem Verlust
aller Kunstfertigkeit, dem Hinschwinden aller socialen Gliederung die
traurigen Spuren einer Berührung mit europäischer Gesittung aufweisen, die einerseits ihr eigenes Streben gelähmt, andererseits sie
mit leerem Dünkel und Hochmut erfüllt hat[6]. In diesem Zusammenhange wollen wir auch an Bastians, von mehreren Anderen geteilte
Ansicht erinnern, daß es einst in der Gegend von San Salvador
größere Staatenbildungen gegeben habe, die vor dem Hauch europäischer Kultur geschwunden seien — eine Ansicht, über die sich
beim Mangel historischer Angaben keine sichere Entscheidung treffen
läßt. Man hat früher in dieser Beziehung wohl der Annahme gehul-
digt, daß die dichteste Bevölkerung Afrikas heute in seinem innersten
Teile zu finden sei, wo noch unberührte Völker existieren; und die
Entdeckung der Manyema und der Baschilange und Baluba schien
diese Ansicht zu bestätigen. Indessen haben wir gesehen, daß diese
Verdichtungen nur lokale Erscheinungen sind, die auf anderen Ursachen beruhen. Immerhin darf aber die Vermutung ausgesprochen

---

[1] Mitteilungen des Vereins für Erdkunde zu Halle 1889 S. 4.
[2] Im Herzen der Haussa-Völker S. 23.
[3] Das deutsche Togogebiet S. 48.
[4] Von Banana zum Kiamwo S. 147 und Mitteil. d. Afrikan. Ges. IV 365.
[5] Ausführliches bei Ratzel, Völkerkunde (Erste Aufl.) 1, 592.
[6] Burdo, Niger and Benue S. 30.

werden, daſs vor dem Eindringen der Europäer in vielen Gebieten
die Bevölkerung eine dichtere gewesen ist, als heute; alle Beobachter
stimmen der Ansicht bei, daſs ein mindestens dreihundertjähriger
Sklavenraub hier überall nicht spurlos vorübergegangen ist. Heute
freilich müssen wir für die meisten Küstengebiete, an denen der
Handel seine verdichtende Kraft entfaltet, wieder eine Zunahme der
Bevölkerung annehmen; und diese Zunahme wird in dem Maſse, in
dem der Handel unter europäischer Schutzherrschaft und der von ihr
gewährten Sicherheit weiter ins Innere eindringt, sich allmählich auch
auf dieses erstrecken.

4. Die maſsgebenden Faktoren der Bevölkerungsdichte. Diese können wir in drei Gruppen einteilen. Erstens die
physischen Faktoren, von denen unmittelbar die Fähigkeit eines
Gebietes abhängt, eine gewisse Bevölkerung zu ernähren. Hier tritt
uns vor allem der Gegensatz zwischen dem dünn besiedelten Urwaldgebiet und dem dichter besiedelten Savannengebiet entgegen. Zweitens
die ethnographischen Faktoren. Hier tritt uns der Gegensatz
zwischen den Sudanvölkern und den Bantunegern entgegen, ein Gegensatz hoher und niedriger Kulturstufe, der sich auch in den Bevölkerungszahlen ausprägt; bei den Sudanvölkern haben wir, abgesehen von
dem Typus durch Kriege zerrütteter Stämme, häufig eine Dichte von
20—40, bei den Bantunegern aber auch unter bevorzugten Umständen
sehr selten eine Dichte von über 12 Menschen pro qkm. Endlich die
historischen Faktoren, die sich uns in der Gestalt des Sklavenraubes darstellen, wie er einst von den Europäern in dem Westen,
heute von den Arabern im Osten geübt wird. Sie üben die ein-
schneidendste Wirkung aus, indem sie überall die dichte Bevölkerung
zerstören. Umgekehrt können wir auch die dichte Bevölkerung der
Baschilange und Baluba vorwiegend auf historische Faktoren zurückführen, nämlich auf die Einführung des Riambakultus, der ja erst
etwa 30 Jahre alt ist. Auch hier sehen wir diese Gruppe von Faktoren alle anderen an Bedeutung überragen, indem sie in diesem
Falle eine weit über die umgebenden Verhältnisse hinausragende
Dichtigkeit erschaffen. Überhaupt finden wir hinsichtlich der Rang-
ordnung der genannten drei Gruppen von Faktoren, daſs die physischen hinter den ethnographischen, die ethnographischen wieder hinter
den historischen zurückstehen — ein Satz, der wohl allgemeine Giltigkeit hat.

5. Schutztypus und Erwerbstypus. Wie das Leben der
Völker überhaupt in erster Linie durch die beiden Bedürfnisse des
Schutzes und des Erwerbes bestimmt wird — man denke z. B. an

Herbert Spencers Einteilung der höheren Kulturvölker in kriegerische und industrielle, die zum Teil mit der Einteilung der Staaten in Land- und Seestaaten zusammenfällt —, so lassen sich auch bei den Siedelungsverhältnissen unter diesem Gesichtspunkt zwei Typen unterscheiden[1]. Der Erwerbstypus ist charakterisiert durch relativ dichte Bevölkerung, relative Größe, gleichmäßige Verteilung und Erwerbslage der Siedelungen, der Schutztypus durch relativ dünne Bevölkerung, kleine und ungleichmäßig verteilte Siedelungen, deren Lage vom Schutzmotiv bestimmt ist. Auf niederen Kulturstufen überwiegt der letztere Typus entsprechend der allgemeinen Unstetigkeit ihrer Verhältnisse, auf höheren der erstere, ohne aber dabei in beiden Fällen den anderen völlig auszuschließen. So dominiert in unserem Gebiete bei den Bantustämmen zwar der Schutztypus, aber der Erwerbstypus behauptet sich doch bei den Baschilange, ferner südöstlich von ihnen, endlich am Rande des Kameruner und vielleicht auch des centralen Urwaldes. In Oberguinea und dem französischen Sudan tritt der letztere Typus gemäß der höheren Kulturstufe schon mehr hervor. Er herrscht in Oberguinea in der ersten und dritten Zone, während die zweite dem Schutztypus zugehört, und im französischen Sudan wechseln beide räumlich wie zeitlich mit einander ab.

Die oben genannten verschiedenen charakteristischen Eigenschaften beider Typen hängen eng mit einander zusammen. Bei dem Schutztypus ist die bestimmende Thatsache eine allgemeine Unsicherheit und Bedrohung der Existenz, mag diese nun der Nähe einer Völkerscheide oder andringenden Wandertendenzen oder endlich dem kriegerischen Naturell der einheimischen oder benachbarten Stämme entspringen. Der ewige Streit drückt zugleich die Menschenzahl herab und veranlaßt die Anlage der Ansiedelungen an geschützten Punkten. Da diese oft ungleichmäßig verteilt, auch von geringer Ausdehnung sein können, so nehmen auch die Siedelungen leicht die entsprechenden Eigenschaften an. Andererseits entspringen diese auch der politischen Auflockerung und Zersplitterung, wie sie schiebende und drängende Bewegungen im Gefolge haben: die Zahl der politischen Wüsten wird durch sie vervielfacht, die Bevölkerung in eine größere Menge Stämme von geringer Kopfzahl zersplittert. Auch ein rascher Wechsel in der Lage der Siedelungen ist die Folge, so daß der räumlichen die zeitliche Ungleichmäßigkeit der Siedelungsverhältnisse zur Seite tritt. Umgekehrt schafft ein reges Erwerbsleben, wie es schon in sorgfältigem Ackerbau, noch mehr aber in Handel und Industrie

---

[1] Vgl. Ratzel, Anthropogeographie II 494.

sich äufsert, eine dichte Bevölkerung, die ihrerseits wieder schon durch ihre Dichte einen gewissen Schutz gegen kriegerische Störungen gewährleistet. Hier kann sich daher die Anlage der Siedelungen vom Erwerbstypus bestimmen lassen: die Handelsstrafsen des festen Landes, wie die Wasserränder ziehen daher hier häufig auf mehrere Kilometer Länge die Hütten an sich, die sich in einer oder wenigen Reihen zu einer oder beiden Seiten aufpflanzen. So entstehen jene schmalen, langgestreckten Dörfer, die uns so häufig z. B. im Hinterlande von Togo, bei den Baluba, am Kongo u. s. w. entgegengetreten sind[1]. Eine andere, dem Kreise sich mehr nähernde Form grofser Dorfanlagen ruft der Marktverkehr hervor. Fördert der Verkehr so die Gröfse der Siedelungen, so wird ihre gleichmäfsige Verteilung vorwiegend durch den Ackerbau bestimmt, derart dafs, wie wir an dem Gegensatz der ersten und dritten Zone des Togolandes gesehen haben, überwiegender Ackerbau die Dörfer gleichmäfsiger verteilt, als seine Mischung mit Handel und Industrie. Von ihren Kulturen entfernen sich die Dörfer nur ungern weit, und wenn überhaupt; lassen sie in deren Mitten gerne wenigstens kleinere Farmdörfer zurück.

Endlich seien neben diesen sachlichen Ergebnissen noch zwei im Text schon wiederholt gehandhabte methodologische Regeln hier rekapituliert. Erstens haben wir im Gebiet der Bantustämme dichte Bevölkerung immer nur als eine räumlich sehr beschränkte Ausnahme vorgefunden; man darf daher vereinzelte Angaben über dichte Bevölkerung niemals generalisieren und aus ihnen auf ein weites Gebiet dichter Bevölkerung schliefsen. Zweitens haben wir überall gesehen, dafs der qualitative Ausdruck „dichte Bevölkerung" äufserst relativ ist. An den Flüssen im Urwald bedeutet z. B. die Zahl 7, die wir bei den Bangala finden, schon ein Maximum der Dichte; aufserhalb des Urwaldes weist an den Flüssen die Zahl 12 ebenfalls schon auf eine grofse Dichte hin. Von ihnen entfernt, bezeichnet Wolff das Land der Bakete bei 4 Menschen pro qkm schon als dicht bevölkert. Solche Beispiele zeigen, dafs der Ausdruck „dichte Bevölkerung" stets im Hinblick auf die physische und ethnographische Grundlage des betreffenden Gebietes gedeutet werden mufs.

---

[1] Nach einem soeben erschienenen Aufsatz Hösels (Globus, Bd. 66, S. 443 u. 363) herrscht freilich in einem grofsen Teil des hier behandelten Gebietes die lineare Form der Dorfanlage fast ausschliefslich, so dafs diese Form auf das Erwerbsmotiv allein nicht zurückgeführt werden kann.

Anhang.

1. Statistische Ergebnisse.

Dem Charakter der Arbeit gemäfs, die keine statistische, sondern eine geographische ist, haben wir überall nur die Dichte, nicht die Menge der Bevölkerung festzustellen gesucht. Zum Schlusse empfiehlt es sich jedoch, auch die Frage nach der letzteren mit einigen Worten zu streifen. Gerade ein Teil unseres Gebietes, nämlich das eigentliche Central-Afrika, beansprucht ja in dieser Beziehung ein besonderes Interesse, sofern es lange Zeit in den Bänden über die Bevölkerung der Erde eine Lücke in unseren Kenntnissen darstellte, die nur durch Analogieschlüsse, gezogen aus der Natur der umgebenden Gebiete, ausgefüllt werden konnte. Auch die neuesten Angaben Supans in dem achten Bande der Bevölkerung der Erde sind, wenn sie auch jene Abhängigkeit abgestreift haben, immerhin noch so diskutabel, dafs ein Vergleich mit unserer Untersuchung lohnt.

Für den westlichen Sudan und Oberguinea ist er freilich, da Supan die kleinen Teilgebiete zu gröfseren Ganzen zusammengezogen hat, bei der Lückenhaftigkeit unserer Betrachtung nicht möglich. Anders für Niederguinea und das Kongogebiet. Nach Mafsgabe der am Schlusse beigefügten Dichtigkeitskarte dieses Gebietes kann hier die Bevölkerungsmenge in Zahlen dargestellt werden. Die Areale wurden dabei mittels eines Millimeterglases ermittelt[1] — ein Verfahren, das Angesichts des lediglich approximativen Charakters der ganzen Schätzung hinreichend genau erscheint. Die schmalen Streifen an den Flüssen wurden dabei in Anbetracht ihrer geringen Ausdehnung der Einfachheit halber ausgeschaltet. Das Ergebnis zeigt folgende Tabelle.

---

[1] Die benutzte Karte (in Plamsteedscher Projektion) war im Osten ein wenig anders begrenzt als die beigefügte.

Zone	Gebiet	Areal in qkm	Dichte pro qkm	Bevölkerung
a.	Lundagebiet	120 200	0,3	36 060
-	Kameruner Urwald	39 700	} 0,5	} 147 500
-	Arabergebiet	255 300		
b.	Centraler Urwald	651 600	} 1,0	} 671 600
-	Urwald am Ogowe	20 000		
c.	. . . .	138 000	2,0	276 000
d.	. . . .	1 299 000	4,0	5 196 000
e.	. . . .	377 100	6,0	2 262 600
f.	Angola	265 200	6,5	1 723 800
-	. . . .	268 300	8,0	2 146 400
g.	Nördliche Küste und Kameruner			
-	Randgebiet	48 300	10,0	483 000
	Südöstlich von den Baschilange .	13 100	12,0	157 200
h.	Küste in Loango und Kamerun .	33 700	20,0	674 000
-	Baschilange- und Balubagebiet .	65 200	29,0	1 890 800
-	Kameruner Hinterland	88 300	32,0	2 825 600
	Sa.	3 683 000	—	18 490 560

Um mit Supans Schätzung vergleichen zu können, müssen wir gemäfs seiner Einteilung das Gebiet unserer Karte in fünf Zonen zerlegen, ihre Areale berechnen und ihnen die entsprechenden, von Supan angenommenen Dichten beilegen.

Gebiet	Areal in qkm	Dichte pro qkm nach Supan	Bevölkerung nach Supan
Centraler Urwald	800 000[1]	1	800 000
Lundagebiet.	238 000	5	1 190 000
Übriges Gebiet des Kongostaates und Angola	1 010 000	10	10 100 000
Nordäquatoriales Übergangsgebiet . .	1 635 000	8	13 080 000
Sa.	3 683 000	—	25 170 000

Wir erhalten also Supans Schätzung gegenüber ein Minus von über sechs Millionen oder von über 25 Prozent seiner Schätzung. Eine richtigere Auffassung der wahren Sachlage erhalten wir aber

---

[1] Soviel hat Supan für das gesamte Urwaldgebiet angenommen: bei der hier angenommenen Begrenzung ist das Areal schon für das Gebiet unserer Karte nach der vorigen Tabelle bedeutend gröfser.

erst, wenn wir die Grenzen des betrachteten Gebietes weiter ziehen,
als auf der beigefügten Karte geschehen. Wir wollen daher jetzt das
ganze von Supan so genannte nordäquatoriale Übergangsgebiet, den
ganzen Kongostaat und endlich die Hälfte von Angola in den Rahmen
der Berechnung einschließen. Es ist das geboten, weil unsere Tabelle
mit einigen exceptionellen Posten belastet ist, nämlich mit den dichten
Bevölkerungen der Küste, des Kameruner Rand- und des Baschilange-
gebietes, die zusammen allein über fünf Millionen, d. h. etwa $^2/_7$ der
ganzen Summe ausmachen. Bei der Erstreckung der Berechnung über
ein größeres Gebiet, in dem weitere analoge Verdichtungen nicht anzunehmen sind, muß der Einfluß dieser Posten an sich schon zurücktreten; wir sind aber überdies ihretwegen berechtigt, die Dichten für
die einzelnen Zonen Supans etwas geringer anzusetzen, als sie sich
aus unserer Tabelle ergeben würden. Wir nehmen demgemäß für
diese Dichten die folgenden Werte an:

1. Für das Urwald- und Arabergebiet ergiebt sich aus unserer
   Tabelle aus den Zonen a und b die Dichte 0,85.
2. Für das Lundagebiet haben wir schon im Text die Dichte von
   2,5 begründet, ebenso für Angola die Dichte 6,5.
3. Rechnen wir auf der Karte zum Lundagebiet außer der Zone a
   die östlich anstoßende Zone d, so ergiebt sich für das gesamte
   noch nicht genannte Gebiet — nordäquatoriales Übergangsgebiet
   und Kongostaat außer Urwald und Lundagebiet — eine Bevölkerung von 15 200 000 Menschen auf 2 319 000 qkm, also
   eine Dichte von 6,55. Mit Rücksicht auf die oben besprochenen
   exceptionellen Posten, die sämtlich diesem Gebiet angehören,
   dürfen wir die Dichte aber auf 6 herabsetzen. So ergiebt sich
   folgende Übersicht:

Gebiet	Areal		Dichte		Bevölkerung	
	nach Supan	nach dem Verfasser	nach Supan	nach d. Verf.	nach Supan	nach dem Verfasser
Nordäquatoriales Über-gangsgebiet	2 000 000	2 000 000	8	6,0	16 000 000	12 000 000
Urwald- und Sklavengebiet	800 000	1 000 000 [1]	1	0,85	800 000	850 000
Lundagebiet	420 000	420 000	5	2,5	2 100 000	1 050 000
Übriger Kongostaat . .	1 220 000	1 020 000	10	6,0	12 200 000	6 120 000
Angola, nördliche Hälfte .	570 000	570 000	10	6,5	5 700 000	3 705 000
Sa.					36 800 000	23 725 000

[1] Das Areal, für das Gebiet der Karte nach der ersten Tabelle rund 925 000 qkm
umfassend, nehmen wir für das ganze Gebiet zu 1 000 000 qkm an.

Wir erhalten also **eine Reduktion von rund dreizehn Millionen.** Die Abweichung von Supans Schätzung beruht aber weniger auf einer Verschiedenheit der Methoden und Prinzipien als auf einem äußeren Umstande. Supan hat überall, wo er die älteren Angaben durch neuere bestimmtere ersetzen konnte, der Tendenz zur Reduktion energisch Rechnung getragen. Wo aber keine neueren Schätzungen vorlagen, sind die älteren Angaben stehen geblieben, ohne eine entsprechende Verminderung zu erfahren. Hätte er für alle Gebiete solche vorgefunden, so würde jene Abweichung wahrscheinlich nicht erheblich sein. Sowie daher schon der vorletzte Band (VIII) der Bevölkerung der Erde die Bevölkerung Afrikas von 206 auf 164 Millionen reduziert hat, entsprechend einer Voraussage Ratzels, so dürfte auch diese Zahl in Zukunft noch einen Abstrich erfahren, der sie auf etwa 150 Millionen oder noch weniger festsetzt.

2. Die kartographische Darstellung.

Die kartographische Darstellung der Bevölkerungsverhältnisse unseres Gebietes kann sich entweder die konkreten Verhältnisse, wie sie sich aus bestimmten Angaben für bestimmte Zeiten ergeben, oder den allgemeinen Typus zum Vorwurf nehmen. Im ersteren Falle würden wir eine Karte der Bevölkerungsdichte im eigentlichen Sinne, im letzteren eine Karte der Typen der Siedelungsverhältnisse im weiteren Sinne erhalten. Die letztere Darstellung scheint, da wir ja, wie wiederholt betont, nur den Typus zu erfassen vermögen, das Natürlichere zu sein, würde aber den Zahlenwerten zu keiner befriedigenden Veranschaulichung helfen, da die Begriffe „dicht" und „dünn" zu relativ sind: wir würden z. B. bei einer Darstellung der typischen ersten und zweiten Zone Oberguineas ganz verschiedene Zahlenwerte durch denselben Ton darzustellen haben. In beiden Fällen kann sich übrigens die Darstellung vor zwei Übelständen nicht bewahren: sie muß erstens mit Angaben aus verschiedenen Zeiten arbeiten und so auf der Karte Dinge nebeneinander als koexistent darstellen, die in Wirklichkeit nicht nebeneinander bestanden haben. Zweitens muß sie die Grenzen der einzelnen Gebiete vorwiegend ihrer Phantasie entnehmen, die Karte also mit einer Anzahl rein konventioneller Linien belasten, die uns leider aus den afrikanischen Kartenwerken bei Darstellung der politischen Grenzen geläufig genug sind.

Während also bei sonstigen Karten der Bevölkerungsdichte, die sich auf statistisch erschlossene Gebiete beziehen, stets **wohldefinierte** Grenzen auftreten, handelt es sich hier um die Darstellung **fließender**

Übergänge. Dazu bieten sich zwei Mittel. Das eine besteht in kon-
tinuierlich abgestuften Tönen einer einzigen Farbe; es hat aber, bei
einer gröfseren Anzahl in sich wohldefinierter Abstufungen, wie sie
hier erforderlich sind, das Bedenken der stark erschwerten Übersichtlichkeit gegen sich. Das zweite besteht in der Anwendung von verschieden stark gehäuften Punkten, wie sie zum ersten Mal zur Darstellung der Bevölkerungsdichte der ganzen Erdoberfläche bereits im
Jahre 1859 von Petermann (Mitteilungen I, 1.) benutzt sind. Bei einer
gröfseren Anzahl verschiedener Zonen würde auch hier freilich die Anwendung der reinen Punktmanier mit kontinuirlicher Abstufung zu
Unklarheiten führen, und man müfste aufser den Punkt- auch eine
Anzahl Schraffentöne heranziehen. Da aber beim Übergang von den
Punkt- zu den Schraffentönen ein plötzlicher Sprung stattfindet, so
würde die Einheit und Continuität des Bildes bei einer solchen Darstellung stark leiden. Im Interesse der letzteren Eigenschaften ist
daher im vorliegenden Fall für die Darstellung der Bevölkerungsdichte das erstere Mittel angewandt worden. Um dabei dem durch
die grofse Anzahl eng verwandter Farbentöne erschwerten Überblick
durch eine äufsere Stütze zur Hülfe zu kommen, sind gewisse den
Farbentönen zugeordnete Buchstaben stellenweise mit in die Karte
eingetragen.

Anders ist bei den Typenkarten verfahren. Für diese erwies sich als mafsgebender Gesichtspunkt die oben entwickelte Unterscheidung zwischen Schutz- und Erwerbstypus, zumal sie einigermafsen
mit dem Unterschiede zwischen relativ dünn und relativ dicht bevölkerten Gebieten zusammenfällt. Da die letztere Unterscheidung sich
häufig leichter als die erste durchführen läfst, so ist sie auch gradezu
bei dem Kongogebiet an Stelle des ersteren der Einteilung zu Grunde
gelegt worden. Für die Darstellung des uns hier entgegentretenden
Gegensatzes bieten sich die Punkt- und Schraffentöne gleichsam
von selbst dar, indem isolierte Punkte und Striche ihrer Natur nach
eine aufgelockerte, zusammenhängende Schraffen eine dichtere Bevölkerung veranschaulichen.

Bei beiden Arten von Karten sind endlich die Grenzlinien
zwischen den einzelnen Gebieten fortgelassen, um dadurch anzudeuten,
dafs es sich um fliefsende Übergänge handelt.

3. Nachträgliche Bemerkung über Nordkamerun.

Die am Sannaga auftretende Völkerscheide mit ihrer auf-
gelockerten Bevölkerung erstreckt sich nach Zintgraffs Erfahrungen
bei seiner Reise nach Adamaua nach Nordwesten durch das Grasland

bis in die Gegend des Benue. Zintgraff passierte sie etwa bei 10°
ö. L. v. Gr. und 7° n. Br., und zwar durchzog er hier bei seiner
Rückkehr aus Adamaua acht Tage lang eine völlig unbewohnte
Gegend (Zintgraff, Nordkamerun, S. 313—315 und Karte). Die
oben (S. 113) im Text für das Gebiet der Völkerscheide angenommene
Dichte 6 erscheint nach dieser Probe noch viel zu hoch.

Bei der Herstellung der Karten konnte weder dieser Nachtrag
noch der oben (S. 158) über Dahomey eingeschaltete noch benutzt
werden. — Für die ganze in dieser Arbeit behandelte Frage ist es
übrigens sehr bezeichnend, daſs beide Nachträge sich von den
Schätzungen des Textes nicht nach oben, sondern nach unten entfernen. Nach diesen Proben zu schlieſsen, würde die Zukunft die
hier entwickelten Werte eher noch für zu hoch denn für zu niedrig
erklären.

m 5

c

M

a d Gu

SAMORY'S b

REICH

b

c

10 Westl. Länge v Greenwich 5

Maßstab 1:15.000000 0 10 20 3

BEVÖLKERUNGSDICHTE IN NIEDERG

10 15

f

III.

DER JÜNGSTE SCHUTT
DER NÖRDLICHEN KALKALPEN

IN SEINEN BEZIEHUNGEN ZUM GEBIRGE, ZU SCHNEE UND WASSER, ZU PFLANZEN UND MENSCHEN.

VON

ALBERT FR. J. BARGMANN.

Muhre im überwachsenen Schutt. Samerthal.

VORBEMERKUNGEN.

Die vorliegenden Aufsätze sind der Betrachtung jener jüngsten Bildungen gewidmet, die noch gegenwärtig aus der Zertrümmerung des Festen hervorgehen und unter dem Worte „Schutt" begriffen werden.

Die Grundlage bilden eigene, im Sommer 1892 ausgeführte Beobachtungen. Als Beobachtungsgebiet wurde ein kleines Stück der nördlichen Kalkalpen gewählt, das Samer- und Gleierschgebiet im südlichen Karwendel, nördlich von Innsbruck. Zwar sind hier viele Formen nicht zur Vollkommenheit entwickelt, aber diese abgeschlossene Gegend bietet auf kleinstem Raume eine wahre Mustersammlung alles Einschlägigen. Dazu kommen noch die sonst im Karwendel nicht immer so vorteilhaften Unterkunftsverhältnisse. Besonders hervorzuheben ist die günstige orographische Beschaffenheit dieser Thalgruppe, die auch einem weniger geübten Kletterer eine schnelle Übersicht ermöglicht.

An etlichen Stellen mußten ähnliche Beobachtungen aus verwandten Gebieten angezogen werden. Bei mehreren Aufsätzen lagen bereits ausgezeichnete Arbeiten vor. Hier handelte es sich nur darum, nachzubeobachten und neue Belege für bereits Bekanntes herbeizuschaffen.

Der Abhandlung sind 7 Bilder beigegeben, die nach Photographien und Skizzen des Verfassers hergestellt wurden. Besondere Hinweise auf diese Bilder wurden in der Arbeit selbst nur selten für nötig erachtet.

Die Gipfelhöhen (Einhüllungstabelle) sind den vom Militärgeographischen Institute in Wien herausgegebenen Blättern entnommen.

Übersicht des Gebiets [1].

I. Der Paſs von Seefeld-Mittenwald, Isar, Riſs, Achensee und
Inn umschließen das nördlich von Innsbruck gelegene Karwendel-
gebirge [2]. Es zeichnet sich aus durch einen sehr regelmäſsigen Bau.
Drei parallele Ketten ziehen von Osten nach Westen, getrennt durch
das Karwendelthal mit seinen östlichen Fortsetzungen und durch das
Hinterau-Vomperthal. Die südlichste ist die Gleiersch-Speckkarkette.
Zwischen ihr und dem Inn streicht in südwestlicher Richtung die
Solsteinkette; das Stempeljoch ist der Verschmelzungspunkt beider.
Der in dem Winkel zwischen Gleiersch- und Solsteinzug gelegene
Gebietsteil heiſst das Gleiersch- [3] und Samergebiet. Es wird von dem
in der Nähe der Pfeiser Alpe und im Sonntagskar entspringenden
Samer-Gleierschbach durchflossen, der im Hinterauthal in die Isar
mündet. Die folgenden Betrachtungen umfassen nicht das ganze
Gebiet, sondern nur den oberen Teil in den folgenden Grenzen: Hoher
Gleiersch, Grat bis zum Stempeljoch, Thaurer Joch, Kreuzjoch,
Rumer Joch, Mannlspitz, Grat bis Solstein, Erlspitz, Rücken bis
Zischkenkopf, Hoher Gleiersch.

Einen vorteilhaften Überblick über die Gliederungen dieses Stückes
gewährt der günstig gelegene Zischkenkopf (1935 m) in der Nähe der
Amtssäge. Gerade nach Osten durchschauen wir das Samerthal bis
hinauf zu seinem Ende bei der Alpe Pfeis am Stempeljochspitz. Nördlich von diesem Thale streicht die völlig aus Wettersteinkalk bestehende
Gleiersch-Hinterauthaler Kette mit ihren sieben Karen [4], dem Riegelkar,

---

[1] Hierzu: Führer durch das Karwendelgebirge von Heinrich Schwaiger,
München 1888. S. 1—24. 25—30. 59—61. 90—94. 98—107. Orographie des
Karw. von Dr. Chr. Gruber. — Nördliche Kalkalpen von Hermann v. Barth.
S. 477—497 und S. 283—304. — Pfaundler u. Gen., Zeitschrift d. Ferdinandeums
1860, S. 36: Zur Hypsometrie u. Orographie von Nord-Tirol. — Pichler in der
Zeitschrift des Ferdinandeums 1859 (mit Karte) und im Jahrbuch der Kais. Geol.
Reichsanstalt in Wien 1856. Andere Arbeiten Pichlers, den Karwendel betr., sind
angegeben in der Zeitschrift d. Deutschen u. Österreichischen Alpenvereins 1888,
S. 468. — Specialkarte des Karwendelgebirges, herausgegeben vom Deutschen und
Österreichischen Alpenverein, Maſsstab 1:50 000, bearbeitet von A. Rothpletz
unter Mitwirkung von H. Schwaiger, J. Bischoff u. a. 1888.

[2] Nach den charakteristischen Formen des Gebirges: Kar, Wand. Vergl.
Chr. Gruber, Orographie des Karwendelgebirgs in Schwaigers Führer S. 13. —
Penck, Kahrwendel. Alte Arzler Karte: Karwändel.

[3] Gleiersch vom romanischen »glaries« Schotter.

[4] „Kare sind buchten- oder nischenartige Einschnitte in die Felsflanken des
Gebirges.“ Chr. Gruber a. a. O. S. 18. Ferner über das Wort „Kar“: Zeitschrift d. D. u. Ö. Alpenver. I. S. 305: Wallmann, Das Kar. Hier auch alle

Jägerkar, Jägerkarl, Gamskarl, Praxmarer Kar, Kaskar und Sonntagskar. Zwischen den beiden ersten dehnt sich auf fast 2 km die steile
Mühlwand mit den „Flecken", während die übrigen nur durch schmale
Grate von einander getrennt sind. Auffällig ist der steile Abfall nach
dem Samerthal und das geringe Hervortreten der Gipfel, die mit
Ausnahme des ersten und letzten nach den zugehörigen Karen genannt sind. Der Zug beginnt mit dem Hohen Gleiersch und endet
im Rofskopf und Stempeljochspitz.

„Im Hintergrund erweitert sich das Thal zu einem überaus wilden
und öden Kessel, aus welchem östlich ein Jochsteig über das Stempel-
·joch nach dem Haller Salzberge, südlich ein anderer durch die Arzler
Scharte nach Innsbruck führt[1]." Umgeben wird dieser Kessel, eine
obere Thalstufe, vom Stempeljochspitz, Thaurer Joch, Kreuzjoch,
Rumerspitz und Joch, Mannlspitz und von dem Grat nach dem niedern
Brandjochspitz. Nach SO zweigt vom Gleierschthal das hochgelegene
Mannlthal[2] ab, im S begrenzt von der Solsteinkette (mittlere Gipfel-
höhe 2300 m), vom oberen Gleierschthal (Samerthal) getrennt durch
das niedere Brandjoch (durchschnittlich 1900 m). Im Mittel liegt es
1800 m hoch. Während der Anstieg des Hauptthales von der Amtssäge (1193 m) bis zur Pfeis (1950 m) (= 757 m) sich auf 7 km verteilt und fast die Hälfte auf den letzten Kilometer kommt, beginnt
das Mannlthal mit einem steilen Anstieg, erhebt sich aber von der
Angeralpe an nur langsam bis 2000 m.

Von unserm Standpunkte aus schauen wir genau in das Mannlkar,
das oberste Ende des Mannlthales, hinein. Sein SW-Nachbar ist
das Mühlkar. Die nördlichen Ausläufer der Solsteinkette bilden das
Gleierschkar (Gleierschspitz) und Toniskar (Hafelekarspitz). Durch
einen scharfen Grat von diesem und dem Mannlthal getrennt ist das
Steinkar, das nach S vom Seegruben-, Kemmacher- und Kaminspitz,
nach W von einem steilen Zug abgeschlossen wird, der Kumpfkarspitz
und Wiedersberg trägt und bis zur Christeneckalpe im Samerthal zu

---

Schreibweisen. (Kar = Korb.) — Schlagintweit, Untersuchungen zur physikalischen Geographie der Alpen S. 41. (Kar: kehren, verkehren.) — Jedenfalls ist
den umfassenden Erklärungen des ersten vor der sonderbaren Schlagintweits der
Vorzug zu geben. Über den Gegenstand Kar: Fr. Ratzel, Die Schneedecke,
besonders in deutschen Gebirgen, S. 258. — Entstehung ausführlich: v. Richthofen, Führer für Forschungsreisende, S. 255—259. (Gletscher!). — Rothpletz,
Das Karwendelgebirge, Zeitschrift d. D. u. Ö. Alpenver. 1888. S. 466. —
v. Gümbel, Geognostische Beschreibung des bayerischen Alpengebirges S. 31.
[1] F. v. Richthofen im Jahrb. d. Kais. Geolog. Reichsanst. 1862, S. 144.
[2] Hermann v. Barth verteidigt in seinen Nördl. Kalkalpen Mannlthal.

verfolgen ist. Seine Schichten gehen plötzlich, in der Nähe der Anger
Alpe, aus saigerer Stellung in die horizontale über. Zu unseren
Füfsen zweigt sich von der Amtssäge aus nach S das Zirler Christenthal ab. Seinen Schlufs bilden die Solsteine. Im SW begrenzen Erlspitz und Fleischbankspitz das Gesichtsfeld. Fast parallel mit dem
Zirler Christenthal zieht der dritte S-Zweig des Samerthales, zwischen
Zirler Christen- und Mannlthal, das Hippenthal oder Kleine Christenthal (von ersterem getrennt durch den am Brandjochspitz und der
Hohen Warte beginnenden Fuchsschwanz, von diesem durch den
bereits erwähnten nach der Mösl Alpe ziehenden Grat). Im Hintergrund des Hippenthales liegt das sagenumwobene Frau Hittkar und
ihm zur Seite nach O Sattel- und Kumpfkar.

II. Auf Bewässerung, Pflanzen und Menschen wird in der Arbeit
selbst eingegangen werden.

III. Der Gesteinszusammensetzung nach gehört dieses Gebiet,
auf das sich leider die Untersuchungen jüngster Karwendelgeologen[1]
nicht erstreckten, zur Alpinen Trias (oberen) und zum Rhät. Die
erste ist vertreten durch den den ganzen O beherrschenden Wettersteinkalk[2], der zweite macht den Hauptbestandteil des W aus; sein
Vertreter ist der Hauptdolomit[3]. Ein schmaler Streifen Carditaschichten[4] trennt beide Kalketagen; nach Pichlers Karte im Jahrbuch
der Kais. Geol. Reichsanstalt v. J. 1865 wird sein Verlauf ungefähr
bezeichnet durch eine Linie von der Amtssäge zur Angeralpe und von
da nach dem Erlsattel.

IV. Die Gleierschkette ist fast durchweg geschichtet; ebenso das
Brandjoch. „In der Kette, die sich nördlich vom Inn hinzieht, steht der
Wiedersberg als fast allein geschichtet da, obgleich sich auch am W-Ende
des Kleinen Solsteins, an einem Kamm des Fuchsschwanzes und am
Rumer Joch Schichten nicht verkennen lassen[5]."

---

[1] Zeitschrift d. D. u. Ö. Alpenver. 1888, S. 401, Dr. A. Rothpletz, Das
Karwendelgebirge.
[2] Über Wettersteinkalk im Karwendel s. Anm. 1, S. 418. 419.
[3] Über Hauptdolomit im Karwendel s. Anm. 1, S. 421.
[4] Über Carditaschichten im Karwendel s. Anm. 1, S. 420.
[5] Zeitschrift d. Ferdinandeums 1860. S. 48.

EINLEITUNG.

1. Die Wichtigkeit unseres Gegenstandes ist oft genug hervorgehoben worden. Alle einschlägigen Lehrbücher belegen diese Behauptung. Der Hinweis, daſs nur das zertrümmerte Feste die Grundlage jeglichen Lebens ist[1], genügt, jedermann von der Nützlichkeit einer Betrachtung dieser Trümmer zu überzeugen.

2. Die Zusammengehörigkeit der Sache „Schutt" und der Thätigkeit „schütten" liegt auf der Hand. Schutt ist das, was geschüttet werden kann. Der Schüttende neigt sein Gefäſs, so daſs dessen Inhalt — der Schutt — der Schwerkraft folgt und ausflieſst. Geschüttet wird sowohl Wasser als auch Sand. Wenn man also beides, Sand (eine gewisse Art des Festen) und Wasser (Flüssiges), unter demselben Namen „Schutt" begreifen kann, so darf sofort auf Eigenschaften geschlossen werden, die beiden gemeinschaftlich sind. Das ist in der That so! Beide, Sand und Wasser, bestehen aus einer Menge beweglicher, leicht aneinander verschiebbarer Teile, die die Erscheinung des Flieſsens und die Möglichkeit des Geschüttetwerdens begründen. Der Unterschied ist nur ein Unterschied des Grades im Besitze gleicher Eigenschaften.

Die gebräuchliche Auffassung schlieſst das Wasser von dem Begriffe Schutt aus und versteht darunter nur Trümmer des Festen. Erinnern wir uns des weiteren Begriffes und der eben erörterten Verwandtschaft, so dürfen wir „Schutt" in diesem beschränkteren, allgemeingiltigen Sinne (der auch für das folgende festgehalten werden

---

[1] Vergl. Fr. Ratzel, Anthropogeographie I, 339. 340.

soll) definieren als eine Summe von Trümmern des Festen, die einzeln
zwar dem Festen angehören, als Gesamtheit aber die Eigenschaften des
Flüssigen besitzen. Damit ist zugleich seine Mittelstellung zwischen
dem beweglichen Flüssigen und dem unbeweglichen Festen gekennzeichnet.

3. Da es zwischen den beiden Arten des Schuttes selbst (dem
flüssigen und festen) eine treffliche Vermittlung giebt, einen Körper,
der bald diesem, bald jenem zugezählt werden muſs, nämlich den
Schnee, so läſst sich folgende Reihe von Gliedern mit abnehmender
Beweglichkeit aufstellen:

> 1. Wasser. 2. Schnee. 3. Schutt. 4. Das Feste.
> a.   b.

Neben dieser Reihe ist eine andere bemerkenswert, die sich auf
die innige Beziehung zwischen Leben und Bewegung gründet. Damit
auf Erden organisches Leben bestehen könne, muſste das Feste an
seiner Oberfläche beweglich werden, d. h. übergehen in Schutt mit
seiner langen Kette von Abstufungen, an deren Anfang der rohe Blockschutt, an deren Ende der Leben und Kraft spendende Kulturschutt
(Humus) steht. Folglich ist der Schutt der Vermittler zwischen dem
toten, unbeweglichen Festen und dem organischen Leben, das eine
Fülle von Bewegungen umfaſst. Also ergiebt sich als zweite, drei-
gliedrige Reihe:

1. Das Feste. 2. Der Schutt. 3. Das Leben.

Noch in einer zweiten Beziehung vermittelt der Schutt zwischen
dem Festen und dem Leben. Das Leben gedeiht mit der Annäherung
seines Bodens an die Wagerechte am üppigsten; je mehr der Lebens-
boden sich der Senkrechten nähert, desto geringer wird die Lebens-
summe. Das Flüssige stellt sich horizontal ein. Das Feste versinnbildlichen wir, als das dem Flüssigen Entgegengesetzte, mit der
Vertikalen; der Schutt ist beiden verwandt und stellt sich zwischen
jenen Grenzen ein, mithin erhöht er die Lebensmöglichkeit durch
Verminderung des Steilen.

4. Da nun Schutt immer auf der Erde gebildet wird, darf behauptet
werden, daſs 1. durch die damit verbundene Möglichkeit der Mischung
der Stoffe und 2. durch die Verflachung der lebensfeindlichen Steilungen
die Erde immer gröſsere Fähigkeit gewinnt, Leben zu entwickeln,
kurz, daſs sie immer bewohnbarer wird; das ist das Kernziel aller
Schuttbildung.

5. Wenn wir in unserem Gebiet einer Menge von Beispielen begegnen, die das Gegenteil beweisen, so hat das für die Gesamtauffassung

der Schuttbildung nichts zu sagen. Das sind Rückschritte, die um
des grofsen Fortschrittes willen nötig sind.

Der grobe Blockschutt ist am Fufse der Steilung aufgeschüttet
und hat als Flüssiges den Trieb des Abwärts. Das Organische besitzt
den Trieb des Aufwärts. Wo sich beide berühren, erscheint der Schutt
so lange als lebensfeindlich, bis die dem Organischen überhaupt ungünstige Steilwand zu einer dem Leben günstigen Neigung ab-
geböscht ist.

6. Ein solches Stadium des Rückschritts — in der langen Kette
der Entwicklung aber einen Fortschritt — beobachten wir im Samer-
und Gleierschthal. Der Schutt wird dabei von Verwandtem in seinen
Abwärtsbewegungen unterstützt, von Schnee und Wasser. Es stemmt
sich ihm das am andern Ende der Entwicklungsreihe stehende Leben
entgegen, das auf ebenem Boden vorschnell fufsfafste, vertreten durch
Pflanze und Mensch. Die Darstellung dieser Vorgänge wird im folgenden versucht. Dabei ist auf Dreierlei zu achten: 1. auf den Schutt-
lieferer, das Gebirge, 2. auf die Bewegungsförderer, Schnee und
Wasser, und 3. auf die Hemmnisse der Bewegung, die Pflanze und
Mensch bieten.

I. Abschnitt.

SCHUTT UND GEBIRGE.

I. Schutt, abhängig vom Gebirge.

A. Stoff, Farbe, Form der Blöcke. Verwitterungsfähigkeit. Blockgröfse.
B. Gebirge durch eigene Formen die Lagerung bestimmend.
   1. Formen bestimmt durch eine Fläche.
   2. Formen bestimmt durch zwei Flächen.
      a. Kegel.
      b. Halde.
         α. Richtung beibehaltend.
         β. Richtung ändernd.

Das Samer- und Gleierschgebiet liegt zum gröfsten Teile im Wettersteinkalk, der schon von fern durch die weifse Farbe seiner Wände kenntlich ist, und im Hauptdolomit, dessen mehr bräunliche Färbung sich von jener abhebt; daher auf weite Flächen gleichartiger Schutt, die hellen Töne der jüngsten Auflagerungen auf Halden von Wettersteinkalk und die trüberen bei Erl, wo das an zweiter Stelle genannte Gestein ansteht.

Mit der Bezeichnung „Wettersteinkalk" ist zugleich eine Bestimmung über die Form der Blöcke gegeben. „Die einzelnen, besonders die gröfseren, sind in der Regel kubusförmig, mit fast rechtwinkligen Kanten, denen gewöhnlich nur die Schärfe benommen ist. Diese Gestalt wird vorzüglich durch die Fähigkeit des Gesteins, in kubische Stücke zu zerfallen, verursacht"[1]. Der Dolomit besitzt diese Eigen-

---

[1] Pflanzenverhältnisse der Gerölle in den nördlichen Kalkalpen von P. J. Gremblich (5. Jahresbericht des Botanischen Vereins in Landshut (Bayern) über die Vereinsjahre 1874/75). S. 21. — Künftig angeführt als Gremblich, Pflanzenverhältnisse.

schaft im geringeren Maſse, verfällt aber den Witterungsagentien leichter als jener[1], wovon die phantastischen Auswitterungsformen am Erlgrat zeugen. Am wenigsten Widerstand leisten die Schichten der Cardita crenata[2].

Hier mögen noch einige Bemerkungen über die Gröſse der Blöcke Platz finden. „Was die Beschaffenheit des Gerölles anbelangt, so sind es Stücke von der Feinheit des Detritus bis zu Blöcken von 20 Zentnern und darüber, letztere besonders gegen das untere Ende der Halden[3]." Namentlich in deren Mitte findet sich das feinste Splitterwerk, das oft von gröſseren Blöcken gestaut wird oder leise rieselnd abflieſst. Die gröſsten Bruchstücke sind auſser am angegebenen Orte in der Mitte der Kare und am Boden des Hauptschuttbehälters, des Hauptthales. In Anmerkung 4 sind etliche Messungen von Blöcken mitgeteilt.

Das Gebirge bestimmt durch die eigene Gestalt die groſsen Formen der Lagerung seiner Trümmer, während im einzelnen Schnee und Wasser eine Reihe von Umlagerungen veranlassen.

Je nach der Zahl der Flächen, die das Gebirge dem Schutte zur Lagerung bietet, dürfen unterschieden werden: Formen, bestimmt durch eine Fläche, und solche, bestimmt durch zwei Flächen.

Zur ersten Gruppe zählt der trümmerüberrieselte Hang, dessen flache Neigung die Haldenbildung verhindert. Er ist vertreten am Brandjoch (Abfall nach dem Samerthal), am Rumerjoch (Abfall nach der Pfeis), ferner an mehreren Stellen des Sagkopfes. Zweitens ist das Blockfeld hierher zu rechnen, dessen Besprechung geeigneter dem Kapitel: „Rollformen, veranlaſst durch Schnee", zugewiesen wird. — Weil es aber nur dadurch zu stande kommen kann, daſs einer Cirkushalde eine gemeinsame Abrollfläche dargeboten wird, ist seine vorläufige Aufführung an dieser Stelle erlaubt.

---

[1] Über die Verwitterungsart des Kalksteins (u. Dolomits) vergl. v. Richthofen, Führer für Forschungsreisende. S. 103 § 45 u. F. Senft, Fels und Erdboden. S. 230.

[2] Hierauf bezüglich: A. Penck, Die Vergletscherung der deutschen Alpen u. s. w. S. 91: „Binnen 10 Jahren also können die charakteristischen Gletscherspuren durch die Wirkung der Verwitterung vernichtet werden."

[3] Gremblich, Pflanzenverhältnisse. S. 21.

[4] 300 Schritt oberhalb der Amtssäge im Bett des Gleierschbaches: Blöcke 4 m lang, bis 3 m hoch, 2—3 m breit: 24—36 cbm Inhalt. 1 km von Zirler Christen (Alpe) im Zirler Christenbache aufwärts: viele Blöcke von 8 cbm Inhalt. 500 Schritt weiter aufwärts: Blöcke von 45 cbm Inhalt (5,2 . 2,5 . 3,5). 400 Schritt unterhalb der Lettenalpe im Gleierschbach: Viele Blöcke 9 cbm (2,7 . 2 . 1,7); etliche über 200 cbm (8,5 . 5,2 . 5), zahlreiche Blöcke im Frau Hitt Kar: 20 cbm (5 . 2 . 2). Kleinere: 10—15 cbm.

Auf der Hochebene des Brandjoches bemerkt man eine ganz
eigentümliche Form der Schuttlagerung. Es handelt sich hier un-
zweifelhaft um Karrenbildungen; aber die Blöcke sind am Grunde so
abgewittert, dafs sehr viele nur lose im Humus stecken und leicht
mit dem Fufse umgestofsen werden können. Man darf hier im
Gegensatz zur vorhergehenden Form von einem an Ort und Stelle
gebildeten Blockfelde sprechen.

Von gröfserem Interesse sind die Formen, die durch zwei sich
schneidende Flächen bestimmt werden, durch eine Basis und eine
Rückwand. Die erste Grundform ist der Kegel, die zweite, die aus
der Verschmelzung mehrerer Kegelkörper entsteht, ist die Halde.
Diese Gliederung macht nicht Anspruch auf allgemeine Giltigkeit. Es
giebt Fälle, in denen Schuttanhäufungen sofort auf gröfsere Strecken
erfolgen und am oberen Rande mit kleinen Kegeln besetzt sind. —
Der Vorgang ist an den zierlichen (Schichten-) Terrassen am Stempeljochspitz ausgezeichnet zu beobachten. — Mit dem Ausdruck „Kegel“
werden oft Aufschüttungen bezeichnet, die nur ganz entfernte Verwandtschaft mit dem stereometrischen Körper besitzen.

Der freistehende Kegel, bei dem Spitze, Mantel und Basis vollständig vorhanden sind, wird fast nirgends angetroffen. Nur das
Hinterauthal besitzt einen, der sich unter einer überhängenden Wand
in der Nähe der Heifsen Köpfe gebildet hat. Übrigens fällt diese
Form unter die vorhergehende Gruppe. Die andern als „Kegel“ bezeichneten Gebilde finden durchweg an einer Rückwand Halt „und zwar
so, dafs die Spitze derselben aus einer Schlucht, einem Seitenthale
oder am Fufse eines Felsens ihren Ursprung nimmt“ [1]. Damit ist
zugleich der Beginn der Kegelentstehung gekennzeichnet. Es mufs
eine Rinne vorhanden sein, die der Schutt regelmäfsig als Weg benutzt. In ihr wird das in Bewegung befindliche Trümmerwerk wie in
einer festen Form zusammengehalten. Dort, wo es die Rinne verläfst, findet eine Ausbreitung statt, die die Gestalt eines in Form „eines
halben Kegelmantels gekrümmten Fächers annimmt“ [2]. Professor
Gremblich spricht statt von Kegelformen von „wohlgebildeten Delten“ [3].

[1] Gremblich, Pflanzenverhältnisse. S. 21.

[2] v. Richthofen, Führer für Forschungsreisende. S. 78.

[3] So regelmäfsige Gestalten, wie S. 122 der allgemeinen Erdkunde von Hann,
Hochstetter u. Pokorny II. Teil dargestellt sind, wurden nirgends gefunden. —
Die Thatsache, dafs derselbe Ausdruck Delta zur Bezeichnung mehrerer geographischen Vorkommnisse verwendet wird, läfst deren Verwandtschaft folgern. Und
wirklich sind unsere „Aufschüttungen“, was Entstehung und Gestalt betrifft, nicht
anders als jene, die Flüsse und Ströme an ihren Mündungen bauen, also dort, wo

Durch die Rinne empfängt der Kegelkörper immer neue Zufuhr. Der Aufbau geschieht von unten nach oben. Eine zu grofse Versteilung durch Aufschüttung im oberen Teile veranlafst einen Abrutsch und eine Vorschiebung des unteren Kegelrandes auf der Basis. Damit aber wird wieder die Möglichkeit eines weiteren Emporwachsens erhöht.

Fast bis drei Viertel vollendete Kegelgebilde darf man dort erwarten, wo eine Bergecke eingehüllt wird, wie im Hintergrunde des Hippenthales unter dem Kumpf- und Sattelkar. Im übrigen sind Kegel heute nur noch verkümmert im obersten Teile der noch zu besprechenden Halden vorhanden. Auf diesen begegnet man ganzen Reihen von Delten, deren Spitzen in den ungemein zahlreichen Runsen des darüberliegenden Felsens ruhen, sich oft viele Meter weit aufwärts erstrecken und den Grat oder Gipfel erreichen. Aus der Ferne gesehen, machen diese Aufwärtsverlängerungen den Eindruck von Zungen[1]. Der Schutt züngelt begehrlich nach dem Grat, den er einhüllen möchte. Die Runsen mit ihrem Schuttinhalte bilden ganze Systeme, die an schematische Flufsgebietdarstellungen erinnern. Diese Erscheinung ist an den Mühlwänden, in den Flecken, gut zu beobachten, wo einzelne Zacken wie Inseln aus den um sie herum befindlichen beweglichen Massen emporragen. Häufig bilden sich Runsen dort, wo zwei Schichten einander berühren, z. B. unter dem Sagkopf beim Abfall nach dem aufsteigenden Riegelthal. Die Hauptrichtung des Kegels selbst ist von diesen Schichten völlig unabhängig; sie wird bestimmt durch den Boden, auf dem der Kegelkörper aufsitzt; dagegen ist es interessant, zu bemerken, wie die Schuttzungen sich ganz dem Schichteneinfall anpassen. Wo mehrere Runsen von verschiedenen Seiten kommen und sich zu einer Hauptrinne vereinigen, entsteht das sonderbare Gebilde eines Kegels mit mehreren Spitzen, der dann zwischen diesen den Firnflecken günstiges Lager gewährt.

Der schuttliefernde Fels ist von zahllosen Rinnen zerfurcht[2]. Da mithin viele Rinnenmündungen benachbart sind, entstehen viele Kegel nebeneinander. Diese müssen sich endlich mit ihren Basen berühren, und bei fortgesetzter Zufuhr tritt eine Verschmelzung der einzelnen Kegelkörper ein, die als Halde bezeichnet wird; „durch diese

---

das Flüssige nicht mehr in der Hauptrinne zusammen gehalten wird. Die Verwandtschaft in der Gestalt wird nur durch das einhüllende Wasser und dadurch verdeckt, dafs der obere Teil des Flufsdeltas fast horizontal verläuft; die vom Wasser entblöfst gedachte Aufschüttung schafft sofort eine klare Erkenntnis.

[1] Vergl. F. Senft, Fels und Erdboden. 1876. S. 224.

[2] A. Heim, Einiges über die Verwitterungsformen der Berge. 1874. S. 10.

werden nicht unbedeutende Strecken vom Steingerölle bedeckt. Die Halden[1], die sich am Aufstieg zum Stempeljoch (bei Hall, Tirol) befinden, besitzen beispielsweise eine Ausdehnung, daſs man über dieselben bei 2 Stunden emporzusteigen hat"[2].

Die Beobachtung, daſs manche solcher Gebilde ihre Richtung auf eine groſse Strecke beibehalten, andere sie wechseln, gewährt einen Gesichtspunkt für ihre Einteilung. Die Halden ersterer Art mögen als Flankenhalden bezeichnet werden. Man trifft sie vorzüglich entwickelt im Samerthal, wo sie auf etliche hundert Meter die Flanken der Hohlform begleiten, deren unmerklich ansteigender Boden dem Wanderer horizontal erscheint. Da sie hier am untersten Teil der Felsen liegen, diese mit ihnen gleichsam auf dem Thalboden aufstehen, ist der Ausdruck „Schuttfuſs" berechtigt.

Denselben, aber weit kleineren Gebilden, begegnen wir auf den Terrassen, namentlich an den Rückwänden der Kare (Terrassenhalden), während das horizontale Band aus der Verschmelzung jener winzigen Kegel hervorgeht, deren bereits gedacht wurde.

Diese drei Arten behalten bei fast ebener Basis die Richtung der Rückwand auf eine beträchtliche Strecke bei. Die letzte Eigenschaft teilend, unterscheiden sich die aufsteigenden Flankenhalden durch den geneigten Aufschüttungsboden von ihnen. Sie werden besonders an schlauchähnlichen Kareingängen bemerkt, wo sie sich in herrlichem Bogen emporschwingen (Riegelkar)[3]. Für den Fall, daſs die Rückwand ihre Richtung ändert, ist zweierlei möglich: entweder hat sie eine konkave Form; dann schmiegen sich ihr die Halden an, schieſsen nach dem Centrum des Bodens strahlenförmig zusammen und bilden eine ähnliche konkave Form (von solchen Cirkushalden liefert fast jedes Kar ein Beispiel); oder die Rückwand zeigt einen ausspringenden Winkel; dann entsteht die Haldenform, für die der Name Mantel vor anderen bezeichnend ist. Diese Lagerung ist an vielen Übergängen zu beobachten, z. B. am Kreuzjoch, sowohl auf der Seite des Thaurer Jochs als auch am Rumerjochspitz, oder im hinteren Hippenthal am Katzenkopf bei dessen Umbiegen nach den Mühlwänden und bei den die Kare trennenden Graten.

---

[1] Hier „Reisen" genannt, vergl. Abschnitt V.
[2] Gremblich, Pflanzenverhältnisse. S. 21.
[3] Dem horizontalen Bande läſst sich das aufsteigende entgegenstellen.

Flankenhalde im Riegel-Kar.

C. **Neigungen.** Allgemeine Grenzwerte. Neigung abhängig von der Block-
größe, den Unebenheiten der Blöcke. Neigung in der einzelnen Halde.
Neigung abhängig vom Profil der Rückwand und Basis. Neigung verändert durch Störungen.
Anhang: Übersicht der ausgeführten Neigungsmessungen. Haldengröße.

Wenn man auf die Neigungen der genannten Arten von Aufschüttungen achtend unser Gebiet durchstreift, begegnet man außer-
ordentlichen Verschiedenheiten. Die Frage, wie kommt es, daß an
verschiedenen Stellen die Halden verschiedene Böschungen aufweisen,
ist nicht mit der Angabe e i n e r Ursache zu beantworten. Zunächst
sei an etliche Sätze der Einleitung erinnert. Wenn wir das Feste mit
der Vertikalen versinnbildlichen, so ist die Horizontale das Zeichen
des völlig Flüssigen. Der Schutt steht zwischen beiden, wird sich
also zwischen 90° und 0° halten, und in der That liegt die Maximalböschung der Kegel bei (höchstens) 45°.

Es ist ein allgemein bekanntes Gesetz, daß die Neigung der
Gesamthalde, d. h. der Halde als Ganzes betrachtet, mit der Block-
größe zunimmt. Das muß so sein, denn je größer der Block, desto
größere Fläche bietet er über ihm Befindlichem als Lagerstatt. Doch
will es nicht gelingen, in dieser Gegend für eine bestimmte Block-
größe einen bestimmten Winkel zu erkennen[1]. Das Material jeder
Halde zeigt die verschiedensten Größen dicht nebeneinander. Jenes
Gesetz ist aber experimentell bewiesen; außerdem müssen Vergleiche
der Vorkommnisse aus vielen Gegenden dazu führen. Für die Gesamtheit der Halde darf mithin im allgemeinen gelten: je größer die
Stoffe, desto steiler die Böschung[2].

Fördernd tritt dieser Thatsache zur Seite die Gestalt der Blöcke.
Je mehr Unebenheiten das einzelne Bruchstück hat, desto mauer-
artiger kann sich die Halde aufbauen[3].

---

[1] Was natürlich eine experimentelle Feststellung überhaupt nicht ausschließt.

[2] Durch Versuche bewiesen von L e B l a n c : „Nachdem Le Blanc erkannt
hat, daß feines Bleischrot einen Böschungswinkel von 22°,s liefert, während großes
Bleischrot von dem dreifachen Durchmesser des vorhergehenden einen solchen von
25° gab . . ., hätte er schließen können, daß, wenn die Neigungen aus Elementen
gebildet werden, die dieselbe Dichtigkeit, aber verschiedene Durchmesser haben,
die Böschungen der größeren Körner die steileren Abhänge haben." Anführung aus
T h o u l e t , Études expérimentales et considérations générales sur l'inclination des
talus et matières meubles, Annales de Chimie et de Physique. 6 serie. C. XII,
p. 33—64. Sept. 1887.

[3] Vgl. Anm. 2. In dem dort angeführten Aufsatz von T h o u l e t werden über
die Böschungen der Aufschüttungen beweglicher Stoffe 8 Gesetze aufgestellt, von

Dieses Gesetz gilt aber nur, so lange man die gesamte Halde in Betracht zieht, für ihre einzelnen Teile lautet es gerade umgekehrt. Dort, wo sich der Kegel an die Steilwand anlegt, finden sich dessen steilste Teile, während die flachsten in augenfälliger Anpassung nach der ebenen Basis hin beobachtet werden[1]. Und doch liegen — infolge der gröfseren Abrollungsfähigkeit — hier die gröfsten Blöcke, während feinster Grus mehr nach der Mitte der Halde und nach den oberen Teilen gefunden wird. Besser erkennbar ist die Abhängigkeit der Neigung von einem andern Momente, vom Profil der Rückwand und Basis. Unter den 9 hier möglichen Zusammenstellungen[2] liegt Form 1 aufserhalb unserer Betrachtung. Hier kann von einer Benutzung des oberen Teiles als Rückwand nicht die Rede sein; aufserdem wurde dieses Profil nicht beobachtet. 2, 8, 9 geben extreme Fälle mit völlig senkrechten Wänden, die im Gleierschgebiet nur auf kurze Strecken mit geringer Höhe zu finden sind. 4 u. 5 sind nicht Behälter von Halden, sondern von Balmen.

Mithin bleiben noch die Fälle 3, 6, 7 (7a) als günstige und verbreitete Profile.

Form 7 bietet den besonderen Fall, dafs jede Seite für verschiedene Halden zugleich als Basis und Rückwand dient. Es findet Haldenbildung auf beiden Seiten statt. Dabei müssen flachere Böschungen entstehen als bei horizontaler Basis. Die bald erfolgende Vereinigung

denen etliche unsern begrenzteren Gegenstand berühren und berücksichtigt werden müssen. Das den letzten Punkt betreffende Gesetz formuliert Thoulet wie folgt: „In Medien von derselben Dichtigkeit werden die Böschungen einen um so kleineren Neigungswinkel haben als (wenn alles übrige gleich ist) die Körner, die sie bilden, leichter übereinander hingleiten können oder anders ausgedrückt, als sie weniger rauh oder noch mehr abgerundet sind." (Thoulet, Gesetz IV; auch angeführt in Comptes rendus de l'Académie des Sciences, Paris. C. IV, p. 1537 und in Petermanns Mitteilungen, Litteraturbericht 1888. N. 127.)

[1] Was eine hohle Form der Böschung ergiebt; vergl. auch S. 17 Anm. 6 und Penck, Vergletscherung der deutschen Alpen, S. 231; ferner A. Heim, Einiges über die Verwitterungsformen der Berge, S. 23.

[2]

der Haldenfüße veranlaßt eine Erhöhung des Thalbodens. Die Verflachung wächst mit der Aufschüttung. Dieser Typus wird angetroffen an der engen Stelle zwischen Jägerkar und Brandjoch[1]. Ergiebiger muß die Erhöhung der Thalsohle dort sein, wo die Auffüllung von drei Seiten geschieht, also im Thalhintergrunde und im Kar, so am inneren Ende des Hippenthales, des Zirler Christenthales, im oberen Mannlthal und unterm Solstein, wo, vom vorletzten abgesehen, auch die in tiefem Schutt eingeschnittenen Bachbetten darauf hinweisen, daß diese Hohlformen sämtlich in der Ausfüllung begriffen sind[2]. Wahrscheinlich sind auf Unterschiede in dieser Thätigkeit die aufsteigenden Thalboden mit zurückzuführen.

Wenn es bei dieser Form des Profiles wegen zu geringer Höhe einer Seite[3] nicht zu zweiseitiger Haldenbildung kommt, dann ist sie das Gefäß sehr flachgeneigter Halden.

Form 6 (mit horizontaler Basis und rückwärts geneigter Wand) kommt am häufigsten vor und zwar im Inneren der Kare und beim Schuttfuß; während beim Übergang aus einem Schuttbehälter in den andern in der Regel Form 3 anzutreffen ist. Diese Art weist durchweg größere Neigungen auf als jene.

Zu den angeführten Punkten gesellen sich noch die überall auftretenden Störungen[4]. Wasser, Wind[5], Schnee arbeiten unablässig an der Verflachung der durch die beiden ersten Mittel geschaffenen Böschungen, während durch ungleichmäßige Auflagerung jüngster Trümmer und durch den Aufprall fallender Blöcke Unregelmäßigkeiten erzeugt werden[6]. So kommt es, daß man die verschiedensten Winkel

---

[1] Allerdings sind hier die Vereinigungen durch den Gleierschbach wieder geschieden.

[2] Ebenso können aufsteigende Karachsen — zum Teil wenigstens — durch ergiebige Aufschüttung veranlaßt werden.

[3] Form 7a. S. 16 Anm. 3.

[4] Thoulet, Gesetz VI: „Jede Erschütterung des Mediums (selbst sehr leichte), das eine Böschung enthält, strebt danach, den Kegel zu verflachen".

[5] Über die Kraft des Windes (in den Alpen) berichtet Gremblich, Unsere Alpenwiesen, S. 14 und G. Theobald, Jahrbuch d. Schweizer Alpenklubs. 1868. S. 534. 535 „Steinwirbel".

[6] Hierzu: „Bei den Böschungen, die sich in der Luft bilden und aus Materialien zusammengesetzt werden, die mit einer gewissen Kraft hingeworfen werden (wie dies vorkommt bei künstlichen Böschungen von Wällen, die mit der Schaufel aufgeworfen oder mit dem Schubkarren aufgeschüttet werden, bei natürlichen Böschungen, die hervorgehen aus dem Sturz der durch die natürlichen Agentien zerkleinerten Steine und für die die Böschung niemals gerade, sondern hohl ist), hängt die Verminderung der Neigung von der Kraft ab, mit der die Stoffe hingeworfen werden. Wenn diese Kraft veränderlich ist, so zeigen sich Unebenheiten

dicht nebeneinander findet. Es lassen sich über die Böschungen überhaupt nur die allgemeinsten Gesetze aufstellen. Jede einzelne ist das
Ergebnis einer Reihe von Kräftewirkungen, dessen Zurückführung
auf den gröfseren oder geringeren Anteil des einen oder anderen
Mittels in einem gegebenen Falle Schwierigkeiten verursacht.

Anhang.

Nach den an Ort und Stelle ausgeführten Messungen kann für
die Neigungen der Halden unseres Gebietes folgendes festgestellt
werden:

1. Mittel aus sieben Messungen:

Oberer Haldenteil	Mittlerer Haldenteil	Unterer Haldenteil
32 ⁰	24 ⁰	15 ⁰

Dabei: Flachste Böschung:

25 ⁰	11 ⁰	5 ⁰

Dabei: Steilste Böschung:

35 ⁰	34 ⁰	26 ⁰

2. Mittel aus 12 Messungen:

Obere Hälfte.	Untere Hälfte.
33 ⁰	23 ⁰

Dabei: Flachste Böschung:

25 ⁰	13 ⁰

Dabei: Steilste Böschung:

44 ⁰	33 ⁰

3. Mittel aus 70 Messungen:

34 ⁰

Dabei: Flachste Böschung:

15 ⁰

Dabei: Steilste Böschung:

46 ⁰ [1].

4. Nach 1. 2. 3.: Allgemeines Mittel: 28 ⁰ 33', d. h. also niedriger
als das von Heim und Hochstetter angegebene Mittel, während im
einzelnen steilere Böschungen gefunden wurden als alle angeführten

---

im Profil. Die Erklärung geht daraus hervor, dafs, bei der Aufschüttung einer
Mischung von grofsen und kleinen Materialien auf den Gipfel einer Böschung,
die grofsen mit einer Geschwindigkeit den Hang hinunterrollen, der im Verhältnis
der Höhe des Falles zunimmt, so dafs sie nicht allein sich an der Basis der
Böschung anhalten, sondern aufserdem noch eine Menge feiner Materialien mit sich
ziehen, die sonst unbeweglich in der Höhe der Böschung geblieben wären".
Thoulet, Études expérimentales etc. s. S. 28.

[1] Hier handelte es sich um teilweise verfestigten Schutt.

Autoren angeben (von v. Schlagintweit abgesehen).   Siehe die Anmerkungen.

5. Die Bemerkung Professor J. Gremblichs für die Halden der nördlichen Kalkalpen, daſs die „Lehnen in ihren steilsten Stellungen 25°—30° Neigung zeigen"[1], giebt nur eine zu niedrige Durchschnittszahl der oberen Teile.

6. Das Gesetz V von Thoulet[2]: „Welches auch immer das Medium sein möge, in dem eine Böschung entsteht, der Neigungswinkel ist niemals gröſser als 41°", mag für die von ihm verwendeten Körner richtig sein[3], unsere Tabelle beweist, daſs in der Natur durch künstlich nicht herzustellende günstige Bedingungen jene Grenze örtlich wohl überschritten werden kann[4].

Die Haldengröſse ist ein Maſs der Menge der angehäuften Trümmer. Ihre Bestimmung wird immer an Unsicherheit leiden, da nicht genau erkannt werden kann, ob Basis und Rückwand im verdeckten Teile ihre Richtungen beibehalten.   Hierzu kommt noch der besondere Fall, daſs mitunter Terrassen völlig mit Halden bedeckt sind, deren Verschmelzung auf den Beschauer den Eindruck einer einzigen von ungewöhnlicher Gröſse macht.   Auf diese Vermutung leitet ein Vorkommnis am Sonntagskar.   Hier erstrecken sich die Halden in ununterbrochener Ausdehnung nahezu 700 m in senkrechtem Abstand.

---

[1] Gremblich, Pflanzenverhältnisse. S. 20.

[2] Thoulet, Études expérimentales etc.   Vergl. S. 15 Anm. 2.

[3] Aufserdem handelt es sich bei Thoulets Versuchen um freistehende Kegel.

[4] Es mögen hier noch folgende Ansichten über die Gröſse der Haldenböschung mitgeteilt werden. „Die echten Halden, die ohne wesentliche Mitwirkung eines Baches sich bilden, haben Gefälle von 15° bis höchstens 40°; welch letztere Böschung schon sehr selten ist.   30° ist das Gewöhnlichste.   (Immer aber ist die Maximalböschung einer Schutthalde geringer als diejenige des Gesteins, aus dessen Zertrümmerung sie entstanden ist.)" Heim, Einiges über die Verwitterungsformen der Berge. S. 23. — Fast wörtlich damit übereinstimmend: „Trockene Schutthalden und Schuttkegel, die sich ohne Mitwirkung eines Baches gebildet haben, zeigen Böschungswinkel von 15° bis höchstens 40°, im Mittel 30°. v. Hochstetter, Die feste Erdrinde nach ihrer Zusammensetzung, ihrem Bau und ihrer Bildung. S. 122. — Aufser diesen allgemeinen Bemerkungen vergleiche folgende besondern Beobachtungen, die jenen zum Teil widersprechen und sich den unseren anschlieſsen: 1. „Schutthalde in der Nähe von St. Nicolai im Vispthale; sie besteht aus grauen gerundeten Gneiſsgeröllen mit kleinern Stücken und mit Sand untermischt: Neigungen der regelmäſsigen, gut erhaltenen Teile, welche zerstreut kleine Birken tragen: 34°; steilste Stellen, in welchen sich stets wieder neue Schuttmassen loslösen: 40°—43°. 2. Schutthalden der Wetzsteinbrüche bei Unterammergau von eckigen, oft ziemlich grofsen Fragmenten gebildet: 32°—36°. Schlagintweit, Neue Untersuchungen über die physikalische Geographie der Alpen. S. 147.

Diese auf den ersten Blick erstaunliche Höhe büfst sofort ihr Imponierendes ein, wenn man erkennt, dafs es sich um die Verschmelzung zweier Aufschüttungen handelt, die in vertikalem Sinne stattfand. Die obere sitzt noch dem Karboden auf, während die untere dort beginnt und bis zum Boden des Samerthales reicht.

II. Der Schutt hüllt das Gebirge ein.

A. Heim, Verwitterungsstadien. Allgemeines über die vertretenen Stadien. Das vorherrschende Stadium. Zwei Zonen. Der eigentliche Verlauf der hiesigen Einhüllungsgrenze. Änderung durch die Orographie. Bei der Feststellung beobachtete Gesetze. Nachweis der Begünstigungen nach der Tabelle: 1. Aufsteigendes Thal. 2. Thalstufe. 3. Eine Steigerung: Schuttfufs, aufsteigendes Thal, aufsteigendes Thal und erhöhtes Kar. 4. Kare. 5. Drei Begünstiger zugleich. 6. Zusammenstellung. 7. Das Auf und Ab der Delten.

In dem „Neujahrsblatt, herausgegeben von der Naturforschenden Gesellschaft in Zürich auf das Jahr 1874", gruppiert Albert Heim sämtliche Verwitterungsvorgänge in vier Abteilungen. Es mögen zunächst die kurzen Zusammenfassungen angeführt werden, die der Verfasser an die Spitze weiterer Ausführungen gestellt hat.

I. Stadium. Die Gehänge werden untergraben, stellen sich in die Maximalböschungen des ziemlich frischen Gesteins, die Zuschärfung der Kämme schreitet nur von unten nach oben vor. Die Formen werden kühner. Das ist das Stadium lebhaftester Zertrümmerung, das Stadium der gesteigerten Maximalböschungen.

II. Stadium. Wenn die Untergrabung gegen die Verwitterung im Rückstand bleibt, d. h. ein Ende hat, sinken die Böschungen immer mehr unter die Maximalböschung des frischeren Gesteins, die Formveränderung der Bergkanten geschieht nicht nur von unten nach oben, sondern zugleich von oben nach unten. Die Kühnheit der Formen nimmt ab. Am Fufs der Gehänge häufen sich Schutthalden an. Das ist ein Stadium viel langsamerer Zertrümmerung, das Stadium der verminderten Maximalböschungen.

III. Stadium. Das Gestein löst sich gänzlich in Trümmer auf, die Böschungen sinken auf die Maximalböschungen der Schutthalden und darunter, die Schutthaldenbildung hört auf, die Formveränderungen ohne Mithilfe des fliefsenden Wassers geschehen niemals mehr von unten nach oben fortschreitend und erreichen ihr Ende. Das ist das Stadium der Schutthaldenböschungen.

IV. Stadium. Für fließendes Wasser sind die verminderten Schutthaldenböschungen von Stadium III noch übermaximal, das Trümmerhügelland wird von einem Schluchtensystem angerissen, das sich mehr und mehr ausbildet, in seiner Bildung wiederholt und endlich alle Böschungen den geringsten Böschungen nasser Flußschutt-kegel nähert. Das ist das Stadium der sekundären Verwitterung oder der Flußschuttkegelböschungen.

Zu einer richtigen Erkenntnis der Einflüsse des Schuttes auf das Gebirge, die uns jetzt beschäftigen, ist es zweckmäßig, die aufgestellten Gesichtspunkte auf unser beschränktes Gebiet anzuwenden. Im allgemeinen mag bemerkt werden, daß das Samer- und Gleiersch-gebiet mit Stadium I fast nichts mehr zu thun hat. Es steht in der Hauptsache in Stadium II, dem Zustande der Einhüllung in den eigenen Schutt. An manchen Stellen des Gebirgskranzes haben die Halden den Grat bereits erreicht, so am Brandjochspitz nach der Pfeiser Alpe zu und an der Mannlscharte, am Kreuzjoch, am Stempel- und Thaurerjoch, auch am Hohen Gleiersch. Andere Teile geben schon durch die Lagerung ihrer Schichten Veranlassung zu Stadium III, z. B. das Brandjoch, das nach dem Mannlthal zu etwa 30° Neigung hat; hier schließen sich teilweise die Halden so innig an, daß keine Neigungsveränderung mehr bemerkt wird. Auch von etlichen Stücken des Rumerjoches nach der Arzler Scharte zu gilt dies. Im Zustand völliger Umhüllung, also auch in Stadium III, befindet sich der Fuchs-schwanz in seinen nördlichen Teilen und der Rücken, der zwischen Angeralpe und Hippenthal liegt und nach der Lettenalm zu streicht. Beide sind von dichtem Walde bestanden. Auch der Zischkenkopf fällt größtenteils unter diese Gruppe. Ja, man wird nicht fehl gehen, wenn man behauptet, die letzten drei sind teilweise bereits auf dem Standpunkt der Umwandlung in Stadium IV angelangt. Das zeigt schon ein Blick auf die S. 4* Anm. 1 angeführte Karte, die die ungemein zahlreichen Aufreißungen der lockeren Hülle durch Wildwässer im Frühjahr und die damit verbundene Böschungsverflachung gut zur Darstellung bringt.

Der nächste Abschnitt wird sich mit dem vorherrschenden Stadium II beschäftigen.

In der Gebirgsumrahmung des Samer- und Gleierschgebietes dürfen rücksichtlich der Verwitterungsverhältnisse zwei Abteilungen unterschieden werden: eine Abteilung vorwiegender Schuttbildung und eine solche vorwiegender Schuttlagerung. Es muß ausdrücklich „vor-

wiegender" betont werden. Denn thatsächlich begegnen wir der
Schuttlagerung in der Zone der Schuttbildung, während umgekehrt in
der Zone vorwiegender Lagerung dauernd Schutt gebildet wird. Das
Merkmal des Gebietes der Schuttbildung ist die Steilheit der Formen,
während in der entgegengesetzten flachere Winkel auffallen. Wo
Schutt abgelagert wird, tritt eine Umhüllung ein, mithin darf die
Lagerungszone auch als Umhüllungszone bezeichnet werden, der die
andere als die Zone der Entblöfsung gegenübersteht. Während jene
die Gestalt eines Gürtels hat, der sich im Thal mit dem der gegenüberliegenden Flanke verbindet, hat diese die Form einer Kappe, da
sie die höchsten Teile des Gebirges umfafst. Die Umhüllungszone ist
in steter Vergröfserung begriffen, während das Gebiet ihrer Gegnerin
stetig abnimmt. Die Umhüllungen, die in der Kappe der Entblöfsung
bemerkt werden, unterscheiden sich von denen der eigentlichen Ab-
lagerungszone durch ihre geringere Dauerhaftigkeit. Es sind nur
vorübergehende Bedeckungen [1], die einer späteren völligen Entblöfsung
Platz machen müssen.

Es mufs nun möglich sein, die Grenze festzustellen, bis zu der
die Einhüllung [2] des Gebirges als dauerhaft bezeichnet werden darf.
Ihre Höhe ist nach dem bereits Bemerkten vornehmlich von der
Menge der aufgeschütteten Stoffe abhängig. Diese selbst aber ist zum
nicht geringsten Teile von der Kraft der zerstörenden Agentien bestimmt; somit stellt sich die Einhüllungsgrenze im Grunde als eine
klimatische Grenze dar.

Die Gesteinszusammensetzung des Gebirges zeigt nur geringe
Unterschiede. Ebenso lassen sich auf einem so kleinen Gebiete keine
grofsen Differenzen in der Wirkungskraft der Schuttbildner feststellen,
mithin darf angenommen werden, dafs die Menge der aufgehäuften
Trümmer im ganzen an den einzelnen Gebietsteilen nicht sehr von
einander abweicht, d. h., dafs die Einhüllungsgrenze im allgemeinen
in gleicher Höhe verläuft. —

Im folgenden soll ein Moment betrachtet werden, dessen Einflufs
diese Grenze so sehr verändert, dafs es selbst für ihren Verlauf wichtiger erscheint, als das vorige Ergebnis, das ist die Orographie. Jede

---

[1] Mit solchen vorübergehenden Einhüllungen ist das Gebirge überall versehen, wo nicht allzugrofse Steilheit das Liegenbleiben überhaupt ausschliefst.
Abgesehen von eigenen Erlebnissen bieten H. v. Barths Schilderungen seiner
halsbrecherischen Klettereien in diesen Gegenden eine Reihe von Belegen. (An
den Jägerkarspitzen konnte er das morsche Gestein wegstofsen „wie faules Holz".)
Auch Pfaundler gedenkt der Gipfelbedeckungen S. 4, Anm. 1.

[2] Vergl. auch v. Richthofen, Führer. S. 97.

Terrasse, jede Thalstufe, jedes Kar ist ein Begünstiger der Einhüllung. Wenn ein Felsen etliche hundert Meter steil von der Thalsohle aufsteigt, also die Halde von unten in einer Flucht bis zum Gipfel gebaut werden soll, so ist dazu längere Zeit erforderlich, als wenn für dieselbe Fläche die gleiche Thätigkeit an verschiedenen Stellen in Angriff genommen werden kann. Denn einer Erhöhung muſs ein Vorschieben des Haldenfuſses entsprechen. Bei Terrassen aber wird Baustoff gespart. Hierzu kommt noch, daſs bei diesen Unebenheiten die Fläche der Schuttbildung beträchtlich vergröſsert, mithin die Schuttmenge vermehrt wird. Wenn die Wand rückwärts geneigt ist, wird die Halde schneller emporgebaut werden können, als bei groſser Steilheit, weil der Schutt mit auf der geneigten Rückwand lagert, mithin geringere Massen zur Einhüllung nötig werden.

Bei der Feststellung der Grenze[1] wurde nach folgenden Gesetzen verfahren:

1. Die Spitzen und Zungen am oberen Rand der Halden gehören in das Gebiet nicht dauerhafter Bedeckung. Hier finden ununterbrochene Bewegungen statt, neue Gipfel werden aufgesetzt, andere rutschen ab, mithin muſs die Grenze unter diesen gezogen werden.

2. Es werden, z. B. in jedem Kar, gewisse charakteristische Punkte bestimmt und durch Gerade verbunden. Häufig genügt eine Mittelzahl für groſse Strecken.

3. Kare, deren Schuttinhalt mit dem des Hauptbehälters nicht in Verbindung steht, werden von der Umhüllungszone ausgeschlossen, die Grenze verläuft unter ihnen hin. Hat aber die Abtragung der Felsschwelle stattgefunden, oder sind die Thalhalden bis zu denen des Kares emporgewachsen, dann ist die bisher gesonderte Provinz in das eingehüllte Gebiet aufgenommen worden.

4. Gipfelhalden, allein liegende Halden der Terrassen in Karen, vereinzelte grüne Flecke[2], Rasenschöpfe u. s. f. gelten als Vorposten der Bedeckungszone.

5. Eine zusammenhängende Darstellung der Einhüllungsgrenze verbot sich schon aus stilistischen Gründen. Sie wird vertreten durch eine Tabelle, die die einzelnen Stücke bietet, aus denen die Grenze dauerhafter Umhüllung zusammengesetzt ist. Die dabei eingehaltene

---

[1] Auch die Einhüllungsgrenze ist wie andere Höhengrenzen ein Gürtel (s. Fr. Ratzel, Höhengrenzen und Höhengürtel), indem aber das unruhige Gebiet der Haldenbildung ausgeschlossen und nur von einer Grenze dauernder Umhüllung gesprochen wird, ergiebt sich annähernd eine Linie.

[2] „Eine Menge grüner Inseln im groſsen Ocean von Geröllhalden, Felswänden u. s. w." Gremblich, Unsere Alpenwiesen. S. 5.

Richtung ist: Riegelkar, Pfeis, Mannlkar, Solsteine, Erl. Es wurden Strecken, die eine entschiedene Einheit bilden, ins Auge gefaßt, z. B. Schutthülle in den Karen, an der Mühlwand, Schuttfuß im Samerthal. Diese Einheiten umfassen verhältnismäßig kleine Strecken. Ein Mittel[1] aus charakteristischen Punkten so kleiner Entfernungen muß brauchbar sein. Anschaulich wird diese absolute Einhüllungsgrenze durch die in Reihe III der Tabelle enthaltenen Mittel aus den zugehörigen Gipfelhöhen. Reihe IV giebt die bereits erfolgte Einhüllung, Reihe V das noch Einzuhüllende in Prozenten; dabei muß bemerkt werden, daß sich das Ergebnis bei Einsetzung der mittleren Kammhöhe zu Gunsten der Einhüllungshöhen ändert.

Die Schuttbedeckung dieses kleinen Gebietes steht in Verbindung mit anderen, niedriger gelegenen; so läßt sich dieser „Schuttweg" fortsetzen bis zur Meeresfläche. Erreicht der Fuß des Gebirges den Spiegel des Meeres, dann können die in Reihe I—V mitgeteilten Zahlen keine Täuschung über die geleistete Aufschüttungsarbeit hervorrufen. Für uns haben diese Reihen vornehmlich den Zweck, relative Höhenzahlen[2] zu gewinnen. Diese unterrichten dann über die unter den örtlichen Verhältnissen geleistete Arbeit in einem Gebirge, dessen Fuß die Fläche des Meeres nicht erreicht. Allerdings ist dabei zu berücksichtigen, daß der angenommene Thalpunkt selbst schon im Aufschüttungsboden liegt.

Im folgenden werden einzelne orographische Begünstiger der dauernden Einhüllung auf Grundlage der anliegenden Tabelle hervorgehoben werden.

1. Die Einhüllungsgrenze steigt mit dem Aufsteigen des Thales. Dies lehrt N. 10 Schuttfuß im Samerthal deutlich. Die ersten beiden Zahlen, 1819 m unter den Mühlwänden und 1676 m vor dem Jägerkar, verlieren ihr Störendes, wenn man bedenkt, daß dort kein Kar die Trümmer auffängt, ehe sie den Thalboden erreichen, daß mithin hier die ungeheure Menge des vom Katzenkopf und den Flecken herabkommenden Schuttwerks vollständig aufgespeichert wird. — Die folgenden Zahlen stellen sich so:

A. Grenze:

Jägerk. u. Gamsk.	b. Praxm. K.	Kask.	Sonntagsk.
1642	1735	1857	2100 m

B. Thalpunkte:

1504	1560	1607	1740 m

---

[1]. Tabelle, am Ende der Arbeit, Reihe 2.
[2] Tabelle, Reihe 6. 7. 8. 9.

Mithin entspricht der sich hebenden Thalsohle die Einhüllungsgrenze, soweit sie vom Schuttfuſs gebildet wird.

2. Die mit dem niederen Thal durch Schutt verbundene Thalstufe erhöht die Einhüllungsgrenze.

I. Zum Vergleich wird ein Fall angezogen, wo von der Thalsohle (Th.) emporgebaut werden muſs (Schuttfuſs im Samerthal, am Brandjoch, Mühlwand).

	2. Mühlwand	10. Schuttf. Samerth.	16. Schuttf. Brandj.
Bedeckt (B.) =	43%	48%	66%

B. . . . . 52% ⎱ (= Th.)
Nackt (N.) . . . . 48% ⎰

II. Begünstigung durch Thalstufe. (Th. St.)

	11.	14.	15.	
(Th. St.) B. =	66%	86%	82%	Mittel B. = 78%
(Th. St.) N. 22%				

3. a. Th. = ⎰ B. = 52%
⎱ N. = 48% d. h. für den Bau vom Thalboden aus.

b. Günstiger: Bau am hinteren Ende eines ansteigenden Thales: Ziffer 27: B. = 60%, N. = 40%, weil im Hintergrunde des Zirler Christenthales aufgeschüttet wird, das von 1200 m bis etwa 1600 m ansteigt.

c. Noch günstiger: b. + erhöht gelegenes Kar:
Ziffer 28: B. = 75%
N. = 24%.

4. Die Kare (etwa der Isohypse 1900 m entsprechend) sind sehr günstige orographische Bedingungen für die Erhöhung der Einhüllungsgrenze, sofern nämlich eine Schuttschwelle ihre Felsschwelle ersetzte und sie mit dem Schuttfuſs im Hauptthal verband.

I. Kare (K.) des nördlichen Zuges (N.).

Ziffer	1.	3.	4.	5.	(6.)[1]	(7.)	9.
B. =	85%	98%	83%	88%	(79%)	(87%)	83%

Im Mittel B. (K.) = 87% N. (K.) = 13%
Dazu B. (Th.) = 52% N. (Th.) = 48%

II. Kare (K.) des südlichen Zuges (S.).

Ziffer	17.	18.	19.	20.	21.	22.	23.	24.
B. =	87%	82%	84%	79%	64%	71%	78%	64%

Im Mittel B. (K.) = 76% N. = 24%
Dazu B. (Th.) = 52% N. = 48%

5. Die höchste Zahl bietet das Thaurer Kar, wo zwei Begünstiger auf einmal, Terrasse und Kar, gegeben sind.

Ziffer 13: (Th. St. + K.) B. = 95 %, N. = 5 %

Dazu: (Th.)   B. = 52 %, N. = 48 %

6. Eine Zusammenstellung der Ergebnisse 2, 4, 5 ergiebt folgende Steigerung für (Th.), (Th. St.), (K.) und (Th. St. + K.).

	B.	N.	annähernd
I. (Th.)	52 %	48 %	1 : 1
II. (Th. St.)	78 %	22 %	3½ : 1
III. (K.) (N. + S.)	82 %	18 %	4½ : 1
IV. (Th. St. + K.)	95 %	5 %	19 : 1
			B. : N.

7. Das Auf- und Absteigen der Delten in der oberen Haldengrenze charakterisiert folgende Zahlenreihe gut, die sich auf ein kleines Stück am Eingang zum Sonntagskar unterm Roßkopf bezieht:

Ziffer 11: 5) 2126,4 m   6) 2083,3 m   7) 2038,9 m   8) 2062 m
       auf   ab   ab   auf

9) 2059 m   10) 2038,9 m   11) 2066,6 m   12) 2061,1 m   13) 2077,8 m
 ab   ab   auf   ab   auf

---

[1] [6.] [7.] Hier Felsschwelle, nicht Schuttschwelle.

II. Abschnitt.

SCHUTT UND SCHNEE (FIRN).

Ein Beobachter auf dem Brandjoch genieſst den Anblick einer
wundervollen Karlandschaft. Nach N umfaſst sein Blick die sechs
zierlichen Schuttbehälter der zwischen Samer- und Hinterauthal hinziehenden Kette, und im S überschaut er die Reihe gleicher Aus-
kerbungen im Nordhang[1] des Innthaler Zuges. Ziel der Betrachtung

---

[1] „Eine Ausnahme im Karwendel." A. Rothpletz, Zeitschrift d. D. u. Ö.
Alpenver. 1888, S. 402.

ist, das Verhältnis zwischen Schuttbehältern und Firnlagerung [1] zu
erkennen. Man bedarf nur eines Blickes, sich zu überzeugen, dafs
der Firn völlig an die Kare gebunden ist. Die im Thal vorhandenen
Ansammlungen entgehen uns allerdings, sind aber unwesentlich; ebenso
die auf den Kämmen liegenden Felder; diese aber gehören als teilweise schon klimatische Erscheinungen nicht in unser Bereich. Ringsum
dieselbe Thatsache: zunächst ein Kar mit seinem Firnenschmuck, dann
ein vollständig firnfreier Grat, den im unteren Teile Latschen er-
klettern; dann wieder ein Kar u. s. f. Woher diese Beschränkung
des Firnes auf bestimmte Örtlichkeiten? Die Kare sind infolge ihrer
Mulden- oder Kellerform vor anderen Gebirgsgestaltungen zur Auf-
bewahrung von Lagern festen Wassers geeignet. Jedes von ihnen ist
eine kleine klimatische Provinz für sich, ein klimatisches Individuum,
mit offenbar niedrigeren Temperaturen als die Umgebung im Hauptthal. Diese Behauptung wird schon durch den Augenschein bewiesen.
Zu Zeiten sind diese Felsentröge mit Nebel erfüllt, der in ihnen wallt
und brodelt, während in das nebelfreie Hauptthal nur grofse Fetzen
hineinhängen, die sich thalwärts zuspitzen. —

Die Firngrenze [2] im Gleierschgebiet wird durchaus von den Karen
bestimmt. Es ist garnicht gewagt, zu behaupten, dafs mit ihrer
Tieferlegung eine solche der Firngrenze erfolgen würde.

Ein Vergleich der von diesen Behältern beherbergten Firnmengen
liefert als eigentümliches Ergebnis die Ordnung sämtlicher Kare in
drei Gruppen. Die sechs nördlichen mit annähernd gleichen Mengen
gehören zusammen; ferner Mannlkar, Gleierschkar, Mühlkar und
Toniskar des Innthaler Zuges; die übrigen der Südflanke bilden wieder
eine Gruppe für sich. Die letzten weisen den meisten Firn auf, die
nördlich gelegenen mit Südexposition weit mehr als die an zweiter
Stelle genannte Gruppe, und doch hat diese Nordexposition. Das
Rätselhafte dieser Thatsache verschwindet, wenn wir auf die Gestalt
der Kare in Gruppe 1 und 2 achten. Die nördlichen haben einen

---

[1] Die Anregung zu diesem Aufsatze wurde vornehmlich gewonnen aus dem
Werke: Fr. Ratzel, Die Schneedecke, besonders in deutschen Gebirgen, enthalten
in Bd. IV der Forschungen zur deutschen Landes- und Volkskunde. Die den einzelnen Ausführungen parallelen Stellen dieses Werkes werden regelmäfsig unter
dem Zeichen: „R. Schn." mitgeteilt werden. Zu den ersten Abschnitten vergl.
ferner: Höhengrenzen und Höhengürtel von Fr. Ratzel, Zeitschrift d. D. u. Ö.
Alpenver. 1889. (Bd. XX).

[2] Von einer solchen darf wohl gesprochen werden, wenn man auf einem so
kleinen Gebiet etlichen Hundert ausdauernden Firnansammlungen (z. T. Feldern)
begegnet.

Zirkushalde und Firnflecken. Praxmarer-Kar.

viel entschiedeneren Kellercharakter als die südlichen, während bei
der dritten Familie Nordexposition und Kellerartigkeit die größten
Anhäufungen ermöglichen. Das hier in den letzten Sätzen allgemein
Ausgesprochene findet seine nähere Begründung im folgenden Abschnitt, der der Lage der Firnflecken im einzelnen Schuttbehälter gewidmet ist.

Damit ist schon gesagt, daß von den großen Firnanhäufungen
abgesehen wird, die schon durch ihre Lage auf den obersten Graten
unsers Gebietes ihre Erhaltung sichern, wenn sie auch noch orographisch begünstigt sind. Sie gehören übrigens nicht in unsere Betrachtung, weil ihre Anwesenheit wenig mit dem Schutt zu thun hat.

In den Karen fällt eine besondere Anordnung der Firnflecken auf.
Ohne allen Zwang können drei Gürtel unterschieden werden, die sich
in jedem Kar, freilich verschieden deutlich, wiederholen. Die oberste
Gruppe umfaßt die in den Runsen, vorzüglich der Rückwand, aber
auch der Seitenwände gelegenen Ansammlungen. Mitunter, z. B. im
Praxmarer Kar, gliedert sich diese Gruppe wieder in die einer unteren
und oberen Reihe[1]. Die nächste Sorte ist an den oberen Rand der
das Kar füllenden Halden gebunden, während wir der dritten und
niedrigsten an deren unterem Rand begegnen. An diese Gruppierung
sei folgende Betrachtung angeschlossen. Der Abstand der in Runsen,
also am höchsten, gelegenen von den tiefsten beträgt in etlichen Fällen
an 500 m, mithin sind jene vor diesen gewiß klimatisch begünstigt.
Dieser Vorteil wird aber dadurch aufgehoben, daß die oberen mehr
der Sonne ausgesetzt sind, als die tiefer gelegenen, daß sie den Vorteil dieser, den Schatten der Karwand, nicht in dem gleichen Maße
genießen[2]. Die Runsen, in denen stets Schutt zu finden ist, bieten
ein günstiges, mitunter freilich recht schmales Lager und da zu gewissen Tageszeiten auch Schutz gegen die Strahlen der Sonne. Leicht
wird die Beobachtung gemacht, je kluftreicher die Rückwand, desto
zahlreicher die Firnflecken. Die Erscheinung, daß Firnflecken, die
in Runsen liegen, oft, wie z. B. im Steinkar und Kumpfkar, mit
ihrem Fuß auf dem oberen Haldenrande aufstehen, leitet über zu jener
Gruppe, die fast ausschließlich diesem Aufenthaltsort ihr Dasein verdankt. Die allgemeine klimatische Begünstigung vermindert sich, dagegen rücken diese Firnflecken dem Karkeller mit seiner kühleren
Temperatur näher. Ihre Lage ist günstiger als die ihrer höher

---

[1] R. Schn. S. 187.
[2] So daß von manchem kleinen, den Sommer nicht überlebenden Firnfleck
scheinbar widerspruchsvoll gesagt werden darf, „er liegt zu hoch".

gelegenen Verwandten. Mit dem Rücken lehnen sie sich gegen die
Karwand an oder stehen mitunter als Firnschild von dieser etwas ab;
mit dem Fuße finden sie Halt auf den zahlreichen Unebenheiten des
Schuttes am oberen Kegelrand. Die Rückwand im Riegelkar unter
der Jägerkarspitze hat eine Neigung von 89°, die sich dort anlehnende
Halde ist im oberen Teil ungemein steil, 45°, mithin liegen die hier
befindlichen Firnflecken in einem Winkel von 136°, dessen unterer
Schenkel selbst 45° geneigt ist. Diese genießen außerdem den Schutz
der Karwand in beträchtlicherem Grade als die über ihnen liegenden[1].
Hierzu kommt noch als ein erhaltendes Moment das ihnen von den
höheren zurinnende Schmelzwasser[2]; da dieses eine bedeutende Ver-
dunstungskälte erzeugt, ist es nicht der geringste firnfleckerhaltende
Faktor. Runsen, oberer Haldenrand und unterer Haldenrand lassen
eine horizontale Anordnung der Firnflecken erkennen, die Schmelz-
wasserfäden eine vertikale.

Bei Betrachtung der Existenzbedingungen der niedrigsten wird
die bereits beobachtete Zunahme der erhaltenden Bedingungen noch
deutlicher. Erinnern wir uns, daß der Abstand der höchsten orographisch begünstigten von den untersten etwa 500 m beträgt! Diese
letzte Gruppe geht also des klimatischen Vorteils jener völlig verlustig.
Dafür aber genießt sie die besonderen Wirkungen des Karklimas am
ausgiebigsten, sie liegt am tiefsten im Karkeller. Dazu kommt, daß
der Winkel, den unterer Haldenteil und Karboden bilden, größer ist
als der für die zweite Art vorhandene. Dazu kommt, daß sein unterer
Schenkel, statt stark geneigt zu sein, mitunter völlig wagerecht verläuft. Ferner empfängt der am oberen Haldenrand liegende Firnfleck
das kühle Schmelzwasser der in Runsen liegenden; der unterste aber,
wenn nicht alles der beiden höhern seines Systems, so doch sicherlich
mehr als diese. Wir kennen das Gurgeln des Schmelzwassers im
Innern der Halden fast aus jedem Kar[3].

Im allgemeinen darf hiernach bemerkt werden, daß die Begünstigungen der Firnerhaltung in den Karen von oben nach unten
wachsen. Nehmen wir dazu noch die Thatsachen, daß in der Kar-
mulde der meiste Schnee zusammengeweht wird, und die hier reichlich
niedergehenden Lawinen große Massen von Firn und Schnee nach
dem Karcentrum abwälzen, so haben wir den Schlüssel zum Verständ-
nis der eigentümlichen Erscheinung, daß im gesamten Gebiet die
größten Firnflecken am tiefsten liegen, oder die Erklärung dafür, daß

---

[1] R. Schn. S. 187.
[2] R. Schn. S. 192. 193.

die Anordnung des Firnes innerhalb der orographischen Firngrenze auf den Kopf gestellt ist. Ferner wird erklärlich, warum Zonen vorhanden sind, denen der Schmuck der Firnflecken fehlt. Zwischen den Runsen und dem oberen Haldenrand bietet der steile Fels keinen Halt und der Streifen zwischen oberer und unterer Haldengrenze nur geringen; aufserdem sind hier Stellen dünnster Schneelagerung und Stellen, denen das Schmelzwasser nicht in dem Mafse zu gute kommen kann, wie dem tieferen Rand und dem Karboden. —

Der eigentümliche Wechsel von firnreichen Schuttkaren und firnfreien Graten läfst Zweifel über die Art entstehen, wie die Firngrenze gelegt werden soll. Ist sie so zwischen zwei Karen zu ziehen, dafs sie die nächst benachbarten Firnflecken auf kürzestem Wege um den Grat herum erreicht, oder soll sie so gezogen werden, dafs zuvor der Firnfleck auf dem hohen Grat mit aufgenommen wird? Im letzten Falle ergiebt sich eine Linie, die, im Kar fast horizontal verlaufend, zwischen den Karen Sprünge von etlichen hundert Metern macht, d. h. sich zusammensetzt aus Strecken der orographischen Firngrenze und Punkten, die mehr der klimatischen angehören. Im ersten Fall erhalten wir eine unterbrochene orographische Firngrenze.

Die Ordnung der Firnflecken am Fufs und oberen Rand der Halden bietet Gelegenheit zu folgenden Betrachtungen.

1. Der Kargletscher schrumpfte in einer Zeit gröfserer Erwärmung ein. Eine Haldenbildung während seiner Existenz ist nicht wahrscheinlich, denn 1. füllte der Gletscher selbst den Trog bis zu grofser Höhe aus, und 2. wurde der übrige Teil jedenfalls von Firnschnee eingenommen. Bei genügendem Rückzug des Eises und hinreichender Entblöfsung der Wände begann die Haldenbildung. Von Firnflecken am unteren und oberen Rand konnte noch nicht die Rede sein. Im Kar gab es nur eine orographische Firnlinie. Mit dem Wachstum der Halden wurde diese zerlegt in zwei, und mit jedem weiteren Wachstum der Schutthäufung mufste eine gröfsere Entfernung beider orographischen Firngrenzen erfolgen. Die eine rückte mehr nach dem Karmittelpunkt, die andere mehr am Felsen empor. Diese zweite ist nicht ohne besondere Bedeutung, sie macht die Grenze völliger Umhüllung kenntlich und erleichtert deren Bestimmung.

2. Es fand also eine Zerteilung der unteren kräftigen Firnansammlung statt und damit jedenfalls eine Schwächung. Die Haldenbildung schreitet unaufhaltsam vorwärts; mithin rücken die unteren Firnflecken immer weiter nach dem Vordergrund des Kares, d. h. aber in eine Gegend verminderter orographischer Begünstigung. Am Ende wird diese gegenwärtig stärkste Gruppe ganz verschwinden. Gleich-

zeitig wächst der obere Haldenrand höher an der Karwand empor, so daß schließlich eine Vereinigung der an ihm gelegenen Firnflecken mit den in Runsen befindlichen stattfinden muß, d. h. aber, die jetzt dreiteilige orographische Firngrenze wird einfach und in die Höhe gerückt, das Gebirge aber wird um einen schönen Schmuck ärmer.

Diesen langsamen Veränderungen der Firnlagerung stehen raschere gegenüber, die an der Firnoberfläche, seinem Innern, seiner Unterfläche vollzogen werden.

Was die Oberfläche anbetrifft, so ist zunächst das zu behandeln, was überhaupt einer solchen zukommt, Form, Größe, Neigung und Farbe, ferner gewisse Eigentümlichkeiten gerade dieser Oberfläche und schließlich insbesondere deren Grenze, der Rand des Firnflecks. —

Im Herbst und Winter und im beginnenden Frühjahr deckt eine geschlossene Schneehülle das Thal und seine Gehänge; nur die steile Felswand ragt aus ihr heraus. Zur Schmelzzeit ändert sich das Bild. Die Fläche bekommt Löcher und tritt schließlich eine Art Rückzug nach den Höhen (und Tiefen) an; man könnte sagen: sie läuft ein. Das Ergebnis des Schmelzprozesses sind im August die Firnflecken, die man, jahreszeitlich gefaßt, als Rückstände der Firndecke, aus einem weiteren Gesichtspunkte aber als Ruinen einstiger Gletscher bezeichnen darf. Ihre Lage ist uns bekannt. Je nach ihrer Unterlage ist auch ihre Gestalt[1] (Umriß) verschieden. Auf dem Pfeisanger liegen in Schuttlöchern, gerade wie im oberen Mannlthal, auf den Schwellen des Frau Hitt Kars fast kreisrunde Flecken als besondere Form. Im übrigen wirken die verschiedenen Haldenteile formgebend. Am unteren Haldenrand erblicken wir in der Regel Halbmonde, die nach oben geöffnet sind, während sich über Kegeln mit unscharfem Delta gleiche Formen mit nach unten schauender Öffnung wölben. In der Rinne zwischen zwei Aufschüttungen liegen die langen aufwärts gestreckten Felder; treffen etliche Kegel mit ihren Basen zusammen, so kann, wie im Jägerkar, die Form des Firnsternes entstehen. Dort, wo sich zwei Kegelspitzen berühren, treffen wir die am häufigsten gebildete Gestalt eines Dreiecks. Es ist möglich, daß mehrere solcher Gebilde durch einen horizontalen Firnstreifen verbunden sind, dann wird ein sägeartiges Lager fertig, das eine ganze Kegelreihe umsäumt. Aus Runsen, die sich über den Halden emporziehen, kriechen Firnschlangen[2], wie am Wiedersberg. In den Runsen der Steilwand liegen, den Schäfchenwölkchen vergleichbar, zahlreiche kleine, kümmerlich dreinschauende

---

[1] R. Schn. S. 226. 227.
[2] R. Schn. S. 227.

Firnflecken. Aus der Umsäumung eines Kegels an der Spitze, an den Seiten und am Fuße entsteht der Firnkranz, der vortrefflich im Frau Hitt Kar zu beobachten ist. Das sonderbarste Bild aber bieten die in Reihen geordneten Firnbrücken, die an leere Schmetterlingspuppen erinnern und mit ihren Gewölben steil. ansteigende Hohlwege überspannen. —

Über die Größe der Firnflecken wurden schon verschiedene Bemerkungen gemacht. In den Karen, vornehmlich der Nordseite, liegen die größten durchgängig zu unterst; der größte von allen ruht im Sonntagskar unter den günstigsten Bedingungen und hat eine Höhenerstreckung von 230 m, dabei ist er durchschnittlich 40 m breit. Sein Lager ist eine mächtige Halde zwischen dem Roßkopf und seinem nördlichen Nachbar. In den Karen der Südseite liegen sehr große Flecken dort, wo sich zwei Kegelspitzen nähern oder eine Schlucht auf eine Halde mündet, wie am Wiedersberg nach dem Steinkar zu. Die kleinsten finden wir in Löchern und in den Wandrissen, während mittelgroße in der Hauptsache an den oberen Rand der Halde gebunden sind.

Da der Firn vorwaltend Schutt aufliegt, so bestimmt dieser auch seine Neigungen. Im allgemeinen darf ausgesprochen werden, daß die Neigung der Firnflecken mit der Entfernung vom Karboden zunimmt, also entsprechend der Haldenneigung. Im horizontal gelagerten Schutt des Thalbodens finden sich entsprechend gelagerte Firnflecken oder Brücken. Der untere Haldenrand ist im Durchschnitt 19° geneigt, der hier liegende Firn ist ähnlich geneigt, aber jedenfalls flacher als die Halde. Eine dritte Sorte folgt der Karachse. Für die Böschung der Firnflecken am oberen Rande der Halden gilt ein Winkel, kleiner als der der Steilwand, aber größer als die Neigung des oberen Haldenendes. Die in Runsen gelagerten können steilste Neigungen besitzen, freilich ist bei ihnen auch das Gegenteil möglich.

Blendend weiß schauen die Firnanhäufungen herab zu dem, der sich dieser reizenden Zierat einer öden Schuttlandschaft freut. Naht man ihnen aber allmählich, so büßen die weißen Flecken immer mehr von ihrer Reinheit ein[1], und schließlich ist der Kletterer erstaunt über die reichlichen Ansammlungen von Schmutz, die er in den weißen Flächen niemals vermutet hat. Die Flocke, die die Luft durchsegelt, reißt mit ihren zahlreichen kleinen Zacken Staubteilchen

---

[1] Vergl. hierzu die Bemerkung Kerners in der Zeitschrift d. D. u. Ö. Alpenver. II. S. 144.

mit und legt sie nieder[1]. So kommt es, daſs selbst der „weiſseste"
Schnee nicht völlig rein[2] ist; denn Staub ist im Luftmeere überall
vorhanden und wird von den feinen Fangwerkzeugen der zarten
Schneekrystalle stets mit herabgebracht. Hierzu kommt eine andere
Quelle des Staubes, das Gebirge, das sich selbst hoch in die Luft
erhebt[3] und damit die Staubquelle in die nächste Nähe der Firnflecken bringt. Die von ihm gelieferten verunreinigenden Teilchen
werden vom Wind auf den Fleck geblasen. Dabei besteht das Gesetz:
Je höher der Firn gelegen ist, desto reiner der Staub[4], desto reiner
auch schlieſslich der Firnschutt, desto weniger organische Beimengungen
birgt er. Der Firnschutt von Erl (noch nicht 1500 m) bestand aus
allem möglichen, aus Nadeln der Fichte, Kalksplitterchen, Blattrippen,
Klümpchen von Humus, kleinen Fiederblättchen des Farnkrauts, kurzen
Stückchen der Latschenzweige, Krümchen von Harz, winzigen Zäpfchen
der Zunder, Heidelbeerblättern u. s. f. Dagegen ist der der hochgelegenen Gegend des Frau Hitt Kars (1850 m) entnommene Firnschutt als fast reiner Staub durch groſse Gleichartigkeit ausgezeichnet.
Diese feinste Art des Schuttes giebt dem „schneeweiſsen" Firn nach
und nach eine silberweiſse, schlieſslich silbergraue Farbe, die sich
beim mehr zusammenrückenden in einen aschgrauen und schwärzlich
grauen Ton[5] verwandelt. Zu diesem Ton, der auch in groſser Nähe
Ton bleibt, gesellt sich der grobe Schutt, der nur aus der Ferne gesehen
tongebend wirkt, sich aber in der Nähe zu einzelnen Flecken auflöst.

Abgesehen von Farbeveränderungen bringt der Schutt noch Besonderheiten auf der Oberfläche des Firnes hervor. Der Staub läſst
die Spalten, die den Firnfleck durchziehen, deutlicher hervortreten, da
er sich an diesen Stellen starker Schmelzung sammelt. Ferner begünstigt er selbst die Abschmelzung und zeichnet dem abflieſsenden
Firnwasser schmale Rinnen vor[6]. Der grobe Schutt dagegen rutscht
auf dem schräg liegenden Firn nach der Tiefe ab, und indem Stücke
aus ungefähr gleicher Gegend am Fels dieselben Wege benutzen,
werden im Firn Rinnen und braune Streifen gebildet[7]. — Als leichte
Decke begünstigt der Schutt die Abschmelzung des Firnes und damit
zugleich seine Vereisung, so wird es möglich, daſs das Firnwasser, an-

---

[1] R. Schn. S. 213 u. S. 216. 217.
[2] R. Schn. ebenda.
[3] R. Schn. S. 244.3.
[4] R. Schn. S. 250.21.
[5] R. Schn. S. 213 u. S. 216. 217.
[6] R. Schn. ebenda.
[7] Deutlich zu erkennen im Frau Hitt Kar (Rückwand) Aufgang nach dem Joch.

statt durch ihn hindurch zu sickern, oberflächlich abfliefst. Mithin verleiht der Schutt dem Firn ein Merkmal des Gletschers[1], verändert ihn also **wesentlich**. Der einzelne Block schmilzt im Firn ein, dadurch wird dessen Oberfläche durchlöchert. Grober Schutt[2] wirkt auf Firn anders als feiner Staub, er erhält ihn als dicke Lage, während Staub sogar zum Abschmelzen absichtlich[3] verwandt wird.

Als besonders durch konzentrierten Staub und Schutt gekennzeichnet mag noch der Fufs oder der Rand des Firnflecks hervorgehoben werden. Hier bildet sich bei horizontalen Anhäufungen mitunter ein tiefschwarzer Saum, während geneigte mit einem schwarzen Fufse aufstehen und gröfsere Firnfelder manchmal ganze Reihen[4] solcher Schmutzbänder aufweisen.

Dauernd lagernder Firn besteht nicht aus einer einzigen Schicht, sondern aus den Resten verschiedener Schneefälle. Jede Schicht wurde vom Staub überweht, der an den Oberflächen am dichtesten lagert und bei Abbruch eines Firnfeldes die Schichtung deutlich erkennbar macht[5]. Anders wirken gröfsere Fragmente von Kalk. Sie verbinden sich mit dem schmelzenden und wieder gefrierenden Firn zu einem neuen Körper, einer Art Breccie. —

Dafs der Staub, der durch den Firnfleck hindurchsickert, die Unterseite schwarz färbt und besonders die Muschelränder der Firngewölbe[6] scharf hervorhebt, mag hier der Vollständigkeit wegen noch erwähnt sein.

II. Einflüsse des Schnees (Firnes) auf Schutt.

1. **Während seines Bestehens.**
   a. **als Decke überhaupt.**
   1. Unebenheiten ausgleichend; 2. sammelnd; 3. Humusboden schützend gegen Wind, Steinfall, 4. durchfeuchtend (allerdings Schuttbildung hindernd), 5. befestigend; 6. Umgebung mit Nährstoffen bereichernd.

---

[1] R. Schn. S. 232.
[2] Dazu: **Schlagintweit**, Untersuchungen über die physikalische Geographie der Alpen S. 152. 153.
[3] R. Schn. S. 257.
[4] R. Schn. S. 209.
[5] R. Schn. S. 213 u. 216. 217.
[6] R. Schn. S. 250.

b. als schräge Decke.

    α. Schutt abrollend.

        Kleine Probleme. Erklärung: Rollformen. Besonders: Wall und Blockfeld.

    β. Firn selbst abrutschend.

        Bewegung des Firnes. Verschiedene Ansichten.

    γ. Firn mit Schutt abrutschend (Lawine).

        Bewegung {auf Flächen (1),
                {in Rinnen (2), Folgen des Lawinenganges.

2. Während seines Vergehens.

    a. Veränderung 1. der Form, 2. des Stoffes, 3. der Farbe der Trümmer.

    b. Lageveränderung.

        α. Staub.

        Vertikale Bewegung, verbunden mit auffälliger horizontalen. Staub. 1. Firn zusammenrückend (tonändernd). 2. Staub unter Steinen auf d. Firnfleck. 3. Staub an Spalten. 4. Staub am Rand, Fuſs. 5. Firnausscheidungen. 6. Parallele Humuswälle. 7. Scheinterrassen (a. Firnbrücken, b. Blockwall, c. Zirkelterrassen).

        β. Kleine Brocken.

        Vertikale Bewegung verbunden mit mehrseitiger Horizontalen (Drehung).

        γ. Schutt überhaupt. Vertikale Bewegung überhaupt.

            1. Durchgesickerter Staub; a. weggeflöſst oder b. im Schutt festgehalten.

            2. Gröſsere Brocken. 1. Firn Steine hinlegend. 2. Erhöhung der Unterlage. 3. Lawinenschutt.

Anhang c. Firnerosion. 1. Begründung. 2. Tröpfelpunkte. 3. Beispiele.

    α. unterirdisch. 1. Trichterbildung.

    β. oberflächlich {2. a. Rinnenvertiefung, b. Schuttzerkleinerung.
                   {3. Schutt bildend.

Zur richtigen Erkenntnis des Verhältnisses zwischen Firn und Schutt führt die Betrachtung der gegenseitigen Einwirkungen. Es erübrigt noch, den Einfluſs des Firnes auf den Schutt kennen zu lernen. Schnee und Firn sind vorübergehende Erscheinungen. Sie bestehen und vergehen. Beiden Zuständen entsprechend unterscheiden wir zwei Gruppen von Einwirkungen.

Der Schnee bildet eine Decke und zwar je nachdem eine horizontal oder schräg liegende Decke. Bei jener kommen die Eigenschaften einer Decke überhaupt zur Geltung, während sich bei der geneigten zu den allgemeinen Eigenschaften noch die besonderen der Lage gesellen. Jede Hülle hat zwei Seiten, eine untere und eine obere, mithin auch zwei Wirkungsflächen, und wir gehen nicht fehl, wenn wir annehmen auch zwei Gruppen von Wirkungen. —

Im Sommer bietet das Gebirge eine Fülle von Wildheit und
Zerrissenheit. Jeder Fels, der in der Ferne glatt erscheint, ist, in
der Nähe betrachtet, ein rauhes, zerfurchtes Gebilde. Jede Halde, die
auf etliche hundert Schritt den Eindruck macht, als wäre sie aus
feinstem Korn aufgeschüttet, zeigt in der Nähe einen holprigen Blockwall, dessen Unebenheiten der Wanderer oft schmerzlich empfindet.
Wenn sich das Gebirge im zeitigen Herbst in seinen weifsen Mantel
von Schnee einhüllt, dann verschwinden diese Unterschiede zum grofsen
Teil; der feine Schneeschutt gleicht sie aus und ermöglicht nun dem
Schutt das Abrollen auch da, wo es wegen zu vieler Hindernisse im
Sommer nicht stattfinden konnte. Die noch lockere Hülle hat andere
Aufgaben; sie fängt auf, führt zusammen, sammelt, sie hält den Schutt
eine Weile fest und legt ihn während der Schmelzperiode auf den
Erdboden nieder. „Es ist wie das Aufspannen eines weiten Tuches,
um Niederfallendes zu sammeln und es dann gelegentlich zusammen-
zufalten und den Inhalt zusammenzuraffen. Der Schnee nähert sich
anderen Formen des Flüssigen, wie besonders den Seen dadurch, dafs
er Sammelflächen darstellt, die das Aufgenommene endlich immer versinken lassen[1].“ Nach unten wirkt die Decke auf ihre Unterlage
schützend, befestigend, mehrend. Liegt sie Humusboden auf, so wird
seine Wegführung durch Wind verhindert. Sie schützt ihn gegen den
Steinfall und macht ihn selbst gegen den Windtransport dadurch
widerstandsfähiger, dafs sie ihn gründlich durchfeuchtet.

In dem Falle, dafs Schnee oder Firn Felsboden überdeckt, hindert er hier die Schuttbildung[2]; aber dies wird hundertfach aufgewogen durch seine fast gleichzeitige Thätigkeit als wirksamster
Schuttbildner in einiger Entfernung von seiner Lagerstatt. Zu der
schützenden Thätigkeit tritt die befestigende. Mit ihrem beträchtlichen
Gewicht lastet die Decke auf Schutt und Humus und nähert dessen
einzelne Teile einander. Der Humus selbst wird verdickt und dem
Boden eingeprefst[3]. Während der Schmelzzeit aber werden besonders
an der Unterseite des Firnlagers jene Teile freigegeben, die in der
Sammelzeit aufgespeichert wurden. Das bewirkt eine Bereicherung
der Firnflecknachbarschaft mit kräftigen Nährstoffen[4], mit Humus.

Die sichtenden, ordnenden Wirkungen des fliefsenden Wassers
sind bekannt. Das feste Wasser teilt diese Eigenschaft nicht, einen

---

[1] Fr. Ratzel, Über Eis und Firnschutt. Petermanns Mitteilungen 1889.
S. 174—176.

[2] R. Schn. S. 262.

[3] R. Schn. S. 228. 231.

[4] R. Schn. S. 240. 250.

einzigen Fall ausgenommen, der jetzt behandelt werden soll. Schutt, der trockene Halden bildet, ist oft die Veranlassung der schrägen Firnlager. Weil diese Bewegungen des Schuttes veranlassen, ist es im Grunde der Steinschutt selbst, der sich ein Mittel zur Förderung seiner eigenen Zwecke schafft.

Es möge eine Reihe kleiner Probleme mitgeteilt werden, denen eine kurze Erläuterung folgen soll.

1. Beim Aufgang nach dem Mannlthal liegt die Anger Alpe, ein prächtiger, grüner Plan, von dessen Mitte die schuttspendenden Felsen etliche hundert Schritte entfernt sind, und doch liegen Blöcke von Kopfgröfse mitten auf dem Anger, ja es liegen nach der Mitte zu schier mehr als nach den Hängen der Berge hin; in deren nächster Nähe ist allerdings die überwiegende Zahl zu finden. Die Frage ist, wie kommen diese, entschieden dem Wiedersberg und seinen Nachbarn entstammenden Blöcke mitten auf den grünen Anger?

2. Wenn wir im Samerthal aufwärts wandern, begegnen wir einer ähnlichen Erscheinung. Da, wo die Gehänge des Thales mit Latschen bewaldet sind, sind überschüttete Alpwiesen; weiter aufwärts aber, wo die Zundern spärlicher werden, und die Hänge einander sehr nahe rücken, ist der Thalboden so von Schutt bedeckt, dafs aller Rasen verschwunden ist. Das Ganze macht den Eindruck eines Thales des Todes, nichts als starrender Fels, ein trockenes Bachbett und flachgelagerte Blöcke.

3. Im Sonntagskar z. B. liegen oft in Entfernungen bis 10 m vor den Halden auf erhöhten Stellen mächtige, ganz vereinzelte Blöcke.

4. Im Frau Hitt Kar sind Blöcke auf dem ziemlich ebenen Karboden gelagert und bilden die Form des Blockfeldes.

5. Vor den Halden, besonders in Karen, begegnet man häufig moränenartigen Bildungen, Wällen, die mit dem Haldenfufse parallel laufen.

Alle die genannten Lagerungsformen sind mit einander verwandt. Sie dürfen bezeichnet werden als Formen der Abrollung auf Firn.

Der Schnee, der im Herbste die Gehänge des Thales einkleidet, hat natürlich auch als s c h r ä g gelagerte Decke die Eigentümlichkeit, Unebenheiten auszugleichen[1] und so das Abrollen zu erleichtern. Nicht nur geglättet wird die Gleitfläche, sondern auch weiter nach vorn[2], also von den Gehängen weg, geschoben[3] und erhöht. (Letztere

---

[1] R. Schn. S. 116.
[2] Vergl. auch: Anleitung zur deutschen Landes- und Volksforschung. S. 40.
[3] Aufser Schneebuch vergl. noch A. P e n c k, Die Länder Berchtesgaden. Zeitschrift d. D. u. Ö. Alpenver. 1885. S. 263.

Besonderheit wird bei noch zu besprechenden Formen zur Erklärung verwendet werden.) Nun erklären sich die genannten Vorkommnisse leicht. Am Wiedersberg bei der Angeralpe wird nur von einer Seite abgerollt, daher verhältnismäfsig wenig Blöcke, deren Zahl aber, da sie niemand beseitigt, von Jahr zu Jahr zunimmt. Wird von zwei nur wenig von einander entfernten Seiten abgerollt, so ist das Ergebnis die Verschüttung der Alpwiese im Samerthal, während das Resultat der Abrollung von einer Zirkushalde das Blockfeld ist.

Eine Vertiefung vor der Halde wird durch die gehobene und vorgerückte Gleitfläche in der kalten Zeit ausgefüllt; mithin ist die Möglichkeit gegeben, Blöcke auf Erhöhungen zu befördern, die durch Mulden von der Halde entfernt sind.

Der Wall, der das Kar in der Regel nach dem Thale hin abschliefst, dürfte in früheren Perioden gröfserer Firnlagerung auf die gleiche Art eine Erhöhung seiner Mitte erfahren haben.

Eine besondere Abrollungsform ist der moränenartige Blockwall, der den Haldenfufs oft auf beträchtliche Strecken begleitet und als die Beibehaltung einer Grenzlinie des Abrollens aufgefafst werden mufs. Böscht sich der Firnfleck nach mehr als einer Seite ab, so tritt zu dieser Art Stirnmoräne eine Bildung, die der Seitenmoräne der Gletscher verglichen werden darf. Diese Formen werden aber erst recht sichtbar bei zunehmender Abschmelzung des Firnflecks und dürfen deshalb mit gleichem Rechte den Schmelzformen zugezählt werden.

Wenn man bedenkt, dafs zur Winterzeit „aufser der Schwere nichts Schutt befördert" [1] im grofsen Mafsstabe — denn das etwa in die Tiefe der Halde sickernde Wasser macht sich selbst zum Transport ungeeignet, und seine unterirdischen Wirkungen werden erst nach längerer Zeit bemerkbar — so wird die Wichtigkeit des Schnees (des schräg gelagerten) als Beförderungsmittel klar. — Die grofsen Blöcke werden auf steil geneigten Firnhalden weiter abgerollt als kleine. Namentlich der lockere Firn hält gern die kleinen Brocken fest und befördert sie allmählich mehr senkrecht zur Tiefe. — Hingewiesen sei noch darauf, dafs von den drei Mitteln der Moränenbildung, die dem Gletscher eigen sind, dem Firnfleck nur zwei zu Gebote stehen, das Abrollen auf schiefer Fläche und die Abschmelzung. Das dritte Mittel, Beförderung des Schuttes durch eigene Bewegung, ist dem Firn nur in verschwindendem Mafse gegeben.

Beteiligt sich der Firn selbst am Abrutsch, so sind, was die Wirkungen auf den Untergrund betrifft, drei Fälle möglich. Ent-

---

[1] R. Schn. S. 254.

weder wird dieser nur oberflächlich bearbeitet, oder die Wirkung
reicht überhaupt nicht bis zum Grunde, oder der Untergrund wird
mit fortgerissen. Der zweite Fall führt in diesen Gegenden den Namen
Windlahne. Den Berichten der Jäger zufolge sausen diese in dem
engen Samerthal zur Winterzeit oft auf einer Flanke nieder und führen
auf der anderen eine Aufwärtsbewegung aus. Verschieden von diesem
plötzlichen Abrutsch, der ohne Einwirkung auf den Untergrund bleibt,
ist ein langsamer, der sich in der Spaltenbildung des Firnflecks verrät;
kleine Bewegungen des Firnes sind als erwiesen zu betrachten; über
das Maſs ihrer Wirkung auf den Boden gehen die Meinungen auseinander. Nach dem Schneebuch sind mehlige Reibflächen möglich, aber
es fehlen die gekritzten Geschiebe, die die Bewegung des Gletschers
begleiten. Penck dagegen berichtet in dem Aufsatze „Die Länder
Berchtesgaden" folgendes: „Wie viele Firnfelder, entbehrt auch das
der Eiskapelle nicht der Bewegung: mehrere Spalten, die die Oberfläche
durchsetzen, deuten auf ein Setzen der Masse, und der Felsgrund, auf
dem das Firneis aufruht, zeigt Kritzer und Schrammen, die an werdende
Gletscherschliffe erinnern. Ein benachbarter, wenig besuchter Firnfleck ruht auf Gehängeschutt auf, der an einer Stelle, wo er seine
schneeige Decke verloren hatte, förmlich abrasiert war. Es vermögen
also auch die Schneefelder, welche nicht mächtig genug sind, um
Gletschereis bilden zu können, ihre Unterlage abzunutzen[1]." Jedenfalls aber sind die Wirkungen der langsamen Firnbewegung auf den
Untergrund höchst geringfügig; auſserdem sind gerade die Örtlichkeiten, denen Schnee aufruht, die Halden, von so zahlreichen Unebenheiten bedeckt, daſs sich der Firn wie mit vielen Füſsen auf
ihnen feststemmen kann. Auffälliger sind die Wirkungen, wenn der
Firn auf klarem Schutt oder einem kahlen Gehänge lagert. Hier
werden Bewegungen gröſseren Maſsstabes wahrscheinlich.

Nimmt der Boden selbst an der Bewegung teil, so heiſst der
Vorgang Grundlahne (Grundlawine). Neben den drei im Schneebuch
hierfür angegebenen Ursachen: 1. Zunahme der Niederschläge mit der
Höhe, 2. Zunahme der Luftbewegung in demselben Sinne, 3. Temperatur-
umkehr, spielt für diese Thäler der dort gering angeschlagene „Lostritt
des Schnees durch Gemsen" eine Hauptrolle, denn deren Zahl wird
für das kleine Samer- und Gleierschgebiet auf mindestens 5—600
angegeben. Daſs ein steilerer Winkel des Gehänges diese verderb-
lichen Bewegungen mehr begünstigt als ein weniger geneigter, ist

---

[1] Dr. A. Penck, Die Länder Berchtesgaden, Zeitschrift d. D. u. Ö. Alpenver. 1885. S. 263.

selbstverständlich; leider ist in diesen Schutthälern und vornehmlich in den Karen kein Mangel an solchen geeigneten Böschungen.

Die Bewegung kann erfolgen auf Flächen oder in Rinnen[1]; das letzte dürfte namentlich im Samerthal häufig der Fall sein. Hierbei ist auch eine Kegelbildung durch Lawinen möglich.

Sowohl bei der Bewegung auf Flächen als auch bei der in Rinnen wird häufig der Boden weit aufgerissen, grofse Blöcke und kleinerer Kalkschutt gelangen aus den oberen Teilen des Gebirges in die Tiefe; Pflanzen, die in hohen Regionen ihre Heimat haben, werden nach niedrigeren versetzt; fruchtbare Weiden werden überschüttet, und dadurch wird entweder das Gedeihen der Vegetation verzögert, mitunter, wie im Samerthal, völlig vereitelt. Vortrefflich zu beobachten sind (leider) diese Wirkungen der Grundlahnen in unserem Gebiet in sämtlichen Karen, bei der Zirler Christen Alpe unter dem Erlgrat, zwischen Fleischbankspitz und Zirmjöchl, im Samerthal unter dem Jägerkar, und wahrscheinlich fällt dem Lawinensturz und dem Abrollen von Blöcken auf glatter Firnbahn gleichviel Schuld an der Verwüstung des oberen Samerthales zu.

Die Wirkungen des **vergehenden** Firnes (abschmelzenden) auf den Schutt gliedern sich in zwei Abteilungen; die erste umfaßt Veränderungen der Form, des Stoffes und der Farbe, die andere Lageveränderungen. Diese Thatsachen stehen auf der Grenze zwischen Wirkungen des festen und Wirkungen des flüssigen Wassers. Wir zählen sie jenen bei, weil es sich teils um eben in Wasser verwandelten Schnee handelt, teils um ein Mittel, das immer noch als Schnee bezeichnet werden mufs, während eigentliche Wasserwirkungen dort besprochen werden sollen, wo längst abgeschiedenes wirkt.

Das Schmelzwasser der obersten Firnflecke sammelt sich in zierlichen Rinnen, in denen der Bröckelschutt zu den nächst niederen verflößt wird; dabei wird er zerkleinert, zum Teil auch geschlämmt; er erfährt also eine Veränderung in der Form[2], was sich deutlich ausspricht in dem auffallend klaren Korn der unteren Abteilungen in den Karen. Da diese feinsten Teile auch leichter unterirdisch vertragen werden, bemerken wir an denselben Örtlichkeiten mehr Unebenheiten als dort, wo gröberes Gerölle vorhanden ist. Bei der Flöfsung, überhaupt bei enger Berührung mit Firnwasser, das auch „chemischer" wirkt[3] als anderes, findet eine teilweise Zersetzung der

---

[1] R. Schn. S. 234.
[2] R. Schn. S. 254—258.
[3] R. Schn. S. 253.

Trümmer statt, eine Maceration, indem die thonigen[1] Teile ausgeschieden werden; damit ist gleichzeitig eine Veränderung der Farbe
verbunden, denn die so behandelten Bröckchen vertauschen ihr helles
Aussehen mit Braun.

Es hat nicht vermieden werden können, von Form-, Stoff- und
Farbeveränderungen zu reden, ohne der Lageveränderungen zu gedenken; dagegen darf eine Betrachtung der Lageveränderungen von
jenen absehen.

Das Gesamtergebnis der Lageveränderung durch abschmelzenden
Schnee ist auf jeden Fall eine Abwärtsbewegung. Schmelzender Schnee
sitzt zusammen. Im einzelnen aber kann neben dieser Gesamt-
bewegung eine horizontale beobachtet werden, die vom schmelzenden
Schnee einseitig oder mehrseitig ausgeführt werden kann.

Die Flocke, die die Lüfte durchtanzt, bringt Staub hernieder;
jeder Luftzug bläst feinste Teilchen auf den Schnee, der sie mit
vielen Werkzeugen festhält. Die Menge des Herabgebrachten ist abhängig von der Witterung, von der Richtung und Stärke des Windes[2].
Der schmelzende Firn rückt zusammen, er setzt sich, d. h. seine
Teilchen machen eine vertikale Bewegung, die mit einer horizontalen
verbunden ist; dabei werden die Stäubchen einander genähert und
erst recht sichtbar. Der früher hellglänzende Firnfleck nimmt eine
graue, schliefslich eine schmutzige Färbung an. Unter den Steinen,
die auf dem Firnfleck zerstreut liegen, ist stets eine dünne Schicht
schwarzer[3] Schmiere. Diese Konzentration fehlt ringsum. Als der
Stein auf den Firnfleck fiel, war gewifs unter ihm nicht mehr Staub
im Firn als um ihn her. Er schmilzt in den Firn ein, oder es entstand schon durch seinen Fall im Schnee eine Vertiefung. Beim
Schmelzvorgang fliefsen seine Wasseräderchen von der Umgebung des
Steines nach dessen Schmelz- oder Fallloche hin; jedes solche Wasseräderchen ist der Träger feinster Stäubchen; mithin findet eine Ver-
flöfsung des Staubes aus der Umgebung des Steines in dessen
Vertiefung statt. Diese Erscheinung ist bei jedem Brocken des
Firnflecks zu beobachten.

Die Spalten haben für uns insofern Interesse, als sie auf die
Verteilung des Staubes im Firn von unverkennbarem Einfluſs sind.
Spalten sind stets Orte ergiebigster Abschmelzung. Lebhafte Ab-
schmelzung ist aber verbunden mit reger Zirkulation der Schmelz-

[1] R. Schn. S. 254—258.
[2] R. Schn. S. 243.
[3] R. Schn. S. 250.

wässer; mithin findet an den Spalten ein starkes Zuströmen dunkler
Teilchen statt; so erklären sich zum Teil die Schmutzlinien des
Firnlagers.

Eine andere Stelle bedeutendster Abschmelzung ist der Rand des
Firnflecks[1], besonders wenn der Firnfleck gewölbt ist; bei schräger
Lagerung ist sie am unteren Rande bedeutender als an den übrigen.
Nach dem Vorhergehenden sind also die Ränder zugleich Orte lebhaftester Zusammenführung von Staub, daher die schwarze Umrahmung der meisten Firnlager. Staubteilchen werden vom ab-
tropfenden Wasser mit unter den Firn oder gänzlich von ihm weg-
geschwemmt, andere hält der noch nicht völlig geschmolzene Schnee
fest und zwingt sie zu Rückwärtsbewegungen, also zu immer stärkerem
Zusammenrücken. Es können sich so Schlammanhäufungen bilden
von 5—6 cm Länge und etlichen Centimetern Dicke. Schliefslich wird
der Schmelzrand für so grofse Lasten zu schwach. Die konzentrierten
Stoffe brechen ab und werden nun teils unregelmäfsig über den Boden
verstreut, teils in fast parallelen Humuswällen abgesetzt, die den
Schmutzbändern folgen. So bilden sich Hüllen um Zweige; Steinchen
werden inkrustiert; Tröpfchen hängen sich an bleich aussehende
Pflanzen, die der Firn vom Lichte abschlofs, und Ausscheidungen, die
an die der Regenwürmer erinnern, werden frei hingelegt. Bemerkenswert an ihnen ist die innere Struktur, die sich bis zur Aufsenseite
fortsetzt. Luftblasen, die sich beim Schmelzvorgange entwickelten,
verhindern ein völlig dichtes Zusammenrücken des zuerst verstreuten
Staubes. Sie veranlassen im erhärtenden Firnschutt kugelige Löcher,
die dem Ganzen einen zelligen Bau verleihen.

Leider werden diese Ausscheidungen[2] vom Regen leicht zerstört;
wer sie kennt, vermag auch aus ihren kümmerlichen Resten auf die
ehemalige Anwesenheit von Firn zu schliefsen; man kann sie also
als „leitend für Firn" bezeichnen[3].

Mit dem kleinen Rätsel der parallelen Humuswälle ist eine Art
Stufenbildung verwandt, die man beim Schutt der Firnbrücken beobachten kann. Die NWSeite des grofsen Solsteins ist vor anderen
Orten hierzu einladend. Hier liegen in Runsen oft fünf oder sechs
solcher Brücken in Reihen geordnet untereinander. Die schräg ein-

---

[1] R. Schn. S. 213. 216. 217.

[2] Die nach den im Schneebuch mitgeteilten Analysen (S. 276) einen ungewöhnlich hohen Prozentsatz an organischen Stoffen besitzen. Die Untersuchung von
Proben des Firnschuttes von Erl führte zu ähnlichem Ergebnis (20,72 %).

[3] Mitunter findet sich Firnschutt feinster Art als spinnwebartiger Behang an
Steinchen.

fallenden Wände der Schluchten sind, soweit nicht Regen den zarten
Firnschutt verspülte, oft mit zierlichen Terrassen aus Firnschutt besetzt. Eine Terrassierung läfst sonst stets auf eine ungleichmäfsig
wirkende Kraft schliefsen. Die Anwendung dieses Schlusses auf das
kleine Problem ist hier unthunlich. Vielleicht ist folgende Erklärung
nicht ganz zu verwerfen. Es mögen hier „Scheinterrassen" vorliegen,
d. h. Terrassen, die nicht veranlafst sind durch Unterschiede in der
Wirkung einer Kraft, sondern durch gewisse Bodenverhältnisse. Erinnern wir uns an die zierlichen Humuswälle, z. B. aus dem
Sonntagskar, deren paralleler Verlauf erklärt wurde! Auf den Firnbrücken finden sich die gleichen Schmutzstreifen wie dort. Nun
bedarf es nur deren Projektion auf eine schiefe Ebene, und wir erhalten Terrassen. Was hier an zwei Seiten einer Hohlform zu beobachten ist, wird auch an den beiden Seiten einer Erhöhung angetroffen, nämlich an den Blockwällen, die sich vor den Halden
durch Abrollung aufbauen. Auch hier weisen die kleinen Hänge eine
Art Terrassierung der dort befindlichen Grusschicht auf, die vielleicht
durch dieselbe Annahme ihre Erklärung findet. Wenden wir zum Schlufs
die gewonnene Erkenntnis auf die in Löchern ruhenden Firnsammlungen
an, so müssen, da ihre Schmutzlinien konzentrisch verlaufen, Zirkel-
terrassen erwartet werden. Da aber die Abschmelzung gerade dieser
Firnflecken sehr langsam geschieht, wird bei Entstehung eines tieferen
Schmutzringes die Zerstörung des höher gelegenen bereits erfolgt sein.

Mehr Schwierigkeit verursacht die Lösung etlicher Probleme der
folgenden Gruppe. Auch hier handelt es sich um eine Bewegung
mit vertikalem Gesamteffekt; dabei wird aber eine mehrseitige
horizontale Bewegung wahrgenommen, die eine Umwandlung jener
in eine Schraubenform veranlafst. Anfänge dieses Drehens liefsen
sich auf Firnflecken verschiedener Punkte beobachten, wirklich vollendete jedoch wurden nur an einer einzigen Stelle gefunden, hier
aber sehr zahlreich, auf dem grofsen Firnfeld am Schlufs des Samerthales unter dem Thaurerjoch (etwa 2100 m) und zwar im jungen
Schnee, der nur wenig Verunreinigungen zeigte.

Figur 3 des betreffenden Bildes zeigt die unvollkommen ausgeführte Drehung. Hier findet nur ein Hineinkriechen des Steins
nach Norden hin statt. Solche unvollkommene Ansätze sind häufig.
Die um die vertikale Achse ausgeführte Drehung ist nur hier gefunden worden. Etliche solcher Vorkommnisse machten den Eindruck,
als wenn das Bröckchen, das übrigens nur Zentimetergröfse hatte,
wie auf einer Wendeltreppe oder Spirale herabgerutscht wäre; andere
erinnerten an eine geöffnete Rose, deren Innerstes der kleine Stein

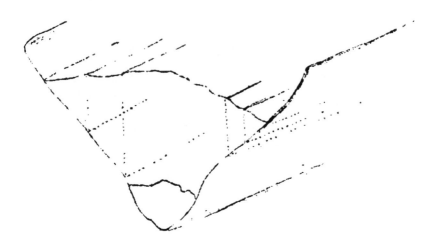

Schema der Terrassen des Firnbrückenschuttes.

Schema der Schuttwässer.

war. Manche sahen aus wie von Zwiebelschalen umhüllt. Diese Formen sind durch die ungemein grofse Zerstörbarkeit der sehr zarten Schraubengänge zu erklären. Schon ein ungünstig fallender Regentropfen kann eine scharfe Form leicht verwaschen. Dafs es sich hier nicht um eine Täuschung, sondern um wirklich stattgehabte Drehungen handelt, läfst sich beweisen. An verschiedenen günstigen Stellen ist die Einschmelzungsform an der Oberfläche des Firnes noch deutlich sichtbar. Die Längsachse des eingeschmolzenen Steinchens aber liegt jetzt quer zu der der Einschmelzungsform. Den augenscheinlichsten Beweis liefert ein eingeschmolzener Käfer. Die Stellung, in der der winzige Leib auf den Schnee aufgefallen war, hatte sich gut erhalten. Jetzt aber war der Käfer nur noch im Mittelstück sichtbar und zwar darum, weil der kleine Körper sich quer gegen die Schmelzrichtung eingestellt hatte und Kopf und Hinterleib unter dem Schmelzrande versteckt lagen.

Die Erklärung dieser Thatsachen stützt sich vor der Hand nur auf Vermutungen. Schon · der Umstand, dafs entwickelte Dreherscheinungen nur an diesem Orte gefunden wurden, legt die Abhängigkeit von örtlichen Verhältnissen nahe.

Die Drehungen werden nur an sehr winzigen Körpern beobachtet. · Fast durchweg scheinen die Bewegungen in der Richtung OSW zu erfolgen.

Man ist geneigt, dies mit dem scheinbaren Laufe der Sonne in Zusammenhang zu bringen. Angenommen, so kleine Körper lägen in der Richtung Ost-West auf dem Schnee. Die Sonne steht im August, dem Beobachtungsmonat, dem Ostpunkte schon näher als dem Nordpunkte des Aufganges. Die Strahlen der aufgehenden Sonne erreichten unseren Ort überhaupt nicht, denn nach Osten deckt die Wand des Thaurer Joches. Erst nachdem die Sonne die Ostwestrichtung weit überschritten hätte, träfen ihre Strahlen die auf dem Firn zerstreuten Körperchen. Das Schmelzen des umgebenden Schnees begönne nun im Osten und schritte, dem ·Lauf der Sonne entsprechend, um Süden herum nach Westen fort, während die entgegengesetzten Richtungen im Schatten des Bröckchens lägen. Die gröfste Schmelzintensität müfste zwischen Süden und Westen stattfinden (das würde ein Einsinken des Steinchens dahin bewirken). Während des Schmelzens vermöchten Adhäsionskräfte, ausgeübt durch das ebenfalls in der Richtung OSW entstehende Schmelzwasser, eine Drehung des Körpers in der gleichen Richtung zu veranlassen. Angenommen, der Vorgang spielte sich in dieser Weise ab, dann müfsten äuf der südlichen Halbkugel die Drehbewegungen von O über N nach W geschehen, dem dortigen scheinbaren Sonnenlauf entsprechend; am unvollkommensten wären sie in den Tropen entwickelt, während von den Polargebieten die besten Beispiele geliefert würden. — Leider steht dieser ganzen Erörterung — die für die Mehrzahl der Fälle passen würde — Figur 7 entgegen, die dicht nebeneinander zwei entgegengesetzte Windungen zeigt, die kleinere, rechte Windung erfolgt in der Richtung der Luftbewegung beim Umkreisen des Minimums, welche zierlichen Wirbel wir so oft im Strafsenstaub beobachten können; möglich, dafs die Drehungen damit zusammenhängen.

Auch der Umstand, dafs junger Schnee bereits hingelegte Steinchen mit einer dünnen Schicht überdeckt, verdient berücksichtigt zu werden. Sind dann schraubenähnliche Schmelzgänge vorhanden, so geschahen sie ohne Bewegung des Brockens. Das Hineinkriechen in den Schnee nach Norden hin wird vielleicht durch diese Annahme erklärt.

An der Unterseite der Firnbrücken bemerken wir eine muschelförmige Abschmelzung. Die Ränder werden bald eisig und sind Stellen reichlichster Schmelzwasserzufuhr. Es nimmt darum nicht Wunder, dafs an ihnen der meiste Schmutz zusammengeschwemmt wird. Dieser mufs aber durch die oft meterdicke Firnbrücke hindurchgeflöfst worden sein, mithin eine vertikale Bewegung ausgeführt haben, die eben nur im schmelzenden Firn möglich war. — Bei den Firnlagern, die auf Schutt ruhen, mufs dasselbe der Fall sein, wenn auch nicht gerade muschelige Abschmelzung stattfindet.

Der durchgesickerte Schmutz wird teils durch das Tröpfelwasser in den Bach hinabgespült, über dem die Brücke sich wölbt, teils bricht er schliefslich mit dem Gewölbe in den Bach hinab und versieht den Boden mit einem schwarzen Sediment[1]. Ähnliches mufs bei den dem Schutt aufliegenden Firnflecken geschehen. Das Sickerwasser nimmt seinen Weg abwärts durch den porösen Schutt und verschwemmt dabei eine Menge von Humusteilchen in die von den Blöcken gebildeten Klüfte soweit, bis diese eine feste Lagerstatt gefunden haben; das folgende Tröpfchen, das etwa denselben Weg nimmt, ladet seine Humuslast auf dem vorigen ab, und man darf schliefslich von einem „Herauswachsen des Humus aus dem Schutt"[2] sprechen. —

Im Frau Hitt Kar liegen Blöcke von 2 m Höhe, die kubische Gestalt und oben eine ziemlich ebene Fläche zeigen. Auf ihnen bemerkt man mit Verwunderung oft kleine Gruppen von Steinen, die

[1] R. Schn. S. 250.
[2] R. Schn. S. 251.

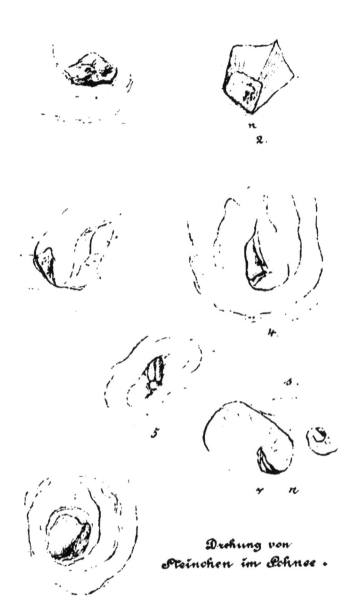

n
2.

4.

s.

5

r   n

Drehung von
Steinchen im Schnee.

6.

in ihren gelungenen Zusammenstellungen den Gedanken an Menschenwerk aufkommen lassen. Hier liegt offenbar wieder eine Schmelzform vor! Die im Winter erhöhten Gleitflächen liegen noch höher als diese gewaltigen Blöcke. Auf ihr rollen von den umgebenden Steilwänden Brocken ab. Wenn dann die Schmelzzeit kommt, rücken diese fast senkrecht abwärts bis zur Oberfläche des großen Blockes und geben nun dem Beschauer ein leicht zu lösendes Rätsel auf[1]. Interessant war es, den Schnee an anderen Stellen bei dieser Beschäftigung des Hinlegens zu beobachten.

Der eben erörterte Fall ist nur ein besonderer der folgenden Form. Die Firnfläche wurde zweckmäßig mit einem weiten Tuche verglichen, das Trümmer auffängt, um sie bei Schmelzgelegenheit auf die Unterlage abzuladen. Von dem abgesehen, was auf dem Firnfleck verbleibt, wird alles, was die jährlich abschmelzende Schneedecke auffing, auf den Grund niedergethan und dient nun zu dessen Erhöhung. Auf den Blöcken wird dieses Niederlegen nur besonders augenfällig. Die Lagerung kleiner Trümmer auf grobem Blockwerk kann auch durch Lawinenschutt[2] — besonders horizontal gelagerten — veranlaßt werden. Diese Lagerung ist noch durch andere Merkmale als Schmelzform charakterisiert. Lawinenschutt ist ein Gemisch von Schnee, Firn, Erde, Blöcken u. s. f. Da, wo der Firn herausschmilzt, bilden sich in der Ablagerung Schmelzlöcher, die das benachbarte, aus festen Teilen bestehende Gemisch als Erhöhung hervortreten und kleine Bröckchen in sich abrollen lassen. Wird ein Firnstück von einem Fetzen Erde oder von einer leichteren Tafel Gestein bedeckt, so findet nach Süden zu ein lebhafteres Abschmelzen statt, was eine schräge Lagerung des Schutzes veranlaßt. Große Blöcke lagern sich so in der teilweise schmelzenden Mischung, wie es die Schwere verlangt. Ist der Lawinenschutt geneigt, so treten zur Abschmelzungsform die Erscheinungen hinzu, die die Böschung erheischt; so erfolgt ein Abrollen der Blöcke nach dem unteren Rand der Anhäufung, dabei wird der dort noch vorhandene Firn überdeckt und an der Abschmelzung verhindert. Was bei horizontaler Lagerung in einzelnen Fällen beobachtet wird, kann hier eine Massenausdehnung gewinnen und das Phänomen der Eisbuckel erzeugen, wie sie auf Gletschern häufig sind. Schollen von Erde mit Pflanzen bleiben am schrägen Hange haften. Im ganzen wird ebenso wie der wagerechten Aufschüttung

---

[1] R. Schn. S. 258.
[2] R. Schn. S. 259. 260. Ferner diese Gegend insbesondere betreffend: v. Prillmayer, Das Hallthal. Zeitschrift d. D. u. Ö. Alpenver. 1888. S. 471.

der schrägen Ablagerung des Lawinenschuttes das Merkmal des
schmelzenden Schnees, des allmählichen Zusammenrückens, des Sich-
setzens aufgeprägt.

Es ist nicht möglich gewesen bei den bisherigen Besprechungen,
das unberücksichtigt zu lassen, was jetzt des näheren erörtert werden
soll, die Erosion durch Firn. So gering die erodierenden Wirkungen
des festen Firnes sind, so ergebnisreich sind die des eben verflüssigten.
So müßte die Überschrift für das folgende eigentlich lauten: Erosion
durch Wasser. Weil diese Erscheinungen jedoch so innig verknüpft
sind mit der Firnlagerung und das Charakteristische dieses erodierenden
Wassers eine Folge seiner Abstammung vom Firn ist, ist es gerechtfertigt, von der Erosion durch Wasser überhaupt die Firnwassererosion
ausdrücklich zu unterscheiden. — Da, wo die Muscheln an der
Unterseite der Firnbrücken, den Gewölben eines gotischen Baues
ähnlich, zu Spitzen zusammenschießen, sind begünstigte Tröpfelpunkte.
Ebenso treten sie natürlich an der unteren Fläche aufliegender Firnflecken auf und zwar beim geneigten nach unten zahlreicher als oben,
und am Rande mehr als rückwärts von ihm. Das Tröpfeln nimmt
zu mit dem Herannahen der Sonnenwende und der Mittagszeit. Für
die Ergiebigkeit des Tropfens einige Beispiele:

$$\left.\begin{array}{l}\text{Firnbrücke bei Erl unterm Solstein}\\ \text{17. August 1892.}\end{array}\right\}\left\{\begin{array}{lll}\text{1. Tropfpunkt in } 1' & 70 \text{ ccm} \\ \text{2. } \qquad\qquad\text{ } 15'' & 70 \text{ } \\ \text{3. } \qquad\qquad\text{ } 16'' & 70 \text{ } \end{array}\right.$$

Ferner aus dem Frau Hitt Kar: Das Tröpfeln ist an vielen Stellen
bemerkbar, besonders an den tieferen Stellen des hohlen Firnfleck-
randes, und erfolgt in den verschiedensten Zeitmaßen, so daß man
sich an das Ticken in einem Uhrladen erinnert fühlt. An etlichen
Punkten findet ein beständiges Fließen statt. Der Strahl zittert in
gewissen Zeiten ein wenig, das Fließen wird aber nicht unterbrochen.
Ein mittlerer Strahl liefert in 45″ 70 ccm Wasser, und solcher sind
etliche Hundert vorhanden. Es liegt die Frage nahe, wohin fließt
diese Menge von Flüssigkeit[1]? Ein oberirdischer Abfluß ist sehr
selten, mithin erfolgt der Abfluß unterirdisch. Die Firnflecken liegen
teils auf rissigem Fels, teils auf Schutthalden. Der Verlauf ihrer
Sickerwässer wurde schon verfolgt; wir werden ihnen später als
Quelle am Haldenfuß oder Thalboden wieder begegnen. Ihre Wirkungen sind auch an der Oberfläche bemerkbar. Der Schutt an den
Stufen, die zum Frau Hitt Kar emporführen, mag ursprünglich schon

---

[1] Der See im Frau Hitt Kar, von dem sowohl Pfaundler als Schwaiger berichtet, war im August 1892 bereits versunken.

ungleichmäfsig gelagert [1] gewesen sein, so dafs kleine Vertiefungen,
in denen sich Firn lange erhielt, von Anfang an gegeben waren. An
den tiefsten Stellen dieser Hohlformen sammelte sich das Schmelzwasser, das nach der Tiefe absickerte und feine Teile hinwegflöfste.
Infolge davon sinkt der Schutt zusammen, und schliefslich beobachten
wir, wie sich der anfangs flache Hohlraum zu einem Trichter um-
bildet, der gegenwärtig entweder am Boden eine Schicht schwarzer
Erde zeigt und das beste, gewöhnlich vom Vieh gemiedene Gras besitzt oder noch Firnflecken als Lager dient. Diese Trichter treten
im oberen Mannlthal und über der Pfeiser Alpe so zahlreich auf, dafs
sie der Gegend ein besonderes Gepräge verleihen. Man übersieht
von einem erhöhten Standpunkte aus, vielleicht vom Kreuzjoch nach
der Pfeis blickend oder vom Brandjoch nach dem oberen Mannlthal,
Hunderte solcher Vertiefungen, in denen die schmutzigen Firnflecken
wie Gebäck in der Pfanne eingelagert sind. Diese Art von Firnlagern
veranlassen also Abwärtsbewegungen im Schutt und vermehren dabei
die Möglichkeit der eigenen Erhaltung.

Wiederholend sei hingewiesen auf die „Anfänge eines hydrographischen Netzes", das durch die Firnflecken gebildet wird. Vertikal
übereinander liegende setzen sich zu Systemen zusammen, die durch
„silberne Wasserfäden" miteinander verbunden sind. Der untere
empfängt den Schutt des oberen und giebt ihn ab an seinen unteren
Nachbar. Dabei tritt, wie erwähnt, eine Zerkleinerung des beförderten
Gesteinsmateriales ein, was von einer Vertiefung der Rinne begleitet
sein mufs. Diese Erscheinung steht in der Mitte zwischen eigentlicher
Firnerosion und der allgemeinen durch fliefsendes Wasser und kann
als Übergang zum folgenden dienen.

Zuvor aber soll die günstige Gelegenheit benutzt werden, den
Firn und sein Ergebnis, das Schmelzwasser, einen Augenblick als
Schuttbildner, also eine neue Seite der Firnerosion zu betrachten.
„Von der Bildung der Halden macht man sich wohl schwerlich eine
richtige Vorstellung, wenn man sie nicht mit eigenen Augen mit an-
gesehen hat. Besonders im Frühjahr werden 1. durch das beständige
Auftauen des Schnees, 2. das Einsickern des Wassers in die Klüfte
und 3. das Zusammenfrieren während der Nachtzeit gröfsere und
kleinere Stücke losgelöst und oft in ganz enormen Quantitäten in
Schluchten u. s. w. angehäuft [2]." Diese Wirkungsweise des Firnes

---

[1] „Die Oberfläche des Schuttes ist häufig mit Unebenheiten besetzt". v. Richthofen, Führer u. s. w. S. 263.

[2] Gremblich, Pflanzenverhältnisse. S. 21.

bleibt schliefslich nicht ohne Einflufs auf die Gebirgsgestaltung. Die
Nischen und Höhlen in den horizontalen Firnsystemen sind kleine
Vorbilder einer grofsen Böschungsveränderung des gesamten Gebirgs-
hanges in der Höhe der allgemeinen Firngrenze, wie Albert Heim[1]
hervorhob.

So äufsert der Firn seine erodierende Wirkung in drei Richtungen,
unterirdisch und auf der Oberfläche; dort rückt er den Schutt zusammen, hier zerkleinert er ihn und vertieft die Rinnen, und endlich
verändert der Firn in Verbindung mit Frost durch lebhafte Schuttbildung die Gebirgsform.

Wenn im Schneebuch der Einflufs des Firnes auf den Schutt
zusammenfassend als konzentrierend, ordnend und abrollend gekennzeichnet wird, so darf dem von unserem Standpunkte aus folgendes
hinzugefügt werden: Der Schutt hat die Tendenz des Abwärts; er
wird darin unterstützt von einem ihm verwandten Gebilde, auch einer
Art Schutt, dem Schnee und Firn. Durch besondere eigene Lagerung
erhält er sich dieses Mittel sogar im Sommer in den Firnflecken, auf
denen immer noch ein leichtes Abrollen stattfinden kann; sogar in
den Setzerscheinungen liegt die allgemeine Tendenz ausgesprochen.
Hält der Schnee den Schutt bei seiner Abwärtsbewegung auf, so
geschieht es nur vorübergehend; das letzte Ergebnis der Berührung
beider ist doch wieder ein Abwärts. Schärfer tritt diese Unterstützung
des im Schutt liegenden Triebes noch hervor bei seiner Verbindung
mit Wasser.

---

[1] Albert Heim, Einiges über die Verwitterungsformen der Berge. Neujahrsblatt, herausgegeben von der Naturforschenden Gesellschaft auf das Jahr 1874.
S. 14. 15.

III. Abschnitt.

SCHUTT UND WASSER.

I. Schutt, das Wasser beeinflussend.

1. **Obere Quelllandschaft.**
   Die Halden: Wasser sammelnd, a. flüssiges, b. festes; bewahrend. (Gegenteil von Firn: Gewitterregen; Platzregen.) Schicksal des versickernden Wassers. Quellschwund. Kare ohne Abfluſs (zwei Ausnahmen). Isohypse der oberen Quelllandschaft. Quellenarmut der Thalboden.

2. **Untere Quelllandschaft.**
   1. Kräftiges Wiederauftauchen des verschwundenen Baches. 2. Schilderung der unteren Quelllandschaft. 3. Kraft des Baches. 4. Wasserführungen.

Anhang zu 1. u. 2. Eigentümlichkeiten der Schuttquellen: 1. Übereinstimmung in den Temperaturen. 2. Überhaupt niedrige Temperaturen. 3. Geringe tägliche Schwankung. 4. Geringe jahreszeitliche Schwankung. 5. Ausdauer in der trockenen Zeit.

3. **Strecke zwischen den Quelllandschaften.**
   a. **Versinkung.**
      Bachschwund. Beispiele. Ursachen. (1. Lockere Lagerung des Schuttes, 2. Gefällsänderung, 3. Austrocknung, 4. seitliches Ausweichen.)

Anhang: 1. Verschiebung der Fluſsquellen. 2. Vertikale Zerfaserung. 3. Wassermengen.

   b. **Stauung.**
      α. unterirdisch (Wiederauftauchen des versunkenen Baches).
      β. oberflächlich $\begin{cases} 1.\ \text{einseitig.} \\ 2.\ \text{beidseitig.} \end{cases}$

Anhang: 1. Scheinquellen. 2. Trockenbett.

Der allgemeinste Einfluſs des Schuttes auf das Wasser bekundet sich in der Zerlegung der ganzen Landschaft in mehrere Abteilungen. Wir werden im folgenden Veranlassung haben, eine untere und eine obere Quelllandschaft zu unterscheiden. Der Mittellauf der rinnenden Gewässer ist entweder gar nicht oberflächlich vorhanden oder nur stückweise. Daraus ergeben sich wieder eigentümliche landschaftliche Verhältnisse.

Die obere Quelllandschaft ist charakterisiert durch zweierlei, durch beträchtliche Lager festen Wassers in Form von Firnflecken und durch zahlreiche damit verbundene Quellfasern. Im unterirdischen Mittellauf mufs die allmähliche Vereinigung dieser Fasern erfolgen, und endlich tritt in der unteren Quelllandschaft das nun Gesammelte und im engen Thal fest Zusammengefafste wie auf einen Schlag als sprudelnder Bach hervor.

Wenn wir das Wasser, als das leichter Bewegliche, vornehmlich als Bewegung fördernd kennen lernen, so tritt der Schutt, das aus schwerer beweglichen Teilen Bestehende, bis zu einem gewissen Grade als Bewegungshindernis auf. —

„Es läfst sich aus der vor kurzem von der obersten Baubehörde publizierten ombrometrisch-hydrologischen Karte des Königreichs Bayern entnehmen, dafs auf den Strich des Isarquellgebietes im jährlichen Mittel eine Regenmenge von 1700—1800 mm trifft. Hier gehen aber nicht wie vielfach anderwärts zwei Drittel oder mehr durch direkten Abflufs für die ständige Bewässerung des Gebirgs verloren. Grofse Partien der Tagwässer fallen auf die in jeder Höhenlage zerstreuten Schuttbalden. Sie werden von diesen gleich riesigen Schwämmen aufgesogen, nach ihrem Innern geleitet und hier wie in Hochreservoiren aufgesammelt und gehalten, bis dieselben den Rändern des Schuttmaterials als ständig fliefsende Thalquellen ... entfliefsen [1].“ Aufser auf diese Zufuhr mufs hier hingewiesen werden auf die Mengen festen Wassers, denen die Halden zur Lagerstatt dienen und die, wie bereits mitgeteilt, den Sommer überdauern, und das etwa ausbleibende Flüssige ersetzen. „Der Firn als eigenartige Quelle ist durchaus nicht zu unterschätzen, sein besonderer Wert liegt darin, dafs er das in ihm aufgespeicherte Flüssige nicht mit einem Male von sich giebt, sondern seine Stoffe in weiser Verteilung die ganze trockene Zeit hindurch dem Thale bietet [2].“ Das Gegenteil findet durch die hier mit furchtbarer Gewalt auftretenden Hochgewitter statt. Am 9. August vorigen Jahres ging ein solches im oberen Samerthal nieder. Eine volle Stunde dauerte das Geprassel und Geknatter. Der Regen kam in

---

[1] Chr. Gruber, Mitteilungen des D. u. Ö. Alpenver. 1887. S. 75. 76.
[2] R. Schn. S. 119. 191. 193. Ferner Chr. Gruber, Über das Quellgebiet und die Entstehung der Isar. Jahresbericht der geograph. Gesellschaft zu München. 1887. (Petermanns Mitteil. 1888, Litteraturbericht N. 218.)

Strömen nieder und verwandelte sich schließlich in einen fürchter-
lichen Hagel. Nach etlichen Minuten schon hatten sich kleine Dämme
von Eiskörnern gebildet, und in kurzer Zeit war die Erde von einer
mehrere Centimeter hohen Körnerhülle überdeckt, die aber durch
weiter aufwärts schnell entstandenes Schmelzwasser zum großen Teil
nach der Tiefe geführt wurde. Der Samerbach, der nicht weit von
der Pfeiser Alpe einer dauernd aber spärlich fließenden Felsenquelle
seine Entstehung verdankt, begann jetzt etliche hundert Meter weiter
oben. Die Halden sahen trotz der Unmassen von Feuchtigkeit, die
sie überschütteten, durchaus nicht feucht aus. In ihren Klüften versickerte der Hagel und sein Schmelzprodukt. Den entgegengesetzten
Anblick boten die Haldenfüße. Hier sprudelte alles; hier herrschte,
im Gegensatz zur großen öden Haldenfläche, regste Lebendigkeit.
Nicht nur zwischen je zwei Steinblöcken brachen Quellen hervor,
sondern jeglicher Spalt in mächtigen Quadern — auch in solchen, die
etliche Meter vom Fuße der Halde entfernt waren — wurde von
hier empordringenden Wassern als Ausweg benutzt. Diese Vorgänge
dauerten noch 1½ Stunde nach dem Gewitter, als der blaue Himmel
die durchfeuchtete Landschaft wieder anlachte. Das war gegen Abend.
Am nächsten Morgen lag die Landschaft in derselben Öde und Trockenheit wie vorher. Wir erkennen, daß durch diese auf einmal in un-
geheuern Mengen herabstürzenden Wasser, durch diesen „plötzlichen
Überfluß an Flüssigem" dauernde Quellen nicht zu stande kommen[1];
dagegen halten die in den Karen von Firnflecken genährten aus. —
  Nicht alles Wasser, das Regen und Firn der Halde geben, tritt
an deren Fuß als Quelle zu Tage. Ein Teil verdunstet und erzeugt
dabei eine Kühle, die zur Erhaltung des übrigen Wassers beiträgt;
ein anderer versickert in den Spalten des Gesteins und tritt erst an
der Thalsohle unterhalb des Kares hervor oder gar erst in der unteren
Quelllandschaft, vielleicht auch überhaupt nicht. —
  Bemerkenswert ist, daß schon im Kar oft wenige Schritte nach
dem Hervortreten aus der Halde das Wasser verschwindet, eine Erscheinung, die als Quellschwund bezeichnet werden darf. Bei Quellen
im westlichen Sonntagskar tritt dieses Auftauchen und Verschwinden
des Rinnsals sogar wiederholt ein. Eigentümlich ist ferner, daß keins
der achtzehn Kare unseres Gebietes einen dauernden Abfluß zeigt,
von zweien abgesehen (dem westlichen Sonntagskar und dem Steinkar). Im östlichen Sonntagskar beobachtet man, wie dicht vor dem
durch Wildwasser zerbrochenen Wall (der übrigens keine Felsschwelle,

---

[1] Hierzu: Heim, Die Quellen. S. 7.

sondern eine Schuttschwelle ist) das Wasser plötzlich verschwindet, indem es in zwei armstarken Löchern in den Schutt hinabgurgelt. Zu einer Zeit verstopften sich diese Löcher, was zur Bildung eines Quellteichs von mehreren Quadratmetern Gröfse Anlafs gab. —

Das Steinkar nährt den Angerbach, der beständig und lebhaft fliefst, aber das Hauptthal nicht erreicht, der Abflufs des westlichen Sonntagskares heifst Kasbach.

Wir bemerken, dafs die obere Quelllandschaft auf die oberste Abteilung der Schuttlandschaft beschränkt ist, auf die Region der Kare. Da diese in annähernd gleicher Höhe eingekerbt sind, läfst sie sich zwischen die Isohypsen 1900 und 2100 m einschalten. —

Die Thalboden selbst, Gleierschthal, Mannlthal, Hippenthal, sind quellarm. Im Mannlthal, das etwa 1800 m hochliegt, war überhaupt nur eine einzige kleine Quelle zu entdecken, die als Viehtränke benutzt wurde, während das Hippenthal nicht einmal ein leises Rinnsal aufwies. Im Samer-Gleierschthal wurde ein schwach fliefsendes Gerinne unter dem Jägerkar und ein anderes fünfzig Schritt weiter aufwärts gefunden. Beide sind auch auf der österreichischen Karte des Militärgeographischen Institutes verzeichnet. —

Dafs der Samerbach keine Zuflüsse mehr empfängt, beweist auch seine Wassermenge, die sich nach der Vereinigung von Kasbach und Pfeiserbach bis zum Beginn des allmählichen Verschwindens gleich bleibt. —

Ein anderes Bild zeigt die untere Quelllandschaft. Wir rechnen dazu die Gegend vom Wiederauftauchen des Gleierschbaches zwischen Amtssäge (1193 m) und Lettenalm (1250 m), dann den unteren Teil des Zirler Christenthals vom Emporsteigen des versunkenen Christenbaches. Ferner die Quellen bei und unterhalb der Amtssäge. Die Dutzende von Quellfäden sind hier im engen Thal zu einem Bündel vereinigt. Was oben zersplittert versickerte, hat sich im langen, schmalen Samerthal gesammelt und, indem es unter der Erde flofs, vor zu lebhafter Verdunstung bewahrt, also reichlicher erhalten, als bei oberflächlichem Abflufs. In der Nähe der Amtssäge, wo sich die Seitenthäler des ganzen Gebietes vereinigen, werden auch die von ihnen unterirdisch geführten Wassermengen einander genähert. Schon diese orographische Eigentümlichkeit, das Hinstreben sämtlicher Thalungen auf einen einzigen Punkt, macht das Vorhandensein der unteren Quelllandschaft hinreichend erklärlich. Durch den Zusammenschlufs so vieler Quellfäden geschieht es, dafs sofort Bäche zu Tage treten, die nach wenigen Schritten schon imstande sind, Sägewerke zu

treiben, und deren Kraft schon bei ihrem Entstehen Wildwasser-
verbauungen nötig macht.

Etwa 500 Schritt oberhalb der Amtssäge tritt der bei den Mühlwänden dem Schutt unterliegende Samerbach im Trockenbett des
kleinen Christenbaches als ein kleiner Tümpel wieder ans Licht, dessen
Wasserzufuhr unmerklich geschieht, während ein kaum wahrnehmbares
Rinnen seinen Abfluß kennzeichnet. Schon nach etwa vierzig Schritt
beginnt auf der linken Seite des Bachbettes ein ungemein ergiebiges
Quellen. Das ganze Gelände ist auf etwa 30 m in lebhaftester Bewegung. Nach einer Wanderung von mehr als 3 km im öden Trockenbett des Samerbaches mit seiner Totenstille berührt dieses lebendige
Brausen der mit einem Schlag hervorsprudelnden Wasser ganz eigen-
artig. Ein Zählen dieser vom Fuchsschwanz herfließenden Quellen,
von verschiedenen ausgeführt, würde sehr verschiedene Ergebnisse
liefern, ist aber gar nicht angebracht, denn es quillt eben der ganze
Hang auf die bezeichnete Entfernung. Solche Massenausbrüche wiederholen sich noch dreimal bis zum Forsthaus Amtssäge, so daß ein
Bach zustande kommt, der bei einer Länge von etwa $1/2$ km die ungewöhnlich starke Wasserführung von 1020 Sekundenlitern aufweist.
Bei der Amtssäge selbst gesellt sich hierzu eine Wasserzufuhr von
rechts, die in zwei starken Bächen aus der Richtung des Sagkopfes
unter schwellenden Moospolstern mit betäubendem Getöse hervorbricht
und die Wasserführung plötzlich um 35 Sekundenliter vermehrt; der
Bach hat jetzt eine solche Kraft gewonnen, daß ihm der Betrieb
eines Sägewerks zugemutet werden konnte. Von hier bis zu seiner
Vereinigung mit dem Zirler Christenbach erfordert er auf eine Strecke
von etwa 300 m nicht weniger als sechs Verbauungen an den kon-
vexen Teilen seiner Windungen, von denen etliche mehr als 45 Schritt
messen. Die Quelllandschaft des Zirler Christenbaches zeigt ähnliche
Verhältnisse. Nur in einem Punkte besteht ein Unterschied. Nicht
die neu hinzutretenden Quellen sind die kräftigsten Wasserlieferer,
sondern der wiedererstehende Bach selbst.

Aus den eigentümlichen Vorgängen bei der Bildung der Schuttquellen[1] resultieren gewisse für sie charakteristische Eigenschaften,
die ihnen mit einigem Recht die Bezeichnung „gute Quellen[2]" verdienen und einer kurzen Betrachtung unterzogen werden sollen.

1. ist auffällig, daß die Temperaturen des oberen und unteren
Quellgebietes sehr wenig von einander abweichen. Etliche Beispiele

---

[1] R. Schn. S. 272. Ferner Anm. 4, S. 268 und Heim, Die Quellen. S. 9.
[2] Heim, Die Quellen S. 9.

mögen diese Behauptung belegen, wobei als Typus der oberen Quellen die Lafatscher Quelle angezogen sei.

1. Obere Quellen:

Lafatscher Quelle[1] (im Mittel) 3,9° C.   Dr. Chr. Gruber
Quelle im Sonntagskar . . . 3,0° C.

Dazu stimmen gut die von den Schlagintweit (Hermann und Adolf) gegebenen Zahlen für die Isarquelle[2] (bei Lafatsch):

bei 5726 par. F. (= 1861 m): 3,4° C., benachbarte 3,5°; 3,8°; 4,0°; 5,8°.

2. Untere Quellen:

a. Fünf Quellen oberhalb der Amtssäge:

26. Aug. 1892	9 h am	1.	5,0° C.		
-	-	2.	4,8° C.	Luft	Höhe
-	-	3.	5,0° C.		
-	-	4.	5,1° C.	17° C.	1200 m
-	-	5.	4,8° C.		

b. Zwei Quellen bei der Amtssäge:

Luft   Höhe

26. Aug. 1892   10 h am   5,1° C.   17° C.   1200 m

c. Hierzu Quellen bei Kastenniederleger[3], Hinterauthal, Höhe 3664 par. F. (= 1190 m): 4,6° C., 5,0°—6,2° C.

2. Die Messungen wurden im Sommer vorgenommen; um so mehr verwundert die abnorm niedrige Temperatur dieser Schuttquellen, die zum Teil zurückgeführt werden kann auf die Abstammung von Firn. Hierzu kommt noch eins: „Gerade die in die Hohlräume der Halde und den Schuttboden des Thales eindringende warme Luft veranlafst eine rege Verdunstung eines Teiles des durchsickernden Wassers; dadurch wird eine auffallend niedrige Temperatur in den Hohlräumen erzeugt, die die niedere Temperatur des Firnfleckwassers auf diesem Standpunkt erhält. Es wickelt sich hier derselbe Prozefs ab, als wenn Wasser in einen unglasierten Krug gegossen wird[4]“. Diese niedrigen Wärmegrade können sogar zur Eisbildung[5] im Schutt führen, von der

---

[1] R. Schn. S. 272.

[2] Schlagintweit, Untersuchungen über die physikalische Geographie der Alpen. 1850. S. 241. 256. 269.

[3] Schlagintweit, Untersuchungen über die physikalische Geographie der Alpen. S. 241.

[4] Mitteilungen d. D. u. Ö. Alpenver. 1886. S. 151. Arthur Ölwein, Über Quellbildung. Vergl. ferner v. Richthofen, Führer u. s. w. S. 124. Zeile 10.

[5] v. Richthofen, Führer u. s. w. S. 124. Z. 12 und Mitteilungen d. D. u. Ö. Alpenver. 1878. S. 225. Dr. Koch, Über eigentümliche Eis- und Reifbildungen im lockeren Gebirgsschutt während der warmen Jahreszeit.

man sich leicht durch Beiseiteschieben der bedeckenden Trümmer
überzeugen kann, wie Dr. Chr. Gruber aus benachbartem Gebiete berichtet[1]. Damit aber tritt eine gewisse Verwandtschaft zwischen Eishöhle und Schutthalde hervor.

3. Die oben angegebenen Temperaturen behalten die Schuttquellen tagsüber mit nur leisen Schwankungen bei. Diese geringe
tägliche Veränderlichkeit wird im Schneebuch mit einer 22 Messungen
umfassenden Liste bewiesen[2].

4. Quelle bei Lafatsch[3]:

6. Mai	6 h am	3,1° C.
27. -	6 h am	3,8° C.
1. Juni	—	3,8° C.
21. -	—	3,8° C.
10. Aug.	7 h 30 am	4,3° C.
10. -	11 h 40 am	4,6° C.

Hieraus geht hervor, dafs die niedrigen Temperaturen auf beträchtliche Zeit festgehalten werden; da sie für die betreffenden
Quellen zugleich höchste Wärmegrade repräsentieren, sind grofse
jahreszeitliche Schwankungen überhaupt ausgeschlossen.

5. Zu den wertvollen Eigenschaften der Schuttquellen gehört
ihre Ausdauer während der trockenen Zeit. Wenn diese auch im
direkten Zusammenhang mit der Herkunft der Quellen vom Firnfleck
steht, so spielt dabei der Schutt doch 1. als Firnerhalter und
2. als Verdunstungsverhinderer keine geringe (indirekte!) Rolle. —

Es bleibt noch übrig, denjenigen Teil der fliefsenden Gewässer zu
betrachten, der zwischen den beiden Quelllandschaften liegt. Wir
begegnen da zwei Gruppen von Thatsachen, die zurückführen auf die
mehr lockere oder dichtere Lagerung des Schuttes; die erste verursacht Versinkung, die letzte Stauung. Zur ersten Art zählt die als
Bachschwund[4] bekannte Erscheinung, die dem Quellschwund durchaus
ähnlich und nur gröfser ist. Man begegnet ihr an den Thalboden auf
Schritt und Tritt.

1. Der Angerbach, der im Steinkar seinen Ursprung hat, erreicht
am Bodenwald das Trockenbett des Samerbaches nicht.

2. Der mit grofsem Geräusch aus seiner Klamm heraustretende
Zirmbach zeigt nach 500 Schritt horizontalen Laufs eine beträchtliche

---

[1] R. Schn. S. 232.
[2] R. Schn. S. 272.
[3] R. Schn. S. 271.
[4] S. S. 4 Anm. 1.

Abnahme seines Wassers, und 400 Schritt weiter ist er als feinstes
Rinnsal im Boden des breiten Schuttbetts verschwunden.

3. 400 Schritt oberhalb der Stelle, wo eine Wasserleitung das
hier 20 m breite Trockenbett bei Zirler Christen überquert, bemerken
wir, wie ein dünnes Gerinne im Schutte versickert. 100 Schritt weiter
aufwärts rieselt das Wasser lebhafter, etwa 150 Schritt vom letzten
Punkte ist ein Bach vorhanden, der 120 cm breit und durchschnittlich 6 cm tief ist. Bei 800 Schritt rauscht er bereits sehr stark, seine
Wassermasse nimmt rasch zu, und 1½ km vom Verschwindepunkte
tritt das Wasser sofort mit voller Stärke in starken Quellen unter
grofsen Blöcken hervor. Von jetzt ab ist das Bett trocken. Bei 2974
begegnen wir abermals einem versiechenden Gewässer, dessen unterirdischen Lauf man sofort beweisen kann, wenn man den Schutt auf-
wühlt; bei 3000 rauscht der Bach lebhaft, und 3080 bringt die Vereinigung zweier Flüfschen, deren rechtes zehn Schritt weiter aufwärts
aus vier lebhaften Schuttquellen entsteht.

Wir sind jetzt beim Aufgang nach Erl in die Region der Firnflecken gelangt. Wandern wir den Aufgang weiter hinauf, so lassen
sich bis zur obersten Quelle nicht weniger als acht solcher Bachschwinden auffinden.

4. Von der unteren Quelllandschaft im Trockenbett des Gleierschbaches aufwärts schreitend gelangt man nach 700 Schritten zur Mösl-
oder Lettenalm. Das Bett biegt ins Hippenthal ein, auf der Wiese
selbst ist keine Spur davon zu erkennen. Am östlichen Rand des
Waldes, der den Anger umschliefst, schaut aus dem Gebüsche eine
weifse Muhre hervor. Dort ist die Fortsetzung des Trockenbettes des
oberen Gleierschbaches, der jetzt Samerbach heifst. Von hier aus hat
man noch über 4000 Schritt bachaufwärts zu wandern, um der oberflächlichen Fortsetzung des in der unteren Quellgegend wieder empor-
steigenden Wassers zu begegnen. Dies ist der grofsartigste Bachschwund im ganzen Gebiet. 300 Schritt oberhalb hat der Samerbach
eine Breite von nahezu 2 m und eine durchschnittliche Tiefe von
14 cm; dieselbe Wasserführung behält der Samerbach bis in die Nähe
des Gamskarl bei. Unter diesem, im ödesten Teile des Thales, verliert er seine Kraft völlig und schleicht als still rieselndes Wässerlein
zwischen den Steinen des Schuttbodens hin, ganz das Gepräge seiner
traurigen Umgebung tragend. Endlich verschwindet er auf Strecken
von 10—15 m gänzlich, taucht wieder auf, versinkt wieder, bis er
schliefslich auf 900 m dauernd unsichtbar wird. Unter dem Prax-
marerkar bemerkt man sein Wiedererscheinen. Aufwärts an Kraft
zunehmend, versinkt der Bach unter dem Kaskar abermals, aber nur

auf 25 Schritt. Nach etlichen Metern oberflächlichen Laufs steht man
wieder im Trockenbett, das hier eigentümliche Strudellochbildungen
aufweist. Nicht gar weit vom Sonntagskar wird endlich bei der Vereinigung von Kasbach und Pfeiserbach der letzte Bachschwund beobachtet gerade an der Stelle, wo sehr steiles Gefälle in minder geneigtes übergeht. —

Das Phänomen des Bachschwundes ist zurückzuführen auf die
lockere oder minder lockere Schuttlagerung. Es ist nicht recht verständlich, wenn Pfaundler bemerkt: „Man kann nicht verstehen, wie
der Bach gerade hier verschwindet, und warum er nicht auch wo
anders nicht zu sehen ist." — Wenn der Bach versickert, dann muſs
er eben unter sich Abzugskanäle haben. Der Satz muſs anders
lauten: Es ist mitunter nicht verständlich, warum gerade hier der
Schutt so locker gelagert ist und an einer anderen Stelle nicht. —
Etwas ist noch bei der Erörterung dieses Problems zu berücksichtigen,
das ist das Gefälle. Es ist möglich, daſs an zwei Stellen Schutt gleich
locker lagert, und daſs doch an der einen kein Verschwinden eintritt,
während es an der anderen beobachtet wird. Wenn wir diese Erscheinung auf verschiedenes Gefälle zurückführen, so bietet der erste
Bachschwund den Beleg dafür. Es ist gar nicht anzunehmen, daſs
der am steilen Hang überflossene Schutt dichter lagere als der etliche
Meter unter ihm befindliche; mithin bleibt bloſs die auffällige Gefälls-
veränderung als genügende Erklärung des Schwundes an dieser Stelle
übrig. Bei geringerem Gefälle, also langsamerem Flieſsen, hat das
Wasser vielmehr Zeit, die zahlreichen Spalten und Klüfte aufzusuchen
als bei steilem. ·

Kommt beides zusammen: lockere Lagerung und geringes Gefälle,
dann muſs die Erscheinung am entwickeltsten auftreten, was in der
That unter dem Jägerkar der Fall ist.

· Hierzu gesellt sich noch ein Umstand, nämlich die in diesen
Thälern bedeutende Austrocknung durch Sonnenbestrahlung, die noch
durch die Unebenheiten des Schuttbodens begünstigt wird. Je weniger
Wasser, desto geringer ist bei sonst gleichen Verhältnissen die Fluſs-
geschwindigkeit, daher kommt es auch, daſs z. B. im Frühling oder
bei heftigem Gewitter die Strecken des Trockenbettes verkürzt
werden. —

Ferner: es findet nicht nur ein Abflieſsen nach unten, sondern
auch ein Abflieſsen nach den Schuttwänden des Bachbettes statt.
Offenbar wird dadurch wiederum die Wassermenge verringert, mithin
die Geschwindigkeit verzögert, d. h. aber der Abfluſs nach unten begünstigt. ·

Da sich diese Thäler im Zustande der Ausfüllung befinden, so
wird einstmals der Bach nicht mehr fähig sein, oberflächlich ahzu-
fliefsen; man wird genötigt werden, seine Quellen in der Nähe der
Amtssäge anzusetzen; mithin wird sich hier ähnliches ereignen wie im
Rofsloch des Hinterauthales; so bewirkt also der Schutt eine Verschiebung der Hauptflufsquellen nach dem Thalausgange hin. —

Der Bach verschwindet nicht auf einen Schlag, sondern ganz allmählich. Es zweigen sich nach und nach Wassersträhne von ihm ab,
bis zuletzt nichts mehr oberflächlich von ihm übrig bleibt. Man kann
von einer Zerfaserung in vertikalem Sinne reden, im Gegensatz zu
einer horizontalen, von der Peschel in seinen Problemen[1] berichtet.
Diese führt mit der vergröfserten Verdunstungsfläche zu einer Vernichtung des Flüssigen, während jene das Wasser vor Verdunstung
bewahrt und in die Tiefe führt, damit die wiedergesammelten Fasern
endgültig in der unteren Quelllandschaft an die Oberfläche gelangen
können.

Lehrreich ist eine Betrachtung der Wassermengen jener vom
Schutt beeinflufsten Bäche.

1. Aus den gefundenen Zahlen dürfen ganz allgemeine Schlüsse
auf die mehr lockere oder dichtere Lagerung des Schuttes im Thalboden gezogen werden.

2. Auffällig ist, dafs der Zirler Christenbach vor seinem letzten
Schwund schon in der Entfernung von 500 Schritt blofs sieben Liter
die Sekunde führt, oder dafs sich eine so geringe Wasserführung noch
auf eine so grofse Strecke halten kann.

3. So langsam sein Verschwinden erfolgt, so schnell geschieht
sein Wiederhervortreten. Nach 30 Schritten zeigt er schon 660 " l,
die er auf seinem 43 mal gröfseren Wege bis zur Vereinigung mit dem
Gleierschbach nicht viel mehr als verdoppelt (1570 " l).

4. Die vom Samerbach beim Jägerkar geführte Wassermenge beträgt 260 " l; daraus ergiebt sich, dafs nur etwa ein Viertel des
Gleierschbachwassers Wasser des Samerbaches sein kann, dafs dagegen
die übrigen drei Viertel von den Quellen des Fuchsschwanzes her-
rühren (Gleierschbach vor Aufnahme der Quellen bei der Amtssäge
= 1020 " l).

5. Trotz eines Laufes, der den des Gleierschbaches um ein Drittel
übertrifft, weist der Zirler Christenbach 150 " l weniger auf; das wird

---

[1] O. Peschel, Neue Probleme der vergleichenden Erdkunde. 1869. Aufsatz 1: Das Wesen u. die Aufgaben der vergleichenden Erdkunde. S. 8.

aber sofort zu Gunsten des letzteren erklärt, wenn man sein kleines Entwässerungsgebiet ins Auge fafst.

Erinnert sei jetzt an die acht kurz hintereinander befindlichen Bachschwinden beim Aufgang nach Erl. Hier bietet sich eine günstige Gelegenheit, einen besonderen Typus des Fliefsenden kennen zu lernen. Von einer Eigentümlichkeit der Schuttgegend abgesehen, dafs sich die Wassermengen in gewissen Teilen gerade umgekehrt verhalten wie in gewöhnlichen Verhältnissen (nach aufwärts zunehmen!), bestehen am genannten Orte ganz eigenartige Beziehungen zwischen Haupt- und Nebenrinnsal. Sonst pflegt der Hauptstrom an irgend einer Stelle seines Laufes die Summe alles ihm oberhalb zugeführten Wassers zu sein, oder die Summe der Nebengewässer füllt die Hauptrinne. Hier gewahren wir aber, im Bach aufwärts gehend, folgende Thatsachen: Trockenbett, Bachschwund in diesem Hauptbett, Wasser, herrührend von einem weiter aufwärts von rechts in den Hauptkanal mündenden Nebenflusse, wieder Trockenbett, nach wenigen Schritten Bachschwund, Wasser eines von links in die Hauptrinne fliefsenden Nebengewässers. Wir beobachten mithin, dafs im Hauptflufsbett: Wasser des Nebenflusses, Trockenbett, Wasser des Nebenflusses abwechseln. Bei günstigeren Wasserverhältnissen ist der Fall denkbar, dafs jeder Bach etwa dort ganz verschwindet, wo der nächste in die Hauptrinne eintritt oder ein kleines Stück unterhalb. Das Ergebnis ist dann folgendes: Im Hauptbett fliefst ein ununterbrochener Wasserfaden, der sich aus einzelnen von einander unabhängigen Teilen zusammensetzt, nämlich Strecken des oberflächlichen Laufs von Nebengewässern; folglich übernehmen diese streckenweise die Rolle der Hauptader. Diese ist an einer bestimmten Stelle nicht mehr die Summe der oberhalb mündenden Nebenflüsse, sondern in der Gesamtlänge die Summe von Teilen des oberflächlichen Laufs der Nebenadern. Die ganze Erscheinung wurde schematisch dargestellt.

Dicht lagernder Schutt verhindert das Durchfliefsen des Wassers; er wird zum Bewegungshindernis. Das Resultat sind Stauerscheinungen, die sich zwanglos in unterirdische und oberirdische ordnen lassen. Jene, die bereits betrachtet wurden, veranlassen das Wiederauftreten des Baches im Trockenbett. Die andern können danach gesondert werden, ob sie nur von einer Seite wirken oder gleichzeitig von zweien. Im ersten Falle wird der Bach zu einer Wegverlängerung, einer Umfliefsung gezwungen, während im zweiten der Bach genötigt wird, erst Wasser zu sammeln, um das Hindernis zu überfliefsen und durch Vertiefung der selbstgeschaffenen Abflufsrinne endlich zu beseitigen. Vorkommnisse der ersten Art werden im Samerthal häufig

durch Lawinenstürze veranlaſst, so gegenüber dem Jägerkar. Einen
vortrefflichen Beleg für die zweite Art bietet der mehrfach erwähnte
Abrutsch zwischen Mühlwand und Brandjoch. —

Aufser dem Durchflieſsen des Bachbodens wird auch ein Aus-
weichen der Wasser nach den Seitenwänden bemerkt, eine unterirdische
Zerfaserung horizontalen Sinnes. Das dabei verschwindende Wasser
kommt in der Regel nach kurzen Strecken wieder zum Vorschein.
Im Samerthal ist dieser Vorgang so häufig, daſs man sich plötzlich
in die untere Quelllandschaft versetzt meint. Von der Herkunft dieser
Quellen kann man sich leicht überzeugen, wenn man den Schutt in
ihrer Nähe aufreiſst; sie entpuppen sich dann stets als bloſse Ab-
zweigungen des Bachwassers. Sie schwächen die Wasserkraft und
führen später den entnommenen Betrag der Hauptmasse wieder zu;
da sie also keine Verstärkung des Flusses bewirken — was bei
echten Quellen stets der Fall sein wird — ist für sie der Name
Scheinquelle bezeichnend. —

Trockenbetten sind Werkstätten des flieſsenden Wassers, aber
nur des vorübergehend anwesenden oder räumlich gefaſst, die Strecken
des Bachbettes zwischen dem Verschwinden und Wiederauftauchen
seines flüssigen Inhalts. Mit der Aufzählung der einzelnen Bachschwinden ist also schon der Ort der Trockenbetten gegeben. Hinzugefügt sei noch das groſsartigste Trockenbett des Gebietes, das nicht
zwischen zwei oberflächlich flieſsende Gewässer eingeschaltet ist, sondern von Anfang bis Ende des Wassers entbehrt, das Bett des
Kleinen Christenbaches im Hippenthal.

Jedes Trockenbett hat Eigentümlichkeiten, die sich bei allen
seiner Art wiederholen. Der Querschnitt wächst bei normal entwickelten Flüssen von oben nach unten, hier ist es umgekehrt;
ebenso nehmen andere Zeugnisse der Arbeit des flieſsenden Wassers
bachaufwärts zu. An der Lettenalm ist das Trockenbett des Samerbaches nur eine schmale Aufreiſsung des Waldbodens von wenigen
Centimetern Tiefe, während es 1 km aufwärts 7 m Breite und 2 m
Tiefe hat. Diese Zunahme ist jedoch nicht gleichmäſsig auf die ganze
Strecke verteilt. Das Bett ist völlig abhängig vom Schuttboden des
Thales. War dieser fester, so bildete sich nur eine Rinne von
geringer Tiefe, und es fanden Überflutungen der angrenzenden Waldbestände statt, während bei lockerer Lagerung eine tiefe und breite
Ausfurchung entstand. Der Thalboden wurde verflüssigt und geriet
besonders bei gesteigertem Gefälle mit in Bewegung. Zuweilen ist
überhaupt kein deutliches Bett vorhanden; dann ergoſs sich die aus
Schutt und Wasser gemischte Masse quer durch die Bestände.

II. Wasser, den Schutt beeiuflussend.

1. **Wasser, Schutt bildend.**
2. **Wasser, Schutt verflüssigend, bewegend, umlagernd.**
   A. **Schutt der Thalflanken (Gefälle).**

   a. {
     α. Ganze Haldenkörperteile abrutschend,
         1. einseitig,
         2. beidseitig,
     β. Jüngster Schutt oder oberflächlicher Haldenteil ab-
        rutschend (Blattmuhre).
     γ. Schuttschneide,

     b. in überwachsenem Schutt: Wasserrifs. Rinne: Kegel; deren
       besondere Eigenschaften.

   B. **Schutt des Thalbodens** (Wassermenge, dichtere Lagerung).
       Beförderungsstoffe. (Kegel, Terrassen. Wallbildungen.)

   C. Aus A u. B. hervorgehend: Horizontale Muhre. Fladenlagerung.

Schon eine allgemeine Betrachtung des Wesens von Schutt und
Wasser läfst vermuten, dafs das Wasser dort, wo günstige Verhältnisse
zur Entwicklung seiner besonderen Eigenschaften gegeben sind, versuchen wird, diese anderen Körpern aufzuprägen. Bei solchen, die
ihm selbst ähnlich sind, wie beim Schutt, wird es ihm besser gelingen
als bei anderen, denen es weniger verwandt ist. Wir wollen bei
Betrachtung der Einflüsse des Wassers auf Schutt chronologisch verfahren, so dafs erst einige Thatsachen über die Thätigkeit des Wassers
bei der Schuttbildung mitgeteilt werden. Das Wasser stellt also zunächst ihm Ähnliches her; dieses bewegliche Feste wird vom Wasser
bewegt, verflüssigt, umgelagert. Vermindern sich die für die Entwicklung des Wassercharakters günstigen Bedingungen, so tritt ein
Setzen und Verfestigen ein.

1. Da, wo der vom Fuchsschwanz kommende Teil des Zirler
Christenbaches seine Klamm verläfst, fallen die Schichten unter 39°
nach Süden ein. Der Bach hat seine Schlucht in der Streichungs-
richtung eingeschnitten; dadurch verloren die nördlichen Teile der
Klamm ihren Halt; aufserdem folgten Sickerwässer den Schichten-
flächen und machten diese selbst glitscherig. So trat an dieser Stelle
ein Bergschlipf ein, der mit einer Zertrümmerung der abgebrochenen
Tafeln in kubikmetergrofse Blöcke verbunden war.

2. Am linken Ufer mufste sich, im Gegensatz zum rechten, eine
überhängende Wand bilden, die durch das periodisch höher stehende
Wasser noch mehr unterhöhlt wurde, so dafs sich im August (wenn
sich das jetzt geringe Wasser auf eine tiefer eingeschnittene Rinne

beschränkt) unter ihr eine fast ebene (trockene) Fläche gebildet hat; auf dieser wird der vom Sickerwasser der Steilwand gelöste Schutt gelagert, und es ergiebt sich die von Heim als „Balme" [1] aufgeführte Form. Wenn schon bei dieser Art von Schuttbildung die Mitwirkung von Frost wahrscheinlich ist, so wird sie bei der folgenden Gewißheit.

3. Unterm Sagkopf in etwa 2000 m Höhe findet sich ein steiler Abfall des Kalkfelsens, an dem ein mächtiger Felssturz statthatte, veranlaßt vornehmlich durch die Sprengwirkungen des in den zahlreichen Klüften des Felsens gefrierenden Wassers.

4. Wiederholend sei erinnert an die schuttbildende Thätigkeit des Schmelzwassers [2], die Gremblich als vorzüglichstes Mittel der Haldenbildung betrachtet.

5. Auf dem Brandjoch begegnet man häufig Flächen von etlichen Quadratmetern Größe, die von annähernd gleich großen Kalkstücken ziemlich gleichmäßig bedeckt sind. Das Abrollen oder Durchschmelzen durch Schnee ist durch die örtlichen Verhältnisse ausgeschlossen. Da benachbarte Flächen dieselbe Erscheinung in einem weniger entwickelten Stadium aufweisen, wird es leicht, das Vorkommnis zu erklären. Durch die Sprengwirkungen des die Klüfte eines Blockes füllenden Wassers umgiebt sich dieser allmählich mit einer Zone von Kalkfragmenten. Gleichzeitig wird der Blockkörper selbst in Angriff genommen und der eine Block in mehrere zerlegt, die späterhin dasselbe Schicksal haben; so wird schließlich ein Haufwerk kleinerer Stücke fertig, an dessen Verteilung Wind und Wetter weiter arbeiten und am Ende jenes kleine Blockfeld schaffen, das anfänglich rätselhaft erschien. — Dabei findet eine langsame Abwärtsbeförderung des in Spalten des Blockes gesammelten Humus statt, der schließlich zwischen den kleinen Splittern eine dicke Schicht bildet und, da er feucht und klebrig ist, dem Abtrag durch Wind mehr Widerstand entgegensetzt als kleine Kalksplitter [3].

---

[1] A. Heim, Einiges über die Verwitterungsformen u. s. w. S. 14.

[2] Über die täglich erfolgende Zertrümmerung vergl. auch Schlagintweit, Untersuchungen zur physikal. Geogr. d. Alpen. S. 307. 308. Über Insolation: v. Richthofen, Führer u. s. w. S. 92. 93. Ferner Gremblich, Unsere Alpenwiesen. S. 15.

[3] Lag der vom gefrierenden Sickerwasser gesprengte Block auf einer schrägen Fläche auf, so ist ein Abwärtsrücken des unteren Teiles ganz gewiß. Vgl. hierzu: 1. Anleitung zur deutschen Landes- u. Volksforschung v. Kirchhoff, 1. S. 40. — 2. v. Richthofen, Führer u. s. w. S. 489 u. S. 97. — 3. Chr. Davison, Creeping of the soil through the action of frost. Geolog. Mag. 1889. Vol. VI. P. 255—261.

6. Unterirdische Spülwirkungen des Wassers führen zur Bildung von Hohlräumen; brechen deren Gewölbe in Trümmer, so gab hier Wasser indirekt Veranlassung zur Schuttbildung. Eine ungewöhnlich grofse Menge von Beispielen hierfür liefert der Abhang des Brandjoches nach dem Mannlthal.

Die Schmelzzeit ist eine Periode anhaltender Aktivität des Wassers. Da werden ihm grofse Mengen jenes vorübergehend Festen wiedergegeben.

Auf kurze Zeit dem Schutt gegenüber aktiv wird das Wasser bei besonderen Gelegenheiten im Sommer, wenn es verstärkt wird durch plötzliche Ausscheidungen des luftförmigen Wassers als flüssiges, bei Gewittern und Platzregen.

Die verflüssigende, bewegende, umlagernde Thätigkeit[1] des Wassers kann sich auf den Schutt der Thalflanken erstrecken, wo ihr besonders das steile Gefälle zu statten kommt, oder auf den Schutt des Thalbodens, wo sie vom Drucke rückwärtiger Massen unterstützt wird.

Die Thalwände bestehen, namentlich im oberen Abschnitt dieses Gebietes, zum gröfsten Teil aus Trockenschutthalden. Im unteren Teil herrscht der bereits überwachsene Schutt vor. Auf beiden kann sich die besondere Arbeit des Wassers versuchen. —

Die Verflüssigung kann so intensiv werden, dafs sie auch innere Teile des Haldenkörpers ergreift. Der neue Körper, der aus Blockschutt verschiedenster Gröfse und Wasser besteht, kann sich nicht mehr in der dem ursprünglich einfachen Körper eigentümlichen Böschung erhalten. Es tritt eine Verflachung ein, die erst dann zur Ruhe kommt, wenn der Böschungswinkel erreicht ist, der der Zusammensetzung der Mischung entspricht. Eine solche nur auf einer Thalseite erfolgte Abrutschung zeigt die nach dem Zirler Christenthal gerichtete Flanke des Zischkenkopfes, ferner viele Teile im hinteren Hippenthal. Es ist auch der Fall möglich, dafs an demselben Thalpunkte Abrutschungen von beiden Seiten zugleich stattfanden. Ist das Thal eng, so kann sogar eine plötzliche Verbindung der gegenüberliegenden Halden herbeigeführt werden, wie es zwichen Mühlwand und Brandjoch der Fall zu sein scheint. Da bei solchen Verstärkungen der Wasser, die die Thalflanke hernieder kommen, auch eine Anschwellung der am Thalboden fliefsenden

---

[1] Hierzu: Vincenz C. Pollack, Jahrbuch der K.K. geologischen Reichsanstalt. 1882. S. 566, und: Die Bewegung loser Massen und ihre Rolle bei der Modellierung der Erdoberfläche von Beyer, im Jahrbuch der geologischen Reichsanstalt. Bd. XXXI. Heft 4, auch in Gaea 18.

eintreten muſs, so hat diese Vereinigung nicht lange Bestand, sondern
wird bald in das umgewandelt, was sie jetzt ist, in ein Schuttthor.
Seine Herstellung zehrt freilich die Kraft des Samerbaches auf, so
daſs hier der Beginn seines dauernden Verschwindens liegt.

Nicht so intensiv wirkende Wassermassen spülen nur Schutt
jüngsten Alters von oberhalb der Halde gelegenen Gehängen und
Steilwänden herab und breiten ihn über die Halde aus, dabei reiſsen
sie oberflächliche Teile mit sich. Hierdurch werden in der Regel
blattartige Formen gebildet, für die nach ihrer äuſseren Erscheinung
der Name Blattmuhre [1] nicht unberechtigt wäre. Diese Gebilde bekunden ihre Verwandtschaft zum Flüssigen recht deutlich. Eins der
beigegebenen Bilder zeigt eine solche Blattmuhre auf den Halden des
Stempeljochspitzes in der Nähe der Pfeiser Alpe. Das „Geflossene"
macht sicherlich den Eindruck eines völlig flüssigen Lavastromes [2],
und doch besteht es aus Blöcken von durchschnittlich Kopfgröſse. Es
sind aber viele Hundert dabei, die einen Viertelkubikmeter messen.
Auch darin stimmt diese Form mit dem flieſsenden Wasser überein,
daſs die gröſste Geschwindigkeit in der Mitte ist; denn überall bleiben
die Ränder zurück, in der Mitte ragen die Spitzen weit voran
(Riegelkar!). Bei diesen Bewegungen werden im Weg stehende Felsen
(z. B. am Erlgrat) gerade so umflossen, wie Wasser Inseln umflieſst.
Diese jungen Ergüsse heben sich vom alten, angewitterten Schutt
deutlich ab durch ihre weiſse, frische Farbe.

Finden zwei Abrutschungen in nächster Nachbarschaft statt, so
ist die Form der Schuttschneide möglich, wie sie auf den eben erwähnten Halden beobachtet werden kann.

Die im bereits überwachsenen Schutt niedergehenden Muhren
haften in der Regel an dünnen Wasserrissen. Der Schutt unter
diesen hat sich so vollgesaugt, daſs er den bisherigen Neigungswinkel
nicht mehr erhalten kann und ins Rutschen kommt. Die Rinne erweitert sich zwar nach dem unteren Ende zu, aber es bleibt eine
Furche bestehen [3], die Ränder brechen nicht so bald nach. Darin
liegt der Unterschied von der auf unbewachsenen Halden niedergehenden Muhre, die uferlos ist. Während sich diese flach, blatt-
förmig auf den nackten Kegel legt, neigt jene zur Bildung von
Wasserschuttkegeln mit sehr geringen Böschungen. Wenn Winkel

---

[1] Zeitschrift d. D. u. Ö. Alpenver. III, J. VIII z. B. (S. 319) schreibt
Mure. — Schlagintweit, Untersuchungen z. ph. G. d. Alpen S. 313: Murre
(allerdings für Südtirol).

[2] Dieses Bild wurde absichtlich aus gröſserer Entfernung aufgenommen.

[3] Titelbild!

Muhre auf den Halden bei der Alpe Pflis.

von 15°, 12°, 14° gefunden wurden, so rührt diese für Wasserschuttkegel[1] bedeutende Böschung jedenfalls davon her, dafs bei starkem
Gefälle das Wasser vorzeitig aus der Vermengung mit dem Schutt
ausschied, wodurch dem nicht mehr so sehr verflüssigten eine steilere
Neigung ermöglicht wurde[2].

Aufser der Bewegung in Rinnen und der Kegelbildung am Thalboden hat diese Art noch zwei Eigentümlichkeiten; 1. wird der Schutt
stets fest, Anstöfse bewirken keine Böschungsveränderung wie beim
Trockenschutt, und 2. findet sich die von dem fliefsenden Wasser
bewirkte Lagerung; die feinsten Stoffe werden am weitesten vertragen;
die grofsen Blöcke liegen am höchsten. So beobachtet man an dem
gewaltigen Wasserschuttkegel am hinteren Ende des Hippenthales
einen Kranz verfestigten Schlammes, der seine Basis umgiebt, während
weiter aufwärts das Material an Gröfse zunimmt. —

Dem Wasser des Thalbodens fehlt der Vorteil des grofsen
Gefälles; dies aber wird ersetzt durch gröfsere Wassermenge; dafür
giebt es zwei Ursachen. 1. wird das an den Hängen zerstreut
Rinnende an der tiefliegenden Thalsohle gesammelt; 2. lagert hier
der Schutt im allgemeinen dichter als in den lockeren Aufschüttungen
der Flanken. So ist auch hier das Flüssige befähigt, gewaltige Bewegungen in seiner Schuttumgebung hervorzurufen. „Das kleinste
Gewässer, wie es sich bei einem Gewitterregen immer einstellt, ist
imstande, die gröfsten Massen der Gesteintrümmer weiter zu befördern und zwar auf eine Weise, die der Beschreibung spottet. Ein
Bächlein, das oft nur mit Mühe eine Mühle zu treiben imstande wäre,
gleicht einem sich weiterbewegenden Steinflufs[3], der sich oft in beträchtlicher Breite, unter furchtbarem Geknatter der übereinander
hinrollenden Steine weiter wälzt. Das Wasser wird bald sichtbar,
indem es Steine weiter wälzt, bald verliert es sich wieder, um weiter
unten aus der agilen Steinmasse hervorzubrechen. Ein bis zwei

---

[1] Albert Heim, Neujahrsblatt, herausgegeben von der Naturforschenden
Gesellschaft auf das Jahr 1874. S. 23: „Die nicht trockenen Schuttkegel der Wild-
bäche und Flüsse haben eine Neigung zwischen 3° und 30°, das Gewöhnlichste
sind 5°—10°; sie sind also weniger steil als die trockenen Schutthalden und Schuttkegel, und ihre Materialien sind durch Feuchtigkeit und Schlamm so verbunden,
dafs sie niemals durch einen Tritt ins Gleiten kommen." v. Richthofen giebt
ebenfalls als Maximalzahl 30° an. (Führer u. s. w. S. 178.) Dagegen findet sich bei
v. Hochstetter (Die feste Erdrinde nach ihrer Zusammensetzung, ihrem Bau und
ihrer Bildung. S. 122) die Bemerkung: „Die nicht trockenen Schuttkegel der Wild-
bäche haben nur Neigungswinkel von 3°—10°.

[2] Über diesen Punkt siehe besonders S. 65 Anm. 1, Pollack u. s. w.

[3] Hierzu: S. 65* Anm. 1. Beide angeführte Aufsätze.

Stunden reichen oft hin, um sehr bedeutende Tiefen auszufüllen oder, wenn sich in der Nähe Kulturland befindet, dasselbe fufstief zu bedecken [1]."

Woher nimmt der Bach sein Beförderungsmaterial? Viel wird ihm durch seine z. B. bei Gewittern sich blitzschnell bildenden Nebengewässer zugeführt. Auch die Thalsohle selbst gerät in Bewegung, die Seitenwände werden unterwühlt, Schuttkegel angeschnitten, und das nachstürzende (oder gehobene) Trümmerwerk vergröfsert die Menge der beförderten Stoffe. Für all diese Erscheinungen bietet unsere Gegend überreiche Beweismittel [2].

An der mehrfach erwähnten Stelle des Austrittes eines Nebenbaches aus seiner Klamm am Fuchsschwanz hat das Wildwasser einen schönen Schuttkegel aufgeworfen, dessen Spitze in der Kluft liegt, dessen Basis des engen Bettes wegen nicht voll zur Entwicklung kommen kann. Während der Aufschüttung wurden am Ufer stehende Latschen überdeckt. In späteren Perioden hat der Bach seine Rinne in den Kegel hineinvertieft und bei einer neueren Anschwellung verbreitert. Jetzt, da er sich wieder in sein schmales Bett zurückgezogen hat, erscheinen deutliche Terrassen. Die von der ersten Überschüttung verdeckten Latschen kommen wieder ans Licht und liefern den besten Ausweis über das Alter der Aufschüttung.

Eine Art Wallbildung mag mit diesen Vorgängen im Zusammenhang stehen. An beiden Ufern eines Trockenbettes, das von rechts in den Kleinen Christenbach mündet, sind meterhohe Blockwälle aus grobem Schutt aufgeworfen. Diese begleiten die Bachseite auf etliche hundert Meter. (Oberhalb der Amtssäge sind sie ebenfalls gut entwickelt, und das Trockenbett des Samerbaches hat deren wiederholt.) Ein in den Boden eingegrabenes Bachbett fehlt; das Wasser strömt also zwischen den von ihm selbst geschaffenen Wällen.

Sowohl Bewegungen des Schuttes der Thalflanken, als solche des Thalbodens können eine Form der Schuttlagerung veranlassen, die als ebene oder horizontale Muhre bezeichnet werden soll.

1. Die auf Schutt (Trockenschutt) fliefsende Muhre entbehrt fester, seitlicher Schranken und kann, indem sie ihren Weg über die untere Haldengrenze hinaus fortsetzt, das ebene Vorland ein Stück überfluten, wie bei Pfeis zu beobachten ist.

2. Die Kegelbildung durch die in Rinnen niedergehende Muhre

---

[1] Gremblich, Pflanzenverhältnisse. S. 22.
[2] Richtiger: Das Gesagte wurde aus Gesehenem abgeleitet.

kann durch Bodenverhältnisse verhindert werden, dann wird der Lauf
in der vorgeschriebenen Richtung fortgesetzt.

3. Das oft sehr unbestimmte Bett der fliefsenden Wasser hört
mitunter gänzlich auf, oder die Ufer vermögen den Schuttstrom nicht
mehr zu fassen, dann erfolgt deren Überschreitung durch den Schuttinhalt.

Dabei hat das auf dem Thalboden fliefsende schuttbefördernde
Wasser nicht in allen Teilen gleiche Kraft. Das auf die Matten ge-
lagerte Material zeigt ihre verschiedene Verteilung sehr deutlich. Am
häufigsten ist eine fladenartige Lagerung anzutreffen. Der Schutt
bildet da oft viele Meter lange, nur handbreite und centimeterhohe
Strähne, deren Richtung die Flutrichtung anzeigt. Wie weifse
Schlangen kriechen diese Streifen zwischen den Büschen hervor. Die
Steinchen sind gewöhnlich durch feinen Schlamm verfestigt.

Der Vollständigkeit wegen sei nochmals erinnert an die vertikal
wirkenden Schmelzwässer, die als Setzwirkung die Schuttlöcher im
Frau Hitt Kar, im oberen Mannlthal, auf dem Brandjoch und bei
Pfeis veranlassen.

Auch der verfestigenden Wirkungen des Wassers wurde schon
bei Gelegenheit der Beschreibung der Wasserschuttkegel gedacht.
Andeutend sei bemerkt, dafs wahrscheinlich die Steilheit mancher
Halde, z. B. beim Aufgang nach dem Stempeljoch, in der verfestigenden Kraft von Wasser (wenig Wasser![1]) ihre Erklärung findet.

Über das Verhältnis zwischen Schutt und Wasser darf nach dem
Vorstehenden folgendes bemerkt werden:

Der Schutt führt insgesamt genommen in unserem Gebiet die
Herrschaft über das Flüssige. Er bestimmt dessen Anfänge, die Art
seines Verlaufs (oberflächlich und unterirdisch) und schafft einen besonderen Typus des Fliefsenden. Besonders dort, wo er locker
lagert, prägt er der Gegend den Charakter der Trockenheit auf.

Zu gewissen Zeiten, zur Schmelzzeit und bei plötzlichen starken
Ergüssen im Sommer, gewinnt das Wasser vorübergehend die Ober-
hand über den Schutt und bewirkt in dessen grofsen Ablagerungen
Umlagerungen; dabei ist die Bewegungsrichtung natürlich abwärts,
mithin im Sinne der Schuttbewegung. Die verfestigenden Wirkungen
sind unbeträchtlich.

---

[1] Vergl. S. 28 Anm. 2, Gesetz 4 von Le Blanc: „Ein wenig Wasser macht
die Böschung von Sand und Erde steiler (während eine beträchtlichere Menge
Wasser sie zu einer sehr schwachen Neigung zurückführt)“.

Anhang zu Abschnitt I, II u. III.
KLASSIFIKATION DER LAGERUNGEN.

I. Formen bestimmt durch die Orographie.

A. Formen, bestimmt durch eine Fläche.
    1. Schuttüberrieselter Hang (verhinderte Haldenbildung).
    2. Mehr ebenes Blockfeld:
        a. An Ort und Stelle gebildet,
        (b. Durch Abrollung nach einer horizontalen Fläche ge-
          bildet).
B. Formen, bestimmt durch zwei Flächen.
    1. Grundform: Kegel.
        (a. Freistehender Kegel),
        b. Angelehnter Kegel),
        c. Verlängerung: Schuttzunge, schutterfülltes Runsen-
          system.
    2. Grundform: Halde:
        a. Rückwand Richtung beibehaltend:
          α. Basis horizontal:
              1. Flankenhalde (im Hauptthal: Schuttfuſs),
              2. Terrassenhalde in Karen,
              (3. Horizontales Band).
          β. Basis geneigt:
              1. Aufsteigende Flankenhalde,
              (2. Aufsteigendes Band).
        b. Rückwand Richtung ändernd:
          α. Rückwand konkav: Zirkushalde,
          β. Rückwand konvex: Mantel (Gipfelhalde).

II. Formen, veranlaſst durch Schnee (Firn).

A. Schnee bestehend, schräg gelagert.
    1. Rollformen.
        a. Einzelner Block auf Erhöhung abgerollt,
        b. Blockwall vor der Halde,
        c. Blockfeld im Karzentrum (verschüttete Alpe).
    2. Rutschform.
        d. Lagerung nach Lawinengang.

B. **Schnee vergehend.**

    3. **Schmelzformen.**

        a. Vertikale Bewegung mit horizontaler Bewegung vor-
           aussetzend: Konzentration: S t a u b.

Lagerungen im Firn.
1. Staub unter Steinen auf dem Firnfeld,
2. Staub an Spalten,
3. Staub am Firnfleckrand.

Lagerungen aus Firn
4. Parallele Humuswällchen,
5. Scheinterrassen
    a. bei Firnbrücken,
    b. bei Blockwällen,
    c. Zirkelterrassen bei Schneelöchern.
6. Unregelmäfsige Hinlagerung des Staubes (Schlammes).

        b. Vertikale Bewegung voraussetzend: S t a u b und
           S t e i n e.

Lagerung im Firn.   1. Staub an der Unterseite der Firnbrücken (Muschelränder) und Firnflecken.

Lagerung aus Firn.   2. Auflagerung einer Schuttschicht auf die Firn-
unterlage, deren Erhöhung.
        Besonders auffallend: Lagerung kleiner
        Brocken auf grofse Blöcke.

    4. Setzformen (Umlagerung bereits gelagerten Schuttes)

Schutt und Schnee gemischt . . a. Alter Lawinenschutt zusammenrückend.
        Schmelzlöcher.

Schnee auf Schutt lagernd . . . b. Zusammenrücken des Schuttes: Bildung
        der Schutttrichter. (Firnerosion).

III. Formen, veranlafst durch Wasser.

A. Unmittelbar durch Verflüssigung veranlafst.

    1. In der Thalflanke.

        a. Blattmuhre auf kahlen Halden (benachbarte: „Schutt-
schneide" verursachend),

        b. Muhre in Rinnen fliefsend im überwachsenen Schutt,
(Flache Kegelbildung möglich.)

        c. Bewegung, den Haldenkörper ergreifend,
            α. auf einer Thalflanke,
            β. auf beiden Thalflanken. (Schuttthor möglich.)

        d. Schichten, auf glitscherigen Schichtenflächen abrut-
schend: Unregelmäfsige Ablagerung: Bergschlipf.

    2. Am Thalboden.
        a. Wasserschuttkegel der Wildbäche,
        b. Terrassenbildung,
        c. Blockwälle,
        d. Schuttfluſs,
        e. Ebene Muhre,
        f. Fladenlagerung.

B. Wasser in Verbindung mit Frost Lagerungsformen veranlassend.
    1. Bergsturz (Steilwand),
    2. Balme (Überhängende Wand),
    3. Einzelner zu Schutt zerlegter Block (Splitterfläche).

IV. Abschnitt.

SCHUTT UND PFLANZEN.

I. Pflanzen, vom Schutt beeinflufst.

Entgegengesetzte Bewegungen. Bild, diese versinnlichend.

1. Vegetation, abhängig vom Gesteinscharakter.
2. Vegetation, abhängig von der Form der Berge (obere Latschengrenze).
3. Vegetation, abhängig vom Schutte
    a. in den Thalflanken
        α. Unterbrechung der seitlichen Ausbreitung des Pflanzenwuchses (Schuttbehälter, Kare),
        β. Unterbrechung der vertikalen Ausbreitung (untere Latschengrenze) durch dauernde Schuttlagerung (Verlauf der unteren und oberen Latschengrenze am Gleierschzug),
        γ. Andere Mittel der Störung:
            1. Bergsturz, 2. Umlagerungen auf Halden, 3. in Rinnen, 4. Lawinen. (5. Ergebnisse dieser Bewegungen.)
    b. am Thalboden
        Mittel der Störung: 1. Eben gelagerter Lawinenschutt,
            2. Weiter rollende Blöcke,
            3. Ebene Muhre,
            4. Ergebnisse dieser Bewegungen.
Anhang: 1. Herauswachsen des Schuttes aus dem Humus. 1. 2. Ursache. 2. Die Halden im ganzen doch das Leben begünstigend.

Der Abwärtsbewegung des Schuttes nach dem Thalboden und Thalausgang zu stellt sich das organische Leben in Form der Pflanzen entgegen.

Der Gegensatz ihrer Bewegungsrichtungen kommt zu klassischem Ausdruck in dem Bilde, das fast jeder Schuttkegel des Hauptthales zeigt. Wird dort das organische Leben dargestellt durch das Grün der aufwärts strebenden Zundern, so vertritt ein mitunter blendendes

Weifs des Kalkschuttes das Unorganische, das abwärts will; beide
Farben greifen ineinander wie die Zähne einer Schädelnaht; es findet
eine Verstrickung der die verschiedenen Tendenzen vertretenden Farben
statt, die ein treffliches Bild des bestehenden Ringens bietet.

Bevor auf die eigentliche Einwirkung des Schuttes auf die
Pflanzen selbst eingegangen werden kann, ist es geboten, einiger
Einflüsse allgemeinerer Art zu gedenken. Der gesamte Eindruck, den
die Pflanzenwelt eines Gebietes macht, wird wesentlich bestimmt durch
den Gesteinscharakter. Ein Schiefergebirge zeigt andere Vegetationsverhältnisse als ein Kalkgebirge wie das unsere. „Insbesondere hebt
sich der Gehalt an Thon (Aluminia) vom Mangel desselben in auf-
fälligster Weise ab. Der Alpenkalk (Wettersteinkalk und Arlbergkalk,
Schichten der Chemnitzien) weist einen geringen Thongehalt auf und
mit ihm auch die magerste Vegetation. Mitunter findet man in den
nördlichen Kalkalpen, wofern sie besagte Gesteinsunterlage besitzen,
die gröfsten Flächen aller Vegetation entkleidet, und trotz der
kräftigsten Insolation eine sehr tief deprimierte Alpenregion oder ein
sehr verspätetes Eintreffen des Frühlings im höheren Gebirge[1].“
Ferner: „. . . so läfst sich nicht übersehen, dafs eben Gesteinsarten,
welche leicht verwittern und einen thonreichen Detritus liefern, den
üppigsten Wuchs aufweisen[2].“ Und weiter: „. . . wenn dem thon-
armen Kalkgebirge im allgemeinen gröfsere Armut an Pflanzenformen
und magere Entwicklung zukommt“ . . . u. s. w. Zuvor schon hätte
angeführt werden dürfen: „Als ein mageres[3], thonarmes, der Vegetation
ungünstiges Terrain mufs der Wettersteinkalk (und Arlbergkalk) bezeichnet werden, insbesondere ist er geradeso wie der Dolomit von
Seefeld (Hauptdolomit) wegen der grofsen Neigung zur Geröllbildung
zur Entwicklung von Massenvegetation wenig geeignet[4].“ Durch diese
Anführungen ist der allgemeine Charakter der Vegetation unseres
Gebietes treffend bezeichnet. Eine Eigentümlichkeit, die gerade der
Pflanzendecke dieser Gegend zukommt, mufs noch hervorgehoben
werden: die Abhängigkeit des Pflanzenwuchses von der Gestalt der
Berge. Pfaundler bemerkt hierzu: „Erst wo das Gebirge eine sanftere
Abdachung erlangt, war es dem vegetativen Leben möglich, fortzu-

---

[1] J. Gremblich, Unsere Alpenwiesen. S. 17. Separatabdruck aus dem
Programm des Haller Gymnasiums 1884/85.

[2] Anm. 1 S. 10.

[3] Hierzu auch Fr. Ratzel, Der Wendelstein. Zeitschrift d. D. u. Ö. Alpenver. 1886. S. 400.

[4] Gremblich, Unsere Alpenwiesen. S. 19.

kommen; man kann daher (im Gleierschgebiet!) nicht sagen von der Grenze der zusammenhängenden Vegetation, sie gehe so und so weit hinauf, denn sie ist von der Form des Gebirges zu abhängig[1]." In demselben Aufsatze äufsert sich der Reisegenosse Pfaundlers, Trentinaglia, über die obere Grenze der Legföhren und Waldungen des Samer- und Gleierschgebiets folgendermafsen: „Was nun die Grenze der Waldungen und Legföhren betrifft, . . . wäre es überhaupt schwierig, im Gleierschthal diese Grenze zu bestimmen, weil felsiger Boden gar zu oft die Waldbildung unterbricht[2] . . ." Und später: „Eine Vegetationsgrenze überhaupt findet sich im Gleiersch- thale nicht, da die Gebirge die Linie ewigen Schnees nicht erreichen, wohl aber wird der Pflanzenwuchs durch die Kahlheit des Bodens sehr beschränkt."

Verfolgt man auf der österreichischen Generalstabskarte oder auf den eben erwähnten Projektionen Trentinaglias in der „Zeitschrift des Ferdinandeums" die obere Latschengrenze, so genügt ein Blick, um deren Besonderheiten erkennen zu lassen. Sie ist eine unter- brochene, nicht allzusehr von der horizontalen abweichende Linie, die nur auf dem Grat zwischen den Schuttbehältern (Karen) verläuft, aber nicht in diese hineinsetzt. In der That ist es auffällig, wie geflissent- lich die Latschen, diese zähesten aller Alpenpflanzen, den Aufenthalt im Kar vermeiden. Nur in einem einzigen der Südflanke — dem Toniskar — haben sich gröfsere Gruppen von Zundern bis hinein auf die grüngrasigen Buckel gewagt; sonst darf von jedem unserer Schutttröge bemerkt werden: Im Karzentrum befinden sich grüne Rücken, die Latschen übersteigen nur vereinzelt die Karschwelle, die Halden des Kares sind vegetationslos. Um so auffälliger nimmt sich daneben das Hinaufklettern der beharrlichen Föhren zwischen den Einkerbungen auf den sie trennenden Pfeilern aus[3]. Diese Thatsache hat gewifs ihren Grund in demselben Umstande wie eine sofort noch zu besprechende, die vertikale Trennung der zusammenhängenden Pflanzenbedeckung.

Die Thatsache einer unteren und oberen Latschengrenze ist eine dem Schuttgebiet eigene Erscheinung. Diese wird durch die Steilheit des Gebirges erzielt und erhält ihren besonderen Charakter durch die Unterbrechung durch die Kare. Die untere ist ein Ergebnis der dauernden Schuttlagerung an den Thalflanken in der Form zusammen-

---

[1] S. S. 4 Anm. 1c.
[2] Zeitschrift d. Ferdinandeums. 1860. S. 36.
[3] Fr. Ratzel, Höhengrenzen u. Höhengürtel. S. 6.

hängender Halden. Das organische Leben hat zuerst im Thale festen Fuſs gefaſst und rückt nun haldenaufwärts vor. Es wird von der oberen Region des Pflanzenlebens durch diese zusammenhängende Schutthülle (und steilen Fels) getrennt. Dort, wo es das Vorrücken beginnt, ruht seine Hauptmacht; je weiter die Halde hinauf, je mehr es sich der unruhigen Gegend der Haldenbildung nähert, desto zersplitterter tritt es auf, daher die schon erwähnte Erscheinung der ineinander verschränkten Farben Grün und Weiſs. Die Latschen-bestände ahmen in ihrer Anordnung die Kegelform nach; sie beginnen unten mit breiter Basis, lösen sich schlieſslich in einzelne Gruppen auf, bis endlich vereinzelte Büsche die allmähliche Zerfaserung kenn-zeichnen. Auch diese Unterbrechung in der vertikalen Pflanzen-ausbreitung ist auf der österreichischen Generalstabskarte deutlich zu verfolgen und wurde schon von Trentinaglia für den Gleierschzug auf der erwähnten Vertikalprojektion dargestellt. Die obere Latschen-grenze bewegt sich dort zwischen den Isohypsen 1900 und 2200 m und erreicht ihre gröſste Höhe zwischen Kaskar und Sonntagskar bei 2370 m, während die untere Latschengrenze sich im allgemeinen an die Horizontale 1580 m hält.

Was die Unterbrechungen durch Bewegung und Umlagerung in den Thalflanken betrifft, kann auf früheres verwiesen werden. Ent-weder findet eine Bewegung des festen Felsens statt (Bergsturz und Bergschlipf), dann wird das unter ihm befindliche Pflanzenleben zer-schlagen, aber nicht gänzlich vernichtet; oder es tritt ein Abrutsch bereits gelagerten Schuttes ein, dann kann eine völlige Überdeckung des Pflanzenwuchses erfolgen[1]. Der Abfluſs nur oberflächlicher Halden-teile ist das am wenigsten Gefährliche. Die Bestände werden dabei umflossen, was ihre Erhaltung nicht ausschlieſst. Schädlicher sind die Schuttbewegungen in der Thalflanke, die in Rinnen vor sich gehen. Hier handelt es sich gewöhnlich um das Flieſsen eines Breies, der ganze Lagen entwickelten Pflanzenlebens mit hinabschwemmt und an der Thalsohle mit seinem erhärtenden Stoffe das Absterben vieler Stämmchen verursacht. Erinnert sei ferner an die Lawinen, deren Thätigkeit bereits besprochen wurde. —

---

[1] Auf diese noch gegenwärtig zu beobachtende Verschüttung auf der Halde befindlicher Pflanzen, wie auf die Vorgänge bei der Haldenbildung überhaupt, gründet sich übrigens Pencks Nachweis einer mehrmaligen Vergletscherung des Innsbrucker Gebiets, des Isargebiets bei Wallgau und am Vomperbache. Näheres bei Penck, Die Vergletscherung der deutschen Alpen u. s. w. Göttinger Breccie S. 230. 233. 240. 245.

Das Ergebnis aller dieser Vorgänge läfst sich in folgende Sätze fassen:

1. Sie zerlegen den geschlossenen Bestand des Pflanzenlebens in den Thalflanken.

2. Sie rücken mitunter auf grofse Strecken die untere Waldgrenze abwärts.

3. Durch mitherabgenommenen Humus erweitert der sich abwärts bewegende Schutt sein eigenes Bildungsgebiet auf Kosten des Organischen und verlegt

4. die obere Grenze alpiner Pflanzen thalwärts[1].

Auch für die Unterbrechungen des Pflanzenwuchses durch Bewegungen am Thalboden kann an bereits Mitgeteiltes erinnert werden, an den horizontal lagernden Lawinenschutt, das Abrollen von Blöcken durch Schnee und die von drei Ursachen veranlafste ebene Muhre. Das Ergebnis dieser Lagerung ist der im Schotter stehende Wald und die überschüttete Alpwiese. Beispiele dafür finden sich im Samer- und Gleierschgebiete leider nur zu viel. Die zahlreichen, vom Schutt umflossenen, in ihn hinein gekneteten jungen Bäumchen sind ein jämmerlicher Anblick. —

Anschliefsend hieran sei noch hingewiesen auf das Wiederherauswachsen des Schuttes aus dem Humus, der ihn bereits überkleidet hatte. Dies findet statt erstens bei grofser Trockenheit, die ein allmähliches Aufzehren und schliefslich ein völliges Verbrennen der Schicht veranlafst[2].

Die zweite Ursache liefert das Vieh durch seinen regelmäfsigen Weidegang, der eine schon von weitem erkennbare Terrassenlagerung im Schutt veranlafst. Übrigens bewirkt dieselbe Ursache die gleiche Erscheinung auch auf den Halden, freilich tritt sie hier des einheitlichen Weifs wegen nicht so deutlich hervor.

Das Endziel der Haldenbildung ist eine gröfsere Verflachung des Gebirges, mithin die Möglichkeit einer gröfseren Ausbreitung des organischen Lebens. Denken wir uns die Halden beseitigt, so bliebe

---

[1] Vergl. auch C. Fruhwirth, Zeitschrift d. D. u. Ö. Alpenver. 1881: Alpenpflanzen in den Thälern, Tiefenpflanzen auf den Höhen. S. 316. 317. Ferner allgemein über Vegetation und Halden: „Diese Schutthalden sind überhaupt das Verderben der Thalvegetation, indem sie von der Höhe immer neuen Vorrat gewinnend, das Zwergholz überschütten und gröfseren Bäumen keinen Nahrungsboden darbieten. Ausgezeichnet in dieser Beziehung sind das Hippenthal zunächst der Frau Hitt und teilweise das Mannlthal hinterm Hafelekar." Pfaundler, in der Zeitschrift d. Ferd. 1860. S. 36.

[2] Näheres darüber bei Nägeli, Zeitschrift d. D. u. Ö. Alpenver. Bd. VI. S. 3: Über Pflanzenkultur im Hochgebirge.

das Pflanzenleben auf den Thalboden und die genügend abgeschrägten Grate zwischen den Karen beschränkt. Beide Zonen wären durch eine mächtige Wand getrennt. Nun aber liegen die Halden zwischen beiden Gebieten und gewähren mit ihrem flachen Winkel das Mittel der schliefslichen Vereinigung zwischen oberer und unterer Pflanzenregion. Aus diesem fernen Gesichtspunkt betrachtet, verliert die Schutthalde den Charakter des Lebensfeindlichen.

———

II. Schutt, von den Pflanzen beeinflufst.

1. Pflanzen, Schutt stauend (Bewegung hemmend).
2. Pflanzen, Schutt einhüllend (Bewegung überhaupt verhindernd). Als Decke. Dazu gehört Humus. Zwei Humusbildungsarten:
    a. mechanische, b. organische.
        Zu b. Anpassungserscheinungen der Alpenpflanzen überhaupt. Drei Akte der Einhüllungsarbeit.
            1. Akt: a. Pioniere. „Luftfahrer." Arten. Anpassungen.
               b. Halde, mancherlei Begünstigung aufweisend.
            2. Akt: Zweite Generation: a. auf dem gebildeten Humus lebend oder b. insbesondere von der Kalkunterlage geschieden.
            3. Akt: Dritte Generation.

Die Pflanzendecke verhindert die Schuttbildung und erschwert die Schuttbewegung unter sich, während sie an ihren Grenzen die letztere aufhält. Dieses Aufhalten verrichtet die Pflanzenwelt am besten als geschlossene Linie; die Einhüllung des beweglichen Schuttes wird auf vielen vereinzelten Punkten des Gebirges gleichzeitig in Angriff genommen. Wir wenden unsere Aufmerksamkeit sofort dem zweiten Punkte zu.

Der geschlossene Latschenbestand verrichtet das Geschäft der Haldeneinhüllung ausgiebig[1]. Sein Dasein ist aber an die Anwesenheit des Humus auf dem groben Schutt gebunden. Dieser wird auf zwei Wegen dorthin befördert. Erstens auf mechanischem Wege durch den spülenden Regen, die spülenden Schmelzwässer, den Firn, den Wind. Diese Art bereitet eine zweite vor, unterstützt sie und findet

---

[1] Vergl. v. Raesfeld, Der Wald in den Alpen. Zeitschrift d. D. u. Ö. Alpenver. 1878. S. 6. 7 Anf.

immer noch statt, nachdem die „organische Sammlung" bereits in Thätigkeit trat, dann aber wird der mechanisch erzeugte Humus nicht mehr eingelagert, sondern aufgelagert und dient zur Düngung. Die mechanische Humussammlung ist mehr zufällig, die organische geschieht planvoll, die Thätigkeiten sind dabei in gewisse Gruppen gegliedert, und die Mitarbeiter und Ausführer des Plans sind für ihre Arbeit mit besonderen Fähigkeiten versehen.

Die Alpenpflanzen insgesamt lassen eine Menge Anpassungserscheinungen an ihren Standort erkennen, erinnert sei nur „an die dicke Cuticula oder die schützenden Filze als ein Mittel gegen allzu starke Verdunstung, an die Grofsblütigkeit und die hellen Farben der Blüten mit Rücksicht auf die wegen der kurzen Vegetationsdauer erforderliche schnelle Befruchtung durch Insekten, an die Fähigkeit, einen langen Winter ohne Schaden zu überdauern" [1]. Bei den Geröllpflanzen sind eine ganze Reihe besonderer Anpassungserscheinungen nachweisbar. Es ist das Verdienst des Professors Gremblich in Hall, dies für die Geröllpflanzen der nördlichen Kalkalpen [2], insonderheit für unsere Gegend, ausgeführt zu haben. Vorzüglich seinen Arbeiten lehnen sich die folgenden Bemerkungen an.

Das Bewufstsein in dieser organischen Humusbildung äufsert sich 1. in der Arbeitsteilung. Die ganze Leistung spielt sich ab in drei Akten [3]. In den beiden ersten treten besondere Pflanzengruppen auf, die mit ihren Leibern der folgenden Generation den Boden schaffen. 2. lassen eine Reihe von Einzelheiten im Leben dieser Pflanzen die Unterordnung unter einen bestimmten Plan erkennen.

„Kaum hat sich irgend ein Gerölle gebildet, so wird sich nach gar nicht langer Zeit die weifse Farbe, die es gleich nach dem Bruch besitzt, verfärben, bis sie in ein schmutziges Grau oder Blaugrau übergeht [4]." Das ist der Beginn der organischen Humusbildung. „Es setzen sich an die Gesteine zahllose kleine Flechten an, deren Lager, da sie beständig auch etwas Kohlensäure ausatmen, endlich das Gestein in ihrer Gröfse etwas vertiefen, so dafs man oft deutlich sieht,

---

[1] Gremblich, Unsere Alpenwiesen. S. 17.

[2] S. P. J. Gremblich, Pflanzenverhältnisse der Gerölle in den nördlichen Kalkalpen, in dem 5. Bericht des Botanischen Vereins in Landshut über die Vereinsjahre 1874/75, von jetzt ab angeführt unter dem Zeichen „Gr., Pfl."

[3] Diese dreiaktige Arbeitsteilung hat im allgemeinen schon Kerner erkannt. Vergl. Kerner, Die Bodenstetigkeit der Pflanzen, Verhandlungen der zoologischen und botanischen Gesellschaft in Wien. Bd. XIII. 1863. S. 245 ff. Kerner, Gute und schlechte Arten, Innsbruck, Wagner 1866, S. 60 und Anleitung zu wissenschaftlichen Beobachtungen auf Alpenreisen, 5. Abt. S. 375.

[4] Gr., Pfl. S. 22.

wo solche Flechten gesessen und wie grofs sie waren[1]." Es bildet
sich ein kleiner Napf, in dem ein Krümchen Humus zurückbleibt.
Aufser diesen winzigen Partikelchen Humus findet sich der auf mechanischem Wege über die Halde gestreute Nährboden in kaum erkenn-
baren Stäubchen zwischen den Blöcken verteilt. Nun handelt es sich
darum, Pflanzen auf diesen eigenartigen Boden zu schaffen und zwar
Pflanzen, die 1. im stande sind, die Reise aus einer Vegetationsgegend
nach dieser von ihr entfernten Steinwüste auszuführen, und die 2. fähig
sind, den zerstreuten Humus zu sammeln, überhaupt die Eigentümlichkeiten ihrer Umgebung zu ertragen. Diese lassen nicht lange auf
sich warten, „es stellen sich bald Pflanzen ein, deren Früchte leicht
vom Winde vertragen werden, indem sie recht platt sind oder allerlei
Anhängsel als Flugapparate besitzen, oder solche, deren Samen sich
durch ihre Kleinheit auszeichnen"[2].

Kerner stellt in seinem Aufsatze „der Einflufs der Winde auf die
Verbreitung der Samen im Hochgebirge" die Behauptung auf, „dafs
die Früchte und Samen der Phanerogamen, welche mit gespinnst- und
fallschirmartig bei trockener Luft sich ausbreitenden Flugapparaten
versehen sind, durch den an sonnigen Tagen beim Schweigen der
Horizontalwinde sich entwickelnden aufsteigenden Luftstrom zwar em-
porgeführt werden, sie sinken aber nach Untergang der Sonne in
geringer Horizontaldistanz wieder zu Boden, und der Zweck, der mit
diesen Flugapparaten erreicht wird, ist daher nicht so sehr die Eig-
nung der Samen zu weiten Reisen als vielmehr die Befähigung derselben, sich auf den Gesimsen und in den Ritzen steiler Gehänge auf
Felsen anzusiedeln und diese für andere Pflanzensamen nicht leicht
erreichbaren Steilwände mit Pflanzenwuchs zu bekleiden." Ferner:
„Die im Hochgebirge so häufigen Erdrisse, Schutthalden und Geröll-
bänke werden den Luftfahrern gern eine Stätte bieten, auf welcher
sie keimen können"[3]. Wir dürfen nach dieser verläfslichen Äufserung
um so mehr auf eine Übereinstimmung der Flora der Thalflanken mit
der der Thalsohle schliefsen, als dieser selbst Schuttboden ist.

---

[1] Gr., Pfl. S. 22. Vergl. hierüber ferner: F. Senft, Die Humus-, Marsch-,
Torf- und Limonitbildungen. Leipzig, 1862. S. 18. 16. Einflufs der Schurfflechten
(Leprarien), Blatterflechten (Variolarieen), Krustenflechten (Verrucarieen) und Lager-
flechten (Collemaceen) u. s. w. auf die Verwitterung von Kalkfelsen u. s. w. —
F. Senft, Fels und Erdboden. S. 322. — v. Richthofen, Führer. S. 98. — Die
Lichenenflora Bayerns, in dem IV. Bd. 2. Abt. der Denkschriften der K. bayer.
botan. Gesellschaft zu Regensburg. 1861.
[2] Gr., Pfl. S. 23.
[3] Zeitschrift d. D. u. Ö. Alpenvereins. Bd. II S. 144 ff.

„Die uns zumeist entgegentretende Pflanze ist Thlaspi rotundifolium mit seinen plattgedrückten Schötchen. Es fehlt wohl keiner
Halde, die über 1500 m hoch gelegen ist [1]." „Auf Halden, die
nicht so hoch gelegen sind, wird es von Äthionema saxatile vertreten [1]."

„Merkwürdigerweise schieben sich hier manchmal sehr seltene
Pflanzen ein. Eine der interessantesten Pflanzen dieser Art ist Galium
helveticum Weigel. Wenn es nicht herabgeschwemmt wird, steigt es
wohl nicht unter 1400 m herab. Es gehört an manchen Stellen zu
den an Individuenzahl am stärksten vertretenen Arten. Auf niederer
gelegenen Halden wird es durch Galium verum oder Galium austriacum
Jacq. vertreten. Wie sich in betreff der Höhenverhältnisse Galium
helveticum und Galium austriacum verhalten, ebenso verhalten sich
auch Alsine austriaca und Alsine Gerardi nur mit dem Unterschied,
dafs Alsine Gerardi manchmal seine obere Grenze bedeutend überschreitet. Ferner finden sich noch in alpinen Geröllen ein paar
Compositen, so Crepis chondrilloides Lam., welche meist in Begleitung
von Soyeria hyoseridifolia und Leontodon Taraxaci vorkommt. Die
bis jetzt aufgeführten Pflanzen kommen manchmal so individuenreich
vor, dafs sie, wenn man vom durch Pflanzenwuchs bedingten Aussehen
einer Halde überhaupt sprechen darf — denn die Pflanzen stehen
vereinzelt da —, den phytologischen Eindruck bestimmen. Aufserdem kommen noch folgende Arten hin und wieder in einzelnen Exemplaren vor: Biscutella laevigata, Arabis alpina, Papaver Burseri, Viola
biflora, Moehringia polygonoides, Selene inflata in der alpinen Form:
angustifolia, Saxifraga stenopetala et exarata, Athamantha cretensis,
Adenostyles alpina, Aronicum scorpioides, Valeriana montana, Cam-
panula pusilla, Myosotis alpina, Rumex scutatus [2], Carex ornithopo-
dioides (Hsm.), Poa alpina und Asplenium viride [3]." „Die Halden mehr
niedrig gelegener Abhänge weisen auch Pflanzen auf, die zuerst den
Boden befestigen und Humus für andere nachfolgende bilden. In der
Regel trifft man aber hier nicht so seltene, wie es manchmal auf
Hochgebirgshalden der Fall ist. Besonders trifft man aufser den
bereits erwähnten Galium-Arten und Äthionema noch Arabis alpina,
Biscutella laevigata, Epilobium montanum et collinum, Adenostyles
alpina, Linaria alpina et minor, Moehringia muscosa, Hutchinsia

---

[1] Gr., Pfl. S. 23.

[2] Nägeli, Über Pflanzenkultur im Hochgebirge. Zeitschrift d. D. u. Ö.
Alpenver. Bd. VI. S. 3.

[3] Gr., Pfl. S. 24.

alpina, Rumex scutatus, Poa pratensis, Aspidium Lonchytis, Asplenium viride[1].[2]"

1. Liegt schon in der Aufeinanderfolge der Generationen auf dem Schuttfelde, ferner in der Ausrüstung der Früchte des zweiten Geschlechtes eine auffällige Anpassungserscheinung, so treten einzelne Kleinigkeiten noch mehr als Thatsachen derselben Art hervor.

2. Von etlichen der vorhin aufgeführten Pflanzen giebt es zwei Formen, eine, die wir Normalform nennen können, und die am Fuß der Halde, unten an der Thalsohle auftritt, während die andere Form den Namen Schuttform verdient. Wer einmal versucht hat, ein Exemplar von Thlaspi rotundifolium oder Linaria alpina völlig aus dem Schutt auszuwühlen, wird die Schwierigkeit kennen, die die Loslösung der langen Leiber dieser auf den ersten Blick unscheinbaren Pflänzchen verursacht. Dasselbe gilt von Galium helveticum und von den im Gerölle vorkommenden Compositen Crepis chondrilloides und Leontodon Taraxaci. Die Normalform von Äthionema saxatile, „an den Grenzen der Halden an sandigen Fußwegen hat die Gestalt ganz kleiner, aufstehender Bäumchen mit sehr geringem Wurzelumfang[3]", „während die Pflanze im Geröll sehr lange, weit herumschweifende Wurzeln und Stämmchen besitzt." Und über Galium helveticum berichtet Gremblich: „Im Gerölle wird es oft bis halben Meter lang, während es an Wegstellen und ähnlichen Orten nur ein äußerst

---

[1] Gr., Pfl. S. 25.
[2] Hierzu auch Dr. Dingler d. in Zeitschrift d.-D. u. Ö. Alpenver. 1886, Der Wendelstein. S. 466 und besonders die begeisterte Schilderung von Christ: Das Pflanzenleben der Schweiz, S. 316: „In einzelnen, weit von einander getrennten, aber in der Regel prachtvoll aus einem Punkte nach allen Seiten entwickelten runden Rasen liegen diese Pflanzen auf dem an der Oberfläche durchaus kahlen und trockenen Gestein; ihr Dasein scheint ein Wunder. Aber bald vernimmt das aufmerksame Ohr das Rieseln des Wassers im Schoß der Geröllhalde und begreift, daß diese üppigen Blumen ihre Kraft in der Tiefe schöpfen, gleich dem Menschen, der in scheinbar ungünstiger Umgebung dennoch aushält und etwas leistet, weil er tief unter dem Schutt der Welt die Quellen des Lebens zu suchen und sich daran zu stärken gelernt hat. Die Alpen bieten keinen lieblicheren und zugleich rührenderen Kontrast, als den, den diese Geröllflora mit ihrer absolut sterilen Unterlage bildet. Und gerade die tadellose Entfaltung der einzelnen Pflanze ist es, was die Bewunderung auch des Gleichgültigsten herausfordert. Gleich der nie genug bestaunten Entwicklung des glänzenden Falters aus der unscheinbaren Puppenhülle ist das Bild dieser ätherischen Blüten über dem unwirtlichen Trümmerfeld der Verherrlichung des Dichters wert. Denn auch hier entsteigt in der That ein verklärtes Leben dem Tode und der Zerstörung. Den langsamen Untergang des Gebirgs, den die stets zunehmenden Geröllhalden nur zu deutlich bezeichnen, strebt der zierlichste, lieblichste Blütenschmuck der Alpenzone zu verdecken."
[3] Gr., Pfl. S. 33.

kümmerliches Ansehen hat." Woher das? — Es wurde vorher schon gesagt, dafs der Humus im Gerölle pünktchenweise zerstreut sei. Will ein Pflänzchen sein Leben dort fristen, so mufs es sich den Verhältnissen anbequemen. Mit kurzen, knappen Formen geht es hier zu Grunde. Es dehnen sich die Glieder, um Boden zu suchen, und das um so mehr, je gröber das Gerölle; denn je gröber dieses, um so weiter wird der Nährboden auseinander gezogen.

3. Rutschungen sind im Schutte ein ganz gewöhnliches Vorkommnis. Ist die Pflanze steif und spröde, so wird der Stengel leicht geknickt und das Leben der Pflanze gefährdet. Straffe Formen finden wir als Normalformen. Die Schuttform von Äthionema saxatile ist zart und schlaff, mithin biegsamer als jene. Von Thlaspi rotundifolium bemerkt Professor Gremblich: „seine Lebenszähigkeit ist eine ganz enorme, es wird oft zu wiederholten Malen von Steinen geknickt, aber immer lebt es wieder[1] auf."

4. Entsprechend den Stengeln verlängern sich im Gerölle die Wurzeln, die gewöhnlich länger sind als die oberflächlichen Teile der Pflanzen. Sie sind die feinen Greifwerkzeuge dieser Pioniere des Pflanzenwuchses, mit denen sie jedes Humuskrümchen sorgsam sammeln; mit ihnen gelangen sie in die feinsten Ritzen der Blöcke hinein, „kriechen nach allen Richtungen im Gerölle herum, zwängen sich zwischen den Steinen durch und haften mit ihren feinen Fasern oft so an denselben, dafs sie die Steine teilweise wie mit einem Netze umziehen, um ja keine noch so geringe Humuspartie unbenutzt zu lassen"[1].

Wenn man die Halden mit ihrer Trockenheit betrachtet, erscheint es fast unmöglich, dafs sich auf ihnen pflanzliches Leben erhalten kann. In der That weisen sie aber vor anderen Örtlichkeiten etliche Begünstigungen auf. „Vegetationslose Kalkgerölle wirken durch Einwirkung einer äufserst kräftigen Insolation dunstanziehend auf die Umgebung[2]." „Man sollte glauben, dafs, abgesehen von dem scheinbar absoluten Mangel an Feuchtigkeit sowie der bedeutenden Wärme, es einer Pflanze schon des mangelnden Humus halber unmöglich sein sollte zu vegetieren, doch wenn auch äufserlich in diesen Steinwüsten nichts zu erblicken ist, so ist die Steinschichte, wenn wir tiefer in sie eindringen, reichlich von Wasseradern durchzogen, und an Wasserdunst reiche Luft erfüllt die Hohlräume zwischen den Gesteinstrümmern. (Das, was der Erde an Quantität abgeht, ersetzt sie durch

[1] Gr., Pfl. S. 23.
[2] Gremblich, Unsere Alpenwiesen. S. 5.

Qualität, es ist einesteils Erde, die mit den Gesteinstrümmern von
den Höhen kam oder auf der Schutthalde selbst gebildet ward, also
solche, die eine analoge Bildungsweise, wie die der Rasenbänder der
Felsen aufzuweisen hat, daher auch den Alpenpflanzen sehr gedeihlich
ist.) Während also der Boden dem Zwecke entspricht und die Wurzeln gegen jähe Temperaturwechsel durch die mit einem schlechten
Wärmeleiter, mit Luft, erfüllten Hohlräume der Halde geschützt sind,
bewirkt der an der Oberfläche bedeutende Temperaturunterschied
reichliche Taubildung[1]."

Die aufgezählten Pflanzen bilden zusammen mit den Flechten die
erste Haldengeneration. „Alle aufgeführten Pflanzenarten erzeugen bei
ihrem Ableben Humus. In dieser Hinsicht zeichnen sich besonders
manche Saxifrageen aus, indem sie an der Spitze immer noch fort-
wachsen, während oft schon ihre halbe Meter langen Stämmchen bis
auf ein Drittel in Humus, der besonders von den absterbenden Blättern
herrührt, eingebettet sind[2]." Jetzt ist eine Grundlage für künftige
Geschlechter gewonnen. Die Genügsamen speicherten Stoffe auf für
Pflanzen, die einseitige Genüsse lieben; der daran arme Boden hätte
sie nicht befriedigen können. Die neue Generation zeichnet sich durch
üppiges Wachstum aus. Sie schwelgt im Besitz der von ihren spar-
samen Vorgängerinnen aufgespeicherten Nährmittel. Außerdem aber
werden durch die mehr als dezimeterdicke Humusschicht Pflanzen von
der Kalkunterlage getrennt, für die ein unmittelbares Aufliegen auf
Kalk schädlich gewesen wäre. „So trifft man oft echte Torfmoose
(Sphagnum cymbilifolium) mittelbar auf Kalk, der auf sie wie Gift
wirkt, aufstehen, indem für sie auf Kalk durch Flechten und Moose
ein günstiges Areale geschaffen wurde[3]." Das neue Geschlecht, das
auf dem vom Gefilz und Gehälm geschaffenen Boden lebt, könnte
ohne diesen nicht existieren, denn es ist ausgezeichnet durch ungemein
kleine Samen, „deren Eiweis zur Ernährung des keimenden Pflänz-
chens kaum ausreicht"[4]. Vaccineen, Ericaceen, Rhododendren sind
die wichtigsten Vertreter dieser Generation, die sich namentlich im
tieferen Humus durch große Üppigkeit auszeichnet. Bemerkenswert
ist, daß Rhododendron sowohl in der Art hirsutum als auch als Rh.
ferrugineum auftritt, obgleich letztere Schieferpflanze ist. Der Grund
dieser Erscheinung wurde schon mitgeteilt. — „Mit genannter Alpen-

---

[1] C. Fruhwirth, Alpenpflanzen in den Thälern, Tiefenpflanzen auf den
Höhen. Zeitschrift d. D. u. Ö. Alpenver. 1881. S. 316. 317.
[2] Gr., Pfl. S. 25.
[3] Gr., Pfl. S. 26.
[4] Gr., Pfl. S. 27.

rosenformation stellen sich dann auch hin und wieder Carices, besonders C. capillaris, C. sempervivens, C. ferruginea und andere ein, wie auch Avena, besonders argentea und Scheuchzeri und Poa alpina." Und nun wandelt die dritte Generation über die Halde, die Formation der Zunder oder Latsche, an deren Stelle oft die Grünerle (Alnus viridis) tritt.

Mit diesen vornehmsten Vertretern des letzten Geschlechts vergesellschaften sich zwei andere Gruppen. Erstens bleiben Repräsentanten früherer Generationen bestehen, Gräser und Alpenrosen, zweitens „stellen sich auch noch andere Pflanzen ein, die sich meist durch grofse Blattorgane überhaupt oder mindestens unter den Arten ihrer Gattung auszeichnen; ich nenne beispielshalber Saxifraga rotundifolia, Ranunculus aconitifolius, Adenostyles alpina, dann Pyrola rotundifolia, secunda, uniflora[1] u. s. w." Das üppige Wachstum dieser Pflanzen erzeugt bedeutende locker auflagernde Humusmassen, die eine hohe, gleichmäfsige Feuchtigkeit veranlassen. Dies wieder hat zur Folge, dafs sich feuchtigkeitsliebende Pflanzen zwischen den Erlen und Latschen wohl fühlen, oder dafs „andererseits neuen, bisher an ähnlichen Lokalitäten nicht vorkommenden Pflanzen für sie passender Boden geschaffen wird[1]."

Mit dieser letzten Generation ist der Wechsel von Pflanzengeschlechtern, die einander vorbereiten und verdrängen, auf der Halde geschlossen. Die mehrere Dezimeter und mehr messende Decke, die sich nun über das GeRölle ausbreitet, erschwert dessen Abrutsch und hemmt die von weiter oben, aus noch nicht eingesponnenen Gebieten erfolgenden Abstürze. Da die ersten Ansiedler nicht geschlossene Formationen in der Halde bilden, sondern vereinzelt stehen, wird die Humusbildung an vielen Punkten zugleich begonnen. Natürlich wird sie dort, wo sie gegen häufige Störungen am sichersten ist, die besten Fortschritte machen, das ist am Haldenfufse, während nach oben hin mit der Annäherung an das Gebiet lebhafter Schuttbewegung[2] eine Zersplitterung der geschlossenen Linie eintreten mufs.

Das Endziel aller Schuttbildung geht auf den Nutzen für das organische Leben. Dafs wir im Samer- und Gleierschgebiet den Schutt im Kampfe mit diesem beobachten, darf uns nicht wundern. Hier handelt es sich um einen Zwischenzustand. So lange die Abtragung der steilen Wand zu einer lebensgünstigen Böschung unvollendet ist,

---

[1] Gr., Pfl. S. 28.

[2] „Der Gipfel des Kegels ist mehr als jeder andere Teil der Böschung den störenden Einflüssen unterworfen." Thoulet, Études expérimentales etc.

müssen Schutt und Leben — die verschiedene Bewegungsrichtungen
vertreten — einander entgegenstehen. — Über das Ende des Kampfes,
in dem jetzt fast durchweg das Pflanzenleben unterliegt, kann kein
Zweifel sein. Wenn die Bildung des groben Schuttes zur Ruhe kommt
— und dieser Zustand wird auch hier einmal eintreten —, muſs es
dem Pflanzenleben sehr bald gelingen, die kalten grauen Töne durch
ein lebensfrisches Grün zu ersetzen, zumal bei einer so planvoll angelegten Arbeit, in die uns ein sorgfältiger Beobachter Einblick ver-
schaffte.

V. Abschnitt.

SCHUTT UND MENSCH.

I. Schutt und Mensch.

Gefährdung menschlichen Eigentums.

1. Einfluſs auf die Verteilung der Wohnungen.
2. Zerstörung der Wohnstätten.
3. Vernichtung von Alpen, Forsten.
   Samerthal. (Lawinen. Schutt mit Wasser vermischt. Verschiedene Arten der Muhre.)
   Anhang: Bergstürze.
4. Vieh: Steinfall. Schuttlöcher.
   (Anhang: Schutt, Verkehrshindernis.)

Vor dem Eingehen auf einzelnes soll erst eines Zuges von gröſserer Allgemeinheit gedacht werden. In einem früheren Abschnitt wurde bemerkt, daſs die Schuttverhältnisse des Gebietes die Annahme einer unteren und oberen Quelllandschaft begründen. Wohnstätten, die von denselben Menschen als dauernde Herberge benutzt werden, sind im Gleiersch- und Samerthal überhaupt nicht vorhanden. Die vorübergehend bewohnten aber sind an die Quellörter gebunden. Da deren Lage abhängig ist von den allgemeinen Schuttverhältnissen, ist die mittelbare Abhängigkeit der Siedelungsörter vom Schutt gegeben. Während des Sommers dauernd und im Winter vorübergehend bewohnte Gebäude giebt es gegenwärtig nur noch in den beiden Quellgebieten. Die letzte Art beschränkt sich auf die untere Quelllandschaft; die Quellen der oberen sind während der kalten Zeit tot. Was zwischen beiden früher vorhanden war, ist jetzt Ruine oder im Begriff, es zu werden. Der eine Grund hierfür liegt tiefer und soll später erörtert werden, ein unmittelbarer jedoch soll sofort Berücksichtigung finden.

In den mehrfach angezogenen Abhandlungen Pfaundlers zur Oro-

graphie unseres Gebiets lesen wir eine Stelle, die ein Gebäude zwischen
den Quellgebieten betrifft: „Die Samerhütte wurde 1858 von einer
Lawine zerstört, sodann einige Schritte weiter oben gebaut. Sie soll
nächstes Jahr an der alten Stelle von Steinen gebaut werden." Wenn
das geschehen ist, so ist das Haus doch wieder dem Lawinengang
verfallen; denn es sind nur noch die Grundmauern sichtbar. Dasselbe
Schicksal scheint auch die sogenannte innere Säge geteilt zu haben,
von der nur noch spärliche Reste in der Klamm des oberen Samerbaches zeugen. Noch Hermann von Barth erwähnt sie in seinem
Werke über die nördlichen Kalkalpen. Aufser diesen Zerstörungen
ist noch eine von furchtbarster Wirkung aus dem Gleierschgebiet bekannt. Vor drei Jahren ging im Frühjahr eine gewaltige Grundlahne
von den Fleischbankspitzen nach der Zirler Christenalpe nieder. Sie
teilte sich vor der Kapelle in zwei Ströme und zerschlug sämtliche
Hütten kurz und klein und überdeckte alles mit dem aus der Höhe
herabgebrachten Schutt. —

Aufser der Vernichtung menschlicher Wohnungen, die wegen deren
Spärlichkeit nur in geringer Zahl erfolgen kann, werden durch Lawinen-
sturz die Alpwiesen ungemein geschädigt. Nochmals sei hingewiesen
auf die Verhältnisse im Samerthal. — Das, was die Lawine in kurzer
Zeit wie mit einem Ruck vollführt, wird von dem Schnee, der die
Steine abrollt, nach und nach geleistet. Dies zeigt das Beispiel der
Angeralpe, die in einem Zustand allmählicher Verschüttung be-
griffen ist.

Nur kurz erinnert sei an die verschiedenen Arten der Bewegung,
die der mit Wasser vermischte Schutt zum Unheil der Alp- und
Forstwirtschaft als schräge und ebene Muhre, als Schuttflufs u. s. f.
ausführt, wofür unsere Gegend eine Menge bedauerlichster Belege
aufweist. Wenn man im Zirler Christenthale aufwärts geht, trifft man
auf eine kleine Waldblöfse, auf der eine Wiederbestockung versucht
worden ist, freilich ohne jeden Erfolg; denn der fliefsende Schutt hat
die zarten Fichtenstämmchen mit festen Krusten umgeben und ihnen
allmählich das Leben abgeschnürt. Auf die Überflutungen und Er-
säufungen auch gröfserer Bestände wurde schon aufmerksam gemacht.

Dafs einstmals plötzliche Loslösungen gewaltiger Blockmassen
auch den wenigen menschlichen Wohnungen dieser Thäler gefährlich
werden können, ist sehr wahrscheinlich. Nicht recht verständlich ist
die Wahl eines Bauplatzes für ein jüngst errichtetes Jagdhaus unter
dem Sagkopf gerade dort, wo schon einmal ein umfangreicher Bergsturz stattgefunden hat, ein neuer aber nicht lange auf sich warten
lassen wird. Der Steinfall ist in den Karen ungemein häufig und

dem Tröpfeln der Schmelzwasser unter der Firnbrücke vergleichbar.
Er bedroht das Leben des Weideviehes, das ferner dem Sturz in
Schuttlöcher ausgesetzt ist. Das Vieh kennt die letzte Gefahr sehr
wohl, daher nimmt es nicht wunder, wenn das Gras rings um jene
Vertiefungen abgeweidet ist, während in ihnen das vortrefflichste un-
berührt steht.

Zum Schluſs sei noch bemerkt, daſs der Schutt auch ein bedenk-
liches Verkehrshindernis werden kann. Dafür bietet der im Samer-
thal hinziehende Weg, der zum groſsen Teil in Reisen angelegt ist,
genügenden Beleg. Ursprünglich 4—5 Schuh breit, ist er auf groſse
Strecken durch Überflutungen mit Blockschutt nicht mehr kenntlich.
Namentlich beim Auf- und Abtrieb des Weideviehes von Mösl nach
Arzl, Rum und Mühlau über Pfeis macht sich das in unangenehmer
Weise geltend. Erinnert sei schlieſslich noch an die Mühseligkeit
stundenlanger Reisenwanderung und an die Gefahren, die der bröckelige
Fels dem Kletterer bereitet.

II. Mensch wider Schutt.

1. Wider Schutt des Thalbodens.
    Zwei Arten der Wildbachverbauung. (Dritte, besondere Form. Rechts-
    verhältnisse.)
    Das „Raumen".
2. Wider Schutt der Thalflanken.
    Befestigung der Halden. Das chronische Übel (Nägeli).
3. Andere Saumseligkeit. Der Reisenweg.
4. Zu Gunsten der Reisen: Verkehr überhaupt ermöglichend.
5. Rückgang der Alpwirtschaft.
    Alprechte: Ausübung dieser Rechte.
        a. Arzl und Mühlau. Mösl. Anger. Pfeis.
        b. Alpsinteressentschaft Zirl.
        c. Gemeinde Zirl.
    (Rückgang von anderen Ursachen mit abhängig.)
        Geringe Erträgnisse. Unmut der Arzler. Rückzug des Menschen.
        Ruinenlandschaft.

Welche Maſsnahmen trifft der Mensch gegen den Schutt, der ihn
selbst, seine Werke und seinen Nährboden bedroht? Im allgemeinen
darf für diese Gegend bemerkt werden: Sehr wenig! Gegen den am

Thalboden fliefsenden Schutt noch am meisten. Hier werden zwei Arten von Wildbachverbauungen angewendet. Die Längsverbauung finden wir nur am Gleierschbach unterhalb der Amtssäge. Man zimmert grofse Kasten aus langen Stämmen, füllt sie mit Steinen und fügt sie dem Ufer immer an der Stelle ein, wo der konvexe Rand, also die Hauptangriffsseite des strömenden Wassers liegt. Freilich hat diese Anstrengung gerade dort, wo sie beobachtet wird, abgesehen vom Schutz des Weges nach der Amtssäge, wenig Zweck. Andere Orte, an denen eine Deckung angebracht wäre, sind entblöfst. Vielleicht ist aber dieser jüngste Versuch der gute Anfang weiterer Unternehmungen gegen die Muhren des Gleiersch- und Zirler Christenbaches. Zum Schutze gegen die Vermuhrung des Bachbettes selbst und die Verschüttung der Alpweide wurden im letzteren etliche Querverbauungen angebracht. Man zieht eine Planke aus Pfählen quer so durch das Bett, dafs das höchste Wasser noch um ein gutes Stück überragt wird. In der Mitte der Staufläche ist ein viereckiges Loch für den Durchflufs des Wassers gelassen. Diese Planken genügen ihrem Zwecke ausgezeichnet, das Bachbett unterhalb macht einen für ein Schuttbett reinlichen Eindruck. Etliche solcher Wehre sind aber gänzlich verfallen. Manche wurden auch nicht so vortrefflich angelegt wie das geschilderte.

Einen gelungenen Versuch, den Schutt schon oben in der Gegend seiner wichtigsten Bildungsstelle festzuhalten, findet man in der Nähe des Erlsattels. Dort ist das Bett eines Wildwassers, einer Hauptader des Zirler Christenbaches, auf eine beträchtliche Strecke mit Reisig gefüllt. Wenigstens ist eine andere Erklärung solches Betriebes nicht wahrscheinlich. —

Trotz dieser Thatsachen geschieht lange nicht genug zur Bewältigung der alljährlich herabgeschwemmten Schottermassen. Das hat aber seinen Grund zum Teil in den eigentümlichen Rechtsverhältnissen. Die Zirler besitzen das Alprecht, und da sie zur Reinhaltung der Bachbetten nicht verpflichtet sind, hüten sie sich, einen Kreuzer dafür auszugeben; der Staat hat wenig Nutzen von der Gegend und möchte die „Raumung" denen zuschieben, die Nutzen geniefsen. Freilich vergeblich; denn als er vor etlichen Jahren mit dieser Forderung an die Gemeinden herantrat, pochten diese auf ihre Urkunden; so blieb es beim alten.

„Im Frühling beginnt das „Raumen" der Weiden und Wiesen. Die von Lawinengängen zurückgebliebenen Reste werden entfernt, die Steine zusammengetragen, um so der Grasnarbe gröfsere Ausdehnung zu verschaffen." Für das Samer-Gleierschgebiet hat dieser Ausspruch

Gremblichs nur beschränkte Geltung. Dieses „Raumen" findet nur auf dem Anger der Zirler Christenalpe statt unter dem Solstein, vielleicht auch auf Erl; doch mag es dort überhaupt weniger nötig sein. Endlich auf der Wiese bei der Möselalm oder Lettenalm, welcher Name übrigens sehr bezeichnend ist. Hier wird es am nötigsten. Doch handelt es sich da nicht wie bei Zirler Christen und Erl, um Raumung des Lawinenschuttes, sondern vielmehr um Beseitigung der Trümmer, mit denen der Samer- und Gleierschbach zur Zeit stärkster Wasserführung die Weide überfliefst. Der Boden der kleinen Kapelle im Walde neben dem Trockenbett bei Mösl liegt einen Meter tief. Hier macht sich jeden Frühling eine Räumung des hineingeschwemmten Schuttes und Schlammes notwendig.

Im übrigen aber geschieht in dieser Hinsicht durch die Gemeinde Arzl im ganzen Samergebiet fast gar nichts. Auf der Angeralpe schreitet der Prozefs allmählicher Verschüttung ungehindert vorwärts. Bei der Pfeis, die nur etwa fünfzig Schritt von jener gewaltigen Muhre am Rofskopf entfernt ist, bleibt die Alpswiese in dem Zustande, wie sie der Frühling überliefert. Im Samerthal selbst begegnet man selten einmal einem Häufchen zusammengetragener Trümmer. Sonst schreitet die Verwüstung fort, ohne dafs sich die Menschen aufraffen, ihr thatkräftig zu steuern. In den Karen natürlich noch mehr als im Hauptthal.

Wenn nicht einmal so kleine Verrichtungen zur Beseitigung eines unbedeutenden Übelstandes ausgeführt werden, nimmt es nicht wunder, dafs gröfseren nicht abgeholfen wird; beispielsweise der Abwärtsbewegung der Halden. „Bei Seefeld sah ich eine Halde durch Aussaat der Samen benachbarter Mähder bestockt. Ein solcher Vorgang verdiente besonders an Abrutschungen und Überschüttungen Nachahmung[1]." Für diese Erfahrung liefs sich im Gleierschgebiet nicht ein einziges Beispiel finden. Ganz im Gegenteil, man schlägt hier jährlich zahlreiche Stämme nieder, deren Wurzeln den Boden befestigten, trotzdem die Wiederaufforstung fast keinen Erfolg verspricht. „Rücksichtlich der Alpen sind es zwei Ursachen, warum fruchtbare Strecken sich mit Schutt bedecken, das langsame Niederstürzen von verwitterten und zerbröckelten Gesteinsmassen und die Überschwemmungen, beide wesentlich Folgen der unvorsichtigen Ausrottung von Bäumen und Sträuchern. Der langsamen Versandung, wodurch Weiden in Schutthalden sich umwandeln, müfsten je nach Umständen entweder Steindämme oder Anpflanzungen von holzigen Gewächsen, anfänglich von

---

[1] Gremblich, Unsere Alpenwiesen. S. 31.

Sträuchern (Zwergföhren oder Latschen und Erlen), nachher von Bäumen entgegengestellt werden. Dem Versanden der Weiden sieht der Älpler ruhig zu, wie überhaupt der Mensch geneigt ist, ein chronisches Übel als unvermeidliches Schicksal hinzunehmen und gewähren zu lassen. Gegen die Überschwemmungen, welche den Schaden viel unmittelbarer blofslegen und auch die Ursachen, wenigstens die allernächsten, erkennen lassen, wirkt er, so gut wie er kann, durch Aufführung von Dämmen ein. Aber Weiden, die mit Überschwemmungsschutt bedeckt wurden, wieder ertragsfähig zu machen, wird im Hochgebirge nur ausnahmsweise und dann auf ungeeignete Art versucht. Ich habe sehr selten beobachtet, dafs man durch Aussäen von Grassamen eine Grasnarbe herzustellen sich bemühte [1]." Diese Ausführungen Nägelis könnten aus unserem Gebiet um mehr als einen traurigen Beleg bereichert werden.

Hier mögen noch einige Saumseligkeiten der Eigentümer des Samerthales Erwähnung finden.

In § 6 Absatz 2 des Vertrags zwischen Ärar und der Gemeinde Arzl (und Mühlau) ist folgendes verzeichnet: „Durch das ganze . . . Gleierschthal, und zwar vom Eingang desselben bis zum Stempeljoch, führt ein Weg, der vom Eingang des Gleierschthals bis zur Amtssäge circa 8 Schub und von dort bis zum Stempeljoch 4—5 Schuh breit ist.

a. Zu Gunsten der Gemeinden Arzl und Mühlau hinsichtlich der Alpen Mösl und Anger besteht das Servitutrecht der Benutzung dieses Weges vom Krapfengraben bis zur Teilungslinie [2] zum Auf- und Abtrieb des Alpviehes mit Ausnahme der Schafe, dann zur Verführung des Alpplunders und der Alpsprodukte, welche Benutzung alljährlich stattfindet.

b. Zu Gunsten des K. K. Ärars besteht das Servitutrecht der Benutzung des fraglichen Weges zwischen der Teilungslinie und dem Stempeljoch zu Holz- und Kohlenfuhren (nämlich für das Salzwerk [3] Hall)." Und späterhin unter den „Modalitäten":

„12. Das K. K. Ärar darf in der Mitbenutzung der östlich von der Teilungslinie gelegenen Strecke des Weges durch das Gleierschthal nicht beirrt werden, sowie andererseits auch die Gemeinden Arzl und Mühlau in der Mitbenutzung der westlich von der Teilungslinie gelegenen Strecke des fraglichen Weges nicht beirrt werden dürfen. Auch dürfen gegenseitig wegen Instandhaltung und Reparaturen keine

---

[1] Nägeli, Über Pflanzenkultur im Hochgebirge. Zeitschrift d. D. u. Ö. Alpenver. Bd. IV. S. 3.

[2] Vom Jägerkarspitz zum Hafelekar.

[3] S. auch Gr., Pfl. S. 21.

Entschädigungen angesprochen werden, übrigens besteht weder für das Ärar die Verbindlichkeit, den Weg westlich der Teilungslinie einzuhalten, noch sind die Gemeinden Arzl und Mühlau verbunden, den Weg östlich der Teilung einzuhalten [1]."

Von diesen Rechten machen die Arzler wenigstens ausgiebigsten Gebrauch. Allerdings hätten sie für die Instandhaltung der schwierigsten Strecke zu sorgen; während es sich für den Fiskus um einen bloſsen Thalweg handelt, ist der der Gemeinden der schon im vorigen Abschnitt erwähnte Reisenweg. Die Besitzer halten ihn nur dadurch offen, daſs sie ihn hin und wieder durch Rindvieh austreten lassen. Unter dem Jägerkar war er völlig verschüttet und wurde 3—4 m höher in die Halden eingetreten. Von einer Breite von 4—5 Schuh ist in den Reisen zum mindestens keine Rede mehr; man muſs froh sein, für e i n e n Bergschuh sicheren Tritt zu finden.

Etwas zu Gunsten der Halden soll nicht unerwähnt bleiben. Sie sind zwar dem organischen Aufwärtsstreben feindlich, bieten ihm aber im Gegensatz zu den steilen Wänden durch ihre schrägen Böschungen überhaupt eine Möglichkeit der Aufwärtsbewegung. Ebenso sind sie zwar im einzelnen ein Verkehrshindernis, im allgemeinen aber machen sie den Verkehr überhaupt möglich da, wo ihn die Steilwand ganz und gar ausschlieſst. Nehmen wir die Reisen am Stempeljoch weg, so wird nur ein geschickter Kletterer von Pfeis darüber nach dem Haller Salzberg gelangen können, während so auch weniger Geübte in den Halden abfahren. Dasselbe gilt von Frau Hitt, dem Weg zur Arzler Scharte von Innsbruck aus, nach der Arzler Scharte von der Mannlscharte aus. Die Reisen erlauben sogar die Abfahrt vom Brandjoch nach Pfeis, sparen mithin den Umweg über die Mannl-scharte. —

Die mitgeteilten Alpverhältnisse müssen sich auch mit Zahlen belegen lassen. Das kann — wenn hier auch nur unvollständig [2] — leicht geschehen durch einen Vergleich zwischen Alprecht und Ausübung dieses Rechts. Es stellt sich als allgemeines Ergebnis heraus, daſs mehr Rechte vorhanden sind als ausgeübt werden. In den Abmachungen zwischen den Gemeinden Arzl, Mühlau, Zirl, der Zirler „Alpsinteressentschaft" und dem Staate finden sich folgende Bestimmungen:

· 1. Zu Gunsten der Alpen Mösl und Anger (Arzl gehörig) besteht

---

[1] Eine Instandhaltung ist mithin den Besitzern freigestellt.

[2] Für Abschnitt V, „Schutt und Mensch", konnten vom Forstamt zu Scharnitz keine amtlichen Belege erlangt werden. Die Anführungen sind den im Besitz des Arzler Gemeindevorstandes befindlichen Verträgen entnommen.

das Servitutrecht der Weide alljährlich in der Zeit vom 15. Mai bis 21. September mit 222 Stück Galtrindern, worunter Ochsen, Stiere, Kälber über zwei Jahre und galte Kühe verstanden werden, und mit 14 Stück Melkkühen ... in sämtlichen dem Ärar als Eigentum anerkannten ... Grundflächen ... Zu Gunsten der Gemeinden Arzl und Mühlau besteht

2. das Servitutrecht der Weide alljährlich in der Zeit vom 15. Mai bis 21. September mit 24 Stück Pferden in den sämtlichen dem K. K. Ärar als Eigentum anerkannten ... Grundflächen ... Ferner

3. das Servitutrecht der Weide mit 350 Stück Schafen jährlich in der Zeit vom 10. August bis 21. September (dieses Schafweiderecht erstreckt sich jedoch nur auf den westlich von der Teilungslinie gelegenen Teil des Plateaus des Brandjoches) ...

Von allen diesen Rechten wird nur noch vom dritten im vollen Umfange Gebrauch gemacht. Die Angeralpe ist gänzlich aufgelassen; nach einer mündlichen Bemerkung des Arzler Gemeindevorstehers, aus Sparsamkeit. Im ganzen kommen für das Jahr 1892 auf Anger und Mösl zusammen nur 10 Melkkühe und statt 222 Stück Galtvieh nur etwa 130 Stück. Das Pferdeweiderecht wird nicht mehr ausgeübt. Ziehen wir hier gleich die völlig nach Arzl gehörige Alpe Pfeis in Betracht, so ergiebt sich der schlagendste Beleg für den behaupteten Rückgang der Alpwirtschaft.

Die Alpe Pfeis sah einmal günstigere Zeiten. Jetzt grasen auf dem weiten Raume des Samerthales, Brandjoches und der Kare 500 Schafe; aufserdem noch 8 Ziegen, die für den Unterhalt des Pfeiser Hirten nötig werden. Früher weideten hier nach übereinstimmenden Aussagen verschiedener Personen 70—80 Melkkühe auf Pfeis und ferner noch 3—400 Schafe. Aber Hagel, schlimmes Wetter und Muhren (vorzüglich von Hochgewittern veranlafst) brachten die Viehnahrung zurück. Die Bauern waren zu träge, den sich häufenden Schutt zu beseitigen. Die Kraft eines Hirten aber ist dazu nicht zureichend. Die Rinder lieferten eine Fülle von Alpsprodukten für das Innthal. Das war noch vor zwanzig Jahren! Im Jahre 1878 wurde noch mit 70 Kühen aufgefahren, die auch in den Karen weideten, wo heute nur noch Schafe kärgliche Nahrung finden. Von Jahr zu Jahr nahm die Vermuhrung zu, und gegenwärtig haben die Ergüsse die Alphütte fast erreicht.

„Der Alpeninteressentschaft Zirl steht zu das Weiderecht mit

120 Stück Kuhrechten, und zwar alljährlich in der Zeit vom 1. Juni bis 1. Oktober auf sämtlichen als belastet aufgeführten Realitäten . . ."
Von diesen Rechten wird nicht die Hälfte ausgeübt.

„Der Gemeinde Zirl steht das Weiderecht zu, und zwar mit 180 Stück Galtvieh, alljährlich in der Zeit vom 1. Juni bis 1. September . . . Ferner hat die Gemeinde Zirl das Weiderecht mit durchschnittlich 6 Stück Pferden alljährlich, und zwar vom 15. Juni bis 24. August . . ."
Mit Zahlen kann für diesen Fall der Rückgang nicht belegt werden. Auf jeden Fall ist er auch hier Thatsache. —
Zu diesen Angaben muſs noch folgendes bemerkt werden:
1. Der sehr auffällige Rückgang der Alpwirtschaft ist nicht ausschlieſslich auf die Verschlechterung der Weide zurückzuführen. Im Viehstand des Inuthales überhaupt (bei Innsbruck) macht sich eine auf andere Ursachen zurückzuführende Abnahme bemerklich.
2. Es ist aber ganz zweifellos erwiesen, daſs die zunehmende Vermuhrung einen beträchtlichen Anteil an dem Rückgang der Alpswirtschaft hat.
3. Die Vermuhrung könnte allerdings gehemmt werden, aber die Erträgnisse der Alpen sind so gering, daſs es den Rechtebesitzern nicht verdacht werden darf, wenn sie nichts unternehmen.
Hierzu kommt für Arzl und Mühlau noch ein gewisser (begründeter!) Miſsmut. Der beste Boden ist in der unteren Quelllandschaft vorhanden. Und dieser war früher in derer Besitz, die jetzt nur noch die obere Hälfte des ganzen Gebietes, das öde Schuttland, inne haben.
Das Bewuſstsein, gerechten Anspruch auf das ganze Samer- und Gleierschgebiet zu haben, und die Thatsache der Einbuſse des besten Teiles mag die jetzige Vernachlässigung des Arzler Samergebietes mit erklären. Der von den Gemeinden aus ihrem Anteil gezogene Gewinn ist kaum nennenswert. Die Mühlauer wollen überhaupt nicht mehr auftreiben, und schlieſslich werden sich die Gemeinden mit der Bewirtschaftung ihrer Innthaler Alpen begnügen. Diese liegen ihnen näher und sind einträglicher als das nur nach einem beschwerlichen Marsch von 5—6 Stunden zu erreichende Samerthal. Dazu kommt, daſs der Anteil am Jagdpachtgelde mühelos mehr einbringt als die anstrengende Arbeit im entlegenen Samergebiet.
So wird es im Thale allmählich stiller und stiller. Nur noch kümmerliche Überreste erinnern an die innere Säge. Die Samerhütte ist wiederholt von Lawinen zerschlagen und nicht wieder auf-

gebaut worden. Die 7 oder 8 Kuhställe um Pfeis herum sind wegen
des gegenwärtigen Schafalpenbetriebes zu Ruinen zerfallen, und die
Sennhütte von Pfeis — selbst schon eine halbe Ruine — verdient
kaum mehr den Namen einer menschlichen Wohnung. Auf dem
Brandjoch begegnen wir am Abhang nach dem Samerthal zu einer Art
Grundmauer, desgleichen in einem Einbruch einem ruinenhaften
Unterschlupf für den verspäteten Hirten. Die Angeralpe ist auf-
gelassen und geht allmählich ihrem Verfalle entgegen, und vielleicht
ist die Zeit nicht mehr fern, dafs — wie angedeutet — auch die
Lettenalm nicht mehr bezogen wird.

Schlufs.

Die Bemerkung Chr. Grubers: „Geröllflächen, Blockwerk und
Schuttströme spielen im Karwendel eine mindestens ebenso einflufs-
reiche Rolle als Vegetation und Wasser zusammen[1]," sagt durchaus
nicht zu viel. Die vorliegenden Blätter enthalten den Versuch, das
gegenseitige Verhältnis zwischen Schutt, Pflanzen und Wasser darzustellen und jene Behauptung für das Samer- und Gleierschgebiet
zu beweisen. Thatsächlich überwiegt hier der Einflufs des Schuttes
den der übrigen Faktoren. Der Schutt ist das durch seine Massen-
haftigkeit Herrschende; Pflanzen und Wasser ordnen sich ihm, insgesamt genommen, unter und passen sich seinen Bedingungen an.
　　Auch sein Einflufs auf das ganze Gebirge ist unverkennbar. Ein
Blick in die Einhüllungstabelle lehrt, dafs mehr bedeckt als nackt
ist. Da nun beides zusammen den landschaftlichen Charakter bestimmt, ist der hierbei überwiegende Anteil des Schuttes vor dem Fels
erwiesen. Dabei ist noch zu berücksichtigen, dafs die Kappe des
Nackten, der kahle Fels, der sich durch seine schroffen, unvermittelten
Linien charakterisiert, in steter Verminderung begriffen ist, wogegen
die Zone der Einhüllung dauernd wächst, d. h. aber, die landschaftlichen Formen, die sich auszeichnen durch flachere Böschungen,
schön geschwungene, zusammenhängende Kurven, nehmen stetig zu.
　　Weder ein Blick auf das Gebirge in vollkommener Kahlheit vor
dem Beginn der Einhüllung, noch der Blick auf das völlig unter
seinen Trümmern begrabene Gebirge kann dem Auge so wohl thun,

---

[1] Mitteilungen d. D. u. Ö. Alpenver. 1887. S. 75. 76.

wie das Bild des gegenwärtigen Zustandes. Dieses Nebeneinander entgegengesetzter Formen, dieser Wechsel kühn sich emporschwingender Halden[1], faltiger Mäntel, strahlenförmig zusammenschiefsender konkaver Hüllen mit steilsten Wänden ist von wunderbarem Reiz. Und doch — auch diese Zusammenstellung würde ermüden, wenn sich dem vorherrschenden Grau nicht andere Farben und Farbentöne gesellten: das Weifs der vom Schutte begünstigten Firnlager und das Grün der Rasenpolster und Latschengruppen, die sich auf den Halden nach oben zuspitzen und mit breiter Basis auf der flachen Böschung emporstreben und glücklich einen Kampf versinnlichen, der die Landschaft für uns mit regster Thätigkeit erfüllt.

In diesen Gebieten, die auf den oberflächlichen Beschauer den Eindruck einer Landschaft des Todes machen, wird eine gewaltige Arbeit für eine ferne Zukunft verrichtet. Der Haldenfufs rückt auf der Thalsohle vor, die Kegelspitze nach der Höhe; das Gebirge verschwindet in seinen Trümmern; die Firnlager vergehen. Das nun eintönige Grau der Landschaft wird schliefslich durch ununterbrochenes Grün des Pflanzenlebens ersetzt. In dem gegenwärtigen Rückzuge des Menschen aber aus dieser Gegend liegt eine Art (unbewufster!) Uneigennützigkeit; je ungestörter ein Stadium der Ruhe all der Bewegungen der Trümmer des Festen erreicht wird, desto eher wird eine grofse Fläche bewohnbar gemacht, desto schneller können späte Geschlechter, die einer weit entlegenen Zukunft angehören, hier wieder ihren Einzug halten. —

---

[1] „welche den bayerischen Alpen ihren malerischen Reiz verleihen". Penck, Vergletscherung d. D. Alpen u. s. w. S. 232.

Tabelle der Einhüllungsgrenze.

	I. Stück der Grenze	II. Mittelzahl für I m	III. Zugehörige mittlere Gipfelhöhe m	IV. Wieviel % der verhüllten Höhe sind absol. eingehüllt?	V. Wieviel % sind nackt (absol.)?	VI. = II minus 1200 m m	VII. = III minus 1200 m m	VIII. % Bedeckt (relative Zahlen)	IX. % Nackt (relative Zahlen)
1.	**Riegelkar.** 1. 2221 m	2. Den Hohen Gleiersch erreichend 2493 m	3. 2325 m	4. Unter Jägerkarspitze 2429 m	5. 2283 m	6. 1909 m.	2277	2465	92	8	1077	1265	85	15
2.	**Mühlwand.** 1. Im Riegelkar bei Katzenkopf 1648 m	2. 1539,8 m	3. 1436 m	4. 1762 m	5. 1819 m.	1641	2216	74	26	441	1016	43	57
3.	**Jägerkar.** 1. l. 2301,8 m	2. r. 2226 m. (Untere Grenze des Schuttes der Rückwand 3. 2144 m.)	2264	2307	98	2	1064	1107	98	2
4.	**Jägerkarl.** 1. l. 2190 m	2. 2193 m	3. 2239,1 m	4. 2119,1 m.	2185	2387	91	9	985	1187	83	17

5. Gamskarl. 1. l. 2168 m	2. 2300 m	3. 2470 m	4. 2300 m	5. 2111,6 m.	2270	2419	94	6	1070	1219	88	12
6. Praxmarerkar. 1. l. 2200 m	2. 2300 m	3. 2226,6 m. (Dazu untere Grenze: 1.l.1978 m	2. 2197,4 m	3. 1950 m.) Obere Terrasse: l. Hälfte: 1. 2300 m (Basis)	2242	2305	90	10	1042	1305	79	21
2. Obere Grenze nach l. hin aufsteigend bis 2400 m, 2450 m, 2545 m, 2545 m, 2600 m.	(2459)	(2305)	(98)	(2)	(1239)	(1305)	(96)	(4)
7. Kaskar. 1.l. 2300 m	2.2304 m	3.2300m	4.2212,2 m r. (Untere Grenze: 1. l. 2226,6 m	2. r. 1800 m.)	2279	2435	94	6	1079	1235	87	13
8. Aufsätze zwischen Kaskar und Sonntagskar. 1. Gemeinsame obere Grenze 1975 m	2.l.unten 1946 m	3. r. unten 1989,5 m.	—	—	—	—	—	—	—	—
9. Sonntagskar. 1. l. 2300 m	2. 2425 m	r. Hälfte 3. 2347 m 4. 2300 m. (Unterer Punkt d. grofsen Firnfeldes: 2120 m r. Hälfte.)	2343	2576	91	9	1143	1376	83	17

	I. Stück der Grenze	II. Mittelzahl für I (m)	III. Zugehörige mittlere Gipfelhöhe (m)	IV. Wieviel % der vertikalen Höhe sind absol. eingehüllt?	V. Wieviel % sind nackt (absol.)	VI. = II minus 1200 m (m)	VII. = III minus 1200 m (m)	VIII. % Bedeckt (relative Zahlen)	IX. % Nackt (relative Zahlen)
10.	**Schuttfuß im Samerthal.** 1. Unter d. Mühlwand 1819 m	2. Unter Jägerkar 1676 m	3. Unter Jägerkarl u. Gamskarl 1642 m	4. Unter Praxmarerkar 1735 m	5. Unter Kaskar 1851 m	6. Sonntagskar 2100 m	1898	2521	73	27	698	1321	48	52
11.	**Am Stempeljochspitz nach Pfeis und ins Sonntagskar hinein.** 1. 2123,5 m	2. 2364,8 m	3.2191 m	4.2192,6 m. 5. 2126,4 m	6.2083,3 m	7.2038,9 m	8.2062,4 m	9. 2059,6 m	10. 2088,9 m	11. 2066,6 m	12. 2061,1 m	13. 2077,8 m.	2082	2533	82	18	882	1333	66	34
12.	**Am Stempeljochspitz nach Pfeis zu, weiter östlich.** 1. 1998,9 m	2. 2102,4 m (= Obere Grenze). Untere Grenze nach Pfeis zu: 1875 m.								
13.	**Am Thaurerjoch (Thaurerkar)** 1. 2236,2 m	2. 2294,6 m.	2265	2327	97	3	1065	1127	95	

14.	**Am Ramerjoch.** Mittel daraus: 2133,8 m. 1. 2296,5 m | 2. 2115,4 m | 3. 2172,2 m.	2195	2361	93		995	1161	86	14
15.	**Am Brandjoch nach Pfeis zu.** 1. 2236,2 m | 2. 2279 m (Mannlscharte erreichend) | 3. 2201,1 (höchste Spitze 2324 m, den Grat erreichend) | 4. 2291,7 m | 5. 2077 m | 6. 2104,7 m | 7. 1968 m nach Samerthal umbiegend.	2165	2376	91	9	965	1176	82	18
16.	**Brandjoch nach Samerthal.** 1. 1700 m | 2. 1689 m | 3. 1820 m | 4. Letzter Punkt gegen Bodenwald zu, 1857,7 m.	1767	2062	86	4	567	862	66	34
17.	**Mannlkar.** 1. l. 2210,3 m | r. 2188 m.	2199	2351	94	6	999	1151	87	13
18.	**Mühlkar.** 1. Mannlspitze erreichend, 2237 m | 2. 2185,5 m | 3. 2108 m, Grat zwischen Mühlkar u. Gleierschkar | 4. 2061 m | 5. 1979 m.	2113	2312	91	9	913	1112	82	18
19.	**Gleierschkar.** 1. 2120 m | 2. Grat zwischen Gleierschkar und Toniskar 1986,2 m.	2053	2213	93	7	853	1013	84	16

I. Stück der Grenze	II. Mittelzahl für I	III. Zugehörige mittlere Gipfelhöhe	IV. Wieviel % der vertikalen Höhe absol. sind eingehalten?	V. Wieviel % sind nackt? (absol.)	VI. = II minus 1200 m	VII. = III minus 1200 m	VIII. % Bedeckt (relative Zahlen)	IX. % Nackt (relative Zahlen)
	m	m			m	m		
20. Toniskar. 1. 2181,6 m | 2. 2168,5 m | 3. 2144,7 m | Zwischen Toniskar und Steinkar 4. 2088,5 m | 5. 1846,2 m.	2086	2320	89	11	886	1120	79	21
21. Steinkar. 1. 1. 2003 m | 2. Mitte 2076 | 3. 1808,2 m.	1962	2390	82	18	762	1190	64	36
22. Kumpfkar. 1. 1951 m | 2189 m | 3. 2062 m | 4. 1935 m.	2034	2377	86	14	834	1177	71	29
23. Sattelkar. 1. 1935 m | 2. 2189 m | 3. 1920 m.	2015	2377	85	15	815	1177	78	22
24. Frau Hitt Kar. 1. 1. 1979 m | 2. Hinterwand 2008 m | 3. 1900 m.	1962	2385	82	18	762	1185	64	36
25. Am Fuchsschwanz nach dem Hippenthal. 1. 1842 m | 2. 1641,1 m nach der Amtssäge zu.	1741	1743	99	1	541	543	99	1

26.	Rücken zwischen Hippenthal und Angeralpe. 1. 1641 m unter Kumpfkar | 2. 1520,9 m | 3. 1560 m nach der Amtssäge zu.	1540	1627	94	.	340	427	79	21
27.	Unter Grofsem und Kleinem Solstein. 1. 1958 m | 2. 2205 m | 3. 1945 m | 4. 2274 m | nach Fuchsschwanz 5. 1935 m.	2062	2528	82	18	862	1328	60	30
28.	Am Erlgrat. Aufgang nach Erl von Zirler Christen, rechte Seite (Richtung hier umgekehrt) 1. 1853 m | 2. 1837,9 m | 3. 1678 m, Eckpunkt | 4. Unter Fleischbankspitz und Erlspitz emporsteigend 1860,7 m | 5. 1951 m | 6. 2180 m | 7. Den Grat erreichend, 2200 m	1937	2168	89	11	737	968	76	24

IV.

ÜBER
HÖHENGRENZEN IN DEN ORTLER-ALPEN.

VON
MAGNUS FRITZSCH.

VORBEMERKUNGEN.

1. Umgrenzung des Gebietes.

Die N-Grenze wird selbstverständlich vom Vintschgau gebildet, die NW-Grenze durch das Trafoier Thal und das Val del Braulio, die SW-Grenze durch folgende Thäler: Val Furva, Valle di Gavia, Valle delle Messi und Valle di Pezzo bis Ponte di Legno, die S-Grenze durch die Tonale-Strafse. Die niedrigen Ausläufer des Ortlerstockes, welche östlich vom Val di Pejo und südlich vom Rabbi- und Ulten-thale liegen, wurden nicht mehr berücksichtigt.

2. Zu den beiliegenden Karten.

Durch die beiliegenden Karten soll der Verlauf der Höhengrenzen in einem nordsüdlich und in einem vorwiegend ostwestlich gerichteten Thale veranschaulicht werden. Die genaue Lage der Höhengrenzen wird durch die punktierten schwarzen Linien bezeichnet, die farbigen Streifen sind nur angesetzt, um die Linien deutlicher hervortreten zu lassen. Die Gletscherenden sind nach dem Stande von 1893 ein-gezeichnet. Die Situation und die Isohypsen von 100 zu 100 m sind nach der O.-A. (s. u.) gezeichnet.

3. Häufig gebrauchte Abkürzungen.

O.-A. = Originalaufnahme des k. k. österreichischen militär-geographi-schen Institutes in Wien im Mafsstab 1 : 25000, reambuliert 1887.

Sp.-K. = Specialkarte der österreichisch-ungarischen Monarchie. 2. Ausgabe 1891 u. 1892. Mafsstab 1 : 75000.

K. A.-V. == Karte des Deutschen und Österreichischen Alpenvereins im Mafsstab 1 : 50000, hergestellt bei Peters in Hildburghausen 1891.

C.-I. == Carta d'Italia des Instituto geographico militare im Mafsstab 1 : 50000, 1885.

Jb. == Jahrbuch des Österreichischen Alpenvereins.

Z. == Zeitschrift des Deutschen und Österreichischen Alpenvereins.

M. == Mitteilungen des Deutschen und Österreichischen Alpenvereins.

Erg. == Ergänzungsheft zu Petermanns „Geographischen Mitteilungen", welche die Arbeiten Julius Payers über die Ortler-Alpen enthalten. Es kommen in Betracht folgende Hefte:

Nr. 18, Suldengebiet und Monte Cevedale,

Nr. 23, Trafoier Gebiet,

Nr. 27, Die südlichen Ortler-Alpen,

Nr. 31, Martell, Laas und Saënt.

F.-M. == „Frühmesserbuch", eine Art Geschichte und Beschreibung des Martellthales von Joseph Eberhöfer, Frühmesser von Martell, † 1854 (vergl. auch Z. 1880, S. 188 ff.). Der reiche Inhalt dieses Buches ist nur durch einige Abschriften zugänglich; die sorgfältigste hat der Neffe des Verfassers, Martin Eberhöfer, jetzt Wirt in Gand, hergestellt; derselbe hat auch verschiedene Nachträge hinzugefügt. Diesem Exemplar wurden mit gütiger Erlaubnis des Besitzers viele interessante Nachrichten entnommen; auf diese Kopie beziehen sich auch die angegebenen Seitenzahlen.

ALLGEMEINER TEIL.

1. Hilfsmittel und Methoden der Beobachtung.

Durch De Saussure ist das Problem der Höhengrenzen, das von Bouguer[1] noch als ein rein physikalisches aufgefaſst wurde, zu einem geographischen gemacht worden. An die Stelle der unhaltbar gewordenen deduktiven Methode, welche die Höhengrenzen für den einzelnen Fall aus der allgemeinen Voraussetzung zu berechnen suchte, daſs sie Funktionen der geographischen Breite und der Meereshöhe seien[2], trat die induktive Methode, welche zunächst durch direkte Beobachtung der in der Natur thatsächlich gegebenen Erscheinungen den wirklichen Verlauf der Höhengrenzen festzustellen und daraus erst die allgemeinen Gesetze abzuleiten suchte[3]. So befreite sich die Forschung von den Fesseln einer einseitig schematischen Auffassung und machte den Versuch, an der Hand der Natur von Fall zu Fall die komplizierten Erscheinungen in ihre zahlreichen Faktoren zu zerlegen und deren verschiedenartiges Zusammenwirken zu ergründen. Nur so, indem man von der breiten Basis der Wirklichkeit ausging, war die Möglichkeit gegeben, nach und nach alle beteiligten Faktoren zu erkennen und auch die scheinbaren Anomalien, die sich den an die Natur herangebrachten Hypothesen nicht fügen wollten, als notwendig und gesetzmäſsig zu verstehen.

Mit der veränderten Methode ist zugleich das Ziel der Arbeit

---

[1] Bouguer, Figure de la Terre, 1749.

[2] Ratzel, Höhengrenzen und Höhengürtel. Sep.-Abdr. aus Z. 1889, Bd. XX, S. 27.

[3] Kleugel, Die historische Entwickelung des Begriffs der Schneegrenze von Bouguer bis auf Humboldt 1736—1820, veröffentlicht vom Verein für Erdkunde zu Leipzig 1889.

insofern ein neues geworden, als man nicht mehr darauf ausgeht,
Mittelwerte für weite, oft in ihren einzelnen Teilen unter ganz verschiedenen Bedingungen stehende Gebiete zu gewinnen, in denen
dann die einzelnen Ursachen sich gegenseitig verschleiern und sich
somit einer klaren Erkenntnis entziehen, sondern auf die Festlegung
der thatsächlichen Höhengrenzen mit allen ihren Aus- und Einbuchtungen. Gerade in den Modifikationen des Verlaufes der Höhengrenzen, die durch das Ausfallen oder die Verstärkung des einen
oder anderen Faktors hervorgerufen werden, liegt ein wichtiges Hilfsmittel einer eindringenden Erkenntnis, indem dadurch die Möglichkeit
gegeben wird, die Wirksamkeit der einzelnen Ursachen ihrem Grade
nach abzuschätzen. Mittelwerte lassen sich nur aufstellen für ganz
beschränkte natürliche Gebiete, die unter gleichen Verhältnissen
stehen. So scharfsinnig auch in neuester Zeit auf anderer, mehr
empirischer Grundlage neue rechnerische Methoden aufgebaut worden
sind [1], so wird doch die Methode der direkten Beobachtung als die
natürliche gegenüber diesen künstlichen Methoden immer den ersten
Rang einnehmen, ihnen Unterlagen für ihre Rechnungen liefern und
ihre Resultate kontrollieren.

Wohl läfst sich nicht verhehlen, dafs auch die Methode der
direkten Beobachtung, abgesehen von den Schwierigkeiten, die sie
bietet, mancherlei Fehlerquellen enthält, namentlich läfst sich gegen
dieselbe einwenden, dafs in den Einzelbeobachtungen immer Zufälligkeiten mit enthalten sein werden, welche zu Trugschlüssen verleiten
können; je gröfser aber die Zahl der Einzelbeobachtungen auf verwandten Gebieten ist, desto leichter werden die Zufälligkeiten als
solche erkannt, und desto sicherer gleichen sie sich bei der Aufstellung
einer Mittelzahl aus. Wenn es sich, wie im vorliegenden Falle, darum
handelt, eine gröfsere Zahl von Höhengrenzen eines beschränkten
Gebietes als Ganzes darzustellen, ist die direkte Beobachtung gar
nicht zu umgehen. Die vorliegende Bearbeitung der wichtigsten
Höhengrenzen in den Ortleralpen ist daher nur auf Grund direkter
Beobachtungen während eines auf zwei Sommer verteilten, im ganzen
drei Monate während Aufenthaltes in diesem Gebiete unternommen
worden. Professor Richter stellt in Bezug auf die Bestimmung der
Firngrenze die Forderung auf: „Genaue Angaben über die Beschaffenheit der vorgefundenen Ansammlungen werden dem Kundigen besser
dienen als voreilig ausgesprochene Zahlen ohne nähere Erläuterung [2]."

---

[1] Richter, Die Gletscher der Ostalpen. Stuttgart, 1888. II, 2. 4. 6. 7. 8.
(S. 13—53).

[2] Richter, Die Bestimmung der Schneegrenze. Humboldt 1889, S. 170.

Da dies für alle Höhengrenzen gilt, so wird in der vorliegenden Arbeit neben den Zahlen stets eine möglichst genaue Beschreibung des Befundes gegeben und der Leser dadurch in den Stand gesetzt, das Material anders zu kombinieren und andere Schlüsse daraus zu ziehen als hier geschehen ist.

Die Höhenangaben beruhen auf barometrischen Messungen; nur die Höhenzahlen für die Siedelungen sind meist der O.-A. entnommen. Schwer zugängliche Gletscherenden, Firn- oder Baumgrenzen wurden mit Hilfe eines Horizontglases, wie es v. Richthofen in seinem „Führer für Forschungsreisende", § 5 beschreibt, von einem bequemer zugänglichen Punkte aus bestimmt, doch wurde dieses Instrument nur auf geringe Entfernungen angewandt, so dafs die hieraus entstandenen Fehler ± 10 m kaum überschreiten dürften.

2. Zu den Beobachtungen über die klimatische Firngrenze.

Sowohl die Schwierigkeiten als auch die Fehlerquellen der direkten Beobachtung sind am gröfsten bei der Bestimmung der klimatischen Firngrenze. Zu den bereits berührten Mängeln kommt hier noch der Umstand, „dafs man ... niemals wissen kann, welche Veränderungen schon in wenigen Tagen eintreten werden. Es kann Neuschnee fallen, der in diesem Jahre nicht mehr wegschmilzt, und der beobachtete Zustand war wirklich der des höchsten Zurückweichens der Schneedecke auf dem Gletscher. Es kann aber die Abschmelzung auch bis in den Oktober fortdauern oder, nach einer Schmelzperiode im Juli und einer mehrwöchentlichen Neuschneedecke im August, im September abermals eine Trockenperiode mit weitem Hinaufrücken der Schneedecke eintreten. Man ist also niemals in der Lage, anzugeben, welchen Augenblick in dem Ablauf des Gletscherprozesses man gerade erhascht hat, und ob derselbe dem Maximum der Abschmelzung in dem betreffenden Jahre nahe liegt oder nicht"[1]. Was hier über die Firngrenze auf Gletschern gesagt wird, findet auch auf die Firngrenze im allgemeinen Anwendung. Doch machen diese Umstände die Bestimmung der Firngrenze durch direkte Beobachtung nicht überhaupt unmöglich, sondern sie schränken nur Zeit und Gelegenheit der Beobachtung ein. Nicht jedes Jahr bietet so ungünstige Verhältnisse wie die hier geschilderten, im allgemeinen läfst sich annehmen, dafs in Jahren mit normalem Witterungsgang der Stand der Firngrenze

---

[1] Richter, Die Gletscher der Ostalpen, S. 21—22.

Ende August und Anfang September in unseren Centralalpen nicht
weit von dem jährlichen Minimum entfernt ist. Es wird natürlich
kein verständiger Beobachter Bestimmungen der Firngrenze vornehmen
wollen, wenn kurz vorher Neuschnee gefallen ist. Es läfst sich öfters
beobachten, wie eine leichte Decke von Neuschnee, die am Morgen
bis weit unter die Grenze des alten Firnes herabreichte, nach einigen
Stunden intensiver Besonnung rasch bis über die Höhe der älteren
Firndecke zurückweicht, welche mit ihren kompakteren Firnkörnern
den Sonnenstrahlen einen stärkeren Widerstand entgegensetzt als der
lockere Neuschnee. Beim weiteren Aufsteigen kann man dann oft
sehr deutlich die Grenze des blendend weifsen Neuschnees auf dem
schmutzigen Firn beobachten. Und selbst für den Fernblick liegt ein
Erkennungszeichen dafür, ob man Firn oder Neuschnee vor sich hat,
darin, dafs sich die kahlen Wände und steilen Hänge in viel schärferen
Umrissen und satteren Farben vom alten Firn als von Neuschnee
abheben. Wer viel im Hochgebirge umherwandert mit der zur
Gewohnheit gewordenen Absicht, auf solche Erscheinungen zu achten,
wird bald seinen Blick dafür schärfen. Durch einen schneereichen
August und September kann daher in manchen Jahren die Bestimmung
der klimatischen Firngrenze unmöglich gemacht werden. Es haben
daher diese Beobachtungen, da sie sich mit wandelbaren Erscheinungen
beschäftigen, bei denen der richtige Zeitpunkt ausgewählt sein will
oder durch einen glücklichen Zufall getroffen werden mufs[1], eine
Verwandtschaft mit den phänologischen Beobachtungen auf dem Gebiete des Pflanzenlebens. Die hierin liegende Fehlerquelle bewirkt
bei der klimatischen Firngrenze in der Regel zu niedrige Zahlen.
Nicht unbeträchtlich werden auch die Unterschiede der wirklichen
Minima zwischen nafskalten und warmen Sommern sein. Schon die
beiden Jahre 1892 und 1893 zeigten infolge der Trockenheit des
Sommers 1893 und der Schneearmut des Winters von 1892/93 sehr
verschiedene Verhältnisse, wie aus der folgenden Einzelbeschreibung
mehrfach ersichtlich werden wird[2]. Es sollten daher keine Firnbeobachtungen ohne Zeitangabe veröffentlicht werden, damit nach
dem allgemeinen Witterungsgange des betreffenden Sommers jene
Einflüsse abgeschätzt werden können. Auch sollte bei Bestimmung
der Firngrenze, namentlich bei der auf Gletschern, immer der Stand

---

[1] Der Verfasser war in dieser Beziehung aufserordentlich begünstigt, es fiel
im August 1892 im Ortlergebiet nur ein paarmal ein dünner Hauch von Neuschnee,
der September aber brachte schon vom 4. an bedeutende Massen.

[2] Im Ultenthale wurde dem Verfasser versichert, dafs im Winter 1892/93 am
18. Oktober der letzte Schnee gefallen sei.

der betreffenden Gletscherenden mit bestimmt werden, hieraus und aus der Zeitangabe ließe sich dann erkennen, ob die fraglichen Beobachtungen zur Zeit eines Maximums oder eines Minimums der allgemeinen Schnee- und Firnbedeckung des Gebirges gemacht wurden, wodurch ihre Brauchbarkeit wesentlich erhöht werden würde. Das Ideal wäre ja die jahrzehntelange, vielleicht von einem Gletschermaximum oder -Minimum bis zum anderen reichende Beobachtung der temporären Schneegrenze, wie sie Denzler am Sentis[1] und Herzer am Brocken[2] vorgenommen haben. Hierdurch würden nicht nur die Angaben über die Firngrenze selbst ein sicheres Fundament erhalten, sondern es könnte auch für die genauere Erkenntnis der organischen Höhengrenzen eine wichtige Förderung gewonnen werden. Da dies aber für die Alpen oder auch nur für einzelne Gruppen derselben auf lange Zeit ein bloßes Ideal bleiben wird, so müssen vorläufig die Beobachtungen genügen, wie sie der Reisende unter mehr oder weniger günstigen Umständen zu sammeln in der Lage ist.

Ein Übelstand, der sich dem einzelnen Reisenden lebhaft fühlbar macht, ist die ungleiche Zeit, in der er auch bei einer verhältnismäßig beschränkten Gebirgsgruppe seine Beobachtungen ausführen muß, wodurch natürlich ihre Vergleichbarkeit leidet. Um diesen Übelstand thunlichst einzuschränken, wurden die vorliegenden Firnbeobachtungen alle in die zweite Hälfte des August und die ersten Tage des September 1892 zusammengedrängt. Die übrige Zeit hat der Verfasser ausschließlich zur Feststellung der organischen Höhengrenzen verwendet, nur beim Schluder- und Flimthal (Martell) stammen die Firnbeobachtungen aus dem Jahre 1893, sie wurden am 3. August bezw. 26. Juli, also sehr früh im Jahre vorgenommen, wodurch sie mit denen vom Vorjahre allenfalls vergleichbar werden, da im Sommer 1893 sowohl die orographische als auch die klimatische Firngrenze bereits Anfang August auf den Stand von Anfang September 1892 zurückgewichen war.

Eduard Richter wendet sich in seinem Werke über die Gletscher der Ostalpen, S. 19 ff., gegen den von Hugi zuerst gebrauchten Ausdruck „Firnlinie" zur Abgrenzung des aperen Teiles eines Gletschers von dem mit Firn bedeckten, indem er bemerkt, daß gerade so lange diese obere Grenze des aperen Gletschers eine leicht kenntliche geschlossene Linie sei, es sich in der Regel nicht um Firn, sondern

---

[1] Heim, Handbuch der Gletscherkunde, S. 11 ff.

[2] Herzer, Über die temporäre Schneegrenze im Harze. Schriften des naturwissenschaftlichen Vereins des Harzes. Wernigerode 1886.

um Neuschnee handle, und dafs umgekehrt, wenn nach einer langen
Trockenperiode im Spätsommer der wirkliche Firn zu Tage trete,
diese Grenze keine geschlossene Linie mehr bilde, sondern vielfache
Windungen und sogar zahlreiche Ein- und Ausschlüsse aufweise. —
Es zeigt sich eben auch hier, dafs es in der Natur nirgends Grenz-
Linien, sondern überall nur Grenz- und Übergangs-Zonen giebt.
Aus diesen Bemerkungen, die allenthalben durch die Beobachtung
bestätigt werden, ergiebt sich, dafs die Firngrenze auf den Gletschern
ihrer Form nach nicht sehr verschieden ist von der Firngrenze auf
Gestein, welche ein ähnliches Verhalten zeigt, nur dafs hier die Umrisse weniger gerundet sind. Die Firngrenze auf Gletschern und die
Firngrenze auf Gestein sind aber auch in ihren übrigen Eigenschaften
nicht principiell, sondern nur graduell von einander verschieden. Vor
allen Dingen ist es nicht die materielle Beschaffenheit der Unterlage,
welche, wie es den Bezeichnungen nach den Anschein hat, den
Unterschied bedingt, denn jede gröfsere dauernde Firnansammlung
ist in ihren tieferen Schichten mehr oder weniger vereist. Es ist
nur die Form des Untergrundes, welche einen Unterschied hervorbringt. Die Firngrenze auf Gletschern und die Firngrenze auf Gestein
sind nur die entgegengesetzten Glieder einer kontinuierlichen Reihe,
innerhalb deren sich eine Scheidung nur mit einiger Willkür treffen
läfst. In dem Firnbecken eines Thalgletschers, das sich mehr oder
weniger der Trichterform nähert, wird allerdings die Firngrenze in
der Regel tiefer liegen als an einem freien Bergeshang, weil die
erstere Form konzentrierend wirkt, während bei der letzteren eher
ein Auseinanderstreben der Massen eintritt, — steile Abhänge, von
welchen der Schnee abgetrieben wird oder in Form von Lawinen ab-
rutscht, sind natürlich hier überhaupt ausgeschlossen. Aber es sind
auch einige Faktoren vorhanden, welche die Tendenz haben, die
Firngrenze in einem Gletscherbecken wieder aufwärts zu rücken:
1. Viele grofse Thalgletscher sind bis weit in ihr Firngebiet hinein
so stark zerklüftet, dafs sie bedeutende Mengen von Firn in ihren
Spalten verschlingen, der durch Druck in Gletschereis umgewandelt
wird und erst unterhalb der Firnlinie zum Schmelzen kommt; 2. ist
es die stärkere Eisbildung, welche im Gletscherbecken nicht nur durch
Schmelzen und Wiedergefrieren und durch den Druck der unmittelbar
aufeinander liegenden Massen stattfindet, sondern auch durch den
starken seitlichen Druck, der von den höheren Rändern radial gegen
das Zentrum ausgeübt wird; endlich 3. mufs das durch diesen Druck
gleichzeitig veranlafste Abfliefsen der Gletscherzunge in demselben
Sinne wirken, weil dadurch beträchtliche Massen von dem in das

Gletscherbecken gelangten Firn, die bei anders gestaltetem Untergrund an Ort und Stelle schmelzen müfsten, erst in einer weit tieferen Region zur definitiven Schmelzung gelangen. Bei einem einseitig geneigten Hängegletscher mit mehr oder weniger parallelen Seitenwänden, etwa vom Typus des Flimferners, findet eine seitliche Druckwirkung nur in einer Richtung und daher eine geringere Eisbildung und eine geringere Abwärtsbewegung statt. Bei einem ebenen Plateaufirn ist gar kein seitlicher Druck und auch keine Bewegung vorhanden. Als Mischform zwischen den beiden letzten Typen ist der lückenhafte Firnmantel aufzufassen, der die mäfsig geneigten Flanken eines Kammes oder die Abhänge eines isolierten Gipfels umkleidet, nur dafs hier infolge der Ungunst der Terrainformen der Zusammenschlufs der Massen ein geringerer ist. Auferdem giebt es zwischen den angeführten Typen so viele Übergangsformen, dafs die Klassifizierung im einzelnen Falle oft sehr schwierig ist. Werfen wir z. B. einen Blick auf die Verhältnisse des Martellthales, so können wir den Madritschferner ohne Bedenken als „Firnlager auf Gestein" bezeichnen; beim Flimferner ist es schon zweifelhaft, ob wir „Firnlager mit Eisrand" oder „Hängegletscher" notieren sollen, nach dem Stande von 1893 werden wir das letztere wählen. Ähnlich ist es beim Butzenferner und mehreren der Firnmulden auf der linken Thalseite. Aus diesen Gründen kann die am Schlusse des speziellen Teiles und auch innerhalb einiger der natürlichen Gebiete versuchte Scheidung zwischen einer Firngrenze auf Gletschern und einer Firngrenze auf Gestein nur mit Vorbehalt gegeben werden.

Ed. Brückner betrachtet die Firngrenze auf dem Gletscher auch als Grenze zwischen dem Sammel- und Abschmelzungsgebiet[1]; auch Payer[2] läfst diese beiden Grenzlinien zusammenfallen. Dem gegenüber bemerkt schon Richter[3]: „Ich wiederhole, dafs die Schwankungen, welchen jene Linie (d. i. die Firnlinie. d. Verf.) unterworfen ist, ihr aufserordentliches Hinaufrücken am Ende der warmen Jahreszeit es als unrichtig erscheinen lassen, sie als Grenze zwischen Sammel- und Schmelzgebiet anzusehen. Auch nötigt uns nichts, anzunehmen, dafs auf allen jenen Punkten oberhalb der wahren Schneelinie, wo die Firndecke auf kurze Zeit verschwindet und das Eis zu Tage kommt, wirklich die Abschmelzung gröfser ist als der Zuwachs des letzten

---

[1] Z. 1886. S. 181: „Jeder Gletscher ist nun aus zwei Teilen zusammengesetzt, einem oberhalb der Schneegrenze gelegenen, dem Sammelgebiet, und einem unterhalb derselben befindlichen, dem Eisstrom . ." etc.

[2] Petermanns Mitt. XVII S. 124.

[3] Die Gletscher der Ostalpen, S. 23.

Jahres. Es kann ja immer noch ein Plus übrig bleiben." Wir behaupten sogar, es muſs stets ein solches Plus übrig bleiben, denn
abgesehen von den Firnmassen, welche in den Gletscherspalten zu Eis
zusammengepreſst werden, wird auch noch unterhalb der Firnlinie
in dem Teile des Gletschers, der nur kurze Zeit im Jahre ausapert,
ein groſser Teil des auffallenden Schnees wenn nicht in Gletschereis,
so doch in Firneis umgewandelt, das um so weniger an Ort und Stelle
schmelzen kann, je kürzere Zeit seine Oberfläche der Ablation ausgesetzt ist[1]. Die Grenze zwischen Sammel- und Schmelzgebiet liegt
also zweifellos tiefer als die Firngrenze auf dem Gletscher; inwieweit
sie durch Abschmelzung an der Unterseite des Gletschers wieder
hinaufgerückt wird, läſst sich nicht entscheiden, es muſs aber klar-
gestellt werden, daſs sie principiell nicht als identisch mit der Firngrenze betrachtet werden darf. Natürlich stehen beide Grenzen in
Beziehung zu einander, die Grenze zwischen Sammel- und Schmelzgebiet wird die Schwankungen der Firngrenze mitmachen, sie wird
also in Zeiten des Rückganges der allgemeinen Firnbedeckung aufwärts
rücken, und da diese Schwankungen in einem Teile des Gletschers
stattfinden, welcher in der Regel viel breiter ist als das schmale
Zungenende, so werden die dadurch bedingten Verschiebungen im
Flächenverhältnis zwischen Sammel- und Schmelzgebiet durch die
parallel gehenden Schwankungen in der Länge des Zungenendes nur
zu einem verschwindend geringen Teile ausgeglichen. Hieraus ergiebt
sich, daſs die Bemühungen, eine feste Verhältniszahl zwischen Sammel-
und Abschmelzungsgebiet der Gletscher zu finden, nicht nur in Bezug
auf ganze Gruppen, sondern auch in Bezug auf jeden einzelnen
Gletscher zu keinem Resultate führen können. Überhaupt ist diesen
Bemühungen kein sonderlicher wissenschaftlicher Wert beizumessen,
da ja der Gletscher, ähnlich wie ein See, auch in seiner Gesamtheit
als Sammelgebiet wirkt, vor allem durch die bedeutende Reifbildung;

---

[1] Vergl. Heim, Handbuch der Gletscherkunde, S. 108: „Gleich über der
Firnlinie, wo bald das Eis unter dem Firn zu Tage ausgeht, trifft man an heiſsen
Sommertagen oft auf einen Brei von Schnee und Wasser, so daſs in jeder Fuſs-
spur das Wasser zusammenläuft .... Das Firneis ist für Schmelzwasser schon
viel schwerer durchlässig, das Schmelzwasser des Firnes staut sich deshalb auf
dem Eise, treibt einen groſsen Teil der Luft aus und bildet dadurch diesen Brei.
Die kalte Nacht wandelt ihn in Firneis um. So wächst das Firneis Schicht
um Schicht in den Firn hinauf. In dieser Breischicht vollzieht sich fast ohne
weitere Zwischenformen und ohne langsame Übergänge die Metamorphose von Firn
zu Eis. Im Laufe des Sommers steigt diese Grenzschicht aus der Tiefe immer
höher nach oben, und ihr Ausgehendes, die Firnlinie, weicht von Tag zu
Tag auf der Gletscheroberfläche weiter hinauf."

jene Grenzbestimmung ist sogar geeignet, neuerdings wieder eine
schematische Auffassungsweise in Gebiete hineinzutragen, in denen
man sich kaum erst davon befreit hat.

3. Die orographische Firngrenze.

Bei Bestimmung der orographischen Firngrenze wurde entsprechend
der von Professor Ratzel gegebenen Definition verfahren: die orographische Firngrenze ist die Linie, „welche die Gruppen der im Schutze
von Lage, Bodengestalt und Bodenart vorkommenden Firnflecken und
Firnfelder" verbindet. „Für manche Gebirge könnten einige derartige
Linien notwendig werden[1]." „Die zufällig einmal weit aufsen und
unten vorkommenden Reste von Lawinenstürzen können aufserhalb
dieser Linie gelassen werden; soweit sie aber dauernde oder regelmäfsig sich erneuernde Erscheinungen sind, würden sie zu nennen
und als vorgeschobene Punkte jenseits der Grenzlinie einzutragen
sein[2]." Die vereinzelten Firnflecken sind daher auch in den folgenden
Tabellen von den Mittelzahlen ausgeschlossen, im Text aber stets mit
beschrieben worden.

Im allgemeinen lassen sich auch im Ortlergebiet die von dem
genannten Autor für die nördlichen Kalkalpen unterschiedenen drei
Klassen von Firnflecken[3] wiedererkennen, nur liegen sie hier alle beträchtlich höher, und die unterste Abteilung, die in beschatteten
Rinnen, ist sehr schwach vertreten, sie schliefst fast nur die ganz
vereinzelten Firnvorkommnisse ein, welche bei der Konstruktion der
orographischen Firngrenze unberücksichtigt bleiben sollen; in manchen
Thälern, namentlich südlich vom Hauptkamm, fällt sie ganz aus. Im
ganzen genommen sind die Firnflecken in den Ortler-Alpen selten, sie
bilden bei weitem nicht einen so hervortretenden Zug des Landschafts-
bildes wie in den nördlichen Kalkalpen[4]. Neben der geringeren Zerklüftung im allgemeinen mag dies im besonderen seinen Grund darin
haben, dafs die Schuttbildung und die gröfsere Schroffheit der Bodenformen wenigstens auf dem Schiefergebiet erst in einer Höhe beginnt,

---

[1] Ratzel, Zur Kritik der sogenannten Schneegrenze. Leopoldina XXII, 1886,
Nr. 19—24 (Separatabdruck S. 8).

[2] Ratzel, Höhengrenzen u. s. w. S. 32.

[3] Ratzel, Leopoldina 1886, Nr. 19—24.

[4] Ratzel, Die Schneedecke, besonders in deutschen Gebirgen. In „Forschungen zur deutschen Landes- und Volkskunde", herausgegeben v. Kirchhoff IV.
Stuttgart 1890. S. 183—193.

die weit oberhalb der Zone des maximalen Niederschlags, namentlich des maximalen Winterniederschlags, liegt. Im Sommer 1893 verschwanden viele Firnflecken, die sonst seit Menschengedenken stets den ganzen Sommer zu überdauern pflegten.

4. Höhengrenze der Gletscherenden.

Die stärkste orographische Bedingtheit würde natürlich eine Höhengrenze der Gletscherenden aufweisen, bei der schon innerhalb eines so kleinen Gebietes, wie dem der Ortleralpen, Differenzen von 1000 m bei gleicher Exposition vorkommen. Da aber nicht alle Gletscherenden des Ortlergebietes gemessen werden konnten, so mußte die Konstruktion einer solchen Grenze auf die nördlichen Teile des Gebietes eingeschränkt werden. Eine geschlossene Höhengrenze der Gletscherenden für eine ganze Gebirgsgruppe würde jedoch sehr lehrreich sein, namentlich, wenn sie zugleich mit der Firngrenze innerhalb bestimmter Zeiträume immer wieder von neuem aufgenommen würde. Bei der Höhengrenze der Gletscherenden, welche mit ihren bedeutenden zeitlichen Schwankungen den potenzierten Ausdruck der Schwankungen in der allgemeinen Firnbedeckung des Gebirges und damit indirekt auch der Schwankungen verschiedener anderer Höhengrenzen bildet, tritt das dynamische Moment, welches allen Höhengrenzen eigen ist, am deutlichsten in die Erscheinung.

5. Wald- und Baumgrenze.

Die Scheidung zwischen Wald- und Baumgrenze hat an manchen Stellen ihre Schwierigkeiten, und verschiedene Beobachter werden öfters zu abweichenden Resultaten kommen, denn die Bäume treten an der oberen Waldgrenze ganz allmählich weiter auseinander, da „unsere Stämme zu ihrer entsprechenden Entwickelung um so mehr Standraum benötigen, je ungünstiger die Standorts- und besonders die klimatischen Verhältnisse sind, daher in der Hochlage nur eine bedeutend geringere Anzahl von Stämmen gleicher Grundstärke auf den Hektar einen genügenden Entwickelungsraum findet als in besseren Standorten, wo wir bekanntlich die dichtesten Bestände vorfinden[1].“

Im allgemeinen wurde bei den vorliegenden Beobachtungen der

---

[1] Ad. Ritter v. Guttenberg, k. k. Forstrat und Professor in Wien, Über Wald und Waldwirtschaft im Hochgebirge. Z. 1883, S. 221.

Grundsatz eingehalten, daſs die mit der Hauptmasse zusammenhängenden Bäume so lange als Wald aufgefaſst wurden, als sie
einigermaſsen gleichmäſsige Abstände von einander einhielten und sich
von einiger Entfernung — in der Regel vom gegenüberliegenden Thalhang aus — als geschlossene Masse darstellten. Noch schwieriger ist
die Abgrenzung in stark ausgeholzten Gebieten, die an sich gewöhnlich schon weit unterhalb der natürlichen Waldgrenze liegen. In
solchen Fällen ist in der Einzelbeschreibung der Befund genau angegeben, um dem von anderen Grundsätzen ausgehenden Leser die
richtige Beurteilung zu ermöglichen.

Für die Entscheidung darüber, ob eine Waldgrenze eine natürliche oder eine künstlich herabgedrückte sei, giebt der obengenannte
Fachmann folgende Anhaltspunkte: „In den unteren Teilen 40 m hohe
schlanke Stämme und bis 25 m astrein, eine geschlossene Säulenhalle
bildend; oben dagegen die kaum 15 m hohen Stämme einzeln oder
zu Gruppen zusammengedrängt, der kegelförmige Stamm unter
den bis zum Boden reichenden Ästen verschwindend.
Man würde oft geneigt sein, solche Stämme für kaum dreiſsig- oder
vierzigjährig zu halten, wenn nicht die korkige Rinde und das verwetterte Aussehen der Äste dem Kundigen zeigen würde, daſs auch
diese Zwergstämme wohl weit mehr als ein Jahrhundert hinter sich
haben[1].“

Der gröſsere Astreichtum und die geringere Stammentwickelung
der obersten Bäume können als Analogon zu der gedrungenen, auf
Blüten und Blattrosetten reduzierten Form der Alpenkräuter aufgefaſst
werden. Diese Modifikation der Organe ermöglicht den Pflanzen die
Existenz selbst bei einer stark verkürzten Vegetationsperiode. Die
Verkürzung der Baumstämme und ihre Verdickung im unteren Teile
ist natürlich eine Folge des geringen Jahreszuwachses, teleologisch
betrachtet kann sie als eine Anpassung an die ungünstigen Wind-
und Schneeverhältnisse in der Höhe aufgefaſst werden. Nur an wenig
Stellen des Ortlergebietes fällt die wirkliche obere Grenze der Bäume
mit dieser natürlichen Grenze der Lebensbedingungen zusammen,
namentlich zeigt die W a l d grenze in den meisten Thälern bedeutende
Depressionen. Die Bäume haben an solchen Stellen bis an den oberen
Waldsaum den schlanken Wuchs der Tieflandsbäume. Wenn die
Klagen über die Herabdrückung des Waldes in den Alpen auch öfters
übertrieben worden sind, so besteht doch nach dem übereinstimmenden

---

[1] v. Guttenberg, a. a. O. S. 220. Vergl. auch Schlagintweit, Untersuchungen über die physikalische Geographie der Alpen, S. 561 ff.

Urteil der Fachleute kein Zweifel darüber, daſs sie wirklich stattgefunden hat und noch stattfindet. „Die klimatische obere Waldgrenze
liegt in den Alpen fast durchgehends höher als die oberste Grenze
der jetzigen Waldungen[1]." Zahlreiche sicher verbürgte Beispiele
einer Herabdrückung der Waldgrenze werden sich im Laufe der folgenden Darstellung ergeben.

Bemerkenswert ist das Fehlen der Wetterfichten in den Ortler-
Alpen, jenes Charakterbaumes, der namentlich in den nördlichen
Kalkalpen eine so interessante Staffage der Landschaft bildet. Der
Grund liegt darin, daſs die obere Waldgrenze in den Ortleralpen
nirgends Fichtengrenze, sondern vorwiegend Lärchengrenze und in
einzelnen Fällen Zirbengrenze ist; in vielen Fällen treten die beiden
letzteren Baumarten gemischt auf. Die Fichte steigt nur wenig über
1800 m empor. Die zähe, schmiegsame Lärche erleidet durch Wind
und Schneedruck weniger Verstümmelungen als die sprödere Fichte[2],
darum entbehrt sie der abenteuerlichen Formen der Wetterfichte; eher
findet man bei der Zirbe ähnliche Formen.

Von der Aufstellung der Höhengrenzen der einzelnen Baumarten
ist abgesehen worden, dieselbe hätte ein rein pflanzengeographisches
Interesse; für die physikalische Geographie kommt nur der Wald als
Formation in Betracht.

Auffällig ist an sehr vielen Stellen der Mangel an jungem Nachwuchs in der Nähe der Waldgrenze, namentlich dort, wo die Zirbe
vorherrscht, welcher die Verbreitung durch Samen sehr schwer gemacht
ist, da dieselben keine Flügel haben, sich also höchstens durch Ab-
wärtsrollen über den Mutterbaum hinaus verbreiten können, wenn
nicht der Tannenhäher (Corvus caryocatactes) und einige andere Vögel
einzelne Nüſschen bergwärts tragen. „Ein noch gröſseres Unglück der
Zirbelkiefer ist der gute Geschmack ihrer Nüſschen, die vom Menschen
und einigen Tieren gierig aufgesucht und verzehrt werden[3]." So
kommt bei den Zirben ein viel geringerer Prozentsatz der reifenden
Samen zum Keimen als bei anderen Waldbäumen. Berücksichtigt man
hierzu noch die Schädigungen, welche die jungen Pflänzchen durch
Schneedruck und durch das Weidevieh erfahren, so wird die Seiten-
heit junger Zirben erklärlich.

Wenn aber so wenig junge Bäume aufkommen, so ist bei dem

---

[1] Coaz, Eidgenöss. Oberforstinspektor, Die Lauinen in den Schweizer Alpen,
Bern 1881, S. 38.

[2] Ratzel, Schneedecke, S. 260 [156].

[3] Wondrak, k. k. Forstrat und Landesforstinspektor: Bewaldung und Hoch-
wasser. Z. 1883, S. 181.

Holzverbrauch der Almen, den Zerstörungen durch Lawinen, Wind-
und Schneebruch neben dem langsamen Wachstum[1] der Bäume an
der oberen Waldgrenze[2], welche die drei-, vier- und mehrfache Zeit
zu ihrer Entwickelung brauchen wie die Tieflandsbäume[3], ein Rückgang der Wald- und Baumgrenze die notwendige Folge. Man kann
daher von allen Alpenbewohnern einstimmig die Klage über den Rückgang des Waldes hören; manche geben zu, daſs ein Verschulden des
Menschen vorliegt, andere suchen den Grund in einer allgemeinen
Verschlechterung des Klimas, wie z. B. Joseph Eberhöfer, wenn er im
F. M. schreibt: „Man sieht noch bei einer halben Stunde ober dem
itzigen Holzstande alte Bäume und Wurzeln halb verfault liegen. Es
muſs dort, da man diese nicht hinauftrug, vor Zeiten Holz gewachsen
sein. Nimmt man an, daſs solche Bäume entwurzelt hundert Jahre
liegen, bis sie vermodert sind, so muſs der Holzstand vor 600 Jahren
sehr weit hinaufgereicht haben und es folglich viel wärmer gewesen
sein" (S. 408). Berücksichtigt man jedoch auſser den früher angeführten Gründen noch die jahrhundertelange Ausnützung des Bodens
durch den Weidegang, wodurch den vereinzelten Bäumen oberhalb der
Waldgrenze ein Teil der Nahrung entzogen wird, die ihnen wahrscheinlich vor der Zeit, ehe man das Vieh bis zu diesen Höhen hinauf
trieb, durch Verfaulen des Grases jahrhundertelang zu gute gekommen
war, so sind das kleine Ursachen genug, um den Rückgang der Wald-
und Baumgrenze zu erklären, und man braucht nicht zu einer so
groſsen, sonst durch nichts verbürgten Ursache, wie einer Verschlechterung des Klimas, seine Zuflucht zu nehmen.

Simony hebt hervor (J. 1870, S. 355 ff.), daſs ein „gewisser Gehalt von Thonerde" der Zirbe besonders zuzusagen scheine, und daſs
sie besser in einem feuchten als trockenen Boden gedeihe. Diese
beiden Bedingungen würden an den von uns beobachteten Standorten
hochgelegener Zirbenbestände zusammentreffen, da die Zirbe sich in
den Ortleralpen meist auf den mit Rasen oder Alpenrosenbüschen
dicht bewachsenen, sanft geneigten Hängen auf gut verwittertem
Glimmer- und Thonglimmerschiefer findet. Sobald Schutt oder steile
Wände auftreten, rückt die Höhengrenze der Zirbe tiefer herab, und
die Lärche nimmt Besitz von dem Terrain; die etwa noch vorhandenen

---

[1] Über die langsame Entwickelung hochstehender Zirben vergl. Simony,
Die Zirbe. Jb. 1870, S. 356.

[2] Über die langsame Entwickelung des Hochgebirgswaldes im allgemeinen
vergl. v. Guttenberg, Z. 1882, S. 121.

[3] Schlagintweit, a. a. O., Einfluſs der Höhe auf die Dicke der Jahres-
ringe bei den Koniferen (S. 567 f.).

einzelnen Zirben haben ein dürftiges Aussehen. Es scheint hiernach,
dafs die Zirbe gegen die Ungunst der Bodenart und Bodenform em-
pfindlicher ist als gegen die des Klimas. Ferner betont Simony (a. a. O.),
dafs die Zirbe am besten an den von SW bis N geneigten Gehängen
gedeihe, also an der Wetterseite unserer Alpen, wo aufser den häu-
figeren Niederschlägen eine gröfsere Luftfeuchtigkeit vorhanden ist. Im
Gegensatz zur Zirbe zieht die Lärche nach Sendtner[1] den Kalk-
boden vor, besonders den aus der Verwitterung von Dolomit entstandenen[2].

Der Höhenunterschied zwischen Wald- und Baumgrenze ist stets
am geringsten an sanft und gleichmäfsig ansteigenden Rasenhängen,
wo also auch eine möglichst gleichmäfsige Verteilung des Nährbodens
vorhanden ist[8]. Hier, wo der Boden keine Hindernisse bietet, kann
der Wald als geschlossene Masse möglichst nahe an seine klimatische
Höhengrenze heranrücken, über die hinaus dann auch dem einzelnen
Baume kein weites Vordringen mehr möglich ist. Bei stark geneigtem
Felsboden finden nur auf den Absätzen einzelne Bäume noch genügenden Raum und genügenden Humus zur Entwickelung. Dem Hinaufrücken der Waldgrenze auf wenig geneigten Rasenflächen steht gegenüber die Herabdrückung der Baumgrenze an solchen Stellen. Dieselbe
ist hauptsächlich eine Folge des Weideganges, da das Vieh die auf
dem freien Weideboden aufsprossenden Bäumchen eher niedertritt oder
abbeifst als die innerhalb geschlossener Bestände. Aus dem letzteren
Grunde sind namentlich Schafe und Ziegen schlimme Feinde des
Waldes. Und wo ein Baum in seiner Jugend den Tieren entgangen
und zu einer ansehnlichen Gröfse emporgewachsen ist, fällt er dem
Beil der Hirten und Sennen zum Opfer; denn da die Senn- und
Schäferhütten in der Regel wenig oberhalb der Waldgrenze liegen, so
sind diese einzeln stehenden Bäume meist die am bequemsten zu er-
reichenden. Zeigt ja selbst die Waldgrenze fast bei jeder Almhütte
eine tiefe Einbuchtung, die sich stetig erweitert. An vielen solchen
Einbuchtungen, namentlich auch in Lawinenzügen[4], wird das Gras
gemäht — die etwa aufsprossenden jungen Bäumchen dann natürlich
mit. „Um das Weideareal zu vergröfsern, werden Zirben, Lärchen
und Krummholz schonungslos niedergehauen und verbrannt unter dem

---

[1] O. Sendtner, Vegetationsverhältnisse Südbayerns, S. 555.
[2] Hierfür scheint die Analyse des Lärchenholzes eine Stütze zu bieten, welche
einen starken Gehalt an Bittererde nachweist (Liebig, Agrikulturchemie S. 346).
[8] Vergl. Schlagintweit, a. a. O. S. 568.
[4] Vergl. Coaz a. a. O. S. 98.

Vorwande, dafs durch dieselben der Schnee zu lange aufgehalten und
dadurch die Betriebsdauer der Alpen verkürzt wird[1]." Was kümmert
es die Hirten und die meist weit draufsen wohnenden „Almherren"[2],
ob dadurch an dieser Stelle ein Lawinenzug oder ein Wildbachgebiet
entsteht und somit Leben und Eigentum der armen Bewohner der
inneren Thäler gefährdet werden? So wohnt der Alpwirtschaft, welche
darin dem Nomadismus ähnlich ist, dafs sie in einer nur vorübergehenden Nutzung des Bodens besteht, ohne etwas Wesentliches für
die Erhaltung oder Verbesserung seiner Ertragsfähigkeit zu thun,
auch in ihrer Beziehung zum Walde etwas von der Kulturfeindlich-
keit des Nomadismus inne — wenigstens bei ihrem gegenwärtigen Betrieb in Tirol.

Die auf schwer zugänglichen Felsterrassen angesiedelten einzelnen
Bäume sind sowohl vor dem Vieh als vor dem Menschen sicherer.
Vielleicht kommt hierzu noch als natürliche Begünstigung, dafs die
jungen Bäume hier nicht so lange unter dem Schnee begraben bleiben
als auf wenig geneigten Rasenflächen[3], was vielleicht — wenigstens
bei sonnseitiger Auslage — eine Verlängerung ihrer Vegetationsperiode
zur Folge haben könnte; um dies sicher festzustellen, wären freilich
genaue phänologische Beobachtungen nötig, die in diesem Falle sehr
schwierig sein würden. Endlich ist anzunehmen, dafs auf dem meist
lockeren Humus der Felsterrassen die durch den Wind oder die Vögel
hingetragenen Samen leichter einwurzeln können als auf einer mehr
oder weniger dichten Rasendecke, deren steife, borstenartige Halme
an vielen Stellen geeignet sind, besonders die geflügelten gröfseren
Samen vom Erdboden fernzuhalten.

Die stärkste orographische Benachteiligung erfährt der Baum-
wuchs natürlich auf den Thalsohlen, namentlich liegt die W a l d grenze
hier immer bedeutend, oft um mehrere hundert Meter tiefer als an
den Hängen. Die Gründe sind folgende: 1. Die Thaleinschnitte, besonders die stark geneigten kurzen Seitenthäler, sind die gewöhnliche
Bahn der Lawinen, die von den steilen Wänden der Thalhintergründe
losbrechen und den Wald so weit durchschlagen, bis sie auf einem
flachen Boden oder gar erst auf der Sohle des Hauptthales zu Ruhe
kommen; 2. wird in den Thalrinnen der Schnee durch Wind und

---

[1] Simony, Die Zirbe, Jb. 1870, S. 358.
[2] In den nördlichen und nordwestlichen Ortleralpen gehören die meisten
Wälder und Almen den Vintschgauer Gemeinden, im S. den Gemeinden im
Val di Sole, Val di Pejo u. s. w.
[3] Vergl. Ratzel, Höhengrenzen und Höhengürtel, S. 10 ff. [110 ff.]

Lawinen in so grofsen Massen angehäuft, dafs er viel längere Zeit
zum Schmelzen braucht als die weniger mächtigen Schichten an den
Lehnen, wodurch eine Verkürzung der Vegetationsperiode entsteht;
3. ist durch die längere Schneebedeckung die Zeit verkürzt, in welcher
die durch den Wind u. s. w. bewegten Samen Gelegenheit haben, in
den Boden einzudringen; 4. bringt der im Thale fliefsende Bach, der,
wenn nicht den ganzen, so doch den gröfsten Teil des Sommers von
dem Schmelzwasser hochgelegener Schnee-, Firn- und Eismassen gespeist wird, eine niedrige Temperatur an seinem Rande hervor, welche
die Vegetationsvorgänge verlangsamt; 5. schwemmt der Bach bei
Hochfluten die Samen fort, reifst sogar schon angesiedelte Bäume
heraus und führt sie in die Tiefe; endlich 6. schwemmt der Bach bei
Hochfluten den Humus fort und überschüttet die weniger geneigten
Strecken mit sterilem Geröll.   Dazu kommt dann noch der Mensch,
dessen Wege gewöhnlich in der Thalrinne nach den höheren Teilen
des Gebirges führen, und der es daher von alters her am bequemsten
gefunden hat, das Holz für seinen Bedarf in der Nähe dieser Wege
zu fällen.   Schliefslich werden diese Wege auch häufig vom Vieh
passiert; in manchen Thälern, z. B. im Ulten-, Martell- und Laaser
Thale, werden grofse Herden von Heimziegen täglich bis zu dieser
Höhe auf- und abgetrieben, was nach dem oben Ausgeführten natürlich auch kein Vorteil für die Entwickelung des Waldes ist.

Eine Beobachtung, die am deutlichsten im Laaser Thale zu machen
war, ist geeignet, noch zu anderen Erwägungen anzuregen. Hier haben
sich in dem mit Schutt erfüllten alten Gletscherbette und bis auf den
Kamm und die Innenseiten der Moränen vom letzten Maximum des
Angelusferners viele junge Lärchen angesiedelt, an deren nach oben
abnehmenden Zahl und Gröfse man das etappenweise Vorrücken erkennt.   Die untersten haben eine Gröfse von 2—3 m, am oberen
Ende finden sich solche von Handgröfse und darunter.   Der Mangel
an Gras zwischen den Bäumen und teilweise auch der reifsende
Gletscherbach gewährte dieser jungen Kolonie Schutz vor dem Weidevieh, namentlich vor den Schafen und Ziegen, die im September das
von den Kühen verlassene Weidegebiet der Unteren Alpe einnehmen.
In ähnlicher Weise, nur vielmehr vereinzelt, findet man kleine Lärchen
an der rechten Seitenwand des alten Bettes vom Suldengletscher angesiedelt — allerdings nur auf dem Gebiet, das seit dem vorletzten
Maximum, also seit 1818, nicht mehr vergletschert gewesen ist. Die
von der Gletscherzunge abgescheuerte Fläche ist besonders an der
linken Seite durch ihre geradlinige Begrenzung noch deutlich zu
erkennen. Die paar gröfseren Bäume, welche südlich von dem

alten Gletscherende sich erhalten haben, stehen hoch über dieser Linie[1].

Diese Beobachtungen zeigen zunächst, wie der Stand der Baumgrenze den Schwankungen des Lokalklimas folgt. Sobald die Kälte ausströmende Gletscherzunge weit genug zurückgewichen ist, folgen ihr in gemessener Entfernung die Vegetationsgrenzen nach — wie der Sieger dem Besiegten, der das Schlachtfeld räumt. Das Rückschreiten der Vegetationsgrenzen beim Vorrücken der Gletscher kommt wahrscheinlich nicht so deutlich zum Ausdruck; wenigstens auf dem Terrain, das die Eismassen überfluten, wird die mechanische Vernichtung der Vegetation eher eintreten als das Absterben infolge der vom herannahenden Gletscher ausströmenden Kälte. Dies wird bestätigt durch folgende Angaben Joseph Eberhöfers: „Vor mehreren Jahren sah man auf dem Eisgebirge Zufall auf einmal einen grofsen Baum, welchen der Ferner ausgeworfen hatte. Woher anders konnte dieser Baum kommen, als dafs er vor mehreren Jahrhunderten dort gewachsen, umgestürzt, zwischen Steine und Klippen gesteckt, in der ehemaligen Eisregion unversehrt geblieben und endlich vom Ferner, der immer frifst und gräbt, wie andere Steinmasse heraufgeworfen wurde . . . Solche ausgeworfene Holzstücke werden von den Hirten im Sommer oftmalig gesehen. Erst vor wenigen Jahren[2] wurden drei Feichten[3] vom Ferner gestürzt und eingeeiset, sie kommen vielleicht nach Jahrhunderten auch wieder zum Vorschein. Bekanntlich geschah diese Eineisung der Bäume 1817 auch beim Ferner in Sulden[4]."

Da nun aber die Oscillationen der Gletscherzungen nur der potenzierte Ausdruck der Schwankungen in der gesamten Schnee- und Eisbedeckung des Gebirges sind, welche ihrerseits wieder von kleinen Klimaschwankungen abhängen, so sind die Schwankungen der Baumgrenze an den beschriebenen Punkten auch als allgemein-klimatische Erscheinungen aufzufassen; sie sind hier nur am deutlichsten zu beobachten, weil infolge der Bodenformen an diesen Stellen die beiden feindlichen Elemente — Eis und Vegetation — einander am nächsten kommen; es sind Vorpostengefechte, die hier stattfinden. Ähnliche Erscheinungen müssen sich zeigen in der Nähe gröfserer tiefgelegener Firnflecken, die auch an den Schwankungen der allgemeinen Schnee-

[1] Vergl. auch Finsterwalder und Schunck, Z. 1887, S. 79 f.
[2] Geschrieben 1847.
[3] Es ist merkwürdig, dafs in der Gegend der Zunge des Zufallferners damals noch Fichten gestanden haben sollen, gegenwärtig ist in dieser Höhe keine einzige zu sehen.
[4] F. M. S. 409 u. 410.

bedeckung des Gebirges teilnehmen. Ob hierbei auch ein Kampf auf
der ganzen Linie entbrennt, oder, ohne Bild gesprochen, ob die relativ kleinen Schwankungen in der Schneebedeckung unserer Alpen auch
unmittelbar mit Schwankungen der Baumgrenze verbunden sind, bleibt
genaueren Beobachtungen vorbehalten. Als wahrscheinlich ist anzunehmen, daſs in Zeiten stärkerer Schneebedeckung die Schneedecke
im Frühling etwas später über die Höhe der Baumgrenze zurückweicht und im Herbste etwas früher herabrückt, somit eine Verkürzung der Vegetationsdauer eintritt; ob aber das Vorhandensein abgestorbener Bäume an der Baumgrenze hierauf zurückzuführen ist,
bleibt unsicher, da hierbei auch lokale Ursachen wirksam sein können,
z. B. eine Verminderung der Humusschicht[1]. Für die Höhengrenze
der Vegetation überhaupt sind solche mit den Schwankungen der Firngrenze parallel gehende Schwankungen a priori anzunehmen, denn die
bei einem Höchststand der Firngrenze aper werdenden Gebiete, die
sich dann bis wenig unterhalb der Firngrenze noch mit einer dürftigen
Vegetation bedecken, werden dem Vegetationsareal entzogen, wenn
der Schnee auf ihnen das ganze Jahr liegen bleibt oder doch mehrere
Jahre hintereinander nur für so kurze Zeit wegschmilzt, daſs auch
das bescheidenste Pflänzchen seine Vegetationsperiode nicht mehr
vollenden kann.

Mittelbar wird die Waldgrenze jedenfalls auf der ganzen Linie
in Zeiten stärkerer Schneebedeckung des Gebirges herabgedrückt
durch vermehrte Lawinen, Schneebruch u. dgl. Und hier ist die
Waldgrenze wieder im Nachteil gegenüber der Grenze des Graswuchses. Eng an den mütterlichen Boden angeschmiegt, hat die
Grasvegetation unter den Unbilden feindlicher Kräfte, namentlich der
Lawinen, weniger zu leiden und kann sich rascher wieder bilden als
der Wald, der durch eine einzige Katastrophe oft für Jahrhunderte
vernichtet wird.

So zeigen diese Beziehungen der Vegetationsgrenzen zu den
Schwankungen der Firngrenze, daſs wir alle Höhengrenzen als Kraft-
linien aufzufassen haben, als Gleichgewichtslinien, genau wie die politischen Grenzen; sie sind das zeitlich schwankende Ergebnis eines
Kampfes ums Dasein, der, wie auch der Kampf der Völker, wesentlich
ein Kampf um Raum ist. Von oben her suchen die lebenfeindlichen
Elemente vorzudringen, die ihren allgemeinen Ausdruck in dem
Mangel an Wärme finden, von unten her das vegetative Leben, mit
ihm die Tierwelt und im Gefolge beider der Mensch mit seinen Wohn-

---

[1] Vergl. Simony a. a. O. S. 357.

stätten, die Kultur. Die gegensätzlichen Kräfte werden in ihrem
Kampfe teils unterstützt, teils gehindert durch den Bau und die materielle Beschaffenheit des Bodens, auf dem er sich abspielt, wodurch
aus den klimatischen die orographischen Höhengrenzen sich heraus-
bilden [1].

6. Alpenweiden und vorübergehend bewohnte Siedelungen.

Für die Region der Alpenweiden läfst sich, wie schon Professor
Schindler hervorhebt [2], eine obere Grenze schwer ziehen, da sie bis
nahe an die klimatische Firngrenze reicht, soweit sich zwischen beide
Regionen nicht eine mehr oder weniger breite Zone einschiebt, wo
der lose, vegetationslose Schutt vorherrscht. Der genannte Autor
benützt „zur annähernden Feststellung derselben die während des
Sommers ständig bewohnten höchsten Alpenhütten [3]". Diese Höhengrenze der Sennhütten ist auch in der vorliegenden Arbeit für das
Ortlergebiet bestimmt worden, doch mufs bemerkt werden, dafs die-
selbe hier für die Höhengrenze der Alpenweiden nur einen sehr losen
Anhalt bietet, da bei Anlage dieser Hütten mancherlei andere Rück-
sichten mafsgebend sind, z. B. günstige Wasserversorgung, Schutz vor
Lawinen u. s. w. Für einzelne Teile der Ortleralpen, z. B. das Gebiet
von Pejo, würde ein unmittelbarer Schlufs von der Höhengrenze der
Sennhütten auf die der Alpenweiden sogar irreführend sein. Die
Sennhütten sind gewöhnlich nahe am unteren Rande der zugehörigen
Weidegebiete angelegt, einmal, damit man das Holz nahe hat, dann
aber auch deshalb, weil das Vieh, wenn es zur Weide ausgetrieben
wird, mit Vorliebe bergwärts steigt, dies kann man an den während
des Tages sich selbst überlassenen Herden deutlich beobachten; die
Tiere bleiben, wenn sie eine isolierte Kuppe oder eine Wand erreicht
haben, die sie an weiterem Aufwärtssteigen hindert, lieber stundenlang
stehen oder liegen, ehe sie sich freiwillig entschliefsen, wieder bergab
zu steigen. In vielen Thaleinschnitten finden sich zwei Hütten übereinander, eine untere, welche zunächst im Anfang des Sommers befahren wird, und eine obere, nach der man je nach den Verhältnissen

---

[1] Vergl. Ratzel, Höhengrenzen. S. 8 u. S. 32.

[2] Schindler, Kulturregionen und Ackerbau in den Hohen Tauern.
Z. 1888, S. 77.

[3] Schindler ebenda und Z. 1890, Kulturregionen und Kulturgrenzen in den
Ötzthaler Alpen. S. 71.

Anfang, Mitte oder Ende Juli auffährt, um gegen Ende August noch
einmal auf kurze Zeit in die untere zurückzukehren. In manchen
Thälern, z. B. im Laaser Thale, sind beide Almen gleichzeitig befahren.
Für die Bestimmung der Höhengrenze der Sennhütten wurden natürlich die oberen Hütten verwendet, Ausnahmen hiervon sind an den
betreffenden Stellen besonders begründet.

Überraschend ist die grofse Zahl tief gelegener Almen in den
südlichen Ortleralpen. Der Grund liegt unserer Ansicht nach in der
tiefen Lage der dauernd bewohnten Siedelungen, bezw. in dem Mangel
an Einzelhöfen und in der Abholzung der Gehänge. Solche Stellen,
die wegen Steilheit oder Schuttreichtum sich nicht zum Abmähen
eignen, werden abgeweidet; da aber die Dörfer zu tief liegen oder
doch zu weit entfernt sind, so hat man Almhütten angelegt. In den
nördlichen Teilen, dem Gebiet der deutschen Bevölkerung, finden sich
an den entsprechenden Stellen, soweit sie nicht überhaupt noch mit
Wald bestanden sind, bei sonnseitiger Auslage dauernd bewohnte
Einzelhöfe; die am wenigsten geneigten Stellen sind zu Feld gemacht
und geben einen dürftigen Ertrag an Kartoffeln, Gerste und Roggen,
deren Anpflanzung für den Besitzer des Einzelhofes um so notwendiger
ist, als er bei der schwierigen Verbindung mit „dem Lande draufsen"
sich wirtschaftlich möglichst selbständig machen mufs. Für die leichter
zugänglichen Thäler der südlichen Ortleralpen dürfte es, namentlich
bei der tiefen Lage der Dörfer, lohnender erschienen sein, die hochgelegenen Flächen, die nur eine kärgliche Getreideernte liefern, für
die Grasnutzung zu verwenden, zumal der Mais, der hier schon einen
wesentlichen Bestandteil der Volksnahrung bildet, in dieser Höhe
ohnehin nicht mehr gedeiht.

Allgemein wird über den Verfall der Alpenweiden geklagt. Vielen
mit diesem Gegenstande sich beschäftigenden Sagen wird man allerdings keinen Glauben schenken dürfen, wie z. B. der folgenden, welche
im F. M. sich findet: „Auf der Schattenseite beim Klösterle auf Zufall
giebt es einen Ort „zum Ultnermarkt" genannt, der itzt zur Hälfte
mit ewigem Schnee bedeckt ist. Hier sollen die Ultner und Morteller ihr Bergvieh zusammengetrieben, ausgesellet und gegen einander
vertauscht haben." — (S. 412). Diese und ähnliche Sagen scheinen
wie viele andere einfach aus dem Drange entstanden zu sein, einzelne
Namen, deren ursprüngliche Bedeutung dem Sprachbewufstsein ent-
schwunden ist, verständlich zu machen. Gleichwohl sind viele verbürgte Nachrichten für den Rückgang der Alpenweiden vorhanden.
Von den Marteller Almen berichtet Payer (Erg. 31, S. 7): „Der Ende
Juni beginnende Viehauftrieb auf die Marteller Alpen hat kontinuier-

lich nachgelassen. Die Untere Alpe sömmert 144 Kühe, 18 Stück Geltvieh (ohne Milch), 28 Schweine, die Obere Alpe (1583 erbaut) 186 Kühe und Gelttiere und 31 Schweine." Für den Zeitraum von 1847—1864 ist nach der folgenden Zusammenstellung Jos. Eberhöfers „über den Viehstand in den Bergen" allerdings keine „kontinuierliche" Abnahme ersichtlich:

Jahr:	1847	1848	1849	1850	1851	1852	1853	1854	1855	1856	1857	1858	1859	1860	1861	1862	1863	1864
In der Oberen Alpe: Kühe:	180	192	155	162	164	169	166	183	172	175	152	174	166	159	175	183	185	180
In der Oberen Alpe: Schweine:	56	32	—	—	33	—	26	24	32	31	29	26	19	19	25	—	—	24
In der Unteren Alpe: Kühe:	156	180	135	133	135	187	119	138	133	125	123	145	133	133	154	160	165	180
In der Unteren Alpe: Schweine:	39	27	—	—	27	—	19	40	28	27	24	25	15	15	18	—	—	—
In dem inneren Stierberg: Stiere:	250	232	174	234	211	222	236	207	218	219	283	239	209	210	273	234	246	230
Im Flimberg: Stiere:	80	129	115	80	92	118	86	60	62	74	115	98	100	128	99	98	104	110
Zu Hause e:	—	130	—	—	—	—	—	—	—	—	—	—	—	—	—	—	—	—

Nach unseren Erkundigungen war die Morter Alpe im Brandner Thale früher eine Sennerei, die 70 Milchkühe sömmerte, und noch vor 30 Jahren wurden 50 Stück aufgetrieben, jetzt weiden hier nur 74 Stück Jungvieh, von dem zwei Stück einer Milchkuh gleich gerechnet werden. Auf der Unteren Laaser Alpe wurden noch 1871 105 Kühe gesömmert, jetzt können nicht mehr als 70 durchgebracht werden. Ähnlich ist es bei vielen anderen Almen der Nordseite; die Bauern aus dem Vintschgau treiben daher jetzt einen Teil ihres Viehes im Sommer nach der Schweiz. In den südlichen Thälern werden die Alpenweiden besser gepflegt durch Bewässerung, Düngung, Steineablesen u. dergl.; daher ist der Rückgang hier weniger bemerklich, vorhanden ist er aber auch. In der Malga Cespe de Samoclevo wurde dem Verfasser erzählt, daß die Kühe nicht genügend Nahrung fänden, obgleich ihre Zahl eingeschränkt worden sei. Die Tiere laufen infolgedessen täglich sehr weite Flächen ab, vollbringen also eine größere Arbeitsleistung, als sie bei reichlicherem Futter gethan haben würden, wodurch dem Milchertrag doppelt Abbruch geschieht.

Dieser Verfall der Alpenweiden erklärt sich wahrscheinlich zum größten Teile aus derselben Ursache wie der Rückgang der Bergmähder (s. d.); dazu kommen die Zerstörungen durch Lawinen und Bergstürze, die, nach den Folgen zu schließen, in den Alpen gegenwärtig stärker zu sein scheinen als die Neubildung von Grasflächen. Es darf aber auch nicht verschwiegen werden, daß die Gemeinden, wenigstens die auf der deutschen Seite, zu wenig für die Erhaltung ihrer Alpenweiden thun; außer dem Mangel an Düngung und Bewässerung ist es vor allem die langsame Vergandung durch die einzeln abrollenden Steine, welche den Verfall der Weiden herbeiführt; wenn diese Steine überall, wie es an manchen Orten geschieht, abgelesen würden, so könnten viele Flächen, die allmählich zu Schutthalden werden, dem Weidegebiet erhalten bleiben. Endlich ist es an vielen Orten die Zerstückelung der großen Güter, welche nach Ansicht der einheimischen Bauern den Viehauftrieb und dadurch das Interesse an der Erhaltung der Alpenweiden vermindert. Viele Höfe, die früher einem einzigen Besitzer gehörten, sind jetzt in drei, vier und mehr Parteien geteilt, die kleinen Besitzer, welche keine Pferde halten können, brauchen ihre Kühe zur Feldarbeit und zur Deckung des täglichen Milchbedarfes, es wird daher mehr Heimvieh gehalten als früher, und aus demselben Grunde haben sich viele ehemalige Sennhütten in Galtviehalmen verwandelt.

Ein Abnehmen in dem Grade der Kultur nach der Höhe zu zeigt sich endlich darin, daß sich oberhalb der Region der Sennhütten noch eine

Zone der Schaf- und Galtviehalmen befindet. Es entspricht dies der Verdünnung und Zerstückelung der Vegetationsdecke nach oben zu. Da weder in diesen elenden Hütten eine „Wirtschaft", d. h. hier eine Gewinnung von Milchprodukten, noch auf den Weideflächen irgendwelche „Kultur" stattfindet, so hat Schindler für diese Region den äußerst treffenden Ausdruck „Zone der Urweide" aufgestellt[1]. Hier bricht sich an den öden Felswüsten der letzte leise Wellenschlag des Lebens, das aus der Tiefe emporstrebt.

7. Bergmähder.

Zwischen die dauernd bewohnten und die vorübergehend bewohnten Siedelungen schiebt sich die Region der Bergmähder ein, welche in den verschiedenen Teilen des Ortlergebietes sehr ungleich entwickelt ist. Man könnte zwei Typen von Bergmähdern unterscheiden, 1. solche an freien, mäßig geneigten Abhängen, wie sie in der südlichen Hälfte unseres Gebietes vorherrschen, sie bedürfen in der Regel der künstlichen Bewässerung; 2. solche in hochgelegenen wannenförmigen Ausweitungen der Haupt- und Nebenthäler; zu diesem Typus gehören viele Mähwiesen Martells, der große Komplex im Hintergrunde des Kirchberger Thales, die Kuppelwieser Alm (Ulten) und viele andere. An solchen Stellen ist meist ein Überfluß an Wasser vorhanden, und es muß für Abfluß gesorgt werden, damit die Wiesen nicht versauern. Überblickt man alle die Örtlichkeiten, an denen im Ortlergebiet Bergmähder sich ausbreiten, so gewinnt man den Eindruck, daß die Existenz dieser Wiesen — abgesehen von der Beschaffenheit des Untergrundes — vielmehr von der Bewässerung als von der Exposition abhängt, jedoch ist die Qualität des Futters bei reicherer Besonnung eine bessere.

Vor Jahrhunderten muß die Höhengrenze der Bergmähder an vielen Stellen bedeutend höher gelegen haben. Vom Martellthal berichtet Jos. Eberhöfer: „Den meisten größeren Höfen in Mortell sind auch mehrere Tagmahde Jochmähder, die in den alten Lehensbriefen auch „Wiesen" heißen, als Grundeigentum zugeteilt, welche seit undenklichen Zeiten von den Eigentümern nicht mehr benutzt und nur von der Gemeinde um einige Kreuzer jährlichen Pachtzins als Weideplätze gebraucht werden. Es muß auf diesen Mähdern und Wiesen in früheren Zeiten doch Fütterung gewachsen sein, welche die Eigen-

---

[1] Z. 1890, S. 72.

tümer benutzen konnten, sonst wären diese Flächen den Höfen nicht
als „Wiesen" zugeteilt worden. Die Eisgebürge und die rauhe Luft
haben diese Flächen so verschlimmert, daſs itzt kaum eine sparsame
Viehweide mehr wachst." (F. M., S. 411 ff.) So treffend diese Ausführungen sind, so kann man sich doch dem am Schlusse angefügten
Erklärungsversuche, der eine Verschlechterung des Klimas in historischer Zeit voraussetzt, nicht anschlieſsen. Im Geiste des guten
Frühmessers hatte sich nun einmal die Idee von der Verschlechterung
des Klimas festgesetzt, weil dadurch die Sage vom Kloster auf Zufall,
von dessen ehemaliger Existenz er fest überzeugt war, ihre Un-
wahrscheinlichkeit verliert. Viel ungezwungener und mehr im Ein-
klang mit anderen Thatsachen läſst sich dieser Rückgang im Ertrag
der Jochmähder aus einer immer weiter fortschreitenden Erschöpfung
des Bodens erklären. Diesen Flächen war in den der Benutzung
vorausgehenden, wahrscheinlich sehr langen Zeiträumen ihr jährlicher
Ertrag stets wieder als Düngung zu gute gekommen, dadurch muſste
sich im Laufe der Zeit eine dicke Humusschicht bilden, welche dann
lange nachhielt, als man begonnen hatte, diese Flächen als Mähwiesen
nutzbar zu machen. Schlieſslich muſste sich aber die im Boden aufgespeicherte Nährkraft erschöpfen, da man ihm immer nur nahm, ohne
ihm durch Düngung neue Nährstoffe zuzuführen. Als sich das Mähen
nicht mehr lohnte, benutzte man die Flächen als Weide. Natürlich
kann sich auch hierbei der Boden nicht wieder erholen, da das jährliche Ernten nur in anderer Form fortgesetzt wird und dem Boden
nur soviel als Düngung zukommt, als das Vieh während des Weidens
auf ihm zurückläſst, was natürlich nicht ausreichend ist. Der Dünger
aus den Ställen der Almen wird in der Regel auf tiefer gelegene
Wiesen herabgeführt. Nur einzelne Almen des Ortlergebietes, hauptsächlich solche auf der Südseite, führen diesen Dünger durch Berieselung den benachbarten Bergmähdern zu.

8. Höhengrenze des Getreidebaues und der dauernd bewohnten Siedelungen.

Die dauernd bewohnten Siedelungen sind im allgemeinen an
die Höhengrenze des Getreidebaues gebunden. „Wo Getreidefelder
sich an den Gehängen ausbreiten, da wohnt auch der Mensch in
ständig bezogenen Siedelungen, ja wir dürfen ohne weiteres die
obere Grenze des Getreidebaues zugleich als die obere Grenze des
Menschentums bezeichnen. Darüber hinaus, in der Region der

Bergmähder und Alpenweiden erscheint der Mensch nur in den
2—3 Monaten des kurzen Sommers zu Gast, er führt dort oben mit
seinen Herden nur ein nomadisches Sommerleben und kehrt im Herbst
wieder mit ihnen in die wohnlichere Getreideregion zurück[1]." Die
wenigen Fälle, in denen die Höhengrenze der Siedelungen beträchtlich
von der des Getreidebaues abweicht, wie im Suldenthale, im Val di Pejo,
an der Stilfser Jochstrafse etc., sind an den betreffenden Stellen
in der Einzelbeschreibung auf ihre Ursachen zurückgeführt. Eine
Schwierigkeit, gleichwertige Siedelungsgrenzen für den ganzen Umkreis des Ortlergebietes zu gewinnen, liegt darin, dafs die Einzelhöfe,
welche im nördlichen und östlichen Teile sehr zahlreich vertreten
sind und fast einzig die Höhengrenze der Siedelungen bestimmen, in
den südlichen Ortleralpen sehr selten sind; die Siedelungsgrenze wird
hier zu einem grofsen Teile durch geschlossene Ortschaften bestimmt,
welche natürlich entsprechend tiefer liegen, da sie wieder einen
höheren Grad der Besiedelung darstellen. Der Grund für diese
Verschiedenheit zwischen der Nord- und Südhälfte unseres Gebietes
liegt weder in orographischen noch in klimatischen, sondern in ethnographischen Verhältnissen, — der italienische Volkscharakter ist dem
Einzelwohnen abhold.

9. Natürliche und künstliche Siedelungen.

Die Alpenvereinshütten, auch die im Sommer bewirtschafteten,
sind als künstliche Siedelungen von der Höhengrenze der
Siedelungen ausgeschlossen worden, ebenso die Hütte bei den Heiligen
drei Brunnen (1598 m) und die Wohnungen für die zur Unterhaltung
der Stilfser Jochstrafse beschäftigten Arbeiter, — eine auf der österreichischen Seite bei 2510 m, eine auf der italienischen Seite unmittelbar unter der Jochhöhe und die von Spondalunga 2165 m, —
die am Hause angebrachte Höhenmarke giebt fälschlich 2290 m. Zu
den künstlichen Siedelungen mufs auch die Strafsensperre Strino an
der Tonalestrafse bei circa 1530 m gezählt werden, ebenso das abseits
von der Strafse bei 1979 m liegende Ospizio S. Bartolomeo.

Wenn man von dem Grundsatz ausgeht, dafs eine natürliche
Siedelung ihre Existenzbedingungen in dem Boden finden mufs, auf
dem sie steht, — wenigstens in dem Umfange, den sie bei
ihrer Gründung besafs, so mufs man auch die Siedelungen als

---

[1] Schindler, Z. 1888, S. 74.

künstliche bezeichnen, die mit der Anlegung der Stilfser Jochstrafse
als Rastpunkte des über dieselbe führenden Verkehrs gegründet worden
sind. Hierher gehören die von der italienischen Regierung angelegten
Cantonieren, die erste bei 1702 m (die zweite ist zerstört), die dritte
bei 2318 m (die Höhenmarke giebt fälschlich 2400 m) und die vierte
mit der Dogana bei 2487 m, dann zwei spontan aus dem Bedürfnis
des Verkehrs hervorgegangene, die „Dreisprachenhütte" auf der Jochhöhe und die Hütte am Weifsen Knott bei 1863 m. Die Franzenshöhe,
2188 m, gehört eigentlich auch zu dieser Klasse, da sie aber nebenbei
der Glurnser Kuhalpe als Stützpunkt dient, mufs sie zu den natürlichen Siedelungen gerechnet werden. Die italienischen Cantonieren
sind ständig bewohnt, daher wird die Stelviostrafse bis zur vierten
Cantoniera auch im Winter offen gehalten, während auf der österreichischen Seite über Trafoi hinaus im Winter kein Verkehr stattfindet. Man kann über diese Scheidung von natürlichen und künstlichen Siedelungen verschiedener Meinung sein, es würde aber ohne
Zweifel eine Fälschung des Durchschnittes sein, wenn man z. B. die
vierte Cantoniera mit den obersten Bauernhöfen des Trafoier Thales,
welche reichlich 1000 m tiefer liegen, auf gleiche Stufe stellen
wollte.

II.

SPECIELLE DARSTELLUNG
DER HÖHENGRENZEN IN DEN ORTLER-ALPEN.

1. Die nordwestlichen Ortler-Alpen. Prad-Trafoi-Bormio.

Der Abhang gegen das vereinigte Sulden- und Trafoier Thal zeigt von der Thalsohle bis in die Gegend der Baumgrenze eine durchschnittliche Neigung von 25°. Im äufseren Teile des Thales findet sich zum Teil hoch über der Thalsohle noch Kulturland mit einzelnen Höfen, die bei NW-Exposition bis 1337 m (Verklair) und 1340 m (Unter-Folnair) emporsteigen mit dürftigen Getreidefeldern bis 1350 und 1360 m. Wo durch einen Thaleinschnitt etwas aufserhalb Stilfs eine mehr westliche Auslage entsteht, rückt sofort ein Hof (Ober-Folnair) bis 1535 m hinauf mit Getreideflecken bis 1530 m und Mähwiesen bis 1600 m. Jenseits dieses Thaleinschnittes liegt der Stockhof mit 1370 m und unmittelbar vor der Abzweigung des Suldenthales auf einer kleinen Terrasse der Trushof bei 1271 m. Die zugehörigen Getreidefelder reichen nur wenige Meter über diese Höfe empor. Der Weiler Beidewasser liegt auf der linken Thalseite, also aufserhalb unseres Gebietes. Das eigentliche Trafoier Thal hat auf der rechten Seite keine dauernd bewohnten Siedelungen; es ist dies eine Folge der Steilheit und Zerrissenheit dieses Thalhanges und der Unfruchtbarkeit des Dolomitschuttes. Aus denselben Gründen erklärt sich die tiefe Lage der Schäferhütten, sowie das gänzliche Ausfallen der Region der Sennhütten und Bergmäher. Trafoi (1541 m) liegt auf der linken Thalseite, also ebenfalls aufserhalb unseres Gebietes. Getreide wird hier nicht mehr gebaut, nur Kartoffeln und Rüben[1] sieht man noch in kleinen Gärten angepflanzt.

---

[1] Vergl. Payer, Frg. 23, S. 11.

Beim Aufserer Hof (1490 m) kommen Hafer und Gerste noch notdürftig zur Reife, während weiter thalauswärts bei Stilfs gleichgelegene Felder beträchtlich höher reichen. Es scheint sich also in Trafoi neben der stärkeren Beschattung schon die lokalklimatische Wirkung der nahen Gletscherwelt geltend zu machen. Vorübergehend bewohnte natürliche Siedelungen im Trafoier Thale sind die äufsere Schäferhütte (1805 m) und die Tabaretta-Alm, ebenfalls nur eine Schäferalpe bei 2075 m. Die Glurnser Kuhalm, die auf die Franzenshöhe (2188 m) sich stützt, liegt gerade auf der Grenze unseres Gebietes.

Der Wald besteht im unteren Teile vorwiegend aus Fichten, im mittleren treten Lärchen in gröfserer Zahl auf, bis sie an der oberen Waldgrenze der herrschende Baum werden. Bis zum Einschnitt von Folnair gehören Wald- und Baumgrenze zum N-Abhang, während die Strecke von da bis zum Eingang des Suldenthales naturgemäfs mit dem letzteren vereinigt wird, es kommt also für das Trafoier Gebiet nur das eigentliche Trafoier Thal von Gomagoi an in Betracht.

Den vorderen Teil des Scheiderückens zwischen dem Trafoier- und Suldenthal umschliefst ein dichtes Waldkleid, eines der dichtesten im ganzen Ortlergebiet. Der Boden besteht hier noch aus stark verwittertem Thonglimmerschiefer, da der Dolomit des Ortlermassivs nur wenig über den Gipfel der Hochleitenspitz nach N reicht. Die Waldgrenze liegt bei 2205, die Baumgrenze bei 2259 m, den Bestand bilden Lärchen und kräftige Zirben bis zu 40 cm Durchmesser. Die Neigung des Hanges in dieser Höhe beträgt 30°. Weiter thalaufwärts zerreifsen Tobel und dürftig begraste Schutthalden dieses dichte Waldkleid, namentlich von der Hochleitenspitz an, wo die breiten Halden von Dolomitschutt beginnen, auf denen nur im Schutze dichter Legföhrengruppen sich einzelne Lärchen behaupten. Die Hochleitenspitze selbst ist mit Ausnahme einiger Wände bis nahe an die obersten Gipfelfelsen in einen dichten Mantel ihres eigenen Schuttes eingehüllt, in welchem die Stücke von der Gröfse einer Walnufs die Hauptmasse bilden; bis wenig über die Baumgrenze empor sind dieselben in schwarzen Humus gebettet, auf dem spärliches Gras gedeiht; — eigentlicher zusammenhängender Rasen ist hier nicht vorhanden, wohl aber in derselben Höhe weiter thalauswärts auf dem Schiefer. Auf der Südseite der Hochleitenspitz reicht der Schuttmantel bis zum Gipfel, 2796 m, und bis nahe an denselben reicht auch der grüne Hauch der dünnen Grasdecke. Die obersten Latschenbüsche finden sich am SW-Abhang der Hochleitenspitz bei 2380 m und 38° Neigung.

Nördlich von der Hochleitenspitz, wo der Dolomit aufhört, sieht man auch keine Latschen mehr.

Vom Hochleitenthal an rückt auch der anstehende Dolomit mit seinen schroffen Formen bis an die Trafoier Thalsohle heran. Es sind darum von hier an bis südlich von der Tabarettakugel nur dürftige Waldgruppen vorhanden. Früher soll jedoch auch hier zum grofsen Teil geschlossener Wald gestanden haben, aber durch Lawinen vernichtet worden sein[1]. Am Bergl findet sich noch einmal neben dem von Payer (a. a. O. S. 11) und anderen öfters genannten grofsen Latschendickicht ein schöner Wald von Fichten, Lärchen und Zirben, der oberhalb der Hütte bis 2231 m und mit einzelnen Bäumen (Lärchen und Zirben) bis 2278 m reicht. Darüber liegt frischer, von kleinen Bergstürzen herrührender Dolomitschutt mit einigen umgestürzten, zum Teil begrabenen Lärchenstämmen bis 2307 m. Latschen finden sich an den Wänden des Pleishornes auf schuttbedeckten Stufen bis 2340 m. Gegen den Thalschlufs zu sinken Wald- und Baumgrenze infolge der Abkühlung durch die hineinragenden mächtigen Firn- und Eismassen rasch herab. An der Madatschspitze liegt die Waldgrenze bei 2115 m, und ein sehr dürftiger Lärchenbestand, der aber früher dichter gewesen sein soll (vergl. Payer, a. a. O. S. 11), bedeckt noch das isolierte Glurnser Köpfl (2024 m). Die Baumgrenze, nur von Lärchen gebildet, liegt an der Madatschspitze bei 2226 m, am linken Ufer des Madatschferners, auf der gut berasten Glurnser Kuhalm, bei 2218 m; starke Stümpfe erblickt man hier noch bei 2255 m, den höchsten Latschenbusch bei 2317 m.

Auf der entgegengesetzten Thalseite (Thonglimmerschiefer!) reichen die Ausläufer des zusammenhängenden, wenn auch lichten Waldes in der Nähe der Franzenshöhe bis 2277 m, einzelne kleine Lärchen und Zirben findet man bis 2363 m. Die Angaben über noch höhere Standorte von Zirben „am Stilfser Joch" können sich auch nur auf diese Thalseite beziehen. Tschudi[2] giebt 8101 W. F. = 2561 m; diese Angabe ist auch von Kerner[3] acceptiert worden und dann noch in verschiedene andere Werke übergegangen[4]. Simony[5] führt diese

---

[1] Vom Tabaretta-Thal ist dies durch Payer bezeugt. Erg. 23, S. 11.

[2] Tschudi, Tierleben der Alpenwelt.

[3] Kerner, Die Zirbe. Österr. Revue 1864. VII, S. 196—204 und 1865. VII, S. 188—205.

[4] Vergl. Willkomm, Forstliche Flora von Deutschland und Österreich. Leipzig u. Heidelberg 1875, S. 145.

[5] J. 1870, S. 353.

auffällig hohe Zahl darauf zurück, dafs Schweizer Fufs mit Pariser
Fufs verwechselt worden sind (1000 Schw. F. = 923,6 P. F.). Heer
giebt für das Stilfser Joch 7280 P. F. = 2365 m. Simony[1] glaubt,
dafs auch diese Angabe noch zu hoch sei, „wohl aus dem Grunde,
weil vielleicht die älteren, durchaus zu hohen Angaben über das
Stilfser Joch zur Vergleichung genommen wurden". Simony selbst
beobachtete „die letzten lebenden Zirben . . . an der Stilfser Strafse
bei 2320 m." Unsere Messung bleibt hinter der Zahl Heers nur um
2 m zurück. Auf der breiten, mit Dolomitschutt bedeckten Sohle des
Trafoier Thales hört der Wald schon unterhalb der Heiligen drei
Brunnen bei circa 1550 m auf.

Aus den in der Tabelle am Schlufs dieses Abschnittes zusammen-
gestellten Einzelmessungen ergiebt sich für die Waldgrenze im Trafoier
Thale die mittlere Höhe von 2174 m, für die Baumgrenze 2249 m.
Die linke Thalseite ist als nicht mehr in unser Gebiet gehörend von
diesen Zahlen ausgeschlossen. Payer giebt (a. a. O. S. 11) die durchschnittliche obere Waldgrenze im Trafoier Thale zu 6500 W. F.
= 2055 m, die Grenze des Krummholzes zu 8000 W. F. = 2529 m
an. Die erste Zahl ist zu niedrig, die zweite zu hoch. Payers Zahl
für die Waldgrenze ist um so überraschender, als in seinem Mittel
auch die linke Thalseite mit enthalten ist, an der, wie oben gezeigt,
der Wald noch beträchtlich höher reicht als auf der rechten Thalseite.
Zwei Jahre später bemerkt Payer selbst (Erg. 31, S. 9), dafs er die
Waldgrenze im Trafoier Thale „entschieden zu niedrig" angegeben
habe.

Das Val dei Vitelli ist grofsenteils eine enge, fast klammartige
Schlucht, erst in den höheren Teilen verflachen sich die Gehänge und
bieten mäfsigen Weideboden. Bäume sind gar nicht vorhanden, obwohl der äufsere Teil noch unter 2000 m liegt. Es ist also jedenfalls
künstlich entwaldet, doch mufs das schon vor sehr langer Zeit und
sehr gründlich geschehen sein, da nirgends ein Stumpf zu entdecken
ist. Erst unterhalb der Ausmündung des Val dei Vitelli erblickt man
an den nackten Felswänden der SO-Seite der Strafse einige dürftige
Latschen und Buschweiden bei 2080 m, und etwas weiter thalauswärts
bei 2050 m die ersten kleinen Lärchen und einige Stümpfe von kaum
15 cm Durchmesser. Wald findet sich erst an der S-Seite des
Cristallokammes, gehört also schon ins Val Furva. Der landschaftliche Charakter des oberen Val del Braulio ist ebenso auffallend
verschieden von dem seines mittleren Teiles, wie von dem des oberen

---

[1] J. 1870, S. 353.

Stilfser Jochthales. Es ist dies hauptsächlich eine Folge des veränderten Gesteinscharakters, da die Dolomitgrenze vom Signalkogel
über das Vitellijoch direkt zum Val dei Vitelli zieht; der Monte
Scorluzzo gehört bereits wieder dem Schiefergebiet an. Die Strafse,
welche östlich vom Stilfser Joch an dem steilen, mit spärlicher
Vegetation bedeckten Hange sich mühsam emporwand, schlängelt sich
westlich von der Jochhöhe bequem durch ein breites, wenig geneigtes
Wiesenhochthal hinab. Darum findet man hier auch schon die erste
Sennhütte mit prächtigen, schweren, dunkelfarbigen Rindern bei 2325 m.
Es ist dies die höchste Milchalpe im ganzen Ortlergebiet; sie gehört
zur Gemeinde Bormio. Erst unterhalb der dritten Cantoniera, wo bei
der Ausmündung des Val dei Vitelli der Dolomit wieder bis an die
Strafse herantritt, verengt sich das Val del Braulio zu einer öden
Schlucht, deren Wände nur eine äufserst spärliche Vegetation zeigen;
meist sind sie ganz kahl. Die höchsten Getreidefelder an der Stelvio-
Strafse finden sich erst bei 1384 m in SW-Exposition. Dieser tiefe
Stand hat natürlich nicht klimatische Gründe, sondern ist eine Folge
der ungünstigen Bodenbeschaffenheit. Der grofse Unterschied zwischen
der Höhe der Getreidegrenze und der Höhe der dauernd bewohnten
Siedelungen erklärt sich hier einfach daraus, dafs die Cantonieren
künstliche Siedelungen sind.

Das tiefste Vorkommen von Firn in den nordwestlichen Ortler-
alpen findet sich in der Hohen Eisrinne, wo 1892 schuttbedeckte, fast
ganz vereiste Firnmassen bis 1700 m, 1893 bis 2100 m herabreichten;
sie rühren offenbar von Lawinenstürzen her und erhalten sich nur
durch die starke Beschattung und die Schuttbedeckung in dieser
tiefen, nach NW gerichteten Schlucht bis zu einer für das Ortlergebiet aufsergewöhnlichen Tiefe, sie sollen daher bei der Aufstellung
eines Mittels für die orographische Firngrenze ausgeschlossen werden,
ebenso ein paar kleine Firnflecken, welche 1892 in der tiefen Schlucht
des vom Trafoier Ferner kommenden Baches beobachtet wurden.
Ohne Schuttbedeckung und in breiter Lagerung fand sich Firn in der
Hohen Eisrinne Ende August 1892 erst bei 2210 m; derselbe ist
offenbar noch von Eismassen unterlagert und durch dieselben in seiner
Existenz mitbedingt. Als ganz vereinzelte Firnflecken, die mit den
übrigen, mehr gesellig auftretenden Vorkommnissen von Firn nicht
als gleichwertig betrachtet werden können, die daher bei ihrer Ein-
beziehung ein unrichtiges Bild der orographischen Firngrenze geben
würden, sind noch zu nennen: ein kleiner Firnfleck an der NW-Seite
der Madatschspitze unterhalb einer hohen, steilen Wand bei 2226 m,
ferner ein nur wenig höher liegender am linken Ufer des Madatsch-

gletschers, der von Eisabstürzen herrührt, und endlich einige Firnflecken in der engen, tiefen Schlucht des Brauliobaches oberhalb
Spondalunga bei 2208 m. Diese Firnflecken könnten als Punkte
stärkster orographischer Begünstigung durch eine besondere Linie
verbunden werden[1]. Im August 1893 waren alle diese vereinzelten
Firnflecken verschwunden.

Auf dem niedrigen Kamme am Eingang des Trafoier Thales lagen
am 25. Juli 1892 Firnflecken erst bei 2600 m in den nördlich und
nordwestlich exponierten Runsten, die von der Hochleitenspitz herabziehen; ferner fanden sich an demselben Tage in der flachen, mit
Dolomitschutt erfüllten Mulde, die zum Hochleitenjoch führt, also in
südwestlicher Auslage, zwei gröfsere Firnflecken, von denen der untere
bei 2595 m lag, er war 20 m lang, 8 m breit und circa 1¹/₂ m mächtig
und wurde Ende August noch gesehen, woraus geschlossen werden
kann, dafs auch die nördlich und nordwestlich exponierten an der
Hochleitenspitz den Sommer überdauert haben. In ähnlicher Lage
und ebenfalls auf Dolomitschutt, nur mehr westlich exponiert, fanden
sich gröfsere Firnflecken im Tabarettathale unterhalb des Gletscherendes bei 2605 m (19. und 23. August 1892). Auf Fels sind in diesem
Gebiete die Firnflecken wegen der Steilheit und Geschlossenheit der
Wände äufserst selten; an den Vorhöhen des Bärenkopfes lagen am
23. August 1892 einige bei 2700 m.

Gegen den Trafoier Thalschlufs zu werden die Firnflecken häufiger
und steigen tiefer herab 1. infolge der gröfseren Höhe und Steilheit
der Gipfel, von denen der Schnee in die Tiefe stürzt, 2. infolge
gröfserer Schneeanhäufung durch die hier zu raschem Ansteigen ge-
zwungenen N-Winde, 3. infolge von Überwehungen durch W- und
SW-Winde, 4. infolge der Temperaturerniedrigung durch die hier
hereinragenden grofsen Gletschermassen. Daher finden sich an der
Vorderen Madatschspitze, die in NS-Richtung bei circa 500 m Horizontalentfernung um 700 m ansteigt, gesellige Firnflecken schon bei 2332 m,
während die hohen Wände schwarz und kahl zwischen den blaugrünen
Eismassen des Trafoier- und Madatschferners aufragen. Aufserhalb
der linken Moräne des Madatschferners findet man Firnflecken auf
Dolomitschutt bei 2512 m in N-Exposition; an dem weniger steilen
Signalkogel liegen bei 2648 m in östlich exponierten Mulden Firnflecken von 40 m Länge, 10 m Breite und 1—2 m Mächtigkeit mit
25° Neigung, während die 2771 m hohe flache Kuppe selbst ganz
schneefrei ist. Dagegen finden sich in den Runsten der steilen Wand,

---

[1] Vergl. Ratzel, Höhengrenzen. S. 32.

die von dem Signalkogel zum Stilfser Joch herüberzieht, Firnflecken
bis 2455 m herab in N-Exposition, ein Ausläufer am Bache reicht
bis 2440 m, während mehr zonenförmig angeordnete Firnflecken auf
den Terrassen derselben Wand, teils auch auf Schutthalden aufsitzend,
nur bis 2660 m herabgehen. Zum Vergleiche sei erwähnt, daſs an
den sanften, in der Verwitterung weit vorgeschrittenen Schieferhängen
der linken Seite des Stilfser Jochthales Firnflecken fast ganz fehlen;
nur im obersten Teile finden sich an der Röthlspitz unterhalb einer
steilen Wand drei ganz vereinzelte kleine Firnflecken in S-Exposition
bei 2660 m, einige gröſsere liegen in einer Mulde des Kammes, der
von der Röthlspitz zur Dreisprachenspitz zieht, bei 2863 m, sonst
ist dieser ganze flache Hochrücken völlig schneefrei.

Dieselbe Gesteinsbeschaffenheit und daher auch ähnliche Formen
zeigt die linke Seite des obersten Val Braulio, darum sind auch hier
nur ganz vereinzelte Firnflecken in Felsnischen und am oberen Rande
von Schutthalden vorhanden; am N-Abhang des Monte Scorluzzo
reichen die tiefsten bis 2600 m, etwas weiter thalabwärts, bei mehr
westlicher Exposition bis 2650 m, unterhalb des Val Vitelli, wo wieder
Dolomit auftritt, bei NW-Exposition bis 2450 m.

Im Val dei Vitelli liegt der tiefste Firnfleck in W-Exposition bei
2445 m in der Rinne zwischen der rechten Moräne der Vedretta dei
Vitelli und der rechten Thalwand, er schien am 24. August 1892 eine
Mächtigkeit von 4 m zu haben; er verdankt seine Erhaltung in dieser
tiefen Lage erstens der lokalen Massenanhäufung in dieser tiefen Rinne,
zweitens der vom Gletscher ausgehenden Temperaturerniedrigung. In
freier gelegenen Mulden an der rechten Thalseite finden sich die
tiefsten Firnflecken bei O-Exposition in der Höhe von 2790 m, bei
W-Exposition in der Höhe von 2726 m. Rein südlich exponierte
sind gar nicht vorhanden. An der linken Thalseite reichen die tiefsten
Firnflecken bei N-Exposition bis 2650 m herab.

Firnmassen, die für die Bestimmung der klimatischen Firngrenze in Frage kommen können, finden sich im Trafoier Thale erst
vom Tabarettagletscher an. Auf diesem lag am 19. August 1892 die
Firngrenze auf dem mittleren, mehr gegen die linke Seite zu gelegenen
Teile bei 2799 m, an der stark beschatteten rechten Seite bei 2741 m,
das Zungenende lag bei 2705 m. Der geringe Unterschied zwischen
der Firngrenze und dem Gletscherende erklärt sich aus dem Charakter
des Gehänggletschers. Da dieser Gletscher an der S-, O- und W-Seite
von hohen Kämmen überragt ist, so empfängt er 1. groſse Schneemassen von dieser hohen dreiseitigen Umrandung, 2. wirken diese
steilen Wände stark beschattend auf ihn, wenigstens in den Vormittags-

stunden, 3. ist dieser nach NW geöffnete Circus ein Wind- und Schneefang, 4. schwächt die starke Neigung bei NW-, zum Teil fast NNW-Exposition die Wirkung der Mittagssonne durch Verkleinerung des Einfallswinkels bedeutend ab. Dieser kleine Gletscher steht also unter starker orographischer Begünstigung, was bei der Verwendung der Höhe seiner Firnlinie zur Gewinnung der klimatischen Firngrenze dieses Gebietes wohl zu beachten ist. Der steile Abhang westlich vom Tabarettagletscher zeigt eine mehr oder weniger zusammenhängende Firnbedeckung bis 2840 m. Hier wird durch die orographische Benachteiligung der Steilheit die Begünstigung durch Nordlage teilweise aufgehoben.

Auf den beiden Ortlerfernern und dem Trafoier Ferner konnte die Firngrenze der Schwierigkeit des Terrains halber nicht bestimmt werden. Das Ende des Unteren Ortlerferners lag 1893 bei 1810 m, was gegenüber der neuen O-A ein bedeutendes Vorschreiten anzeigt, denn nach dieser geht er nur wenig über 2000 m herab. Bei der bedeutenden Ausdehnung seines Firngebietes, das wegen der starken Neigung viel größer ist, als es nach der Horizontalprojektion auf der Karte scheint, gegenüber der schmalen, in eine enge Schlucht eingekeilten Zunge, ist diese Erscheinung nicht überraschend. Payer fand 1866 dieses Gletscherende bei 1663 m. Der Madatschferner, von dem Finsterwalder (M. 1890, S. 268) berichtet, daß er seit neun Jahren seine Ausdehnung nicht merklich geändert habe, scheint auch die folgenden Jahre noch stationär geblieben zu sein. Die O.-A. giebt sein Zungenende zu 2067 m an, nach unseren Messungen lag es 1892 und auch noch 1893 bei 2070 m, 1866 lag es bei 1979, 1870 bei 1986 m.

Die Firngrenze lag auf dem Madatschferner in N-Exposition am 23. August 1892 bei 2863 m, am 25. August bei 2865 m. Steile Buckel und Abbrüche sind natürlich noch in weit größerer Höhe ausgeapert, sie werden aber mit demselben Rechte unberücksichtigt gelassen wie steile Felswände, denn abgesehen davon, daß auch an steilen Eisbuckeln und -Abbrüchen wenig Schnee haften bleibt, kommt hier noch der Umstand dazu, daß ein sehr zerklüfteter Gletscher an den Bruchstellen bei der Bewegung beständig Firn verschlingt und darum verhältnismäßig rasch ausapert. Auch in Rücksicht auf den Haushalt des Gletschers können diese hochliegenden ausgeaperten Stellen unberücksichtigt bleiben, da die Ablation in dieser Höhe eine geringe ist. An den weniger steilen Hängen zwischen der Vorderen und Mittleren Madatschspitze liegt die Firngrenze ungefähr in derselben Höhe wie auf dem Gletscher, — Exposition W.

Auf dem Ebenferner lag am 23. August die Firngrenze in ONO-Exposition bei 2816 m, — abgesehen von einem höher gelegenen steilen Buckel, der ausgeapert war. Die Neigung an der Stelle der Firngrenze beträgt 23°. Der untere Rand des Ferners wurde südöstlich vom Signalkogel zu 2739 m bestimmt. Nördlich vom Signalkogel reicht ein östlich exponierter Ausläufer des Firnfeldes bis 2766 m herab bei 27° Neigung. Dieser tiefe Stand erklärt sich am ungezwungensten durch Überwehung von W her. Gegen das Stilfser Joch selbst, also in N-Exposition, wurde das untere Ende der zusammenhängenden Firnbedeckung am 24. August bei 2802 m, am 25. August bei 2807 m gefunden, ebenso am N-Abhang des Monte Scorluzzo, der Vedretta Stelvio Payers; der untere Eisrand ragte hier am 25. August circa 20 m aus der Firnbedeckung hervor. Südlich vom Monte Scorluzzo, wo das Firnfeld eine mehr westliche und nordwestliche Neigung hat, lag die Firngrenze am 24. August bei 2899 m, auf dem weiter südlich gelegenen Teile der Vedretta Scorluzzo mit W-Expositon bei 2986 m, die Neigung beträgt hier 13°, das Fernerende liegt bei 2807 m. Der Unterschied dieser beiden benachbarten Firngrenzen erklärt sich nur teilweise aus der Exposition, es dürfte hier zu beachten sein, daß der Punkt mit der tieferen Firngrenze gegen die warmen und von warmen Regen begleiteten SW-Winde durch den Monte Scorluzzo gedeckt ist, außerdem hat der Punkt mit der höheren Firngrenze eine stärkere Neigung, ist also schon aus diesem Grunde dem Anprall der W- und SW-Winde und ebenso den Strahlen der Nachmittagssonne in höherem Grade ausgesetzt. Die wild zerklüftete, noch steilere Vedretta Vitelli ist bei derselben Exposition gar bis 3040 m aper; ihr Zungenende liegt bei 2439 m.

Auf der nördlich exponierten Vedretta Cristallo liegt die Firngrenze, Steilabstürze natürlich ausgenommen, bei 2864 m. Die Enden der drei wenig differierenden Hauptlappen liegen bei 2695 m, zwei ganz schmale Lappen reichen bis 2660 m herab.

In der Nacht vom 24. zum 25. August 1892 herrschte starker SW-Wind mit Regen, die Temperatur betrug auf dem Stilfser Joch 5 h. a. m. + 5°. Am Morgen des 25. August zeigte sich der ganze fast ebene Rücken des Scorluzzo-Ebenferners bis 2920 m ausgeapert, was einem Rückgang der Firngrenze um 21 m gleichkommt, während an den östlich exponierten Teilen die Firngrenze keine merkliche Veränderung erfahren hatte. An der nördlich exponierten Vedretta Stelvio zeigte sich ein Rückgang von 5 m, auf dem Madatschferner ein solcher von 2 m. Die Unterschiede erklären sich daraus, daß über den ebenen Rücken des Vitellijoches der Wind mit der größten

Kraft fegt, während die Vedretta Stelvio und der Madatschferner nur seitlich gestreift werden. Aus der schon an den vorhergehenden Tagen beobachteten geringen Mächtigkeit der Firnschicht auf dem Rücken des Scorluzzo-Ebenferners, circa 10—15 cm, erklärt sich auch der rasche Rückgang der Firngrenze in jener einzigen Nacht; aufserdem war die dünne Firnschicht schon am Nachmittag vorher breiig und zeigte nur noch an der Oberfläche eine weifse Farbe. Nach Sonnenuntergang hat sich die breiige Firnschicht natürlich rasch in Firneis verwandelt, und der nach Mitternacht beginnende warme Regen brauchte nur die übriggebliebene sehr dünne Firnschicht zu schmelzen, um das Eis blofszulegen. Der 26. August war ein trüber Tag mit wenig Regen und niedriger Temperatur, dann trat bis zum 1. September heiteres Wetter mit kalten Nächten ein, der 2. September war vorwiegend trübe, der 3. neblig und regnerisch bei sehr niedriger Temperatur. In der Nacht vom 3. zum 4. und in den folgenden Tagen fielen grofse Mengen Neuschnee, welche in der Höhe von 2900 bis 3000 m vielleicht nicht wieder ganz weggeschmolzen sind, wenigstens dürfte der Firn in diesem Jahre keine bedeutende Reduktion mehr erfahren haben. Es scheint also am Vitellijoch ein ähnlicher Fall vorzuliegen wie der, den Wahlenberg[1] von den Engelberger Alpen am Rothstocksattel beschreibt; wenn auch die Umstände nicht ganz so exakt zusammenwirken wie im Falle Wahlenbergs, so könnte doch vielleicht die Zahl 2920 m als Höhe der Schneegrenze in den nordwestlichen Ortler-Alpen ohne weitere Rechnung angenommen werden als ein von der Natur selbst gezogenes Mittel. Zwar liefse sich einwenden, dafs auf dem Rücken des Vitellisattels vielleicht von Haus aus etwas weniger Schnee niederfalle als auf benachbarten Gebieten, dafs ein Teil des dieser Fläche zukommenden Schnees während des Fallens oder doch vor der Verfirnung in die östlich und westlich davon gelegenen Senken getrieben werde, aber dasselbe liefse sich vielleicht auch in dem Falle Wahlenbergs behaupten, da es selten eine hochgelegene Fläche im Gebirge geben wird, von der nicht Schnee abgetrieben wird, und zweitens läfst sich auch annehmen, dafs die Menge des abgetriebenen Schnees bei der grofsen Breite des südlich vom Stilfser Joch sich hinziehenden Firnrückens verhältnismäfsig gering sein wird.

Lehrreich in sachlicher und methodischer Beziehung zugleich mufs nun ein Vergleich der aus den einzelnen Messungen gewonnenen

---

[1] Wahlenberg, De Vegetatione et Climate in Helvetia septentrionali tentamen. Zürich, 1813. Vergl. auch Ratzel, Höhengr. S. 18.

Mittelzahl mit jener an günstiger Stelle gefundenen sein. Wie aus der Tabelle am Schlufs dieses Abschnittes ersichtlich, beträgt diese Mittelzahl unter Ausschlufs der am Tabarettagletscher und nördlich vom Signalkogel gewonnenen Höhen, welche offenbar unter starker orographischer Begünstigung stehen, 2893 m, was als eine befriedigende Übereinstimmung mit der an begünstigter Stelle gefundenen Zahl betrachtet werden mufs, namentlich wenn man erwägt, dafs bei den Teilzahlen die nördliche Exposition überwiegt. Zieht man das Mittel nur aus den beiden Zahlen für den Ebenferner und den Vitelligletscher, die nach entgegengesetzten Seiten, O und W, sich von der Hochfläche herabsenken, bei denen also höchst wahrscheinlich die Gegensätze der Lage sich ausgleichen, so erhält man 2928 m, was der an günstiger Stelle gefundenen Zahl noch näher kommt; doch scheint die Zahl 2928 m etwas zu hoch zu sein, — nicht aus allgemeinen theoretischen Erwägungen, sondern aus dem einfachen empirischen Grunde, dafs der Vitelligletscher eine bedeutend stärkere Neigung hat als der Ebenferner und somit den Strahlen der Nachmittagssonne einen gröfseren Einfallswinkel bietet, als dies beim Ebenferner gegenüber der Vormittagssonne der Fall ist. Dazu kommt als weitere orographische Benachteiligung für den Vitelligletscher noch die Spaltenbildung, die beim Ebenferner nicht vorhanden ist.

Besser als der Vitelligletscher scheint der südlich vom Vitellijoch gelegene Teil der Vedretta Scorluzzo mit dem Ebenferner vergleichbar zu sein, beides sind nur die entgegengesetzten Abhänge des einen grofsen, flachgewölbten Firnrückens, der sich vom Stilfser Joch nach S zieht; beide Abhänge haben gleiche Neigung und sind in einem kleinen Teile ihrer Ausdehnung mit einem schmalen Eisrande versehen. Die Firngrenze liegt auf der Vedretta Scorluzzo bei 2986 m, W, auf dem Ebenferner bei 2816 m, O, das Mittel aus beiden ergiebt 2901 m, also nur 8 m mehr als das Mittel aus allen Einzelmessungen. Die angestellten Vergleiche zeigen, dafs die Messung an ausgewählter Stelle in einzelnen Fällen zu einem brauchbaren Resultate führen kann. Natürlich darf eine so für ein beschränktes Gebiet gefundene Zahl nicht verallgemeinert werden, wie es mit der erwähnten Angabe Wahlenbergs später geschehen ist. Die übrigen Bedenken, welche sich gegen eine allgemeine Anwendung einer Methode der repräsentativen Stellen geltend machen lassen[1], treffen, soweit sie sich auf die Bodengestalt beziehen, im vorliegenden Falle nicht zu, da der fragliche Firnrücken sich nach N, O und W ganz allmählich bis zu

---

[1] Ratzel, Höhengrenzen. S. 28.

einer Höhe herabsenkt, die zweifellos unterhalb der klimatischen Firngrenze liegt. Nach S zu steigt der Rücken eben so langsam und
gleichmäfsig höher an, so dafs der Rückzug der Firngrenze, nachdem
er die Kulminationslinie in WO-Richtung überschritten hatte, in
NS-Richtung ungehindert fortschreiten konnte, was auch bis zu einer
gewissen Höhe geschehen ist.

Zum mindesten hat die am Vitellijoch gefundene Zahl den Wert,
dafs sie einen in der Natur selbst gegebenen räumlichen Ausdruck
für das rechnungsmäfsig gefundene Mittel aus den unter verschiedenen
Bedingungen stehenden Einzelzahlen darstellt, und wir würden ihr
überhaupt nicht so grofsen Wert beilegen, wenn nicht diese auffällige
Übereinstimmung vorhanden wäre. Dafs die Firngrenze hier nicht
wesentlich tiefer als 2900 m liegen kann, geht auch daraus hervor,
dafs der fast ebene Breitkamm, der sich von der Dreisprachenspitz
zur Röthlspitz zieht, nur einige unbedeutende Firnflecken in Löchern
und Mulden zeigt, obwohl er mit ansehnlichen Flächen zwischen 2800
und 2900 m sich ausbreitet.

Die kartographische Darstellung der klimatischen Firngrenze in
diesem Gebiet wird natürlich nicht in Form der Isohypse von 2893 m
oder 2901 m erfolgen, sondern die Höhen der Einzelmessungen verbinden, da jede Mittelzahl ein Abstraktum ist, das sich aus der
Spekulation ergiebt, während die Karte, wenigstens die in grofsem
Mafsstabe, welche hier allein in Betracht kommt, soviel als möglich
konkret sein soll. Dem aufmerksamen Leser der Karte drängt sich
dann die Abstraktion von selbst auf.

Zum Vergleiche sei hier noch eine kurze Beschreibung des
Befundes angefügt, wie sie am 9. und 10. August 1893 notiert wurde:
Der Lappen des Ebenferners, der nach dem Jochbache hängt, geht
bis 2755 m; der unter einem ganz kleinen Winkel nach N und NNW
geneigte Rücken des Scorluzzo-Ebenferners ist bis 2894 m aper, zum
Teil spiegelblank, aber auch bis 40 m höher bildet der Firn nur eine
vielfach unterspülte löcherige, blättrige und grufsige Masse, die unter
den Fufstritten fast zu nichts verschwindet. Die Vedretta Scorluzzo
schneidet am Vitellijoch ohne Eisrand gerade mit der Jochhöhe ab;
vor der Firngrenze, noch auf der Jochhöhe, steht eine seichte Lache
von 30—40 qm Oberfläche, den Boden bildet lockerer Schutt, —
Dolomit- und Schieferschutt grenzen sich mit einer scharfen Linie auf
der ebenen Fläche von einander ab. Die Vedretta Scorluzzo ist gegen
das Vorjahr auch weiter vom Monte Scorluzzo zurückgewichen und
hat eine mit Rundbuckeln und Schutthaufen erfüllte flache Senke
freigelegt. Auf der Kulminationslinie des Rückens gegen die Grofse

Naglerspitze zu ist eine Reihe flacher, schuttbedeckter Felsbuckel, von denen im Vorjahre nur Spuren zu sehen waren, weit ausgeapert. In der Nähe des Vitellijoches ist auf dem fast horizontalen Teile des Ebenferners der Firn nur 5—10 cm mächtig, erst wo gegen den Signalkogel zu die nördliche und nordöstliche Neigung zunimmt, wird die Firnschicht so dick, daſs man auch um die Mittagszeit den Bergstock nicht mehr durchstofsen kann. Der höchste apere Punkt des Dolomitrückens zwischen den beiden nördlichen Lappen des Ebenferners liegt bei 2836 m, auf dem flachen Rücken gerade über dem Signalkogel hört der Ferner bei 2811 m ohne Eisrand auf, die zwischen dem gebleichten Schutt hervorragenden Blöcke und Platten sind jedoch deutlich gekritzt. Der Hauptlappen des Ebenferners endet südlich vom Signalkogel bei 2725 m, circa 40 m davor liegt eine schön gerundete Stirnmoräne. Etwas weiter südlich, gegen den Monte Livrio hin, stürzen beträchtliche Eismassen ab, aus denen sich wieder ein kompakter Eislappen gebildet hat, der bei 2506 m endet.

Die Vedretta Stelvio ist in vier flach ausgekeilte Lappen zerteilt, zwischen denen sich flach gewölbte Rücken feinen Moränenschuttes emporziehen. Der tiefste Lappen ist der westlichste, er endet bei 2677 m; schuttbedeckte Eismassen in dem flachen Bette des kleinen Baches reichen noch bis 10 m tiefer. Der nächste Lappen endet bei 2712 m, er ist an der Austrittsstelle des Baches $\frac{1}{2}$ bis 1 m mächtig; zwischen diesen beiden Lappen zieht eine hohe gerundete Moräne gegen den Monte Scorluzzo hinauf. Die beiden östlichen Lappen sind an ihren Enden nur wenige Centimeter dick, sie enden bei 2727 und 2741 m. Die wenig geneigten unteren Teile sind namentlich bei den beiden westlichen Lappen noch mit stark vereistem, schmutzigem Firn bedeckt, während der steile Hang, der sich zum Monte Scorluzzo empor zieht, bis 2847 m blankes Eis zeigt. Ein Vergleich dieser Beobachtungen mit den im Vorjahre gemachten zeigt, daſs die Firngrenze am 10. August 1893 an den meisten Punkten schon fast die Höhe vom 25. August 1892 erreicht, an der steilen Vedretta Stelvio sogar um 40 m überschritten hatte. Im Sommer 1866 blieb die Vedretta Stelvio auch in ihren tiefsten Teilen mit Firn bedeckt[1].

---

[1] Vergl. Payer, Erg. 23, S. 10.

Übersicht

über die Höhengrenzen in den nordwestlichen Ortler-Alpen.

1. Höhengrenze des Getreidebaues.

Nr.	Örtlichkeit	Höhe m	Expos.	Anmerkungen
1.	Bei Verklair	1350	NW	
2.	Bei Unter-Folnair . . .	1360	NW	
3.	Bei Ober-Folnair	1530	W	
4.	Beim Stockhof	1400	W	
5.	Beim Trushof	1280	W	
Mittel für das Trafoier Thal . .		1384		
6.	An der Stelviostrafse über Bormio	1384	SW	
Mittel für die nordwestlichen Ortler-Alpen		1384		

2. Höhengrenze der dauernd bewohnten Siedelungen.

Nr.	Name	Höhe m	Expos.	Anmerkungen
1.	Verklair	1337	NW	
2.	Unter-Folnair	1340	NW	
3.	Ober-Folnair	1535	W	
4.	Stockhof	1370	W	
5.	Trushof	1271	W	
Mittel für das Trafoier Thal .		1371		
6.	Altes Bad ⎱ Bormio ⎰ . .	1423	SW	
7.	Neues Bad ⎰ Bormio ⎱ . .	1335	S	
Mittel aus 6 und 7		1379		
Gesamtmittel für die nordwestlichen Ortler-Alpen		1373	Aus den Einzelzahlen.	

3. Höhengrenze der Mähwiesen.

Nr.	Name	Höhe m	Expos.	Anmerkungen
1.	Bei Verklair	1360	NNW	
2.	Bei Ober-Folnair	1600	W	
3.	Beim Stockhof	1400	W	
Mittel		1453		

4. Höhengrenze der vorübergehend bewohnten Siedelungen.

Nr.	Name	Höhe	Expos.	Anmerkungen
1.	Franzenshöhe	2188	O	= Glurnser Kuhalpe.
2.	Sennhütte bei der Kapelle S. Ranieri	2325	S	Val del Braulio.
Mittel		2257[1]		
1.	Äufsere Schäferhütte . .	1805	W	} Trafoier-Thal.
2.	Tabaretta-Alm	2075	W	
Mittel		1940[1]		

Trafoier Thal, äufserer Teil mit vorwiegender W-Exposition.

Nr.	Örtlichkeit	Wald-grenze Höhe	Baum-grenze Höhe	Expos.	Anmerkungen
1.	Eingang des Trafoier Thales	2203	2259	NNW	
2.	Am Stierberg	2210	2256	NW	
3.	Über der Schäferhütte . .	2159	2266	W .	
4.	ca. 500 m südlich von der Schäferhütte	2250	2280	W	
5.	Noch etwas weiter südlich	2164	2251	W	

[1] Hier kreuzen sich also die Höhengrenze der Schäferhütten und die Höhengrenze der Sennhütten, was in der wechselnden Bodenbeschaffenheit seinen Grund hat.

Nr.	Örtlichkeit	Wald-grenze	Baum-grenze	Expos.	Anmerkungen
		Höhe			
6.	Nordwestlich von der Hoch-leitenspitz	2225	2265	W	
7.	Westabhang der Hochleiten-spitz	2125	2230	W	

Mittel für den unteren Theil des Trafoier Thales . . .		2191	2258		

Trafoier Thal, innerer Teil mit vorwiegender N-Exposition.

Nr.	Örtlichkeit	Wald-grenze	Baum-grenze	Expos.	Anmerkungen
1.	An dem westlichen Aus-läufer des Bärenkopfes	—	2233	NW	} steile Wände.
2.	An der Tabaretta-Kugel .	—	2284	SW	
3.	Am Pleishorn	2115	2188	N	
4.	Über der Hütte am Bergl	2231	2278	NNW	
5.	An der Madatschspitze .	2115	2226	N	
6.	Am linken Ufer des Ma-datschferners . . .	2118	2218	NO	

Mittel	2145	2228[1]	

Mittel für das ganze Trafoier Thal	2174	2249	aus allen Einzelzahlen berechnet.

Gebiet von Bormio.

Nr.	Örtlichkeit	Wald-grenze	Baum-grenze	Expos.	Anmerkungen
1.	Zwischen der I. und II. Cantoniera	—	2050	NNW	

[1] Die Waldgrenze liegt im inneren Teile des Trafoier Thales um 46 m, die Baumgrenze um 30 m tiefer als im äufseren, was teils aus der Gletschernähe, teils aus der nördlichen Exposition, hauptsächlich aber aus dem schwierigeren Terrain zu erklären ist.

Vereinzelte Firnflecken in den nordwestlichen Ortler-Alpen, beobachtet vom 23.—25. August 1892.

Nr.	Örtlichkeit	Höhe m	Expos.	Anmerkungen
1.	In der Hohen Eisrinne .	1700	N	
2.	Am Bache des Trafoier Ferners	1750	N	
3.	An der Madatschspitze .	2226	N	
4.	In der Schlucht des Braulio-Baches	2208	S	

Orographische Firngrenze. 23.—25. August 1892.

Nr.	Örtlichkeit	Höhe	Expos.	Anmerkungen
1.	An der Hochleitenspitz .	2600	N	
2.	Am Hochleitenjoch . . .	2595	SW	am 9. Aug. 1893 ver-
3.	An der Madatschspitze .	2332	NW	schwunden.
4.	Unterhalb des Tabaretta-gletschers	2605	SW	
5.	Aufserhalb der linken Mo-räne des Madatsch-ferners auf Schutt . .	2512	N	
6.	In Mulden a. d. Signalkogel	2648	O	
7.	An dem Bärenkopf . . .	2700	W	
8.	In Runsten rechts vom Stilfser Joch-Thal . .	2455	N	am 9. Aug. 1893 ver-
9.	Ebenda am Bache . . .	2440	NO	schwunden.
10.	Zonenförmige Firnflecken ebenda	2666	NNO	
11.	Am Monte Scorluzzo . .	2867	SW	
12.	Am Monte Scorluzzo . .	2840	W	
13.	An dem Kamme, der sich südwestl. v. Mt. Scor-luzzo abzweigt . . .	2790	O	
14.	Im Val Vitelli in Mulden	2726	W	
15.	Linke Seite des Val Vitelli	2650	N	
16.	Aufserhalb der rechten Mo-räne der Vedretta Vitelli	2445	W	
17.	Linke Seite des Val Braulio oberhalb d. 4. Cantoniera	2600	N	
18.	Weiter thalauswärts . . .	2630	NW	
19.	Unterhalb d. Ausmündung des Val Vitelli . . .	2456	NW	am 10. Aug. 1893 ver-schwunden.
	Mittel	2608		

Klimatische Firngrenze, beobachtet vom 23.—25. August 1892.

Nr.	Örtlichkeit	Höhe m	Expos.	Anmerkungen
	a. Auf Gletschern.			
1.	Auf dem Tabarettagletscher	2770	NNW	(2799 + 2741) : 2.
2.	Auf dem Madatschferner .	2865	N	10. Aug. 1893: 2800.
3.	Auf der Vedr. Stelvio . .	2807	N	10. Aug. 1893: 2847.
4.	Auf der Vedr. Vitelli . .	3040	W	
5.	Auf der Vedr. Cristallo .	2864	N	
Mittel		2869		
	b. Auf Gestein.			
6.	Westlich vom Tabaretta-gletscher	2840	NW	
7.	Ebenferner	2316	O u. ONO	
8.	Tiefster Lappen gegen das Joch	2766	O	10. Aug. 1893: 2755.
9.	Am Vitellijoch (Vedr. Scorluzzo)	2920	NW	10. Aug. 1893: 2916.
10.	Südlich vom Vitellijoch (Vedr. Scorluzzo) . .	2986	W	10. Aug. 1893: 2894 bzw. 2934.
Mittel bei Ausschluß von Nr. 8 .		2891		
Gesamtmittel ohne Nr. 1 u. 8.		2893		

2. Die südwestlichen Ortler-Alpen oder das Val Furva mit seinen Nebenthälern.

Das breite, von den trüben Fluten des Frodolfo durchrauschte Val Furva zeigt namentlich in seinem mittleren Teile eine dichte Vegetationsdecke. Wohin das Auge schaut, erblickt es hellgrüne Wiesen, die mit dunklen Waldgruppen wechseln, Payer nennt es daher mit Recht „das grüne Val Furva" (Erg. 31, S. 13). Die dauernd bewohnten Siedelungen liegen fast alle auf der Thalsohle oder doch nahe an derselben; es sind folgende: Bormio 1225 m, Uzza 1300 m, S. Nicolo 1310 m, S. Antonio 1339 m, S. Gottardo 1381 m, Santa Caterina 1736 m. Nur an dem Teil der rechten Thalseite zwischen Bormio und der Einmündung des Val Zebru, welcher südlich exponiert ist, finden sich Höfe und Hofgruppen mit Getreidefeldern hoch an der Berglehne, es sind folgende: Terregna 1400 m, Monti 1512 m (und bis 1540 m ansteigend), Niblogo 1600 m, Fantela 1690 m, Plazzanecco 1710 m; über Bormio liegt der oberste Hof mit Getreide (Gerste und Roggen) bei 1460 m in SW-Exposition bei 21° Neigung; seine Horizonthöhe beträgt gegen S: 8°, W: 7°, N: 20°, O: 18°.

Die Höhengrenze der dauernd bewohnten Siedelungen steigt von Bormio zu den Höfen und Hofgruppen an der rechten Thalseite hinauf, um oberhalb S. Gottardo wieder auf die Thalsohle herabzusinken. Oberhalb Santa Caterina ziehen sich noch einige Hütten bis 1775 m ins innere Val Furva hinein, sie liegen teils auf dem kleinen Alluvialboden bei der Einmündung des Gaviathales, teils an den beiderseitigen Lehnen.

Die vorübergehend bewohnten Siedelungen sind im mittleren Val Furva äußerst zahlreich. Das kommt daher, daß hier statt des Systems der großen Gemeinde-Almen das der Privat-Almen herrscht. Daher sind die beiden Thalhänge, namentlich aber der rechte, von der Einmündung des Val Zebru aufwärts bis über Santa Caterina hinaus dicht besät mit kleinen Hütten, in denen die einzelnen Familien mit ihrem Viehstand den Sommer zubringen und zugleich auf gut gepflegten Bergmähdern das Futter für den Winter ernten. Die Ortschaften im Thale sind daher im Sommer fast menschenleer. Auch die auf der C. I. als „Baita" Cavalario bezeichneten Hütten über S. Gottardo sind solche kleine Sennhütten, ebenso die „Baita" del Ables über Santa Caterina. Nur die große Malga del Forno und die Schäferhütten im Val Zebru und in den Hintergründen der inneren Zweigthäler sind Gemeindebesitz.

Das System der Einzelalmen scheint neben der relativ geringen Neigung der Gehänge der Grund für den guten Zustand der Alpenweiden und Bergmähder zu sein, wodurch sich alle auf italienischem (Sprach-) Gebiet gelegenen Thäler der Ortleralpen so vorteilhaft von den deutschen unterscheiden. Im mittleren Val Furva tritt dies am auffallendsten hervor. Die Bergmähder bilden hier eine breite, fast zusammenhängende Region in einer Höhe (bis fast 2300 m), wo in vielen anderen Thälern bei ähnlicher Neigung und Gesteinsbeschaffenheit und bei gleicher Exposition nur dürftige Weide zu finden ist, — ein Zeichen, daß die Höhengrenze der Bergmähder bei größerer Sorgfalt an vielen Stellen höher hinaufgerückt und dadurch ein bedeutend größerer Teil der Bergflächen für die Kultur gewonnen werden könnte. Zu einem grofsen Teile haben sich freilich die Mähwiesen im Val Furva auch auf Kosten des Waldes ausgebreitet.

Das Val Zebru bildet die S-Grenze des Dolomites in den südwestlichen Ortleralpen, es hat daher an der rechten Seite schroffe, steile und zerklüftete Formen, namentlich in den höheren Teilen, wo die nackte S-Wand des Cristallokammes sich drohend über dem Haupte des Wanderers erhebt. Nur gegen den Thalhintergrund zu, wo der Kamm zurücktritt, breitet sich ein geräumiger Weideboden aus. Auch der linke, dem Schiefer angehörende Thalhang erhebt sich im unteren Teile schroff und steil.

Der Wald überkleidet an der rechten Seite des Val Zebru nur die schmalen Widerlager und Teile vom verfestigten Schuttfufs des Cristallokammes. Er besteht nur aus Lärchen und ist durch breite Runsten in lauter schmale Streifen aufgelöst. Der höchste dieser Waldstreifen, wenig oberhalb des Thaleinganges, endet bei 2270 m, weiter thalaufwärts enden die meisten bei 2178 m und gegen den Thalhintergrund zu bei 2200 m. An der linken Thalseite endet der Wald, der aus Lärchen und Zirben besteht, am Eingang bei 2133 m, weiter thalaufwärts bei 2050 m. Vor dem Baito del Pastore hört der Wald auf. Payer (Erg. 23, S. 12) giebt die Baumgrenze des Thales „an 200 Fufs über der Malga" liegend an; gemeint sind wahrscheinlich die Baita del Pastore, welche 2212 m hoch liegen, dies würde also 2212 + 63 = 2275 m ergeben, was mit unseren Messungen nur für die rechte Thalseite gut übereinstimmt. Da die Hütten auf der rechten Thalseite liegen, scheint Payer diese Seite auch zunächst im Auge zu haben.

Im unteren Val Furva beginnt der zusammenhängende Wald erst zwischen dem Neuen Bad und Bormio, unterhalb einer vom Cristallokamm herabziehenden ungeheuren Dolomitschutthalde, er steigt nordöstlich bis 1700 m, dann nach einem Einschnitt bis 1900 m an. Im unteren Teile überwiegen die Fichten, im oberen die Lärchen, die Bäume stehen jedoch an den meisten Stellen sehr dünn, und was sich dem Fernblick als ein stattlicher Wald darstellt, erweist sich beim Durchwandern namentlich in den höheren Teilen als ein grofses Latschendickicht, das nur von einzelnen Gruppen von Fichten und Lärchen durchsetzt ist, die in den höheren Teilen immer weiter auseinander treten. Es ist daher schwer, hier mit einiger Genauigkeit die Waldgrenze hypsometrisch festzulegen, weil man das Latschendickicht nur auf den wenigen Hirtensteigen durchschreiten kann, die natürlich nicht gerade zu den gewünschten Stellen führen, und im übrigen ist der Umblick sehr gehemmt. Da jedoch vom Standpunkt der physikalischen Geographie aus das geschlossene Latschendickicht als Wald betrachtet werden kann, so setzen wir die Waldgrenze da an, wo das Latschendickicht in einzelne Kolonien sich aufzulösen beginnt, und dies ist bei den obengenannten Höhen der Fall. Einzelne Lärchen reichen nordnordöstlich von Bormio bis 2263 m, Latschenbüsche bis 2280 m.

Aufser diesem über Bormio gelegenen Komplex zeigt das untere Val Furva bis zur Einmündung des Val Zebru an seiner rechten Seite fast gar keinen Wald, nur nördlich von S. Nicolo finden sich noch einmal einige kleine Waldflecken, deren höchster bis 1819 m ansteigt. Im übrigen erblickt man nur einzelne kleine Lärchengruppen von 10—20 Stück an den Bergseiten der Gehöfte, die offenbar zum Schutz der letzteren erhalten oder angepflanzt sind.

Die nicht mehr unserem Gebiet angehörende linke Seite des unteren Val Furva zeigt ein dichtes Waldkleid bis fast 2200 m. Diese Thalseite ist wegen der nördlichen Exposition der Kultur weniger günstig, und hierin, vielleicht auch in anderen Besitzverhältnissen, mag der Grund dafür liegen, dafs sich hier der Wald erhalten hat; aufserdem hat sie abgeglichenere Bodenformen.

Auf dem Scheiderücken zwischen dem Val Zebru und dem Val Furva, den Vorhöhen zum Monte Confinale, reichen die von Mähwiesen durchbrochenen Streifen geschlossenen Waldes bis 2133 m, einzelne Lärchen und Zirben bis 2175 m. Von 1875 m an werden die Fichten seltener, dafür treten Zirben auf, welche weiter aufwärts in immer gröfserer Zahl unter die Lärchen sich mischen, bis sie von 2080 m an der vorherrschende Baum werden. Es finden sich bis an die Baumgrenze schöne, regelmäfsig gewachsene, schlanke Bäume, die bis über 10 m astfrei sind, mit üppigen, saftgrünen Kronen, — ein Zeichen, dafs hier noch nicht die natürliche Höhengrenze des Baumwuchses erreicht ist. Weiter thalaufwärts, gegen das Val Confinale, reicht dünner Wald bis 2226 m, und die letzten Zirben an einer vorspringenden Felswand finden sich bei 2307 m. Von da an sinkt die Waldgrenze zu Gunsten der Mähwiesen und Weiden rasch herab, bis sie etwa 3 km unterhalb Santa Caterina die Thalsohle erreicht. Kurz vor diesem Orte zieht sich aber wieder ein Waldstreifen bis 2140 m an der rechten Bergflanke empor, einzelne Bäume reichen bis 2320 m. Weiter aufwärts hat das Val Furva auf der rechten Seite keinen geschlossenen Wald mehr, und auch die einzelnen Bäume werden selten, sie reichen im obersten Teile bis 2300 m, dies ist in der Nähe des Zungenendes vom Fornogletscher; zwischen dieser Stelle und Santa Caterina wurden 2160 m und weiter thalaufwärts 2200 m als Höhe der Baumgrenze gemessen. An mehreren Stellen finden sich hier breite Flächen, die bis zur Thalsohle herab gar keinen Baum aufweisen, sondern nur Mähwiesen und Weideboden. Letzterer ist häufig von Wachholderbüschen (Juniperus nana) durchsetzt.

Das Valle del Cedeh hat keine Bäume, aber gute Weideflächen, besonders auf der sanft geneigten rechten Seite; hier tummeln sich grofse Herden prächtiger Schafe; Payer giebt deren Zahl mit 1300 an (Erg. 31, S. 13).

An dem steilen Felsrücken, der östlich von der Mündung des Valle di Gavia den linken Abhang des Val Furva bildet, finden sich nur dünne Waldstreifen auf den Felsrippen bis zu dem Einschnitt des Valle del Ciose. Die Streifen enden durchschnittlich in der Höhe von 2198 m, einzelne Lärchen gehen bis 2297 m. Gegen den Fornogletscher zu sinkt die Baumgrenze auf 2182 m herab.

Am Eingang des Valle di Gavia, von dem nur die rechte Seite für uns in Betracht kommt, reicht der Wald anfangs bis 2250 m, die Grenze verläuft etwa 1 km weit in dieser Höhe bis in die Nähe des Baito del Pastore, von da sinkt sie bis zur Ponte Vacche bei 2009 m auf die Thalsohle herab. Einzelne Bäume reichen am Eingang bis 2300 m, weiter thalaufwärts stehen die letzten verstreuten Zirben bei 2280 m.

Infolge der aufscrordentlich abgeglichenen Formen beginnen die Firnflecken im Val Furva und Valle del Cedeh erst in sehr grofser Höhe, und die weit über die durchschnittliche orographische Firngrenze vorgeschobenen Firnflecken fehlen aus demselben Grunde ganz. Der tiefste Firnfleck wurde im Hintergrunde des Val Furva links vom Fornogletscher beobachtet, an einem von der Vedretta Giacomo herabkommenden Bache in NO-Exposition bei 2580 m. Auf der anderen Seite des Thales lag der tiefste Firnfleck an dem Bache, der beim obersten Zungenteil des Fornogletschers von der rechten Bergflanke herabstürzt, bei 2620 m in W-Lage. Aufserhalb der Bach-ränder fanden sich in Vertiefungen an der linken Bergflanke gesellige Firnflecken bei 2654 m in NO- und bei 2628 m in N-Exposition.

An der linken Seite des Valle del Cedeh, also in W-Lage, wurde der tiefste Firnfleck auch an einem Bache bei 2582 m beobachtet; aufserhalb der Bäche fanden sich Firnflecken bei 2628 m. An der rechten Seite des Thales, etwas südlich von der Cedehhütte, lagen die tiefsten Firnflecken erst bei 2862 m. Der Grund hierfür mufs erstens in der geringen Neigung dieser Thalseite und in dem damit zusammenhängenden Mangel an tiefen Schluchten und Mulden und zweitens in der geringen Höhe der diesem Thale zugekehrten Seite des breiten Confinalezuges gesucht werden.

An den Vorhöhen zum Pizzo Tresero wurden auch bei N-Exposition die tiefsten Firnflecken erst bei 2788 m bemerkt; allerdings kommen bei dieser Zahl nur Firnflecken in freier Lage in Betracht, da diese Beobachtung mittelst des Horizontglases gemacht wurde, wobei einige versteckte Firnansammlungen in Runsten dem Blick entgangen sein können.

Im Valle di Gavia finden sich die tiefsten Firnflecken auf Schutt bei 2680 m in W-Lage.

Die klimatische Firngrenze lag am 30. August 1892 auf dem stark geneigten und zerrissenen östlichen Zuflufs des Fornogletschers mit westlicher Auslage bei 3096 m, auf dem sanfter geneigten westlichen Teile mit nordöstlicher Auslage bei 2970 m. Wollte man für die Firngrenze auf dem Fornogletscher eine Mittelzahl aufstellen, so müfste man der zweiten Zahl mindestens doppeltes Gewicht geben, einmal, weil der östliche Teil wegen der starken Neigung und Zerklüftung orographisch benachteiligt ist, und zum andern, weil der westliche Arm in der Gegend der Firngrenze einen viel gröfseren Teil des Gletschers einnimmt. Bei doppeltem Gewicht der tieferen Zahl würde sich als mittlere Firngrenze für den Fornogletscher die Höhe von 3009 m ergeben, was aller Wahrscheinlichkeit nach auch noch zu hoch ist, namentlich wenn man bedenkt, dafs am gegenüberliegenden Confinalezug auf dem kleinen Gletscher die Firngrenze bei S-Exposition nur eine Höhe von 3070 m hat.

An dem Felsrücken, der den linken Gletscherarm an der NW-Seite begleitet, also bei SO-Exposition, liegt die klimatische Firngrenze bei 3020 m und links von der Gletscherzunge in O- und NO-Lage bei 2862 m. An dem Massiv des Tresero liegt die klimatische Firngrenze in N-Exposition bei 2866 m. Inwieweit in allen diesen Fällen durch die gröfsere oder geringere Steilheit der Felspartien die Höhe der Firngrenze beeinflufst wird, läfst sich schwer entscheiden; es finden sich an allen diesen Stellen nicht eigentliche Firnfelder, sondern viele Felsköpfe und -Zacken unterbrechen die Firnmassen, welche aber deutlich die Tendenz zum Zusammenschlufs zeigen, namentlich beim Fernblick.

Ebenso ist es im Valle del Cedeh, wo unter Beobachtung desselben Grundsatzes die klimatische Firngrenze am rechten Thalhang bei 2952 m, am linken bei 2972 m angesetzt werden kann. Die Firngrenze auf dem Cedehgletscher zeigt trotz der südlichen Exposition merkwürdigerweise die geringe Höhe von 2896 m, was nur daraus erklärt werden kann, dafs in dem steilwandigen Circus sich grofse

Schneemassen anhäufen, mag nun der Wind wehen, woher er will. Im unteren Teile, der gerade für die Herausbildung der Firngrenze in Frage kommt, ist die Neigung eine sehr geringe, — es wurden in der Gegend der Firngrenze über den Seen nur 10° gemessen. Hier wird also der Schnee eine große Mächtigkeit erreichen und den Rückzug der Firngrenze verlangsamen[1]. Von der Wirkung, welche hier der Wind ausüben kann, zeugte auch die völlige Schneelosigkeit des flachen Sattels auf dem Cevedalepaß, ja selbst die ausgewitterten Gesteinsstücke lagen alle isoliert und zum Teil hohl, die ganze Lagerung ließ erkennen, daß die feineren Teile aus den Zwischenräumen herausgeblasen worden waren. Der Cevedalepaß ist ja auch auf eine weite Strecke hin die tiefste Einsenkung im Kamme und bildet den kürzesten Weg für die Luftbewegung von den südwestlichen Thälern nach dem Martell- und Suldenthale. Auch diejenigen Luftmassen, die über die benachbarten Kammeinschnitte, wie Suldenjoch, Fornopaß, Königsjoch, ihren Weg nehmen, setzen Schnee in diesem Circus ab. Dies scheinen Gründe genug zu sein, um die wider alles Erwarten tiefe Firngrenze im Hintergrunde des Cedehthales zu erklären.

Der steile und zerklüftete Gletscher, der von der Königsspitze herabkommt und gewöhnlich mit zur Vedretta di Cedeh gerechnet wird, obwohl er eigentlich ein selbständiger Gletscher ist[2], ist bei SSO-Exposition bis 3010 m aper; sein Ende liegt bei 2802 m, das der Vedretta Cedeh bei 2591 m.

Im ganzen genommen, ist die Bestimmung der klimatischen Firngrenze in diesem Gebiet bedeutend schwieriger als im nordwestlichen Teile der Ortler-Alpen, da die Gruppierung eine solche ist, daß sich der Grad der orographischen Beeinflussung viel weniger genau bestimmen und somit auch schwerer eliminieren läßt. Am reinsten kommt vielleicht die klimatische Firngrenze auf dem linken Flügel des Fornogletschers zum Ausdruck = 2970 m, — NO. Nächst dieser dürften die Zahlen für die Flanken des Valle del Cedeh, — rechts 2952 m, — O, links 2972 m, — W, noch die verhältnismäßig

---

[1] Es läßt sich erwarten, daß dann der steile, bis 50° geneigte Hang (vergl. Payer, Erg. 31, S. 12) früher ausapert als der flache Boden des Kessels. Dies geschieht nach Aussage des Führers Christian Mazagg thatsächlich in manchen Jahren, und die Führer sind dann genötigt, im September statt des von uns gewählten Aufstieges den Weg etwas weiter westlich über die Felsen zu nehmen. Die Dicke der Firnschicht betrug an dem steilen Hange 1892 am 31. August höchstens noch 10—20 cm.

[2] Vergl. auch Richter, Gletscher der Ostalpen, S. 107 f.

reinsten klimatischen Zahlen sein; nehmen wir hierzu noch die vom Monte Confinale mit 3070 m bei SO-Exposition, so erhalten wir nahezu alle vier Haupthimmelsgegenden, und ihre Kombination ergiebt eine klimatische Firngrenze von 2991 m. Ziehen wir das Mittel aus allen Einzelzahlen, so erhalten wir 2965 m, doch dürfte diese letztere Zahl wegen des Überwiegens der orographisch begünstigten Stellen über die orographisch benachteiligten als unterer Grenzwert aufzufassen sein.

Übersicht
über die Höhengrenzen in den südwestlichen Ortler-Alpen.

1. Höhengrenze des Getreidebaues.

Nr.	Örtlichkeit	Höhe	Expos.	Anmerkungen
1.	Eingang des Val Furva bei Bormio	1475	SW	Roggen, Gerste, Hafer; — aufserdem Kartoffeln.
2.	Weiter thalaufwärts über S. Nicolo	1751	SSW	
3.	Noch weiter thalaufwärts, unterhalb der Einmündung des Val Zebru .	1692	S	
Mittel		1639		

2. Höhengrenze der dauernd bewohnten Siedelungen.

Nr.	Name	Höhe	Expos.	Anmerkungen
1.	Bormio	1225	SW	Auf der C. I. ohne Namen.
2.	Oberster Hof nordöstlich von Bormio	1460	SW	
3.	Terregua	1380	S	
4.	Chidalberto	1620	S	
5.	Plazzanecco	1710	S	
6.	Fantela	1690	S	
7.	Al Dosso	1557	SW	

Nr.	Name	Höhe	Expos.	Anmerkungen
8.	S. Gottardo	1384	SW	
9.	Sᵗᵃ Caterina	1736	W	Auf der Thahlsole, aber den südl. Einflüssen durch das Valle di Gavia zugänglich.
10.	Hütten oberh. Sᵗᵃ Caterina	1775	S u. W	

Mittel . . . .   1554 m

Bei Ausschlufs von Bormio, das auf der Thalsohle gelegen ist, ergiebt sich **1590 m**.

3. Höhengrenze der Bergmähder.

Nr.	Örtlichkeit	Höhe	Expos.	Anmerkungen
1.	Bei der Alpe Reit . . .	1450	S	
2.	Prati di Sopra	1680	S	
3.	Alpe Solaz	2000	S	
4.	Über S. Gottardo, bei den „Baita" Cavalario . .	2223	W	
5.	Praduris	2046	W	
6.	Confinale di Sopra . . .	2284	W	
7.	Confinale di Sotto . . .	2100	W	
8.	Campo Rotondo	2100	W	
9.	Ghenda	2200	SW	
10.	Rossaniga	2150	SW	
11.	Baita del Ables	2258	, S	
12.	Raseit	2260	S	
13.	Pradacio	2300	S	

Mittel   2081

Bei Ausschlufs von Nr. 1 u. 2, die
nicht als eigentliche Bergmähder
zu betrachten sind   2164

4. Höhengrenze der Sennhütten.

Nr.	Name	Höhe	Expos.	Anmerkungen
1.	Alpe Solaz	1980	S	
2.	„Baita" Cavallario . . .	2080	W	
3.	Praduris . . ˙	2046	W	
4.	Confinale di sopra . . .	2284	W	
5.	Confinale di sotto . . .	2084	W	
6.	Campo Rotondo	2014	W	
7.	Ghenda	2166	SW	
8.	Rossaniga	2100	SW	
9.	„Baita" dell' Ables . . .	2220	S	
10.	Raseit	2250	S	
11.	Pradacio	2300	S	
12.	Malga del Forno	2316	SW	

Mittel 2204

5. Höhengrenze der Schäferhütten.

Nr.	Name	Höhe	Expos.	Anmerkungen
1.	Grasso del Ables. . . .	2040	S	
2.	Baite del Zebru	1840	W	
3.	Brato Begheno	1935	S	
4.	Baite di Peletto	1925	N	
5.	Baite di Campo	2007	W	Thalsohle.
6.	Baite del Pastore . . .	2212	S	
7.	Baite di Saline	2397	N	günstige Terrainformen.

Mittel { Val Zebru rechts . . . 2007
Val Zebru Sohle . . . 2007 } 2051 aus den Einzelzahlen.
Val Zebru links . . . 2161

Nr.	Name	Höhe	Expos.	Anmerkungen
8.	Baita del Pastore im Valle di Gavia	2249	W	
9.	Baite del Forno	2260	S	
10.	Daita di Cedeh	2390	O	

Gesamtmittel 2125

Der scheinbare Widerspruch zwischen der Höhengrenze der Sennhütten und der Höhengrenze der Schäferhütten löst sich dadurch, daſs beide Regionen nicht in demselben Gebiete liegen; die tiefen

Schäferhütten liegen im Val Zebru, wo gar keine Sennhütten vorhanden sind, die hohen Sennhütten, hauptsächlich Einzelalmen, im Val Furva.

6. Wald- und Baumgrenze.

Nr.	Örtlichkeit	Wald-grenze Höhe	Baum-grenze Höhe	Expos.	Anmerkungen
1.	Über Bormio	1900	2263	S	Latschen 2280.
2.	Nordöstlich von S. Nicolo	1819	—	S	
3.	Über S. Gottardo . . .	2133	2175	W	
4.	Am Val Confinale . . .	2226	2307	W	
5.	Unterhalb Sta Caterina .	2140	2320	SSW	* (2160 + 2200):2
6.	Oberes Val Furva rechts .	—	2180*	S	} Vom Mittel ausgeschlossen, weil die künstl. Herabdrückung deutl. sichtbar.
7.	Unterh. des Fornogletschers	—	2300	S	
8.	Oberstes Val Furva links	2198	2297	N	
9.	Noch weiter thalaufwärts gegen den Fornogletscher	—	2182	N	
10.	Eingang des Valle di Gavia	2250	2300	W	
11.	Weiter aufwärts — Sohle	2009	2280*	W	* rechter Thalhang.

Mittel für das Val Furva . . **2084** **2269**
Bei Ausschluſs von Nr. 1 u. 2 **2159** **—**

	Unteres Val Furva rechts	1860	2263	S	
	Mittleres Val Furva rechts	2166	2267	W	
	Oberes Val Furva rechts .	—	2300	S	
	Oberes Val Furva links .	2198	2240	N	
	Valle di Gavia rechts . .	2130	2290	W	

12.	Eingang des Val Zebru rechts	2270*	2293	S	*Vom Mittel ausgeschlossen, weil nur ein ganz vereinzelter Streifen.
13.	Weiter thalaufwärts . . .	2178	2250	S	
14.	Gegen den Hintergrund .	2200	2300	S	
15.	Vor dem Baito	—	2200	S	} Dann auf die Thalsohle herabsinkend.

Mittel für das Val Zebru rechts **2289** **2281** S

Nr.	Örtlichkeit	Wald-grenze	Baum-grenze	Expos.	Anmerkungen
		Höhe			
16.	Eingang des Val Zebru l.	2133	2175	N	
17.	Weiter thalaufwärts . .	2050	2120	N	
18.	Im obersten Teile . . .	2100	2190	N	
Mittel für das Val Zebru l.		2094	2158	N	
Mittel für das Val Zebru . .		2142	2220		
Gesamtmittel für die südwest- lichen Ortler-Alpen . . .		2150*	2249		* Das künstlich entwaldete untere Val Furva ist hier ausgeschlossen

7. Orographische Firngrenze in den südwestlichen Ortler-Alpen, beobachtet am 30. und 31. August 1892.

Nr.	Örtlichkeit	Höhe	Expos.	Anmerkungen
1.	Links vom Fornogletscher am Bache	2580	NO	
2.	Links vom Fornogletscher in Felsnischen . . .	2654	NO	
3.	Links vom Fornogletscher in Felsnischen . . .	2628	N	
Mittel		2621	N u. NO	
4.	Im oberen Val Furva zwischen Valle di Gavia und Fornogletscher . .	2788	N	Vom Mittel ausgeschlossen, weil nicht feststeht, ob sie die tiefsten sind.
5.	Rechts vom Fornogletscher am Bache	2620	W	
6.	Linke Seite des Valle del Cedeh am Bache . .	2582	W	
7.	Rechte Seite des Valle del Cedeh in Felsnischen und auf Schutt . . .	2628	W	
Mittel aus Nr. 6 u. 7		2605	W	

Nr.	Örtlichkeit	Höhe	Expos.	Anmerkungen
8.	Rechte Seite des V. d. Cedeh	2862	O	
9.	Valle di Gavia	2680	W	
Gesamtmittel (1—3 u. 5—9) .		2651		

8. Klimatische Firngrenze in den südwestlichen Ortler-Alpen, beobachtet am 30. und 31. August 1892.

Nr.	Örtlichkeit	Höhe	Expos.	Anmerkungen
1.	Auf dem östlichen Arm des Fornogletschers . . .	3096	W	steil und zerklüftet.
2.	Auf dem westlichen Arm des Fornogletschers .	2970	NO	erhält doppeltes Gewicht wegen der gröfseren Ausdehnung.
Mittel für den Fornogletscher .		3009		
3.	Am Confinale	3070	SSO	
4.	Links vom oberen Forno-gletscher	3020	SO	
5.	Links vom unteren Forno-gletscher	2862	O	
6.	Gegen den Tresero . . .	2866	N	
Mittel für das Val Furva (3—6)		2955		
Mittel für das Val Furva links (4—6)		2916		
7.	Valle del Cedeh rechts .	2952	O	
8.	Valle del Cedeh links . .	2972	W	
Mittel für die Thalflanken des Valle del Cedeh		2962		
9.	Auf der Vedretta di Cedeh im nördl. und östl. Teile	2896	S u. SW	erhält im Mittel doppeltes Gewicht.
10.	Auf dem westlichen Arm der Vedretta di Cedeh	3010	SSO	
Mittel für die Vedretta di Cedeh		2934		
Mittel für das ganze Valle del Cedeh (7—8 u. 9—10) . . .		2948		
Gesamtmittel		2965		

3. Die südlichen Ortler-Alpen oder die Gebiete von Ponte di Legno und von Pejo.

Die Berge der südlichen Ortler-Alpen bestehen in der Hauptsache aus Glimmer- und Thonglimmerschiefer, welche in der Verwitterung weit vorgeschritten sind und daher sehr abgeglichene Formen aufweisen. Dies zeigt sich nicht nur in den Flanken der Berge, sondern, wie schon Payer hervorhebt (Erg. 27, S. 2), auch in den Kammlinien, indem die Höhe der Gipfel ab, die der Pässe aber zunimmt. Dadurch wird dem ganzen Landschaftsbilde, ein viel milderer Charakter aufgeprägt, als wir ihn im NW-Gebiet finden. Eine gut zusammenhängende Rasendecke überkleidet die Bergflanken bis über 2500 m, an der linken Seite des Val della Mare sogar bis über 2600 m hinauf. Payer (Erg. 27, S. 9) giebt 8200 W. F. = 2592 m als Grenze des „zusammenhängenden Grasbodens" an. Die höchsten Mähwiesen finden sich an der Alpe del Tonale bei 2360 m.

Eine Folge hiervon ist die grofse Höhe und die grofse Zahl der Malgas (Sennhütten) und Baitos (Schäferhütten)[1]. Oberhalb der Weideregion nimmt aber die Zerklüftung und Schuttbildung rasch zu, der Dente Vioz, die Crozzi Taviela u. a. zeigen die abenteuerlichsten Felsbildungen im ganzen Ortlergebiet. Aus diesem Grunde liegt die Region der geselligen Firnflecken, welche hauptsächlich an den Schutt gebunden ist, nicht wesentlich höher als in anderen Teilen der Ortler-Alpen.

a. Das Gebiet von Ponte di Legno.

Die obersten vorübergehend bewohnten Siedelungen im Valle delle Messi sind die Baita di Gaviola. Die Schäferhütte im obersten Valle di Viso mit 2545 m ist nächst der Mandra Palini im Val di Venezia mit 2580 m die höchste natürliche Siedelung im Ortlergebiet.

Mähwiesen finden sich im Valle di Viso rechts bis 2100 m in SO-Lage, auf der Thalsohle bei 2000 m, auf der Sohle des Valle delle Messi bei 1900 m.

Um den flachen Rücken, der das Valle di Viso von dem Valle delle Messi trennt, zieht sich ein Kranz ziemlich hoch gelegener dauernd bewohnter Siedelungen, deren einzelne Höhen aus der Tabelle am Schlusse dieses Abschnittes ersichtlich sind. Bei Palazzo finden

---

[1] Über den Viehreichtum dieser Thäler vergl. Payer, Erg. 27, S. 9.

sich kleine Getreidefelder bis 1670 m, bei Pezzo mit S-Exposition bis 1700 m.

Das Valle delle Messi und das Valle di Viso sind von allen Thälern der südlichen Ortleralpen diejenigen, in denen die Wald-verwüstung am weitesten fortgeschritten ist; das Valle di Viso zeigt nur im untersten Teile einige kleine Waldflecken, die an der linken Seite bis 1800 m reichen, einzelne Bäume stehen noch bei 1950 m. Auf dem Scheiderücken zwischen beiden Thälern erhebt sich über Pezzo eine Waldgruppe bis 1850 m, einzelne Bäume bis 1900 m. Das Valle delle Messi zeigt dann nur noch bei Pradazzo einmal eine kleine Waldgruppe, die bis 1700 m emporreicht; einzelne Lärchen wurden bei 1941 m gefunden, Zirben wurden nicht bemerkt.

Wegen dieser Kahlheit der Gehänge sind denn auch die Muren in diesem Gebiete eine häufige Erscheinung. Am 30. Juli 1892 ging von der linken Seite des Valle delle Messi bei Pradazzo nach einem zwar heftigen, aber kaum 1½ Stunde anhaltenden Gewitterregen eine große Mure herab, welche die schönen Wiesen der breiten Thalfläche mit einem langgezogenen, am unteren Ende circa 200 Schritt breiten und 1—2 m mächtigen Kegel von Schlamm und Felsblöcken über-schüttete. Etwas besser ist das Valle di Pezzo bewaldet; die einzelnen Höhenzahlen giebt die Tabelle am Schluß dieses Abschnittes.

An der Tonalestraße reicht der Wald über den großen Kehren von Ponte di Legno bis 1800 m, weiter östlich bis 1910 m, circa 1 km vor der Paßhöhe hört er ganz auf und beginnt erst wieder circa 1½ km von der Paßhöhe nach O. Hier reicht er zuerst bis 1970 m, steigt aber dann rasch bis 2100 m an. Einzelne Bäume reichen westlich von der Paßhöhe bis 1980 m, östlich von derselben bis 2000 m. Auf der Paßhöhe selbst stehend, erblickt man an der flachen nördlichen Lehne nur ganz vereinzelt einige schön gewachsene Bäume, es scheinen Fichten und Lärchen zu sein. Im Mittelalter war der Tonale so dicht bewaldet, daß er unpassierbar war, man benutzte daher die Passage durch das Val del Monte und über die viel höhere Forcellina di Montozzo[1] (2617 m).

Anfangs- und Endpunkt der Tonalestraße werden gebildet durch Ponte di Legno auf der italienischen Seite mit 1261 m, Fucine auf der österreichischen Seite mit 979 m; vorher liegen auf dieser Seite noch die kleinen Dörfer Pizzano (1219 m), Fraviano (1261 m) und Cortina (1203 m). Die ersten Getreidefelder an der Tonalestraße trifft man oberhalb Pizzano bei 1421 m in S-Exposition; bei 1371 m

---

[1] Vergl. Payer, Erg. 27, S. 28.

wurde unmittelbar an der Strafse schon ein Weizenfeld bemerkt mit
schönen Ähren; es war am 1. August 1892 schon fast schnittreif.
Weiter östlich, über Fucine, wurden die höchsten, von der Tonale-
strafse aus sichtbaren Felder zu 1510 m bestimmt. Auf der Sohle
des Val Vermiglio, durch das die Strafse östlich von der Pafshöhe
führt, liegen die obersten Getreidefelder selbstverständlich bedeutend
tiefer, — wenig über 1200 m.

Firnflecken waren an dem zwischen der Tonalestrafse und
dem Val del Monte gelegenen Höhenzuge nicht zu entdecken, trotzdem er an mehreren Punkten über 2900 m und an vielen über 2800 m
sich erhebt.

b. Das Gebiet von Pejo.

Die dauernd bewohnten Siedelungen liegen auch hier
verhältnismäfsig tief, was damit zusammenhängt, dafs die Einzelhöfe fast ganz fehlen. Die Getreidefelder reichen nicht selten
mehr als 200 m über die Dörfer empor. Was für eine ungeheure
Vergeudung von Arbeitskraft aus diesem Mifsverhältnis zwischen
der Höhengrenze der Siedelungen und derjenigen des Getreidebaues
folgt, wird einem klar, wenn man gesehen hat, wie mühsam auf
kleinen Karren und Schlitten (im Sommer!) der Dünger auf diese
hochgelegenen Felder hinauf und das geerntete Getreide von da in
die Dörfer herunter befördert werden mufs. Bei den hochgelegenen
Mähwiesen ist diese Schwierigkeit nicht vorhanden, da das Heu auf
den Bergen in Hütten aufbewahrt und nach den ersten Schneefällen
im Herbste auf leichten Schlitten ohne Zugtiere mühelos herabgeführt
werden kann.

Bedeutend höher als im Val di Pejo mit O- und W-Exposition
liegt die Getreidegrenze auf dem Scheiderücken zwischen dem Val
del Monte und dem Val della Mare, an dem Pejo selbst liegt (Kirche
1584 m). Die Roggen- und Gerstenfelder reichen hier nordöstlich
vom Dorfe bis 1713 m, westlich vom Dorfe bis 1728 m. Zu der südlichen Exposition tritt hier noch der Umstand begünstigend, dafs diese
Lehne dem breiten, nach S geöffneten Val di Pejo gerade gegenüber-
liegt, und dafs sie bei der geringen Höhe der südwestlich und östlich
vorgelagerten Bergrücken und der verhältnismäfsig grofsen horizontalen
Entfernung von denselben eine geringe Horizonthöhe gegen O und W
hat, also unter sehr günstigen Insolationsverhältnissen steht. Lange,
bevor für das tief unten auf der Thalsohle gelegene Cagolo (1146 m)
die Sonne aufgeht, vergolden ihre Strahlen die Felder von Pejo.

Im Val del Monte liegt als höchste dauernd bewohnte Siedelung

auf der Thalsohle das Bad Pejo bei 1380 m. Die einzige dauernd
bewohnte Siedelung im Val della Mare ist das Gehöft Pralungo bei
1240 m, von Payer (Erg. 27, S. 12) Villa Nuova genannt.

Den gröfsten und ertragreichsten Komplex von Mähwiesen im
Val del Monte hat die Malga Coël. Der obere Teil derselben ist
fast eben und scheint ein altes Seebecken zu sein. An den Hängen
oberhalb und unterhalb dieser Fläche findet man an vielen Stellen
Wassergräben, die teils zur Berieselung der Gehänge angelegt sind,
teils den Sennhütten das nötige Wasser zuführen. Ein Graben, den
auch schon Payer erwähnt (Erg. 27, S. 9), beginnt in der Höhe von
2360 m und führt das Wasser aus dem Val Vioz um die ganze Cima
di Vioz herum bis zur Malga Salini im Val della Mare, 2009 m.
Umfangreiche und gut gepflegte Bergmähder in der Höhenlage von
1700—2000 m hat auch das Val della Mare, besonders an der rechten
Seite.

Der Wald ist im Gebiet von Pejo ziemlich gut erhalten, besonders im Val della Mare und im unteren Val del Monte links.
Über die künstliche Herabdrückung der Waldgrenze im mittleren Val
del Monte berichtet Payer: „Der einstige Bannwald am Südhange
der Cima Fratta secca ist völlig ausgeholzt, abgesägte Lärchenstämme
mit bis 5 Fufs Durchmesser erinnern an die einstige Pracht desselben
(Erg. 27, S. 8 ff.)." Der Waldraub scheint dort seitdem noch weiter
fortgeschritten zu sein, denn die Waldgrenze ist jetzt fast bis auf die
Thalsohle herabgedrückt, nur ein schmaler Streifen reicht noch bis
2040 m, und einige kleine Gruppen liegen bei 1900 m. Aber auch
östlich davon, in dem Felsgewirr zwischen dem Südende der Cima
Fratta secca und dem Val Cadini finden sich nur sehr dünne Lärchenbestände, in welche durch Bergstürze tiefe, bis unter 1800 m hinab-
reichende Lücken gerissen sind. Breite Streifen sind mit frischen
Schutthalden bedeckt, die aus grofsen Blöcken und Platten mit
messerscharfen Kanten bestehen. An einzelnen Stellen sind die unter
grofsen Winkeln einfallenden frischen Schichtflächen der anstehenden
Schiefer völlig blofs gelegt, und der an dieser Lehne hinführende,
häufig ganz verschwindende Hirtensteig benutzt oft nur die rauheren
Stellen und die Kanten der Risse, welche in den unverwitterten
Schieferschichten sich finden. Auf solchem Boden ist natürlich die
Ansiedelung einer zusammenhängenden Waldvegetation auf Jahrhunderte hinaus unmöglich gemacht, und gleichwohl zeigen die vielen
starken Stümpfe, die teilweise aus den Schutthalden hervorragen, teil-
weise auf geschützten Terrassen sich finden, dafs auch hier einst der
Wald bis über 2100 m hinaufgereicht haben mufs (2135 m). Circa

500 m westlich vom Val Cadini reicht ein Streifen Lärchenwald noch einmal bis 2037 m empor, hier treten wieder sanfte Rasenhänge auf, die nun die ganze linke Seite des Val del Monte bis zur Teilung einnehmen. Auf den höher gelegenen Felsterrassen finden sich einzelne von der Hauptmasse losgelöste dichte Lärchengruppen mit der Neigung zum Zusammenschluſs bis 2150 m. Im Val Cadini selbst steigt der Wald nur bis 1700 m empor. Oberhalb des Val degli Orsi schlieſst sich der Wald wieder zu gröſseren Beständen zusammen, die zuerst bis 1960 m reichen, sich aber bald bis zu 2100 m erheben, in welcher Höhe sie sich bis circa 300 Schritt westlich vom Baito Mandriole hinziehen, um dann wieder bis auf 2000 m herabzusinken. Einzelne mehr als 100 m darüber hinausragende, teilweise unterbrochene Streifen sind so dünn, daſs sie nicht mehr als Wald bezeichnet werden können. Erst circa 1 km östlich von der Malga Paludei reicht noch einmal ein Streifen Lärchenwald ·bis 2220 m; westlich von dieser Sennerei verläuft die Waldgrenze ziemlich gleichmäſsig in der Höhe von 2100 m, bis kurz vor der Abzweigung des Val Piana der Wald ganz aufhört. Die Baumgrenze, welche durch gut entwickelte Lärchen von circa 30 cm Durchmesser gebildet wurde, lag an der letzteren Stelle bei S-Exposition auf einem 40° geneigten stufigen Rasenhang, der mit langem, saftlosem Grase bedeckt war, in der Höhe von 2327 m.

Die rechte Seite des Val del Monte trägt bei ihrer stärkeren Neigung einen viel wilderen Charakter. Der Wald ist namentlich in der oberen Thalhälfte in einzelne schmale Streifen aufgelöst, zwischen denen tiefe Runsten liegen. Ungefähr in der Mitte zwischen dem Acidule di Pejo und der Sorgente Minerale liegt ein Tobel, aus welchem, nach dem groſsen vegetationslosen Kegel aus Erde und Felsblöcken zu schlieſsen, alljährlich Muren hervorbrechen. Von der Sorgente Minerale an, wo der Wald an der höchsten Stelle noch bis 2140 m reicht, sinkt die Waldgrenze nach dem Thalhintergrunde zu allmählich herab. Bei der am W-Ende der Sumpfwiese gelegenen Malga Palu liegt sie noch bei 1860 m, um gleich dahinter bis auf die Thalsohle, also auf circa 1800 m herabzusinken. Die einzelnen Bäume und Baumgruppen treten schon vorher weit auseinander, Erlen- und Birkengebüsch, das auf der linken Thalseite selten ist, füllt die Lücken aus. Im Thalhintergrund, also auf dem mehrfach gegliederten Rücken, der sich zwischen das Val Piana und das zur Sforcellina führende Thal (von Payer Val Bormina genannt) einschiebt, giebt es keinen Wald mehr.

Die Zirben sind, wie schon Payer hervorhebt, im ganzen Val del

Monte „schwach vertreten"; wo der Wald bis an seine natürliche Grenze reicht, ist er fast immer aus Lärchen zusammengesetzt, die auch schon in den unteren Teilen der Gehänge stärker vertreten sind als auf der N-Seite der Ortleralpen, wo in den tieferen Lagen die Fichte vielmehr überwiegt. In diesen tiefen Lagen sind die Lärchen aber auch ausgezeichnet entwickelt, über dem Dorfe Pejo finden sich viele Exemplare von 1 m im Durchmesser. In der Gegend der Malga di Termenago, wo in den unteren Teilen die Fichte mehr die Alleinherrschaft behauptet, liefs sich beobachten, dafs die Fichten bei circa 1850 m auf eine lange Strecke ziemlich unvermittelt sich gegen die den oberen Saum bildenden Lärchen absetzten. An eine Beeinflussung von seiten des Menschen, wie beim Kulturwald, ist natürlich hier nicht zu denken.

Die geringere Höhe der Wald- und Baumgrenze an der rechten Seite des Val del Monte erklärt sich natürlich nicht allein aus der nördlichen Exposition und der geringeren Massenerhebung des südlichen Kammes, sondern auch, wie schon aus dem früher Gesagten hervorgeht, aus der gröfseren Steilheit und Zerrissenheit der rechten Thalseite. Eine Bestätigung dieser Ansicht liegt schon darin, dafs die Waldgrenze auf der rechten Seite um 67 m, die Baumgrenze aber nur um 34 m niedriger liegt als auf der linken.

Einen sehr gleichmäfsigen Verlauf zeigen Wald- und Baumgrenze in dem wald- und weidereichen Val della Mare, dessen südliche Fortsetzung das Val di Pejo bildet. Die Wald- und Baumgrenze rücken hier, wie auf allen Rasenhängen, dicht aneinander. Vom Eingang des Val di Pejo bis zu den mittleren und inneren Teilen des Val della Mare zeigt sich ein bedeutendes Ansteigen beider, was bei der gleichen Richtung, den gleichen Neigungsverhältnissen und der gleichen Bodenbeschaffenheit beider Thäler wohl zum Teil auf die gegen N zunehmende Massenerhebung zurückzuführen ist; freilich darf hierbei nicht aufser acht gelassen werden, dafs das Val di Pejo den bewohnten Gegenden näher ist, die ihren Holzbedarf hier daher eher als in dem unwegsamen Val della Mare zu decken gesucht haben werden; ob hierbei immer die Bestände an der oberen Grenze unberührt geblieben sind, bleibt fraglich.

In Bezug auf die orographische Firngrenze zeigt sich ein grofser Unterschied zwischen dem wilden Val del Monte und dem breiten, mit sanften Formen ausgestatteten Val della Mare. Die Firnflecken liegen im Val del Monte auffällig tief. Östlich von der Forcellina di Montozzo wurden am 3. und 4. August 1892 auf der rechten Seite des Thales keine Firnflecken bemerkt, wohl aber oberhalb der Verzweigung des Thales in dem schuttreichen Val Bormina, dem Zugang zum Sforcellinapaſs, bei 2259 m auf Schutt in N-Exposition, im Val Cadini am Bache bei 2300 m und im Val Traviela bei 2330 m. Es sind wahrscheinlich sämtlich Lawinenreste; im letzteren Falle wurde dies bestimmt festgestellt; — auf dem ausgetauten Schutt unterhalb des Firnrestes, teilweise auch auf demselben, waren die meisten Steine und Felsblöcke mit Häufchen, Streifen und Krusten zusammengebackener Erde bedeckt, kleine Steine lagen auf den groſsen, unterhalb des Firnfleckes bis in den Bach hinein lagen wirr durcheinander geworfene Massen groſser und kleiner Felstrümmer; an einigen Stellen waren Rasenstücke und kleine Alpenrosenbüsche dazwischen geklemmt; es scheint also die ganze Masse in einer Grundlawine niedergegangen zu sein, wofür auſserdem die ganze Lage und Gestalt des 8—10 m mächtigen Firnkegels spricht.

Obwohl diese Firnflecken schon Anfang August beobachtet wurden, so läſst sich doch annehmen, daſs wenigstens der zuletzt näher beschriebene den ganzen Sommer überdauert hat. Am 30. August fanden sich in dem schuttreichen Val Vioz in NO-Exposition Firnflecken am Bache bei 2470 m, welche keine eigentlichen Lawinenreste waren, sondern nur abgetriebener Schnee; hier liegt die orographische Begünstigung neben der Lage auf Schutt und der Beschattung von SW her in der lokalen Temperaturerniedrigung durch den Gletscherbach. Abseits vom Bache, an der rechten Thalflanke, lagen die tiefsten Firnflecken bei 2675 m, auf der linken, also in SW-Exposition, bei 2780 m.

Im Val Piana fanden sich am 4. August gesellig auftretende Firnflecken auf Schutt an der rechten Thalseite in O-Lage bei 2600 m.

Bei Ausschluſs der vorgenannten Lawinenreste dürfte also die orographische Firngrenze im Val del Monte bei 2621 m angesetzt werden. In dem ausgeglichenen Val della Mare fehlen die weit vorgeschobenen Firnflecken ganz, und die geselligen Firnflecken liegen durchschnittlich etwas höher als im Val del Monte, was sich vielleicht aus dem Umstande mit erklären läſst, daſs die Südwinde durch das breite Val di Pejo hier freieren Zutritt haben als in das durch einen 2800 m hohen Gebirgszug gegen S geschlossene Val del Monte, — Hauptgrund bleibt natürlich die gröſsere Abgeglichenheit der Formen. Am 6. August 1892 wurden gesellig auftretende Firnflecken an dem O-Abhang des Monte Vioz bei 2538 m beobachtet, ferner in einer nur nach N offenen Hochmulde am Cercenapaſs bei 2600 m und an der Cima Grande am oberen Rande von Schutthalden bei 2601 m in NNW-Exposition. Am 29. August zeigten sich gesellige Firnflecken im Thalhintergrund bei 2796 m in S- und SW-Exposition, bei 2728 m in SO- und bei 2634 m in NO-Exposition; unterhalb der höheren Gipfel der linken Thalseite, also in W-Exposition, lagen noch zerstreute Firnflecken bei 2630 m. Ein vereinzelter grofser Firnfleck von 15° südlicher Neigung fand sich endlich noch am W-Ufer des Lago Marmotta bei 2722 m. Die tiefe Lage der östlich exponierten Firnflecken läfst sich, wenn nicht aus orographischen Gründen, aus dem 23 Tage früheren Termine erklären, an dem sie beobachtet wurden. Bei Ausschlufs dieser Messung vom O-Abhang des Monte Vioz ergiebt sich für O-Exposition als Mittel aus den Beobachtungen für SO- und NO-Lage die viel gröfsere Höhe von 2681 m.

Die Firngrenze lag am 3. August 1892 auf der beschatteten Südwestseite der Vedretta Taviela bei 2904 m, in freier Lage mit ONO-Exposition bei 2990 m. Auf dem zackigen Felskamm an der Südseite der Vedretta Taviela waren alle Lücken mit Firn ausgefüllt bis 2970 m, dazwischen ragten nur die steilen Felszacken kahl empor. Hieraus würde sich für das Val Taviela als klimatische Firngrenze für Anfang August die Höhe von 2904 NNO

2990 SO

2960 S
_____

2955 m ergeben. Die erste und dritte Zahl stehen offenbar unter starker orographischer Begünstigung, während die Zahl 2990 weniger orographisch beeinflufst zu sein scheint. Selbstverständlich kann diese Zahl wegen des frühen Zeitpunktes, an dem sie gewonnen wurde, noch nicht als Höhe der klimatischen Firngrenze im Val del Monte angesehen werden, sie soll nur zum Vergleich mit der folgenden Beobachtung dienen. In dem benachbarten Val Vioz fanden sich am 30. August 1892 an den Felshängen am unteren Teile des rechten Gletscherufers, also in N-Exposition, gröfsere Firnlager bis 2857 m herab, auf der Vedretta Saline selbst lag die Firngrenze im mittleren, muldenförmigen Teile bei 2930 m, einzelne Buckel waren auch in gröfserer Höhe ausgeapert; an der nach der Mulde zu, also gegen O, stärker geneigten rechten Seite war der Gletscher ausgeapert bis 3088 m. An dem Kamme der linken Thalseite mit SW-Exposition lagen gröfsere Firnmassen mit der Tendenz des Zusammenschlusses bis 3135 m; die steile Vedretta Vioz zeigte sich noch bis zu weit gröfserer Höhe aper [1]), ungefähr bis zu 3200 m. Aus den thatsächlich gemessenen

—

[1] Die beabsichtigte Messung wurde leider durch einfallende Nebel unmöglich gemacht; als dieselben wieder schwanden, war der Col di Vioz fast erreicht und

Höhen ergiebt sich als Mittelzahl für die Höhe der klimatischen Firngrenze im oberen Val Vioz 3003 m. Schliefsen wir als Kompensation für die fehlende Höhenzahl der unter orographischer Benachteiligung stehenden Firngrenze auf der Vedretta Vioz die unter orographischer Begünstigung stehende tiefe Firngrenze der rechten Thalseite aus, so ergiebt sich als klimatische Firngrenze für das Val Vioz die Höhe von 2930

3088

3135

—————

3051 m. Geben wir der auf dem mittleren Teile der Vedretta Saline gewonnenen Zahl als der am wenigsten orographisch bedingten doppeltes Gewicht, so erhalten wir 3060 m.

Diese Zahlen müssen sich ohne weiteres auch auf das unter ganz gleichen Verhältnissen stehende Val Taviela übertragen lassen, in welchem am 3. August die Firngrenze bei 2955 bezw. 2990 m lag.

Im Val della Mare wurde die Firngrenze am 29. August 1892 auf dem nördlichsten Lappen der Vedretta la Mare bei östlicher und ostsüdöstlicher Neigung in der bedeutenden Höhe von 3209 m gefunden, stark südlich geneigte Stellen waren sogar bis 3250 m ausgeapert. Bei der starken Neigung, die zwischen 3100 und 3400 m 31° beträgt, ist der Ferner sehr zerklüftet, verschlingt also einen grofsen Teil Schnee und Firn in seinen Spalten, aufserdem erhöht er durch seine starke O- und SO-Neigung den Einfallswinkel der Sonnenstrahlen in der ersten Hälfte des Tages, und der in den Morgenstunden schon beginnende Schmelzprozefs hält dann auch in den Nachmittagsstunden noch an, wenn der Einfallswinkel der Sonnenstrahlen sich verkleinert. Wir haben also hier ein Gebiet starker orographischer Benachteiligung vor uns. Dies läfst sich auch schon daraus schliefsen, dafs der südliche Nebenarm der Vedretta la Mare, der ebenfalls östlich, wenn auch um wenige Grade nach N exponiert ist, bei geringerer Neigung eine zusammenhängende Firnbedeckung bis 2891 m herab trägt. Der in der Gegend der Firngrenze ebenfalls stark zerklüftete, östlich exponierte Hauptlappen der Vedretta la Mare

—————

somit das Niveau der Firnlinie auf der Vedretta Vioz schon bedeutend überschritten. Ein Wiederabstieg war bei der schwierigen Passage nicht ratsam, da an dem steilen Hang, der im mittleren Teile 45° geneigt und von mehreren Schründen durchquert ist, der Fufs durch den von der Mittagssonne erweichten Firn bis auf die Eisunterlage einsank. Auch erwies sich das Drängen des wackeren Führers Christian Mazagg später als sehr gerechtfertigt, da der Fornogletscher mit seinem Spaltengewirr für die Nachmittagsstunden noch ein schweres Stück Arbeit bot.

ist bis 3110 m aper. Dies ergiebt als durchschnittliche Höhe der
Firngrenze für die Vedretta la Mare 3070 m. Dafs natürlich oberhalb
dieser Linie noch silbergraue Eisbuckel und grünlich-blaue Abstürze
ebensogut zu bemerken sind, wie unterhalb derselben in Mulden noch
einzelne weifse Firnflecken, versteht sich von selbst.

Im Hintergrund des Val di Venezia, westlich von der Firkelescharte, reichen gröfsere Firnlager in S-Exposition bis 3174 m herab,
ein kleineres in mehr geschützter Lage bis 3040 m; nordöstlich von
dem linken Lappen der Vedretta la Mare finden sich zwei gröfsere,
im unteren Teile vereiste Firnlager in SO-Lage, bei denen der Eisrand in der Höhe von 3003 m aus dem Firn hervortritt. Auf dem
Rücken zwischen der Vedretta la Mare und der Vedretta Rossa reicht
die mehr oder weniger zusammenhängende Firnbedeckung bei N- und
NO-Lage bis 3174 m herab, hier liegt in der Steilheit des Rückens
eine starke orographische Benachteiligung, weshalb diese Zahl vom
Mittel ausgeschlossen werden soll. An der rechten Seite des oberen
Val della Mare liegt der untere Rand der zusammenhängenden oder
doch gröfsere Flächen bedeckenden Firnansammlungen durchschnittlich
bei 2900 m, während die zerklüfteten Felsränder der linken Thalseite
von der Firkelescharte (3033 m) bis zur Cima lago lungo (3166 m)
bei S- und SW-Exposition nur einzelne Firnflecken zeigen. Auf dem
kleinen Gletscher am Piz Cavajon, dessen Ende um 2835 m liegt,
wurde die Höhe der Firngrenze bei NW-Exposition zu 2949 m bestimmt[1].

Übersicht
über die Höhengrenzen in den südlichen Ortler-Alpen.

1. Höhengrenze des Getreidebaues.

Nr.	Örtlichkeit	Höhe	Expos.	Anmerkungen
1.	Valle delle Messi bei Palazzo	1670	SW	
2.	Valle delle Messi bei Pezzo	1700	S	
Mittel		1685		

---

[1] Messungen an der Vedretta delle Marmotta und der Vedretta di Careser,
die das Bild vervollständigt haben würden, mufsten leider aus Mangel an Zeit
unterbleiben.

Nr.	Örtlichkeit	Höhe	Expos.	Anmerkungen
3.	Val Vermiglio oberhalb Pizzano	1371	S	
4.	ebenda etwas weiter thalauswärts	1421	S	
5.	ebenda Thalsohle bei Pizzano	1200	O	
Mittel		1331		Bei Ausschlufs von Nr. 5: 1396.
6.	Val di Pejo rechts über Comasine	1400	O	
7.	Val di Pejo links über Strombiano	1300	WSW	
8.	Val di Pejo links über Celentino	1490	SW	
9.	Val di Pejo links über Celedizzo	1300	WSW	
10.	Val di Pejo links über Cogolo	1400	WSW	
Mittel für das Val di Pejo links		1373		
Mittel für das ganze Val di Pejo		1378		
11.	Unteres Val della Mare rechts bei Pejo . . .	1713	SSO	
12.	Unteres Val del Monte links bei Pejo	1728	S	
Gesamtmittel		1475		

2. Höhengrenze der dauernd bewohnten Siedelungen.

Nr.	Name		Höhe	Expos.	Anmerkungen
1.	Valle delle Messi	Pradazzo	1660	SW	
2.		La Rovina . . .	1610	SSO	Thalsohle.
3.		Il Palazzo	1650	SW	
4.		S. Appollonia . .	1580	SSO	Thalsohle. Bad.
5.		Case di Ginoco . .	1530	W	
Mittel			1606		

Nr.	Name		Höhe	Expos.	Anmerkungen
6.	Valle di Viso	Pezzo	1557	S	
7.		Pirli	1610	S	
8.		Case di Mondini .	1681	S	Thalsohle.
9.		Case di Barch . .	1700	S	
10.		Case di Viso . . .	1760	S	
Mittel			1652	S	
11.	V. di Pezzo	Plazzola	1512	W	
12.		Talasso	1600	W	
13.		Sezzo	1615	W	
Mittel			1576	W	
14.	Tonale. W.	Tajadisso	1625	W	
15.		Vescasa alta . . .	1720	S	
Mittel			1673		
Mittel für das Gebiet von Ponte di Legno (Nr. 1—15) . . .			1627		
16.	Tonale. O.	Pizzano	1219	SSO	Die geringe Höhe erklärt sich aus dem Mangel an Einzelsiedelungen.
17.		Fraviano	1261	SSO	
18.		Cortina	1203	SSO	
19.		Fucine	979	O	
Mittel			1166		
20.	Val di Pejo rechts: Comasine		1196	O	
21.	Val di Pejo links: Strom-				
22.	biano		1164	WSW	
	Hofgruppe über Celentino		1490	WSW	
23.	Celedizzo		1192	WSW	
24.	Celentino		1264	WSW	
25.	Cogolo		1146	S	Thalsohle.
26.	Einzelhöfe nordöstlich von Cogolo		1350	W	
27.	Einzelhöfe nordöstlich von Cogolo		1475	W	
Mittel für das Val di Pejo links			1297		
Mittel für das ganze Val di Pejo			1285		

Nr.	Name	Höhe	Expos.	Anmerkungen
28.	Val della Mare: Pralungo	1240	S	Thalsohle.
29.	Val del Monte: Pejo . .	1584	S	Kirche.
30.	Val del Monte: Acidule di			
	Pejo	1380	O	Thalsohle.
Mittel für das Val del Monte .		1482		
Mittel für das Gebiet von Pejo (Nr. 16—30)		1276		
Gesamtmittel für die südlichen Ortler-Alpen		1452		

3. Höhengrenze der Bergmähder.

Nr.	Örtlichkeit	Höhe	Expos.	Anmerkungen
1.	Valle di Viso rechts . .	2100	SO	
2.	Valle di Viso Thalsohle .	2000	S	
3.	Valle delle Messi (Sohle) .	1900	S	
Mittel für das Gebiet von Ponte di Legno		2000		

Tonale.

Nr.	Örtlichkeit	Höhe	Expos.	Anmerkungen
4.	2 km westl. v. d. Paßhöhe	2140	S	
5.	1 km westl. v. d. Paßhöhe	2220	S	
6.	Paßhöhe	2260	S	
7.	Val d'Albiolo, ...	2220	SW	
8.	östlich davon . . .	2280	SSO	
9.	Vor dem Val di Strino .	2360	S	} Alpe del Tonale.
10.	Bei der Malga Mezzolo .	1850	S	
11.	Bei der Malga Saviana, .	1950	SO	
12.	östlich davon . . .	2050	S	
13.	Bei der Malga Boai . . .	1873	S	
Mittel		2120		

Nr.	Örtlichkeit	Höhe	Expos.	Anmerkungen

Val di Pejo rechts.

Nr.	Örtlichkeit	Höhe	Expos.	Anmerkungen
14.	Unterh. der Malga Goggia	1680	O	
15.	Nördlich der Malga Goggia	1800	O	
16.	Noch weiter nördlich . .	1840	O	
17.	Östlich von der Malga Comasine	2000	O	
Mittel		1830		

Val del Monte.

Nr.	Örtlichkeit	Höhe	Expos.	Anmerkungen
18.	Im Val Vioz am Pian di Laret	2134	S	⎫
19.	Am Pian Palu	1860	S	⎬ links.
20.	Nördlich von der Sorgente Minerale	1790	S	⎭
21.	Westlich von der Malga Comasine	2250	O	rechts.
Mittel		2017		

Val della Mare.
a. Linke Seite.

Nr.	Örtlichkeit	Höhe	Expos.	Anmerkungen
22.	Unterhalb der Malga Borghe	1740	W	
23.	Bei der Malga Levi . .	2000	W	
24.	Bei d. Malga Ponte vecchio	1750	W	
Mittel		1830	W	

b. Rechte Seite.

Nr.	Örtlichkeit	Höhe	Expos.	Anmerkungen
25.	Bei der Malga Salini . .	1900	O	
26.	Der Wiesenkomplex Vallenaja	1800	O	
27.	Der Wiesenkomplex Frate	1650	O	
Mittel		1783		
Mittel für das Val della Mare .		1807		
Gesamtmittel für die südlichen Ortler-Alpen		1907		

4. Höhengrenze der vorübergehend bewohnten Siedelungen.

a. Sennhütten.

Nr.	Name	Höhe	Expos.	Anmerkungen

Tonale.

Nr.	Name	Höhe	Expos.	Anmerkungen
1.	Malga di Strino	1948	SO	
2.	Malga Mezzolo	1857	S	
3.	Malga Verniana	1838	SO	
4.	Malga Saviana	1913	SO	
5.	Malga Boai	1804	S	
Mittel		1872		

Val di Pejo.

Nr.	Name	Höhe	Expos.	Anmerkungen
6.	Malga Goggia sopra . .	1686	O	rechts.
7.	Malga Campo	1978	W	} links.
8.	Malga sopra sasso . . .	2032	SW	
Mittel		1899		

Val della Mare.
a. Linke Seite.

Nr.	Name	Höhe	Expos.	Anmerkungen
9.	Malga Borghe	1814	W	
10.	Malga Levi	2014	W	
11.	Malga Razzo	1831	W	
12.	Malga Vedrignana . . .	2068	W	
13.	Malga Ponte vecchio . .	1764	W	
Mittel		1898	W	

b. Rechte Seite.

Nr.	Name	Höhe	Expos.	Anmerkungen
14.	Malga Tale	1719	O	
15.	Malga Salini	2009	O	
Mittel für das ganze Val della Mare		1889		aus den Einzelzahlen berechnet.

Nr.	Name	Höhe	Expos.	Anmerkungen

Val del Monte.
a. Linke Seite.

Nr.	Name	Höhe	Expos.	Anmerkungen
16.	Malga Coël	1854	S	
17.	Malga di Termenago sopra	1771	S	
18.	Malga Giumella	1940	SSO	
19.	Malga Paludei	2099	SSW	
Mittel		1918		

b. Rechte Seite.

Nr.	Name	Höhe	Expos.	Anmerkungen
20.	Malga Palu	1780	N	
21.	Malga Paiu	1814	NNW	
22.	Malga Comasine	2000	N	
Mittel		1865		
Ganzes Val del Monte		1894		
Gesamtmittel für die südlichen Ortler-Alpen		1888		

b. Schäferhütten und Galtvieh-Almen.

Nr.	Name bzw. Örtlichkeit	Höhe	Expos.	Anmerkungen

Gebiet von Ponte di Legno.

Nr.	Name bzw. Örtlichkeit	Höhe	Expos.	Anmerkungen
1.	Baita di Gaviola	2112	SSO	
2.	Baitello di Cajone . . .	2193	WSW	
3.	Baitelli delle Graole . .	2311	S	
4.	Baita di Forgnioccolo . .	2320*	O	* nach der O-A; nach der C. I. 2318.
5.	Baitello	2545	S	
6.	Baito Carboni	2470	SW	
7.	Baito am Monte Tonale .	2220	W	
Mittel		2310		

Nr.	Name bzw. Örtlichkeit	Höhe	Expos.	Anmerkungen

Tonale-Strafse.

Nr.	Name bzw. Örtlichkeit	Höhe	Expos.	Anmerkungen
8.	Baito südl. v. Monte Tonale	2470	S	
9.	Baito Serotine di dentro .	2335	S	
10.	Baito di Strino	2213	SO	
11.	Baito Serotine di fuori. .	2195	S	
12.	Baito Saviana	2390	SO	
Mittel		2321		

Gebiet von Pejo, Val di Pejo.

Nr.	Name bzw. Örtlichkeit	Höhe	Expos.	Anmerkungen
13.	Baito	2377	SW	

Val della Mare links.

Nr.	Name bzw. Örtlichkeit	Höhe	Expos.	Anmerkungen
14.	Baito delle Lame . . .	2100	W	
15.	Baito la Mare	2200	W	
16.	Malga La Mare	2041	S	Galtvichalpe. Thalsohle.
17.	Mandra Palini	2580	SW	
Mittel		2293		mit Ausschlufs von Nr. 16.
18.	Baito Cielvastre	1815	O	} rechts.
19.	Baito Puzol	2225	NO	
Mittel		2020		
Mittel für das ganze Val della Mare		2160		Nr. 16 eingeschlossen.

Val del Monte links.

Nr.	Name bzw. Örtlichkeit	Höhe	Expos.	Anmerkungen
20.	Baito im Val Vioz . . .	2284	SSO	
21.	Oberer Baito im Val Taviela	2348	S	
22.	Baito Stabisorle	2041	S	
23.	Baito di Cadini	2150	S	
24.	Baito Fratta secca . . .	2182	S	
25.	Baito Mandriole	2130	S	
26.	Baito vor der Malga Paludei	2290	SO	
27.	Baito Villa corna . . .	2196	SO	
28.	Baito im Val Bormina . .	2370	O	
Mittel		2221		

Nr.	Name bzw. Örtlichkeit	Höhe	Expos.	Anmerkungen

Val del Monte rechts.

Nr.	Name bzw. Örtlichkeit	Höhe	Expos.	Anmerkungen
29.	Malga Mazom	2187	N	Galtviehalpe.
30.	Baito über dem Acidule di Pejo	2020	N	
31.	Baito weiter thalaufwärts .	2306	N	
32.	Baito weiter thalaufwärts .	2027	N	
33.	Baito im Val alta . . .	2270	N	
34.	Baito am Monte Comegiolo	2335	N	
35.	Baito südlich von der Malga Palu	2150	N	
	Mittel	2185	N	
	Mittel für das ganze Val del Monte	2206		
	Gesamtmittel für die südlichen Ortler-Alpen[1]	2240		

5. Wald- und Baumgrenze.

Nr.	Örtlichkeit	Wald-grenze	Baum-grenze	Expos.	Anmerkungen
		Höhe			

Gebiet von Ponte di Legno.
a. Valle di Viso.

Nr.	Örtlichkeit	Wald-grenze	Baum-grenze	Expos.	Anmerkungen
1.	Valle di Viso links . . .	1800	1950	NW	
2.	Valle di Viso rechts . .	1850	1900	SO	Bei der Einmündung ins Val di Pezzo.
	Mittel	1825	1925		

b. Valle delle Messi.

Nr.	Örtlichkeit	Wald-grenze	Baum-grenze	Expos.	Anmerkungen
3.	Über Pradazzo	1700	1941	SW	
4.	Über Pezzo	1850	—	S	
	Mittel	1775	1941		

[1] In den südlichen Ortler-Alpen gehen die Region der Sennhütten und die Region der Schäferhütten wirklich auf denselben Gebieten mit einander parallel, daher kommt auch in den Zahlen der natürliche Höhenunterschied deutlich zum Ausdruck.

Nr.	Örtlichkeit	Wald-grenze	Baum-grenze	Expos.	Anmerkungen
		Höhe			

c. Valle di Pezzo.

Nr.	Örtlichkeit	Wald-grenze	Baum-grenze	Expos.	Anmerkungen
5.	Oberer und mittlerer Teil	1700	2250	W	
6.	Unterer Teil	1900	1900	W	

Mittel. **1800**   **2075**

d. Tonale, westlich von der Paſshöhe.

Nr.	Örtlichkeit	Wald-grenze	Baum-grenze	Expos.	Anmerkungen
7.	Über den Kehren von Ponte di Legno	1800	1950	W	
8.	Vor der Paſshöhe . . .	1910	1980	S	

Mittel **1855**   **1965**

Mittel für das Gebiet von Ponte di Legno . . . .   **1814**   **1977**   also südliche Ortler-Alpen westlich vom Tonale-Paſs.

e. Tonale, östlich von der Paſshöhe.

Nr.	Örtlichkeit	Wald-grenze	Baum-grenze	Expos.	Anmerkungen
9.	ca. 1¹/₂ km östlich von der Cantoniera	1970	2000	S	
10.	Zwischen Val di Strino und Val Verniana	2100	2200	S	
11.	Östlich von Val Verniana	2200	2270	S	
12.	Östlich von Val Saviana .	2100	2200	S	

Mittel (für e) **2093**   **2168**

Gebiet von Pejo.
Waldgrenze im Val del Monte rechts.

Nr.	Örtlichkeit	Höhe	Expos.	Anmerkungen
1.	Thaleingang	2132	N	
2.	Rechts v. Val Comasine .	2000	N	
3.	Auf der Sohle des Val Comasine	1909	N	
4.	Links vom Val Comasine .	2100	N	
5.	Nordwestlich von Monte Macaoni	1968	N	
6.	Mittleres Val del Monte .	2115	N	

Nr.	Örtlichkeit	Höhe	Expos.	Anmerkungen
7.	Über der Sorgente Mine- rale	2140	N	
8.	Bei der Malga Palu . .	1860	N	
9.	Ende des Waldes oberhalb der Sumpfwiese . . .	1800	N	Vom Mittel auszuschliefsen, weil dicht neben Nr. 8 [1].
Mittel ohne Nr. 8 u. 9 . . .		2045	N	
Mittel mit Nr. 8 u. 9		2003		
10.	Sohle des Val del Monte .	1730	O	

Baumgrenze im Val del Monte rechts.

Nr.	Örtlichkeit	Höhe	Expos.	
1.	Thaleingang	2241	N.	
2.	Über der Sorgente Minerale	2230	N	
3.	Oberhalb der Teilung . .	2226	N	
Mittel		2232	N	

Waldgrenze im Val del Monte links.

Nr.	Örtlichkeit	Höhe	Expos.	
1.	Vorderes Ende der Cima di Vioz	2201	S	} Lärchen; — Zirben selten.
2.	Vorderes Ende der Cima di Vioz	2284	SW	
3.	Westseite der Cima di Vioz	2275	WSW	
4.	Unterhalb des Pian di Laret	2069	S	
5.	Etwas weiter östl. an einem der Cima di Vioz westl. vorgelagerten Rücken .	2182	SW	
6.	Auf dem isolierten Rücken links vom Val Taviela	2038	SW	
7.	Auf der breiten Sohle des Val Taviela	1900	S	} Lärchen; — auch als Thalsohle zu betrachten.
8.	Auf einem aus den Wiesen der Malga Coël sich er- hebenden Rücken . .	1952	S	
9.	Rechts vom Val Taviela .	2185	SO	Zirben ganz selten.
10.	Sohle des Val Cadini . .	1720	S	
11.	Rechts vom Val Cadini .	2037	SO	
12.	Mittleres Val del Monte links	2150	S	

[1] Die niedrige Stelle an der Malga Palu würde ein zu starkes Gewicht erhalten, wenn sie im Mittel durch zwei Zahlen vertreten wäre.

Nr.	Örtlichkeit	Höhe	Expos.	Anmerkungen
13.	An der Cima Fratta secca, östlicher Teil	2040	S	Künstliche Einbuchtung.
14.	An der Cima Fratta secca, westlicher Teil . . .	1900	S	
15.	Oberhalb des Val degli Orsi	1960	S	
16.	Weiter westlich	2100	S	
17.	Westl. vom Baito Mandriole	2000	S	
18.	Östlich v. d. Malga Paludei	2220	S	
19.	Eingang des Val Piana .	2100	SW	

Mittel mit Ausschlufs der Thalsohlen u. künstl. Einbuchtungen		2123		Mit Einschlufs der Thalsohlen (7. 8. 10.): 2079.
Mitttel für das ganze Val del Monte . . . . . . :		2041 2099		Mit Einschlufs der Thalsohlen. Mit Ausschlufs der Thalsohlen.

Baumgrenze im Val del Monte links.

Nr.	Örtlichkeit	Höhe	Expos.	Anmerkungen
1.	Vorderes Ende der Cima di Vioz	2387	SW	Kl. Lärche; 5 cm darunter 3 mannsstarke Lärchen mit gemeins. Wurzelstock. 5 m höher ein starker Stumpf.
2.	Westseite der Cima di Vioz	2372	WSW	Kl. Zirbe; 4 m darunter eine kl. Lärche; 15 m darunter 10—15 cm dicke abgestorbene Bäume.
3.	Auf der Sohle des Val Vioz	2130	S	
4.	Am Pian di Laret . . .	2272	S	Verkrüppelte Lärche.
5.	Westseite des Val Vioz .	2265	SSO	Lärchen u. einzelne Zirben.
6.	Hintergr. des Val Taviela, oberhalb des Baito Stabisorle	2234	SO	20 m höher noch zwei ganz kl. Lärchen hinter Felsblöcken; Zirben fehlen. Rasen mit wenig Alpenrosen u. Bergwachholder.
7.	Links vom Val Taviela .	2286	SW	Begraster Schuttrücken.
8.	Rechts vom Val Taviela .	2292	S	Hie und da Erlen-, Weiden- und Birkengebüsch unterhalb der Waldgrenze.
9.	Rechts vom Val Cadini .	2292	S	
10.	Noch etwas weiter westlich	2150	S	

Nr.	Örtlichkeit	Höhe	Expos.	Anmerkungen
11.	An der SO-Seite der Cima Fratta secca	2190	S	Zirben, Lärchen.
12.	Eingang des Val Piana .	2327	SW	

Mittel mit Einschlufs der Thalsohlen		2258
Mittel mit Ausschlufs der Thalsohlen		2266

Mittel für das ganze Val del Monte	{ 2253	Mit Einschlufs }	der Thalsohle.
	{ 2260	Mit Ausschlufs }	

Waldgrenze im Val di Pejo und Val della Mare.

Nr.	Örtlichkeit	Höhe	Expos.	Anmerkungen
1.	Eingang des Val di Pejo .	2003	O	} rechte Seite.
2.	Bei der Abzweigung des Val del Monte . . .	1900	O	
Mittel für das Val di Pejo rechts		1952	O	

Val della Mare rechts.

Nr.	Örtlichkeit	Höhe	Expos.	Anmerkungen
3.	Oberhalb Pejo, O-Seite der Cima di Vioz	2177	O	} dichter Rasen.
4.	Nördlich von d. Malga Salini	2200	O	
5.	An dem felsigen Rücken, der die östliche Ausbiegung verursacht . .	2220	O	
6.	Oberstes Val della Mare .	2185	O	
Mittel		2194	O	

Mittel für das Val di Pejo rechts mit Val della Mare rechts .	2114	O	

Linke Seite.

Nr.	Örtlichkeit	Höhe	Expos.	Anmerkungen
7.	Eingang des Val di Pejo .	2086	W	
8.	Anfang des Val della Mare südlich vom Cercenapafs	2160	W	
9.	Nördlich von der Malga Levi	2152	W	
10.	Mittleres Val della Mare links	2200	W	genau westl. vom Cercenapafs.

Nr.	Örtlichkeit	Höhe	Expos.	Anmerkungen
11.	Südlich von der Malga Ve-drignana	2220	W	
12.	Unterhalb der östlichen Aus-biegung	2195	W	
Mittel		2185	W	
Mittel für das Val della Mare mit Val di Pejo links		2169	W	
Mittel für das ganze Val della Mare mit Val di Pejo rechts und links		2140		Val della Mare ohne Val di Pejo: 2190.
Mittel für die südl. Ortler-Alpen östlich vom Tonale-Pafs . .		2121		also das ganze Gebiet von Pejo.

Baumgrenze im Val della Mare und Val di Pejo.

Val di Pejo rechts.

Nr.	Örtlichkeit	Höhe	Expos.	Anmerkungen
1.	Thaleingang	2214	O	
2.	Bei der Abzweigung des Val del Monte . . .	2160	O	
Mittel		2187	O	

Val della Mare rechts.

Nr.	Örtlichkeit	Höhe	Expos.	Anmerkungen
3.	Ostseite der Cima di Vioz	2285	O	} dichter Rasen.
4.	Unterhalb der östlichen Aus-biegung	2225	O	
5.	An dem felsigen Rücken, der die östliche Aus-biegung verursacht . .	2300	O	
6.	Unterhalb der Scala di Venezia	2275	O	
Mittel		2271	O	
Mittel für das Val di Pejo rechts mit Val della Mare rechts .		2243	O	Nicht aus den Teilmitteln, sondern aus den Einzel-zahlen berechnet.
7.	Eingang des Val di Pejo links	2214	W	

Nr.	Örtlichkeit	Höhe	Expos.	Anmerkungen
	Val della Mare links.			
8.	Über der Malga Levi . .	2251	W	
9.	Unterhalb der östlichen Aus-			
	biegung	2230	W	
Mittel		2240	W	
Mittel für das Val di Pejo links				
mit Val della Mare links . .		2232	W	
Mittel für das Val della Mare				
links und rechts		2256		
Mittel für das Val della Mare mit				
Val di Pejo links und rechts		2238		
Mittel für die südl. Ortler-Alpen				also das ganze Gebiet von
östlich vom Tonale-Paſs . .		2254		Pejo.

Payer[1] giebt als Höhe für die Waldgrenze im ganzen Gebiet der
südlichen Ortleralpen, wozu bei ihm auch das Val Furva gehört,
7100 W. Fuſs = 2244 m, für die Baumgrenze 2307 m. Nach unseren
Messungen erreichen nur einige Maximalzahlen diese Höhe. Als
Maximalzahlen sind wahrscheinlich Payers Angaben auch aufzufassen, denn
das Mittel für die Waldgrenze liegt nach den vorliegenden Zusammenstellungen fast 200 m tiefer. Von der Aufstellung einer allgemeinen
Mittelzahl für die Höhe der Wald- und Baumgrenze in den südlichen
Ortleralpen soll hier abgesehen werden, da in derselben die künstlich
entwaldeten Gebiete westlich vom Tonalepaſs mit den waldreichen
Thälern um Pejo vereinigt werden müſsten. Dies würde eine abstrakte
Zahl ergeben, welcher jede natürliche Berechtigung abginge. Es sollen
vielmehr die im Gebiet von Pejo gewonnenen Höhenzahlen als Repräsentanten der Höhengrenze des Wald- und Baumwuchses in den
südlichen Ortler-Alpen angesehen werden. In Payers Zahl ist das
Gebiet von Ponte di Legno auch nicht mit enthalten, dagegen das

---

[1] Erg. 27 S. 8.

besser bewaldete Val Furva, doch ergiebt auch der Durchschnitt aus
den Mitteln von

	Waldgrenze	Baumgrenze
Val Furva . . .	2084	2269
Val del Monte .	2099	2260
Val della Mare etc.	2190	2256
nur das Mittel von	2124 m	2262 m

Es bleibt also auch nach dieser Zusammenstellung die Waldgrenze um
120 m, die Baumgrenze um 45 m hinter den Angaben Payers zurück.

Am besten stimmen unsere Zahlen für das Val della Mare mit
denen Payers überein:

Waldgrenze 2190   Payer 2244   Differenz 54 m
Baumgrenze 2256   -   2307   -   51 m

Payer scheint im allgemeinen mit dem Ausdruck „Wald" etwas
freigebiger· verfahren zu sein als wir. Wo er die Zahlen für Wald-
und Baumgrenze gesondert angiebt (hier und beim Martellthal), läfst
er die letztere immer gerade 200 Fufs = 63 m über der ersteren
verlaufen, was schon darauf hindeutet, dafs diese Zahlen nur allgemeine Schätzungen sein wollen, die mehr gelegentlich, nicht syste-
matisch vorgenommen wurden; Payers Interesse war ja zunächst auf
andere Dinge gerichtet. Nach den von uns bei der Scheidung von
Wald- und Baumgrenze eingehaltenen Grundsätzen liegen beide Grenzen
im Durchschnitt viel weiter auseinander.

6. Orographische Firngrenze, vom 3.—30. August 1892 beobachtet.

Nr.	Örtlichkeit	Höhe	Expos.	Anmerkungen
	Val della Mare.			
1.	Ostabhang des Monte Vioz	2538	O	6. Aug.
2.	Hintergrund des Val della Mare rechts	2738	SO	29. Aug.
3.	Hintergrund des Val della Mare rechts	2634	NO	29. Aug.
4.	An der Cima Grande . .	2601	NNW	6. Aug.
5.	Am Cercena-Pafs	2600 .	N	6. Aug.
6.	Am Lago delle Marmotte	2722	S	29. Aug.

Nr.	Örtlichkeit	Höhe	Expos.	Anmerkungen
7.	Hintergrund des Val della Mare links	2796	S u. SW	29. Aug.
8.	Hintergrund des Val della Mare unterhalb hoher Gipfel	2630	W	

Mittel		2655		

Bei Ausschlufs von Nr. 1 . . .	2673	

Bei gleichmäfsiger Berücksichtigung der verschiedenen Expositionen	2663	

Val del Monte.

Nr.	Örtlichkeit	Höhe	Expos.	Anmerkungen
9.	Im Val Vioz am Bache .	2470	NO	30. Aug.
10.	Im Val Vioz rechts . . .	2675	NO	30. Aug.
11.	Im Val Vioz links . . .	2780	SW	30. Aug.
12.	Im Val Piana	2600	NO	4. Aug.

Mittel	2621	

Gesamtmittel	2644	

7. Klimatische Firngrenze, beobachtet am 29. und 30. August 1892.

Val della Mare.

Nr.	Örtlichkeit	Höhe	Expos.	Anmerkungen
1.	Auf dem nördlichen Lappen der Vedretta la Mare .	3209	O u. OSO	zerklüftet.
2.	Auf dem südlichen Lappen der Vedretta la Mare .	2891	O u. ONO	eben.
3.	Hauptlappen der Vedretta la Mare	3110	O	zerklüftet.

Mittel für die Vedretta la Mare	3070	O	

Nr.	Örtlichkeit	Höhe	Expos.	Anmerkungen
4.	Nordöstlich von dem linken Lappen der Vedretta la Mare	3003	SO	
5.	Hintergrund des Val di Venezia	3174	S	

Nr.	Örtlichkeit	Höhe	Expos.	Anmerkungen
6.	Linke Seite des Val di Venezia	3150	SW	
7.	Auf dem Rücken zwischen der Vedretta la Mare und der Vedretta Rossa	3174	N u. NO	steil, — vom Mittel ausgeschlossen.
8.	Rechte Seite des Val della Mare	2900	O	
9.	Vedretta di Cavajon . .	2949	NW	

Mittel für das ganze Val della Mare	**3048**		aus allen Einzelzahlen mit Ausnahme von Nr. 6

Val Vioz — Val del Monte.

Nr.	Örtlichkeit	Höhe	Expos.	Anmerkungen
10.	Vedretta Vioz	3200	S	Schätzung.
11.	An der rechten Seite des Val Vioz	2857	N	
12.	Auf der Vedretta Saline im Thalboden	2930	SO	
13.	Auf der Vedretta Saline am rechten Thalhang . .	3088	OSO	
14.	Linke Thalseite	3135	SW	

Mittel	**3042**	

Gesamtmittel für die südlichen Ortler-Alpen	**3046**	

4. Die südöstlichen Ortler-Alpen oder das Gebiet von Rabbi.

Das Val Cercena ist in seinem Hintergrunde namentlich auf der linken Seite sehr schuttreich, darum gehen auch die Firnflecken sehr tief herab. Die tiefst gelegenen Firnflecken auf Schutt fanden sich am 6. August 1892 südlich vom Cercena-Paſs bei 2433 m in NNO-Exposition. Von den Abhängen des nordwestlichen Ausläufers der Cima Grande ziehen bei N-Exposition mehrere Firnrunsten herab, deren tiefste bis 2140 m reicht[1].

---

[1] Etwaige Firnflecken auf der linken Seite des Val Cercena waren des Nebels wegen nicht zu erkennen, doch ist bei der südlichen Exposition dieser Thalseite anzunehmen, daſs keine vorhanden sind, da sich der Kamm in seinem höchsten Punkte nur bis 2709 m erhebt.

Die höheren Teile der beiden Flanken des Val di Saënt, der oberen Fortsetzung des Val di Rabbi, bilden die gröfste Schuttwüste des ganzen Ortler-Gebietes, weshalb sie auch Alpe di Sternai = steriles Terrain genannt werden[1]. Die klimatische Firngrenze zeigt hier ähnliche Verhältnisse wie im Val di Venezia; die einzelnen Zahlen giebt die Tabelle. Die tiefsten Firnflecken reichten am 7. August 1892 auf Schutt bei O- und W-Exposition bis 2400 m herab.

Die höchsten Bäume (nur Lärchen) finden sich im Val Cercena auf der rechten Seite an Felswänden bei 2200 m, im Thalhintergrund, nicht weit von der oberen Alpe, bei 2160 m und links bei 2140 m, doch stehen diese wenigen Bäume ganz vereinzelt. Das Brennholz für die Malga Cercena alta mufs weit aus dem Thale heraufgeholt werden, selbst rings um die untere Alpe (1956) findet sich in weitem Umkreis kein Baum. Das erste Stück Wald erblickt man erst unterhalb der Malga Cercena, es reicht bis 1970 m empor. Dann folgt wieder eine breite Lücke bis zu einer tiefen Runst; jenseits derselben ziehen sich einzelne dünne Waldstreifen an der linken Thalseite bis 1950 m, vereinzelte Lärchen bis 2160 m empor. In dieser Höhe bleiben Wald- und Baumgrenze bis circa 500 m nordöstlich von der Malga Mont alto, dann steigt die Waldgrenze plötzlich bis auf 2120 m an und verbleibt ungefähr 1 km weit in dieser Höhe, dann sinkt sie ebenso schnell wieder auf 1750 m herab, während einzelne Lärchen sich ungefähr auf der früheren Höhe halten. Das ganze Val Cercena zeigt aufserordentlich viele Kahlschläge selbst an der oberen Waldgrenze. Die Bestände in der Nähe des Weges zeigten nirgends einen Baum von Mannesstärke.

Im Val Maleda steigt auf steilem, felsigem Terrain die Waldgrenze noch einmal ganz vorübergehend auf 2000 m an, sinkt aber nach dem Hintergrunde zu rasch auf 1930 m herab. Einzelne Lärchen finden sich noch bei 2180 m. Auf der linken Seite des Val Maleda steigt die Waldgrenze vom hintersten Teile nach dem Thalausgang zu von 2000 auf 2050 m an, doch sind die Bestände namentlich im oberen Teile sehr lückenhaft.

Noch kleiner werden die einzelnen Waldflecken im Hauptthale oberhalb der Einmündung des Val Maleda; dieselben reichen durchschnittlich bis 1900 m, doch ist die unbewaldete Fläche innerhalb dieser Zone gröfser als die bewaldete. Erst oberhalb des Wasserfalles schliefst sich der Wald wieder zu einem geschlossenen Bestande zusammen, dessen Grenze auf der linken Seite östlich vom Wasserfall

---

[1] Vergl. Payer, Erg. 31, S. 19.

bei 2100 m, auf der rechten Seite bei 2000 m liegt, um gegen den Thalhintergrund zuerst langsam, dann schnell auf 1860 m herabzusinken. Einzelne Bäume finden sich im Hintergrund bis 1900 m, rechts bis 2150 m, links bis 2170 m.

Im Val di Rabbi geht der Wald, tiefe künstliche Einbuchtungen abgerechnet, bis zur Malga de Samoclevo, 1889 m. Erst circa 500 m weiter westlich steigt die Waldgrenze auf 2100 m an, um nach dem Val di Saënt zu auf 2000 m herabzusinken. Östlich von der Malga de Samoclevo, an der rechten Seite des Val di Lago Corvo, liegt die Waldgrenze bei 2156, die Baumgrenze bei 2223 m. Links von diesem Thälchen reicht der Wald bis 2140 m, einzelne Bäume bis 2181 m. Auf der Thalsohle hört der Wald bei 1924 m auf, einzelne Bäume gehen bis 2084 m.

An dieser ganzen Thalseite wurden an der Waldgrenze keine Zirben bemerkt, dagegen sind zwischen die Lärchen einzelne Fichten eingestreut, was bei der tiefen Lage mit südlicher Exposition nicht überraschen kann. Das Val di Rabbi zeigt sanfte Formen und guten Weideboden, der von einzelnen Alpenrosenbüschen durchsetzt ist, die nur im oberen Val di Lago Corvo dichter zusammentreten. Die breite Hochebene des Rabbijoches, 2451 m, zeigt noch verhältnismäfsig dichten Graswuchs mit einem prächtigen Blumenflor. An den Höhen zu beiden Seiten des Passes, namentlich westlich davon, reicht der Weideboden noch bedeutend höher hinauf.

Die Abnahme der Wälder hat hier zum Teil ihren Grund darin, dafs dieselben vorwiegend in Gemeindebesitz sind. In den zum Teil sehr alten Waldverleihungsurkunden ist den einzelnen Haushaltungen der betreffenden Gemeinden das Recht der Holz- und Streunutzung zugesprochen, das sich zum Teil auch auf Staatswälder erstreckt. Im Laufe der Jahrhunderte haben sich aber die Haushaltungen vermehrt und somit auch die Ansprüche an den Wald, die derselbe nun nicht mehr durch den jährlichen Zuwachs zu befriedigen vermag.

Entsprechend den breiten, gut begrasten Weideflächen ist die Zahl der Almen und deren Viehstand im Gebiet von Rabbi bedeutend. Die Malga Cespe de Samoclevo, welche nicht gerade die gröfste zu sein scheint, sömmert 113 Milchkühe ohne das Jung- und Galtvieh und die unvermeidlichen schwarzen Schweine. Im Val di Saënt weiden nur Schafe. Dauernd bewohnte Siedelungen hat nur das Val di Rabbi, die höchste auf der Thalsohle ist das Bad Rabbi mit 1220 m.

Die Hangsiedelungen, welche die Siedelungsgrenze bestimmen, giebt die folgende Tabelle.

Übersicht
über die Höhengrenzen in den südöstlichen Ortler-Alpen.

Nr.	Name bzw. Örtlichkeit	Höhe	Expos.	Anmerkungen
	I. Getreidegrenze.			
1.	Über Piazzola	1500	S	
	II. Dauernd bewohnte Siedelungen.			
1.	Sonrabbi	1370	S	
2.	Hofgruppe zwischen Sonrabbi und Piazzola . .	1475	S	
3.	Oberste Häuser von Piazzola	1430	S	Kirche 1314 m.
4.	Mattarei	1410	S	
Mittel		1421		
	III. Mähwiesen.			
1.	Unter dem Baito del Croz	1375	SO	Thalsohle.
2.	Über Sonrabbi	1500	S	
3.	Über Mattarei	1500	S	
Mittel		1444		
	IV. Schäferhütten und Galtviehalmen.			
1.	Baito del Croz	1465	W	durchaus orographisch bedingt.
2.	Baito an der linken Seite des Val di Rabbi . . .	1792	W	
3.	Casotto di Saënt	1800	O	
4.	Malga Forborida	2125	O	
Mittel		1798		

Der Widerspruch zwischen der Höhengrenze der Schäferhütten und derjenigen der Sennhütten löst sich hier auf dieselbe Weise wie im SW-Gebiet, beide Regionen liegen nicht vertikal über einander, sondern in verschiedenen Teilen des Gebietes.

V. Sennhütten.

Nr.		Name	Höhe	Expos.	Anmerkungen
1.		Malga Cercena alta . . .	2139	S	
2.	Val Cercena links	Malga Villar . . .	2182	S	
3.		Malga Fasa . . .	2057	SO	
4.		Malga Mont alto .	2045	SO	
5.		Malga Fratte di sopra	1867	O	
6.	V. Cercena rechts	Malga Tremenesca di sopra . . .	2007	N	
7.		Malga Campo secco	2024	W	
8.	V. Ma- lela	Malga Stablaz alto	2060	SO	
9.	Rabbi rechts rechts	Malga Polinar . .	1762	N	
10.		Malga Palu de Caldes di sopra .	2020	S	
11.	V. Rabbi links	Malga Cespe de Samoclevo . . .	1889	S	
12.		Malga Artise de Tersolas	1894	S	
13.		Malga Stablazol . .	1540	S	Thalsohle, rechts v. Bache.
Mittel			1960		

VI. Waldgrenze.

Nr.	Örtlichkeit	Höhe	Expos.	Anmerkungen
1.	Oberes Val Cercena links, unterhalb der Malga Cercena	1970	S	
2.	Val Cercena links, westlich von der Malga Fasa .	1950	SSO	
3.	Val Cercena links, nordöstlich von der Malga Mont alto	2120	O	

13*

Nr.	Örtlichkeit	Höhe	Expos.	Anmerkungen
4.	Unteres Val Cercena links	2120	O	
5.	Unteres Val Cercena rechts	1900	W	
6.	Oberes Val Cercena rechts	1800	N	
Mittel für das Val Cercena . .		**1948**		ohne Thalsohlen.
7.	Scheiderücken zwischen Val Cercena und Val Maleda	1750	NO	
8.	Unteres Val Maleda rechts	2000	NW	
9.	Oberes Val Maleda rechts	1930	N	
10.	Oberes Val Maleda links	2000	S	
11.	Unteres Val Maleda links	2050	SO	
Mittel für das Val Maleda . .		**1946**		ohne Thalsohle.
12.	Oberstes Val di Rabbi rechts	1900	O	
13.	Val di Rabbi rechts, zwischen Val Cercena und Val Maleda	2110	O	
14.	Oberes Val di Rabbi links, oberhalb der Umbiegung nach N	2000	W	
15.	Westlich von der Malga de Samoclevo	2100	S	Mittel für das Val di Rabbi links mit Thal-
16.	Bei der Malga de Samoclevo	1889	S	sohlen: 2035,
17.	Rechte Seite des Val di Lago Corvo	2156	S	ohne Thahlsohlen und ohne Nr. 16: 2099.
18.	Linke Seite des Val di Lago Corvo	2140	S	Mittel für das Val di Rabbi rechts: 2011.
19.	Sohle des Val di Lago Corvo	1924	S	
20.	Val di Rabbi rechts, über der Malga Polinar . .	2030	N	
21.	Val di Rabbi rechts, ober- halb des Bades . . .	2026	N	
22.	Scheiderücken zwisch. dem Val di Rabbi und dem unteren Val Cercena .	2000	W	
Mittel für das Val di Rabbi . .		**2025**		ohne Thalsohlen: 2055.
23.	Val di Saënt oberhalb des Wasserfalles rechts . .	2000	O	

Nr.	Örtlichkeit	Höhe	Expos.	Anmerkungen
24.	Oberstes Val di Saënt rechts und links	1860	O u. W	
25.	Val di Saënt oberhalb des Wasserfalles links . .	2110	W	

Mittel für das Val di Saënt . . **1990**   ohne Thalsohle.

Gesamtmittel für das Gebiet von
Rabbi **1983**

VII. Baumgrenze.

Nr.	Örtlichkeit	Höhe	Expos.	Anmerkungen
1.	Oberstes Val Cercena links	2140	S	
2.	Hintergrund des Val Cercena	2160	O	breite Thalwanne.
3.	Westlich von der Malga Fasa	2160	SSO	
4.	Nordöstlich von der Malga Mont alto	2140	O	
5.	Unteres Val Cercena links	2150	O	
6.	Oberstes Val Cercena rechts	2200	N	Fels.
7.	Weiter thalabwärts . . .	2120	N	
8.	Unteres Val Cercena rechts	2140	W	

Mittel für das Val Cercena . . **2151**

Nr.	Örtlichkeit	Höhe	Expos.	Anmerkungen
9.	Scheiderücken zwischen Val Cercena und Val Maleda	2100	NO	
10.	Val Maleda rechts . . .	2180	N	
11.	Val Maleda links	2160	S	

Mittel für das Val Maleda. . . **2147**

Nr.	Örtlichkeit	Höhe	Expos.	Anmerkungen
12.	Val di Saënt, Thalmulde .	1900	S	
13.	Val di Saënt rechts . . .	2150	O	
14.	Val di Saënt links . . .	2170	W	

Mittel für das Val di Saënt . . **2073**

Nr.	Örtlichkeit	Höhe	Expos.	Anmerkungen.
15.	Oberstes Val di Rabbi rechts	2100	O	
16.	Val di Rabbi rechts, zwischen Val Cercena und Val Maleda	2150	O	
17.	Scheiderücken zwischen Val di Rabbi und Val Cercena	2045	W	
18.	Val di Rabbi rechts, oberhalb des Bades . . .	2090	N	
19.	Über der Malga Polinar .	2170	N	Fels.
20.	Oberes Val di Rabbi links, oberhalb der Umbiegung nach N	2150	W	
21.	Westlich von der Malga de Samoclevo	2160	S	
22.	Bei der Malga de Samoclevo	1950	S	
23.	Rechte Seite des Val di Lago Corvo	2223	S	Mittel für die rechte Seite des Val di Rabbi: 2111, linke Seite: 2125.
24.	Linke Seite des Val di Lago Corvo	2181	S	
25.	Sohle des Val di Lago Corvo.	2084	S	

Mittel für das Val di Rabbi . . **2118**

Gesamtmittel . . . . **2127**[1]

VIII. Orographische Firngrenze, beobachtet den 6. und 7. August 1892.

Nr.	Örtlichkeit	Höhe	Expos.	Anmerkungen
1.	Gesellige Firnflecken rechts vom Cercena-Pafs . .	2433	NNO	Am oberen Rande von Schutthalden.
2.	Zahlreiche Firnflecken im Val di Saënt	2400	NNO	

Mittel **2417**

[1] Der ganze Habitus der schlank gewachsenen Bäume und das häufige Auftreten von Fichten an der Waldgrenze sprechen dafür, dafs hier die natürliche Höhengrenze des Baumwuchses noch nicht erreicht ist.

IX. Klimatische Firngrenze, beobachtet am 21. August 1892.

Nr.	Örtlichkeit	Höhe	Expos.	Anmerkungen
1.	An der Ostseite der Vedretta di Careser	3110	O	
2.	Auf der Vedretta di Saënt	2820	NO	
3.	Vedretta di Rabbi . . .	3050	W	
4.	Vedretta di Sternai . . .	3000	W	
5.	Südabhang der Eggenspitz	3150	S	
Mittel		3043		

5. Die östlichen Ortler-Alpen oder das Ultenthal mit seinen Nebenthälern.

Mit dem Ultenthale betreten wir wieder das Gebiet der deutschen Bevölkerung. Hier finden wir wieder Einzelhöfe in gröfserer Zahl, darum steigt auch die Grenze der dauernd bewohnten Siedelungen in diesem Gebiete wieder hoch empor. Die höchsten Höfe sind die Flatschhöfe, deren oberster zu 1810 m bestimmt wurde; die dazu gehörenden Roggen-, Gersten-, Hafer- und Kartoffelfelder reichen bis 1820 m bei einer Neigung von 20° und südlicher Exposition. Der tiefer liegende Teil des Abhanges ist bewaldet, er hat eine stärkere Neigung, — an einzelnen Stellen 40°. Die günstige Lage der Höfe wird noch dadurch erhöht, dafs hier der gegenüberliegende Kamm weit zurücktritt, aufserdem ist er durch zwei nach S führende Thäler aufgeschlossen. Wichtiger ist vielleicht noch die ONO-Richtung des Hauptthales, wodurch den Strahlen der Morgensonne freier Zutritt gewährt wird. Bei der Teilung des Ultenthales in Kirchberger- und Valtschauer Thal wendet sich das letztere nach WNW, wodurch der Abhang gegenüber St. Gertraud wieder für die Nachmittagsstunden günstige Insolationsverhältnisse erlangt. Hier, am Eingang des Valtschauer Thales, liegen die Jochmerhöfe, der obere bei 1751 m; Roggen-, Hafer-, Gersten- und Kartoffelfelder reichen bis 1760 m bei 29° Neigung. Die Höhe des Horizontes für den oberen Jochmerhof beträgt: S 6° W 11° O 2°, N 29°. Der Schutz, den die steil ansteigende nördliche Rückseite gewährt, wird noch erhöht durch den unmittelbar über den Feldern beginnenden Wald. So bildet der linke Abhang des Ultenthales bei St. Gertraud einen nach S vorgeschobenen, an drei Seiten herausgearbeiteten Rücken mit aufserordentlich günstigen Insolationsverhältnissen, und es ist wohl nur der verhältnismäfsig geringen Massenerhebung dieses Gebietes zuzuschreiben, dafs die Höfe und Getreidefelder hier nicht wie im inneren Martellthal bis über 1900 m emporsteigen.

Im Valtschauer Thale befinden sich dann weiter aufwärts noch zwei Hofgruppen ebenfalls in S-Exposition, deren obere, die Pilshöfe, bei 1667 m liegt, während die Getreide- und Kartoffelfelder bis 1697 m ansteigen bei einer Neigung von 30°. Es wurde hier auch noch ein schönes Flachsfeld bemerkt, und in einem Gärtchen fanden sich Kohl, Salat und Mohn. Das Kirchberger Thal hat keine dauernd bewohnten Siedelungen, aber an seinem Ausgange liegen ein paar Äcker mit Korn und Hafer bei 1548 m und 30° Neigung in SO-Exposition. Die Kirche (1512 m) und die älteren Höfe von St. Gertraud liegen auf einem alten Schuttkegel zwischen dem Kirchberger und Valtschauer Bach. Thalauswärts sinkt die Höhengrenze des Getreidebaues und mit ihr die Siedelungsgrenze allmählich tiefer herab. An der rechten Seite des Ultenthales, die aufserhalb unseres Gebietes liegt, reichen die Getreidefelder am Thaleingange bis 600 m, gegenüber Pawigl bis 840 m; bei St. Wallburg wurde ein ganz vereinzelter Kornfleck auf einer kleinen Terrasse mitten im Walde bei 1330 m bemerkt, derselbe war am 22. Juli noch vollständig grün. Günstigere Verhältnisse zeigen natürlich die Seitenthäler, in welchen Ost- und Westlagen möglich sind. Das längste dieser Seitenthäler ist das Maraunthal, in welchem das Mitterbad liegt. Der innerste Hof an der linken Seite dieses Thales liegt bei 1216 m, das oberste Kornfeld reicht bis 1243 m, der äufserste Hof liegt bei 1281 m. Die obersten Felder im Maraunthale rechts liegen bei 1310 m; weiter thaleinwärts finden wir an dieser Seite noch den grofsen Laugenhof bei 1324 m, die zugehörigen Felder liegen an der Stelle, wo unmittelbar südlich vom Hofe durch einen Einschnitt in die rechte Seite des Maraunthales eine südwestliche Auslage erzeugt wird, sie reichen bis 1360 m, das Korn war 1893 fast mannshoch. Etwas weiter südlich liegt ein zweiter solcher Thaleinschnitt, in welchem sich Mähwiesen bis zur Höhe von 1750 m ausbreiten. Beim Laugenhof selbst gehen die Mähwiesen bis 1370 m.

Die ganze linke Seite Ultens ist dicht mit Einzelhöfen besät, auch die Kirchorte liegen sämtlich auf der linken Seite, aber meist nahe der Thalsohle. Der äufserste Teil des Thales ist eine wilde

Klamm, die „Gaul" genannt, hier ist nicht einmal Raum für einen Fußpfad. An dem Steige, der von St. Wallburg nach Falkomai führt, wurde bei Inner-Dura in der Höhe von 1450 m noch ein schönes Weizenfeld bemerkt, allerdings in S-Exposition. Die größte relative Höhe im ganzen Ortlergebiet haben die Felder von Pawigl, es macht einen seltsamen Eindruck, wenn man dieselben von Lana im Oberetschthal aus in geringer Horizontalentfernung fast 1200 m über sich hängen sieht. Hier finden sich Weizen, Flachs und Hanf bis über 1200 m hinaus, Roggen, Gerste und Kartoffeln sind noch in ansehnlichen Flächen oberhalb 1400 m angebaut, und die größte Hofgruppe von ganz Pawigl, „Oberhof" genannt, liegt bei 1405 m; westlich davon liegt noch ein kleiner Hof bei 1450 m, die Felder gehen bis 1468 m. Das oberste Feld in Pawigl, mit Kartoffeln bepflanzt, wurde an der linken Thalseite bei S-Exposition in der Höhe von 1480 m, das höchste Kornfeld bei 1455 m gefunden. Am äußersten Ende der linken Seite des Ultenthales, also noch östlich von dem Einschnitt von Pawigl, liegt das oberste Kornfeld in SSO-Exposition bei 1394 m, die Höhe des Horizontes beträgt an dieser Stelle gegen S 2°, W 2°, O 4°, N 31°. Hoch über der Getreidegrenze liegen dann im Hintergrunde des Pawiglthales noch als ganz vereinzelte Siedelungen der Gamplhof bei 1704 und der Jocher bei 1790 m. Beim Gampler war 1893 in dem nach S geneigten Garten neben Kartoffeln und Rüben auch noch ein Fleckchen Gerste angebaut, sie war am 18. Juli bereits in die Ähren geschossen, aber noch vollständig grün. Zur Bestimmung der Getreidegrenze soll dieses Fleckchen nicht mit verwendet werden. Beim Jocher, der unmittelbar an der breiten, zugigen Hochfläche des Vigiljoches liegt, finden sich nur noch Mähwiesen.

An seinem Ostende gabelt sich der Rücken, der das Ultenthal vom Vintschgau trennt. In dieser Gabelung liegen die obersten Getreidefelder und Mähwiesen selbst bei S-Exposition in der geringen Höhe von 1208 m, die obersten Höfe bei 1140 m; an der rechten Seite dieses Thaleinschnittes, also in NO-Exposition, geben die Mähwiesen bis 1140 m. Auf dem Scheiderücken zwischen diesem Einschnitt und dem Pawiglthale reichen dürftige Mähwiesen, die von einzeln und gruppenweise stehenden Lärchen durchsetzt sind, bis 1627 m, einzelne mähbare Fleckchen finden sich noch bis 1670 m. Die ganze linke Seite Ultens hat sowohl an den freien Abhängen, als auch in den Ausweitungen der Seitenthäler zahlreiche Bergmähder, deren Höhen aus der Tabelle zu ersehen sind.

Innerhalb der Waldregion trägt im Ultener Gebiet den

wildesten Charakter das Kirchberger Thal, ja es ist von allen in dieser Höhe gelegenen Thälern des ganzen Ortlergebietes dasjenige, in welchem die auf Zerstörung der Berge gerichteten Kräfte gegenwärtig am lebhaftesten an der Arbeit sind, wenigstens gilt dies von der steilen linken Thalseite, bei der an vielen Stellen die Visierlinie von der Bachsohle zum Kamme in einem Winkel von 45° und darüber ansteigt. Der untere Teil ist immer Schutthalde, Mure, Bergsturz, der obere Teil nahezu senkrechte, brüchige Felswand mit unzähligen Rissen, Klüften und Löchern. Ein grofser Bergsturz soll hier 1865 niedergegangen sein, er hat auf eine weite Strecke den Bach verschüttet und Blöcke von 10 und mehr cbm an der flachen Lehne der entgegengesetzten Thalseite emporgeschleudert.

Auf solchem Terrain hat natürlich die Vegetation und im besonderen der Wald den schwersten Kampf ums Dasein zu führen. Daher findet sich auf der ganzen linken Seite des Kirchberger Thales kein zusammenhängender Wald, nur einzelne kleine Gruppen haben sich an einigen weniger gefährdeten Stellen behauptet. Nachdem man vom Rabbijoch kommend die breite, sumpfige, mit Mähwiesen bedeckte obere Thalmulde hinter sich hat, trifft man die erste dichter gesellte Gruppe von Bäumen, die als Vertreter des Waldes aufgefafst werden könnte, um den unteren Rand einer Schutthalde bei 2012 m in SO-Exposition. Es sind schöne, schlank gewachsene Lärchen, die bis ¹/₂ m im Durchmesser haben; die der Schutthalde am nächsten stehenden sind an ihrem Fufse teilweise von frischem Schutt umlagert, ein Beweis, dafs sie eher da waren als die Schutthalde. Im übrigen zeigen die stolz aufstrebenden Stämme, dafs wir hier nicht die klimatische Höhengrenze des Waldwuchses vor uns haben. In der Mitte hat die Schutthalde bis zum Bache vordringend den Waldsaum durchbrochen; einzelne zerschlagene Bäume liegen noch am Boden. Weiter aufwärts gegen die Mähwiesen zu finden sich noch starke Stümpfe. Im unteren Teile des Kirchberger Thales reichen auf der linken Seite die höchsten Waldgruppen bis 2050 m; einzelne Lärchen auf Felsabsätzen gehen im obersten Teile des Thales bis 2264 m, im unteren bis 2180 m.

Auf der rechten Seite des Kirchberger Thales reicht der Wald in der unteren Hälfte bis 1970 m, in der oberen Thalhälfte finden sich nur einzelne mit Erlengebüsch durchsetzte Streifen dünnen Lärchenwaldes, deren höchster bei 2136 m endet. Der eigentliche Wald reicht im oberen Teile des Thales auch auf der rechten Seite nicht viel über 2000 m empor. Einzelne Lärchen gehen so hoch wie im innersten Teile der linken Thalseite.

Im inneren Valtschauer Thale ist die Waldgrenze künstlich herabgedrückt, zum Teil erst im Lauf der letzten Jahrzehnte, wie die vielen frischen Stümpfe deutlich beweisen. Die Schäferhütte am Grünseebach steht noch auf der neuen O.-A. im Walde, in Wirklichkeit finden sich aber hier und auf dem flachen Rücken zwischen Grünseebach und Valtschauer Bach nur dichte Alpenrosensträucher mit einzelnen Bäumen und vielen Stümpfen. In der Gegend der Waldgrenze giebt es im oberen Valtschauer Thale viele steile „Knötte", dazwischen alte Schutt- und Blockhalden, die teilweise mit Gras überwachsen, teilweise mit Heidelbeersträuchern, Alpenrosen und Bergwachholderbüschen bedeckt sind.

Im Flatschbachthale geht der Wald auf der Sohle nur wenig über die Höhe der Jochmerhöfe hinaus. Die beiden Thalseiten sind sehr ungleich bewaldet; an der steilen, westlich exponierten linken Seite geht der Wald nur bis 1920 m, hier finden sich viele durch Lawinen gebrochene Bäume. Der Hang zeigt viel Schutt; zusammenhängender Rasen findet sich in dieser Höhe nicht. Ganz vereinzelte Lärchen wurden im unteren Teile des Thales bis 2254 m, im oberen bis 2272 m gefunden. An der weniger geneigten rechten Thalseite reicht der Wald volle 300 m höher, hier finden sich mächtige Zirben von mehr als ¹/₂ m Durchmesser. Auffallend ist aber der Mangel an jungen Bäumen. An der schuttreichen linken Seite sind nur Lärchen zu sehen. Die Baumgrenze liegt auf der rechten Seite nicht wesentlich höher als auf der linken, nämlich an der Stirnseite des flachen Rückens, der das Thal vom Tufer Bach scheidet, in SSO- und S-Exposition bei 2283 m; die Neigung beträgt hier zwischen Wald- und Baumgrenze nur 15°, weiter unten mehr. An der östlichen, dem Flatschbache zugewendeten Seite dieses Rückens finden sich als letzte Vertreter des Baumwuchses eine verkrüppelte Lärche und eine kleine Zirbe nebeneinander bei 2313 m; 5 m darüber steht noch eine verdorrte Lärche mit zwei Stämmen, von denen jeder 20 cm Durchmesser hat. Die Neigung des Hanges beträgt 17°. Der Boden (Schiefer) ist von dürftigem Rasen bedeckt, der mit Moos und Alpenrosen durchsetzt und mit Steinen und einzelnen Felsblöcken übersät ist. Gegen den hinteren Teil des Flatschbachthales nimmt auch an diesem Hange die Zerblockung und Schuttbildung zu, und die Waldgrenze sinkt rasch herab. Im oberen Teile des Thales, wo die letzten Bäume stehen, hören die Neigungsunterschiede zwischen den beiden Thalseiten auf, das Thal erweitert sich zu einem flachen Kessel, in welchem die obere Almhütte steht. Hier finden sich oberhalb der Hütte die obersten Bäume (Lärchen) bei 2260 m.

Das Thal des Kuppelwieser oder Schmiedhofer Baches ist eng und steil. Nur der Mähwiesenkomplex der Kuppelwieser Alm bildet eine breite, fast horizontale Fläche, dieselbe ist offenbar ein ausgefülltes Seebecken. Oberhalb dieser Stelle beginnt der Thalhintergrund rasch anzusteigen; die Waldgrenze liegt hier bei 1884 m, steigt aber am rechten Abhang rasch auf 1974 m und weiter thalwärts auf 2100 m an. Links liegt die Waldgrenze im oberen und mittleren Teile bei 2140 m, am Thalausgang bei 2035 m, doch ist sie hier offenbar nur zu Gunsten der darüberliegenden Mähwiesen herabgedrückt. Das kleine Thal von St. Wallburg ist im Hintergrund durch steile Wände und Schutthalden abgeschlossen, daher hält sich der Pfad, der von St. Wallburg nach Falkomai führt, von Anfang an hoch an der linken Seite. Links und im Thalhintergrund endet der Wald in der Höhe der oberen Schäferhütte (2015 m), die Grenze wird aus Lärchen und verkrüppelten Fichten gebildet, letztere finden sich als Büsche auch noch an der Baumgrenze (2129 m), sind aber hier meist so stark verbissen, daß sie kaum noch als Fichten zu erkennen sind. Dazwischen finden sich Büsche von Bergwachholder (Juniperus nana). Der Untergrund wird von dürftigem, aber ziemlich gut geschlossenem Weideboden gebildet; im Thalhintergrund überwiegt der offene Schutt. Nach Aussage des alten Schäfers sollen früher über der Hütte noch viele Zirben gestanden haben, jetzt erblickt man nur noch zahlreiche starke Stümpfe. Im Falkomai findet man namentlich an der linken Seite, welche bis in die Gegend der Baumgrenze eine gut geschlossene Rasendecke hat, neben den Lärchen einzelne Zirben. Auf dem Scheiderücken zwischen Ulten und dem Vintschgau reicht der Wald zunächst bis zum Marlinger Joch, setzt dann aus bis über das Vigiljoch hinweg und überkleidet dann den wieder stärker ansteigenden Kamm bis 1930 m, einzelne Lärchen gehen bis circa 2000 m.

Zum Vergleiche sei auch von der rechten Thalseite, die nicht mehr in unser Gebiet gehört, eine kurze Beschreibung der Verhältnisse an der Wald- und Baumgrenze gegeben: An der Laugenspitz wurde als höchster Vertreter des Baumwuchses ein ganz vereinzelter, verkrüppelter und halb verdorrter Fichtenbusch in einer südöstlich exponierten Felsnische des S-Abhanges bei 2110 m gefunden, einige besser entwickelte Lärchen stehen bei 2061 m. Am W-Abhang stehen die letzten verstreuten Lärchen bei 2058 m, es sind alles kleine, verkrüppelte Exemplare; verdorrte Bäume und Stümpfe sind nicht zu sehen. Am NW-Abhang, also weiter thalauswärts, liegt die Baumgrenze bei 2100 m, auf dem Rücken links vom Maraunthale bei

2069 m, sinkt aber im innersten Teile des Thales auf 1892 m herab. An dem hohen Rücken, der gegen die Hochwart emporstrebt, stehen die obersten Bäume bei 2150 m. Der Wald reicht am NW-Abhang der Laugenspitz bis 1875 m; die Bergflanke bildet in dieser Höhe eine kleine Terrasse, um sich dann bedeutend steiler zu erheben; bis an diesen Absatz geht der Wald. Weiter thalauswärts sinkt der Kamm unter diese Höhe herab und ist dann ganz mit Wald über-kleidet. An beiden Seiten des inneren Maraunthales geht der Wald nur bis 1825 m. Zirben sind in der Umgebung der Laugenspitz nicht zu bemerken, gleichwohl führt eine flache, kahle Kuppe in der Nähe der Laugenalm den Namen „Zirmbichl", es müssen also früher doch wohl Zirben hier gestanden haben. Weiter thalaufwärts steigt der Wald an der rechten Seite Ultens nur ganz vorübergehend in einzelnen schmalen Streifen über 2000 m empor. Das Ultener Gebiet hat, obwohl es die gleiche Gesteinsbeschaffenheit und ähnliche Bodenformen zeigt, wie das Gebiet von Rabbi, eine um 99 m höhere Waldgrenze und eine um 80 m höhere Baumgrenze als dieses. Aus diesem Grunde ist von einer Zusammenfassung beider Gebiete abgesehen worden. Zum Nachteil für die Wälder des Ultenthales ist hier die Schneitel-wirtschaft noch üblich, die sich aber bei dem Mangel an Stroh in den viehreichen Hochthälern auch schwer beseitigen lassen wird.

Die tiefsten Firnflecken des Ultener Gebietes finden sich im Schmiedhofer Thal in dem nach O geöffneten Cirkus zwischen der Schwemmspitze und der Blauen Schneid am NO-Abhang der Schwemm-spitze in N-Exposition bei 2270 m auf Schutt unterhalb steiler Wände. Es ist also anzunehmen, daß es Lawinenreste sind. Gesellige Firn-flecken treten an der Blauen Schneid westlich des Tarscher Joches auf bei 2400 m in NO-Exposition. Eine nach S geöffnete, 21° ge-neigte Schuttrinne ist bis 2418 m herab mit Firn angefüllt. In der Höhe des Tarscher Joches und noch einige Meter darunter, bis circa 2470 m, lagen am 11. August zahlreiche Firnflecken in Mulden und Felsnischen bei O-, NO- und S-Exposition.

Im oberen Flatschbachthal finden sich die tiefsten Firnflecken, die nach Aussage des dortigen Hirten in jedem Jahre liegen bleiben, bei 2537 m in O-Exposition. Im Thalhintergrund liegt ein südlich exponiertes Firnlager von großer Mächtigkeit bei 2647 m.

Am Pilsberg, der eine verhältnismäßig geringe Schuttbildung zeigt, reichten am 13. August die tiefsten Firnflecken am Bache bis 2650 m herab, ein großer Firnfleck lag im Thalhintergrund in einer Mulde bei 2770 m in O-Exposition. An der linken Thalwand, also bei W-Exposition, zeigten sich einige kleinere Firnflecken am oberen

Rande von Schutthalden bei 2720 m. Ein grofses Firnlager, das
gleich unterhalb des Soyjoches beginnt, reicht bei O- und SO-Exposition
bis 2770 m herab, es überkleidet sogar den flach gewölbten Rücken,
der sich südöstlich ins Thal vorschiebt. Man könnte dieses frei-
liegende, in der Mitte sogar aufgewölbte Firnlager für eine rein
klimatische Erscheinung halten, wenn nicht andere wenig geneigte
Stellen noch in weit gröfserer Höhe vollständig schneefrei wären;
es zeigen z. B. die bis über 2900 m ansteigenden Höhen östlich vom
Soyjoch, die der Terraingestaltung nach den Firn sehr wohl fest-
halten könnten, nur dürftige Firnflecken. Am Soyjoch selbst, dessen
SO-Seite stellenweise eine nur geringe Neigung hat, findet sich nur
am NW-Rande unmittelbar unter dem Kamme ein circa 12 m langer
Firnstreifen, dessen bergwärts gekehrte Seite fast wagerecht liegt und
zwischen 2 und 5 m schwankt, die thalwärts gerichtete Seite steht
fast senkrecht und mifst 2—3 m. Daraus geht hervor, dafs dieser
Firnstreifen eine zusammengesunkene Wächte ist, die von SO her
übergeweht wurde. Es scheint daher der Thalhintergrund am Soyjoch als Schneefang für alle östlichen und südlichen Winde zu wirken.
Andererseits ist auch anzunehmen, dafs durch die westlichen Winde
von dem breiten Plateau der rechten Marteller Thalseite viel Schnee
in diese Mulden getrieben wird. Nur dadurch ist die Existenz eines
bedeutenden Firnlagers in so geringer Höhe und bei so stark exponierter Lage zu erklären. Im übrigen bemerkt man in der Nachbarschaft des Soyjoches nur Fels, Schutt und lockere Erde.

Im Valtschauer Thale liegen die tiefsten Firnflecken, die nach
Aussage des Hirten von der Oberen Weifsbrunner Alpe jedes Jahr
liegen bleiben, bei 2553 m; sie sind in einer fast wagerecht ver-
laufenden Zone angeordnet und liegen in den Winkeln, welche die
vom Schwärzer-Joch an der rechten Thalseite nach ONO ziehende
Felswand mit den grofsen Schutthalden bildet, die an ihrem Fufse
sich aufgebaut haben. In ganz gleicher Lage und ähnlicher Höhe
finden sich Firnflecken an der N-Seite des Kammes, der nördlich
vom Schwärzer-Joch nach O zieht.

Im Kirchberger Thale, das in seinem obersten Teile schutt-
reicher ist als das entgegengesetzte Val di Lago Corvo, lagen am
7. August einige kleine Firnflecken auf Schutt rechts von der Pafshöhe bei 2418 m in N-Exposition.

Übersicht
über die Höhengrenzen in den östlichen Ortler-Alpen.

I. Höhengrenze der dauernd bewohnten Siedelungen und des Getreidebaues.

Nr.	Name bezw. Örtlichkeit	Siedelungen	Getreidebau	Expos.	Anmerkungen
1.	Äußerstes Ende des Ultenthales links	—	1394	SSO	
2.	Pawigl links, — Oberhof .	1405	1455	S	
3.	Jocher, — Hintergrund des Pawigl-Thals	1790	1468	S	
4.	Pawigl rechts	1450	1450	SO	
5.	Buchraster	1257	1277	OSO	
6.	Feldele	1400	1460	S	
7.	Hochforch	1390	—	SO	
8.	Am Kirchenwerch . . .	1320	1370	S	
9.	Bauer	1500	1500	S	
10.	Innerste Höfe in Außer-Falkomai	1410	1450	SO	
11.	Halsmann	1500	1520	S	
12.	Südwestlich davon . . .	1480	1500	S	
13.	Am Pircherberg	1670	1676	S	
14.	Kampei	1510	1550	S	
15.	Oberhaus	1590	1650	S	
	Mittel für die äußere Thalhälfte	**1456**	**1504**		
16.	Rain	1700	1750	S	
17.	Simian	1750	1830	S	
18.	Innerwindeck	1600	1750	SW	
19.	Bei der Kapelle St. Moritz	1645	1670	SO	
20.	Am Grubberg	1700	1780	S	
21.	Ober-Stein	1780	1800	SO	
22.	Holz	1700	1750	SO	
23.	Flatschhöfe	1810	1820	S	
24.	Oberer Jochmerhof . . .	1751	1760	S	
25.	Angerlen.	1540	1540	S	
26.	Pilshöfe	1667	1700	S	
	Mittel für die innere Thalhälfte	**1710**	**1767**		
	Mittel für das ganze Ultenthal links	**1583**	**1635**		aus beiden Teilmitteln berechnet.
	Differenz zwischen beiden Thalhälften.	**254**	**263** m		

II. Bergmähder.

Nr.	Örtlichkeit	Höhe	Expos.	Anmerkungen
1.	Äufserstes Ultenthal links	1670	SO	
2.	Bei der Bedenbader Alm.	1743	O	
3.	Beim Jocher	1790	S	
4.	Am Staffelswerch	2000	S	
5.	Am Pircherberg	1700	S	
6.	Bei Oberhaus	1700	S .	
7.	Am Riemerbergl	2100	S	
8.	Links von der Ausmündung des Schmiedhofer Thales	2060	SSW	
9.	Kuppelwieser Alm (keine Sennhütte)	1800	SO.	Thalboden.
	Mittel für die äufsere Thalhälfte	**1840**		
10.	Am Grubberg	2100	SSO	
11.	Am Steinberg	1900	SO	
12.	Im Flatschbachthal unterhalb der unteren Alpe.	1860	SO	
13.	Am Tuferbach	1870	SO	
14.	Westlich von den Pilshöfen	1751	S	
15.	Auf der Mahd	1867	NO	Thalboden.
16.	Bei der unteren Weifsbrunner-Alpe	2100	NO	Flache Terrasse an der rechten Seite.
17.	Hintergrund d. Kirchberger Thales	2291	SO	Thalboden und linker Abhang.
	Mittel für die innere Thalhäfte .	**1967**		
	Mittel für das ganze Ultenthal links	**1904**		aus beiden Teilmitteln.
	Differenz beider Thalhälften . .	**127 m**		

III. Vorübergehend bewohnte Siedelungen.

a. Sennhütten.

Nr.	Name	Höhe	Expos.	Anmerkungen
1.	Inzäunte Alpe	1757	NO	Kammfläche.
2.	Bedenbader-Alpe	1705	O	
3.	Innere Falkomaier-Alpe .	2059	O	äufsere bei 1670 m.

Nr.	Name	Höhe	Expos.	Anmerkungen
4.	Kaserfeld-Alpe	1900	SO	
5.	Ficht-Alpe	2010	N	
6.	Kaser-Alpe im Kirchberger Thal	1925	O	
Mittel		1893		

b. Schäferhütten und Galtvieh-Almen.

1.	Obere Schäferhütte am Weg von St. Wallburg ins Falkomai	2015	S	eine untere steht bei 1777 m.
2.	Breitenberger-Alpe . . .	2131	S	
3.	Untere Hirtenhütte im Schmiedhofer Thal . .	1960	SO	eine obere bei 2360 m dient
4.	Obere Flatschberg-Alpe .	2107	S	nur ganz vorübergehend
5.	Jochmer-Alpe	2020	S	als Unterschlupf.
6.	Pilsberg-Alpe	2090	SSO	(2100 + 2080).
7.	Schäferhütte am Grünseebach	2140	O	
8.	Obere Weifsbrunner-Alpe.	2355	NO	
9.	Untere Weifsbrunner-Alpe [1]	2101	NO	
Mittel		2102		

[1] Hier müssen beide Almen berücksichtigt werden, da die Höhengrenze, wenn sie von der Schäferhütte am Grünseebach zur oberen Weifsbrunner Alpe gezogen wird, von da an der rechten Thalseite zurückgeführt werden muss, dabei kann sie natürlich die untere Weifsbrunner Alpe nicht umgehen, beide Almen werden aber mit demselben Vieh befahren.

Aufser den oben angeführten giebt es in der Weideregion Ultens noch eine ganze Anzahl Hütten, dieselben dienen aber entweder nur ganz vorübergehend als Unterschlupf, wie z. B. die im Falkomai bei 2040, 2159, 2017 m, die am Staffelswerch bei 2000 m u. v. a., oder sie liegen weit unterhalb der Höhengrenze, wie z. B. die Hirtenhütte „auf der Kelbgrub" im Kirchberger Thale bei 1638 m.

IV. Waldgrenze.

Nr.	Örtlichkeit	Höhe	Expos.	Anmerkungen
1.	Scheiderücken zw. Ulten und Vintschgau . . .	1930.	NO	
2.	Scheiderücken zw. Ulten und Falkomai. . . .	1950	O	
3.	Falkomai rechts	2055	N	
4.	Falkomai links	2059	S	
5.	Thal von St.Wallburg, linke Seite und Hintergrund .	2015	S u. W.	
6.	Thal von St.Wallburg, rechte Seite	2087	O	
7.	Gegen den Peilstein. . .	2160	S	
8.	Riemerbergl, Ostseite . .	2140	SO	
9.	Riemerbergl, Westseite. .	2100	SW	
10.	Schmiedhofer oder Kuppel-wieser Thal links, innerer Teil	2140	S u. SW.	
11.	Schmiedhofer oder Kuppel-wieser Thal links, mittl. Teil	2140	WSW	}2115.
12.	Schmiedhofer oder Kuppel-wieser Thal links, äufs. Teil	2035	WSW	
13.	Thalsohle	1884	SO	vom Mittel ausgeschlossen.
a. Mittel für die äufsere Thalhälfte		**2060**		
14.	Rechte Seite des Kuppel-wieser Thales, innerer Teil	1974	NO	
15.	Rechte Seite des Kuppel-wieser Thales, mittlerer Teil	2100	ONO	}2051.
16.	Rechte Seite des Kuppel-wieser Thales, äufserer Teil	2080	ONO	
17.	Am Grubberg	2080	SO	
18.	Links vom Mefsnerbach .	2150	S	
19.	Rechts vom Mefsnerbach .	2170	O	
20.	Am Steinberg	2160	SSO	
21.	Am Kaserfeld	2200	S	

Nr.	Örtlichkeit	Höhe	Expos.	Anmerkungen
22.	Flatschbachthal, linke Seite	1920	W	
23.	Flatschbachthal, Thalsohle	1750	S	vom Mittel ausgeschlossen.
24.	Flatschbachthal, rechte Seite, Thaleingang und Mitte	2237	O	
25.	Flatschbachthal, rechte Seite, innerer Teil . .	2195	O	
26.	Scheiderücken zwischen Tufer- und Flatschbach- thal	2190	SSO	dichtstehende Stümpfe bis 2225.
27.	Über den Pilshöfen . . .	2152	S	
28.	Auf dem nächsten Rücken thalaufwärts	2091	SO	
29.	Über dem Wiesenkomplex „auf der Mahd" . . .	2160	SO	links.
30.	Innerster Teil	2063	SO	
31.	Thalsohle (vom Mittel aus- geschlossen)	1870	NO	
32.	Bei der Ficht-Alm . . .	2000	N ·	
33.	Südöstlich von den Wiesen „auf der Mahd" . . .	2090	NW	rechts.
34.	Unterhalb des Fischersees	2003	NW	
35.	Oberster Teil vor der Teilung	2115	NW	
36.	Kirchberger Thal links, oberer Teil	2012	SO	vom Mittel ausgeschlossen.
37.	Kirchberger Thal links, unterer Teil	2050	OSO	

(Valtschauer Thal)

b. Mittel für die innere Thalhälfte   2103

c. Mittel für die ganze linke Seite
des Ultenthales . . . . . . 2082[1] $(a + b) : 2.$

---

[1] Die Mittel aus Nr. 10—12,
            14—16,
            24—25 sind je als einfache Zahlen in das Gesamtmittel
eingestellt, weil sie für verhältnismäfsig kleine Strecken gelten.

14*

V. Baumgrenze.

Nr.	Örtlichkeit	Höhe	Expos.	Anmerkungen
1.	Scheiderücken zw. Ulten und Vintschgau . . .	2000	NO	
2.	Scheiderücken zw. Ulten und Falkomai. . . .	2195	O	
3.	Falkomai rechts	2193	N	
4.	Falkomai links	2188	S	
5.	Auf dem breiten Thalboden von Falkomai. . . .	2173	O	
6.	Östlich vom Thale von St. Wallburg	2188	S	
7.	Im Thale von St. Wallburg links	2129	W	
8.	Im Thale von St. Wallburg, Hintergrund	2181	S	
9.	Im Thale von St. Wallburg rechts	2167	O	
10.	Gegen den Peilstein. . .	2230	S	
11.	Ostseite des Riemerbergls .	2220	SO	
12.	Westseite des Riemerbergls	2220	SW	
13.	Schmiedhofer oder Kuppelwieser Thal links, innerer Teil	2228	SW	
14.	Schmiedhofer oder Kuppelwieser Thal links, äufs. Teil	2190	WSW	} 2196.
15.	Schmiedhofer oder Kuppelwieser Thal links, Hintergrund	2170		
a. Mittel für die äufsere Thalhälfte		2170		
16.	Rechte Seite des Schmiedhofer Thales, innerer Teil	2113	NO	
17.	Rechte Seite des Schmiedhofer Thales, mittlerer Teil	2180	ONO	} 2179.
18.	Rechte Seite des Schmiedhofer Thales, äufserer Teil	2252	ONO	

Nr.	Örtlichkeit	Höhe	Expos.	Anmerkungen
19.	Am Grubberg	2160	SO	
20.	Links vom Mefsnerbach .	2260	S	
21.	Rechts vom Mefsnerbach .	2250	O	
22.	Am Steinberg	2252	SSO	
23.	Am Kaserfeld	2300	S	
24.	Flatschbachthal links, innerer Teil	2272	W u. SW	
25.	Flatschbachthal links, äufserer Teil	2254	W	2262.
26.	Flatschbachthal, Thalhintergrund	2260	SSO	
27.	Flatschbachthal rechts, innerer Teil	2216	O u. SO	2264.
28.	Flatschbachthal rechts, äufserer Teil	2313	O	
29.	Scheiderücken zw. Tufer- und Flatschbach . . .	2283	SSO	
30.	Valtschauer Thal, über den Pilshöfen	2242	S	
31.	Valtschauer Thal, innerer Teil	2260	SO	
32.	Valtschauer Thal, Thalhintergrund zwischen beiden Bächen . . .	2250	NO	
33.	Valtschauer Thal, innerer Teil rechts	2255	N	
34.	Valtschauer Thal, bei der Ficht-Alm	2160	N	
35.	Kirchberger Thal links, innerster Teil	2272	O u. SO	
36.	Kirchberger Thal links, mittlerer und äufserer Teil	2254	O	

b. Mittel für die innere Thalhälfte 2244 .

c. Mittel für die ganze linke Seite
des Ultenthales . . . . . . 2207[1]   (a + b) : 2.

---

[1] Die Mittel aus Nr. 13—15, 16—18, 24—26 und 27—28 sind je als einfache Zahlen eingestellt.

VI. Orographische Firngrenze, beobachtet den 7.—13. August.

Nr.	Örtlichkeit	Höhe	Expos.	Anmerkungen
1.	Am Tarscher Joch, Blaue Schneid	2400	NO	
2.	Am Tarscher Joch, Blaue Schneid	2418	S	Tiefe Schuttrinne.
3.	Am Tarscher Joch, in Mulden und Felsnischen	2470	O u. NO.	
4.	Im Flatschbachtbal . . .	2537	O	
5.	Im Flatschbachthal . . .	2647	SSO	Grofses Firnlager in der
6.	Am Pilsberg	2650	SO	Thalmulde.
7.	Am Pilsberg	2770	S	
8.	Am Pilsberg	2720	W	
9.	Im Valtschauer Thal . .	2553	N	
10.	Im Kirchberger Thal . .	2418	N	
Mittel		2561		

6. Der Nordabhang der Ortler-Alpen gegen das Vintschgau.

Die Höfe und Getreidefelder gehen am N-Abhang der Ortleralpen nur da bis 1300 m und etwas darüber empor, wo durch einen Thaleinschnitt oder durch eine Biegung des Hauptthales eine mehr östliche oder westliche Auslage des Gehänges erzeugt wird, wie sich dies besonders deutlich am Ausgange des Laaser Thales zeigt, wo mit Zunahme der westlichen Exposition die Getreidefelder und in ihrem Gefolge die Höfe immer höher am Berge hinaufsteigen. Der grofse Höhenunterschied gegenüber den Höfen der inneren Thäler ist hauptsächlich eine Folge der verschiedenen Exposition; bis zu einem gewissen Grade kommt aber auch die Wirkung der Massenerhebung in Betracht, die beim N-Abhang, der frei aus dem breiten und tiefen Vintschgau aufsteigt, eine viel geringere sein mufs als bei den inneren Thälern; auch die leichteren Verkehrsverhältnisse des Vintschgaues dürften hierbei zu beachten sein.

Auch die auffällig geringe Höhe der Mähwiesen am N-Abhang der Ortleralpen ist nicht allein eine Wirkung der nördlichen Exposition; in erster Linie fehlt hier die sorgfältige Pflege, die man

den Bergwiesen in den südlichen Thälern angedeihen läfst; ein
zweiter Grund ist die gröfsere Geschlossenheit des Waldkleides in
den nördlichen Ortleralpen, an dessen Stelle im S ein grofser Teil
der Bergmähder tritt, endlich fehlen bei dem steilen Abfall am
äufseren N-Abhang der Ortleralpen die hochgelegenen, reich be-
wässerten breiten Thalböden, in denen die Mähwiesen häufig sich
ausbreiten. Von eigentlichen Bergmähdern kann am N-Abhang der
Ortleralpen überhaupt nicht die Rede sein, da die höchsten Mähwiesen fast alle unterhalb des Waldgürtels liegen, also nur die
obersten Teile des am Thalhang sich hinziehenden Streifens von
Kulturland bilden. Zwar finden sich im Unter-Vintschgau einige
Stellen, wo Mähwiesen mehrere hundert Meter über den Höfen
liegen, doch sind das immer nur ganz vereinzelte kleine Fleckchen
mitten im Walde.

Die Sennhütten am N-Abhang der Ortleralpen sind durchschnittlich von Mitte Juni bis Anfang September befahren. Nur einige
sehr tief oder sonst günstig gelegene Almen werden auch am N-Abhang schon Anfang Juni befahren. Im allgemeinen weicht die Höhengrenze der Sennhütten in den nördlichen Ortleralpen weniger von der
in den südlichen Gebieten ab als einige andere Höhengrenzen, dafür
finden wir aber auf der S-Seite eine durchschnittlich um einen Monat
längere Betriebsdauer, aufserdem ist hier die Zahl der Almen und
meist auch deren Viehstand bedeutender. In diesen Momenten kommt
die verschiedene Breite des Weidegürtels auf beiden Abhängen viel
deutlicher zum Ausdruck als in der Höhengrenze der Sennhütten.
Auch die Exposition ist im allgemeinen von geringem Einfluſs auf die
Höhe der Sennhütten, da dieselbe nicht immer mit der der zugehörigen
Weidegebiete übereinstimmt; wo dies aber der Fall ist, wie bei der
oberen Laaser und der oberen Tschenglser Alm, liegen die Hütten
auch gleich bedeutend höher als der Durchschnitt.

Wenn man von den südlichen Ortleralpen kommend die Region
der Wald- und Baumgrenze am Nordabhang durchstreift, fällt
einem sofort der viel gröfsere Reichtum an jungen Bäumen auf. Es
liegt nahe, dies mit dem geringeren Viehstand, der hier gesömmert
wird, in Verbindung zu bringen; es dürfte aber auch das stärkere
Überwiegen der Lärchen zu beachten sein, von denen nach den
früheren Ausführungen zahlreichere Samen zum Keimen gelangen als
von den Zirben, und da sich hier schon viel seltener sanfte Rasenhänge, sondern viel öfter steile Wände und Schutthalden in der
Nähe der Wald- und Baumgrenze finden, auf denen selten Zirben,

wohl aber Lärchen sich noch gut behaupten können, so ist es wahrscheinlich, daſs die Lärche hier in Zukunft immer mehr das Übergewicht
erlangen wird.

Im Hintergrunde des Tablander Thales wird die Baumgrenze
von kleinen Lärchen und einzelnen Zirben gebildet, groſse Bäume
und Stümpfe sind äuſserst selten. Die Waldgrenze liegt an der breiten,
flachen Lehne des Thalhintergrundes bei 2110 m, doch ist der Wald
hier sehr ausgeraubt, die Stümpfe sind fast zahlreicher als die noch
anstehenden Bäume. Der Boden wird von dürftigem Rasen gebildet,
dazwischen finden sich kleine Alpenrosendickichte und zahlreiche
Blöcke. Den Hauptbestand bilden Lärchen, unter die sich einzelne
Zirben mischen.

Das vom Vintschgau zum Tarscher Joch hinauf führende Tief-
thal endet in einem schuttreichen, engen Kessel, dessen Seiten sehr
steil ansteigen; aus diesem Grunde ist der Name sehr treffend.
Einzelne Bäume haben diese steile Stufe im Thalhintergrunde überschritten. Die oberste Lärche und dicht daneben eine kleine Zirbe
finden sich an der rechten Thalseite bei 2244 m, in der Höhe von
2200 m bemerkt man als Seltenheit einige dürftige Fichtenbüsche.
Die Waldgrenze wird fast nur aus Lärchen gebildet.

Dem Wanderer, der von Martell über das Göflaner Schartl
kommt, fällt sofort der landschaftliche Gegensatz zwischen der S- und
N-Seite dieses Kammes auf. An der ersteren reichen sanfte, blumen-
reiche Rasenhänge bis zur Scharte und an den beiderseitigen Gipfeln
noch bedeutend höher hinauf; an der N-Seite erblickt man nur steile
Wände und kahle Schutthalden bis circa 2100 m hinab. Der oberste
Vertreter des Baumwuchses an dieser Seite ist eine ganz vereinzelte
Lärche bei 2247 m an einer Felswand am N-Abhang der Weiſs-
wandln; unterhalb der Wand zieht sich eine breite Schutthalde hinab,
an deren unterem Rande dann erst die Bäume in gröſserer Zahl
auftreten. Ganz ähnlich liegen die Verhältnisse östlich von der
Scharte. Die höchsten Streifen des geschlossenen Waldes gehen im
Thalhintergrunde und östlich davon bis 2165 m, dazwischen haben
die Lawinen tiefe Lücken gerissen. Unterhalb der Waldgrenze, wo
die Neigung geringer wird und der Schutt aufhört, treten zahlreiche
Zirben auf. Es sind hier zwei Thaleinschnitte vorhanden, einer, der
vom Schartl direkt nördlich nach Göflan hinabführt, und der, in
welchem die Göflaner Alpe nebst den Marmorbrüchen liegt. Zwischen
beiden Thaleinschnitten breitet sich ein schöner Wald aus, in
welchem bis circa 1900 m hinab die Zirbe in prächtigen Exemplaren
der Lärche den Vorrang streitig macht. Auf dem Kamme, der sich

unmittelbar westlich von der Göflaner Alpe und den Marmorbrüchen erhebt, reicht der Wald bis 2110 m, die obersten verkrüppelten Lärchen stehen zwischen steilen Felszacken bei 2400 m. Zwischen diesem Kamme und dem Laaser Thale liegt noch ein kleines Thal mit einem breiten, zum Teil fast ebenen, steinigen Rasenboden im Hintergrunde. Hier hört der Wald ohne Vorposten bei 2020 m auf.

Die steile und zerklüftete rechte Seite des Laaser Thales hat bis zu den Marmorbrüchen hinaus keinen eigentlichen Wald, nur einzelne kleine Flecken und Streifen auf Schutthalden und Fels-terrassen. Die kahlen Wände und Schutthalden nehmen noch innerhalb der Waldgrenze vielleicht drei Viertel des Terrains ein. Die weniger steile linke Thalseite ist dagegen gut bewaldet; bei der Unteren Alpe kann die Waldgrenze bei 1897 m angesetzt werden, doch ist der Wald hier sehr ausgeholzt, es sind mehr Stümpfe als Bäume vor-handen. Falls man diesen dürftigen Bestand nicht mehr als Wald betrachten will, muſs die Waldgrenze auf der Thalsohle schon bei 1700 m angesetzt werden. Früher hat oberhalb der Unteren Alpe eine Enzianbrennerei gestanden, und der ganze breite Thalboden soll bis an die äuſsersten Moränen dicht mit Wald bedeckt gewesen sein, den die Lawinen nach und nach vernichtet haben. Zwar haben sich oberhalb 1970 m wieder junge Lärchen bis zu Armstärke in dichten Scharen angesiedelt, doch auch hiervon hat die Lawine bereits wieder einen Streifen durchgeschlagen; die verdorrten Bäumchen stehen sämtlich thalwärts geneigt, zum Teil sind sie ganz ohne Äste, nur die jüngsten haben wieder frische Zweige getrieben. Auf den sonst kahlen Moränen des Angelusferners gehen einzelne ganz junge Lärchen bis 2174 m. Einige alte Zirben stehen am linken Ufer des Angelus-ferners nur wenige Meter über dem Eise, einige andere stehen in gleicher Höhe mit der Schäferhütte, und das letzte ganz vereinzelte Exemplar klammert sich an eine Felswand nordwestlich von der Schäferhütte bei 2338 m. An den steilen Wänden und Felsköpfen zu beiden Seiten des Moorthales wird die Baumgrenze fast nur von Lärchen gebildet; die einzelnen Höhen sind aus der Tabelle ersichtlich.

Auch der Hintergrund des Tschenglser Thales wird von der Hochwand aus alljährlich durch Lawinen überschüttet. Der breite Thalboden zeigt daher viel Schutt, dazwischen Alpenrosen und wenig Rasen. Die obersten Bäume, zwei Lärchen und eine Zirbe nebst einigen Stümpfen und umgestürzten Stämmen findet man hier auf einem schmalen Schuttrücken bei 2041 m. Zuweilen stürzen die Lawinen auch noch über die zweite Thalstufe hinab, die den schönen

Wasserfall erzeugt. Die Thalsohle ist daher bis über die untere Alpe hinab unbewaldet. An der linken Thalseite finden sich bis 2200 m noch schöne Fichten, zur Buschform verkrüppelte treten neben Lärchen und Zirben noch an der Waldgrenze bei 2257 m auf. Was von der oberen Alpe thaleinwärts liegt, kann nicht mehr als Wald betrachtet werden. In der Nähe der Baumgrenze erblickt man auf der mit dichtem Rasen, Wachholder- und Alpenrosenbüschen bedeckten linken Thalseite über der oberen Alpe nur Zirben; die oberste, ein knorriges Exemplar von Mannesstärke, steht bei 2344 m, daneben giebt es noch viele abgestorbene Exemplare, die bis 40 m höher reichen. Die Baumgrenze zieht sich vom Tschenglser Köpfl einwärts allmählich in das westliche Seitenthal hinein, das sich oberhalb der Almhütte abzweigt; hier erreicht sie vor einer scharf abgesetzten Stufe die Thalsohle. An der steilen und zerklüfteten rechten Thalseite dominieren die Lärchen. Auf der Kammlinie dieses Rückens hört der Wald bei 2169 m auf; einzelne Bäume gehen bis 2257 m und weiter gegen den Hintergrund zu, wo durch einen Einschnitt ein schmaler Kamm mit SW-Exposition herausgearbeitet ist, bis 2360 m. Die ganze Fläche zwischen der Wald- und Baumgrenze ist an dem inneren Teile der rechten Thalflanke mit gebleichten Baumstämmen bedeckt, die durch Wind, Schneebruch und Lawinen gestürzt worden sind; sie verfaulen an den schwer zugänglichen steilen Hängen; Nachwuchs ist nur ganz vereinzelt zu sehen. Wir haben hier eine Stelle, wo der Wald auch ohne Zuthun des Menschen im Kampf mit den feindlichen Elementen zurückgedrängt wird. Nach Aussage des alten Geißhirten soll der ganze weite Thalhintergrund noch vor 40 bis 50 Jahren viel dichter bewaldet gewesen sein.

Am Praderberg liegt die Waldgrenze rechts vom Thaleinschnitt bei 2062 m, links bei 2122 m. Der Bestand wird gebildet aus Lärchen und Zirben, letztere sind am besten entwickelt; an der Waldgrenze auf der linken Thalseite stehen viele schöne Exemplare von Mannesstärke, auch vereinzelte Fichten sind noch zu bemerken. Der Boden ist an vielen Stellen über 30° geneigt, aber mit Heidelbeer- und Alpenrosensträuchern dicht besetzt. Der höchste Baum, eine gut gewachsene Lärche, wurde bei 2303 m im Thalhintergrund gefunden; auf dem Kamme rechts vom Thal stehen einzelne Lärchen bis 2330 m. Der Wald hört auf der Thalsohle bei 1700 m auf. Der Bach war hier am 21. Juli 1892 von der Höhe von 1796 m aufwärts circa 200 m weit von einer am unteren Rande, teilweise auch an den Seitenrändern vereisten Firnbrücke überdeckt, die augenscheinlich durch Staublawinen und abgewehten Schnee von den hohen

Wänden des Thalhintergrundes her gebildet ist. Die Neigung der nördlich exponierten Firnbrücke wurde zu $13^{1}/_{2}^{0}$ bestimmt. Da die Temperatur des Baches 5^{h} p. m. bei einer Lufttemperatur von 5^{0} und leichtem Regen oberhalb der Firnbrücke nur 4^{0} betrug und die Firnbrücke nur in den Mittagsstunden von den Sonnenstrahlen erreicht wird, wobei deren Einfallswinkel sich noch um $13^{1}/_{2}^{0}$ vermindert, so ist anzunehmen, dafs die Firnbrücke den Sommer überdauert. Es spricht dafür auch das Zurückweichen des Waldes vom unteren Ende der Firnbrücke an, welches nicht durch seitliche Lawinen oder ähnliche mechanische Ursachen veranlafst sein kann, da sich in geringer Entfernung vom Bache der Wald parallel mit demselben noch weit an den Thalflanken hinzieht. Es ist jedenfalls nur die von dieser Firnansammlung ausgehende lokale Abkühlung und die dadurch bedingte längere Schneebedeckung des unmittelbar daran grenzenden Streifens beider Thalseiten, wodurch hier der Wald veranlafst wird, vom Rande des Baches zurückzutreten.

Im Laaser Thale findet sich die tiefste Firnansammlung in der wilden, steilen Schlucht des Moorthales[1]. Die beiden Hänge, Schwarzewand und Jennewand, fallen an den meisten Stellen so steil gegen den Bach ab, dafs ein Vordringen nur im Bette des Baches selbst möglich und wegen springender Steine nicht ungefährlich ist. Der Bach entströmt bei 2078 m einem Gebilde, das sich beim ersten Anblick als eine am unteren Ende völlig vereiste, mit Schutt bedeckte Firnbrücke darstellt, deren Neigung im unteren und mittleren Teile 25^{0} beträgt. Beim Betreten der Eismasse bemerkt man, dafs ihre Ränder von moränenartigen Schuttwällen begleitet sind, und dafs sie sich im Hintergrund in zwei grofsen Flügeln firnfeldähnlich ausbreitet; der eine Flügel ist nach N, der andere nach WNW geneigt. Die Neigung beträgt durchschnittlich 35^{0}. Der Vereinigungspunkt beider Flügel liegt bei 2250 m. Hier erst kommt eine weifse, schuttfreie Firnfläche zum Vorschein, — man könnte von einer Firngrenze sprechen, — schmutzige Firnmassen finden sich allerdings auch schon in tieferer Lage. So ist dieses Gebilde ein minimaler Gletscher, der sich aus den gesamten Schneemassen bildet, welche von den steilen Wänden dieses Kessels, die von beiden Seiten der Laaser Spitze ausgehend mehr als einen Dreiviertelkreis umschliefsen, teils durch Lawinen, teils durch den Wind zusammengeführt werden. Die Horizonthöhe beträgt für die Mitte dieser Firnmasse im S 50^{0}, N 47^{0}, W 13^{0}, O 40^{0} bei WNW-Neigung.

---

[1] Der Name bedeutet jedenfalls „Murthal", was ganz bezeichnend ist.

Gesellig auftretende Firnflecken fanden sich an den Abhängen der Laaser Spitze in NNW-Exposition bei 2690 m. Aufserhalb der rechten Moräne des Laaser Ferners wurden am 3. September 1892 die tiefsten Firnflecken zu 2327 m bestimmt; hier kommt zu der orographischen Begünstigung der Beschattung und der Schuttunterlage noch die Abkühlung vom Gletscher her. Unter der gleichen Begünstigung stehen die Firnflecken aufserhalb der Stirnmoräne des Ofenwandferners, die in O-Exposition bei 2594 m gefunden wurden.

Zwischen Laaser- und Schluderscharte ziehen in N- und NW-Exposition mehrere grofse Firnrunsten bis 2620 m herab, und bei reiner W-Exposition finden sich zwischen Laaser- und Schluderspitze zahlreiche Firnflecken am oberen Rande von Schutthalden unterhalb steiler Wände in der Höhe von 2715 m. Bei mehr nördlicher Exposition gehen diese Firnflecken allmählich bis zur Höhe der oben genannten Firnrunsten herab.

In der flachen Mulde an der N-Seite des Tarscher Joches fanden sich am 11. August 1892 breite, flachliegende Firnflecken an Schutt angelehnt bis 2453 m herab in O- und W-Exposition, teilweise auch etwas gegen N geneigt. Wenn man allerdings die hohe Lage freiliegender Firnflecken, wie sie am 2. und 3. September im Laaser Thale beobachtet wurde, hiermit vergleicht, so läfst sich vermuten, dafs diese sehr frei gelegenen Firnflecken am Tarscher Joch den August nicht ganz überdauert haben; sie mögen daher bei der Bestimmung der orographischen Firngrenze unberücksichtigt bleiben, ebenso die ungewöhnlich weit vorgeschobene Firnbrücke am Prader Berg und der vereiste Zungenteil des Firnlagers im Moorthale; hier soll bei der Aufstellung einer Durchschnittszahl die Höhe von 2250 m eingestellt werden, wo dieses Firnlager sich auszubreiten beginnt.

Der Hintergrund des Laaser Thales wird durch eine 700—800 m hohe Steilstufe abgeschlossen, über welche drei längere Gletscherzungen und einige kurze Randlappen herabhängen, die von dem grofsen Firnfeld des Laaser Ferners genährt werden. Die östliche Zunge ist auf den Karten ohne besonderen Namen; Richter giebt nach der älteren O.-A. ihr Ende als etwas unter 2400 m liegend an. Auf der neuen Sp.-K. steht im Gletscherbett die Zahl 2364, doch befindet sich das Zeichen auf Schuttsignatur, während das steil herabhängende Gletscherende selbstverständlich schuttfrei ist, auch ist die Gletscherzunge schwer vom Fels zu unterscheiden. Noch unklarer ist die Zeichnung auf der K. A.-V.; die ältere Sp.-K. von 1880 weist dagegen eine deutliche Eiszunge auf. Nach unseren Messungen

lag das Gletscherende am 3. September 1892 bei 2327 m, am
3. August 1893 bei 2312 m; ein schuttbedeckter toter Eisrest an der
Innenseite der rechten Moräne liegt noch 12 m tiefer. Die Zunge
des Angelusferners reichte 1893 gerade bis auf die Sohle des Hauptthales (2108 m), was mit der O.-A. gut übereinstimmt[1]. Das Gletscherende liegt fast in seiner ganzen Breite hohl auf, ist hoch gewölbt
und von breiten Längsspalten durchzogen. Die tiefste Stelle der
Eismasse ist an der linken Seite, das zusammengestürzte Gletscher-
thor liegt circa 8 m weiter zurück; 50 m vor der tiefsten Stelle der
Eismasse liegt im Gletscherbett ein grofser Felsblock, hier wurde an
der dem Gletscher zugewendeten Seite mit roter Farbe eine Markierung (A.-F. 1893 50 m Fr.) angebracht. Bei der östlichen Zunge
mufste die Markierung wegen lebhaften Steinschlags unterbleiben.
Diese östliche Zunge wird von Hilpert (Z 1884, S. 267) als die
Hauptzunge bezeichnet, während Richter den Angelusferner als Haupt-
abflufs des ganzen Firnfeldes betrachtet. Wenn man nur nach dem
landschaftlichen Eindruck geht, mufs man entschieden Hilpert zu-
stimmen; die östliche Zunge steht gegenwärtig in einer viel breiteren
Verbindung mit dem Firnfeld als der Angelusferner, und sie beherrscht den ganzen Thalhintergrund, was man nicht nur im Laaser
Thale selbst, sondern schon vom Vintschgau aus beobachten kann,
wenn man den grofsen Schuttkegel östlich von Laas passiert; dasselbe
kommt endlich auch in der Auffassung der einheimischen Bevölkerung
zum Ausdruck, welche diese Zunge mit demselben Namen belegt wie
das ganze Firnfeld. Den Angelusferner in seinem engen Seitenthale
erblickt man erst in seiner ganzen Ausdehnung, wenn man die Mündung dieses Thales erreicht hat. Betrachtet man jedoch die Horizontalprojektion des ganzen Gebietes auf der Karte, so mufs man der Ansicht Richters beitreten; denn hiernach liegt der Angelusferner gerade
in der Richtung der Hauptneigung des Firnfeldes, dazu kommen als
weitere Stützen dieser Ansicht folgende: Der Angelusferner reicht
tiefer herab, sein Bach ist wenigstens viermal so stark als der des
Laaser Ferners, und in Zeiten des Maximalstandes hat der Angelusferner die Stirnmoräne und die linke Seitenmoräne des Laaser
Ferners lang ausgestrichen und weit gegen die rechte Thalwand
gedrängt. Gegenwärtig zieht der Angelusferner in zwei Armen, die
zwischen sich eine breite Felswand frei lassen, über die Steilstufe

---

[1] Hierbei ist jedoch anzumerken, dafs wir die Höhe der Unteren Alm, welche
für diese Messung als unterer Fixpunkt diente, zu 1836 m annehmen, während die
O.-A. 1785 m giebt.

herab; der rechte Arm ist sehr schmal. Zwischen dem Angelusferner und dem Laaser Ferner hängt noch ein ansehnlicher Eislappen herab, der auf der O.-A. bis circa 2600 m reicht; 1892 lag sein unterer Rand bei 2735 m, von ihm stürzten fortwährend grofse Eismassen auf die Zunge des Angelusferners herab; 1893 war von diesen Abstürzen nichts zu bemerken, dafür reichte aber der geschlossene Eislappen 15 m tiefer herab. Das Ende des Ofenwandferners liegt gegenwärtig bei 2625 m, auf der O.-A. scheint es gerade bei 2600 m zu liegen.

Die Firngrenze liegt auf dem weniger zerrissenen Teile an der O-Seite des Laaser Ferners bei N-Exposition in der Höhe von 2905 m. Bis zu derselben Höhe reichen an der W-Seite des Schluderzahnes mehr· oder weniger zusammenhängende Firnmassen herab. An der Laaser Spitze lag am 3. September 1892 der untere Rand eines gröfseren nordwestlich exponierten Firnlagers bei 2900 m. Inwieweit der untere Rand dieses Firnlagers durch tieferliegende steile Wände emporgerückt oder durch die Lage in einer flachen Cirkusform orographisch begünstigt ist, läfst sich schwer entscheiden. Steilabstürze des Laaser Ferners und steile Eisbuckel waren bis über die Laaser Scharte hinaus (3128) m), ja fast bis zum Gipfel der Lyfispitze (3350 m) ausgeapert. Auf dem Ofenwandferner lag die Firngrenze bei 2956 m.

Die bedeutende Höhe der Firngrenze auf dem Laaser Ferner erklärt sich erstens aus der starken Neigung und Zerklüftung in der Höhenzone, die für die Firngrenze in Betracht kommt, zweitens aus der freien, wenig geneigten Lage des Firnfeldes, wodurch die Wirkung der N- bezw. NO-Exposition auf ein Minimum abgeschwächt wird; aufserdem fehlen dem Firnfeld die hohen Ränder, welche als Schnee- und Schattenspender wirken könnten. Das breit hingelagerte Firnfeld mit den verhältnismäfsig schmalen, steil abfallenden Zungen zeigt also eine grofse Annäherung an den Typus der Plateaufirne, und die von Prof. Richter aus diesem Grunde aufgestellte Vermutung (a. a. O. S. 101), dafs die Firngrenze hier sehr hoch liegen müsse, wird durch unsere Messungen bestätigt.

Übersicht
über die Höhengrenzen am Nordabhang der Ortler-Alpen.

I. Höhengrenze des Getreidebaues und der dauernd bewohnten Siedelungen.

Nr.	Name bezw. Örtlichkeit	Siedelungen	Getreidef.	Expos.	Anmerkungen
1.	Mahlbach	1229	1240	NNO	
2.	Egger bei St. Martius . .	1280	1300	NO	
3.	Marling	730	800	O	
4.	Südlich von Marling. . .	922	980	O	
5.	Am Marlingerberg . . .	1140	1208	SO	
6.	Am Lebenberg	814	840	O	
Mittel für das O-Ende des Kammes zwischen Ulten und Vintschgau	1019	1061		
7.	Gramegg	820	} 900	N	
8.	Niederweg	850		NW	
9.	Oberbrunn	890	1000	NW	
10.	Unter- und Obereben . .	860	910	NNW	
11.	Hausbacher	910	950	NW	
12.	Aschbach	1353	1360	NW	
13.	Bichler	1149	1250	N	
14.	Feichter	1180	1250	NNW	
15.	Brand	1080	1130	NW	
16.	Steil	990	1040	N	
17.	Hölle	1074	1150	NO	
18.	Am Partscheilberg . . .	1190	1240	N	
19.	Platzgum	1260	1320	N	
20.	Tanner im Tablander Thal	1271	1305	O	
21.	Mitterhof im Tablander Thal	1170	1200	O	
22.	Kalthaus	1260	1300	N	
23.	Eben	1220	1280	N	
24.	Feicht und Parmant. . .	1230	1300	N	
a. Mittel für Unter-Vintschgau .	1098	1158		
b. Mittel aus Nr. 1—24 . . .	1078	1141		

Nr.	Name bez. Örtlichkeit	Siedelungen	Getreidef.	Expos.	Anmerkungen
25.	Plasnegg	1157	1175	N	
26.	Haselhof am inneren Nördersberg	1555	1540	N	
27.	Tafratz	1000	1180	W	
28.	Fernatsch	1240	1260	N	die Sp.-K. von 1892
29.	Patsch	1220	1380	N	schreibt „Fernatscht".
30.	Platz am äufseren Nördersberg	1230	1360	N	
31.	Obertarnell	1340	1400	WNW	
32.	Bundschair	1300	1360	NW	
33.	Vorburg	1250	} 1300	N	
34.	Hinterburg	1275			
35.	Speg	1260	1280	N	
36.	Platzgernau	1238	1240	N	(a+c):2 = Siedel.1177.
37.	Mitterberg	1266	1300	N	= Getreide 1237.

c. Mittel für Ober-Vintschgau . 1256 1315   (b + c): 2 = S: 1167.
G: 1228.

II. Mähwiesen.

Nr.	Örtlichkeit	Höhe	Expos.	Anmerkungen
1.	Am Lebenberg	1140	NO	
2.	Am Marlinger Berg, südlicher Teil	1211	O	
3.	Am Marlinger Berg, nördlicher Teil	1000	O	
4.	Über St. Martius	1400	O	
5.	Bei Mahlbach	1230	NO	

a. Mittel für das O-Ende des Kammes zwischen Ulten und Vintschgau 1196

Nr.	Örtlichkeit	Höhe	Expos.	Anmerkungen
6.	Im Mahder Wald . . .	1560	N	ein ganz kleiner Fleck.
7.	Bei Aschbach	1450	NNW	
8.	Über dem Partscheilberg .	1734	N	} ein ganz kleiner Fleck.
9.	Über Platzgum	1463	N	

Nr.	Örtlichkeit	Höhe	Expos.	Anmerkungen
10.	Bei der Tablander Alm .	1793	N	} ein ganz kleiner Fleck.
11.	Im Tomberg Wald . . .	1519	N	
12.	Östlich von der Freiberger			
	Alm	1480	N	
13.	Beim Haselhof.	1580	N	
14.	Am äufseren Nördersberg.	1340	N	
15.	Rechts von der Ausmündung			
	des Laaser Thales . .	1400	NW	
16.	Bei Hinterburg	1300	N	
17.	Bei Platzgernau und Speg	1300	N	
18.	Bei Mitterberg	1300	N	

b. Mittel für das Vintschgau . . 1478

c. Mittel aus Nr. 1—18 . . . 1400

III. Sennhütten.

Nr.	Name	Höhe	Expos.	Anmerkungen
1.	Inzäunte Alpe	1757	NO	Kammfläche.
2.	Naturnser Kuh-Alpe . . .	1922	NNW	
3.	Marzaun Alpe	1604	N	
4.	Freiberger Alpe	1938	N	
5.	Tarscher Alpe	1940	N	
6.	Latscher Alpe	1714	N	

a. Mittel für Unter-Vintschgau . 1812

Nr.	Name	Höhe	Expos.	Anmerkungen
7.	Weifskaser Alpe	1650	N	
8.	Obere Göflaner Alpe . .	1800	N	Klein-Alpe 1555.
9.	Untere Laaser Alpe . . .	1836	N	} Hier müssen beide berück-
10.	Obere Laaser Alpe . . .	2040	O	sichtigt werden, weil
				sie an den entgegen-
				gesetzten Thalseiten
				liegen , beide sind
				gleichzeitig befahren.
11.	Obere Tschenglser Alpe .	2061	O	Untere bei 1654.

b. Mittel für Ober-Vintschgau . 1877

Mittel für das ganze Vintschgau
(a + b):2 1845

Die Lebenberger Alpe (1376, O) bleibt unberücksichtigt, weil die Höhengrenze der Sennhütten sich zwischen Ulten und Vintschgau bei der Inzäunte Alpe schliefst.

IV. Schäferhütten und Galtvieh-Almen.

Nr.	Name	Höhe	Expos.	Anmerkungen
1.	Tablander Alpe	1793	N	
2.	Zirmthaler Alpe	2123	N	
3.	Obere Alpe über der Mar-		N	
	zaun Alpe	1930		
4.	Äufsere Laaser Schäferhütte	1941	SW	
5.	Innere Laaser Schäferhütte	2271	O	
6.	Schäferhütte am Prader Berg	1986	N	
Mittel		2007		

V. Waldgrenze.

Nr.	Örtlichkeit	Höhe	Expos.	Anmerkungen
1.	Scheiderücken zwischen Ulten und Vintschgau .	1930	NO	
2.	Gegen das Hochjoch . .	2050	N	
3.	Innere Flanke des Rückens rechts vom Tablander Thal	2089	NW	
4.	An der breiten Lehne des Thalhintergrundes . .	2110	N	
5.	Auf dem Kamme links vom Tablander Thal . . .	2110	N	
6.	Tiefthal über Tarsch, rechte Seite	2160	W	
7.	Tiefthal über Tarsch, Thal- sohle	2107	N	
8.	Tiefthal über Tarsch, linke Seite im inneren Teile .	2185	O	2172 als einfache Zahl im Mittel vertreten.
9.	Tiefthal über Tarsch, linke Seite im äufseren Teile	2158	O	
10.	An der Schönen Blais . .	2253	N	
a. Mittel für Unter-Vintschgau .		2109	.	

Nr.	Örtlichkeit	Höhe	Expos.	Anmerkungen
11.	Scheiderücken zwischen Martell und Vintschgau	2071	O	
12.	Göflaner Thal rechts . .	2165	N	
13.	Göflaner Thal, Hintergrund	2165	NNW	
14.	Göflaner Thal, linker Kamm	2125	NO	
15.	Göflaner Thal, Scheiderücken zw. beiden Thaleinschnitten von Göflan	2094	W	
16.	Auf dem Boden des kleinen Thales östl. vom Laaser Thal	2020	N	
17.	Auf dem Rücken links von diesem kleinen Thale .	2300	N	
18.	Laaser Thal rechts, an der Jennewand	2128	W	
19.	Laaser Thal rechts, innerster Teil	2144	W	
20.	Laaser Thal, Thalsohle .	1936	N	vom Mittel ausgeschlossen.
21.	Laaser Thal links, innerster Teil	2121	O	
22.	Laaser Thal links, unmittelbar aufserhalb d. Oberen Alpe	2142	O	
23.	Laaser Thal links, weiter thalauswärts	2198	O	
24.	Laaser Thal links, äufserster Teil	2252	O	
25.	Links vom Laaser Thal (Stierberg)	2127	N	
26.	Kamm des Rückens rechts vom Tschenglser Thal,	2170	N u. NW	
27.	Tschenglser Thal, linke Seite	2257	O	
28.	Zwischen Tschengls und Prad	2100	N	
29.	Am Praderberg rechts . .	2062	NW	
30.	Am Praderberg, Sohle . .	1700	N	vom Mittel ausgeschlossen.
31.	Am Praderberg links . .	2122	NO	
32.	Westlich von diesem Thaleinschnitt	2000	N	
	b. Mittel für Ober-Vintschgau .	2138		
	c. Ganzes Vintschgau (a + b) : 2 .	2124		

VI. Baumgrenze.

Nr.	Örtlichkeit	Höhe	Expos.	Anmerkungen
1.	Scheiderücken zwischen Ulten und Vintschgau .	2000	NO	
2.	Gegen das Hochjoch . .	2180	N	
3.	Auf dem Rücken rechts vom Tablander Thal .	2266	N	
4.	Hintergrund.	2266	N	
5.	Auf dem Rücken links vom Tablander Thal . . .	2334	N	
6.	Tiefthal rechts	2244	W u. N	
7.	Tiefthal links	2217	O	
8.	An der Schönen Blais . .	2416	NW	
b. Mittel für Unter-Vintschgau .		2240		
9.	Scheiderücken zwischen Martell und Vintschgau	2251	O	
10.	Auf dem Rücken rechts von beiden Göflaner Thälern	2266	N	
11.	N-Abhang der Weifswandln	2247	N	
12.	Scheiderücken zwischen beiden Göflaner Thälern	2299	N	
13.	An dem Rücken westlich von der Göflaner Alpe	2243	NO	
14.	Auf dem Kamme dieses Rückens	2400	N	verkrüppelte Zirben.
15.	Westseite dieses Rückens .	2330	NW	
16.	Auf dem Kamme d. Rückens rechts vom Laaser Thal	2315	N	
17.	Laaser Thal, unterster Teil, über d. Marmorbrüchen	2171	NW	
18.	Laaser Thal, an der Jenne-wand	2296	W	
19.	Laaser Thal, an der Schwar-zen Wand	2356	W u. SW	
20.	Laaser Thal, auf d. Moränen	2174	N	vom Mittel ausgeschlossen.
21.	Laaser Thal rechts, innerster Teil	2190	W	
22.	Laaser Thal links, innerster Teil	2338	SO	
23.	Wenig aufserhalb d. Oberen Alpe	2307	O	

Nr.	Örtlichkeit	Höhe	Expos.	Anmerkungen
24.	Weiter thalauswärts . . .	2270	O	
25.	Kamm des Rückens links vom Laaser Thal . .	2268	N	
26.	Tschenglser Thal, Kamm des Rückens rechts . .	2257	N	
27.	Tschenglser Thal, rechte Flanke	2362	SW	
28.	Tschenglser Thal, Hintergrund	2041	N	Lawinengebiet, vom Mittel ausgeschlossen.
29.	Tschenglser Thal links .	2344	O	
30.	Zwischen Tschengls und Prad	2240	N	
31.	Westlich vom Prader Berg	2130	N	

b. Mittel für Ober-Vintschgau . **2285**

c. Ganzes Vintschgau (a + b) : 2 **2263**

VII. Orographische Firngrenze, beobachtet am 2. und 3. September 1892.

1.	Unterhalb des Tarscher Joches	2453	O, W, N	beobachtet am 11. August, daher vom Mittel ausgeschlossen.
2.	Im Moorthale	2250	WNW	*vereinzelte Firnvorkommnisse bei 2078 und 1706 m N.
3.	In einer Rinne aufserhalb der Stirnmoräne des Ofenwandferners . . .	2594	O	
4.	An den Abhängen der Laaser Spitze in Felsnischen .	2690	NNW	
5.	Aufserhalb der rechten Moräne d. Laaser Ferners	2327	N	
6.	Firnrunsten zwisch. Laaser- und Schluderscharte .	2620	N u. NW	
7.	Zonenförmige Firnfleckenreihe zwischen Laaser- und Schluderspitze . .	2715	W	

Mittel **2533***

VIII. Klimatische Firngrenze, beobachtet am 2. und 3. September 1892.

Nr.	Örtlichkeit	Höhe	Expos.	Anmerkungen
1.	Auf dem Laaser Ferner .	2905	N	
2.	Östlich davon, am Schluder-			
	zahn	2905	W	
3.	An der Laaser Spitze . .	2900	NW	
4.	Auf dem Ofenwandferner .	2956	N	
Mittel		2917		

7. Das Martell- oder Mortell-Thal[1].

Das Martellthal ist das längste der inneren Thäler der Ortler-
alpen. Es gehört dem Glimmer- und Thonglimmerschiefer-Gebiet an,
daher zeigen seine Berge im allgemeinen sanfte Formen, die hoch
hinauf mit Gras bewachsen sind. Payer (Erg. 31, S. 6) giebt die
Höhe der „zusammenhängenden Grasdecke“ zu 2592—2908 m (8200—
9200 W. F.) an. Der Ausdruck zusammenhängende Grasdecke ist
natürlich nicht so streng zu nehmen, namentlich kann sich die letztere
Zahl nur auf beschränkte Vorkommnisse dürftigen Graswuchses beziehen, wie sie allerdings noch an der Muthspitze und an anderen
Hängen in dieser Höhe zu bemerken sind. An vielen Stellen der
Thalsohle hat die Plima infolge der bekannten Ausbrüche am Zufallferner furchtbare Verwüstungen angerichtet. An einzelnen Stellen im
unteren Teile des Thales sind gerundete Blöcke von mehreren
Kubikmetern zwei- und dreifach aufeinander getürmt. Bei Gand
ist auch von der rechten Thalseite eine ungeheure frische Mure herab-
gegangen.

Der äufserste Teil des Thales ist eng und von steilen Hängen
eingeschlossen, er enthält daher keine Siedelungen; besonders die
linke Thalwand ist bis zum Bade Salt steil, zerschründet und vege-

---

[1] Die offiziellen Kartenwerke und einige Urkunden schreiben „Mortell“, im
Thale selbst spricht man allgemein „Martell“. „Die übliche Ableitung des Namens
Martell von Mur-Thal entspricht den Verhältnissen.“ Payer, Erg. 31, S. 5 Anm.
Das Martell- und Suldenthal werden abgesondert vom äufseren Nordabhang
behandelt, weil sie als innere Thäler andere Verhältnisse zeigen als dieser.

tationsarm; in einem breiten Gürtel, der sich von der Thalsohle aufwärts anfangs ungefähr bis zur Isohypse von 1500 m, über Salt bis
gegen 1900 m emporzieht, nehmen steile, nackte Wände und frische
Schutthalden den überwiegenden Teil des Terrains ein; dazwischen
finden sich dürftige Grasflächen, einzelne Lärchen, mehr oder weniger
dicht gescharte Birkenbüsche u. dergl. Die rechte Thalseite bildet
an der Mündung des Brandner Thales eine flache Mulde, die Raum
für einige Gehöfte, die sogenannten „Vorhöfe“, gewährt. Die höchsten
Getreidefelder liegen hier an der rechten Seite des Brandner Thales
bei 1364 m an sonniger, nach W ausschauender Lehne. Die Vorhöfe
und das ganze Brandner Thal gehören noch zur Gemeinde Morter.
Erst mit Burgaun[1] beginnt die Gemeinde Martell, und zwar die Abteilung Ennewasser. Das Bad Salt steht auf dem Fuße eines grofsen
Schuttkegels, den der Saltgraben aufgebaut hat. Hier wurde 1893
schon in der vorletzten Woche des Juli schöner Winterroggen geerntet.
Nach einer brieflichen Mitteilung Martin Eberhöfers in Gand wird in
manchen Jahren auch noch Weizen mit Erfolg angebaut. Im F.-M.
wird erzählt, dafs hier in alter Zeit noch mehr Güter gestanden haben,
aber durch Muren aus dem Saltgraben vernichtet worden sein sollen:
„Rechts an der Plima ist der Saltgräben, der oberhalb der Saltgüter
die Grenze zwischen dem Morteller und Vorhöfer Berg macht und in
einer grofsen Tiefung in mehrere Arme geteilt, sich bis auf das Joch
erstreckt. Dieser Gräben soll in uralten Zeiten sehr grofse Verwüstungen angerichtet haben, was die Tiefungen und Höchungen auf
den Salterwiesen und auf der Schellwies glaubwürdig machen. Die
Wies ober Salt hinauf heifst „die Lahn“, vermutlich weil dort die
Muhr oder Schneelahn ihren Durchzug hatte. Die Burgaungand, ein
steiniger Hügel zwischen Burgaun und Salt, soll ein Bergabsatz vom
Saltgräben sein, wo früher ein Dorf gestanden sein soll. Die Lag
dieser Gand und der Umgegend und die Tiefungen und Brüche von
oben herab geben dieser Sage einige Wahrscheinlichkeit, besonders
wenn man der alten Sage glaubt, dafs dort die kleine Glocke der
Kuratiekirche von einem Hirten gefunden sein soll ... Im Jahre 1789
frafs dieser Gräben stark in die Tiefe und höchte bei der Thalstrafse
auf, wo viel Schutt liegen blieb. Seit dieser Zeit bleibt die Muhr
und auch die Schneelahn im Graben, und die Güter dabei sind mehr
in Sicherheit.“
Die übrigen Güter von Ennewasser — ohne Gand — steigen bis
1260 m, die Felder bis 1280 m empor. „Die Güter sind den Muhren

---

[1] Die Karten schreiben „Bergaun“ bezw. „Bergann“.

und den Steinschlägen und der Wassergefahr ausgesetzt und nicht so
fruchtbar wie jene auf dem Sonneberge. Es wächst auch etwas Obst,
welches man aber schlecht pflegt und gerne stiehlt (!). Der Wohlstand
der Besitzer ist sehr ungleich, und wenige haben zur Notdurft Ge-
treude" (F. M.). Die zahlreichen ärmlichen Häuser von Gand
liegen ungefähr zwischen 1230 und 1300 m. Seit das Haus in der
Schmelz nicht mehr bewohnt ist, enden die dauernd bewohnten Siedelungen auf der rechten Thalseite mit Unterhölderle (1469 m). Wie
die Existenz und Lage aller dieser Siedelungen durch Murbrüche und
Lawinen beeinflufst wurde, zeigen folgende Nachrichten aus dem F. M.:
„Der Rainergräben scheint in früheren Zeiten grofse Schäden angerichtet zu haben. Die Aufhöchung von Thasa bis Rofsgfell scheint
sein Produkt zu sein; er mufs, aus den Tiefungen zu schliefsen, bald
da, bald dort herabgebrochen sein. Vor 1789 ging er zunächst aufser
Unterrofsgfell vorbei, wie die Spuren noch zur Genüge beweisen.
Aber in diesem Jahre 1789 brach ihm der herabrollende grofse Stein,
der im Rainacker ober der Gasse liegt, eine neue Bahn zum Raingut,
welches er ganz überschüttete und verwüstete, auch Haus und Stadl
fortrifs. Das Rainhaus stand unter der Gasse, zwei Steinwürfe weit
aufser dem heutigen neuen Hause. Die Schneelahn kommt selten in
den Gütern herab und verursacht nicht grofsen Schaden.

„Der Rofsgfeller und Thairlahner sind sehr steinschlägig, und die
herabrollenden Steine setzen die Güter darunter in Gefahr. Der
Gludergräben soll wegen eines entstandenen Waldbrandes
auf dem Flimgrat bis gegen den Thairlahner, durch den
die Erde locker gemacht wurde, entstanden sein. Im Jahre
1777 und 1789 richtete dieser Gräben im Glyderacker grofsen Schaden
an. Man mufs fürchten, dafs derselbe, wenn das Holz alldort aus-
gehackt wird, mit der Zeit das Gludergut in grofse Gefahr bringen
wird.

„Der Flimbach ist ein sehr reifsender Bach, hat 1777 in den benachbarten Gütern durch Fortreifsen und Überschwemmungen grofsen
Schaden angerichtet. Auch im Jahre 1834 wütete er fürchterlich
herab und verursachte grofsen Schaden. Dieser Bach trägt selten
einen fruchtbaren Leth, deswegen werden die zerrissenen Güter hart
fruchtbar gemacht.

„Der Soyreitbgräben geht innerhalb der Soyreithgüter herab. Er
hat mehrere Seitengräben, reicht nicht selten bis aufs Joch hinauf,
und man beobachtet neben demselben manche Tiefungen, welche alte
Muhrdurchgänge gewesen sein mögen. Es zeigen sich Spuren von
grofsen Umwälzungen. Die Schneelahn geht durch denselben jährlich

oder weniger herab. Circa 1804 verwischte dieselbe die Kapelle, welche auf den Wiesen innerhalb des Soyreithhauses stand und nicht mehr erbaut wurde. Im Jahre 1838 schob sie das Soyreith-Thränkhaus bis auf den Fußboden drei Klafter weit vorwärts, ohne es ganz zu zerreißen und die darinnen wohnenden Kinder zu verletzen. Es wurde einen Büchsenschuß weiter hineingestellt.

„Der Soybach ist dem Soylahngute sehr gefährlich und hat 1789 von selben außerhalb vieles verwüstet. Auch die Schneelahn ist dem Hause sehr gefährlich. Ein Stall und Stadl soll deswegen so weit vom Hause auf der Wies hinaufgebaut worden sein, damit alldort die Leute in Schneegefahr einen Zufluchtsort haben könnten und so auch das Vieh in Sicherheit wäre. Im Jahre 1844 ging sie innerhalb des Hauses hinab, schob ein Fenster hinein, warf etwa drei Korb voll Schnee in die Stub und schleuderte den Besitzer mit einer Schüssel voll Erdäpfel in der Hand vom Tische bis zur Thür durch die Stube durch, ohne ihn oder etwas anderes zu verletzen. Nicht umsonst heißt dieses Gut Soylahn, — wegen Lahnsgefahr.

„Der Rohnergräben geht innerhalb des Soylahngutes herab, hat dieses etwas beschädigt, kann auch dem Rohnergute jenseits der Plima gefährlich werden, daß er die Plima zu demselben hinübertreibt, und hat den Gemeindeweg sehr oft zu Grunde gerichtet. Auf dieser Anhöhe stehen itzt die Häuser von Außerbölderle, die wegen Lahnsgefahr aus den Gütern dorther gestellt wurden. Ob sie auf diesem alten Gräben sicher sein, wird die Zeit lehren.

„Der Kaltgräben geht innerhalb des Innerhölderlegutes herab, hat dieses auf der rechten Seite der Plima im Jahre 1789 ganz überschüttet, auch die Plima jenseits hinübergedrängt, daß das alte Haus von dieser fortgerissen wurde, welches zu innerst der Güter links von der Plima stand und itzt weiter heraus rechts von der Plima steht und von der Schneelahn aus diesem Graben sehr gefährdet wird.“

Im ganzen mittleren Teile des Thales ist der durch diese Muren gebildete Schuttfuß von der Plima tief angeschnitten. An einzelnen Stellen zeugen auch Strecken eines früheren Bettes der Plima, die jetzt der Kultur oder wenigstens der Vegetation zurückerobert sind, von den bedeutenden Veränderungen des Bodenreliefs, die hier das fließende Wasser in der geologischen Gegenwart hervorgebracht hat[1].

Während wir an der rechten Thalseite nur Schuttkegelsiedelungen finden, sind die hochgelegenen Höfe der linken Thalseite Hangsiede-

---

[1] Ein solches Stück alten Plimabettes ist sehr schön erhalten in der Wiese unterhalb Eberhöfers Gasthaus.

lungen, nur die Mündung des Eberhöfer Thales[1] zeigt wieder Schuttkegelsiedelungen. Der innerste und zugleich höchste Hof der linken
Thalseite ist Stallwies (1927 m). Schon Payer erwähnt (Erg. 31, S. 6),
dafs dies der höchste Hof Tirols sein soll, bei welchem noch Roggen
wächst[2]. Die Felder hören 15—20 m unterhalb des Wohnhauses auf;
die Gerste war am 3. August 1893 noch vollständig grün, während
der Roggen schon stark gebleicht war; die Gerste hatte schöne grofse
Ähren. Aufserdem war näher am Wohnhause ein kleiner Garten mit
Rüben vorhanden. Der Hof Stallwies wird schon in einer Waldver-
leihungsurkunde vom Jahre 1382 erwähnt. Das weiter östlich gelegene
Premstall wurde laut Urkunde 1569 einem Nicolaus Marzoner durch
den Herrn v. Annaberg verliehen, — „Haus, Hof, Acker, Wiese, alles
bei einander in einem Umfang und Zaun gelegen". Man ersieht
hieraus, dafs der Mensch schon frühzeitig diese Alpenthäler bis zur
äufsersten Grenze der Besiedelungsfähigkeit in Besitz genommen hat[3].
„Auf Stallwies, Hocheck, Greith wächst das Korn etwas schlechter,
und das Bauen und Kornschneiden kommt oft zusammen" (F. M.).
Die günstigste Lage in ganz Martell haben die südlich und südöstlich
exponierten Höfe am Sonneberg, „die Güter sind fruchtbar, und es
wächst mehr als zum Hausbedarf erforderlich ist" (F. M.). In den
besseren Lagen gedeiht hier auch noch Weizen, ebenso in Mayern.

Obwohl die Siedelungen an der linken Thalseite zum Teil sicherer
liegen als die auf der rechten, so sind doch auch hier mancherlei Zerstörungen und Verschiebungen durch Lawinen und Muren zu verzeichnen. Jos. Eberhöfer berichtet hierüber: „Nicht weit vom Jahre
1700 brach in der weiten Fläche vom Radundegg bis zum Marzonegg
und hinauf bis aufs Joch auf einmal eine fürchterliche Schneelahne
los, sie rollte in Blitzesschnelle bei Eberhöf, bei Ried und dem jetzigen
Fruhmefswidum vorbei und setzte die ganze Wiesenfläche hierbei in
Bewegung. In der Schmelzhütte soll sie die Fenster eingedrückt und
die Schneeballen bis zum Ennewasserwall hinaufgeworfen haben. Bei
der jetzigen Riedermühl soll eine Magd, mit Waschen sich be-
schäftigend, verunglückt und die Flurermühl darunter weggerissen

---

[1] So wird das Thal genannt, das bei der Ortskirche zwischen Ennethal, dem
äufsersten Teile des Waldviertels, und dem Sonneberg mündet; auf den Karten ist
es unbenannt; die Scharte zu der es hinaufführt, heifst nicht „Laaser Schartl",
wie die Karten angeben, sondern „Göflaner Schartl".

[2] Bis 1900 m geben die Höfe mit Getreidebau auch im Schnalser Thale (vgl.
Schindler, Kulturregionen und Kulturgrenzen in den Ötzthaler Alpen". Z. 1890,
S. 73, 77).

[3] Einen neuen interessanten Beleg hierfür giebt u. a. Schindler, Z. 1893,
S. 13 Anm.

worden sein, deren Ruinen früher sichtbar waren, und die erst im
Jahre 1846 auf dem alten Grund wieder neu aufgebaut wurde. Im
Jahre 1795 rollte eine Schneelahne; vom Joch durch den Brunnlahner
herab, rifs den grofsen Lärchenward aufserhalb desselben mit Stamm und Wurzeln fort und wälzte sich durch
das Eberhöfer Thal bis zur Plima fort . . . . . „Die ganze Lahn war
mit Bäumen, von denen manche mit den Wurzeln im Schnee aufrecht
standen, dicht besetzt. Einige Eigentümer, auf deren Grund die Lahn
war, hatten auf zwei Jahre Holz, mufsten aber auch viel arbeiten, bis
sie die Steine und den Morast von ihren Gütern fortgeschafft hatten.
Im Jahre 1824 machte es gegen Ende April in den Bergen einen
grofsen Schnee, während es auf den Gütern regnete. Dieser Schnee
brach aus, wälzte sich durch das grüne Eberhöfer Thal bis zum Rost-
brun herab, füllte es ganz mit Schnee aus, rifs die Zäune und vielfach auch den Rasen und die gute Erde mit sich. Sie ging so
langsam, dafs es ein Mensch fast voraus erloffen wäre. Ober dem
Windenwiesl warf sie einen sehr grofsen Haufen aus, der das Fruhmefs-
haus zugedeckt hätte. Der Herr Fruhmesser Raffeiner floh, wie er
war, ohne Rock und ohne Schuhe.

„Im Jahre 1836 kam diese Lahn windsweis durchs Thal herab,
wendete sich beim Fruhmefswidum rechts, rifs das Kreuz auf der
Bergerwies mit sich fort, warf den Stadl alldort über den Haufen,
lenkte wieder dem Thale zu und stand beim Kalchofen still. Im
Jahre 1842 erschien sie majestätisch langsam, warf beim Fruhmefswidum einen grofsen Haufen mit Zaunholz aus, schob einen Soybergl
(= Schweinestall), der neben dem Windenwiesl stand, bis zur Fruh-
mefshausstieg vorwärts, erschütterte dieses Haus, ging hinab bis auf
die Kölberau und Rainerau, wo sie erst im Juni verschwand und
auf der letzteren den grofsen Stein neben dem Stadl als Denkmal
liegen liefs.

„Am 3. Juni 1855 brach unter der Riederrinne wegen Regengüssen eine Muhr aus, ging bis in die Plima, rifs im Thale den Gräben
tief auf, überschüttete die Kölberau und die Rainerau ganz und verursachte einen grofsen Schaden. Mancher halbfaule Lärch, der gewifs
100 Jahre unter der Erde vergraben lag, kam wieder zum Vorschein.
Steine wie Backöfen grofs flogen in Blitzesschnelle hinab, welchen
mehrere aufgewühlte sehr dicke Lärchen folgten.

„Rechts vom Eberhöfer Thal in den Gütern von Radund soll vor
undenklichen Zeiten eine Schneelahn herabgebrochen sein; das „Platzen",
welches Haus näher gegen Pichler in der Tiefung stand, wurde fortgerissen. — Der Saugenbach hat allem Anschein nach in uralten

Zeiten mehrere Verwüstungen rechts und links, z. B. auf Pichler und Marein und Holzerwiesen verursacht. Jetzt geht die Schneelahn öfters durch sein tiefes und weites Flußbett, bisweilen bis Maura oder bis weiter oben, seltener bis fast zur Plima hinab, richtet aber wenig Schaden an.

„Der Grabengräben hat seinen Ursprung in Platta und deren Gegend, ist erst im Jahre 1789 aufgerissen und später öfters erweitert und vertieft worden. Erst dort mußte die Grabenbruck zur Durchfahrt gebaut werden, welche der Gemeinde wegen öfteren Fortreißens große Kosten verursacht. Früher war dort ein Schneelahnstrich. Beiläufig im Jahre 1778 rollte hier von Platta herab eine große Schneelahne, riß das Feldhaus, welches zwischen dem jetzigen Feldhaus und der Grabenbruck stand, gewaltig fort. Franz Fleischmann, geb. 1763, erzählte, daß er davon bis zum Tschuppenhaus hinabgetragen und dort noch unter der Decke, die ihn im Schlafe bedeckte, unverletzt aufgestanden sei, ebenso gut kam auch sein alter Vater Georg durch. Vier Personen sollen dabei das Leben verloren haben. Diese Schneelawine geht noch fast jährlich herab, 1836 und 1844 hat sie die Brücke fortgerissen. Sonst richtet sie nicht großen Schaden an. Im Jahre 1855 riß am 3. Juni die Muhr die Brücke wieder fort. Joseph Platter, Pircherbauer, verunglückte hierbei, weil er die Muhr von seinem Acker ableiten wollte."

„Links vom Eberhöferthal nimmt die Stauderlahn ihren Anfang. Im Jahre 1794 am St. Stefanstag während dem Kirchenläuten brach sie windweis los, riß den Kamin von Marzonerhaus fort, wischte das Stauderhaus mit Stadl, welches einen Scheibenschuß herausstand, fort, wo drei Leute tot blieben, rollte bei Außerflura vorbei hinab bis an die Plima, wo sie manchen Kirschbaum etc. entwurzelte. Im Jahre 1844 nahm sie in geringerem Umfang den nämlichen Strich, und das Stauda, wenn es im alten Orte gestanden, wäre zum zweitenmal fortgerissen worden. Vom jetzigen Haus stieß sie nur die Holzblum zusammen. Über den Sonnenberg hinaus ist überall Lahnsgefahr. In der Stauderwies sammelt sich bei anhaltendem Regen und schleunigem Schneeschmelzen viel Wasser, welches in den Flurer- und Riederäckern mit großer Mühe zur Verhütung des Schadens muß abgeführt werden. Im Jahre 1789 riß dieses Wasser in denselben Gütern zwei große Gräben auf. Mitten durch die Haßler Böden geht auch ein Gräben herab, welcher in uralten Zeiten das Haßlachgut verwüstet und bis heute unfruchtbar gemacht hat. Das Haus soll die äußere Seite beim Weg nach Niederforra gestanden sein, wo jetzt eine Gand ist; man sieht keine Spur davon.

„Das Niederforragut soll der aufser Forra herabgehende Gräben
und dessen Seitenmuhren vor uralten Zeiten ganz verwüstet haben,
so dafs es längerhin ganz öde gelassen und als Gemeindeplatz benützt
wurde . . . . Erst nachhin fing man wieder an, dort Acker zu machen,
wo man beim Graben ober- und innerhalb des itzigen Stadls auf eine
alte Mauer von Mertl kam, auch eine alte Gabel und etwas Hausgerät-
schaft verrostet auffand. Wahrscheinlich ist dort das Haus gestanden.
Auf der obern Seite soll man in manchen Stellen auf gute schwarze
Erde beim Graben gekommen sein. Der untere Teil war vielleicht
niemals fruchtbar und nur Laubnis und Galtrain." Es geht aus diesen
Berichten hervor, dafs in den letzten Jahrhunderten die Höhengrenze
der Siedelungen in Martell an mehreren Stellen herabgedrückt worden
ist, während aus derselben Zeit kein Fall von Neugründung einer
Siedelung auf neuem Ackergrund bekannt ist.

Bei der hohen Lage der dauernd bewohnten Siedelungen, die
neben dem geringen Getreidebau sich natürlich wesentlich mit auf
Viehzucht stützen, ist die Zahl der vorübergehend bewohnten
Siedelungen, deren Gebiet ausschliefslich der Viehzucht mit oder
ohne Milchwirtschaft dient, eine verhältnismäfsig geringe. Die niedrige
linke Thalseite hat, soweit die dauernd bewohnten Siedelungen thaleinwärts reichen, gar keine Almen. Dagegen finden sich auf der
rechten Thalseite die Almen vorwiegend in der äufseren Hälfte des
Thales, weil hier längere Seitenthäler vorhanden sind, die auf der
linken Seite erst innerhalb Stallwies auftreten. Die drei gröfseren
Nebenthäler der rechten Seite zeigen einen ganz übereinstimmenden
Bau, sie fallen nach dem Hauptthale zu mit einer hohen Stufe steil
ab, oberhalb derselben breitet sich dann ein flacher Boden aus, auf
welchem die Alpe liegt. Im Brandner Thale findet sich aufser der
bei 1911 m gelegenen Morter Alm auch noch eine obere Hütte bei
circa 2250 m in dem kleinen Kaar, das sich gegen die Zwölferspitze
hinzieht, diese Hütte ist jedoch nur ganz kurze Zeit, vielleicht 8—10
Tage im Jahre bewohnt, — 1893 war sie am 24. Juli noch nicht bezogen, — sie soll daher nicht mit in Rechnung gezogen werden. Die
Morter Alpe sömmerte 1893 74 Stück Galtvieh, 3 Milchkühe und
einige Ziegen; in den allerödesten Teilen des Grofsbodenkaares streifte
ein Rudel Ziegenböcke umher. Die Flimalpe ist in der O.-A. mit
1960 m angegeben, diese Zahl bezieht sich wahrscheinlich auf die
durch Lawinen zerstörte ältere Hütte, die neue Hütte liegt nach
unserer Messung bei 1923 m. Auch in diesem Thale befindet sich
eine „obere" Alpe, die auf der O.-A. gar nicht angegeben ist, sie liegt
oberhalb der Steilstufe bei 2198 m und ist länger befahren als die

untere. Daher muſs sie und nicht die untere zur Bestimmung der
Höhengrenze verwendet werden. Die Goldreiner Alpe im Soythale
(2071 m), der Gemeinde Goldrain im Vintschgau gehörend, sömmerte
1893 48 Milchkühe, 48 Stück Galtvieh und 15 Schweine. Die beiden
Marteller Almen liegen auf der Sohle des Hauptthales zu beiden Seiten
der Plima bei 1830 und 1828 m, die zugehörigen Weidegebiete ziehen
sich weit an den beiden Thalflanken hinauf. Beide Almen sind gleichzeitig befahren. Im Zufall wurden 1868 (Payer) 1000 Schafe gesömmert, nach unseren Erkundigungen gegenwärtig „an 1200", auf
Lyſi früher 1400, jetzt 1200. Man trifft die genügsamen Tiere bis
3000 m hinauf, wo von einer „Grasdecke" nicht im entferntesten mehr
die Rede sein kann.

Der gröſste Komplex von M ä h w i e s e n breitet sich am Ausgang
des Rosimthales etwas oberhalb 1700 m aus, er führt den Namen
„Thial". Die höchsten Bergmähder Martells liegen bei der Lyſi-Alpe
2260 m hoch in S-Exposition; auf der Sohle des Hauptthales finden
sich die höchsten Mähwiesen innerhalb der Oberen Alpe bei 1850 m[1].

Wie die Getreidegrenze und mit ihr die Siedelungsgrenze, so
zeigt auch die Höhengrenze der Mähwiesen ein beträchtliches Ansteigen nach den inneren Teilen des Thales zu. Die zahlenmäſsigen
Belege hierfür sind in den Tabellen am Schlusse dieses Abschnittes
enthalten. Als Grund für diese Erscheinung ist in erster Linie die
Zunahme der Massenerhebung gegen den Thalhintergrund zu anzuführen. Die Wirkung derselben äuſsert sich aber im Hochgebirge
nicht bloſs in der Aufbiegung der Geoisothermen, wie in der Ebene,
sondern auch in einer besseren Befeuchtung des Bodens von den
höheren Teilen des Gehänges her durch Sickerwasser, Quellen, Rinnsale und Bäche. Denn mit Zunahme der Kammhöhe wächst oberhalb
der Kulturgrenzen die Fläche, welche Feuchtigkeit aufsammelt und
an die tieferen Teile abgiebt. Am günstigsten ist es natürlich, wenn
die Kämme bis in die Schneeregion hineinreichen und infolgedessen
auch noch im Hochsommer genügend Wasser spenden. Bei den
Kämmen, die unterhalb dieser Region bleiben, leiden die Flanken
immer an groſser Trockenheit, weil das an Ort und Stelle nieder-
geschlagene Wasser bei der starken Neigung rasch abflieſst. Daher
spielt das Bewässerungsrecht in den Alpenthälern eine groſse Rolle;
in Jahrhunderte alten Urkunden ist oft bis auf Tag und Stunde das
Recht zum Bewässern auf die Anwohner der Wasserleitungen verteilt,

---

[1] Im F.-M. sind auch viele Fälle aufgezählt, in denen Bergmähder durch
Muren ganz oder teilweise zerstört wurden.

und zur Unterhaltung der Wasserleitungen durfte schon in alten Zeiten auch in den Bannwaldungen Holz geschlagen werden (F. M.). Eine genügende Beachtung dieser Verhältnisse bewahrt vor einer Über-schätzung der geothermischen Wirkung der Massenerhebung. Das Ansteigen der Höhengrenzen ist auf der linken Seite stärker als auf der rechten, weil hier der Gegensatz der Massenerhebung zwischen aufsen und innen bedeutender ist, ferner hat diese Seite im inneren Teile eine mehr südliche Auslage als im äufseren, endlich wird durch das Zurücktreten der Kammlinie im inneren Teile mehr Raum für sanft geneigte Flächen geschaffen. Dafs die Kulturgrenzen auf der rechten Seite im ganzen bedeutend tiefer liegen als auf der linken, hat seinen Grund nicht blofs in der geringeren Besonnung, sondern auch in der gröfseren Steilheit dieses Abhanges.

Der Wald ist in Martell sehr ungleich verteilt, die rechte Seite ist bis zum Soythale einwärts gut bewaldet, der Bestand wird in der Gegend der Waldgrenze von Lärchen gebildet, zwischen welche ein-zelne Zirben eingesprengt sind, während oberhalb der Waldgrenze die Zirbe an vielen Stellen vorherrscht. Auf dem Kamme rechts vom Brandner Thale und an dessen innerer Flanke erreicht der Wald die bedeutende Höhe von 2246 m, sinkt dann gegen den Hintergrund zum äufseren Rande des kleinen Bodens, auf dem die obere Almhütte steht, und in der breiten Mulde des Hauptthales bis 2052 m herab. Hier hat jedoch eine „Windlahne" in den 80er Jahren den gröfsten Teil des Waldes vernichtet, sie ist noch über die vordere Stufe des Thales hinabgestürzt und hat auf der Thalsohle den Wald bis 1400 m durchgeschlagen. Noch jetzt liegen in der Nähe des Baches viele gebrochene Stämme. An der Baumgrenze finden sich fast nur kleine, verkrüppelte Exemplare, im Thalhintergrund stehen die letzten bei 2340 m auf Felsterrassen, die sich zwischen dürftig begrasten steilen Schutthalden erheben. Auf dem Kamme links vom Thale stehen die obersten kleinen Bäumchen hinter einer Felszacke bei 2397 m, und auf dem Grate des rechten Kammes steigen dieselben sogar bis 2416 m empor. Beide Kämme sind schmal und mit scharfen, steilen Fels-zacken besetzt, sodafs viele der vereinzelten Bäume kaum zugänglich sind. Hieraus scheint sich die hohe Lage der Baumgrenze in diesem Thale am leichtesten zu erklären. Ähnlich liegen die Verhältnisse im Flimthale, nur sind hier schon innerhalb der Waldgrenze die Zirben zahlreicher, besonders auf der rechten Thalseite, wo der Wald am höchsten emporsteigt (2264 m). Einzelne Fichten finden sich im Schutze dichter Lärchenbestände bis circa 2100 m. An der Flanke und auf dem Grat des schmalen, steilen, felsigen Kammes, der die linke

Thalseite bildet, reicht dünner Lärchenwald bis 2177 m. An beiden Kämmen löst sich der geschlossene Wald nach der Höhe zu so allmählich auf, daß eine bestimmte Waldgrenze nur mit einiger Willkür festgesetzt werden kann. Oberhalb der ersten Steilstufe teilt sich das Thal in zwei Arme, welche eine breite, flache Lehne zwischen sich einschliefsen, die im Hintergrunde durch eine steile Felsmauer abgeschlossen wird. Über diese Felsmauer stürzen zahlreiche Lawinen ab, welche den Wald bis unterhalb 1800 m durchgeschlagen haben. Aus dem Lawinenschutt hat sich am Fuße der Mauer eine steile Halde gebildet, welche dürftig mit Gras bewachsen ist. Auf dieser Halde haben sich dichte Scharen junger Lärchen angesiedelt, sodafs die Waldgrenze hier jetzt wieder in die Höhe der unteren Almhütte gelegt werden kann. Die Baumgrenze im Thalhintergrund liegt oberhalb der erwähnten Felsmauer, die vereinzelten Bäume stehen meist auf isolierten Knötten und Buckeln des breiten Bodens, der sich oberhalb der erwähnten Felsmauer ausbreitet. Der oberste Baum ist eine Lärche von Mannesstärke bei 2264 m, aufserdem finden sich noch mehrere abgestorbene Exemplare in der Nähe. Im Soythale wird die Baumgrenze an dem dürftig mit Gras bewachsenen Schuttrücken der rechten Thalseite von Lärchen und Zirben gebildet, sie liegt bei 2346 m. An der flachen, mit dürftigem Rasen bedeckten Lehne des Thalhintergrundes finden sich ein paar vereinzelte Lärchen von 30 cm Durchmesser bei 2156 m. Der Wald reicht an der linken Seite bis 2090 m, er ist hier durch eine steile Felswand am weiteren Vordringen gehindert, einzelne Lärchen steigen an dieser Wand bei NO-Exposition bis 2272 m und an der gegen das Hauptthal schauenden Seite bis 2365 m empor. Auf den schmalen Absätzen dieser steilen Felswand finden sich gegen das Soythal zu aufser den Lärchen noch Erlen- und Vogelbeerbüsche (Sorbus aucuparia) und einige ganz verkrüppelte Zirben. Vom Soythale einwärts wird die rechte Marteller Thalseite durch steile, zerrissene Wände und zackige Knötte gebildet, ein geschlossener Wald ist auf solchem Terrain nicht möglich, es finden sich daher nur einzelne Streifen dünnen Lärchenwaldes auf steilen Felsrippen und kleine Baumgruppen auf schmalen Terrassen, dazwischen schaut überall der rötliche Fels hindurch. Nur der Schuttfufs, der sich an diesen Wänden hinzieht und bis oberhalb Maria in der Schmelz eine ansehnliche Breite erreicht, ist dicht bewaldet. Im innersten Teile des Thales verschwindet auch dieser dichte Waldsaum, obwohl im Zufall das Terrain wieder günstiger wird; hier hat auch thatsächlich der Wald früher bis 2300 m gereicht.

Im äufseren Teile des Scheiderückens zwischen Martell und

Vintschgau greift der Wald aus dem Vintschgau über den Kamm herüber bis zur Höhe von 2071 m und bedeckt hier die oberen Teile des Gehänges, während die unteren Partien, wie schon aus der bei der Getreidegrenze gegebenen Beschreibung hervorgeht, nur eine dürftige Bewaldung zeigen. Im Hintergrund des Eberhöfer Thales, wo die Lawinen viel Schaden angerichtet haben, reichen jetzt einzelne Streifen dünnen Lärchenwaldes an der linken Seite bis 2021 m, dazwischen ziehen sich Gras- und Schuttstreifen bis zu großer Tiefe herab. Mehr gegen die linke Thalflanke strebt eine Phalanx junger Lärchen von ½ m bis Handgröße auf grasbedeckter Schutthalde bis 2168 m empor. Die breite Rinne des durch Muren gebildeten Eberhöfer Thales ist baumlos. Die Baumgrenze wird an der mit dichtem Rasen bedeckten Lehne des Thalhintergrundes durch drei kleine buschige, vom Vieh verbissene Lärchen bei 2168 m gebildet, 10 m darunter erblickt man noch einige stärkere, meist mehrstämmige Lärchen, und 4 m darüber steht noch ein abgestorbener Baum. Rechts vom Eberhöfer Thal reicht dünner Lärchenwald auf dem mit Steinen durchsetzten Weideboden bis 2099 m, einzelne Bäume haben einen Durchmesser von ½ m. Die Baumgrenze liegt auf dieser Seite 2213 m hoch, Zirben sind hier äußerst selten.

Im Schluderthale hört der Wald unterhalb der Mähwiesen bei circa 2000 m auf. Infolge der geringen Höhe finden sich hier noch regelmäßig gewachsene, kräftige Fichten. An der steilen Wand unmittelbar links vom Schluderthale reicht dünner Lärchenwald bis 2260 m, rechts bis 2167 m, hier sind einzelne Zirben eingesprengt. Die oberste vereinzelte Lärche findet sich links bei 2370 m in SW-Exposition, rechts, an der scharfen Felsnase des Schluderhornes, in S-Exposition bei 2283 m, abgestorbene erblickt man noch 30—40 m höher. Die weiter einwärts gelegenen linken Seitenthäler zeigen bis hoch hinauf sanfte Rasenhänge, an denen sich der Wald ganz allmählich auflöst. Zwischen dem Lyfi- und Pederthal erreicht der Wald mit 2318 m den Höchststand in ganz Martell bei SSO-Exposition. Im Zufall, am Abhang des Schlöfsls, liegt die Baumgrenze bei 2355 m, sie wird, wie überall an gut verwitterten Rasenhängen, fast ausschließlich von Zirben gebildet; es sind alles alte, kräftige, knorrige, verwetterte Exemplare, meist mit geteilten Stämmen[1]. Einzelne erreichen einen Durchmesser von ½ m. Weiter westlich steht an demselben Rücken noch eine vereinzelte Zirbe von etwa 5 m Höhe, die aus den

---

[1] Einige Büsche stehen an dieser Stelle noch 12 m höher an einer Felswand.

Rissen einer südlich exponierten Felswand herausgewachsen ist, man bemerkt dieselbe erst, wenn man nach dem inneren Zufall geht, sie steht zweifellos oberhalb 2400 m. Da aber die genaue Höhenbestimmung dieses Baumes übersehen wurde, kann er bei der Bestimmung der Baumgrenze im Zufall nicht mit berücksichtigt werden. Ein abgestorbener, ganz gebleichter, aber noch fest wurzelnder Baum mit zwei Stämmen von je 30 cm Durchmesser steht oberhalb des Schlöfsls bei 2505 m, und einige Meter darüber bemerkt man an südlich und südöstlich exponierten Felswänden noch ein paar kleine lebende Zirbenbüsche.

Bei Payer finden sich (Erg. 31, S. 32. 33) im ganzen drei Einzelangaben über die Höhe der Waldgrenze in Martell:

1. Waldgrenze nordwestlich von der Vorderen Nonnenspitz 2329 m,
2.   „   am Gramsenbach   2284 „
3.   „   nordöstlich von der Abl-Hütte (im Rosimithal) 2310 „

Allgemein bemerkt Payer (a. a. O. S. 6): „Der Wald reicht bis zu der seltenen Höhe von 7400 Fufs (= 2339 m), ja in einzelnen Ansiedelungen noch 200 Fufs weiter" (= 2402 m). Diese Angaben sind als Durchschnitt zu hoch, stimmen aber, falls unter den „einzelnen Ansiedelungen" die obersten vereinzelten, meist stark verkrüppelten Bäume gemeint sind, mit unseren Maximalzahlen gut überein. Simony fand die obersten Zirben im Martellthal bei 2301 m (Jb. 1870 S. 353). Wahrscheinlich bezieht sich diese Zahl auf die Gegend bei der heutigen Zufallhütte. Das von uns gefundene Maximum der Baumgrenze liegt im Brandner Thale, das von keinem der beiden Forscher betreten wurde, bei 2416 m in NW-Exposition; das Mittel für ganz Martell beträgt 2311 m; das Mittel für die Waldgrenze beträgt 2189 m, bleibt also hinter Payers Zahl um 150 m zurück. Teilweise ist diese Differenz auf die starke Abholzung zurückzuführen, über die schon Payer (a. a. O. S. 6) berichtet: „Leider verfällt derselbe (d. i. der Wald) dem Gesetz des Egoismus; da er den Vintschgauer Gemeinden gehört, so verschwanden die prächtigen Bestände an der Madritschbachmündung, jene oberhalb der Pederbachmündung wurden durch Feuer verwüstet[1]." Im Lyfithale hat „ein Waldbrand c. 1780 den Boden locker gemacht und einige Muhren veranlafst." F. M. Dasselbe war einige Zeit vorher „auf dem Flimgrat bis Thairlabner" geschehen. Die Schlanderser haben 1842 den Rosimiwald abgeschlagen. Ebensowenig wurden die Waldungen geschont, die den Martellern selbst gehören; so heifst es im F. M. bei der Beschreibung des Sonneberges:

---

[1] Jetzt zeigt sich hier wieder ein kräftiger Nachwuchs.

„Holz und Ströb wird auch in den nächsten Waldungen benützt, die
nun ziemlich gelichtet sind, die Bewohner halten sich wenig an der
Gemeinde Vorstordnung und schlagen das Holz nach Belieben wie
jene in der Gand" (S. 145). Dieser Waldraub hat seitdem weitere
Fortschritte gemacht; in der Gegend der Zufallhütte ist der rechte
Thalhang auf eine weite Strecke völlig abgeholzt; schlecht gewachsene
Stämme hat man einfach an Ort und Stelle liegen lassen, wo sie verfaulen. Auch im Thalhintergrund hat, nach den Stümpfen zu schliefsen,
der Wald früher bis gegen 2225 m an den Wänden des Knottes, auf
welchem die Zufallhütte steht, empor gereicht. An der rechten Seite
des Soythales, oberhalb der Goldreiner Alpe, hat noch bis vor kurzem
ein schöner Wald bis über 2300 m hinauf gereicht, jetzt ist er so ausgeholzt, dafs zwischen den dicht stehenden Stümpfen nur noch vereinzelte Lärchen vorhanden sind, die nicht mehr als Wald aufgefafst
werden können. Die Waldgrenze rückt dadurch im oberen Soythale
rechts sofort um 230 m tiefer herab. Wenn solche Verhältnisse auch
nur bei einer beschränkten Anzahl der gemessenen Punkte vorliegen,
so ist die Differenz zwischen den Zahlen Payers und den unsrigen
leicht zu erklären, einige andere Erklärungsgründe sind in dem Abschnitt über die südlichen Ortleralpen enthalten.

An gesetzlichen Bestimmungen zum Schutze des Waldes hat es
nicht gefehlt; die ältesten der uns bekannt gewordenen finden sich
im „Landsprach-Protokoll" vom 1. März 1543, worin unter genauer
Bezeichnung der einzelnen Lokalitäten der Wald auf der rechten
Thalseite bis über die Hölderlegüter hinein und aufwärts „bis über
die Knötte", also bis auf die obere Thalstufe der Seitenthäler, und
ebenso auf der linken Seite von Steinwand an, soweit die Siedelungen
einwärts reichen, in den Bann gethan wird. Diese Bestimmungen
werden im „Thal- und Pauerschaftsbrief des Thal und der Gemein-
schaft Martell" v. J. 1690 durch den Grafen von Mohr erneuert; dasselbe geschieht in der „Thalordnung" vom 19. März 1832. „Diese
aufgezählten Bannwaldungen dienen größstenteils zur Abwehr der
Lawinen und Muhren für die darunter liegenden Gebäude und Güter
und darf also das Brennholz nur oberhalb ihrer Marchungen,
das Bauholz aber in selben nur über vorläufige Anfrage und Anzeige
gefällt werden. Die übrigen Bannwaldungen (meist weiter thaleinwärts gelegen) sind nur zeitlich wegen des jungen Anfluges verpönt
und andere sind zur Deckung des nachbarlichen Brunngeleites und
Wasserbaues gewidmet. Die Strafe für einen jeden aus einem
Bannwalde eigenmächtig gefällten Baumstamm wird neben der Con-
fiscation auf 1 fl. festgesetzt. . . . Inbetreff des Stimmelns, Abrindens,

Lergetbohrens (= Terpentinölmachen), Mies- (= Baumhart) und Streusammelns wird sich auf die allgemeinen Forst-Polizei-Vorschriften und -Strafen bezogen.

„Schliefslich wird der eingerissene Unfug, dafs zu viele, meist junge, arbeitsfähige Leute mit Schüssel- und Tellerdrechseln, Korbflechten nnd Binderarbeit sich beschäftigen und mit ihrer Ware aufser dem Thale Handel treiben, dem einheimischen Waldstande, hauptsächlich dem Zirm- und Lärchenholz als höchst nachteilig und selbst zugleich den Privateigentums-Waldungen der öfteren Entwendungen wegen als höchst gefährlich erkannt. Zu diesem Ende wurde schon durch Gemeindebeschlufs vom 10. April 1787 diesen Gewerbsleuten ein eigener Waldstrich, nämlich a. auf der Nörderseite vom sogenannten Gampelmahd hinein bis Zufall und von dort auf der Sonnenseite heraus b. bis an den Lyfibach (also der innerste Teil des Thales) angewiesen uud den Übertretern für jeden auswärtigen Stamm das erstemal ein Gemeindetagwerk, weiteres aber 24 kr. als Strafe festgesetzt" (F.-M. 592 ff.). Diese Gemeindebeschlüsse wurden den 17. Juni 1832 vom Kreisamt sanktioniert unter anderen mit der Bemerkung, dafs „die Strafen, besonders für die eigenmächtige Fällung von Baumstämmen in einem offenen oder Bannwalde überspannt erscheinen und deshalb einer billigen Mäfsigung nach Erkenntnis des Forstamtes Fall für Fall zu unterziehen seien."

Leider wurden die zum Schutze des Waldes getroffenen Bestimmungen häufig aufser acht gelassen. Ein grofser Fehler war es auch, dafs die Privatwaldungen von diesen Bestimmungen ausgeschlossen blieben, selbst wenn sie innerhalb eines Gemeindebannwaldes lagen. Immerhin mag es trotz aller nachlässigen Handhabung diesen Schutzvorschriften mit zu danken sein, dafs das Thal, soweit die Siedelungen einwärts reichen, im allgemeinen dichtere und höher hinaufreichende Waldbestände zeigt als in seinem inneren Teile.

Der tiefste Firnfleck Martells liegt an der linken Seite des Soythales in N-Exposition bei 1996 m unterhalb derselben Felswand, die etwas weiter thalaufwärts dem Vordringen des Waldes ein Ziel setzt. An der Wand selbst erfüllt der Firn eine steile Runst, und an ihrem Fufse breitet er sich in einer flachen Rinne aus. Für diesen Teil beträgt die Horizonthöhe nach S 50°, N 4°, O 21°, W 10°. Dicht neben der Rinne beginnt der Rasen, die Bäume halten sich einige Meter davon entfernt. Die Felswand hat eine Neigung von 65°. Dieser grofse Firnfleck bleibt nach Aussage der Hirten und Führer jedes Jahr liegen. Weiter thalaufwärts, wo der Wald aufgehört hat, liegt unterhalb derselben Wand in N-Exposition bei 2071 m in etwas freierer Lage ein ähnlich gestalteter Firnfleck, welcher „die meisten Jahre" liegen bleibt. Da derselbe der Gold- reiner Alpe gerade gegenüber liegt und sich beständig dem Anblick darbietet, verdient die Aussage der Hirten volles Vertrauen[1]. Bei Aufstellung einer Mittelzahl für die orographische Firngrenze und bei der kartographischen Festlegung dieser Grenze bleiben beide Firn- flecken als vereinzelte Vorkommnisse, die allem Anschein nach die Reste kleiner Staublawinen sind, ausgeschlossen.

Unter einem geringeren Grade orographischer Begünstigung stehende, gesellig auftretende Firnflecken finden sich im Hintergrunde des Soythales; der tiefste von circa 50 m Länge, 10—20 m Breite und und 1—2 m Mächtigkeit liegt etwas östlich vom Zungenende des Soyferners mit dem unteren Rande auf Schutt bei 2345 m in N-Ex- position. Die Horizonthöhe beträgt hier im S 35°, N 2°, W 15°, O 22°, die Neigung des Firnfleckes 25°. An den schuttreichen Cirkuswänden ziehen sich zahlreiche nach unten konvergierende Firn- streifen in Rinnen bis 2466 m herab; die beiden rein nördlich exponierten sind die gröfsten, die nordöstlich und nordwestlich expo- nierten sind in eine Reihe von Flecken aufgelöst. In ganz freier Lage, allerdings bei N-Exposition und 28° Neigung findet sich ein breiter Firnfleck auf Schutt bei 2639 m, seine Horizonthöhe beträgt gegen S 30°, N 3°, W 8—10°, O 16°. Der Firnstreifen am NW- Rand des Soyjoches[2] ist bereits bei der Beschreibung des Pilsberges beschrieben worden[3].

Im Flimthale fanden sich am 26. Juli 1893 die tiefsten Firn- flecken bei 2535 m in kleinen Rinnen an der steilen, schuttbedeckten Lehne der linken Seite des Thalhintergrundes in N- und NW-Expo- sition. Bei näherer Besichtigung zeigten sie sich vollständig vereist, ein Beweis dafür, dafs sie nur die dürftigen Reste sonst gröfserer Firnansammlungen darstellten. Wahrscheinlich gehen hier die Firn- flecken in schneereicheren Jahren bis circa 2400 m herab, wenigstens deuten mehrere nach N geneigte vegetationslose, gebleichte Mulden darauf hin. Einige ganz vereiste bis 40 m lange Firnbrücken über

---

[1] Am 26. Juli 1893 waren jedoch beide Firnflecken verschwunden.

[2] Soyjoch heifst bei der einheimischen Bevölkerung der auf der O.-A. mit 2840 m. bezeichnete tiefste Punkt zwischen dem Soythal und dem Pilsberg, über welchen der Steig von Gand nach St. Gertraud im Ultenthale führt. Auf der O.-A. und darnach auf allen anderen Karten wird ein circa 600 m südwestlich davon gelegener Punkt (△ 3022) als Soyjoch bezeichnet.

[3] Auch von diesem Firnstreifen und den meisten der übrigen Firnflecken im Hintergrunde des Soythales war am 26. Juli 1893 nichts mehr zu sehen.

kleinen Wasserfäden lagen bei 2700 m, und ein paar flache, ebenfalls vollständig vereiste Firnflecken waren in nördlich und nordwestlich exponierte flache Schuttmulden eingebettet bei 2750 m. Direkt
unter dem Flimjoch, also in W-Exposition, lag ein breiter Firnfleck
bei 2800 m.

Im Schluderthale, dessen innerer Teil eine schauerlich öde Schutt-
und Blockwüste bildet, lagen am 2. Aug. 1893 einige flache Firnflecken in dem Winkel, in welchem der steile Thalhintergrund in
einen flachen Boden übergeht, bei circa 2800 m in S-Exposition. An
der rechten Seite hing ein schöner grünlich weifser Eislappen bis
2975 m herab. In einem nach SSO geöffneten flachen Cirkus an der
Laaser Spitze endete im Aug. 1892 eine gröfsere Firnmasse bei 2740 m.

Im Zufall finden sich die tiefsten Firnflecken rechts vom Zungenende des Langen Ferners unterhalb der steilen Wände des Inneren
Kofls bei 2590 m auf Schutt in N-Exposition. Sie liegen nicht gerade
am oberen Rande der Halden, da die Neigungsänderung nicht an
dieser Stelle am gröfsten ist, sondern weiter unten, wo die Schutthalde in eine muldenartige Form übergeht. Weiter thalaufwärts
nehmen an diesem steilen Hange die Firnansammlungen an Zahl und
Gröfse zu, einzelne hängen bis auf den Gletscher herab. An der
südlich exponierten linken Seite des Butzenthales, die hoch hinauf
von Rasenhängen überkleidet ist, lassen sich natürlich nicht viele
Firnflecken erwarten; der tiefste liegt in einer mit Schutt erfüllten
Schlucht an der Muthspitze bei SO-Exposition und nur 8° Neigung
2684 m hoch. An der linken Seite des Langen Ferners zieht sich
parallel mit demselben ein circa 70 m langer östlich exponierter Firnstreifen in einer Schlucht bis 2735 m herab. Wo die Bergflanke
westlich von der Muthspitze eine Einbuchtung zeigt, findet sich, rings
von Rasen umgeben, ein breit hingelehnter Firnfleck von circa 20 m
Länge, 30 m Breite und 1—3 m Dicke in SO-Exposition bei 2729 m,
seine Neigung beträgt 35°, die Horizonthöhe im S 10°, N 35°, W 20°,
O 8°. Im oberen Butzenthale zeigen sich bei O- und NO-Exposition
zahlreiche Firnflecken in Schluchten bei 2699 m Höhe. Freier gelegene
Firnflecken finden sich weiter thalwärts in derselben Exposition auf
dem Schutt unterhalb der Hinteren Wandeln bei 2716 m. Bei SO-
Exposition liegt am Butzenbach der tiefste Firnfleck in der Höhe von
2706 m; bei seiner Kleinheit ist die Ausdauer fraglich. Der im westlichen Teile bis über 3000 m ansteigende Kamm, aus dem sich die
Muthspitze erhebt, zeigt nur in muldenförmigen Vertiefungen einzelne
Firnflecken.

Im Madritschthale lagen am 16. Aug. 1892 auf der rechten Seite die tiefsten Firnflecken in NNO-Exposition bei 2504 m auf Schutt; der gröfste war circa 10 m lag und 5 m breit. Der tiefste Firnfleck an der linken Thalseite lag in einer östlich exponierten, gegen S und W durch hohe Ränder gedeckten Mulde 2709 m hoch. Im weiten Thalhintergrunde reichten von allen drei Umrandungen, also in N-, O- und S-Exposition, zahlreiche Firnflecken bis auf den Thalboden (2778 m) herab. Bei Aufstellung der Mittelzahlen für die orographische Firngrenze werden natürlich nur die südlich exponierten verwendet, da für N- und O-Exposition in diesem Thale bereits tiefere vorhanden sind.

Im Hintergrunde des Brandner Thales hängt ein schmaler Lappen des Hasenohrgletschers bis circa 2600 m herab. Das Zungenende des Soyferners wurde am 13. Aug. 1892 bei 2469 m gefunden. Am 26. Juli 1893 reichte der mittlere der drei schmalen Endlappen bis 2452 m herab. Bei der grofsen Steilheit ist das Gletscherende natürlich völlig frei von Schutt. Richter giebt nach der älteren O.-A. „fast" (d. h. hier etwas mehr als) 2500 m als Höhe des Gletscherendes an, auf der neuen O.-A. von 1887 scheint es bei 2600 m zu liegen. Payers Karte enthält diesen Gletscher nicht mehr. Der Soyferner ist bis in sein Firngebiet hinein so stark zerklüftet, dafs die Bestimmung der Firngrenze auf demselben schwierig ist. Nach dem Stande vom 13. Aug. 1892 schien es am richtigsten, sie bei 2880 m anzusetzen, 1893 lag sie schon am 26. Juli bei 2900 m. An den Seiten des Felskammes südwestlich vom Soyjoch reichten bei N- und O-Exposition die mehr oder weniger zusammenhängenden Firnmassen bis 2850 m, nur der scharfe Grat war bis zu bedeutend gröfserer Höhe schneefrei. An dem Felsriegel nördlich von der Altplitt-Scharte lehnte 1892 eine gröfsere Firnfläche in NNO-Exposition, deren unterer Rand bei 2810 m anfing, sich zu zerstückeln.

Auf Payers Karte bilden die Zungen des Langen-, Zufall- und Firkeleferners noch eine Einheit und enden bei 2338 m. Auf der O.-A. von 1887 liegt das Ende des Zufallferners bei 2324 m, Ende Juli 1893 fand es der Verfasser bei 2387 m. Hierbei ist allerdings zu berücksichtigen, dafs die Zufallhütte, welche für diese Messung als unterer Fixpunkt diente, vom Verfasser zu 2273 m, d. i. 84 m höher als auf der O.-A. angenommen wird[1].

Diese höhere Zahl für die Zufallhütte findet übrigens eine Bestätigung durch Payer, welcher die Höhe der Zufall-Alpe zu 2247 m

---

[1] Da sich bei allen Messungen des Verfassers, die 1892 mit zwei Aneroiden, 1893 aufserdem noch mit Siedethermometer ausgeführt wurden, die Zahl 2189 m

== 432 m über der Oberen Marteller Alpe bestimmt hat. Die Höhe der letzteren nimmt er zu 1815 m an. Setzt man nun für die Obere Alpe die gegenwärtig geltende Höhenzahl 1828 m ein, so ergiebt sich für die Zufallalpe die Höhe von 2260 m, und für die Zufallhütte, welche 12—13 m über der Alpe steht, erhalten wir genau die von uns auf andere Weise ermittelte Höhenzahl 2273 m. Aus der verschiedenen Höhenangabe für die Zufallalpe erklärt sich auch der Widerspruch zwischen der Höhe des Gletscherendes bei Payer und derjenigen auf der O.-A., dasselbe kann 1887 selbstverständlich nicht tiefer gelegen haben als 1868. Unter Berücksichtigung des Höhenunterschiedes für die Zufallalpe ergiebt sich für das Ende des Zufallferners von 1868 bis 1893 ein Höhenrückgang von 36 m. Das linke Thor des Zufallferners, aus welchem der Hauptbach kommt, war 1893 niedrig, das rechte dagegen sehr hoch und weit, doch stark zerklüftet. Zwischen beiden Thoren ragte eine schmale Eiszunge 6—8 m weiter heraus. Vor dieser Eiszunge lag in einem Abstand von durchschnittlich 5 m eine schön gerundete kleine Stirnmoräne von nicht ganz 1 m Höhe auf dem Schuttwall zwischen beiden Bächen. Der Schutt dieser Moräne war sehr schlammig, also noch wenig von Regen bespült, die Moräne ist demnach aller Wahrscheinlichkeit nach erst im Frühjahr 1893 abgesetzt worden. Der Zwischenraum zwischen dieser Stirnmoräne und der gewölbten Eiszunge war $\frac{1}{4}$ bis $\frac{1}{2}$ m hoch mit feinem, breiigem Schutt angefüllt, unter welchem noch eine dünne Eisschicht lag. Das Gletscherende war in diesem Jahre flacher ausgekeilt als 1892 und von zahlreichen Querspalten durchzogen. Nach Beobachtungen, welche Martin Eberhöfer mit Visierlatten vorgenommen hat, ist die Oberfläche der Eismasse an der Stelle, wo sie die Thalsohle erreicht hat und sich an die entgegengesetzte Thalwand heranzuschieben beginnt, vom Herbst 1892 zum Frühjahr 1893 um 2 bis $2\frac{1}{2}$ m eingesunken[1]. Nach Finsterwalders Beobachtungen[2] hat sich das Gletscherende von 1889 bis 1890 um 8 m thalwärts vorgeschoben. Nach den oben mitgeteilten Beobachtungen kann es jedoch keinem Zweifel unterliegen, daß von 1892 bis 1893 wieder eine kleine Rückschwankung von etwa 5 m in der Längsrichtung stattgefunden hat. Dasselbe konnte der Verfasser auch vom Suldenferner feststellen. Um

für die Höhe der Zufallhütte als viel zu niedrig erwies, mochte sie nun auf die Obere Alpe, auf die Kapelle in der Schmelz, auf das Schlöfsl, die Muthspitze, das Madritschjoch u. s. w. bezogen werden, so hielt derselbe für geboten, von dieser Zahl abzuweichen.

[1] Vergl. auch Richter, Z. 1893, S. 480.

[2] Ebenda S. 479.

künftige Beobachtungen zu erleichtern, hat der Verf. an einem Felsblock zwischen beiden Bächen mit roter Farbe eine Markierung angebracht (Gl.-E. 1893 50 m Fr.).

Da sich am Langenferner eine Markierung dieser Art nicht
empfiehlt, so wurde am linken Thalhang auf einem Felsblock und auf
einer etwa 20 Schritt weiter aufwärts anstehenden gelben Platte je
ein rotes Rechteck angebracht mit der Bezeichnung L.-F. 1893. Wenn
man vom oberen zum unteren Rechteck visiert, trifft man in der
Fortsetzung gerade den Stand des Gletscherendes vom 30. Juli 1893[1].
An der rechten Thalwand, unter dem Mittleren Kofl, hängt der
Langenferner noch durch eine schuttbedeckte Eislehne mit dem Zufallferner zusammen. Jedenfalls hat hier der nach und nach um-
gelagerte Schutt der rechten Moräne das Eis vor dem Abschmelzen
geschützt, aufserdem liegt es im Schatten der rechten Thalwand. Der
Bach entspringt ganz an der rechten Seite des freien Zungenendes,
bei seinem Austritt verschmälert sich die Zunge plötzlich, auch an
der linken Seite springt sie ein und zieht als schmaler, schuttbedeckter Eiskamm noch etwa 30 Schritt weit vor. In der Fortsetzung dieses schmalen Zungenendes beträgt die Entfernung bis zur
Moräne des Zufallferners, hinter welcher gleich das Eis liegt, 48 m,
bis zum Tunnel etwa das Dreifache hiervon. Die kürzeste Entfernung
zwischen jener Eiszunge und der Moräne des Zufallferners beträgt
27 m. Die Höhenlage des Gletscherendes ist hier nach der Karte
schwer abzuschätzen, die Zunge endet auf der O.-A. zwischen den
Isohypsen von 2400 und 2500 m etwa bei 2440 m. Unsere auf die
Zufallhütte bezogene Messung vom 30. Juli 1893 ergab 2483 m. Die
in Richters Buch über „die Gletscher der Ostalpen" gegebene Höhenzahl (2550 m) beruht wohl nur auf einem Schreib- oder Druckfehler.

Der Firkeleferner ist, wie die Führer schon längst ohne jede
Messung bemerkt haben, seit einer Reihe von Jahren in schnellem
Vorschreiten begriffen. Finsterwalder konstatierte schon 1890 ein
Vorrücken von „etwa 70 m" in der Längsrichtung und ein starkes
Anschwellen der Zunge[2]. Auf der O.-A. liegt das Ende bei 2433 m,
am 11. Aug. 1892 fand es der Verf. bei 2422 m, am 31. Juli 1893
bei 2415 m. Es hat jetzt gerade die letzte Stufe über der Thalsohle
erreicht. An der linken Seite hat sich aus den über die steile Wand

---

[1] Der noch während der Markierung eintretende starke Regen dürfte die
Zeichen zum Teil verwaschen haben, für einige Jahre werden sie aber sicher
kenntlich bleiben.

[2] Finsterwalder, „Das Wachsen der Gletscher in der Ortlergruppe". M.
1890, S. 267, und Richter, Z. 1893, S. 479.

abgestürzten Eismassen ein Gletscherlappen regeneriert, der noch 9 m tiefer herabreicht; 1893 stürzte jedoch viel weniger Eis ab als im Vorjahre. Die Ursache dafür, daß der Firkeleferner ein so auffallend anderes Verhalten zeigt, als sein demselben Firngebiet angehörender Nachbar, mag eines Teils darin liegen, daß seine Zunge bis jetzt noch frei herabhängt, also einen stärkeren Zug entwickelt als die des Zufallferners, andernteils sind vielleicht auch die Querschnitte, durch welche beide mit dem Firngebiet zusammenhängen, in Form und Größe verschieden. Der Hohenferner scheint gleichfalls vorzuschreiten. Einige Daten über die Höhe der Gletscherenden Martells seien noch in der folgenden Tabelle zusammengestellt. Die vom Verf. für das Jahr 1893 gegebenen Höhen sind meist durch Horizontglas bestimmt, können also den Stand der betreffenden Gletscherenden nur annähernd bezeichnen.

Gletscherenden in Martell	1868	1893	Anmerkungen
	l'ayer	Fritzsch	
Flimferner	—	2850	
Soyferner	—	2452*	*1892: 2469 m.
Oberer Zufrittferner . .	2883	2911	
Unterer Zufrittferner . .	2582	2560	
Nonnenferner, östl. Zunge	2605	2572	?
Nonnenferner, westl. Zunge	2611	2718	
Sällentferner	2748	2727 2713	
Gramsenferner	2403	2480	
Schranferner, östl. Zunge	2871	2876	
Schranferner, westl. Zunge	2871	2654	
Ultenmarktferner	2830*	2712	*Schätzung.
Hohenferner	an der linken Seite mit dem Firkele zusammenhängend	2566	
Firkeleferner	2338	2415* 2406	*1892: 2422 m. regen. Lappen.
Zufallferner		2387	
Langenferner		2483	
Madritschferner	2965	2980	
Rosimiferner	2911	2975*	*gegen das Schluderthal.

Die Firngrenze verläuft auf dem Zufallferner bei NO-Exposition und ebenso auf dem Hohenferner bei N-Exposition in der Höhe von 2883 m; Steilabstürze sind natürlich auch in größerer Höhe

aper. Ebenso hoch liegt die Firngrenze an der N-Seite der nicht
sehr steilen Felsrücken, die sich auf der Strecke zwischen dem Zufallferner und dem Ultenmarktferner erheben. Dafs die Firngrenze an
den Felshängen hier nicht höher liegt als auf der flacheren und kalten
Eisunterlage, die aufserdem schon von vornherein wegen der geringeren
Neigung mehr Schnee erhält, dürfte in diesem Falle hauptsächlich
dadurch zu erklären sein, dafs die Gletscherflächen wegen der geringeren nördlichen Neigung der Sonne unter einem gröfseren Winkel
ausgesetzt sind als die steileren Felshänge. An der nordöstlich exponierten rechten Seite des Langen Ferners reicht der Firn bis 2862 m
herab, auf dem rein östlich exponierten gewölbten mittleren Teile nur
bis 2877 m. Etwas oberhalb 2900 m beginnt der Ferner bei ver-
stärkter Neigung sich in zwei Arme zu teilen, von denen der eine
zur Eisseespitze, der andere zur Suldenspitze und dem Cevedalepafs
hinaufführt. Auf dem ersteren sind einzelne Rundbuckel bis 2950 m,
auf dem letzteren einige Bruchstellen bis 2980 m ausgeapert. Die
Neigung beträgt hier an den steilsten Stellen des linken Armes 21°,
an denen des rechten 28°, unterhalb der Vereinigung beider Arme
nur 7°.

Auf dem flach hingebreiteten Schranferner hat die Firngrenze die
bedeutende Höhe von 2945 m trotz nördlicher Auslage. Bis zu derselben Höhe reicht bei O-Exposition auch der zusammenhängende
Firnmantel an der Butzenspitze herab. Vom Innerkofl zieht ein
breiter Firnlappen, der mit höher gelegenen geschlossenen Firnmassen
zusammenhängt, gegen den Langenferner bis 2738 m, während wenig
weiter thalabwärts an derselben Seite ein Eislappen herabhängt, der
bis circa 100 m höher hinauf aper ist. Dieses für den ersten Anblick
befremdende Verhältnis kann nur dadurch erklärt werden, dafs der
Abhang an der ersteren Stelle eine konkave Form hat, wodurch sich
der abgetriebene und abgerutschte Schnee hier zu grofser Mächtigkeit
ansammeln kann. Diese Zahl soll daher als stark orographisch bedingt
vom Mittel ausgeschlossen werden. Eine allgemeinere Firnbedeckung
zeigt sich am rechten Ufer des Langen Ferners erst bei 2890 m.
Weiter thalauswärts, wo der Kamm niedriger wird, steigt die Firngrenze höher hinauf. Links vom Langen Ferner, also an dem SSW-
Abhang der Hinteren Wandeln beginnt das erste südlich und südöstlich exponierte Firnfeld bei 2945 m. Fast bis zu derselben Höhe,
nämlich bis 2980 m, reicht ein breites, im unteren Teile 16°, im
oberen stärker geneigtes zusammenhängendes Firnlager vom Kamme
des Madritschjoches, also bei östlicher Auslage herab, während an der
Inneren Pederspitze und dem Schöntaufjoch bei S-Exposition die zu-

sammenhängende Firnbedeckung nur bis 3025 und 3015 m reicht.
In dieser Höhe hören, wie mehrfach beobachtet wurde, alle gröfseren
Firnansammlungen der linken Thalseite auf. Nach den Erkundigungen,
welche der Verf. über die·gewöhnliche Breite des Eisrandes an dem
kleinen nördlich exponierten Hängegletscher im Flimthale eingezogen
hat, dürfte die Firngrenze auf demselben etwas unterhalb 2900 m
liegen. In dem abnormen Sommer 1893 war das Eis bis auf die
Schneide, also bis über 3000 m ausgeapert.

Übersicht
über die Höhengrenzen des Martell-Thales.

I. Höhengrenze des Getreidebaues und der dauernd bewohnten Siedelungen.

Nr.	Name bezw. Örtlichkeit	Siedelungen	Getreide-felder	Expos.	Anmerkungen
1.	Steinwandhof	1445	1480	SO	
2.	Fora	1460	1480	SO	
3.	Breitenhof	1560	1600	SO	
4.	Marzon	1550	1600	SSO	
5.	Linke Seite des Eberhöfer Thales (Oberhof). . .	1450	1643	S	
a.	Mittel für die äufsere Hälfte der linken Seite	**1493**	**1560**		
6.	Östlich von Radund . . .	1530	1610	OSO	
7.	Bei Radund	1675	1706	SSO	
8.	Premstall	1550	1600	SSO	
9.	Farma	1360	1360	SSO	
10.	Oberhof	1710	1720	SO	
11.	Greit	1860	1860	SSO	
12.	Hocheck	1852	1860	SSO	
13.	Stallwies	1927	1907	SSO	
b.	Mittel für die innere Hälfte der linken Seite	**1683**	**1708**		
	Differenz zwischen der äufseren und inneren Hälfte	**190**	**148**		
c.	Mittel für die ganze linke Seite	**1605**	**1651**		aus allen Einzelzahlen, weil die Strecken nicht gleich grofs.

Nr.	Name bezw. Örtlichkeit	Siedelungen	Getreide-felder	Expos.	Anmerkungen
14.	Kratzeben	960	1000	W	
15.	Vorhöfe	1083	1100	NW	
16.	Brandhöfe	1310	1364	W	
17.	Eben	1150	1170	NW	
18.	Burgaun	1120	1160	NW	
19.	Salt	1148	1160	NW	
20.	Ennewasser	1260	1280	W	
d. Mittel für die äufsere Hälfte der rechten Seite		1147	1176		
21.	Gluder	1235	1260	WNW	
22.	Am Weg ins Flimthal . .	—	1260	W	
23.	Oberste Häuser von Gand	1300	—	W	
24.	Pircher	1330	—	NW	
25.	Soyreith	1354	1360	W	
26.	Tasa	1376	—	W	
27.	Soylana	1430	1430	NW	
28.	Unterhölderle	1469	1469	NW	
e. Mittel für die innere Hälfte der rechten Seite		1356	1356		
Differenz zwischen der äufseren und inneren Hälfte		209	180		
f. Mittel für die ganze rechte Seite		1252	1266		(d + e) : 2.
Differenz zwischen der rechten und linken Seite		353	385		
g. Mittel für ganz Martell . .		1429	1459		(c + f) : 2.

II. Bergmähder.

Nr.	Örtlichkeit	Höhe	Expos.	Anmerkungen
1.	Beim Steinwandhof . . .	1500	SO	
2.	Beim Breitenhof	1600	SO	
3.	An der linken Seite des Eberhöfer Thales . .	1700	S	

Nr.	Örtlichkeit	Höhe	Expos.	Anmerkungen
4.	Rinne des Eberhöfer Thales	1517	SO	
5.	Innerhalb Radund . . .	1720	SO	
6.	Innerhalb Premstall . . .	1600	O	
7.	Zwischen Premstall und Oberhof	1880	O	
8.	Innerhalb Oberhof . . .	1800	S	

a. **Mittel für die äufsere Hälfte**
   der linken Seite . . . . . -   **1652**

9.	Über Greit	1863	SSO	
10.	Bei Stallwies	1940	S	
11.	Schluderalpe	2020	SSO	
12.	Im Rosimthale.	2180	S	
13.	Bei der Lyfialpe	2260	S	

b. **Mittel für die innere Hälfte**
   der linken Seite **2053**

Differenz zwischen der äufseren
   und inneren Hälfte der linken
   Seite **401**

c. **Mittel für die ganze linke Seite**
   (a + b) : 2 . . . .   **1853**

14.	Bei Kratzeben	1040	WNW	
15.	Im Brandner Thale . . .	1408	NW	
16.	Bei Salt	1222	W	
17.	Bei Ennewasser	1280	WNW	
18.	Bei Gand	1300	WNW	
19.	Bei Pircher	1340	W	
20.	Bei Soyreith	1415	WNW	
21.	Innerhalb Tasa	1420	NW	

d. **Mittel für die äufsere Hälfte**
   der rechten Seite **1303**

22.	Soylana, linkes Hochufer des Soybaches. . . .	1488	N	
23.	Innerhalb Unterhölderle .	1500	NNW	

Nr.	Örtlichkeit	Höhe	Expos.	Anmerkungen
24.	Beim Schmelzhaus . . .	1595	NW	
25.	Am Altkaserbichl. . . .	1940	NW	
26.	Auf den Altkaserböden .	1900	NW	

e. Mittel für die innere Hälfte der rechten Seite	1685	

Differenz zwischen der äufseren und inneren Hälfte der rechten Seite.	382	

f. Mittel für die ganze rechte Seite (d + e)	1494	

Differenz zwischen der rechten und linken Thalseite	359	

g. Mittel für ganz Martell (natürlich mit Ausschlufs der Sohle des Hauptthales)	1674	

III. Vorübergehend bewohnte Siedelungen.

a. Sennhütten.

Nr.	Name	Höhe	Expos.	Anmerkungen
1.	Goldreiner Alpe	2071	W	
2.	Untere Marteller Alpe . .	1830	W	} An den entgegengesetzten Thalseiten gelegen u. gleichzeitig befahren.
3.	Obere Marteller Alpe . .	1828	O	

Mittel	1910	

b. Schäferhütten und Galtviehalmen.

Nr.	Name	Höhe	Expos.	Anmerkungen
1.	Morter Alpe	1911	N	
2.	Obere Flimalpe	2198	O	
3.	Schäferhütte im Schluder-thale	2370	SO	Die „Schluder-Alpe" (2007
4.	Schäferhütte im Lyfithale .	2184	S	m) ist ein Komplex von
5.	Peder-Ochsenalpe	2174	S	Bergmähdern.
6.	Schäferhütte im Pederthal (Schildhütte)	2390	SO	
7.	Zufallalpe	2261	O	

Mittel   2213

Mittel für die linke Seite . . .   2275

IV. Waldgrenze.

Nr.	Örtlichkeit	Höhe	Expos.	Anmerkungen
1.	Scheiderücken zwischen Martell und Vintschgau	2071	O	
2.	Eberhöfer Thal links . .	2021	SSO	
3.	Eberhöfer Thal rechts . .	2099	O	
4.	Über Greit	2263	SO	
5.	Über Stallwies (etwas inner-halb)	2143	SO	

a. Mittel für die äussere Hälfte der linken Seite.   2119

Nr.	Örtlichkeit	Höhe	Expos.	Anmerkungen
6.	Schluderthal links . . .	2260	S	
7.	Schluderthal rechts . . .	2167	S	
8.	Ausserhalb der Lyfi-Alpe .	2254	SO	

Nr.	Örtlichkeit	Höhe	Expos.	Anmerkungen
9.	Zwischen Lyfi- und Peder- bach	2318	SSO	
10.	Zwischen Peder- und Ma- dritschbach	2280	SO	
b. Mittel für die innere Hälfte der linken Seite		2256		
Differenz zwischen der äufseren und inneren Hälfte der linken Seite		137		
c. Mittel für die ganze linke Seite		2188		(a + b) : 2.
11.	Thalhintergrund	2186	ONO	
12.	Kamm des Rückens rechts vom Brandner Thal . .	2253	N u. W	
13.	Brandner Thal rechts . .	2246	W u. NW	
14.	Auf dem breiten Thalboden des Brandner Thales .	2052	NNW	Sohle 1400.
15.	Linke Seite des Brandner Thales	2192	O	
16.	Erster Rücken innerhalb des Brandner Thales .	2180	N u. W	
17.	Zweiter Rücken innerhalb des Brandner Thales .	2213	W	
18	Dritter Rücken innerhalb des Brandner Thales .	2213	W	
19.	Flimthal rechts	2264	W u. S	
20.	Thalhintergrund	1923	NW	vom Mittel ausgeschlossen.
21.	Flimthal links	2177	NW u. N	
22.	Äufserer der beiden Rücken zwischen Flim und Soy.	2175	NW	
23.	Soythal rechts	2071	S	
24.	Hintergrund	1900		vom Mittel ausgeschlossen.
25.	Soythal links	2090	NNW	weiter aufserhalb 2062.
d. Mittel für die äufsere Hälfte der rechten Seite		2177		
26.	Gegenüber dem Schluderthal	2139	NW	
27.	Gegenüber dem Rosimthal	2224	W	
28.	Unmittelbar aufserhalb des Zufritt-Thales	2203	W	

Nr.	Örtlichkeit	Höhe	Expos.	Anmerkungen
29.	Innerhalb des Zufritt-Thales	2224	NNW	
30.	An dem thalauswärts ge-richteten Abhang der Vorderen Rothspitz . .	2224	NNO	
31.	Abhang der Vorderen Roth-spitz gegen d. Thalsohle.	2186	NNW	

e. Mittel für die innere Hälfte der rechten Seite	2200		

Differenz zwischen der äufseren und inneren Hälfte der rechten Seite	23

f. Mittel für die ganze rechte Seite (d + e) : 2	2189

Differenz zwischen beiden Thal-seiten	1

g. Mittel für ganz Martell . . .	2189

V. Baumgrenze.

Nr.	Örtlichkeit	Höhe	Expos.	Anmerkungen
1.	Scheiderücken zw. Martell und Vintschgau . . .	2251	O	
2.	Eberhöfer Thal, Hinter-grund.	2168	S	
3.	Eberhöfer Thal rechts . .	2213	SO	
4.	An dem westlichsten der von den Weifswandln aus-gehenden Rücken . .	2253	OSO	
5.	Am Saugberg	2294	O u. SO	
6.	Gegen die Schichtbergalpe	2307	SO	

a. Mittel für die äufsere Hälfte der linken Seite	2448		

Nr.	Örtlichkeit	Höhe	Expos.
7.	Rücken links vom Schluder-thal	2370	SW
8.	Am Schluderhorn . . .	2283	S
9.	Aufserhalb der Lyfi-Alpe .	2320	SO

Nr.	Örtlichkeit	Höhe	Expos.	Anmerkungen.
10.	Zwischen Lyfi- u. Pederthal	2387	S	
11.	Zwischen Pederthal und Madritschthal	2358	SO	
12.	Madritschthal	2348		

b. Mittel für die innere Hälfte der
   linken Seite **2344**

Differenz zwischen beiden Hälften
   der linken Seite **96**

c. Mittel für die ganze linke Seite
   (a + b) : 2 . . . .   **2299**

Nr.	Örtlichkeit	Höhe	Expos.	Anmerkungen.
13.	Thalhintergrund gegen das Schlöfsl	2355	O	
14.	Kamm rechts vom Brandner Thal	2416	NW	
15.	Innere Flanke dieses Kammes	2379	W	
16.	Hintergrund des Brandner Thales	2340	NW	
17.	Rücken links vom Brandner Thal	2397	O	
18.	Rücken rechts vom Flimthal	2311	W u. SW	
19.	Hintergrund des Flimthales	2264	N	
20.	Links vom Flimthal . . .	2284	N	
21.	Soythal rechts	2346	W u. SW	
22.	Soythal, Hintergrund . .	2156	NNW	
23.	Soythal links	2272	NO	

d. Mittel für die äufsere Hälfte
   der rechten Seite **2318**

Nr.	Örtlichkeit	Höhe	Expos.	Anmerkungen.
24.	An einer Felswand wenig innerhalb des Soythales	2365	N	
25.	An einer Felswand gegenüber dem Schluderthal .	2322	NW	
26.	An einer Felswand aufserhalb des Zufritt-Thales	2316	NW	
27.	Unmittelbar rechts vom Zufrittbach	2329	W	

Nr.	Örtlichkeit	Höhe	Expos.	Anmerkungen
28.	Westlich von der Vorderen Nonnenspitz	2340	NW	
29.	Rechts von dem Einschnitt, der zum Sällentjoch führt	2316	N	
30.	Links von diesem Einschnitt	2310	N	
31.	In der Gegend der Zufallhütte	2330	NNW	

e. Mittel für den inneren Teil der rechten Seite	2328			

Differenz zwischen der äufseren und inneren Hälfte der rechten Seite	10

f. Mittel für die ganze rechte Seite (d + e) : 2	2323

Differenz zwischen der rechten und linken Seite	24

Mittel für ganz Martell. . . .	2311

VI. Orographische Firngrenze, beobachtet vom 13.—16. August 1892.

Nr.	Örtlichkeit	Höhe	Expos.	Anmerkungen
1.	Hintergrund des Flimthales	2535	N	26. Juli 1893.
2.	Östlich von der Zunge des Soyfernes	2345	N	
3.	Hintergrund des Soythales	2466	NW u. NO	
4.	Rechts vom Zungenende des Langenferners	2590	N	
5.	Aufserhalb d. linken Seitenmoräne d. Langenferners	2735	O	
6.	In einer Schlucht an der Muthspitze	2684	SO	
7.	Weiter thalaufwärts an der Muthspitze	2729	SO	
8.	Im oberen Butzenthal in Schluchten	2699	O u. NO	
9.	Am Butzenbach	2706	SO	

Nr.	Örtlichkeit	Höhe	Expos.	Anmerkungen
10.	An dem von den Hinteren Wandeln gegen d. Langenferner ziehenden Rücken	2757	O	
11.	An den Hinteren Wandeln	2716	O u. NO	
12.	An der rechten Seite des Madritschthales in Schluchten	2504	NNO	
13.	An der linken Seite des Madritschthales . . .	2709	O	
14.	Hintergrund des Madritschthales.	2778	O u. S.	
15.	An der Laaser Spitze . .	2740	SSO	
16.	Hintergrund des Schluderthales.	2800	S	
	Mittel	2656		

VII. Klimatische Firngrenze, beobachtet vom 13.—16. August 1892.

Nr.	Örtlichkeit	Höhe	Expos.	Anmerkungen
1.	Auf dem Flimferner . . .	2880	N	—
2.	Südwestlich vom Soyjoch .	2850	NO	+
3.	Auf dem Soyferner . . .	2880	N	—
4.	Westlich vom Soyferner .	2810	N	+
5.	Nördlich v. Oberen Zufrittferner	2970	W	+
6.	Auf d. Unteren Zufrittferner	2820	N	—
7.	Auf dem östlichen Teile des Nonnenferners . .	2880	N	—
8.	Auf dem westlichen Teile des Nonnenferners . .	2850	N	—
9.	Auf dem östlichen Teile des Sällentferners	2900	N	—
10.	Auf dem westlichen Teile des Sällentferners . .	2880	N	—
11.	Auf dem Gramsenferner .	2870	N	—
12.	Auf dem Schranferner . .	2920	N	—
13.	Auf dem Hohenferner . .	2883	N	—
14.	Zwischen Zufall- u. Hohenferner auf Fels . . .	2883	N	+
	a. Mittel für die rechte Seite (Schattenseite)	2877		Bei Ausschluß v. Nr. 5: 2869.

Nr.	Örtlichkeit	Höhe	Expos.	Anmerkungen
15.	Auf dem Zufall- u. Firkele-ferner	2883	NO	—
16.	Auf dem Rücken rechts v. Langenferner	2890	N	+
17.	Auf dem Langenferner, rechte Seite	2862	NO	—
18.	Auf dem Langenferner, Mitte	2877	O	—
19.	Links vom Langerferner .	2945	S u. SO	+
20.	Butzenferner	2945	O	—
21.	Madritschferner	2980	O	+
22.	Zwischen Hinterer Schön-taufspitze und Innerer Pederspitze	3015	SSO	+
23.	An der Inneren Pederspitze	3025	SO	+
24.	Auf dem Inneren Peder-ferner.	2970	O	--

b. Mittel für den Thalhintergrund   **2939**

Nr.	Örtlichkeit	Höhe	Expos.	Anmerkungen
25.	An der Plattenspitze . .	3200	S	+ Schätzung.
26.	Auf dem Mittleren Peder-ferner.	3160	S	—
27.	Auf dem äufseren Peder-ferner.	3110	S	—
28.	Zwischen dem Lyfi- und äufseren Pederferner .	3200	S .	+
29.	Auf dem Lyfiferner . . .	3020	S	—
30.	An der Lyfispitze . . .	3180	S	+ Schätzung.
31.	Hintergrund d. Rosimthales	3100	S	+
32.	Auf dem Rosimferner . .	3030	O	—
33.	Am SW-Abhang der Laaser Spitze	3150	SW	+
34.	Am SO-Abhang der Laaser Spitze	3090	SO	+

c. Mittel für die linke Seite
(Sonnenseite) **3124**

d. Mittel für ganz Martell . . .   **2968**

+ Auf Gestein 3019 m ⎫ Differenz 92 m.
— Auf Gletschern 2927 m ⎭

Payer giebt für die Firngrenze in Martell die viel niedrigere
Zahl von 2813 m an. Da er aber 1. wie bekannt, nur die Firngrenze
auf den Gletschern meint, so reduziert sich die Differenz schon von
155 m auf 114 m; 2. scheint aus Payers Worten ("die Firnlinie
beginnt ungefähr bei 8900 Fuß" = 2813 m) hervorzugehen,
daß er dabei die Stellen des tiefsten Standes im Auge hat, dies
würde gegenüber dem von uns beobachteten tiefsten Stande der
Firngrenze auf dem Unteren Zufrittferner (2820) eine Differenz von
nur 7 m und gegenüber der Firngrenze auf den großen Gletschern
im Zufall eine Differenz von 70 m ergeben; 3. machte Payer seine
Aufnahmen zur Zeit einer bedeutend stärkeren Ausprägung des
Gletscherphänomens (1868), es hat dann auch die Firngrenze auf den
Gletschern tiefer gelegen als gegenwärtig; 4. fallen Payers Aufnahmen
gerade im Martellthal in eine sehr frühe Jahreszeit, in welcher der
Höchststand der Firngrenze noch nicht erreicht sein konnte, — am
29. Juni kam er im Martellthal an, am 3. Juli begannen seine
Touren, und schon am 10. August verließ er das Thal. Unsere hohe
Zahl erhält außerdem eine von der Natur selbst gegebene Be-
stätigung dadurch, daß alle Kämme, die sich nicht mit größeren
Flächen über 3000 m erheben, nur zerstreute Firnflecken tragen.
Endlich deutet auch Payers eigene Angabe, daß die „zusammenhängende Grasdecke" bis 2908 m reiche, darauf hin, daß die in
unserem Sinne aufgefaßte klimatische Firngrenze höher als 2900 m
liegen muß.

8. Das Suldenthal.

Das Suldenthal gehört auf der rechten Seite ganz dem Schiefer-
gebiet an, während der hohe Kamm der linken Thalseite von der
Hochleiten- bis zur Königsspitze aus Dolomit aufgebaut ist. Die
Thonglimmerschiefer der rechten Thalseite greifen aber über die
Thalsohle herüber und umsäumen noch den unteren Teil der linken
Thalflanke. Namentlich in Inner-Sulden streben die deutlich herausgearbeiteten Thonglimmerschiefer-Rücken wie mächtige Stützen beträchtlich über 2500 m rechtwinklig gegen die steile, zerklüftete
Dolomitwand empor. Von der bald hell- bald dunkelgrauen Farbe
und trostlosen Kahlheit dieser Dolomitwand heben sich jene Strebe-
pfeiler mit ihren gerundeten Formen, der hellgrünen Farbe ihrer
Matten und dem gelbbraunen, satten Farbenton der offenen Stellen
ebenso deutlich und wohlthuend ab, wie von den bleichen Massen

sterilen Dolomitschuttes, den die Bäche und die beiden kleinen Lawinenferner in den dazwischen gelegenen kurzen und steilen Thaleinschnitten fast bis zur Sohle des Hauptthales herabgeschleppt haben. Im übrigen sei in Bezug auf den landschaftlichen Charakter des Suldenthales auf die ebenso treffende als glänzende Schilderung Payers verwiesen (Erg. 18, wo auch ein geologischer Durchschnitt durch das Suldenthal gegeben ist).

Getreide wird nur in Aufser-Sulden gebaut, aber nicht nur bis Razoi, wie Payer (Erg. 18, S. 4) angiebt, sondern noch bis oberhalb Laganda. Es liegt kein Grund vor, an der Richtigkeit der Angabe Payers zu zweifeln, daher mufs angenommen werden, dafs durch die Bemühung der Bewohner seit einem Vierteljahrhundert die Getreidegrenze um circa 1 km weiter thalaufwärts vorgerückt ist; 1893 fand sich auch noch beim innersten Hause von Aufser-Sulden (1720 m) neben einem kleinen Kartoffelfeld ein Fleckchen Gerste; dieselbe hatte jedoch am 8. August noch keine Ähren, war also jedenfalls nur des Strohes wegen angebaut. Der höchste Hof des Suldenthales, bei dem noch Getreide gebaut wird, ist der Gaflaunhof bei 1820 m in ausgesucht günstiger Lage. Die Felder liegen auf einer kleinen Terrasse der rechten Thalseite und haben eine nur geringe Neigung, während die durchschnittliche Neigung des Thalhanges an dieser Stelle 29^0 beträgt. Der Horizont liegt für den Gaflaunhof im S 7^0, N 28^0, W 9^0, O 22^0, hoch. Die Neigung der Felder ist gegen SW gerichtet. Dies ergiebt also sehr günstige Insolationsverhältnisse. Angebaut waren 1892 Roggen, Hafer, Gerste und Kartoffeln, das Getreide stand schön, Roggen und Gerste waren am 22. Juli schon ziemlich gelb. In manchen Jahren wird auch Flachs angebaut. Nach Aussage des Besitzers reifen die Früchte jedes Jahr. Gerade gegenüber liegt der höchste und einzige Hof der linken Thalseite, bei welchem Getreide gebaut wird, der Garfaunhof, bei 1430 m. Die zugehörigen Felder reichen bei O-Exposition bis 1461 m. Die bedeutende Differenz von 360 m gegenüber den höchsten Feldern der rechten Thalseite mufs hauptsächlich auf Rechnung der verschiedenen Exposition (SW-O) geschrieben werden; in zweiter Linie kommt die gröfsere Horizonthöhe und eine etwas stärkere Neigung des Gehänges in Betracht — die grofse Steilheit der linken Thalseite beginnt erst oberhalb dieser Stelle.

Die dauernd bewohnten Siedelungen reichen im Suldenthale weit über die Getreidegrenze hinaus. Die höchste bilden die Gampenhöfe mit 1881 m[1]. In kleinen Gärten baut man auch bei

---

[1] Das 1893 vollendete neue Hotel steht noch circa 40 m höher.

den Höfen Inner-Suldens noch Kartoffeln und Rüben; der höchste
dieser Gärten liegt am Völlensteinhof in SW-Exposition bei 1897 m.
Im übrigen gründet sich die Existenz dieser hochgelegenen Siedelungen
ausschliefslich auf die Viehzucht, für welche das breite Thalbecken
und die wenig geneigten unteren Teile der Hänge ertragreiche Mähwiesen und die höheren Teile guten Weidenboden bieten. Daher bemerkt schon Payer: „Die Suldner Höfe sind eigentlich kaum mehr als
Sennhütten, darum giebt es an den Hängen auch nur Schaf- und
Ziegenalpen" — und eine Stieralpe im Razoithale. Die Folnair
Milchalpe liegt schon nahe am Ausgang des Suldenthales.

Die linke Thalseite steht auch in Bezug auf den W a l d w u c h s
unter weniger günstigen Verhältnissen als die rechte. Abgesehen vom
inneren Teile des Thales bei St. Gertraud, zeigt die linke Seite eine
viel stärkere Neigung und teilweise als Folge hiervon viel schroffere
Formen als die rechte. Beides ist natürlich der Entwicklung und
Erhaltung zusammenhängender Waldbestände nicht günstig. Vom
Garfaunhof aufwärts bis zum Marltferner ist der Wald in einzelne
Streifen aufgelöst, zwischen denen schutterfüllte Rinnen teilweise bis
zur Sohle des Hauptthales herabziehen. Der einzige gröfsere Wald-
komplex auf der linken Seite des Suldenthales ist, abgesehen vom
Thaleingang, der Kirchwald zwischen dem Marlt- und Schreyer-
thale [1]. Im Marltthale findet sich auf altem Moränenschutt (Dolomit)
das einzige gröfsere Latschendickicht Suldens. Latschenbüsche in
gröfserer Zahl, aber ohne zusammenhängende Bestände zu bilden,
finden sich noch unterhalb des End der Welt Ferners ebenfalls
wieder auf alten Dolomitmoränen. Im Suldenthale, wo Schiefer und
Dolomit aneinandergrenzen, zeigt sich in der deutlichsten Weise, dafs
die Latschen zu den kalkholden Pflanzen zu rechnen sind; auf dem
Dolomit sind sie häufig und zeigen ein üppiges Wachstum, auf dem
Schiefer finden sich nur ganz vereinzelte dürftige Büsche; bei den
zahlreichen Wanderungen auf der rechten Seite Suldens wurden nur
ein einziges Mal an einer steilen Wand auf der rechten Seite des
Zaythales bei 2380 m ein paar ganz vereinzelte Büsche gesehen.

Auf einer alten, jetzt mit Gras überwachsenen linken Moräne
des End der Welt Ferners steht eine Reihe abgestorbener Lärchen,
die bis 2313 m, also bis circa 80 m unterhalb des heutigen Gletscherendes reicht. Es ist nicht unwahrscheinlich, dafs diese Bäume während
des letzten, vielleicht auch schon während des vorletzten Gletscher-

---

[1] Dieser von Payer für das Thal des End der Welt Ferners eingeführte Name
ist auf der O.-A. wieder fallen gelassen und das Thal ganz ohne Namen.

maximums infolge der Kältewirkung des nahe an ihren Wurzeln vorbeifliefsenden Gletschers eingegangen sind.

Im Thalhintergrund oberhalb der Gampenhöfe hat der Wald früher — wahrscheinlich vor 1818 — bis auf circa 200 m horizontale Entfernung gegen die Legerwand hinangereicht, jetzt sind hier nur noch einzelne Lärchen und viele Stümpfe zu sehen; der eigentliche Wald reicht gegenwärtig nur bis zu den Gampenhöfen, wo die Waldgrenze von der Höhe von 2200 m rechtwinklig zur Thalsohle herabfällt. Einzelne Bäume, namentlich junge Lärchen, gehen bis dicht an die Legerwand hinan. Die Beobachtungen über das Vorschreiten der Baumgrenze im alten Bette des Suldengletschers sind bereits im allgemeinen Teile besprochen.

An der rechten Thalseite schneidet der Wald mit dem Rosimbache ab, nur am Ausgang dieses kleinen Seitenthales hat sich oberhalb desselben noch ein kleiner Waldstreifen auf einer Schutterrasse angesiedelt, der bis zur Höhe von 2075 m reicht. Wie in den meisten Thälern des Ortlergebietes, so überwiegen auch im Suldenthale im unteren Teile die Fichten, zwischen 1800 und 1900 m beginnen sie mehr und mehr zu Gunsten der Lärchen zurückzutreten; statt ihrer treten jetzt Zirben auf, die an einzelnen Stellen, z. B. an der rechten Seite des Rosimthales sogar das Übergewicht über die Lärchen haben. Auf der rechten Seite Suldens sind die Bäume an der Waldgrenze im allgemeinen noch sehr regelmäfsig gewachsen. Abholzungen haben in neuerer Zeit an der Waldgrenze nicht stattgefunden. Payer berichtet, dafs zur Zeit seiner Aufnahmen (1865) die Wälder am Holzwurm erkrankt gewesen seien, gegenwärtig ist davon nichts zu bemerken[1]. Im allgemeinen gehört das Suldenthal, namentlich seine rechte Seite, zu den bestbewaldeten Gebieten der Ortleralpen, und doch zeigt der schlanke Wuchs der meisten Bäume an der Wald- und Baumgrenze, dafs auch hier die klimatische Waldgrenze wahrscheinlich nicht ganz erreicht ist. Payer giebt als Waldgrenge für das Suldenthal dieselbe Zahl wie für das Martellthal, 7400 Fufs = 2307 m an, und wenn er auch hinzufügt, „im Thal schlufs sinkt dieselbe zufolge der Gletschernähe tiefer herab", so überschreitet doch diese Zahl das von uns gefundene Maximum noch um 39 m, das Mittel der rechten Thalseite um 54 m, das Gesamtmittel um 84 m. Die Gründe der Abweichung mögen dieselben sein wie die früher erörterten. Als höchste Vertreter des Baumwuchses

---

[1] Die Wälder Suldens gehören nach demselben Gewährsmann „z. T. dem Ärar, zum gröfseren Teile der Gemeinde Mals". Erg. 18, S. 4.

im Suldenthal wurden ein paar kleine, verkrüppelte Zirben an einer gegen das Rosimthal vorspringenden zerrissenen Felswand bei SSW-Exposition in der Höhe von 2412 m gefunden. Wahrscheinlich hat sich hier einmal die Vorratskammer eines Tannenhähers befunden. Bei der Aufstellung des Mittels für die Baumgrenze ist dieses ganz vereinzelte Vorkommnis nicht mit eingeschlossen worden.

Bei der großen Abgeglichenheit der unteren Teile der Suldener Thalhänge fehlen die unverhältnismäßig weit herabgehenden F i r n - fl e c k e n. Nur ein ganz mit Schutt überdeckter Eisrest, der aus der Ferne nicht sichtbar ist, wurde am 26. August 1892 in einer Runst der linken Thalwand gegenüber den Gampenhöfen bei circa 1900 m beobachtet. Es ist allem Anschein nach ein Lawinenrest, über den sich später ein Schlammstrom ergossen hat. Von dem Eise war weiter nichts zu sehen als der untere Rand und weiter oben einige blaue Schmelzwasserrinnen und Schmelzlöcher.

Der erste eigentliche Firnfleck findet sich an derselben Thalseite fast genau senkrecht über dieser Stelle bei 2303 m in der Rinne zwischen der hohen rechten Seitenmoräne des End der Welt Ferners und dem südlich davon zum Scheibenkopf und Hinteren Grat ansteigenden steilen Hang. Die Horizonthöhe beträgt gegen W 25°, gegen O 10°, die Neigung des Firnfleckes in der Längsrichtung 10°. Weiter aufwärts wird die Rinne flacher und ihre Neigung um einige Grade größer, hier kleidet dann der Firnfleck den Boden der Rinne ziemlich gleichmäßig aus.

Unter ganz denselben Bedingungen wurde am 19. August ein ähnlich gestalteter langer Firnfleck in der Rinne zwischen der linken Seitenmoräne des Marltferners und dem S-Abhang des Marltberges bei 2316 m Höhe beobachtet. Die Neigung in der Längsrichtung (ONO) betrug 15°, die Horizonthöhe nach W 37°, O 10°.

Im obersten Zaythale liegt bei 2813 m zwischen einem Felsriegel der Thalsohle und der Moräne des Zayferners ein Firnfleck eingebettet. So lange die Rinne eng ist, füllt er sie ganz aus, wo sie sich aber erweitert und die Moräne den von SW her einfallenden Sonnenstrahlen ausgesetzt ist, wird die Mulde bis auf den Boden schneefrei, der Firnfleck zeigt dann eine ganz steile, mit dem Abfall des Felsriegels fast parallele Böschung. Auf dem Boden der Mulde steht Schmelzwasser. Der Firnstreifen setzt sich dann weiter thalaufwärts in der Rinne fort, welche die Moräne mit der rechten Thalwand bildet; bei der Umbiegung derselben nach NO lehnt er sich nun wieder vorwiegend an die weniger besonnte Moräne an.

Im Rosimthale ist das tiefste Firnvorkommnis eine Firnbrücke über den vom Schöntaufferner herabkommenden Bach bei 2339 m in NNW-Exposition. Aufserhalb der Bachrinne findet sich an der linken Seite des Rosimthales der tiefste Firnfleck erst bei 2654 m am oberen Ende einer Schutthalde, die aus einer Runst hervorkommt, in NNW-Exposition; circa 30 m höher liegen dann zahlreichere Firnflecken in dem Winkel, welchen die steile Wand mit ihrem Schuttfufs bildet. Der Kamm an der rechten Seite des Rosimthales mit SSO-Exposition zeigt den tiefsten kleinen Firnfleck, der zwischen steile Felsen gebettet ist, erst in der bedeutenden Höhe von 3050 m bei S-Exposition und 30⁰ Neigung: ein gröfserer in OSO-Exposition liegt zwischen zwei parallelen Felsrippen nahe dem Kulminationspunkt des Kammes bei 3075 m gerade nördlich vom Zungenende des Rosimferners. Vom Ausgang des Rosimthales aufwärts liegen die tiefsten Firnflecken an der rechten Suldener Thalseite bei 2640 m in Felsnischen und Schuttrissen bei NW-Exposition. An der Schaubachhütte findet sich in der Rinne des kleinen Baches, der vom Ebenwandferner kommend an der Südseite der Hütte vorbeifliefst, ein Firnfleck circa 4 m unterhalb der Hütte[1]. Aufserhalb dieser Schlucht liegen die tiefsten Firnflecken in NW-Exposition bei 2640 m. Rechts vom Ebenwandferner findet sich der tiefste Firnfleck bei S-Exposition erst in der Höhe von 2815 m.

Von dem Gipfel der Hochleitenspitz zieht sich am SO-Abhang eine 4—8 m breite Schlucht gegen das Hochleitenjoch herab, die am 25. Juli mit einer 2—3 m dicken Firnschicht angefüllt war, welche bis 2770 m herabreichte. Dieser Firnfleck wurde Ende August vom Suldenthale aus noch gesehen. Von da an ist an der ganzen linken Seite des Suldenthales kein Firnfleck zu sehen bis zu den Tabarettawänden, an denen links vom Wege zur Payerhütte einige in der Höhe von 2708 m bei O-Exposition liegen.

Die Höhe der Zunge des Suldenferners wurde 1886 durch Finsterwalder und Schunck trigonometrisch zu 2228 m ermittelt, vier im August 1893 an verschiedenen Tagen vom Verfasser vorgenommene

---

[1] Die Höhe der Schaubachhütte wurde 1886 (Z. 1887) von Finsterwalder und Schunck zu 2574 m bestimmt (M. 1890: 2573 m). Trotzdem findet sich auf der neuen O.-A. und nach ihr auf der Sp. K. unbegreiflicherweise die Höhenzahl 2694 m, die ältere O.-A. hatte die Hütte 250 m zu hoch angegeben. Wir legen unseren auf die Schaubachhütte bezogenen Messungen die von Finsterwalder und Schunck ermittelte Zahl zu Grunde, dieselbe stimmt mit unseren barometrischen Messungen aufs beste überein.

barometrische Messungen ergaben als Mittel 2229 m, was unter Berücksichtigung des Längenunterschiedes mit der Zahl Finsterwalders genauer übereinstimmt als sich erwarten läfst. Auf der neuen O.-A. und darnach auch auf der Sp.-K. ist das Gletscherende nicht zu erkennen, weil es als „Schutt" gezeichnet ist. Über die Bewegung der Zunge in den letzten Jahren[1] sind wir Dank der durch Prof. Richter angebrachten Markierung ziemlich genau unterrichtet. Die Horizontalentfernung von der Marke betrug

		Bewegung		
		total	jährl.	
1884 (Richter)	30 m			
1886 (Finsterwalder)	45 m	— 15 m	— 7½ m	(Z. 1887, S. 78)
1888 (Döhlmann)	55 m	— 10 m	— 5 m	(M. 1888, S. 260)
1890 (Finsterwalder)[2]	74 m	— 19 m	— 9½ m	(M. 1890, S. 266)
1892 (Fritzsch)	61 m	+ 13 m	+ 6½ m	
1893 (Fritzsch)	64 m	— 3 m	— 3 m	

Von dem noch bei Finsterwalder (Z. 1887) erwähnten Eisrest unterhalb der Legerwand ist gegenwärtig nichts mehr zu sehen.

Die Gletscher der rechten Thalseite enden alle in grofser Höhe. Der Ebenwandferner ist nur ein Gehängletscher ohne eigentliche Zungenbildung, „ein flaches Firnfeld . . . . mit einer Umrahmung von 3100 bis 3300 m, welche sich nur wenig über das Firnbecken erhebt; eine Bildung, welche im schärfsten Gegensatze zu den Gletschern auf dem jenseitigen Thalgehänge steht[3]". Das Ende liegt nach der älteren O.-A. bei 2800 m, nach der neueren bei 2785 m. Nach unserer Messung reichte der kürzere nordöstliche Lappen den 16. August 1892 bis 2819 m, den 4. August 1893 bis 2822 m. Die gröfsere südwestliche Hälfte ist an ihrem Ende wieder in zwei Lappen geteilt, die durch ungeheuere Moränenwälle von einander getrennt sind. Der gröfsere dieser beiden Lappen hat zwei Spitzen, von denen die eine am 6. August 1893 bei 2678 m, die andere am 20. August 1892 bei 2701 und am 4. August 1893 bei 2695 m lag. Der kleinere Lappen endet in der tiefen Rinne südöstlich von der Schaubachhütte bei 2646 m. Der Schuttwall zwischen den beiden Hauptteilen des Eben-

---

[1] Über die Geschichte der Schwankungen des Suldenferners nebst Kritik der älteren Messungen und Schätzungen vgl. Richter, „Die Gletscher der Ostalpen", S. 93—99 und Finsterwalder, Z. 1887.

[2] Über die Massenanschwellung in den oberen Teilen des Suldenferners, besonders im Ortler-Zuflufs, vgl. die Berichte Prof. Finsterwalders M. 1890 und Z. 1887, S. 78, 87 ff.

[3] Richter, a. a. O. S. 100.

wandferners reichte am 4. August 1893 gegen das Madritschjoch bis
3025 m, es ist aber wahrscheinlich, daſs derselbe zum Teil noch auf
Eis ruht. Auch unter den Schuttmassen, welche die östlich und südöstlich von der Schaubachhütte gelegenen Gletscherlappen umgeben,
liegt an vielen Stellen noch Eis, wie die Risse in den Moränenwällen
und die mannigfach gestalteten Schmelzlöcher beweisen.

Der Schöntaufferner, in dessen Firngebiet schon längst eine bedeutende Anschwellung beobachtet worden ist, reichte am 27. August
1892 bis 2672 m, am 8. August 1893 bis 2651 m herab. Der
Plattenferner endet bei 2908 m.

Der Rosimferner reichte 1865 (Payers Karte) noch bis zum
Rosimboden herab, war aber schon damals stark im Rückgang begriffen. Richter giebt nach der älteren O.-A. 2500 m, auf der neuen
scheint er bei 2800 zu enden, dies ist fast genau die Höhe unserer
Messung von 1892 (2797 m). Der Befund war am 27. August 1892
folgender. Etwas unterhalb 3000 m beginnt eine 40—50 m hohe,
fast senkrechte Felsstufe. Auf Payers Karte ragt ein Teil derselben
mitten aus dem Eise empor, das ihn an beiden Seiten umflieſst und
sich unterhalb desselben wieder zu einer geschlossenen Zunge vereinigt. Gegenwärtig flieſst der Gletscher nur an der rechten Seite
über diese Stufe ab, — was schon auf der O.-A. so gezeichnet ist —
man sieht an der Richtung der grünlich-weiſsen Eiswülste deutlich,
wie die ganze Masse sich nach dieser rechten Seite herüberdrängt.
Auſserdem stürzen an der linken Seite direkt über die Felswand
beständig groſse Eisblöcke ab, welche einen kleinen regenerierten
Gletscher nähren; derselbe ist nur ein ganz flacher, schmutzig-grauer
Lappen und reicht bis 2719 m herab. Einige Meter unterhalb dieses
Endes finden sich noch ein paar dünne, teilweise zusammengestürzte
Eisbrücken über dem kleinen Bache, der aus dem regenerierten
Gletscher hervorkommt. Das Abstürzen der Eisblöcke von der erwähnten Felsstufe wurde schon 1885 von G. Becker aus Flensburg
beobachtet (M. 1885, S. 257); nur ist hier nicht gesagt, ob das Eis
an der linken Seite abstürzte, wie gegenwärtig, oder an der rechten,
wo jetzt das Zungenende liegt. Nach Finsterwalder (M. 1890, S. 267)
schnitt der Gletscher zu Beginn der 80er Jahre mit der erwähnten
Felsstufe ab, der ganze über die Stufe herabgehende Zungenteil hat
sich also seitdem gebildet; 1886 war davon erst ein Ansatz vorhanden, 1887 war der untere Rand der Stufe erreicht. Erwähnt muſs
noch werden, daſs sich nahe an den Rosimwänden, von der eigentlichen Gletscherzunge durch eine Rinne getrennt, noch eine ganz mit
Schutt bedeckte Eiswulst befindet. Es scheint dies der rechte Rand

des früher tiefer herabreichenden Gletschers zu sein, der unter dem
Schutz der Moräne sich erhalten hat, während die freiliegenden Eismassen neben ihm abschmolzen, nachdem an der Felsstufe der Zusammenhang unterbrochen war. Sobald die Sonne höher steigt,
rutschen von dieser Eiswulst beständig Steine und schlammige Erd-
massen ab, wodurch der Abschmelzungsprozeß beschleunigt wird,
wenn nicht noch vorher der von neuem vorrückende Gletscher sich
in sie hineinschiebt; in den Morgenstunden, wo der Schutt festhält,
sieht man sie für eine bloße Moräne an. Dies mag auch der Grund
sein, weshalb sie von keinem der bisherigen Beobachter erwähnt wird.

Am 8. August 1893 war der aus den abgestürzten Massen gebildete Eislappen um circa 8 m in der Längsrichtung zurückgegangen,
das Ende lag 4 m höher als 1892, es konnten auch schon seit längerer
Zeit keine Eismassen mehr über die Wand abgestürzt sein, da
nirgends lose Eisstücke zu sehen waren. Der Lappen war ganz glatt
und in der Mitte etwas eingesunken. Dagegen war die eigentliche
Gletscherzunge volle 8 m tiefer herabgerückt und hatte sich an ihrer
linken Seite in die regenerierte Eismasse, die im Vorjahre isoliert
gewesen war, hineingeschoben, doch konnte man an der Farbe und
Lagerungsweise des Eises beide Teile genau von einander abgrenzen; —
diese Grenze ist auf der beiliegenden Karte durch eine punktierte
Linie bezeichnet. Am unteren Ende ist die eigentliche Zunge deutlich gegen den um 63 m tiefer herabhängenden regenerierten Gletscherlappen abgesetzt.

Der Zayferner ist durch einen von der Kleinen Angelusspitze
nach W ziehenden Felsriegel in zwei Abteilungen geschieden. Das
Ende des nördlichen Teiles lag am 18. August 1892 bei 2890 m, am
7. August 1893 wurden 2883 m gemessen[1]. Die O.-A. zeichnet bis
circa 2950 m Schutt, doch ist das Gletscherende bis zu der angegebenen
Höhe herab fast schuttfrei. Vor dem Gletscherende liegt eine ziemlich ebene, mit grobem Schutt bedeckte Fläche, auf der sich vier gut
erhaltene konzentrische Stirnmoränen unterscheiden lassen, von denen
die drei inneren wahrscheinlich nur verschiedene Stadien innerhalb
der letzten Rückzugsperiode bezeichnen. Die innerste dieser Moränen
ist nur 1 m hoch und 6 m vom Gletscherende entfernt; der kleine
Bach sickert durch sie hindurch. Dann folgt eine ebene Fläche, die
in 26 m Entfernung vom Gletscherende durch eine 2—3 m hohe
Moräne abgeschlossen wird; davor liegt wieder eine kleine ebene

---

[1] Beide Messungen sind auf die Düsseldorfer Hütte bezogen, deren Höhe zu
2716 m angenommen wurde.

Fläche, die durch einen 2—3 m tiefen Absatz begrenzt wird, an dessen Fuſse sich eine dreieckige Lache ausbreitet, die in 55 m Entfernung vom Gletscher beginnt und eine Längsachse von 20 m hat. Vom Ende der Lache ist es noch 40 m bis zum Kamm der dritten Moräne, deren Abfall in vertikaler Richtung circa 15 m, in horizontaler 20—25 m beträgt. Dies scheint die Stirnmoräne des letzten Maximalstandes zu sein. Hiernach würde sich ein Längen-Rückgang des Gletschers von circa 115 m ergeben. Um ¹/₈ bis ¹/₂ dieser Entfernung weiter hinaus liegt die vierte Moräne, welche beim vorletzten Maximum gebildet zu sein scheint. An vielen Stellen bemerkt man unter den Schuttmassen noch schwarzes Eis. Auffällig ist die bedeutende Gröſse der Blöcke, aus denen die Moränen im Zaythale bestehen. An den beiden Wällen, zwischen welche das tiefste Stück des Zayferners eingekeilt ist, er- reichen diese Blöcke ein bis zwei cbm und darüber. Dieser tiefste Punkt des Hauptteiles liegt am SW-Ende, er wurde 1892 zu 2761 m und 1893 zu 2758 m bestimmt[1]. Diese Stelle ist zungenartig in die Länge gezogen, sie zeigte 1892 viele schön entwickelte groſse Gletscher- tische.

Hier allein ist die wirkliche Sohle des Gletscherbettes sichtbar. In den weiter nördlich gelegenen Teilen schiebt sich der Gletscher überall in seine Moräne hinein, die Bäche flieſsen weite Strecken auf der sehr wenig geneigten Eisfläche hin, um dann in der Moräne zu versinken. Ungefähr in der Mitte des Westrandes wurde die Höhe des Gletscherendes auf der Oberfläche zu 2813 m bestimmt, der Bach tritt hier in halber Höhe aus der Moräne heraus. Nahe dem N-Ende des Hauptteiles liegt das Gletscherende, — ebenfalls auf der Ober- fläche gemessen, — bei 2864 m. Richter giebt nach der älteren O.-A. das Ende des Zayferners zu 2850 m an, auf der reambulierten O.-A. wird der tiefste Punkt der schuttfreien Eisfläche gerade von der Isohypse von 2800 m getroffen, diese Stelle scheint der Situation nach dem von uns zu 2813 m bestimmten Punkte zu entsprechen.

Die beiden kleinen Gletscher auf der linken Seite Suldens zeigen als Lawinenferner in vieler Beziehung sehr abweichende Verhältnisse. Der Hauptteil des End der Welt Ferners wird durch einen groſsen Lawinenzug gespeist, der bis an den Gipfel des Ortler reicht und nach oben sich trichterförmig erweitert und verzweigt. Der gegen den Hinteren Grat sich hinziehende südliche Seitenflügel des End der Welt

---

[1] Dieser geringe Unterschied kann natürlich auch auf einer bloſsen Messungs- differenz beruhen. Die ganze Situation und die reichlichere Schuttbedeckung der Eisflächen machten den Eindruck, als ob die Ferner des Zaythales gegen das Vorjahr zurückgegangen seien.

Ferners wird durch zwei kleinere seitliche Lawinenzüge genährt. Nach dem gegenwärtigen Stande stehen übrigens beide Teile nicht in einer so unmittelbaren Verbindung, wie es nach der O.-A. und den ihr folgenden Karten scheint; ein Felsriegel, der sich in der Fortsetzung der rechten Moräne gegen den auch auf der O.-A. angedeuteten Felsvorsprung der südwestlichen Wand zieht, trennt den südwestlichen Teil fast ganz ab. Der Gletscher ist jetzt zwischen seinen ungeheuren Seitenmoränen tief eingesunken. Der End der Welt Ferner ist derjenige Gletscher des ganzen Ortlergebietes, der im Verhältnis zu seiner Ausdehnung die gröfste Moräne hat. Man überschreitet eine wahre Wüste, wenn man den unteren Teil des Gletschers quert. Nur ein einziges Pflänzchen, eine gelbe Saxifraga, hat sich auf dem hellgrauen Dolomitschutt angesiedelt. Die Stücken von Haselnufs- bis Walnufsgröfse bilden in diesem Moränenschutt die Hauptmasse; Stücke von Faustgröfse sind seltener, und nach solchen von Kopfgröfse und darüber mufs man schon suchen. Diese von anderen Moränen abweichenden Verhältnisse erklären sich teils aus dem Absturz der Massen aus grofser Höhe, teils aus den Strukturverhältnissen des dolomitischen Kalkes. An den meisten Stellen ist der Schutt leicht verkittet; wo einmal ein Bach geflossen ist, findet sich ein dunkler Streifen, und die Verkittung ist so stark, dafs man die einzelnen Stücke nur mit Gewalt ablösen kann. Von der ganzen Längenausdehnung des Gletschers ist kaum 1/3 schuttfrei. Man ist daher geneigt, das Gletscherende viel zu hoch zu suchen, wird aber durch feuchte Stellen an den steileren Seiten der Schutthügel und -Wälle, an denen ein Schlag mit dem Pickel das Eis freilegt, immer wieder belehrt, dafs man sich noch auf dem Gletscher befindet. Am wahrscheinlichsten dürfte das Gletscherende gegenwärtig bei 2390 m liegen. Richter giebt nach der älteren O.-A. 2250 m. Auf der neuen O.-A. hört die weifse Fläche bei circa 2460 m auf, was als schuttfreie Gletscherfläche zu tief, als Gletscherende nach dem gegenwärtigen Stande zu hoch ist.

Ganz ähnliche Verhältnisse, nur in viel kleinerem Mafsstabe, zeigt der Marltferner, der durch den an ihm vorbeiführenden schönen Steig zur Payerhütte jetzt leicht zu beobachten ist. Sein Ende scheint gegenwärtig bei 2160 m zu liegen; Richter giebt 2200, auf der neuen O.-A. reicht die weifse Fläche bis 2320 m.

Wie zu erwarten, liegt die Firngrenze auf diesen Lawinenfernern äufserst tief, der Marltferner beginnt ja erst bei 2600 m; auf ihm lag die Firngrenze am 19. August bei 2507 m, es war also fast der ganze eigentliche Gletscher aper mit Ausnahme des alleroberen Teiles, auf den die Lawinen niederstürzen, und wo die

Schneemassen infolge des mit dem Sturze sich entwickelnden Druckes rasch vereisen. Wenn man also hier nicht berücksichtigte, daſs das Firngebiet bis auf den Kamm der rückwärtigen Wand auszudehnen ist, würde das normale Verhältnis zwischen Sammel- und Abschmelzungsgebiet gerade auf den Kopf gestellt sein.

Auf dem End der Welt Ferner lag die Firngrenze am 17. August bei 2685 m. Über dieser Höhe liegt ein Absturz, an dessen Stufen man deutlich durch Schmutzbänder getrennte und in verschiedenem Grade verfirnte bez. vereiste Schichten unterscheiden konnte; die beiden obersten lieſsen sich noch als Firn ansprechen, die dritte muſste als Firneis bezeichnet werden. Die oberste Schicht war durchschnittlich 2 m dick, die zweite circa 4 m, von der dritten war keine untere Grenze sichtbar. Diese verschiedenen Schichten waren offenbar durch verschiedene Schneefallperioden und die dadurch zeitweilig verstärkte Lawinenthätigkeit erzeugt. Auch an dem Beobachtungstage donnerten beständig kleine Lawinen herab, obwohl seit 14 Tagen kein merklicher Niederschlag gefallen war; — was müssen hier erst die Lawinen nach einem starken Schneefall für eine Thätigkeit entwickeln!

Es zeigt sich hiernach, daſs diese beiden kleinen Ferner in allen ihren Eigenschaften so stark orographisch bedingt sind, daſs ihre Firngrenze bei Aufstellung der durchschnittlichen klimatischen Firngrenze für das Suldenthal nicht berücksichtigt werden kann.

In dem stark beschatteten Winkel am Hinteren Grat reicht die zusammenhängende Firnbedeckung bei NO- und N-Exposition bis 2789 m herab. Zwischen dem Hinteren Grat und dem Suldenferner liegt ein kleines Firnfeld mit verhältnismäſsig geringer Neigung in SO-Exposition bei 2862 m, doch ist hier, wie auch im vorigen Falle, bedeutende Zufuhr aus den höheren Teilen wahrscheinlich.

Auf dem Suldenferner ist die Bestimmung der Firngrenze insofern schwierig, als die einzelnen Teile desselben sehr verschiedenen Charakter tragen. Die Höhe der Firnlinie auf den einzelnen Teilen differiert um mehr als 200 m. Solche Unterschiede kommen auf keinem anderen Gletscher der Ortler-Alpen vor. Es wird das von den bisherigen Beobachtern nicht hervorgehoben. Nur Payer scheint es andeuten zu wollen, indem er schreibt: „Die Firnregion des Suldenferners beginnt erst bei 8700—8800 Fuſs" (= 2750—2782 m), der Spielraum müſste aber noch viel weiter angegeben werden. Für die auf Payers Karte eingetragene Firnlinie haben Finsterwalder und Schunck die Höhe von 2720 m ermittelt[1]. Finsterwalder und Schunck

---

[1] Z. 1887. S. 81.

haben Ende August 1886 die Firngrenze auf dem Suldenferner noch
„mindestens 30 m tiefer liegend gefunden" — (als 2720 m). Die
von uns beobachtete Höhe der Firngrenze kommt der Zahl Payers
bedeutend näher, als der von Finsterwalder und Schunck gegebenen.
Unsere Messungen wurden in der Zeit vom 16.—20. August 1892 ausgeführt. Die Zahlen für die einzelnen Teile des Gletschers sind
folgende:

a. Auf dem von der Suldenspitze kommenden Arme: . 2797 m
b. In der flachen Mulde, wo sich dieser mit dem von der
   Kreilspitze kommenden Arme vereinigt . . . . . 2736 m
c. Auf dem von der Kreilspitze kommenden Arme . . 2775 m
d. Auf dem ganz steilen und zerrissenen Arm, der von
   der Königsspitze herabkommt . . . . 2962 m
e. Auf dem Arme, der vom Payerjoch herabkommt, —
   (ebenfalls steil und zerklüftet) . . . . 2900 m
f. An der rechten Seite des vom Ortler kommenden
   Armes, wo er von den hohen Wänden des Zebru beschattet wird und reichliche Zufuhr durch Lawinen
   erhält . . . . 2782 m
g. Auf dem mittleren und linken Teile des vom Ortler
   herabkommenden Ferner-Armes . . . . . · . . . 2830 m

Die Messungen unter d und e sollen vom Mittel ausgeschlossen
bleiben.

Hieraus ergiebt sich dann als Firngrenze für den Suldenferner
die Höhe von 2783 m, welche das Mittel aus den beiden Zahlen
Payers (2750 + 2782): 2 nur um 17 m übertrifft, was aus der gegenwärtig schwächeren Ausprägung des Gletscherphänomens sich leicht
erklären läfst. Es mufs aber besonders hervorgehoben werden, dafs
die auf vorstehende Weise von uns ermittelte Zahl entschieden als
unterer Grenzwert für den Stand von 1892 zu betrachten ist,
schon aus der Art, wie die Einzelzahlen kombiniert wurden, geht dies
hervor, dann aber auch daraus, dafs der Rückgang der Firngrenze in
diesem Jahre noch wenigstens 14 Tage andauerte. Einige am 31. August
wiederholte Messungen ergaben um mehr als 30 m höhere Zahlen.
Allerdings ist hierbei zu beachten, dafs der August 1892 besonders
heifs und trocken war, und die wenigen Regengüsse fielen bei hoher
Temperatur.

An dem Scheiderücken zwischen Sulden- und Ebenwandferner
reicht der am unteren Rande stark vereiste Firnmantel bei NW-
Exposition bis 2900 m, weiter östlich, in N-Exposition bis 2877 m;
hier hängt ein langer Eislappen daran, der bis 50 m tiefer reicht.

Der W-Abhang dieses Scheiderückens wurde auf unserer Karte des Suldenthales mit zum Firngebiet des Suldengletschers gezogen. Auf dem Ebenwandferner wurde die Firngrenze am 20. Aug. 1892 in der Mitte bei 3000 m gefunden, an der linken Seite, wo viel Schnee von den Hängen auf ihn herabgetrieben wird, und wo er aufserdem von S her beschattet ist, reicht die Firnbedeckung 200 m weiter hinab. Bei doppeltem Gewicht der ersteren Zahl, die für eine weitere Strecke gilt, ergiebt sich als Firngrenze auf dem Ebenwandferner die Höhe von 2933 m. Breite Ausläufer eines grofsen Firnfeldes an dem wenig geneigten Kamme, der von der Hinteren zur Vorderen Schöntaufspitze führt, reichen rechts vom Ebenwandferner in S-Exposition bis 3038 m herab. Die S-Seite der Hinteren Schöntaufspitze und deren Gipfel sind vollständig schneefrei. Auf dem Schöntaufferner verläuft die Firngrenze bei 2879 m, an der linken Seite des Rosimthales bei NW-Exposition in der Höhe von 2977 m, in NNW-Exposition bei 2864 m; auf dem westlich exponierten Rosimferner liegt sie bei 3030 m; die Rosimwände sind bis weit über diese Höhe völlig schneefrei.

Ganz ähnlich liegen die Verhältnisse im benachbarten Zaythale. Hier schneidet die mehr oder weniger zusammenhängende Firnbedeckung an den Ausläufern der Vertainspitzen, also bei westlicher Auslage, mit einer schönen wagerechten Linie ab in der Höhe von 3044 m. Der steile Kamm an der rechten Thalseite ist hier, wie im Rosimthale völlig schneefrei. Auf dem Hauptteile des Zayferners liegt die Firngrenze links in NO-Exposition bei 2888 m, rechts, in W-Exposition bei 2937 m. Beide Teile sind durch die steile Umrandung stark beschattet und erhalten den von den Wänden abstürzenden Schnee; im mittleren, freiliegenden Teile liegt die Firngrenze bei 3040 m. Dies ergiebt für den Hauptteil des Zayferners bei doppeltem Gewicht des breiten mittleren Teiles 2976 m. Auf dem selbständigen kleinen Ferner im Hintergrund des Zaythales liegt die Firngrenze rechts und links bei 3000, in der Mitte bei 3036, im Mittel also bei 3018 m; — 1893 lag hier die Firngrenze bereits am 7. August bei 3017 m und auf dem Hauptteile des Zayferners bei 2958 m.

Auf der linken Seite des Suldenthales fehlt das Terrain zur Herausbildung einer klimatischen Firngrenze, die Dolomitwand erhebt sich hier von einer Höhe, die zweifellos unterhalb der klimatischen Firngrenze liegt, bis weit über 3000 m mit solcher Steilheit, dafs kaum einige Firnflecken haften bleiben.

Übersicht
über die Höhengrenzen im Sulden - Thale.

I. Getreidegrenze.

Nr.	Name bezw. Örtlichkeit	Höhe	Expos.	Anmerkungen
1.	Oberhalb des Unter-Thurn-hofes	1557	WSW	
2.	Gaflaunhof	1820	SW	
3.	Zwischen Laganda u. Unter-Thurnhof	1680	SW	
4.	Etwas unterhalb Laganda hoch an der Lehne. .	1785	SW	
5.	Oberhalb Laganda . . .	1723	SW	
Mittel für die rechte Seite . .		1713		
6.	Linke Seite: Beim Garfaun-hof	1461	O	
Gesamtmittel		1691		

II. Dauernd bewohnte Siedelungen.

Nr.	Name	Höhe	Expos.	Anmerkungen
1.	Gaflaunhof	1820	SW	
2.	Patzenhof	1460	W	
3.	Unter-Thurnhof	1525	W	
4.	Ober-Thurnhof	1560	W	
5.	Ratschelhof	1834	SW	
6.	Razoihof	1625	W	
7.	Bodenhof	1610	W	
8.	Höfelhof	1680	W	
9.	Laganda	1683	W	
10.	Ruhmwaldhof	1675	W	

a. Mittel für die rechte Seite
Aufser-Suldens 1648

Nr.	Name	Höhe	Expos.	Anmerkungen
11.	Äufserer Ortlerhof . . .	1860	SW	
12.	Unterer Stockhof	1840	W	
13.	Oberer Stockhof	1860	SW	
14.	Ortlerhof	1860	W	
15.	Völlensteinhof	1860	SW	
16.	Ofenwieshof	1850	W	
17.	Pichlhof	1850	W	
18.	Suldenhotel	1920	W	
19.	Gampenhöfe	1881	W	Thalboden.

b. Mittel für die rechte Seite
Inner-Suldens **1866**

Differenz zwischen der äufseren
und inneren Hälfte **218**

c. Mittel für die ganze rechte
Seite Suldens . . . .   **1757**   (a + b) : 2.

Nr.	Name	Höhe	Expos.	
20.	Garfaunhof, Aufser-Sulden links	1430	O	
21.	Innerer Ortlerhof	1820	O	
22.	Widum mit Hotel Eller .	1845	O	

d. Mittel für die linke Seite
Inner-Suldens **1833**

e. Mittel für die ganze linke Seite
des Suldenthales **1698**

f. Mittel für ganz Aufser-Sulden   **1628**

g. Mittel für ganz Inner-Sulden   **1860**

h. Mittel für das ganze Suldenthal   **1743**

Aus allen Einzelzahlen
berechnet, weil die
Teilstrecken sehr un-
gleiche Gröfse haben.

III. Mähwiesen.

Nr.	Örtlichkeit	Höhe	Expos.	Anmerkungen
1.	Über dem Gaflaunhof . .	1924	W	
2.	Beim Ratschelhof. . . .	1860	SW	
3.	Beim Razoihof.	1700	W	
4.	Beim Höfelhof.	1720	W	
5.	Beim Lagandahof. . . .	1720	W	
6.	Beim innersten Haus von Aufser-Sulden	1800	W	
a.	Mittel für die rechte Seite Aufser-Suldens	1794		
7.	Im äufsersten Teile von Inner-Sulden	1840	W	
8.	Beim Völlensteinhof . .	1900	W	
9.	Beim Ofenwieshof . . .	1880	W	
10.	Beim Pichlhof.	1880	W	
11.	Bei den Gampenhöfen . .	1900	W	
b.	Mittel für die rechte Seite Inner-Suldens.	1880		
	Differenz zwischen der äufseren und inneren Hälfte der rechten Seite.	86		
c.	Mittel für die ganze rechte Seite	1814		
12.	Oberstes Sulden links . .	1880	O	
13.	Innerhalb der Kirche . .	1850	O	
14.	Aufserhalb der Kirche . .	1820	O	
15.	Am Ausgang d. Marlt-Thales	1840	O	
d.	Mittel für die linke Seite Inner-Suldens.	1848		
16.	Beim Garfaunhof, Aufser-Sulden	1460	O	
e.	Mittel für die ganze linke Seite des Sulden-Thales	1770		aus allen Einzelzahlen, weil die linke Seite Aufser-Suldens nur mit einer einzigen Messung vertreten ist.
f.	Ganzes Sulden-Thal	1813		
g.	Ganz Aufser-Sulden	1746		
h.	Ganz Inner-Sulden	1860		

IV. Vorübergehend bewohnte Siedelungen.

Nr.	Örtlichkeit	Höhe	Expos.	Anmerkungen
1.	Folnair-Alpe	2008	W	Milchalpe.
2.	Stieralpe im Razoithale .	2234	W	
3.	Schönleitenhütte (Schäfer-hütte	2244	O	
	Mittel aus 2 + 3.	2239		

V. Waldgrenze.

a. Rechte Thalseite.

Nr.	Örtlichkeit	Höhe	Expos.	Anmerkungen
1.	Thaleingang.	2235	W	
2.	Über dem Gaflaunhof . .	2248	W	
3.	Weiter thalaufwärts, unter-halb des Stiereck . .	2245	W	
4.	Zwischen Razoi u. Zaythal	2256	W	
5.	Rechte Seite des Zaythales	2268	SW	
6.	Linke Seite des Zaythales	2266	NW	
7.	Mitte des Rückens zwischen Rosim- und Zaybach .	2263	W	
8.	Am Weg zum Rosimboden	2244	W	
9.	Links vom Rosimbach . .	2075	NW	Ganz schmaler Streifen.
	Mittel	2233		Bei Ausschlufs von Nr. 9: 2253.

b. Linke Thalseite.

Nr.	Örtlichkeit	Höhe	Expos.	Anmerkungen
1.	Scheiderücken zwischen Trafoier- u. Sulden-Thal	2225	NO	
2.	Unteres Suldenthal . . .	2245	O	
3.	Mittleres Suldenthal . . .	2156	ONO	
4.	Zu beiden Seiten des Marlt-ferners	2164	O	
5.	Aufserhalb des End der Welt Ferners	2172	O	

Nr.	Örtlichkeit	Höhe	Expos.	Anmerkungen
6.	Gegen den End der Welt Ferner	2201	O	
7.	Oberstes Sulden links . .	2200	O	ist kaum Wald zu nennen.
Mittel		2194		
Gesamtmittel		2213		Bei Ausschlufs von rechts Nr. 9: 2223.

VI. Baumgrenze.

a. Rechte Thalseite.

Nr.	Örtlichkeit	Höhe	Expos.	Anmerkungen
1.	Über Folnair	2298	N	
2.	Thaleingang.	2255	WNW	
3.	Höchster Baum über der Folnair Alm	2363	W	Zirbe.
4.	Unterhalb des Stiereck . .	2299	W	
5.	Oberhalb des Gaflaunhofes	2330	W	
6.	Rasenrücken unterhalb des Zaythales	2299	W	
7.	Rechts vom Zaybach . .	2345	SW	
8.	Links vom Zaybach . . .	2315	NW	
9.	Wenig oberhalb des Razoithales.	2308	W	
10.	Mitte des Rückens zwischen Rosim- und Zaybach .	2295	W	
11.	Rechte Seite d. Rosimthales	2343	SW	
12.	Nordöstlich von der Legerwand	2305	W	Einzelne Zirbe an einer Felswand.
Mittel		2312		

b. Linke Thalseite.

Nr.	Örtlichkeit	Höhe	Expos.	Anmerkungen
1.	Scheiderücken zwischen Sulden- und Trafoier-Thal	2299	NO	
2.	Thaleingang links . . .	2220	O	
3.	Unteres Sulden	2240	O	
4.	Links vom Marlt-Ferner .	2350	SSO	

Nr.	Örtlichkeit	Höhe	Expos.	Anmerkungen
5.	Gegen den Marltferner . .	2252	O	
6.	Oberhalb des Marltthales .	2240	ONO	
7.	Gegen den End der Welt Ferner	2276	O	
8.	Rücken nördlich vom Scheibenboden . . .	2200	O	
9.	Rücken südlich v. Scheibenboden	2200	NNO	
10.	Gegen den Hinteren Grat (Scheibenkopf). . . .	2316	O	
11.	Oberhalb der Gampenhöfe	2272	O	

Mittel 2260

Gesamtmittel 2286

VII. Orographische Firngrenze, 16. August bis 1. September.

a. Rechte Thalseite.

Nr.	Örtlichkeit	Höhe	Expos.	Anmerkungen
1.	Bei der Schaubachhütte .	2570	N	6. Aug. 1893 verschwunden.
2.	Rechts vom Ebenwandferner	2815	S	
3.	Oberhalb des Rosimthales.	2640	NW	
4.	An der Vorderen Schöntaufspitze	2632	NW	
5.	Linke Seite des Rosimthales	2654	NNW	
6.	Am Schöntaufbach . . .	2329	NNW	
7.	Rechte Seite des Rosimthales.	3050	SSO	
8.	Hintergrund des Zaythales	2813	SW	

Mittel 2689

b. Linke Thalseite.

Nr.	Örtlichkeit	Höhe	Expos.	Anmerkungen
1.	An der Hochleitenspitz. .	2780	SO	
2.	An den Tabaretta-Wänden	2708	NNO	
3.	Am Marltferner	2316	ONO	

Nr.	Örtlichkeit	Höhe	Expos.	Anmerkungen
4.	Am End der Welt-Ferner	2303	ONO	
5.	Am Hinteren Grat . . .	2790	SO	
Mittel		2579		
Gesamtmittel		{ 2634		aus den Teilmitteln.
		2647		aus den Einzelzahlen.

VIII. Klimatische Firngrenze, beobachtet vom 16. August bis 1. September 1892.

Nr.	Name bezw. Örtlichkeit		Höhe	Expos.	Anmerkungen
1.	Suldenferner . . . {	a.	2792	N	
		b.	2736	N	
		c.	2775	N	
		d.	2862	N	
		e.	2900	N	
		f.	2782	NO	
		g.	2830	O	
Mittel (ohne d und e)			2783		
2.	Am Hinteren Grat . . .		2789	NO u. N	
3.	Zwischen dem Hinteren Grat und dem Sulden- ferner		2862	SO	
4.	Zwischen dem Sulden- und { Ebenwandferner. . . {		2900	NW	
			2877	N	
Mittel für den Hintergrund des Suldenthales (ohne d und e) .			2814		
5.	Ebenwandferner . . {	a.	3000	W	} 2933.
		b.	3000	W	
		c.	2800	NW	
6.	An dem wenig geneigten Kamme rechts vom Eben- wandferner		3038	S	

Nr.	Name bezw. Örtlichkeit	Höhe	Expos.	Anmerkungen
7.	Auf dem Schöntaufferner .	2879	WNW	
8.	An der linken Seite ⎰ a.	2977	NW	
	des Rosimthales ⎱ b.	2864	NNW	
9.	Rosimferner	3030	W	
10.	An der linken Seite des			
	Zaythales	3044	W	
		2828	NO	⎫ a und b erhalten halbes
11.	Hauptteil des Zay- ⎰ a.			⎬ Gewicht.
	ferners . . . . ⎱ b.	2937	W	⎭
	c.	3040	W	⎱ 2976.
12.	Hinterer Teil des ⎰ a.	3000	W	⎱
	Zaythales . . . ⎱ b.	3036	W	⎰ 3018.
13.	Razoiferner . . . ⎰ a.	3030		⎱
	⎱ b.	8070	⎰ WNW	3050.

Mittel für die rechte Thalseite . **2977**

Mittel für das ganze Suldenthal[1]
(ohne die kleinen Lawinenferner
an der linken Seite) . . . . **2908**[2]

Vergleich zwischen der Firngrenze auf Gletschern und der auf Gestein.

Nr.	Örtlichkeit	Höhe	Expos.	Anmerkungen

A. Auf den Gletschern.

Nr.	Örtlichkeit		Höhe	Expos.	
1.		a.	2792	N	
2.	Suldenferner . . . ⎰ b.		2786	N	
3.	⎱ c.		2775	N	

[1] Auch die Mittelzahl für die klimatische Firngrenze im ganzen Suldenthale mufs als unterer Grenzwert aufgefafst werden, da in derselben die Südseiten der Querkämme an der rechten Thalseite nur mit einer einzigen Messung vertreten sind. Die steilen Kämme, welche das Razoi-, Zay- und Rosimthal an der rechten Seite begleiten, sind bis auf die Schneide schneefrei, obgleich sie sich an vielen Punkten über 3100 m erheben.

[2] Die Mittel aus Nr. 5 a, b, c und Nr. 11 a, b, c sind wegen der gröfseren Ausdehnung der betreffenden Gebiete mit doppeltem Gewicht eingestellt, aus demselben Grunde ist Nr. 1 mit a, b, c, f, g, also fünffach vertreten, die Mittel aus Nr. 12 a + b und 13 a + b sind je als einfache Zahlen eingestellt.

Nr.	Örtlichkeit		Höhe	Expos.	Anmerkungen
4.	Suldenferner . . . {	f.	2782	NO	
5.		g.	2830	O	
6.		a.	3000	W	
7.	Ebenwandferner . . {	b.	3000	W	
8.		c.	2800	NW	
9.	Schöntaufferner		2879	WNW	
10.	Rosimferner		3030	W	
11.			2828	NO	
12.	a. {		2937	W	
13.	Zayferner		3040	W	
14.	b.		3018	SW	

Mittel 2893

B. Auf Gestein.

Nr.	Örtlichkeit		Höhe	Expos.	Anmerkungen
1.	Am Hinteren Grat . . .		2789	N	
2.	Zwischen d. Hinteren Grat und Suldenferner . .		2862	SO	
3.	} Zwischen Suldenferner {		2900	NW	
4.	} und Ebenwandferner {		2877	N	
5.	Rechts v. Ebenwandferner		3038	S	
6.	} Linke Seite des { a.		2977	NW	
7.	} Rosimthales . { b.		2864	NNW	
8.	Linke Seite des Zaythales		3044	W	
9.	Razoiferner		3050	WNW	Firnlager mit schmalem Eisrand.

Mittel 2933

Es ergiebt sich hier, daſs die Firngrenze auf Gestein nur 40 m höher liegt als die Firngrenze auf Gletschern. Das kommt daher, daſs die Gletscher auf der rechten Seite des Suldenthales, welche die Durchschnittszahl überwiegend bestimmen, sämtlich sehr flache Firnbecken mit niedriger Umrandung und aus diesem Grunde eine sehr hoch liegende Firnlinie haben. Umgekehrt sind die Firnansammlungen auſserhalb der Gletscherbecken sämtlich stark orographisch begünstigt.

Übersicht
über die Hauptergebnisse.

A. Die Höhengrenzen in den Ortler-Alpen nach den natürlichen Gebieten geordnet.

Höhengrenzen	Gebiet	NW Prad-Bormio	SW V. Furva	S Pont di Legno-Pejo	SO Rabbi	O Ulten	NO Martell	N Vintsch-gau	N Sulden	Mittel
Klim. Firngrenze		2893[4]	2965	3046	3043	—	2968	2917	2908	2963
Orogr. Firngrenze		2608	2651	2644	2417	2561	2656	2533	2647	2590
Baumgrenze . .		2249[2]	2249	2254[3]	2127	2207	2311	2263	2286	2243
Waldgrenze . .		2174[3]	2150[1]	2121[3]	1983	2082	2189	2124	2223	2131
Schäferhütten und Galtvieh-Alpen		1940	2125	2240	1798	2102	2213	2007	2239	2083
Sennhütten . . .		2257	2204	1888	1960	1893	1910	1845	2008	1996
Mähwiesengrenze		1453	2164	1907	1444	1904	1674	1400	1813	1720
Getreidegrenze .		1384	1639	1475	1500	1635	1459	1228	1691	1501
Dauernd bewohnte Siedelungen. .		1373	1590	1452	1421	1583	1429	1167	1743	1470

Eine Schwierigkeit, die sich bei der Aufstellung der obigen Mittelzahlen vielfach geltend machte, ist die ungleichmäfsige Verteilung der Beobachtungsorte innerhalb der einzelnen natürlichen Gebiete. Wenn in einer bestimmten Strecke eines Thales eine Höhengrenze abnorm hoch oder tief liegt, und diese Strecke ist gerade durch eine besonders grofse Zahl von Messungen vertreten, so mufs das natürlich den Durchschnitt fälschen. Diese Fehlerquelle wurde dadurch zu paralysieren gesucht, dafs für die einzelnen Strecken solcher Thäler zuerst Teilmittel aufgestellt und diese dann nach Mafsgabe der Ausdehnung der betreffenden Gebiete zu einem Gesamtmittel vereinigt wurden. Ganz abnorme Einzelmessungen wurden, wie aus den speciellen Tabellen vielfach zu ersehen ist, überhaupt von den Mitteln ausgeschlossen. Der richtigste zahlenmäfsige Ausdruck für die Höhengrenzen eines gleichartigen Gebietes würde sich ergeben, wenn man auf einer Karte gröfsten Mafsstabes eine möglichst grofse Zahl von

[1] Mit Ausschlufs des untersten Teiles vom Val Furva.
[2] Ohne das entwaldete Val Braulio.
[3] Ohne das Gebiet westlich vom Tonalepafs.
[4] bezw. 2901.

Beobachtungen festlegen und durch Linien verbinden würde. Zu den so entstandenen Höhengrenzen wären dann in gleichen, nicht zu grofsen Abständen Ordinaten zu ziehen; die mittlere Höhe der Schnittpunkte dieser Ordinaten mit den einzelnen Höhengrenzen würde die Höhe der letzteren ergeben.

Stellt man alle in der vorliegenden Arbeit enthaltenen Einzelbeobachtungen über die Höhe der Firngrenze unter dem Gesichtspunkt der Exposition zusammen, so ergiebt sich, wie die beiden folgenden Tabellen zeigen, für die Firngrenze auf Gletschern eine nur um 19 m tiefere Zahl als für die Firngrenze auf Gestein. Zu einem grofsen Teile mag dies seinen Grund darin haben, dafs die auf Gestein beobachteten Firnansammlungen, welche meist von mäfsiger Ausdehnung sind, zum gröfsten Teile noch stark orographisch bedingt sind, wie das bei der Einzelbeschreibung an vielen Stellen bemerkt wurde. Es läfst sich hier bei der Vielgestaltigkeit der natürlichen Verhältnisse der Grad der orographischen Beeinflussung viel schwerer abschätzen als bei den meist einfacher gebauten Gletscherbecken. Es folgt also auch hieraus wieder, dafs das von uns gefundene Gesamtmittel von 2963 m für die klimatische Firngrenze in den Ortleralpen eher um ein weniges zu niedrig als zu hoch ist. Der auf anderem Wege gefundene Satz Richters[1], „dafs in der Ortlergruppe die Schneelinie auf den südlichen Gehängen zwischen 3000 und 3100 m, auf den nördlichen nicht unter 2900 m, im Durchschnitt also oberhalb 2900 m" verlaufe, findet somit durch unsere Beobachtungen volle Bestätigung. Vergleicht man die Mittel für die einzelnen Expositionen auf beiden Tabellen, so zeigt die Firngrenze auf Gestein eine gröfsere Empfindlichkeit gegen den Wechsel der Exposition als die auf den Gletschern, was ganz der Erwartung entspricht. Die Differenz der Extreme (SW-NO) beträgt bei der Firngrenze auf Gestein 325 m, bei der auf Gletschern (N-S) nur 212 m.

B. Firngrenze auf Gletschern.

NW	W	SW	S	SO	O	NO	N	
	3040						2770 2865 2807 2864	} Trafoier Gebiet.

---

[1] Gletscher der Ost-Alpen, S. 115.

NW	W	SW	S	SO	O	NO	N	
	3096	2896	2896			2970		} Val Furva.
			3010					
2949			3200	2930	3209			} Geb. v. Pejo.
					2891			
					3110			
					3088			
					3110	2820		Geb. v. Rabbi.
							2905	} Vintschgau.
							2956	
			3160		2877	2883	2880	
			3110		2945	2862	2880	
			3020		2970		2820	
					3030		2880	
							2850	Martell.
							2900	
							2880	
							2870	
							2920	
							2883	
2800	3000	3018			2830	2782	2792	
	3000					2888	2736	
	2879						2775	Sulden.
	3030							
	2937							
	3040							
2875	3003	2957	3066	2930	3006	2868	2854	Mittel: 2945.

C. Firngrenze auf Gestein.

NW	W	SW	S	SO	O	NO	N	
2840	2986				2816			} Trafoier Geb.
2920								
	2972		3070	3020	2862		2866	} Val Furva.
					2952			
		3150	3174	3003	2900		2857	} Geb. v. Pejo.
		3135						
	3000		3050					} Geb. v. Rabbi.
			3150					
2900	2905							Vintschgau.

NW	W	SW	S	SO	O	NO	N	
	2970	3150	2945	2945	2980	2850	2810	
			3015	3025			2883	
			3200	3090			2890	Martell.
			3200					
			3180					
			3100					
2900	3044		3038	2862		2789	2789	
2977	3050						2877	Sulden.
							2864	
2907	2990	3145	3102	2991	2902	2820	2855	Mittel: 2964
+ 32	− 13	+188	+ 36	+ 61	−104	− 48	+ 1	Auf Gestein höher[1] als auf Gletschern 19 m

Zieht man in derselben Weise wie hier bei der klimatischen Firngrenze für alle Höhengrenzen die Durchschnitte aus den Höhen aller jeweils unter gleicher Exposition gelegenen Beobachtungsorte, so ergeben sich folgende Resultate:

D. Die Höhengrenzen in den Ortler-Alpen nach der Exposition geordnet.

Höhengrenzen	NW	W	SW	S	SO	O	NO	N	Mittel
Klim. Firngrenze[2]	2898	2998	3070	3089	2982	2971	2856	2854	2964
Orogr. Firngrenze	2535	2628	2743	2754	2725	2630	2567	2533	2629
Baumgrenze . .	2323	2262	2315	2240	2258	2238	2166	2219	2253
Waldgrenze . .	2134	2154	2159	2131	2120	2120	2023	2100	2118
Schäferhütten und Galtvieh-Almen		2065	2342	2180	2258	2156	2227	2097	2189
Sennhütten . . .		1994	2154	2033	1916	1917	1757	1841	1952
Mähwiesengrenze	1611	1736	2108	1985	1781	1716	1728	1474	1767
Getreidegrenze .	1207	1419	1642	1629	1561	1237	1225	1243	1390
Dauernd bewohnte Siedelungen . .	1186	1504	1664	1584	1499	1257	1177	1147	1377

[1] Es geht hieraus klar hervor, daſs an die Gewinnung einer bestimmten Differenz zwischen der Firngrenze auf Gletschern und der auf Gestein (Sonklar 200 m!) nicht gedacht werden kann.

[2] Dafs das Gesamtmittel für die klimatische Firngrenze nicht zwischen den Mitteln von B und C, sondern so hoch wie die höhere der beiden Zahlen liegt, erklärt sich daraus, daſs es nicht aus diesen beiden Teilmitteln, sondern wieder aus allen Einzelzahlen gewonnen ist; dabei fügt es sich, dafs meist die höhere der beiden Zahlen durch eine gröfsere Anzahl von Einzelmessungen gestützt ist.

Die Beachtung der Exposition ist gerade bei Beobachtungen in unseren mittleren Breiten am wichtigsten; in den niederen Breiten wird sie durch den senkrechteren Sonnenstand, in den polaren Gegenden durch die allseitige Bestrahlung teilweise wirkungslos gemacht. Dazu kommt noch die ungleiche Befeuchtung der verschiedenen Abhänge eines Gebirges, und da in verschiedenen Gebirgen auch die Wetterseiten verschieden sind, so erfährt das Problem hierdurch eine weitere Verwickelung. In einem anderen Erdteile, etwa in Amerika oder in Ostasien, werden die beiden Faktoren, Besonnung und Befeuchtung, aus denen sich die Wirkung der Exposition zusammengesetzt, anders ineinander greifen als in unseren Alpen.

Durch die Zusammenstellung nach der Exposition ergeben sich reinere klimatische Zahlen als in der Tabelle A, weil in den einzelnen natürlichen Gebieten die verschiedenen Expositionen ungleich vertreten sind, wodurch dann die Durchschnitte für die einzelnen Gebiete entweder eine höhere oder eine tiefere Lage erhalten, als ihnen vom rein klimatischen Gesichtspunkt aus zukommt. Dies zeigt sich auch noch, wenn man die Gesamtmittel der Tabellen A und D miteinander vergleicht:

	Siedel.	Getr.	Máhw.	Sennh.	Scháferb.	Waldgr.	Baumgr.	Firngrenze orogr.	Firngrenze klim.
A:	1470	1501	1720	1996	2083	2131	2243	2590	2963
D:	1377	1390	1767	1952	2189	2118	2253	2629	2964

In der ersten Zahlenreihe kommt das orographische, in der zweiten das klimatische Element stärker zum Ausdruck, darum zeigen auch gerade diejenigen der einander entsprechenden Zahlen beider Reihen die gröfsten Differenzen, welche durch orographische Bedingungen am meisten beeinflufst werden, z. B. die Höhengrenze des Getreidebaues und die der dauernd bewohnten Siedelungen. Dadurch, dafs an den nördlichen Abhängen jeder Einschnitt, der eine günstigere Exposition hervorbringt, zur Anlage von Feldern und Höfen benutzt wird, schieben sich hier die betreffenden Höhengrenzen weiter hinauf, als durch die einfache N-Lage bedingt wäre, was dann auch noch im Gesamtmittel zum Ausdruck kommt. Die Zahlen für die klimatische Firngrenze tragen natürlich schon von vornherein einen reineren klimatischen Charakter, darum sind hier beide Durchschnitte fast gleich.

Zur besseren Veranschaulichung ist das in den Tabellen A und D niedergelegte Material auf Tafel 6, A und B graphisch dargestellt. Auf Tafel 6 A, welche den Verlauf der Höhengrenzen nach den natürlichen Gebieten darstellt, zeigen die Linien einen ziemlich verwickelten

Verlauf wegen der verschiedenartigen Einwirkung der Bodenform und Bodenart. Die meiste Verwandtschaft zeigen auch schon auf dieser Tafel die Höhengrenze des Getreidebaues und die der dauernd bewohnten Siedelungen, — ein Beweis, daſs dieselben orographischen Bedingungen, welche die Höhengrenze des Getreidebaues modifizieren, auch die Höhengrenze der Siedelungen beeinflussen.

Einen viel einfacheren und mehr parallelen Verlauf zeigen die Höhengrenzen auf der Tafel 6 B, auf der sie nach der Exposition konstruiert sind ohne Rücksicht auf die jeweilige Lage in den einzelnen natürlichen Gebieten. Der Einfluſs des Bodenbaues ist also hier, soweit er nicht schon in dem Grade der Besonnung und Befeuchtung zur Geltung kommt, nach Möglichkeit eliminiert. Es zeigt sich bei dieser Kombination, daſs die rein physikalischen oder meteorologischen Höhengrenzen ihren Höchststand bei S-Exposition, die biologischen aber bei SW-Exposition haben; letzteres ist schon von Sendtner für Südbayern nachgewiesen worden. Es folgt daraus, daſs für das Schmelzen des Schnees ein Maximum der Besonnung mit verhältnismäſsig geringen Niederschlägen am günstigsten ist, während für das Gedeihen der Pflanzen eine reichliche Besonnung, verbunden mit reichlichen Niederschlägen, die günstigste Kombination bildet. Bemerkenswert ist auch, daſs die Extreme bei den Kulturgrenzen viel weiter auseinander liegen, als bei den übrigen Höhengrenzen, was den Schluſs nahe legt, daſs der Einfluſs der Exposition mit der Zunahme der relativen Höhe, also mit der Verschmälerung der Bergflanken und der Verdünnung der Luft abnimmt. Die Minima sämtlicher Höhengrenzen schwanken natürlich um die Nordlage herum, die der Vegetationsgrenzen liegen zu einem groſsen Teile auf NO, was natürlich daraus zu erklären ist, daſs die nordöstlichen Abhänge neben einer geringen Besonnung auch eine geringe Befeuchtung erhalten. Einige kleine Abweichungen in der Lage der Maxima und Minima sind sicher auf Zufälligkeiten zurückzuführen. Einen sehr unruhigen Verlauf zeigt auch noch auf der Tafel 6 B die Höhengrenze der Schäferhütten und Galtviehalmen. Diese Linie folgt den starken Aus- und Einbuchtungen des Weidebodens, welche durch die Bodenform und die damit in ursächlicher Verbindung stehende Gesteinsbeschaffenheit vielmehr bedingt sind, als durch die Exposition. Diese Linie erhält dadurch einen so ausgeprägt orographischen Charakter, daſs er sich auch nicht verwischt, wenn die einzelnen Höhen unter dem Gesichtspunkt der Exposition zusammengestellt werden. Hieraus geht hervor, daſs auch die durch Kombination der gleich exponierten Beobachtungsorte gefundenen Werte für die Höhengrenzen unseres Gebietes noch nicht

der reine Ausdruck der in Frage kommenden klimatischen Faktoren
sind, dafs denselben vielmehr noch mancherlei orographische Momente
anhaften, da die Zahl der Beobachtungen immer noch zu gering und
das Gebiet nicht isoliert genug ist. Ein von allen Zufälligkeiten freier,
allgemeiner und einheitlicher Ausdruck für das Problem der Höhengrenzen wird sich vielleicht gewinnen lassen, wenn in zahlreichen
anderen Gebieten ähnliche Versuche wie der vorliegende mit noch
besseren Hilfsmitteln unternommen werden.

V.

DIE REGIONEN AM ÄTNA.

VON

P. HUPFER.

Die vorliegende Abhandlung beruht außer auf den angeführten Werken auf Beobachtungen, Messungen und Erkundigungen, die ich während eines fünfwöchentlichen Aufenthaltes am Ätna im August und September vorigen Jahres angestellt habe.

Die statistischen Angaben stützen sich im wesentlichen auf die im Archiv der Provinz Catania liegenden handschriftlichen Gemeindeberichte vom Jahre 1892, ferner auf persönliche Mitteilungen des königl. Forstinspektors in Catania und des Vorsitzenden der Kommission zur Vertilgung der Reblaus ebenda; die meteorologischen auf die Beobachtungsbücher der Observatorien am Fuß und auf dem Gipfel des Ätna, sowie auf die Annali dell' Ufficio centrale di meteorologia e di geodinamica al Collegio Romano.

Die Höhenmessungen sind mit dem mir vom Verein für Erdkunde zu Leipzig gütigst geliehenen Aneroid N. 647 und einem mir gehörigen Naudet unter Benutzung eines Horizontglases ausgeführt worden.

Herrn Prof. Dr. F. Ratzel in Leipzig, der mich zu dieser Arbeit angeregt und sie mannichfach durch Rat und That gefördert hat, sowie dem geehrten Verein für Erdkunde zu Leipzig, durch dessen gütige Unterstützung mein Unternehmen wesentlich erleichtert worden ist, sei hiermit der wärmste Dank gebracht. Nicht minder dankbar gedenke ich der Herren Professoren A. Riccò, S. Barbagallo, F. Viscusi und A. Aloi in Catania, die mir in bereitwilligster Weise über alle einschlagenden Verhältnisse gewünschte Auskunft erteilt haben.

Pirna, im Juni 1894.

P. Hupfer.

GLIEDERUNG.

Einleitung.

A. Blick auf den Entwicklungsgang der Pflanzengeographie. Anwendung
auf den Ätna. Die hauptsächlichsten Ätna-Forscher. Der Begriff
„Region". Gliederung.

B. Schilderung des Untersuchungsgebietes.
1. Geographische Lage. 2. Umgebung. 3. Entstehung des
Ätna. 4. Grenzen seines Gebietes. 5. Gröfse und Höhe.
6. Gestalt. 7. Landschaftlicher Eindruck. 8. Gegensätze.
Übergang: Geschichte der Einteilung in Regionen.

I.
Statischer Teil: Das Wie.

Betrachtung der Regionen in der Gegenwart und in der Vergangenheit.

A. Gegenwart.
1. a. Allgemeine Physiognomie der Kulturregion.
   b.   -   -   der Waldregion.
   c.   -   -   der wüsten Region.
2. Die regionale Verbreitung im besonderen.
   a. Agrumen. b. Olive. c. Wein. d. Roggen. e. Kastanie.
   f. Pinie. g. Birke. h. Astragalus und die letzten Pflanzen.
   i. Firnflecken.

B. Vergangenheit.
1. Überblick über die Einführung der Kulturgewächse.
2. Geschichtliche Nachrichten über die Waldregion des Ätna
   und über die Firnregion.
Übergang: Der Blick in die Zukunft führt zur Betrachtung der
Bestimmungsfaktoren der regionalen Grenzen.

II.

Mechanischer Teil: Das Warum.

Die Ursachen, die die regionalen Grenzen bestimmen.

A. Die allgemeinen Ursachen, die ihren Grund in der geographischen Lage des Ätna haben:

    1. Licht.   2. Wärme.   3. Feuchtigkeit.

B. Die besonderen Ursachen, die ihren Grund haben

    a. in dem orographischen Bau des Ätna:

        1. Gestalt.   2. Boden.   3. Wasserverhältnisse.

    b. in dem organischen Leben auf ihm:

        4. Pflanzen und Tiere.   5. Mensch.

Schlufs.

EINLEITUNG.

Der alte Stamm der Geographie hat im Anfange dieses Jahrhunderts hauptsächlich durch die Anregung A. von Humboldts neue kräftige Zweige entwickelt, die bei der strengen Verfolgung des von Anfang an klar vorgezeichneten Zieles jene Ab- und Umwege vermieden, durch die andere Zweige der Wissenschaft jahrhundertelang vom wahren Fortschritt zurückgehalten worden sind. Die Beobachtung der gesetzmäßigen Anordnung biologischer und klimatischer Erscheinungen nach der Höhe, vom Fuß hoher Berge bis zu ihrem Gipfel, sowie in der Ebene, vom Äquator polwärts, ließ damals die Wissenschaften der Pflanzengeographie und der Klimatologie im heutigen Sinne des Wortes entstehen.

Es war natürlich, daß die am meisten in die Augen fallende vertikale Verbreitung jener Erscheinungen zuerst die Aufmerksamkeit der Gelehrten im Anfange dieses Jahrhunderts auf sich zog, aber sehr bald brach sich die richtige Erkenntnis Bahn, daß man es hier mit den verwickeltsten Verhältnissen zu thun hatte. Denn wenn auch die hohen Berge an ihren Abhängen im allgemeinen die biologischen und klimatischen Eigentümlichkeiten einer ganzen Reihe von Breitengraden darstellen, so geschieht dies doch in solcher Verdichtung und Vermischung, daß es für die junge Wissenschaft unmöglich war, aus diesen Erscheinungen die allgemeinen Gesetze abzuleiten, die sie sich zum Ziele gesetzt hatte. Hierzu eignete sich allein die Verbreitung in der Ebene, wo die verschiedenen Ursachen auf größerem Raume deutlicher zum Ausdruck kommen.

Der Ätna hatte durch seine isolierte Lage, seine beträchtliche Höhe und seine regelmäßige Gestalt eine besonders anziehende Grundlage für klimatologische und pflanzengeographische Beobachtungen

geboten. Aber die in den Jahren 1819—1832 im Sinne Humboldts
in Angriff genommenen Untersuchungen blieben aus dem angeführten
Grunde sehr bald wieder liegen.

So erklärt es sich, daſs aus den letzten 60 Jahren keine zusammenhängenden selbständigen Forschungsergebnisse über jene Verhältnisse des Ätna vorliegen, und daſs die in den gröſseren pflanzengeographischen Werken der Neuzeit sich findenden diesbezüglichen
Angaben sich sämtlich auf die in den zwanziger Jahren gemachten
Beobachtungen eines J. F. Schouw, R. A. Philippi und C. Gemmellaro
stützen, die den mittelbaren Einfluſs A. von Humboldts nirgends ver-
bergen.

Der Ätna ist in den letzten Jahrzehnten hauptsächlich vom
geologischen und vulkanologischen Gesichtspunkte aus untersucht worden
und zwar in so ausgezeichneter und eingehender Weise, wie wenig
andere Berge der Erde. Die gröſsten Leistungen in dieser Beziehung
knüpfen sich an die Namen Carlo Gemmellaro, Orazio Silvestri und
besonders an Freiherrn Sartorius von Waltershausen, der den gröſsten
Teil seines Lebens und ein ganzes Vermögen der Erforschung und
kartographischen Darstellung dieses Berges geopfert hat.

Daſs bei der Vielseitigkeit dieser Gelehrten auch die Wissenschaften der Klimatologie und der Pflanzengeographie nicht ganz leer
ausgegangen sind, liegt auf der Hand, ebenso wie in den neueren Beschreibungen des Ätna sich manche wertvollen Bemerkungen finden,
die meist dadurch an Interesse gewinnen, daſs sie auf ziemlich bedeutende Veränderungen seit den zwanziger Jahren schlieſsen lassen.
In Th. Fischers rühmenswerten Beiträgen zur physischen Geographie
der Mittelmeerländer, besonders Siciliens findet sich eine kurze
Darstellung des Klimas und der pflanzengeographischen Verhältnisse
des Ätna, doch sind die wertvollen Angaben einer Ergänzung be-
dürftig.

Da es im folgenden versucht wird, die Regionen des Ätna einer
geographischen Betrachtung im weiteren Sinne des Wortes zu unterziehen, so liegt es in der Natur der Sache, daſs die Untersuchung in
erster Linie ein pflanzengeographisches und klimatologisches Gepräge
trägt. Eine Hauptschwierigkeit dabei hat darin gelegen, den geographischen Standpunkt gegenüber dem botanischen und meteorologischen
immer zu wahren. Möchte es dem Verfasser gelungen sein, bei dieser
Arbeit, die der Bestimmung der Höhengrenzen einen so weiten Raum
gewähren muſste, selbst die richtigen Grenzen eingehalten zu haben.

Der Begriff der Höhengrenze ist nach unserer Meinung genügend
geklärt. ebenso wie im allgemeinen die Methode ihrer Bestimmung.

Wir verweisen daher in dieser Beziehung kurz auf die Abhandlung F. Ratzels, „Höhengrenzen und Höhengürtel" [1].

Das Wort Region ist dem Ausdrucke Höhengürtel vorgezogen worden, weil es, abgesehen von der Übereinstimmung mit der an Ort und Stelle gebräuchlichen Bezeichnung, aufser dem geographischen Begriffe Gürtel den des Kranzes oder aufser der Verbreitung nach der Höhe die in der Ebene umfafst mit einer durch den früheren Gebrauch begründeten Hinneigung zur ersteren, was für die Verhältnisse des äufserst flachen Ätna besonders zutreffend ist.

Nach einer topographischen Betrachtung der Lage, Gröfse und Gestalt des Ätna, der Elemente, die für die zu untersuchenden Verhältnisse im tiefsten Grunde mafsgebend sind, und einer kurzen Schilderung der einzelnen charakteristischen Landschaftsbilder sollen die gegenwärtigen Grenzen der hauptsächlichen Kulturgewächse, der Waldbäume, der letzten Stauden und Firnflecken untersucht und ihre Veränderungen im Laufe der Geschichte nachgewiesen, dann die jene Grenzen bestimmenden Faktoren ihrer Bedeutung nach einer näheren Betrachtung unterzogen werden.

B. Schilderung des Untersuchungsgebietes.
    1. Geographische Lage.
    2. Umgebung.
    3. Entstehung des Ätna.
    4. Grenzen seines Gebietes.
    5. Gröfse und Höhe.
    6. Gestalt.
    7. Landschaftlicher Eindruck.
    8. Gegensätze.
Übergang: Geschichte der Einteilung in Regionen.

Der Ätna liegt unter 37° 45′ n. Br. wie M. Dana und Blanka Peak in Nord-Amerika und in ungefähr gleicher Breite mit Demawend, Dapsang und Fudschiyama in Asien. Sein Gipfel wird vom mitteleuropäischen Meridian geschnitten.

Wie der Vesuv erhebt auch er sich in einem ehemaligen kesselförmigen Meerbusen, der in der Tertiärzeit in die Ostküste Siciliens eingriff. Seine weitere Umgebung bildet im NO das kahle und wildzerrissene peloritanische Gneisgebirge, das im M. Tre Fontane sich bis zu 1374 m Höhe erhebt. Westwärts, etwa unter dem 15. Grad

---

[1] Ratzel, Fr., Höhengrenzen und Höhengürtel, 1889. Separatabdruck aus der Zeitschrift des deutsch. u. österr. Alpenvereins.

ö. v. Gr, schliefsen sich die aus eocänen Conglomeraten und Thonen gebildeten Caronie an, denen im S das von tiefen Thälern zerschnittene Bergland von Troina (1119 m), Regalbuto (621 m) und Centuripe (732 m) vorgelagert ist. Im M. Sori erreichen die Caronie eine Höhe von 1846 m. Beide Gebirge sind auf der Südseite von braungelben Sandsteinen überlagert, die den Ätna im N und W unterteufen und vermutlich der Hauptmasse des Vulkans als Grundlage dienen. Südlich einer Linie von Adernò bis Piedimonte werden diese Sandsteine mit Ausnahme weniger Inseln von blaugrauen tertiären Thonen bedeckt, der sogenannten Creta, die für die südöstliche Hälfte des Ätna eine wasserdichte Unterlage bildet. Am Südfufs des Ätna liegen darüber diluviale Sande und Conglomerate, die sogenannten Ciattoli, über denen der Simeto in jüngster Zeit seine fetten mergeligen Sedimente abgelagert hat, die die Fruchtbarkeit der schon im Altertum berühmten Ebene von Catania begründen.

Im Osten bespült das jonische Meer den Fufs des Ätna.

Erst nach Ablagerung jener Ciattoli begann die vulkanische Thätigkeit in diesem Gebiete. Die Bildung eines bleibenden centralen Hauptschlotes aber und damit der Beginn der allmählichen Aufschüttung des Ätnakegels, mit der gleichzeitig eine langsame Hebung des ganzen Bodens um 200 m nach Sartorius, um 315 m nach Sciuto-Patti stattfand, fällt jedoch erst an den Anfang unserer geologischen Epoche, in die Zeit, wo mächtige Gletscher bei uns jene nordischen Geschiebe abgelagert haben, die noch heute den landschaftlichen Charakter Norddeutschlands bestimmen[1].

Die nähere Grenze des Ätnagebietes bilden im N, W und SW zwei Flüsse, der Alcántara und der Simeto, in denen sich die Wasser des Vulkans und des seine nordwestliche Hälfte umgebenden Gebirgswalles sammeln. Diese beiden Flüsse nähern sich im NW bis auf die kleine Entfernung von 8,75 km, und da an dieser Stelle ihre Wasserscheide kaum 100 m höher als ihr Spiegel liegt, so bilden sie mitsamt ihrer Wasserscheide eine den Ätna auf drei Seiten umschlingende Tiefenlinie, die nur an einer Stelle sich bis 870 m ü. M. erhebt.

Dieses so begrenzte Gebiet von elliptischer Form umfafst eine Fläche von 1368 qkm.

---

[1] Vergl. Sartorius von Waltershausen, W., Der Ätna. 2 Bde. Herausgegeben von A. von Lasaulx. Leipzig 1881. Gemmellaro, C., La vulcanologia dell' Etna, Atti dell' Accademia Gioenia di Catania Serie II. vol. 14. 1859. Silvestri, O., Un viaggio all' Etna, Roma 1870. Fischer, Theob., Beiträge zur physischen Geographie der Mittelmeerländer, besonders Siciliens. Leipzig 1877. Fischer, Theob., Unser Wissen von der Erde. Italien. Bd. III. 1892.

Die Länge seiner grofsen Axe von Catania bis Randazzo (SSO—NNW) beträgt 46 km, die der kleinen von Adernò bis Piedimonte (WSW—ONO) 35 km, der mittlere Durchmesser etwa 40 km.

Auf dieser ausgedehnten Grundfläche erhebt sich der Ätna, der gröfste Vulkan Europas, bis zur Höhe von 3313 m ü. M.

Es verhält sich demnach sein Durchmesser zur Höhe wie 15 : 1 oder 11 : 1, woraus hervorgeht, dafs der Ätna ein aufserordentlich flacher Kegel ist. In der That beträgt der Neigungswinkel seines weit ausgedehnten flachen Mantels nur 2—5°. Aus diesem Mantel von verschiedener Breite und Höhe erhebt sich mit einer mittleren Böschung von 20—30° der elliptische Centralkegel, dessen untere Grenze im S bei 1800, im W und N bei 1900 m und im O bei 900 m Höhe liegt.

Seine Spitze scheint in einer Höhe von 2900 m abgeschnitten zu sein. In der Mitte der Schnittfläche, deren Durchmesser etwa 2600 m mifst, hat sich der gegenwärtige Gipfelkegel von über 300 m rel. Höhe aufgebaut, dessen Krater einen oberen Umfang von 1400 m, mithin einen mittleren Durchmesser von 450 m hat. Die inneren scheinbar senkrecht abstürzenden Kraterwände mögen eine Tiefe von 150—200 m erreichen. Die äufsere Böschung beträgt 32°.

Der im allgemeinen regelmäfsige Bau des Centralkegels erfährt aber im O eine bedeutsame Störung durch die grofsartige Val del bove, ein Thal, das durch zwei von dem heutigen Hauptkegel ausgehende und in konvergierenden Bogen ostwärts streichende Gebirgsketten (Serren) gebildet wird. Die Länge dieses gewaltigen Thales beträgt 8 km, seine Breite 4 km, seine Oberfläche etwa 32 qkm. Die nach innen jäh abfallenden Gebirgswände mit ihren zahlreichen steil aufragenden, coulissenartigen Lavagängen offenbaren dem kundigen Auge des Geologen den inneren Aufbau und damit die Entwicklungsgeschichte des Berges.

Bei näherer Betrachtung des flachen Ätnamantels lassen sich noch zwei andere bedeutungsvolle Unregelmäfsigkeiten erkennen. An mehreren Stellen steigt das Gelände in Terrassen an, die wie eine Riesentreppe sich übereinander aufbauen. Aufserdem umgiebt in einer Höhe von 700—2000 m ein charakteristischer Kranz kleiner Seitenkegel von durchschnittlich 50—150 m rel. Höhe und 25—30° äufserer Böschung den Berg. Sie bestehen meist aus Lapilli und Aschen und sind die beredten Zeugen der zahlreichen Eruptionen, die hier seit alten Zeiten stattgefunden haben.

Der Ätna, den seine Bewohner kurz la montagna, die Dichter Mongibello nennen, wirkt im Landschaftsbilde nicht durch die Schön-

heit seiner Umriſslinie, wie z. B. der Vesuv, sondern nur durch seine
gewaltige Masse, die man auf 880 Millionen cbm oder 2,08 Kubikmeilen
berechnet hat, und die sich auf einem breiten sedimentären Sockel
von 250 m Höhe aufbaut.

Aber hierdurch und durch die auffallenden Gegensätze, die er
an sich vereinigt, hat er frühzeitig die Aufmerksamkeit der Dichter[1]
und Denker[2] auf sich gezogen.

Namentlich erregte der Gipfel, „wo das Feuer mit dem Schnee
sich vermählt", die Bewunderung der Alten. Doch erwähnt Strabo
auch schon den Gegensatz zwischen dem oberen Teile des Ätna, „der
im Winter in Schnee und im Sommer in Asche gehüllt ist" und dem
unteren, „der Wälder trägt und Anpflanzungen aller Art".

Dieser Gegensatz, der in dem Einfluſs der Höhenlage auf Klima
und Vegetation eines Ortes seinen Grund hat, springt am Ätna besonders in die Augen, denn an seinem Südhange sind mit Ausnahme
des Tropenklimas fast alle Klimate der Erde, vom subtropischen Klima
Nordafrikas bis zu dem von Spitzbergen vertreten. Man hat mithin
bei einer Wanderung von Catania bis zum Gipfel auf einer Strecke
von 26 km Länge bei 3313 m Steigung (7,85 m : 1 m) die klimatischen
Unterschiede einer meridionalen Erstreckung von 48 Breitengraden
oder 5300 km zu ertragen.

Es ist unter diesen Umständen zu verwundern, daſs die nahe-
liegende Einteilung des Berges in Höhengürtel verhältnismäſsig jungen
Datums ist.

Im Mittelalter, wo der Sinn für Naturbeobachtung fast ganz geschwunden war, beschäftigte der Ätna nur als Vulkan dann und wann
die Phantasie der Dichter. Seine Abhänge boten scheinbar nichts
Erwähnenswertes. Erst Kardinal Bembo[3], der im Jahre 1494 den
Berg bestieg, erwähnt in seinem „Buche über den Ätna" die Einteilung seiner Gehänge in drei horizontale Abschnitte. Vermutlich hat
er diese Einteilung an Ort und Stelle vorgefunden, denn Fazello, der
im Jahre 1541 seine erste Ätnabesteigung unternommen hat, erzählt,
daſs die Einwohner den Berg „in drei Teile oder eigentlich Regionen"
teilen und schätzt bereits ihre Gröſse nach der Länge des Weges,

---

[1] Vergl. Christ, W., Über den Ätna in der Poesie. Ber. der Münch.
Akad. 1888.

[2] Vergl. Spallanzani, L., Viaggi alle due Sicilie. vol. 6. 1794/6.

[3] Bembus, Petrus, De Aetna Liber. 1703 Amsterdam. p. 205. „Dum
tibi ad ignes festino, eam Aetnae partem, quae nobis una restabat de tribus (sic
enim partiri soleo, et qua sine ad ignes ipsos perveniri non potest) pene omi-
seram."

auf dem man sie durchschreitet, eine Methode der Schätzung, die bis in den Anfang unseres Jahrhunderts beibehalten worden ist. Die Bezeichnung der einzelnen Regionen ist bis Ende des vorigen Jahrhunderts ganz allgemein gewesen: erste, zweite und dritte oder untere, mittlere und obere Region. Erst seit etwa 100 Jahren sind die Namen Kulturregion, Waldregion und wüste Region (regione coltivata, nemorosa o boscosa, deserta o scoperta) gebräuchlich geworden[1].

Nach diesen einleitenden Betrachtungen und der Schilderung des Untersuchungsgebietes ist es zunächst die Aufgabe, ein allgemeines Bild der einzelnen Regionen zu entwerfen.

---

[1] Vergl. die drei mexikanischen Regionen: tierra caliente, templada, fria.

I.

STATISCHER TEIL: DAS WIE.

BETRACHTUNG DER REGIONEN IN DER GEGEN-WART UND IN DER VERGANGENHEIT.

A. Gegenwart.

1. a. Allgemeine Physiognomie der Kulturregion.
   b.   -   -   - Waldregion.
   c.   -   -   - wüsten Region.

Schlanke Dattelpalmen entfalten zwar am Fuſs des Ätna ihre luftigen Fiederkronen, und üppige Bananen mit ihren frischgrünen, breiten Blättern und riesigen Blüten gedeihen im Freien, aber sie und die 100 anderen Kinder der Tropen, die die Luxusgärten in und um Catania und Acireale schmücken, vermögen nicht, dieser mittelmeerischen Landschaft ein tropisches Ansehen zu verleihen.

Erst die Orangen- und Limonenhaine, die am S- und O-Hang des Ätna ein weites Gebiet bedecken, drücken jener Gegend ein eigenartiges Gepräge auf. Die Agrumenbäume, die durchschnittlich 4—7 m hoch sind, stehen in regelmäſsigen Reihen meist 4,5 m voneinander entfernt und beschatten mit ihrem dichten Laube den kahlen Boden, der durch die Kunst des Landmanns beständig feucht erhalten wird. Sie entfalten das ganze Jahr hindurch zwischen dem dunkelgrünen, glänzenden Laube und den goldenen Früchten ihre zarten weiſslichen Blüten und erfüllen die Luft in ihrer Nähe mit süſsem Duft. Die Hauptblütezeit fällt in den April, und die Ernte dauert gewöhnlich von Anfang Dezember bis Mitte März, obwohl man auch später noch an einzelnen Bäumen besonders süſse Früchte findet. Die zahlreichen regelmäfsig sich verzweigenden Kanäle aus weifsgeputzten Ziegelsteinen und die grofsen Cisternen, aus denen sie in der trockenen Zeit gespeist werden, sind ebenso charakteristisch für jene Gebiete wie die Agrumenbäume selbst.

An die Kultur der Agrumen, der allein eine anerkennenswerte Sorgfalt gewidmet wird, schliefst sich die der Küchengewächse, der ortaggi. In Gärten, die von Lavamauern umgeben sind, gedeihen Gurken, Melonen, Tomaten, Sellerie und Fenchel, Spinat und Lattich, Lupinen, Bohnen und Erbsen im Schatten von Feigen- und Pfirsichbäumen, von Pistazien, Granaten, Mandeln und japanischen Mispeln. Hier bringt der unerschöpfliche Boden das ganze Jahr hindurch die mannigfaltigsten Früchte. Aber nicht mühelos fallen sie dem Landmann in den Schofs; fleifsiges Umgraben und Bewässern des Bodens ist auch hier notwendig.

Zwischen diesen Kulturen dehnen sich namentlich am Süd- und Osthang des Ätna grüne Weinberge aus, die bis ans Meer hinabreichen. Die Weinstöcke, die gewöhnlich 1 m voneinander entfernt stehen, werden am Ätna wie in Mitteleuropa kurz gehalten und von den hohlen holzigen Schäften des spanischen Rohres gestützt. Dieses Gras, Arundo donax, erreicht eine Höhe von 4—5 m und erinnert durch seinen hohen und schlanken Wuchs lebhaft an die Bambusenform der tropischen Zone. Fast in jedem Weinberge findet sich eine derartige Rohrpflanzung, canneto genannt, und in ihrer Gesamtheit bestimmen diese ebenso wirkungsvoll das allgemeine Landschaftsbild wie die hohen Lavamauern und turm- oder ruinenartigen Steinhaufen, die aus den im Wege liegenden Steinblöcken errichtet sind. Die fruchtbaren Weinberge, aus denen hie und da ein schlanker Eucalyptus oder eine stattliche Pinie mit ihrer breiten schirmförmigen Krone emporragt, bewahren auch im Winter, wenn die Reben und die Feigen-, Pfirsich- und Mandelbäume, die meist zwischen ihnen stehen, sich entlaubt haben, ein grünes Kleid, da in ihnen aufser immergrünen Fruchtbäumen häufig eine Frühlingsfrucht, Gerste oder irgend ein anderes Futterkraut gebaut wird. Aus dem wohlthuenden Grün leuchten tausende von stattlichen Landhäusern und hundert kleinere Ortschaften mit bunten Kirchtürmen hervor und würden nicht den gefährlichen Boden ahnen lassen, auf dem sie ruhen, wenn nicht an einzelnen Stellen wilde, von der Kultur noch „ungebändigte" Lavamassen mitten durch die lachenden Gefilde sich bis ins blaue Meer hinabgewälzt hätten.

Nur die jüngsten Lavaströme sind ganz vegetationslos, obwohl in der Kulturregion auch hier sehr bald an ihren äufsersten Grenzen

und, falls ein primitiver Pfad über sie hinwegführt, an dessen Rand
hie und da ein Grashalm oder gar ein blühender Rainfarn oder
Sauerampfer, durch Wind oder Mensch und Tier dahin verschleppt,
sich einnistet. Die Laven am Ätna befinden sich in den verschiedensten
Stadien der Verwitterung. Auf einzelnen Strömen erblickt man in
den Vertiefungen zwischen den schwarzgrauen oder rostbraunen Lava-
blöcken, wo Wind und Wetter Asche und Staub zusammengeweht
haben, schmächtige Gräser, die örtlich kleine Bestände wie die Halme
eines Getreidefeldes bilden, und eine Anzahl Kräuter, wie Wolfsmilch,
Kreuzkraut, Minzen und andere Lippenblütler; auf anderen hat man
zerstreut den stachlichten Opuntienkaktus und in den höher gelegenen
Teilen besonders den Ätnaginster angepflanzt, der zu einem stattlichen
Baume heranwächst. Diese beiden Pflanzen gedeihen besonders gut
auf der rohen Lava und bereiten durch ihre Wurzeln und ihren
Detritus den Boden für eine einträglichere Kultur. Man hat sie daher
mit Recht als die Pioniere der Lavakultur bezeichnet. So ringt der
Mensch allmählich dem Vulkane wieder das ab, was dieser oft in
wenigen Tagen ihm genommen hat, pflanzt nach Jahrzehnten an den
äufseren Rändern der Ströme die Rebe, Eichen, Feigen- und Mandelbäume und schiebt von hier langsam den fruchttragenden Boden in
die Wüste vor. Den ödesten Eindruck in mittlerer Höhe des Ätna
machen die starren Lavamassen in der Val del bove.

Im SW verleihen die ausgedehnten Weizenfelder, die je nach der
Jahreszeit einem frischgrünen oder sonnverbrannten Teppich gleichen,
sowie die silbergrauen Blätter des Ölbaumes der Landschaft ihren
eigentümlichen Farbenton. Während der Weizen im Thale des Simeto
auf unabsehbaren Flächen in den reinsten Beständen vorherrscht, wird
er am Abhang unter den knorrigen Olivenbäumen gebaut, deren viel-
ästige, aber durchsichtige Kronen die Sonnenstrahlen nur wenig
aufhalten. Zwischen diesen lichten Olivenhainen im SW liegen
riesige Lavasteine, erratischen Blöcken gleichend und meist von
Opuntien von 3—4 m Höhe umgeben und besetzt, deren letzte
ovalen und flachen Glieder an ihrem schmalen Saume in dichter Reihe
die sogenannten Indischen Feigen tragen.

Auch die Zucht der Mandelbäume wird hier in besonders aus-
gedehntem Maſse getrieben, während für den NO in gleicher Höhe
die schattigen Haselnuſshaine charakteristisch sind.

Im Westen und Norden wird die Physiognomie des Ätnahanges
hauptsächlich durch die öden Lavafelder bestimmt, die hier am breitesten
entwickelt sind. Zerstreut finden sich in der rauhen Wüste gleich
den Oasen grüne Dàgalen (Inseln alten Lavabodens), die in den

tieferliegenden Gegenden kultiviert, in den oberen mit Kräutern, Farn und Gestrüpp dicht bewachsen sind. Der ernste Eindruck dieser Landschaft wird im Westen noch erhöht durch den düster drohenden Centralkegel des Ätna, der hier sich steil aus dem flachen Mantel erhebt.

Im Süden und Osten schliefsen sich an die Weinberge meist schattige Kastanienwälder an. In den tieferen Gegenden werden diese von stattlichen, fruchttragenden Bäumen gebildet, in den höheren zeigt die Kastanie hohe Buschform. 3—7 Stämme, von denen selten einer mehr als 15 cm Dicke erreicht, dringen aus einem Wurzelstock hervor und schiefsen besonders in die Höhe. Mit den Kastanienwäldern treten kleine Roggenfelder auf, deren gelbe Stoppeln sich im Spätsommer nicht mehr von den zerstreuten Beständen dürren Grases (hauptsächlich Festuca duriuscula L.) abheben, die in jenen Gegenden für das Aussehen weiter Strecken tonangebend sind. Einen eigentümlichen Anblick gewähren die kleinen 3—10 a grofsen und von schwarzen Lavamauern eingeschlossenen Felder oberhalb Maletto, wo aufser Roggen auch Mais und Kartoffeln gebaut werden.

Mit der Grenze des Ackerbaues hat die Kulturregion ihr Ende erreicht, und der Gürtel der Naturwälder beginnt.

Eichen und Buchen sind hier so selten geworden, dafs sie für die Physiognomie der Waldregion kaum mehr in Betracht kommen. Nur im W, N und O stehen noch drei spärliche Trümmer einstiger Eichwaldpracht, und im S an der Serra del Solfizio findet sich noch ein Rest des ehemaligen Buchenwaldes.

Die charakteristischen Waldbäume sind heute allein die Kiefer (Pinus nigricans) und die Birke (Betula alba). Während die Birkenwaldungen trotz des Mangels einer zusammenhängenden Pflanzendecke am Boden nordisches Gepräge tragen, unterscheiden sich im allgemeinen die ätnäischen Pinienwälder von dem deutschen Nadelwalde durch den dünnen Bestand und das Fehlen einer Moosdecke am Boden. Diese wird an einzelnen Stellen durch niedrigen Wachholder (Juniperus hemisphaerica) und Berberitzengebüsch (Berberis vulgaris), sowie durch Adlerfarn (Pteris aquilina) und Grasbüschel dürftig ersetzt. Im Gegensatz zu unseren Nadelwäldern sind die des Ätna sonnenhaft und durchsichtig. Die Kiefern dort erreichen auch nicht die stattliche Höhe unserer Nadelhölzer, obwohl es Stämme von 2,50 m Umfang uud 0,80 m Dicke giebt. Ihre pyramidenförmigen Kronen verjüngen sich schnell und sind dichter beästet als die unserer Föhren. An wenigen Orten zieht sich niedriges Birken- und Buchengestrüpp namentlich in feuchten Wasserrinnen noch über die Baum-

grenze hinauf, ebenso wie der niedrige Wachholder und die Berberitze.
Doch ihre Verbreitung ist zu gering, als daſs sie auf das Aussehen
des obersten Gürtels einen bestimmenden Einfluſs ausüben könnten.
Dieses entspricht völlig der Bezeichnung „wüste Region". Weite
Aschefelder bilden den Südhang des steileren Centralkegels. An
seinem Fuſse werden zwar ansehnliche Strecken der ehemaligen Waldregion von dichten Beständen des Adlerfarns bedeckt, aber besonders
charakteristisch für den unteren Teil jener Region sind die stachligen
mattgrünen Traganthpolster von durchschnittlich 0,5—1,0 m Durchmesser, die, unseren Moospolstern gleichend, die graue Asche stellenweis bedecken, aber nach oben zu schnell an Gröſse und Zahl abnehmen. Dasselbe gilt von den wenigen Pflanzenarten (etwa 12), die
hier vereinzelt oder im Schutze der Astragalusstacheln gedeihen. Auf
der Nord-, West- und Ostseite ist der Pflanzenwuchs besonders spärlich. Man kann dort von 2500 m Höhe an stundenlang wandern, ehe
man ein Pflänzchen trifft.

Mit ihrem Verschwinden umgiebt den Wanderer allein die unorganische Welt, im Süden und Osten weite Aschefelder mit wellen-
förmiger Oberfläche, aus der hie und da die rauhe feste Lava hervor-
blickt, im Westen und Norden die wildesten, fast unzugänglichen
Lavaströme, zwischen denen an wenigen Stellen kleine Firnflecken den
Sommer überdauern. Das Ganze wird überragt, wie schon erwähnt,
von dem massigen, gelblichgrauen Gipfelkegel, dessen oberer Krater-
rand in verschiedenen Farben leuchtet, vorherrschend gelb, weiſs und
rostbraun.

Nach diesem flüchtigen Entwurf eines allgemeinen Bildes der
Regionen des Ätna sollen die hauptsächlichen Kulturpflanzen, die
Waldbäume und die Firnflecken in ihrer wagerechten und senkrechten
Verbreitung einer näheren Betrachtung unterzogen werden.

2. Die regionale Verbreitung im besonderen.
a. Agrumen.
b. Olive.
c. Wein.
d. Kastanie.
e. Roggen.
f. Kiefer.
g. Birke.
h. Traganth und die letzten Kräuter.
i. Firnflecken.

Die Agrumen.

Die einträglichste Bodennutzung am Fuſs des Ätna ist die Kultur der Orangen und Limonen.

Im Kreise Acireale, der nordöstlichen Hälfte des Ätna, betrug die Anzahl der Agrumenbäume im Jahre 1892 530 000 Stück (1872: 275 000), darunter waren 90 % Limonen; im Kreise Catania dagegen 1 480 000, worunter sich nur 20 % Limonen befanden. Zusammen 1 960 000 Bäume. (S. Beilage 1.)

Da sie gewöhnlich 4,5 m voneinander entfernt stehen, kann man durchschnittlich 500 Bäume auf 1 ha rechnen. Dies ergäbe eine Gesamtfläche von 3920 ha.

Der Fruchtertrag eines Hektars belief sich im Jahre 1892 auf durchschnittlich 97 000 Früchte, der Gesamtertrag auf 380 Millionen. Hierbei entfallen im Durchschnitt 195 Früchte auf einen Baum, während ein gut gehaltener Orangenbaum in seinen besten Jahren 6—700, ein Citronenbaum 1000—1100 Früchte trägt.

Welch hohe wirtschaftliche Bedeutung die Agrumen bereits für die Ätnagegend erlangt haben, geht daraus hervor, daſs im Jahre 1892 ihre Ausfuhr im Hafen von Catania 35,5 Mill. kg betrug, die einen Wert von 6,3 Mill. Lire = 5,1 Mill. M. (1 kg: 0,18 L. od. 14,4 Pf.) darstellten[1].

Die Anlage und Erhaltung der Agrumengärten erfordert allerdings groſse Mühe und bedeutende Kosten. Es muſs meist mit Pulver und Meiſsel dem harten Lavaboden der Platz für jedes einzelne Bäumchen abgerungen werden. In die Löcher von 1,5 m Durchmesser und 1 m Tiefe, die mit fruchtbarer Erde und Dünger gefüllt sind, werden 5jährige Pflanzen eingesetzt, die nach wiederum 5 Jahren erst reiche Früchte tragen. Der Boden muſs im Jahre dreimal mit der Hacke bearbeitet und in der trockenen Zeit künstlich bewässert werden.

Die Agrumen werden hauptsächlich bei Adernò, Licodia, Paternò und Catania im SW und S, und in Acireale, Mascali und Riposto im O gebaut. Ihre Grenze beginnt südlich von Bronte (W) im Thal des Simeto bei 400 m Meereshöhe, läuft in derselben Höhe an dem steilen Plateaurand entlang unterhalb Adernò, Biancavilla und Licodia, senkt sich von hier nach Paternò bis 280 m und steigt im S wieder bis 350 m bei Gravina und Aci S. Antonio empor. Von hier sich wieder senkend geht sie in nördlicher Richtung über Màngano (180 m)

---

[1] Nach Relazione statistica sulle industrie ed il commercio della Provincia di Catania nel 1892.

nach Màcchia und Màscali (120 m) und steigt von neuem bis 300 m
bei Piedimonte.

Ihr vereinzeltes Vorkommen an höher gelegenen Orten, z. B. bei
Mascalucia (450 m), Viagrande (400 m) und Zaffarana (560 m) beweist, daſs die Grenze nicht klimatisch bestimmt ist. Die Möglichkeit
einer regelmäſsigen Bewässerung und, was damit am Ätna eng zusammenhängt, der thonige Cretaboden, über dem die Quellen hervor-
dringen, bestimmen in erster Linie ihren eigentümlichen Verlauf.

Ihre durchschnittliche Höhenlage beträgt gegenwärtig 300 m, ihre
klimatische Grenze liegt bei etwa 600 m.

Der Ölbaum.

Bedeutender als der Agrumenbau ist der Fläche nach, nicht in
wirtschaftlicher Beziehung, die Kultur des Ölbaums.

Man rechnete im Jahre 1892 5550 ha auf die Olivenkultur und
im Mittel 400 Bäume auf 1 ha, was die Summe von 2 220 000 Bäumen
ergiebt. (S. Beilage 1.)

Der Ertrag beläuft sich bei der geringen Sorgfalt, mit der man
die Bäume pflegt und die Früchte behandelt, nur auf 5 hl : 1 ha, also
im ganzen auf 27 750 hl Öl, die meist im Lande selbst verbraucht
werden, denn die Ausfuhr[1] aus dem Hafen von Catania betrug im
Jahre 1892 nur 38 224 kg Olivenöl (1 kg : 1,05 L.) gegenüber einer
Einfuhr von 910 342 kg (1 kg : 0,95).

Die Verteilung der Bäume über das ganze Gebiet ist merkwürdig.
Es fallen 90 % allein auf den SW-Hang. Ebenso eigentümlich ist
auch der Verlauf der Höhengrenze.

Im N des Ätnagebietes gedeiht die Olive auf Sandsteinboden in
750 m Höhe noch recht gut und liefert im Durchschnitt 8 hl Öl : 1 ha.
Nach W zu wird sie selten und tritt erst bei Bronte wieder auf, wo
sie in 760 m Höhe häufig vorkommt. Der mittlere Ertrag in Bronte
ist 12 hl Öl : 1 ha. Von hier steigt die Grenze bis 850 m über
Adernò im SW und behält die gleiche Höhe bis Belpasso im S bei.
Der Ertrag ist aber geringer = 6 hl : 1 ha. Nun fällt die Grenze
bis 500 m Höhe bei Mascalucia und nach O hin bis 100 m bei Giarre,
steigt aber nach N umbiegend allmählich wieder bis 750 m bei
Randazzo. Das Mittel aus diesen Zahlen ist 600 m bei einer Schwankung
zwischen 100 m und 850 m.

Diese Erscheinung wird dadurch noch merkwürdiger, daſs der

---

[1] Nach Relazione statistica della Provincia di Catania 1892.

Ertrag in geradem anstatt in umgekehrtem Verhältnis zur Höhe steht. Denn während im W, im Gebiet von Bronte, Adernò und Biancavilla, wo die Olivenkultur bis 850 m reicht, 1 ha 10 hl Öl liefert, bringt er im O, in der tiefsten Lage nur 2,5 hl, also ¹/₄ jenes Ertrags und ¹/₂ des Mittels.

Der Grund hierfür ist zunächst in der Bodenbeschaffenheit, dann in den Siedelungsverhältnissen zu suchen, was später weiter auszuführen ist.

Die klimatische Grenze wird durch die vorgeschobenen Posten angedeutet, die im SW 920 m, im S 850 m, im O 860 m, im NO 750 m Höhe erreichen. Diese Bäume zeigen in ihrem äuſseren Wuchs auſser etwas kleineren Blättern keinen auffallenden Rückgang und reifen nach Aussage der dortigen Bauern auch Früchte, deren Güte und Reichtum aber mit der Gunst der Jahre sehr wechselt. Man kann daher wohl 800 m, nicht wie gewöhnlich 700 m als mittlere Olivengrenze annehmen, oder genauer 900 m im SW und 750 im NO.

Der Weinstock.

Das Hauptgebiet des Weinbaues ist der Osthang des Ätna, besonders das Gebiet von Mascali, und auſserdem die Umgegend von Catania.

Die Gesamtfläche der Weinberge im Ätnagebiet beträgt 28 400 ha. Im Durchschnitt rechnet man 8000 Stöcke auf 1 ha, da sie wenig über 1 m voneinander entfernt stehen, was die stattliche Summe von 227 200 000 Pflanzen ergiebt. Davon entfallen 50 % auf die Ostseite, 4,2 % (1200 ha) auf die Nordseite, 5,8 % (1600 ha) auf die Westseite und 40 % (11 400 ha) auf die Südseite.

Der Ertrag beläuft sich im Mittel auf 20 hl : 1 ha, zeigt aber nach der Lage und infolge der Reblaus groſse Verschiedenheit (von 4 hl bis 40 hl).

Im Jahre 1887 wurde die Phylloxera zuerst am M. Difeso am Südhange des Ätna entdeckt, nachdem sie bereits 1880 bei Caltagirone in der Provinz Catania nachgewiesen war. Bis jetzt hat sie etwa 1500 ha = 5,3 % des Weingebietes am Ätna heimgesucht, und zwar sind die höchst- und die tiefstgelegenen Weinberge von ihr am meisten betroffen, die von Belpasso, Nicolosi und Trecastagne einerseits und die von Catania, Acireale und Giarre andererseits.

Man hat aber nicht wie in anderen Gegenden die kranken Weinberge ausgerottet, sondern glaubt, in den tiefer gelegenen Gegenden durch Überschwemmen, in den höher gelegenen durch Schwefeln das schädliche Insekt dauernd vernichten zu können.

Die Grenze des Weinbaues liegt am Südhang bei 1100 m. Zwar findet sich noch Wein vereinzelt bei 1260 m und sogar unterhalb der Casa del bosco bei 1378 m, aber die verschwindend geringe Fruchtbarkeit zeigt, daſs er hier die klimatische Grenze überschritten hat. Die gegenwärtige Kulturgrenze läuft von der Serra Pizzuta (1037 m), die bis zu ihrem Gipfel bebaut ist, über den M. Gervasi (989 m), M. Arso (1034 m) und M. Difeso (920 m), die alle nur an ihrem Südhang Weinberge tragen, nach der Regione Tardaria, wo sich der letzte Weinberg bei 957 m findet. Die Ernte erfolgt hier Ende Oktober, doch ist der Ertrag nach Aussage der Landleute im allgemeinen nur mittelmäſsig; im Jahre 1893 war er gut. Die Grenze zieht sich von hier unterhalb M. Cicirello am Fuſs der steil ansteigenden Terrasse bis 700 m oberhalb Sato herab, um von da wieder bei Zaffarana bis 950 m anzusteigen. Auch auf dieser Seite finden sich zwei vorgeschobene Posten in der Val di Calanna bei 1040 m, die trotz ihrer geschützten Lage und des vorzüglichen Bodens nur geringen Ertrag geben sollen.

Im O der Val del bove über Caselle und Milo gehen die Weinberge bis 850 m und tragen noch fruchtbare Obstbäume, Maulbeeren, Wallnüsse, Birnen, Äpfel und Kirschen. Sie steigen dann wieder noch diesseits der Lava von 1682 bis 950 m und jenseits am NO-Hang der Serra delle Concazze vereinzelt bis 1143 m. Im allgemeinen läuft aber die Grenze im NO in 1000 m Höhe bis M. Stornello, wo wieder einzelne Weinberge bis 1070 m vorgeschoben sind. Von hier an sinkt sie plötzlich bis 800 m, von Roggenfeldern gleichsam zurückgedrängt, läuft in mehreren Windungen zwischen 850 m und 700 m wechselnd nach NW bis in die Regione M. Dolce und steigt wieder am Nordhang bis etwa 980 m empor. Die Siedelungsverhältnisse und der orographische Bau bestimmen hier offenbar den eigentümlichen Verlauf der Grenze.

Im Südwesten von Randazzo findet sich erst wieder Wein auf dem Poggio di Maletto, einem flachen Sandsteinhügel, der sich bis 1139 m erhebt, bei 140 m relativer Höhe. Jedoch soll nach Aussage der dortigen Bewohner das Erzeugnis schlecht, d. i. sauer sein, da die Trauben selten ganz reif werden. Nach der Statistik von 1892 ergaben die Weinberge genau den mittleren Ertrag (20 hl : 1 ha).

Im Gebiet von Bronte gedeiht der Wein zwar noch bei 1020 m nördlich der Lava von 1832, aber der Ertrag ist bedeutend geringer (9 hl : 1 ha).

Die mächtigen Lavaströme von 1832, 1651, 1843 und die Lava dello Zingaro im W haben die Weingrenze nicht ganz verwischen können. In der grofsen Dàgala della Zucca und der Dàgala inchiusa, sowie auf dem M. Inchiuso gedeiht noch Wein inmitten der wüsten Laven in 970 m und 1070 m Höhe. Der M. Paparia, ein alter Krater in derselben Gegend, ist bis zu seinem Gipfel (1002 m) mit Wein bepflanzt, der im vorigen Jahre schon Mitte September zum grofsen Teile reif war; auch in der Regione Tempone, nordöstlich von Adernò, wird in 870 m Höhe Wein gebaut. Im SW über Adernò, Biancavilla, Paternò und Belpasso steigen die Weinberge in grofser Zahl bis 1100 m, und die Grenze trifft so am M. S. Leo mit dem Ausgangspunkte der Betrachtung wieder zusammen.

Überblickt man das Ganze, so ist zu bemerken, dafs die gegenwärtige Weingrenze im SW um 240 m höher liegt als im NO. Die vorgeschobenen Posten beweisen, dafs das Klima hierbei nicht in erster Linie in Betracht kommt. Als Mittel ergiebt sich 1030 m. Die klimatische Grenze liegt im SW bei ungefähr 1300 m, im NO bei 1150 m.

Die Kastanie.

Unterzieht man die Grenze der Kastanie einer näheren Betrachtung, so tritt zunächst die Notwendigkeit hervor, zwischen den fruchttragenden und den blofs Holz liefernden zu unterscheiden. Die letzteren pflegt man zur Waldregion zu rechnen, aber mit Unrecht. Denn wenn sie auch dichtere und ausgedehntere Wälder bilden als die fruchttragenden Kastanien, so ist dies doch kein genügender Grund für jene Trennung, um so weniger, als am Ätna bei der Einteilung in Regionen nicht der Wald als Formation in erster Linie mafsgebend ist, sondern der Gegensatz 'zwischen Kultur und Natur. Und dafs die höhergelegenen Kastanienwälder allein der Kultur ihr Dasein verdanken, geht schon daraus hervor, dafs sie nur aus geschlechts- und daher fruchtlosen Bäumen gebildet werden.

Die Kastanien nehmen eine Gesamtfläche von ca. 4800 ha ein, wovon 1600 ha mit fruchttragenden Bäumen bestanden sind. Von diesen entfallen je 40% auf den Süd- und Osthang und 12% und 8% auf die West- und Nordseite.

Im S findet sich der erste Kastanienhain bei 1025 m, der eigentliche Wald von 20—30 cm dicken Bäumen beginnt bei 1136 m und reicht bis 1540 m. Die Baumgrenze liegt bei 1630 m, bei den M. Faggi. Östlich davon erblickt man eine junge Kastanienpflanzung an der Südseite der Serra Pizzuta Calvarina bei 1590 m. Die schon öfters erwähnte Terrasse über Tardaria und Sato ist von Passo Cannelli bis nach Casone mit dichten Kastanienwäldern besetzt, deren obere

Grenze die wüsten Lavaströme von 1766 und 1792 vorgezeichnet haben. Am Fuſs der Terrasse bei der Casa Tardarià (897 m) bringen die Kastanien noch reiche Früchte, die Mitte Oktober geerntet werden. Jenseits der Lava von 1792 finden sich dichte Kastanienwälder am Fuſs der Serra del Solfizio, am M. Monaco und am M. Zoccolaro, wo sie im S bis 1579 m, im O bis 1533 m emporsteigen, und vor allem in der Regione Casone über Zaffarana.

Im O oberhalb Caselle und Milo bildet die Lava von 1852 ihre Grenze bei 1050 m. Nördlich davon am Ostende der Serra delle Concazze überlassen die Kastanien bei 1242 m sommergrünen Eichen den Raum. Im NO, im Gebiet von Linguaglossa, treten sie besonders häufig als Fruchtbäume in den Haselnuſshainen auf und wurden zuletzt bei 875 m gesehen, doch mögen sie auch hier bis 1000 m emporgehen.

Im N finden sie sich in geringer Zahl zwischen den Eichen, die hier noch am häufigsten vertreten sind, scheinen aber nicht höher als bei 950 m vorzukommen.

Im W, im Gebiet von Maletto und Bronte, werden sie nicht kultiviert. Auſser in einzelnen Dàgalen treten sie erst wieder über Adernò und Biancavilla in dichteren Beständen, z. B. im Castagneto di Ciancio mit Obstbäumen gemischt auf und reichen dort bis 1550 m, hier bis 1623 m, dem Roggen und der Kiefer das Feld überlassend.

Es zeigt mithin auch die Kastaniengrenze groſse Verschiedenheit in ihrer Höhenlage je nach der Himmelsrichtung. Während sie im N nicht über 950 m hinaufreicht, geht sie im S bis 1630 m. Als Mittelzahl ergiebt sich 1400 m. Die klimatische Grenze für die fruchttragenden Bäume liegt im S bei 1350 m, im N ist sie nirgends ausgesprochen. Ihre untere Grenze liegt tiefer als 300 m, denn bei Aci S. Antonio (300 m) geben sie noch einen mittleren Ertrag von 700 kg : 1 ha.

Der Roggen.

Dem Roggenbau waren im Jahre 1892 2400 ha gewidmet. Er tritt also auffallend hinter dem Weizenbau zurück, der im Ätnagebiet eine Bodenfläche von 20 000 ha, d. i. $^2/_5$ des Weizen tragenden Bodens der Kreise Catania und Acireale, in Beschlag nimmt.

Während der Weizenbau nur am West- und Südfuſs des Ätna in ausgedehnter Weise getrieben wird, verteilt sich die Kultur des Roggens gleichmäſsig auf die vier Seiten des Ätna, wenn man die wüste Val del bove im O berücksichtigt.

Es entfallen

600 ha auf den Nordhang = 25 %,
700 ha auf den Westhang = 29,2 %,
700 ha auf den Südhang = 29,2 %,
400 ha auf den Osthang = 16,6 %.

Der mittlere Ertrag ist 6 hl : 1 ha.

Die Grenze genau zu ziehen ist mit besonderen Schwierigkeiten verknüpft, da der dortige Bauer die Felder öfters brach liegen läfst und neue Strecken bebaut, die er durch Abbrennen des Pflanzenkleides vorher gedüngt hat.

So sollen einst an den M. Faggi (1630 m) Roggenfelder gestanden haben, wo heute der Adlerfarn allein herrscht. Die höchsten Roggenfelder im S fanden sich am Nordosthang des M. Manfre und am M. Parmentelli in gleicher Höhe mit der Casa del bosco (1438 m). Am Südhang der Serra del Solfizio westlich vom M. Zoccolaro sind die Roggenfelder bis 1620 m und an diesem Berge selbst bis 1579 vorgeschoben worden. Mais und Bohnen begleiten den Roggen hier bis 1384 m.

Am Osthang des M. Calanna reicht der Roggen bis 1250 m Höhe; über Milo bildet die Lava von 1852 die Endlinie. Im O der Serra delle Concazze steigt die Grenze bis 1232 unter M. Cerasa und zieht sich nord- und später nordwestwärts bis in die Contrada Pirào über Randazzo, sich auf dieser weiten Strecke nur ganz allmählich bis 1000 m herabsenkend.

Von Randazzo nach SW hebt sich die Grenze wieder langsam, springt aber auf dem alten Lavaboden über Maletto plötzlich bis 1460 m hinauf. Über Bronte im W findet sich der Roggen, ähnlich wie der Wein und die Kastanie nur in den wenigen gröfseren Dàgalen inmitten der wüsten Lavafelder bei 1100 m.

Im SW dagegen steigt er oberhalb des Castagneto di Ciancio bis 1623 m, wo er zusammen mit Kastanien, Kiefern und Farn vorkommt.

Im allgemeinen liegt die Roggengrenze im N bei 1000 m, im W bei 1460, im S bei 1528, im O bei 1240 m. Auch hier zeigt sich die bekannte Erscheinung des gröfsten Unterschiedes zwischen SW und NO. Als mittlere Höhe in der Gegenwart ergiebt sich 1307 m. Die klimatische Grenze läfst sich nicht bestimmen, da jeder direkte Anhalt fehlt. Th. Fischer giebt 1800 m an. Als untere Grenze kann man 800 m im N und 950 m im Süden annehmen. Vom Klima sind diese Zahlen durchaus nicht bestimmt, sondern lediglich von den

Siedelungsverhältnissen, während die Art, ob Roggen oder Weizen, im allgemeinen von der Bodenbeschaffenheit abhängig ist.

Die Kiefer.

Mit der Höhengrenze des Roggens, die die Grenze der Kulturregion darstellt, fällt im allgemeinen die untere Piniengrenze zusammen.

Wie schon erwähnt, fehlen auf der Südostseite des Ätna die Nadelwälder gänzlich. Es berührt hier die Kulturregion unmittelbar die wüste Region. Nur an der Serra del Solfizio findet sich noch ein dürftiger Rest des ehemaligen Naturwaldes. Einige 100, lichten Bestand bildende Buchen, die den Namen faggita bei den Gröſsenverhältnissen des Ätna kaum verdienen, ziehen sich nordöstlich der Casa del vescovo in einer der Schluchten bis auf den Kamm der Serra (1850 m) hinauf und steigen an der steilen Innenseite der Val del bove bis etwa 1550 m hinab. Daſs sie vereinzelt bei der Rocca piccola (1675 m) und der Rocca del Corvo (1760 m) in der Val del bove und hie und da noch in der Cerrita und im bosco di Randazzo vorkommen, sei nur angedeutet. Buchengebüsch, dessen Aussehen verriet, daſs die klimatische Grenze erreicht war, fand sich am M. Nero settentrionale und an der Timpa rossa im N bei 2050 m.

Die im Jahre 1825 noch 44°.0 der Waldregion einnehmenden sommergrünen Eichenwälder sind heute ebenfalls bis auf wenige ganz dürftige Reste verschwunden. Sie stehen nach ätnäischen Begriffen „waldbildend“ nordwestlich von M. Maletto und oberhalb M. Minardo bei 1500 m, auſserdem in der Nähe von Randazzo bei 650—1400 m.

Sonst wird die Eiche nur vereinzelt und selten als stattlicher Baum angetroffen, am häufigsten noch am SW-Hang bis 1650 m und in der Cerrita bis 1450 m.

Die ätnäische Waldregion wird heute nur noch von Kiefern und von Birken dargestellt.

Erstere, Pinus nigricans[1] bildet namentlich im bosco von Linguaglossa groſse und verhältnismäſsig dichte Bestände. Man rechnet hier 277 Bäume : 1 ha (1 : 36 qm), nach deutschen Begriffen zwar wenig, aber für den Ätna viel, da hier im Mittel 156 Pinien auf 1 ha stehen (1 : 64 qm).

Im O, in dem sehr zerstörten Bosco della Cerrita (660 ha) am

────────────

[1] Vergl. Strobl, G., Flora des Ätna. Österr. bot. Zeitschrift. Jahrg. 1881 ff. Tornabene, F., Flora Aetnea. Catania, 3 Bde. 1889—1892.

Nordhang der Serra delle Concazze begegnet man den ersten Pinien bei 1380 m mit Birken, Buchen und Eichen zusammen. Sie umgeben als Wald den kahlen M. Renato und reichen sowohl am Kamm der Serra als auch weiter nördlich beim M. Sartorio bis 1750 m hinauf.

Nördlich von dem gewaltigen Lavastrom des Jahres 1865 liegt der schon erwähnte gröfste ätnäische Kiefernwald, der der Gemeinde von Linguaglossa gehört. Er bedeckt noch heute eine Fläche von 2174 ha, ist in der Mitte dicht und schattig und wird nach oben und unten zu lichter. Er beginnt bei etwa 1200 m Meereshöhe und dehnt sich auf dem sanft ansteigenden Plateau der schon mehrmals genannten Terrasse im NO bis zum Fuße der darüber liegenden Pizzilloterrasse aus. Hier finden sich noch Kiefern bei 1820 m am M. Zappinazzo und bei 1780 m am M. Conconi, zum Teil zwar arg vom Winde zerzaust und vom Blitz getroffen, aber im allgemeinen doch noch stämmig, 10 m hoch und 0,50 m dick. Die Waldgrenze liegt bei 1750 m.

Nördlich von diesem Walde liegt der Bosco della Germaniera (836 ha), zu Castiglione gehörig. Die Lava von 1809, die z. T. schon wieder mit Pinien licht bestanden ist, hat ihn zum grofsen Teile zerstört. Sein Bestand ist dünn und reicht nach unten bis 1250 m, nach oben bis fast zum M. Nero (1850 m). Wald- und Baumgrenze lassen sich hier nicht unterscheiden.

Im N unter der Timpa rossa reichen einige Bäume des den Piano delle Palombe bedeckenden Kiefernwaldes (Bosco di Collabasso 724 ha) bis 1850 m. Die Waldgrenze liegt auch hier bei 1750 m, wo das Terrain anfängt steiler anzusteigen; nach unten reichen die Pinien bis 1450 m. Im allgemeinen hindern die mächtigen Lavaströme der Jahre 1614—1624, ferner die Lava des M. Spagnuolo und M. Pomiciaro im N und NW eine gröfsere Ausdehnung der Wälder und drücken die Grenzen hinab. Der Laubwald von Randazzo (250 ha) liegt zwischen 900 m und 1400 m. Nur wenige Pinien finden sich oberhalb M. Spagnuolo (1514 m) und M. Maria (1636 m).

Erst im W erlangt die Waldregion wieder gröfsere Bedeutung. Über M. Maletto befindet sich ein stattlicher Kiefernwald (bosco di Maletto 409 ha), dessen untere Grenze bei 1550 m und dessen obere bei 1830 m klar ausgesprochen ist. Einzelne Pinien gehen bis zum M. Guadirazzo (1950 m), sind aber auch hier nicht völlig zu Knieholz entartet. Zu derselben Höhe steigen die Kiefern im bosco von Bronte (200 ha) und Adernò (1160 ha), dort bei 1384 m vereinzelt, von 1500—1850 m häufiger auftretend, hier von 1560—1900 m dichteren Bestand bildend und bei 1985 m verschwindend.

Im bosco von Biancavilla (714 ha) und von Paternò (518 ha) zeigen sich die ersten Pinien bei 1460 m in der Höhe des M. Milia, der an seinem N-Hang stattliche Kiefern und an seinem S-Hang Kastanien trägt, nehmen nach oben schnell an Zahl zu und umgeben den auf seinem Rücken selbst einige stolze Pinien tragenden, sonst aber kahlen M. Denza (1810 m). Die Baumgrenze liegt bei 1920 m.

Auch bei der Piniengrenze tritt die allgemeine Erscheinung der größten Verschiedenheit zwischen NO- und SW-Hang klar zu Tage. Sowohl Wald- als Baumgrenze liegen dort um 100 m niedriger als hier. In diesem Falle ist der klimatische Einfluß offenbar.

Die Birke.

Mit dem Verschwinden der Kiefer hat die Waldregion am Ätna noch nicht ihr Ende gefunden. Der Birkenwald reicht an einzelnen Stellen noch über den Pinienwald hinaus.

Am O-Hang der Serra delle Concazze treten die Birken zuerst bei 1303 m auf, bilden bei 1473 m mit Kiefern dichteren Wald und kommen von 1510 m an allein vor. Sie sind angepflanzt und haben eine durchschnittliche Stammstärke von 10—12 cm. Auch ihnen fehlt jedes Unterholz und jede Moosdecke, nur einige Farnkräuter und magere Grasbüschel wachsen zerstreut auf dem schwarzgrauen Ascheboden unter ihnen. Die deutlich ausgesprochene Waldgrenze liegt hier bei 1780 m, doch zieht sich das Birkengebüsch in den zahlreichen Fiumaren, die den Nordhang der Serra durchfurchen, bis 1997 m empor. Die Büsche zeigen auffallend kleine Blätter und ermangeln jeder Spur von Früchten. Bezeichnend ist es, daß sie sowohl in den Schluchten als auch an den Bergen M. Concazza und M. Sartorio an der Nordseite, der Wetterseite, besser entwickelt sind und höher ansteigen als an den anderen Abhängen.

Wie über der Cerrita, so findet sich auch die Birke über dem Bosco von Linguaglossa, wenn auch weniger zahlreich und bis zu geringerer Höhe (bis 1865 m am M. Baracca).

Ebenso schließt der dünne bosco di Collabasso nach oben zu mit Birken ab, die bis zur Timpa rossa (2050 m) emporreichen.

Über dem bosco di Maletto reichen sie als Gebüsch bis 2010 m; zwischen M. Nero di Bronte und M. Caccia (1910 m) bilden sie dichten Wald und dringen als solcher bis 1950 m, als Gebüsch bis zu den Bocche vom J. 1843, d. i. 2080 m vor.

Der Unterschied zwischen SW und NO läßt sich auch hier nicht verkennen; er beträgt etwa 100 m bei der Waldgrenze wie bei der Grenze des Birkengebüsches (1997 m im NO und 2080 m im SW).

Schon R. A. Philippi hat auf die auffallend tiefe Lage der oberen Waldgrenze am Ätna aufmerksam gemacht und auf die Trockenheit und den Mangel an genügender Erdkrume als Hauptursachen hingewiesen. A. Grisebach bemerkt dagegen, dafs diese Erscheinung dem ganzen Mittelmeergebiet eigen sei [1].

Über der Waldregion breitet sich die wüste Region aus, deren untere Hälfte vom kultur-geographischen Standpunkte aus am besten als Weideregion bezeichnet wird.

Der für diese Region bezeichnende Astragalus siculus reicht im SO, wo er am meisten verbreitet ist, nicht höher als 2520 m. Über ihn gehen nur wenige Pflanzen hinaus, am weitesten das zugleich verbreitetste Kreuzkraut, Senecio chrysanthemifolius, bis 2950 m im S. Mit der Firnfleckengrenze hört alle augenfällige Vegetation auf.

Die Firnflecken.

Infolge des aufsergewöhnlich schneearmen Winters von 1892 zu 1893 und des ungewöhnlich trocknen Sommers im Jahre 1893 war die Firnfleckengrenze im Sept. 1893 wohl auf ein geringstes Mafs zurückgedrängt. Die bekanntesten Firnflecken bei der Casa inglese (2942 m), in der Cisternazza (2617 m) und an der Montagnuola bei 2580 m (N-Exposition) waren unter Zurücklassung geringer Schmelzspuren bereits Mitte August 1893 gänzlich verschwunden. Es fanden sich nur im NW, N und NO des Gipfelplateaus im ganzen 5 verhältnismäfsig kleine Firnflecken. Zwei davon lagen auf der Nordwestseite bei 3015 m und 2954 m Höhe in wilden schwer zugänglichen Schluchten oder besser Vertiefungen der Lava von 1792, etwa 450 m von einander entfernt. Die Lavawälle, von denen sie eingeschlossen waren, hatten eine Höhe von 5—6 m.

Der erste Firnfleck hatte eine mittlere Breite von 5 m und war 14 m lang, der andere war wenig gröfser, 8 m : 18 m.

Ein dritter Firnfleck lag oberhalb des M. Curiazzo, des nordwestlichen Randes des Cratere ellittico, in 2920 m Höhe, in nordöstlicher Richtung 20 m lang und bis 8 m breit. Auch er lag zwischen hohen Lavawällen, ähnlich wie die beiden genannten.

---

[1] Nach J. Rein (Japan I. S. 179) liegt die Baumgrenze auch im mittleren Japan bei 2000 m. Vergl. hierzu A. Grisebach, Veg. d. Erde I. S. 512 u. 601, den Fudschiyama betreffend.

Am Westrand der Lava von 1879 in einer Schlucht des Lavastromes vom Jahre 1809 fand sich bei 2748 m Höhe ein vierter, kleinerer Firnfleck von 10 m Länge und 3 m gröfster Breite. Die kleinen Schneereste von 0,5—1 qm Oberfläche, die wie eine kurze Perlenschnur sich noch weitere 15 m in der 8—10 m tiefen Schlucht aufwärts zogen, verrieten, dafs der Firnfleck vor nicht zu langer Zeit bedeutend gröfser gewesen ist. Der Schnee war hier weicher als bei den übrigen und liefs sich am Rande leicht bis auf den Grund durchstechen.

Eigentümlich war allen vieren 1. ihre Lage auf dem Plateau, das den Gipfelkegel umgiebt, und ihre geringe Neigung, die durchschnittlich 5° betrug, 2. ihre Lage zwischen wallartig aufgetürmter rauher Lava, 3. der feste Lavagrund, der keinen Abflufs erkennen liefs, und 4. die verhältnismäfsig grofse Reinheit des Schnees, auffallend, wenn man bedenkt, dafs der fast immer wehende Wind die feine Asche beständig aufwirbelt und umlagert.

Ein fünfter Firnfleck wurde später von der Serra del Solfizio aus am Nordrand der Val del leone in etwa 2850 m Höhe entdeckt.

Von diesen offenen Firnflecken hat man am Ätna die durch natürliche Bedeckung mit Asche erhaltenen Firnlager zu unterscheiden, deren zwei mit Sicherheit nachgewiesen werden konnten.

Sie lagen 50 m von einander entfernt am Nordostfufs des Gipfelkegels in 2958 m Höhe unweit der Bocche von 1809.

Der Ort fiel auf durch Spalten und Risse in der feinen staubartigen Asche, durch kleine Einbrüche und durch den hohlen Klang bei einem Stofs auf den Boden. An manchen Stellen konnte man durch leichtes Stampfen mit dem Fufse mitsamt der Asche 50—60 cm tief einbrechen, und es zeigte sich dann, dafs die durchschnittlich 60 cm dicke Ascheschicht von einem kleinen Eisgewölbe getragen war, das eine Höhe von 0,10—0,25 m und eine ihr entsprechende Spannweite von nicht über 0,75 m hatte. Die Eisschicht selbst war von verschiedener Dicke, von 1—40 cm, möglicherweise an anderen Stellen auch dicker[1].

Das ganze so gestaltete Gebiet mafs in nordwestlicher Richtung 40 m bei 20 m Breite. Der andere Firnfleck, südlich von diesem, zeigte ähnliche Gröfsenverhältnisse.

Man kann wohl mit Sicherheit annehmen, dafs diese kleinen

---

[1] Temperaturmessung 25. Aug. 1893, 12 Uhr mittags: Insolationsthermometer 39° C. Luftthermometer 13° C. Bodenwärme in 10 cm Tiefe 6° C., in 40 cm Tiefe 0,5° C.

Eisgewölbe die letzten Reste einer gröfseren zusammenhängenden Schneemasse waren, die einst bei einem Ascheauswurf des Gipfelkraters zugedeckt worden ist, möglicherweise im Jahre 1884, wo am 16. November ein derartiger Ascheauswurf nach dieser Gegend stattfand[1].

Die Ascheschicht hat den Schnee Jahre hindurch erhalten und der Temperaturwechsel von Tag und Nacht, von Sommer und Winter, der sich durch diese 56 cm dicke Schicht geltend macht, hat ihn in Firn und schliefslich in Firneis verwandelt.

Von oben und unten mag die Wärme dem Schneelager zugesetzt haben. Durch die Kapillarität der feinkörnigen Ascheschicht und vielleicht auch bei der Neigung der Schmelzfläche nach dem Gesetz der kommunizierenden Röhren drang das Schmelzwasser zum gröfsten Teile nach oben, wo es verdunstete und dadurch die Wirkung der Sonnenstrahlen auf den Schmelzprozefs herabminderte und letzteren verlangsamte.

Die vorhandene Bodenwärme wird das Setzen und Schmelzen des Schnees von unten befördert haben, bis schliefslich nach der Verwandlung des Firnes in Firneis dieses beständige Nachrücken aufhörte und durch Schmelzung Gewölbe entstanden, deren Höhe in einem gewissen Verhältnis zur schmelzenden Wirkung der Bodenwärme stehen mufste, wodurch an manchen Stellen eine Art Stillstand in dem Schmelzprozefs eintreten konnte. Der an der freien Unterfläche des Eises befindliche Brei von feinster mehlartiger Substanz deutet bei diesen Firngewölben darauf hin, dafs auch von oben Schmelzwasser durch das Eis hindurchgedrungen ist, den Schmelzprozefs befördernd, und beim Abtropfen einen Teil des feinsten von oben mitgebrachten Staubes zurücklassend. Mit blofsem Auge liefs sich allerdings kein Schmutz in dem das Korn noch klar erkennen lassenden Eise bemerken.

Von den Rändern aus, wo das Eis auflag und im Sommer die Schmelzung immer stattgefunden haben wird, schritt der Prozefs allmählich nach der Mitte fort und erzeugte örtliche Einbrüche. Der hierdurch ermöglichte ungleichmäfsige Zutritt warmer Luft verursachte die gröfste Mannigfaltigkeit im Fortgang der Schmelzung, und so ist allmählich die Eismasse in jenen Zustand der Zersetzung geraten, in dem sie sich Ende August 1893 befand.

Doch dieser Erklärungsversuch der merkwürdigen Erscheinung liegt jenseits des Rahmens dieser Arbeit.

---

[1] Ricciardi, L., Sulla composizione chimica della cenere lanciata dall' Etna il 16 nov. 1884. Atti III. v. 18 1885. S. 223.

Überblickt man noch einmal die kleine Reihe der Firnflecken, so zeigt der Verlauf ihrer Grenze dieselbe Eigentümlichkeit wie die meisten übrigen Höhengrenzen am Ätna, nur ist hier noch deutlicher als dort der Unterschied zwischen Nord- und Südhang ausgesprochen, da im vergangenen Jahre die Firnfleckengrenze überhaupt auf der Südseite verwischt war, während sie im Norden bei 2748 m lag.

Zur leichteren Übersicht sind die Ergebnisse in folgender Liste zusammengestellt.

	Agrumen	Olive	Wein	Kastanie	Roggen	Pinie	Birke	Firn	Einzel-Siedelung
	m	m	m	m	m	m	m	m	m
S	350	850	1100	1540	1440	—	—	—	930
SO	300	300	960	1580	1620	—	—	—	900
O	150	100	1000	1240	1250	1750	1780	—	670
NO	300	550	750	1000	1200	1750	1870	2958	1000
N	—	750	950	950	1000	1550	2050	2748	800
NW	—	715	1140	—	1460	1830	2010	2984	960
W	400	760	1100	—	1100	1870	2080	—	800
SW	400	850	1100	1620	1630	1920	1950	—	1392
Mittel	317	610	1013	1322	1338	1762	1957	—	932

B. Vergangenheit.

1. Überblick über die Einführung der Kulturgewächse.
2. Geschichtliche Nachrichten über die Waldregion und die Firnregion des Ätna.

Die in die Augen fallende Veränderlichkeit der Firnfleckengrenze am Ätna legt die Frage nach der Beständigkeit seiner Höhengrenzen überhaupt nahe und giebt Veranlassung, einen Blick in die Vergangenheit zu werfen.

Aufser dem wechselnden Schicksal, das im Laufe der Geschichte die Ätnabewohner betroffen, und den gewaltigen Veränderungen, die der Vulkan durch sich selbst in seinem orographischen Bau erfahren hat, hat ein Wandel seines Pflanzenkleides stattgefunden, wie ihn auf der Erde wohl kein Berg von der Gröfse des Ätna aufweisen kann.

Den ersten gröfseren Umschwung in dieser Beziehung führten die griechischen Kolonisten herbei, die den Weinstock, den Ölbaum und wahrscheinlich auch den Weizen nach Westen brachten nebst der Feige und dem hohen Schilfrohr.

Von Karthago wurde die Dattelpalme nach Sicilien verpflanzt.

Unter der römischen Weltherrschaft wurde der Obst- und Gemüsebau im Westen des Mittelmeergebietes eingebürgert, die Kastanie kam aus der pontischen Gegend, und in der Kaiserzeit kultivierte man bereits den Citronatbaum.

Die Baumwolle und den weifsen Maulbeerbaum, sowie vor allem die Limone, die Karube und die Wassermelone verdankt Sicilien den Arabern. — Mit der Entdeckung Amerikas und der Entwicklung der ozeanischen Schiffahrt, durch die auf der ganzen Erde ein höchst folgenreicher Austausch der Kulturgewächse vermittelt wurde, kam die für Süd-Italien und den Ätna besonders charakteristische Opuntie und Agave aus Mexiko nach dem Mittelmeer, ferner die Tomate und die Kartoffel. Die Orange wurde erst 1548 aus China nach Portugal und von da nach Sicilien gebracht.

Anfang des vorigen Jahrhunderts führte König Viktor Amadeus von Savoyen den Roggen am Ätna ein, dessen volkstümlicher Name germano noch deutlich die Heimat verrät.

Grofs ist die Anzahl der fremdländischen Gewächse, die sich erst in unserem Jahrhundert am Ätna eingebürgert haben. Es sei nur an die japanische Mispel und die süfse und würzhafte Mandarine erinnert, die 1828 von Madura nach Europa kam, ferner an den australischen Eucalyptus und den Ailanthus aus China, deren eigentümliche Formen bereits mitbestimmend im Bilde einer ätnäischen Kulturlandschaft auftreten.

Doch bei der Einführung dieser fremdländischen Kulturgewächse, die vor allen Victor Hehn vom philologischen[1] und Alph. de Candolle vom naturwissenschaftlichen Standpunkte[2] aus untersucht haben, teilt der Ätna nur das Schicksal der Mittelmeerländer überhaupt.

Es liegen aber auch bestimmte Nachrichten über die Pflanzendecke des Ätna vor, aus denen zum Teil unmittelbar, zum Teil

---

[1] Hehn, V., Kulturpflanzen und Haustiere in ihrem Übergang aus Asien nach Griechenland und Italien, sowie in das übrige Europa. Histor. linguist. Skizzen. 5. Aufl., 1887.

[2] De Candolle, Alph., Origine des plantes cultivées. Paris 1883.

mittelbar die grofsen Veränderungen hervorgehen, die der Vulkan in historischer Zeit an sich erfahren hat.

Nach Theokrits Hirtengedichten herrschten damals Weizenbau und Viehzucht am Ätna vor, anstatt der einträglicheren Baumkultur. Doch erwähnt schon Abu Ali Hasan[1] im 11. Jahrhundert die reichen Fruchtbäume, die Wälder von Kastanien und Haselnüssen der dortigen Gegend.

Dafs bereits zu Caesars und Augustus Zeiten die Wälder abgenommen hatten, läfst sich aus der Bemerkung Diodors[2] schliefsen, dafs zur Zeit, als Dionysios der Ältere († 367 v. Chr.) sein Schiffsbauholz am Ätna geholt habe, Pinien und Tannen noch häufig gewesen seien.

Aus dem früheren Mittelalter, wo der Sinn für Natur fast ganz geschwunden war, finden sich keine Nachrichten über den Ätna.

Erst aus späterer Zeit wird berichtet, dafs der bosco di Catania, den Ruggiero II. († 1054) dem dortigen Bischof geschenkt[3], einst bis an die Thore dieser Stadt gereicht hat. Noch jetzt heifsen daher die 14 Orte nördlich von Catania villaggi del bosco, obwohl vom Walde keine Spur mehr vorhanden ist.

Auch der Wald von Acireale, der sich einst bis an das Meer erstreckte, sowie die boschi von Pisano und Monacella am Osthang des Ätna sind heute gänzlich verschwunden[4].

Die Wälder im Norden, die sich zu Filotheos Zeit (16. Jahrh.) vom Abhang von Collabasso bis an die Mauern von Castiglione verbreiteten, wurden ums Jahr 1500 auf Befehl des Marchese Inveno, des Herrn dieser Stadt, zum grofsen Teile niedergehauen[5]. Bembo[6] fand hier noch im Jahre 1494 grofse Platanenwälder, von denen heute jegliche Spur verschwunden ist.

Fazello[7] berichtet, dafs 1541 am Südhange des Ätna der Wald von Buchen, Tannen und Kiefern so dicht gewesen sei, dafs weder die Spur von einem Wege nach dem Gipfel, noch die eines Menschen dort zu finden war. In tiefster Waldeinsamkeit hat er seinen Namen in den Stamm einer stattlichen Buche eingeschnitten. Heute wäre selbst dies am Südhang nicht mehr möglich.

---

[1] Cit. in Th. Fischers Beiträgen etc. S. 159.

[2] Diodors Werke, herausgegeben von L. Dindorf I. S. 376.

[3] Ferrara, A. F., Boschi dell' Etna. Atti II. 1846 v. 3 S. 187.

[4] Scuderi, S., Trattato dei boschi dell' Etna, Atti I. v. 1 S. 43.

[5] Filotheo (De Homodeis) A., Siculi Aetnae topografia atque eius incendiorum historia (Thes. Sic. vol. IX. Venetiis 1591 S. 28).

[6] Bembus, P., De Aetna Liber (Ausg. Amsterdam 1703) S. 196.

[7] Fazello, Thom. R. M., L'Historia di Sicilia (1554) S. 94.

König Philipp IV. von Spanien sah sich bereits veranlaſst, der Waldverwüstung Einhalt zu thun, die im Jahre 1628 der Bischof Massimo von Catania im gröſsten Stile ins Werk gesetzt hatte, um dadurch die Mittel für einen neuen Altarschmuck der Kathedrale zu erlangen[1].

Aus dem Jahre 1682 erzählt der Jesuit Massa, daſs er am Eingang zur Val del bove so dichten und undurchdringlichen Wald gefunden habe, daſs er dadurch mit seinen Gefährten gezwungen wurde, 5 miglien (7,5 km) zu Fuſs zu gehen, ja sogar an einzelnen Stellen auf allen vieren zu kriechen[2]. Doch bemerkt schon G. Recupero, der diese Erzählung berichtet, daſs er 1755 mehrmals die Val del bove besucht habe und sich nie habe vorstellen können, wie ein so dichter Wald hier möglich gewesen sei. Er sah keinen einzigen alten Baum, nur wenige Stümpfe und niedriges Ginster- und Eichengestrüpp. Der Name des Thales läſst zwar auf frühere Viehzucht schlieſsen und damit auf gröſsere Vegetation, aber sichere Nachrichten darüber fehlen. Heute gleicht dieses weite Gebiet von 32 qkm einer leblosen Wüste. Selbst die wenigen Föhren, die Sartorius 1838 hier gefunden hat[3], sind bis auf eine einzige verschwunden.

Noch ums Jahr 1700 waren auch die fruchtbaren Gefilde Mascalis von undurchdringlichen Wäldern bedeckt[4]. Gegenwärtig bilden sie die reichste Weingegend am Ätna.

Im Westen hielten sich die Wälder länger, aber gewiſs nicht in erster Linie aus heiliger Scheu der Bewohner vor den Göttern, denen sie einst geweiht waren, wie A. F. Ferrara meint[5], sondern allein, weil die Holzabfuhr nach dem Hafen zu schwierig und zu kostspielig gewesen sein wird. In neuerer Zeit haben Lavaströme und Menschenhand auch sie arg gelichtet.

Nur von einem Falle verständigen und erfolgreichen Waldschutzes wird berichtet. 1757 stellte der Bischof Ventimiglia von Catania strenge Waldwächter an und lieſs den bosco di Catania wieder aufforsten. „In weniger als 12 Jahren" (?) erstanden die Wälder aufs neue und beschatteten die einst abgeholzten Strecken[6].

---

[1] Ferrara, A. F., a. a. O. Atti II. v. 3 S. 187.
[2] Recupero, G., Storia generale e naturale dell' Etna Tom. I. Catania 1815. S. 125.
[3] Sartorius von W., Der Ätna II. S. 9.
[4] Recupero, G., Storia ... dell' Etna I. S. 121.
[5] Ferrara, A. F., Boschi dell' Etna. Atti II. v. 3 S. 190.
[6] Ferrara, A. F., a. a. O. Atti II. vol. 3. S. 191.

Die entwaldeten Gebiete sind übrigens nur zum Teil der Kulturregion zu gut gekommen. In den höheren Gegenden hat der zähe Adlerfarn sehr häufig von ihnen Besitz ergriffen.

Ein bestimmtes und anschauliches Bild von der Waldregion im Anfang dieses Jahrhunderts erhält man durch S. Scuderis Trattato dei boschi dell' Etna[1]. Da seine Angaben eine sichere Grundlage für einen Vergleich der damaligen Verhältnisse mit den heutigen bilden, so sind die von ihm ziemlich genau beschriebenen Grenzen in die Karte eingetragen worden.

Die untere Grenze zieht sich vom M. San Nicolò dell' Arena im S nordostwärts nach den steilen Jochen von Pricocco und der Cava secca oberhalb Zaffarana, dann die zerklüfteten Abhänge von Milo entlang nach den niedrigen Hügeln über Giarre und Mascali im O. Nach N biegend läuft sie von hier mit dem Alcantara konvergierend bis nach Randazzo. Von hier an fällt sie mit der neuen Ringstrafse des Ätna zusammen bis Bronte, wendet sich dann südöstlich nach dem M. Inchiuso und dem M. Minardo und trifft diese Richtung beibehaltend wieder den M. San Nicolò. Die Länge dieser Linie beträgt etwa 74 km.

Die obere Grenze streicht vom M. Avoltojo im S ostwärts nach Acqua rossa an der Serra del Solfizio, überschreitet die Val del bove und steigt die Serra delle Concazze entlang bis an den Anfang der Val del Leone, wendet sich von hier nach N zur Timpa rossa und läuft dann in südwestlicher Richtung bis M. Egitto, schliefst mit einem grofsen Bogen nach W die Berge Cassano und Rovolo ein und geht südöstlich zum M. Avoltojo zurück. Diese Linie ist ungefähr 46 km lang.

Der Flächeninhalt dieses im Mittel 7,5 km breiten Waldgürtels beträgt nach S. Scuderi 25310 salme 2 bisacce, d. i. 442 qkm oder 8 ☐Meilen.

Davon kamen nach seiner Rechnung

    309,66 qkm (5,6 ☐Ml.) auf eigentlichen Wald,
     78,59 qkm (1,4 ☐Ml.) auf nackten Lavaboden,
     47,09 qkm (0,9 ☐Ml.) auf unbebautes Land,
    113,09 qkm   (2 ☐Ml.) waren mit Eichen bestanden,
     57,93 qkm   (1 ☐Ml.) mit Pinien,
     12,92 qkm (¼ ☐Ml.) mit Buchen.

---

[1] Atti dell' Accademia Gioenia di Catania l. vol. 1—3.

Die Zahl der Eichen betrug: 715863, d. i. 63 : 1 ha
der Pinien: 841356, d. i. 145 : 1 ha
der Buchen: 78414, d. i. 61 : 1 ha

Summe der Bäume: 1635633.

Zu den 13 verschiedenen Wäldern giebt er eine Menge interessanter Zahlen, die zu gröfserer Übersichtlichkeit in beiliegender Liste[1] zusammengestellt und ebenso wie die genannten auf das uns geläufige Mafs zurückgeführt worden sind.

Zum Vergleiche sind die neusten statistischen Zahlen daneben gesetzt, die ein deutliches Bild von der gewissenlosen Waldverwüstung geben, die noch in den letzten Jahrzehnten stattgefunden hat.

Es ist lehrreich, auch einen Blick auf die übrigen vorhandenen Beobachtungen und Bestimmungen der Höhengrenzen zu werfen.

Brydone[2] schätzt die Breite der Kulturregion im S auf 22,4—24 km (14—15 miles) und läfst sie noch 3—4 km über Nicolosi hinaufreichen, was einer Höhe von 950 m entspräche.

In der Encyclopedia Britannica wird die obere Kulturgrenze durch einen Kreis bestimmt, der sich mit einem Radius von 16 km um den Gipfel zieht. — Dieser Kreis schliefst im N und W Randazzo und Bronte ein und reicht im S bis Nicolosi, im O bis Macchia (183 ü. M.). Demnach fiele die Kulturregion im N zum Teil überhaupt weg und würde im O und W auf 3,2 km und im S auf 15—16 km Breite beschränkt. Aus der verschiedenen Höhenlage der Kreislinie würden sich 612 m als mittlere Höhe der Kulturregion ergeben.

Der Wirklichkeit nahe kommt die Bemerkung im Dizionario corografico von Amati[3], dafs die regione coltivata im S 20 km, im N 2 km breit sei.

Bei allen diesen Angaben ist nicht ersichtlich, was man als Merkmal für die Kulturgrenze angesehen hat.

Anders verhält es sich mit den bestimmten Höhenzahlen:
Schouw 650 m (a. 1823), 912 m (a. 1854).
Philippi 1073 m (a. 1832), ebenso Th. Fischer.
Franke 1200—1300 m (1882).
Bei der Zahl 650 scheint für Schouw die Grenze der Olive bei

---

[1] Beilage 2.
[2] Brydone, Voyage en Sicile et à Malthe, Paris 1782 Bd. I. S. 118.
[3] Amati, A., L'Italia sotto l'aspetto fisico etc. 3 Teile. 1868. Bd. III. S. 558 f.

Catania bestimmend gewesen zu sein, bei 812 waren es nach seiner Aussage die Äcker.

Die Zahlen 1000 und 1300 gründen sich auf das letzte Vorkommen des Weines und auf den ersten Kastanienwald am Südabhang.

Wenn auch diese Zahlen zu allgemein sind, als daſs man aus ihnen auf eine Veränderung der Kulturgrenze seit jener Zeit schlieſsen könnte, so stehen sie doch mit ihr nicht in Widerspruch.

Ergebnisreicher ist in dieser Beziehung eine Betrachtung der vorhandenen selbständigen Bestimmungen der Waldgrenze, die in folgender Liste zusammengestellt sind.

	Bestimmungsort	Untere Waldgrenze	Obere Waldgrenze	Baumgrenze
[1] Scuderi (1825)		wo sich der Berg zu erheben beginnt	wenig über der Hälfte des Berges	2600
[2] Encycl. brit.		Kreislinie mit r = 16 km Mittel 612 m	Kreislinie r = 2,4 km Mittel 1922 m	
Reisebeschr. i. a.	im N u. W im S	Fuſs des Berges Ca. dei Rinazzi	M. Castiglione	
[3] J. F. Schouw (1823)		650 C u. Q 1138 F u. B	1950	
[4] C. Gemmellaro (1828)		585 Q 1170 C	2217	
[5] R. A. Philippi (1832)	im O im S	966 1073 } V	1950 2015	
[6] Fr. Hoffmann (1832)	im S		1778	im N Serra delle Concazze 1490

[1] Scuderi, S., Trattato dei boschi, 1827. Atti L. l. S. 42.

[2] 9. Ausgabe 1878 vol. VIII.

[3] Schouw, J. F., Grundzüge einer allgemeinen Pflanzengeographie 1823. Derselbe, Die Erde, die Pflanze und der Mensch. 2. Aufl. 1854.

[4] Gemmellaro, C., Cenno sulla vegetazione di alcune piante a varie altezze del cono dell' Etna. 1830. Atti I. v. 4. S. 80.

[5] Philippi, A. R., Die Vegetation am Ätna. Linnaea Bd. VII. 1832. S. 735.

[6] Hoffmann, Fr., Geognostische Beobachtungen 1839. S. 723.

	Bestimmungsort	Untere Waldgrenze	Obere Waldgrenze	Baumgrenze
[1] A. de Candolle (1856)	im N im S	975 ⎫ V 1300 ⎭	2015 2226	
[2] A. Grisebach, [3] O. Drude (1872) (1890)		715 O	2015	
[4] Th. Fischer (1877)		1000 V	2000	
[5] P. Baccarini (1881)		810 C u. Q 1000 F. P. B	1600 2100	
[6] A. Franke (1882)		1300 C	2200	

Aus diesen Zahlen geht ein Rückgang namentlich der unteren Waldgrenze deutlich hervor. Aufserdem kann man daraus ersehen, wie die einzelnen Forscher die Höhengrenzen bestimmt haben.

Scuderi hat, wie bekannt, die Waldgrenze gezeichnet, wie sie zu seiner Zeit wirklich war.

Schouw als Pflanzengeograph unterscheidet die Region der Kastanien und Eichen von der der Buchen und Pinien und giebt für sie den Anfangs- und einen gemeinschaftlichen Endwert an; ähnlich Gemmellaro. Baccarini hat in neuerer Zeit dieselbe Teilung vorgeschlagen, aber andere Zahlen angegeben. Philippi nimmt eine Mittelstellung ein, indem er auf die örtlichen Verschiedenheiten entschieden hinweist, aber zugleich eine brauchbare Mittelzahl liefert, die sich auf das Vorkommen einer weit verbreiteten Charakterpflanze stützt, in diesem Falle auf den Weinstock.

Dem Ziele der Pflanzengeographie entsprechend, auch durch Vergleiche ähnlicher Verhältnisse in verschiedenen Ländern und auf verschiedenen Bergen die allgemeinen Ursachen der Pflanzenverbreitung zu ergründen, werden die Höhenangaben in den neueren pflanzengeographischen Werken immer idealer.

---

[1] de Candolle, Alph., Géographie botanique raisonnée 1885. I. S. 21 ff.
[2] Grisebach, A., Die Vegetation der Erde 1872. I. S. 353.
[3] Drude, O., Handbuch der Pflanzengeographie 1890. S. 397.
[4] Fischer, Th., Beiträge etc. 1877. S. 44.
[5] Baccarini, P., Studio comparativo sulla flora vesuviana e sulla etnea. Nuovo Giorn. bot. it. vol. 13. 1881. S. 165.
[6] Franke, M. A., Ausflug auf den Ätna. Juli 1882. Abhandl. der naturforsch. Gesellsch. zu Görlitz, Bd. XVIII. 1884, S. 195 ff.

Während alle diese Beobachtungen im Grunde genommen sich sehr wohl mit einander vereinigen lassen und als eine Bestätigung des beständigen Fortschritts der Kulturregion und des Rückgangs der Ätnawälder angesehen werden können, ist dies mit den Nachrichten über die Schneeverhältnisse am Ätna nicht der Fall. Zum Teil erklären sich die sich vielfach widersprechenden Ansichten namentlich in den älteren Beschreibungen aus der verschiedenen Jahreszeit, in der die Schneeverhältnisse beobachtet worden sind, zum Teil daraus, daß die Begriffe in dieser Beziehung heute eine strengere Fassung erhalten haben.

Daß das schneegekrönte Haupt des Ätna ganz besonders die Aufmerksamkeit und Bewunderung der alten Hellenen und Römer wachgerufen hat, ist schon erwähnt worden.

Noch Brydone[1] (a. 1771) gerät bei Schilderung des Ätnagipfels, den er übrigens bei seiner Besteigung des Vulkans, wie Goethe[2] verrät, infolge einer Verletzung nicht erreicht hat, in überschwängliche Begeisterung. „Beständig liegen hier die Elemente in wildem Kampfe. Ein unermeßlicher Feuerschlund öffnet sich inmitten leuchtenden Schnees, und das Feuer ist nicht im stande, diesen zu schmelzen; unermeßliche Schnee- und Eisfelder ziehen sich rings um ein Feuermeer, doch sind sie unfähig, es zu löschen." Wie schön und kurz drückt Petrarca denselben Gegensatz aus: Dentro pur fuoco e fuor candida neve!

Brydone nennt die regione deserta kurzweg Glacialregion und erzählt weiter, daß sie durch einen Gürtel von Schnee und Eis bezeichnet werde, der sich auf allen Seiten ungefähr 12 km (8 miles) ausbreite. Man habe ihm versichert, daß auf der Nordseite der Schneeregion sich mehrere kleine Seen befänden, die niemals auftauten, und daß an manchen Orten der Schnee gemischt mit der Asche und den Salzen des Berges zu einer ungeheuren Höhe aufgehäuft sei. Die im Ätna vorhandene Menge von Salzen ist nach seiner Meinung eine Ursache der Erhaltung dieser Schneemassen.

Auch De Saussure der Ältere glaubte[3], daß der Ätna, dessen Höhe er mit 3338 m bestimmt hatte, von 2830 m an in die Region des ewigen Schnees rage, daß die obersten 195 m des Gipfels nur infolge der inneren vulkanischen Wärme und durch den Niederschlag von Schwefeldämpfen im Sommer von Schnee entblößt seien. Es wäre demnach der Ätna mit einem 313 m breiten Kranze ewigen Schnees gekrönt.

---

[1] Brydone, Voyage en Sicilie et à Malthe, Paris 1782. Bd. I. S. 133 ff.
[2] Goethe, Ital. Reise, Bd. I. S. 368 (Nationallitt.).
[3] Klengel, F., Hist. Entwicklung des Begriffs der Schneegrenze u. s. w. S. 36.

A. v. Humboldt war früher ebenfalls der Ansicht, dafs der Ätna „nicht ganz 1300'“ (423 m) senkrecht in die Schneeregion hinein-reiche[1]. Aber später weist er in heute noch unübertrefflicher Weise nach[2], dafs diese dauernden und zusammenhängenden Schneemassen auf dem Gipfel nicht vorhanden sind, sondern dafs sich dort im Sommer nur einzelne gröfsere Firn- und Eisansammlungen finden, die sich durch die Gunst der orographischen Verhältnisse und unter dem Schutze einer Aschedecke zu erhalten vermögen. Nach ihm reichen die einzelnen Schneeflecken bis 2923 m herunter, während der Gipfel (3349 nach seinen Messungen) kaum die Kurve des ewigen Schnees berührt. A. Heim geht demnach in seinem Handbuch der Gletscherkunde (1885 S. 20) mit der Angabe von 2900 m als Schnee-grenze am Ätna entschieden hinter A. von Humboldt zurück.

Schouw läfst den Ätna an die Schneegrenze reichen[3].

Ch. Lyell will sogar am 1. Dez. 1828 am Südostfufs des Gipfel-kegels bei der Casa inglese einen Gletscher gesehen haben[4].

Allerdings berichtet auch Sartorius von Waltershausen von einem solchen, den er bei seinem ersten Besuche des Ätna innerhalb des Kraters zwischen zwei Erhöhungen, der Isola alta und der Isola bassa, in einem schwer zugänglichen Abgrunde bemerkt hat[5]. Aber offenbar handelt es sich hier nur um einen Firnfleck, wie aus der Beschreibung des Ortes hervorgeht. Übrigens war schon ein Jahr später jener Ab-grund durch einen Lavastrom und durch unzählige vom Ätna aus-geworfene Schlacken ausgefüllt und die Eishöhle, die sich unter dem „Gletscher“ befand, zerstört[6].

Ch. Lyell aber erzählt, dafs er den im Jahre 1828 beobachteten Gletscher im Sommer 1858, also nach 30 Jahren wiedergefunden habe. Nach Aussage seines Führers sei im Jahre 1853 an derselben Stelle das Eis 1,3 m tief gebrochen worden, ohne dafs man seine Unterlage erreicht habe. Über dem Eise lag im Jahre 1858 eine Sandschicht von 3 m Dicke und darüber Lava.

Sartorius nimmt in seinem Werke auf diese Erscheinung Bezug

----

[1] v. Humboldt, A., Kosmos, Bd. V. S. 28.

[2] v. Humboldt, A., Annales de Chimie et de Physique, T. XIV. 1820 S. 56, Anhang.

[3] Schouw, J. F., Pflanzengeographie, 1823. S. 454.

[4] Lyell, Ch., Principles of Geology. London 1872. II. S. 38. Zeitsch. der dtsch. geol. Gesellsch. 1859 Bd. IX. S. 231.

[5] a. a. O. I. S. 50. II. S. 14.

[6] Nach einer Anmerkung in G. Recupero, Storia etc. I. S. 241 hat Mario Gemmellaro dort bereits am 2. Juli 1806 zwei Schneebänke bemerkt (1½ canna hoch, 3 pollici mit feiner Asche bedeckt).

und meint, dafs man es hier mit einem Firnfleck, nicht mit einem
Gletscher zu thun hat. Er berichtet, dafs er am 27. Sept. 1836 bei einem
Besuche des elliptischen Kraters an der SSW-Seite des Ätna vermutlich an demselben Firnlager vorübergekommen ist, das nach oben ver-
sandet und durch Schlacken des Stromes vom Jahre 1787 bedeckt
war. „Der in Gletschereis verwandelte Firn lag dort wie ein sedi-
mentäres Lager zwischen zwei vulkanischen Schichten." Mario Gemmellaro bat, wie G. Recupero bereits erzählt (1815)[1], dieses Firnfeld
zuerst aufgefunden. Nach seinen Mitteilungen wurde die etwa 4 m
hohe Schneeschicht bei der Eruption von 1787 mehrere Meter hoch
mit Aschesand und danach im Jahre 1788 mit einer dünnen Lava-
kruste überdeckt.

In den Jahren 1839—1842 hat Sartorius das Eislager nicht mehr
gesehen, obwohl er häufig in diese Gegend gekommen ist. Er vermutet, dafs es durch die ausgeworfenen Aschen des Jahres 1838 völlig
zugedeckt worden ist. Als dann in Catania im Jahre 1853 mehr
Schnee gebraucht wurde, als durch die Anlage künstlicher Schneeflecken vorgesehen war, hat man diese Schicht weggeräumt, so dafs
Lyell das Eislager wiederfinden konnte.

Gletscher sind auf dem Ätna nicht vorhanden.

Die Thatsache, dafs Schneelager, die mit einer Ascheschicht bedeckt waren, sich erhalten haben, trotzdem dafs glühende Lava über
sie hingeflossen ist, wird auch von de Saussure dem Jüngeren bestätigt, der diese Erscheinung bei der Eruption von 1879 am Nordhang des Ätna beobachtete[2].

Über periodische Schwankungen der Schneeverhältnisse am Ätna
liefsen sich bestimmte Nachrichten nicht auffinden. Das vorhandene
meteorologische Material ist in dieser Beziehung besonders mangel-
haft. Auch Erkundigungen im bischöflichen Schatzamte waren resultat-
los, weil dieses die Ausbeutung des Ätnaschnees stets auf eine längere
Reihe von Jahren verpachtet und dadurch seine Einnahmen aus dieser
Quelle von den jährlichen Schwankungen unabhängig gemacht hat.
Auch ehemalige Schneepächter konnten keine bestimmte Auskunft
geben, da sie die Zahl der künstlich angelegten Schneeflecken von den
im Winter eingegangenen Bestellungen abhängig gemacht haben und
durch genügenden Vorrat auch bei einem besonders trocknen Sommer
nicht in Verlegenheit gekommen sind.

---

[1] Recupero, G., Anmerkungen zur Storia. I. S. LIX. Hier wird ganz ausführlich darüber berichtet.

[2] Sartorius v. W., a. a. O. II. S. 325.

Nebenbei sei bemerkt, dafs der Schneehandel heute durch die Herstellung künstlichen Eises ganz bedeutend zurückgegangen ist. Während früher nach Erkundigung etwa 1 Million Doppelzentner in den Handel kamen und nach dem Innern des Landes und nach Malta verfrachtet wurden, belief sich im Jahre 1892 die Schneeeinfuhr in der Stadt Catania auf 2015,37 Doppelzentner, die des künstlichen Eises dagegen auf 9938,54 Doppelzentner, und der Schneehandel nach auswärts hatte ganz aufgehört.

Der Winter von 1882 zu 83, ferner der von 1852 zu 53 (nach Lyells Bericht) und der von 1791 zu 92 sollen besonders schneearm gewesen sein. Letzteres geht aus den Reisebriefen des Grafen Leopold zu Stolberg[1] hervor (7. Juli 1792), wo erzählt wird, dafs infolge der geringen Schneemenge selbst die milde Sonne des Jahres 1792 fast allen Schnee auf dem Rücken des Ätna zu schmelzen vermocht habe, und die Vermutung nahe lag, dafs sogar der Schnee, den man in Gruben und Klüften verwahrt, festgestampft und mit Asche bedeckt habe, nicht bis zur Zeit des neuen Schnees ausdauern werde, da man in früher Ermangelung des hochliegenden Schnees diesen Vorrat bald habe angreifen müssen.

Diese Angaben sind zu gering an Zahl und auch zu unsicher, als dafs sie einen Schlufs auf die Periodicität der Schwankungen gestatteten. Aber man darf fast mit Sicherheit annehmen, dafs die Firnflecken-grenze am Ätna bei ihrer so engen Abhängigkeit von der jährlichen Niederschlagsmenge jedes Jahr ein anderes Gesicht haben wird, sowohl was ihre Höhenlage als vor allem ihre durch die Anzahl der Flecken ausgesprochene Deutlichkeit betrifft.

So zeigt auch diese Betrachtung, dafs die Grenzen nichts Feststehendes, sondern nur die jeweiligen Endlinien einer Bewegung darstellen, und drängt zu der Frage, in welcher Richtung weitere Grenzverschiebungen möglich und wahrscheinlich sind. Dies führt zu einer Untersuchung der verschiedenen Ursachen, die die Höhengrenzen und auch die Grenzlinien in der Ebene bestimmen.

---

[1] v. Stolberg, Graf F. Leop., Reise in Deutschland, der Schweiz und Sizilien in den Jahren 1791—1792. 4 Bde. Bd. IV. S. 246.

II.

MECHANISCHER TEIL: DAS WARUM.

DIE URSACHEN, DIE DIE REGIONALEN GRENZEN BESTIMMEN.

A. Die allgemeinen Ursachen, die ihren Grund in der geographischen Lage des
Ätna haben:
    1. Licht. 2. Wärme. 3. Feuchtigkeit.
B. Die besonderen Ursachen, die ihren Grund haben
    a. in dem orographischen Bau des Ätna:
      1. Gestalt. 2. Boden. 3. Wasserverhältnisse.
    b. in dem organischen Leben auf ihm:
      4. Pflanzen und Tiere. 5. Der Mensch.

Die Ursachen, die die regionale Verteilung der pflanzengeographischen und klimatischen Erscheinungen am Ätna bestimmen, lassen
sich als allgemeine und als besondere bezeichnen.

Während die ersteren im Umlauf der Erde um die Sonne und
in der geographischen Breitenlage des Ätna ihren Grund haben, sind
die letzteren von seinem orographischen Bau und dem organischen
Leben an ihm abhängig.

A. Die allgemeinen Ursachen.

1. Das Sonnenlicht.

Unter den allgemeinen Ursachen ist das Sonnenlicht in erster
Linie zu nennen. Sein Einfluß auf den Verlauf der Höhengrenzen
im einzelnen ist zwar gering, aber um so größer ist er auf die
Vegetation und ihre Anordnung nach der Höhe im allgemeinen, wie
aus dem Unterschied der Vegetationsfülle zwischen Fuß und Gipfel
des Berges klar hervorgeht.

Wenn man in Catania jährlich 153 heitere Tage, 57 Regentage, 6 mit bedecktem Himmel, 149 mit halbbedecktem Himmel (2jähriges Mittel) [1] zählt, während der Gipfel des Ätna im Jahre ungefähr doppelt so oft bedeckt als klar erscheint (genauer 68 : 32) (2jähr. Mittel) [2], so muſs die Summationswirkung des Sonnenlichts in den tiefergelegenen Gegenden viel bedeutender sein als in den höhergelegenen, obwohl die Intensität der Sonnenstrahlung mit wachsender Seehöhe zunimmt.

Da keine direkten Insolationsbeobachtungen vom Ätna vorhanden sind, mögen die folgenden hier Platz finden [3].

	Höhe.	Stunde.	Ins.	Lufttemp.
	724 m	12 mitt.	47° C.	25°
	1002 m	-	48° C.	25°
Anfang	1715 m	-	48° C.	20,5°
September.	1715 m	3,0 nachm.	42° C.	19°
	2470 m	12 mitt.	41° C.	13,6°
	2942 m	-	38,2° C.	10,8°
	2958 m	-	40° C.	13,5°

2. Die Wärme.

Weit augenfälliger als die Wirkung des Lichtes ist die damit eng zusammenhängende Wirkung der Wärme auf die Anordnung der Höhengrenzen im allgemeinen und ihre Lage im besonderen.

Die mittlere Jahrestemperatur beträgt für:

Catania (12j.) 18,5° C., die jährl. Schwankung 39,0° — + 2,2°,
Riposto (10j.) 18,25° C., - - - 36,0° — + 2,8° [4].

Es wäre demnach der S-Hang ein wenig wärmer, was sehr wahrscheinlich ist und sich auf den Einfluſs der Exposition, sowie auf die im S vorgelagerte Ebene zurückführen läſst.

Systematische Beobachtungen über die Temperaturverhältnisse der anderen Seiten fehlen.

---

[1] Annali dell' ufficio centrale di meteorol. e di geodin. Ser. II. Vol. X und XI. Parte II (Roma 1892 und 93).

[2] Nach dem Beobachtungsbuch des Observ. in Catania.

[3] Der Einfluſs der Lufttemp. konnte bei dem Insolationsthermometer nicht vermieden werden.

[4] Vergl. hierzu Beilage 3 und 4 am Ende.

Über die Wärmeverteilung nach der Höhe liegen einige zum Teil sehr alte Beobachtungen vor, so die von Mario Gemmellaro über die Temperatur in Nicolosi und die von Dove berechneten über den Gipfel.

	Catania	700 m Nicolosi	1438 m C. del bosco	2942 m C. inglese	Wärmeabnahme zw. Cat. u. Gipfel
Winter	11,5	10,7	3,6	— 8,6	1°: 146 m
Frühling	16,1	16,7	12,1	— 2,7	1°: 156 m
Sommer	26,3	25,9	18,9	+ 6,6	1°: 149 m
Herbst	20,1	18,7	8,2	— 0,6	1°: 142 m
Jahresmittel . .	18,5	17,9	10,7	— 1,3	1°: 148 m

Aus dieser Zusammenstellung geht hervor, daſs am Ätna die Temperatur nach der Höhe zu im Herbste schneller abnimmt als in den übrigen Jahreszeiten, abweichend z. B. von den Alpen, wo die thermische Höhenstufe im Sommer am niedrigsten ist. Zum Vergleich seien die betreffenden Zahlen nach Hann hier angeführt:

Temperaturabnahme in den Alpen: Winter: 1°: 222 m,

Frühling: 1°: 149 m,

Sommer: 1°: 143 m,

Herbst: 1°: 188 m,

Jahr: 1°: 170 m.

Leider können die Zahlen vom Ätna auſser denen von Catania nicht als gute Mittelzahlen gelten, was besonders augenfällig wird, wenn man die thermischen Höhenstufen für Catania und die Mittelstationen berechnet. Es ergiebt sich dann eine Temperaturabnahme von Catania bis

Nicolosi im Winter = 1°: 1000 m, Casa del bosco = 1°: 182 m,

im Frühling = 1°: 1166 m,   1°: 359 m,

im Sommer = 1°: 1750 m,   1°: 194 m,

im Herbst = 1°: 500 m,   1°: 121 m,

im Jahr = 1°: 1166 m,   1°: 183 m.

Unter solchen Umständen sei es erlaubt, die Mittelwerte von etwa 40 Temperaturbeobachtungen anzuführen, die im August und September 1893 auf verschiedenen Seiten des Ätna und in verschiedenen Höhen von mir gemacht worden sind und mit gleichzeitigen Temperaturbeobachtungen in Catania und auf dem Gipfel verglichen werden konnten.

Es ergab sich daraus eine mittlere Wärmeabnahme
zwischen ihnen und Catania von $1^0 : 185$ m,
zwischen ihnen und dem Ätnaobserv. v. $1^0 : 156$ m.

Verglich man die unter 1000 m Meereshöhe gemessenen Temperaturen mit Catania, so erhielt man als senkrechten Thermogradienten
$1^0 : 225$ m.

Die Anzahl der Beobachtungen ist zu gering, als dafs die berechneten Mittelzahlen gröfseren Wert beanspruchen könnten, aber es
ist bemerkenswert, dafs sie in viel wahrscheinlicheren Grenzen dasselbe ausdrücken, was die Zahlen von Nicolosi in übertriebener Weise
darstellen, dafs die Wärmeabnahme mit der Höhe in den tiefergelegenen Teilen langsamer erfolgt als in den höhergelegenen. Erwähnenswert erscheint es, dafs in jenen Monaten zur Mittagszeit der
Temperaturunterschied zwischen Catania und 1000 m Meereshöhe im
Mittel nicht viel unter 1^0 C. betrug. Dafs die Temperatur in 5—700 m
ü. M. während des Sommers häufig höher ist als in Catania, ist schon
von Mario Gemmellaro hervorgehoben worden und konnte im vorigen
Jahre mehrmals bestätigt werden. Es läfst sich diese Erscheinung
aufser auf den im Sommer häufiger in Catania wehenden feuchten
und kühlen Grecale (ONO) wohl auch mit auf den die Temperatur
in Catania herabdrückenden Einfluss des Meeres und den wärme-
wirkenden des ausgedehnten, flach geneigten und dunklen Lavamantels
zurückführen.

Diese Erörterung zeigt, wie unsicher es heute noch ist, aus den
vorhandenen Temperaturbeobachtungen am Ätna im einzelnen Schlüsse
auf die Lage der Höhengrenzen zu ziehen.

Wenn wir trotzdem versuchen, nach A. de Candolles geistreichem
Vorbilde auf Grund des phänologischen Gesetzes der specifischen
Schwelltemperaturen und der nach Boussingaults Formel berechneten
Wärmesummen einige der gegenwärtigen Höhengrenzen einer Prüfung
zu unterziehen, so rechtfertigt sich dies dadurch, dafs die Zahlen von
Catania, die hierbei nur in Betracht gezogen werden, ziemlich sicher
sind, und dafs die berechneten thermischen Höhenstufen zwischen
Catania und dem Ätnaobservatorium eher zu klein als zu grofs sind.
Das Gesamtresultat wird daher immer einen annehmbaren Schlufs
gestatten.

Der Wein [1]:
Specifische Schwelltemperatur 10^0 C.,
Wärmesumme 2900^0.

---

[1] De Candolle, Alph., Géographie botanique raisonnée I, p. 21 f.

Temperatur in 1100 m ü. M.

Gradient.	Monat.	Temperatur.	Summe.
1 °: 156 m	April	8,6°	
-	Mai	12,6°	390,6°
1 °: 149 m	Juni	17,1°	513,0°
-	Juli	19,7°	610,7°
-	August	19,9°	616,9°
1 °: 142 m	September	16,9°	507,0°
-	Oktober	12,7°	393,7°
-	November	7,7°	

Wärmesumme von Mai—Oktober 3031,9°.

Es hätte nach dieser Berechnung der Wein bei 1100 m Höhe seine klimatische Grenze noch nicht erreicht, was auch durch sein Vorkommen in gröfserer Höhe bestätigt wird. Entschlösse man sich, frühreifere Sorten aus dem Norden für die höhergelegenen Weinberge einzuführen, so liefse sich die Weinkultur noch einige 100 m höher hinaufschieben.

Der Roggen[1]:

Specifische Schwelltemperatur 5°.

Wärmesumme Min.: 1700°, Max.: 2400°.

Temperatur in 1640 m Höhe ü. M.

April	4,5°	August	16,2°
Mai	8,5°	September	13,5°
Juni	13,4°	Oktober	9,3°
Juli	16,0°	November	4,3°

Wärmesumme von Mai — Oktober 2357°.

Demnach hätte auch der Roggen bei 1640 m ü. M. seine klimatische Grenze noch nicht erreicht.

Die Birke[2]:

Specifische Schwelltemperatur 3°.

Wärmesumme < 1300° [3].

---

[1] Körnicke, F., und Werner, H., Handbuch des Getreidebaues. 2 Bde. Bonn 1885, I, S. 126.

[2] De Candolle, Alph., a. a. O. I, S. 307.

[3] Drude, O., Handbuch der Pflanzengeographie 1890, S. 265 f.

Temperatur in 2060 m Höhe ü. M.

April	2,4°	August	13,5°
Mai	6,4°	September	10,1°
Juni	10,7°	Oktober	5,9°
Juli	13,5°	November	0,9°

Wärmesumme von Mai — Oktober 1836°.

Da die Birke in der Schweiz bei einer geringeren Wärmesumme
als 1300° noch wohl gedeiht, so hat sie ihre klimatische Grenze
bei 2060 m am Ätna bei weitem noch nicht erreicht. Daß sie aber
in dieser Höhe nur als Gebüsch vorkommt, läßt zugleich die Schwäche
der angestellten Berechnungen erkennen, obwohl dieselben in den
letzten Jahren sich zu allgemeinerer Anerkennung ihres Wertes empor-
gerungen haben[1]. Es ist eben die Temperatur nicht allein die Ursache
der klimatischen Grenzen, sondern auch die atmosphärische Feuchtigkeit ist hierbei von wesentlichem Einfluß, wie der Fall der Birke am
Ätna deutlich beweist. Es unterbleiben darum weitere derartige Berechnungen, zumal da die vorgeschobenen Posten der Kulturgewächse
darthun, daß die Temperatur ein weiteres Vordringen der einzelnen
Kulturen gestatten würde.

3. Die atmosphärische Feuchtigkeit und die Niederschläge.

Der OSO- und der SO-Wind sind die vorherrschenden Winde in
Catania und Riposto (390°/oo). Es folgen dann nach der Häufigkeit
in Catania der W- und der SW-, in Riposto der NO- und der S-
Wind. Da die von SO kommenden Winde vornehmlich Regenbringer
sind, so geht schon hieraus eine Begünstigung der südöstlichen Hälfte
des Ätna in Hinsicht der atmosphärischen Niederschläge hervor, und
es ist damit eine Ursache der hier in jeder Beziehung üppigeren
Pflanzendecke und der reicheren Kultur aufgedeckt.

Zugleich erklärt der von Ende Dezember bis Ende Januar vor-
herrschende besonders feuchte NO-Wind die auf der N-Seite des
Ätna aufgehäuften größeren Schneemengen, die auf die Lage der
Firnfleckengrenze von bestimmendem Einflusse sind.

Auch die Wälder am NO-Hang des Ätna verdanken diesem Umstande ihre gedeibliche Entwicklung, in natürlicher Wechselwirkung

---

[1] Vergl. Drude, O., Handbuch der Pflanzengeographie 1890. Hoffmann, H.,
Phänologische Untersuchungen. Progr. d. Univers. Gießen 1887.

selbst die Verdichtung des Wasserdampfes und die Erhaltung der
Feuchtigkeit, der Grundbedingung ihres Daseins mit befördernd.

Die jährliche Regenmenge für Catania beträgt 589 mm, für
Riposto 774 mm, für Nicolosi 665 mm. Vom Ätnagipfel liegen keine
Beobachtungen über die Niederschlagsmengen vor; ebensowenig läfst
sich heute die Höhenlage der Maximalgrenze des Regenfalles mit
einiger Wahrscheinlichkeit bestimmen. Auch über die Dauer der
Schneedecke lassen sich nur ganz allgemeine Angaben machen. Auf
dem Gipfel des Ätna fällt in der zweiten Hälfte des September der
erste Schnee, der aber bald wieder vergeht; erst gegen Ende Oktober
pflegt der Ätna einen dauerhafteren Schneemantel umzulegen, der bis
in den Mai und stückweis bis in den Juni aushält, abgesehen von den
dauernden Firnflecken. Am Fufs des Berges sind Schneefälle erst
von 450 m ü. M. an keine Seltenheit mehr; doch ist der Schnee hier nie
von Dauer. Selbst in Nicolosi (700 m ü. M.) bleibt er selten tagelang
liegen; bei der Casa del bosco (1438 m ü. M.) hält er schon wochen-
lang aus. Die sich steiler aus dem flachen Mantel erhebende Central-
masse des Ätna ist aber 7 Monate lang in dichten Schnee gehüllt.
Wenn Th. Fischer in seinen Beiträgen die jährliche Schneemenge am
Ätna auf 1500—2000 mm Wasser schätzt (dies entspräche einer
frischgefallenen Schneeschicht von 2000 mm $\times$ 12,12 = 24,24 m),
so ist das zu hoch, ebenso wie die für Catania dort angegebene
Regenmenge auf etwa ein Drittel beschränkt werden mufs (589 mm
statt 1664). Das durchschnittliche Maximum der Niederschlagsmenge
im Ätnagebiet wird 800 mm kaum übersteigen.

Diese Zahlen sind jedoch hier ziemlich gleichgültig, da es unmöglich ist, im einzelnen nachzuweisen, in welcher Weise die absolute
Regenmenge die Lage der Höhengrenzen am Ätna bestimmt. Viel
wichtiger als die Menge ist in dieser Beziehung die Verteilung der
Niederschläge. In Catania fällt das Regenmaximum auf den Februar,
in Riposto und Nicolosi auf den Monat Januar, das Minimum überall
auf den Juli. Fast völlige Regenlosigkeit herrscht von Ende Mai bis
Anfang September. Die Verteilung der Regenmenge auf die einzelnen
Monate ist aus der beigefügten Tabelle zu ersehen. Dafs die Dauer
der Trockenzeit im Laufe der Jahrzehnte durch die fortgesetzte Waldverwüstung zugenommen hat und das Klima am Fufs des Ätna kon-
tinentaler geworden ist, ist sehr wahrscheinlich und findet auch in
den vorliegenden Beobachtungen seinen Ausdruck, wenn auch darauf
kein grofser Wert zu legen ist, da neuere Beobachtungen die Zahlen

---

[1] Heim, A., Gletscherkunde, S. 86.

vermutlich ändern werden (1817—26: 62 Regentage; 1865—71: 39; 1886—90: 63).

Das Vorhandensein einer Trockenzeit ist für die regionale Einteilung des Ätna von hoher Bedeutung. Sie ist die Ursache für das Fehlen sommergrüner Matten und für die hohe Lage der unteren Nadelwaldgrenze. Auch die fortschreitende Zunahme der Kastanienwälder hat hierin ihren Grund, denn durch ihre derbere Organisation ist die Kastanie besser als die übrigen Laubbäume befähigt, längere Trockenheit zu ertragen. Der Weinstock überwindet die Trockenzeit nur durch seine tiefgehenden Wurzeln; die Agrumen müssen künstlich bewässert werden.

Auch der Einfluſs der relativen Feuchtigkeit der Luft und der damit zusammenhängenden Verdunstung ist wohl zu beachten.

Aus den im Jahre 1893 auf dem Gipfel gemachten 300 Beobachtungen ging hervor, daſs Ende Juni, Ende Juli und Anfang August (19 Tage) bei NW-Wind die relative Feuchtigkeit 59 %, die Verdunstung 8,1 betrug. Vom 9. bis 20. Juli und vom 23. August bis 9. September (30 Tage) herrschte dagegen W-Wind, wodurch das Verhältnis umgekehrt wurde, relative Feuchtigkeit 41 %, Verdunstung 12,6.

Am Fuſs des Berges betrug die relative Feuchtigkeit zu derselben Zeit bei vorherrschendem Nordost 53 %, die Verdunstung 15,1 (Jahresm. für Catania 70 %).

Daſs die geringe Schneemenge auf dem Gipfel des Ätna zum groſsen Teile mit durch die im Sommer vorherrschenden trockenen W-Winde und die damit verbundene gröſsere Verdunstung veranlaſst ist, kann nicht geleugnet werden. Auch das Fehlen der nicht mit Verdunstungsschutzmitteln ausgestatteten Moose und Flechten muſs hierauf zurückgeführt werden, während das Überwiegen des Traganthes sich hieraus erklärt. Ist er doch durch seinen niedrigen, holzigen Stengel, durch seine Stacheln und kleinen Blätter, durch sein geselliges Auftreten und Ausbreiten am Boden besonders gut gegen Trockenheit der Luft und gegen Verdunstung geschützt.

Ein Rückblick auf die drei allgemeinen Bestimmungsfaktoren zeigt, daſs unter ihnen die Feuchtigkeit am meisten die regionale Einteilung des Ätna und die Lage der Höhengrenzen beeinfluſst.

Der enge Zusammenhang der Feuchtigkeit mit dem orographischen Bau des Ätna führt zur Betrachtung der besonderen Ursachen des gegenwärtigen Zustandes der Regionen. Es kommt hierbei erstens die Gestalt des Ätna, dann seine Bodenbeschaffenheit und endlich seine Wasserverteilung in Betracht.

B. Die besonderen Ursachen.

a. Der orographische Bau.

1. Die Gestalt des Ätna.

Der Einfluls der Gestalt des Ätna auf seine pflanzengeographischen und klimatischen Eigentümlichkeiten findet in der von der Exposition wesentlich mit abhängigen Verschiedenheit der Wärme und Feuchtigkeit seinen deutlichsten Ausdruck.

Der schon durch die allgemeinen Ursachen herbeigeführte Unterschied zwischen NO- und SW-Hang wird durch die Wirkung der Exposition noch vergröfsert. Schon 1871 hat A. Kerner in den Alpen nachgewiesen [1], dafs die SW-Seite durch ihre Lage zur Sonne die günstigste ist und stellte in Bezug auf die Wärmewirkung der Exposition nach 3jährigen Beobachtungen folgende absteigende Reihe auf: SW, S, SO, W, O, NO, NW, N.

Der Gründe für die Begünstigung der SW-Seite giebt es verschiedene. Erstens ist die relative Feuchtigkeit der Luft nach Mittag niedriger und daher auch die Absorption der Sonnenstrahlen geringer als vormittags, dann hat ferner die SW-Seite bis zum Nachmittag Zeit gehabt, von Tau und Regengüssen zu trocknen und die Tageswärme anzunehmen; auf trockenem und vorgewärmtem Boden aber übt die Sonne eine gröfsere Wirkung aus.

Mit der geringeren Erwärmung der nördlichen Seite ist zugleich eine gröfsere relative Feuchtigkeit für sie verknüpft, die durch die Pflanzendecke noch vermehrt wird.

Diese Thatsache, sowie die Ausbreitung der Wälder auf vorwiegend flachem Terrain, was bei der N-Exposition am günstigsten ist, liefern neue Gründe für das bessere Gedeihen der Wälder am NO-Hang des Ätna [2].

Dieselben Verhältnisse dürfen auch zur Erklärung des eigentümlichen Verlaufs der Weingrenze in jener Gegend herbeigezogen werden. Diese Grenze liegt im NO im allgemeinen da, wo der sanftgeneigte Hang des Ätna durch eine ziemlich steile, terrassenartige Erhebung unterbrochen wird. Der Weinstock scheint auf der nach NO gelegenen Wetterseite, die zugleich für die Sonnenstrahlung ungünstig ist, weniger gut zu gedeihen. Doch sind hierbei auch die eigentümlichen Siedelungsverhältnisse von bestimmendem Einflufs.

---

[1] Zeitschrift der österr. Ges. für Meteorol. VI, 5, 1871.

[2] Lorenz und Rothe, Lehrbuch der Klimatologie 1874, S. 306.

Sehr deutlich ausgesprochen findet sich der Einfluſs der Lage im kleinen an den verschiedenen Abhängen der Seitenkegel, namentlich am S-Hang des Ätna, die, wie erwähnt, auf der S- und SW-Seite Weinberge und auf ihrer Rückseite stattliche Kastanienhaine tragen. Am N-Hang des Ätna sieht man die Wetterseite jener Kegel vom Birkengebüsch bevorzugt, ebenso wie die nach N exponierten Hänge der Fiumarenschluchten.

Diese Betrachtung zeigt, daſs die Gestalt des Ätna viel wirksamer den Verlauf der Höhengrenzen im einzelnen und auch im allgemeinen bestimmt, als irgend einer der drei klimatischen Faktoren, und daſs durch sie an mehreren Stellen ein weiteres Vorschieben bestimmter Kulturen ausgeschlossen ist.

2. Die Bodenbeschaffenheit.

Ebenso deutlich wie die Wirkung der Sonnenlage kommt der Einfluſs der Bodenbeschaffenheit am Ätna zur Geltung.

Im Annuario statistico Italiano vom Jahre 1889/90 findet sich die allgemeine Bemerkung, daſs der Ölbau am Ätna zurückgegangen sei infolge der Ölbaumfliege und der Anpflanzungen an ungünstigen Orten. Nähere Nachforschungen ergaben, daſs der Rückgang hauptsächlich die Gemeinden Nicolosi, Pedara und Trecastagne (1875: 310 ha; 1892: 0), ferner Aci Catena und Fiumefreddo (1875: 10 ha; 1892: 0) betraf, also die höchstgelegenen auf vulkanischem Terrain und das auf feuchtem alluvialem Boden gelegene Territorium von Fiumefreddo.

In der That trugen die wenigen Ölbäume, die sich bei Nicolesi und Pedara noch fanden, zwar Früchte, aber in Anbetracht des günstigen Jahres verhältnismäſsig wenige und kleine. Daſs der Ölbaum auf feuchtem, schwerem Boden ins Holz schieſst und wässerige Früchte bringt, hat man am S-Hang des Ätna genügend erprobt. Ob bei dem Rückgang in den höhergelegenen Gegenden Januarfröste mit Schuld tragen, konnte nicht mit Bestimmtheit nachgewiesen werden, ist aber sehr wohl möglich[1]. Trockener Sandsteinboden und die kalkhaltige Creta sagen dem Ölbaum am Ätna offenbar am besten zu, ebenso wie der Weizen dort nur deshalb auf die niederen Gegenden beschränkt bleibt, weil kalkhaltiger Boden zu seinem Ge-

---

[1] Nach A. Grisebach (V. d. E. I, S. 277) sind diese dem jungen Laube des Ölbaums besonders schädlich und sind z. B. die Ursache, daſs man den Olivenbau in Languedoc aufgegeben hat. In der nördlicher gelegenen Krim gedeiht dagegen die Olive, weil Fröste erst Anfang März eintreten, wo das Laub genügend gekräftigt ist.

deihen erforderlich ist. Auf den durch kieselige Bindemittel cemen-
tierten Tuffen gedeihen besonders Obst- und Waldbäume, während der
Weinstock, die Opuntie und der Ginster die lose Asche vorziehen.

Bei der Kleinheit des Ätnagebietes tritt natürlich die sondernde
Wirkung des Substrates nicht so deutlich hervor, daſs man irgendwo
von streng ausgesprochener Bodenstetigkeit reden könnte.

Auf die auſserordentliche Fruchtbarkeit des zersetzten Lavabodens
sei nur flüchtig hingewiesen. Sie ist es, die den Menschen an den
vulkanischen Boden fesselt, trotzdem von Zeit zu Zeit glühende Lavaströme oder unerwartete Erdbeben den Erfolg jahrhundertelanger
Kulturarbeit stellenweis vernichten. Sie erlaubt am Ätna eine Dichtigkeit ackerbautreibender Bevölkerung, wie sie sich nur selten auf der
Erde findet, und bewirkt dadurch die schnellen Grenzverschiebungen
der Kulturgewächse. Die zersetzten ätnäischen Laven unterscheiden
sich nach Sartorius von Waltershausen nur wenig von dem ewig
fruchttragenden Nilschlamm.

Auch die physikalische Wirkung des dunklen durchlässigen Lavabodens auf Pflanzen und Schnee ist nicht zu übersehen.

Es ist nachgewiesen[1], daſs die dunkle Farbe des Bodens und
die pulverförmige Beschaffenheit sowohl die Aufnahme und die Aus-
strahlung der Wärme als auch die Verdunstung in hohem Grade begünstigen, ferner daſs der Feuchtigkeitsgehalt des Bodens, soweit er
für das Gedeihen der Pflanzen in Betracht kommt, von oben nach
unten zunimmt, und daſs die Wasserkapazität mit der Feinheit des
Kornes steigt. Auſserdem hat aber E. Wollny durch Versuche gezeigt, daſs die Abtrocknung der obersten Bodenschicht, die den
Einfluſs der Insolation und der Luftströmung aufhebt, bei anhaltender
trockener Witterung die Wasserverdunstung aus dem Boden bedeutend
verringert und die Bodenwärme erhöht.

Diese Umstände, die auf die groſse Bodenfeuchtigkeit des Ätna
von Einfluſs sind, tragen dazu bei, daſs die Trockenzeit, die am
Fuſse fast 4 Monate anhält, nicht in so auffallender Weise das Vege-
tationsleben unterbricht, wie in den übrigen Kalkgegenden des
Mittelmeergebietes.

---

[1] Lang, C., Über Wärmeabsorption und Emission des Bodens, I, S. 359 ff.;
Wollny, E., Untersuchungen über den Einfluſs der Farbe des Bodens auf dessen
Erwärmung, IV, 327 ff.; Wollny, E., Untersuchungen über den Einfluſs der ober-
flächlichen Abtrocknung des Bodens auf dessen Feuchtigkeit und Temperaturverh.,
III, 325 ff. (in Forschungen auf dem Gebiete der Agrikulturphysik, herausgegeben
v. E. Wollny).

Sie erklären es, daſs eine groſse Zahl von sommergrünen Gewächsen, ebenso wie der Wein, ihr üppig grünes Kleid im Sommer behalten, weil sie mit ihren Wurzeln von dem Wasservorrat zehren, der in der Tiefe aufgespeichert ist, während die kleinen Gräser und Kräuter vor Trockenheit verschmachten.

Die vulkanische Thätigkeit des Ätna in ihrer Beziehung zur Gestaltung der Regionen springt besonders beim Anblick der gewaltigen Lavaströme, die weite Strecken der Wald- und Kulturregion in Wüsten verwandelt haben, in die Augen. Zwar sucht der Mensch allmählich wieder zu gewinnen, was der Berg ihm genommen, aber die verschiedene Zersetzbarkeit der Ätnalaven, die im wesentlichen auf der Struktur ihrer Oberfläche und auf ihrer Höhenlage, erst in zweiter Linie auf ihrer mineralogischen Zusammensetzung, namentlich auf dem etwas schwankenden Gehalt an Kieselerde beruht, ist eine bemerkenswerte Eigentümlichkeit[1].

Während jahrtausend alte Lavaströme noch heute von der Kultur unbesiegt in starrer Wildnis daliegen, tragen andere viel jüngere, wie z. B. die Lava von 1809, junge Pinien oder wie die Lava von 1852 in ihrem unteren Teile üppiges Ginstergebüsch und Opuntien, ja hie und da sogar Wein.

Die ersten Organismen, die sich auf der jungen Lava ansiedeln, sind gewöhnlich Protococcaceen, denen nach wenigen Jahren (am Vesuv etwa im 7. Jahre der Lava) Flechten folgen, wie Parmelia tartarea, Patellaria immersa, Stereocaulon vesuvianum. Letzteres ist nach Orazio Comes[2] aus denselben chemischen Stoffen zusammengesetzt wie die Lava.

	Ätnalava[3]:	Vesuvlava:	Flechte:
Kieselsäure	49,95	46,94	46,40
Eisenoxydul	11,21	12,13	20,40
Thonerde	18,75	21,35	11,13
Kalk	11,10	10,53	14,78
Magnesia	4,05	5,23	2,41
Kali	0,70	5,57	2,28
Natron	3,71		
Manganoxydul	0,49		

---

[1] Gemmellaro, C., Sulla varietà di superficie nelle correnti vulcaniche. Atti I, tom. 19. S. 173 ff. Sartorius von Waltershausen, Der Ätna. Bd. II, S. 397.

[2] Comes, Orazio, Le Lave, il Terreno Vesuviano e la loro Vegetazione, Napoli 1887.

[3] Nach Sartorius von Waltershausen.

Sobald sich durch Algen, Flechten und von Wind und Wasser zugeführte organische Stoffe, sowie durch Zersetzung der Lava ein wenig Humusboden gebildet hat, treten vereinzelt aufser einigen Farnen wie Ceterach officinarum, Adiantum Capillus Veneris, Pteris aquilina Gräser und Kräuter auf wie Festuca-, Poa- und Brizaarten, ferner Tanacetum vulgare, Anthemis punctata, Senecio chrysanthemifolius, Centranthus ruber, Rumex scutatus, Asphodelus luteus, Galium aetnicum, Euphorbia dendroides und Characias, Saponaria depressa, Mentha-, Salvia-, Linaria-, Silene-, Sinapisarten u. a. m. Spät erst folgen Sträucher und Bäume.

Ascheregen fördern trotz einer anfänglichen Störung das Gedeihen und die Ausbreitung der Pflanzen durch ihre düngende Eigenschaft und die Bereitung einer weichen Humusschicht, aufserdem wirken sie erhaltend auf den Schnee, während andererseits Ascheboden das Vergehen desselben befördert.

Gasexhalationen kommen wenig in Betracht, ebensowenig die innere Bodenwärme des Vulkans, deren Wirkung häufig überschätzt wird. Das zeitweilige Vorkommen von Firneis im Krater selbst, sowie die auffallend rasche Temperaturabnahme nach innen im Ascheboden des Gipfels beweisen den geringen Einflufs der vulkanischen Wärme, ja lassen vermuten, dafs dort, wo Ascheschichten von beträchtlicher Tiefe liegen, sich sogar Bodeneis befindet[1].

---

[1] Due Pizzi (2480 m): 24. Aug. 1 Uhr mitt.
   Ins. 41°. Lufttemp. 13,6°.
   Bodenwärme: 3 cm unter der Asche 20,5°,
                8 cm   -   -   -   16,2°,
               20 cm   -   -   -   10,0°.
Ätnaobservatorium: 12. Aug. 12 Uhr.
   Ins. 38,2°. Lufttemp. 10,8°.
   Bodenwärme: 2 cm unter der Asche 16,5°,
               30 cm   -   -   -   9,0°.
Nicolosi: 17. Sept. 5 Uhr nachm.
   Himmel bewölkt. Lufttemp. 28,5°.
Bodenwärme bei 10 cm unter der Asche 30,0°   trockener feiner Sand,
              20 cm   -   -   -   26,0°   grober Sand, feucht,
              30 cm   -   -   •   24,8°   feiner Sand,
              40 cm   -   -   -   25,0°   gröberer Sand,
              50 cm   -   -   -   25,0°   -
              60 cm   -   -   -   24,9°   feinere Asche,
              70 cm   -   -   -   24,8°   -
              80 cm   -   -   -   24,7°   bis hierher Asche feucht,
              90 cm   -   -   -   24,6°   Asche trocken und fein,
             100 cm   -   -   -   24,5°   - feinkörnig.
   Bem. 3 Tage vorher starker Gewitterregen, dann aufserordentlich warmer Scirocco. Jede Messung wurde mit je 2 Thermometern ausgeführt.

Diese Betrachtung führt zu dem dritten Bestimmungsfaktor, der in dem orographischen Bau seinen tiefsten Grund hat und besonders mit der Bodenbeschaffenheit aufs engste zusammenhängt.

3. Die hydrographischen Verhältnisse:

Der Ätna gleicht einem riesigen Filter, der alles atmosphärische Wasser gierig aufsaugt und es erst an seinem Fuße wieder zum Vorschein kommen läßt, wo die seinem vulkanischen Baue teilweise zur Grundlage dienenden wasserdichten Cretaschichten zu Tage treten.

Das vulkanische Gebiet selbst ist überaus quellenarm.

Nur in der Val di San Giacomo am O-Hang der Serra del Solfizio findet sich eine nennenswerte Quelle in 1100 m Meereshöhe, die über einer dichten Tuffschicht hervorbricht. Ihr klares eisenhaltiges Wasser (15,3° C. 22. Aug. 1893) wird mit erheblichen Kosten nach Zaffarana geleitet und dient dort außer zum Trinken zur Befeuchtung der fruchtbaren Wein- und Obstgärten. In ähnlicher Höhe und unter denselben geognostischen Verhältnissen finden sich am Ätna nur noch zwei ganz unbedeutende Rinnsale, das eine in der Val di Calanna, das andere oberhalb der Casa del vescovo bei 1720 m am S-Hang der Serra del Solfizio. So bekannt und wertvoll sie auch wegen der Seltenheit sind, so reichen sie doch kaum für den Bedarf der Hirten, wenn sie überhaupt den Sommer überdauern. Die Hirten sind bei Deckung ihres Wasserbedarfs in der Weideregion hauptsächlich auf die durch künstliche Bedeckung erhaltenen Schneeflecken und das in einzelnen Grotten, wie in der Grotta degli Archi am S-Hang und der Grotta del gelo am N-Hang vorhandene Schmelzwasser der dort natürlich zusammengewehten Schneemassen angewiesen.

Zwischen etwa 300 m und 1000 m Höhe finden sich im S und O des Ätna auf vulkanischem Boden nur eine Quelle über Milo bei 822 m, im N und W aber auf Sandsteinboden mehrere, so die am Fuß der Terrasse von Randazzo im Alcàntarathal hervordringenden, unter denen die von San Teodoro bei 661 m (11,5° Sept. 1893) wegen ihres frischen und klaren Wassers besonders geschätzt ist, ferner die Fontana murata am Fuß des Poggio di Maletto in 996 m Höhe (13° Aug. 1893) und die kleinen Quellen in der Nähe des Ortes selbst, endlich die starken Quellen, die am Fuß des Poggio Süvaro und des Pianodaini im Simetothal nordwestlich von Bronte bei 700 m und 600 m Meereshöhe hervorbrechen.

Außerdem hat man in jener Gegend in den Sandstein eine Anzahl

Brunnen gegraben bis zu 10 m Tiefe, die aber in trockenen Sommern leicht versiegen, wie Anfang September 1893 in Bronte.

Alle die genannten Quellen sind jedoch mit Ausnahme der im Thale des Simeto für die Bodenkultur und damit für die Höhengrenzen am Ätna von keiner Bedeutung.

Anders verhält es sich mit den Quellen, die am Fuſs der südöstlichen Hälfte des Ätna hervortreten. Die Quellengrenze hängt hier von dem Erscheinen der wasserdichten Cretaschichten ab und läuft von Adernò (560 m) am Rande der Terrasse entlang nach Biancavilla (512 m) und Sta Maria di Licodia (400 m), sinkt dann mit dem Vordringen des Lavabodens bis 200 m bei Paternò, steigt mit seinem Rückzuge wieder bis 275 m bei Valcorrente und verschwindet dann bis nach Catania.

Obwohl von hier an bis nach Schiffazzo nördlich Acireale das vulkanische Gestein bis an das Meer reicht, so besitzt diese Gegend doch eine beträchtliche Anzahl ergiebiger Quellen, da die tertiären Thone an mehreren Orten inselgleich den vulkanischen Boden unterbrechen oder am Fuſs der Lavaterrassen zu Tage treten.

Ersteres ist der Fall nördlich von Catania bei Cibali (90 m ü. M.), bei Fasano (200 m) und bei Licatìa (200 m). Im SO brechen Quellen an Lavaterrassen hervor, die ohne Zweifel von Cretalagern unterteuft sind, wie bei Casalrosato (250 m), Valverde (300 m) und Aci Catena (200 m).

Ähnlich sind die Quellenverhältnisse in der Gegend von Acireale. Auch dort sind die oberen Lavaschichten quellenarm, aber die sie durchdringenden Niederschläge sammeln sich über dichten Tuffschichten und brechen am Fuſs der steilen Terrasse wenige Meter über dem Meere als mächtige Quellen hervor. Der sagenumwobene kurze Fluſs Acis entstammt einer der stärksten, der Fontana Miuccio.

Von hier an treten nennenswerte Quellen erst wieder in 15 km Entfernung bei Mascali (100 m) und weiter nördlich bei Piedimonte und Presa (600 m) auf. Auch hier ist der thonige Boden die Ursache des Wasserreichtums.

Die wasserreichsten Quellen am Ätna sind die von Fiumefreddo (62 m ü. M.), deren Temperatur aber nicht so niedrig ist, wie der Name und der Volksmund könnten vermuten lassen. Die Temperatur betrug Anfang September 1893 14 ° C., genau so viel wie die der Fontana della Barriera und von Sta Maria di Licodia. Im allgemeinen ist nach Sciuto-Patti[1] die Wärme der Quellen höher und kommt im

---

[1] Carta idrografica della città di Catania e dei dintorni. Atti III, v. 11. 1877.

Mittel der Jahrestemperatur der Luft auf 1^0 bis 2^0 nahe; die jährlichen Temperaturschwankungen überschreiten selten 5^0, während die
Lufttemperatur jährlich um 18^0 schwankt.

Ähnlich mögen die Verhältnisse im W bei Paternò sein, wo die
Quellen Ende August vorigen Jahres eine mittlere Temperatur von
16^0 zeigten bei $26,5^0$ Luftwärme. Daraus erklärt sich auch die an
sich richtige Aussage der Müller bei Paternò, daſs das Wasser im
Winter warm, im Sommer kalt sei.

Die angegebenen Quellentemperaturen, sowie das Fehlen warmer
Quellen bestätigen die Annahme von der Bedeutungslosigkeit der
vulkanischen Bodenwärme.

Die Wassermenge der einzelnen Quellen ist verschieden. Häufig
ist sie groſs genug, um sofort Mühlen zu treiben, deren es am Ätna
130 giebt und die sich auf 10 beschränkte Gebiete zusammendrängen.

Der Hauptnutzen der Quellen liegt aber in der Bewässerung der
Baum- und Gartenkulturen am Fuſs des Ätna, sowie der Felder im
Simetothale.

Bis jetzt verbreiten zwei groſse Kanäle (Saja di Paternò und di
Gerbini) das Wasser des Simeto, dessen Fluſsgebiet 4387 qkm (etwa
80 Quadratmeilen $= ^3/_{20}$ von Sicilien) umfaſst, von 50 m ü. M. ab
über die Ebene von Catania. Beide führen als Minimum je 1400 l
Wasser in der Sekunde ab, als Maximum das Doppelte, und spenden
im Sommer 2000 ha Land die nötige Feuchtigkeit, während von
Oktober bis März 8—10 000 ha durch sie bewässert werden[1].

Wo eine Bewässerung mit flieſsendem Wasser nicht möglich ist,
hebt man Cisternenwasser, bei Catania häufig schon mit Motoren, und
verteilt es in zahlreichen Kanälen über die Gärten.

Der erhöhte Ertrag des Bodens lohnt reichlich die kostspieligen
Bewässerungsanlagen. Mit der sich verbreitenden Erkenntnis dieser
Thatsache und dem allmählich wachsenden Unternehmungsgeiste der
Ätnabewohner wird wohl in Zukunft auch die von den natürlichen
hydrographischen Verhältnissen vorgeschriebene regionale Grenze der
Agrumenkultur verschoben werden. Man hat bereits den Plan ent-
worfen, den Simeto von 200 m ü. M. an in verschiedenen Höhen durch
Riesendämme zu stauen, um sein Wasser im Sommer nach Bedarf
über 24 000 ha zu verteilen.

---

[1] Auf 1 ha Reisfeld rechnet man im Sommer $2^1/_2$ l Wasser die Sekunde, für
Agrumengärten 2 l : 1 ha, für Saatfelder in den übrigen Jahreszeiten $1^1/_2$ l. Im
Sommer betragen die Kosten für 1 l 40 M, im Winter 22 M (50 L und 27 L),
nach den relazioni della carta idrografica d' Italia (Roma 1891, Min. d' agric.).

Leider hindert die augenblickliche Finanznot des italienischen Staates die Ausführung dieses grofsartigen und nutzbringenden Kulturwerkes.

Die im Ätnagebiete vorhandenen Fiumaren, die in besonders grofser Zahl den O- und NO-Hang durchfurchen, kommen für die regionale Verbreitung der Vegetation und des Schnees wenig in Betracht, für die erstere höchstens dadurch, dafs sie durch Ablagerung ihrer bedeutenden Geröllmassen und durch ihre Überschwemmungen am Fufse mitunter verheerend wirken. Der Mensch meidet sie daher bei Anlage seiner Pflanzungen oder legt ihr Bett in feste Mauern. Dies führt zu dem letzten und mächtigsten Bestimmungsfaktor der Höhengrenzen am Ätna.

b. Das organische Leben.

4. Pflanzen und Tiere.

Wenn auch unter den lebenden Wesen der Mensch im Einflufs auf die Gestaltung der Regionen von der höchsten Bedeutung ist, so dürfen doch Pflanzen und Tiere hierbei nicht ganz aufser Acht gelassen werden.

Es sei nur des Ginsters und des Opuntienkaktus gedacht, der beiden Pioniere der Kultur auf Lavaströmen, die allmählich einer Grenzverschiebung vorarbeiten, ferner des Adlerfarns, der heute weite Strecken früheren Waldbodens einnimmt und jede andere Vegetation in seinem Bereiche erstickt, wodurch er das spontane Wachsen der Wälder verhindert. Der Einflufs des Waldes auf sein eigenes Gedeihen ist schon an anderer Stelle erwähnt worden.

Sodann sei erinnert an die gefräfsigen Ziegen- und Schafheerden, die in derselben Beziehung wie der Adlerfarn ungünstig wirken, indem sie die jungen aufstrebenden Bäume gleichsam unter der Schere halten, ferner an die Esel und Maultiere, die für die Ätnagegend ganz besonders wichtig und charakteristisch sind. Abgesehen davon, dafs sie hie und da ein Samenkorn verschleppen — fand man doch bei der Casa inglese junge in den Halm geschossene Gerste —, erleichtern sie vor allem als Lasttiere die Anlage von Feldern in den höheren unwegsamen Gegenden und vermitteln den noch heute bedeutenden Holztransport. Tagtäglich begegnet man im Sommer gegen Abend den aus der Waldregion zurückkehrenden Karawanen dieser Tiere, die, unter der schweren und umfangreichen Last von Ginster und Kastanienholz fast verschwindend, mit sicherem Tritt auf den rohen Lavapfaden nach der bewohnten Gegend hinabtrippeln.

Mit Ausnahme des Adlerfarns wirken jedoch alle die genannten Lebewesen vornehmlich erst auf Veranlassung des Menschen, der sie in seinen Dienst gestellt hat. Ihr unmittelbarer Einfluſs auf die Regionen ist verschwindend gering im Vergleich zu dem des Menschen.

5. Der Mensch.

Da am Ätna über 800 m Meereshöhe sich keine nennenswerte Ortschaft mehr findet, auſser Maletto, und die höhergelegenen Einzelsiedelungen gering an Zahl sind, kann man mit Sartorius 452 qkm, das ist eine Kreisfläche von 24 km Durchmesser, als unbewohntes Gebiet betrachten, zumal da im N und W noch weite siedelungslose Strecken jenseits dieses Kreises liegen. Die 330 000 Einwohner des Ätnagebietes verteilen sich demnach auf 916 qkm, d. i. 359 : 1 qkm (Italien 90 : 1 qkm, Sachsen 184 : 1 qkm, Regierungsbezirk Düsseldorf 243 : 1 qkm).

Läſst auch diese Zahl richtig erkennen, daſs der Fuſs des Ätna zu den bevölkertsten Teilen der Erde gehört, so giebt sie doch kein richtiges Bild von den eigentümlichen Bevölkerungsverhältnissen jener Gegend, denn auf die kleinere nordwestliche Hälfte des Ätnagebietes (jenseits einer Linie von Adernò bis Linguaglossa) entfallen von den 330 000 Einwohnern nur etwa $1/10$, 34 000, die sich auf 4 Gemeinden verteilen. Die übrigen 296 000 wohnen südlich jener Linie in ungefähr 90 Ortschaften, 33 Gemeinden bildend. Das Verhältnis ist hier schon etwa 600 : 1 qkm. Betrachtet man aber das Dreieck Catania, Nicolosi, Acireale für sich (= etwa $1/6$ des bewohnten Gebietes), so erreicht die Bevölkerungsdichtigkeit hier das 3 fache der allgemeinen Durchschnittszahl, ähnlich wie in der Umgegend von Neapel, 1180 : 1 qkm.

Der Einfluſs dieses Umstandes auf die Kultur des Grund und Bodens in einer Gegend, wo man durch das Fehlen von Erzen und Steinkohlen nur auf Ackerbau angewiesen ist, liegt klar auf der Hand.

Es ist daher nicht ohne Interesse, auch die Siedelungsgrenze etwas näher ins Auge zu fassen. Sie wird im allgemeinen dargestellt durch die Ortschaften: Rocca (950 m), Nicolosi (698 m), Pedàra (597 m) und Fleri (510 m) im S (Mittel[4]: 688 m), Zaffarana (565 m), Caselle (800 m), S. Alfio la Bara (665 m), Puntellazzo (542 m), Vena (750 m) und Linguaglossa (518 m) im O (Mittel[6]: 640 m), Randazzo

(750 m) im N [1], Maletto (957 m), Bronte (760 m) und Adernò (561 m) im W (Mittel [8]: 759 m), Gesamtmittel [14]: 709 m.

Über diese Linie erheben sich bis heute nur wenig Einzelsiedelungen. Am zahlreichsten sind sie noch in der Regione Tempone und über Biancavilla im SW, dort bis 897, hier mit der Casa Rocco Rapisarda bis 1392 m reichend.

Am S-Hang finden sich außer der Casa del bosco, dem Waldwärterhaus des Duca di Ferrandina (1438 m ü. M.), nur vereinzelte Masserien bis 931 m (Casa Mausceri) über Belpasso, bis 827 m (San Nicòla dell' Arena) über Nicolosi, bis 900 m (Tardarìa) über Pedàra.

Im O, wo die steile Terrasse über Zaffarana und die Val del Bove die Ausbreitung der Kultur erschweren, reichen nur wenige Einzelsiedelungen (über Zaffarana) bis etwa 670 m hinaus.

Im NO über S. Alfio und Puntellazzo ziehen sie sich bis etwa 1000 m (Casa Magazzini) empor, verschwinden aber allmählich nach Linguaglossa zu und begleiten von dort an über N und W (54 km lang) die ätnäische Ringstraße, sich nur selten mehr als 50 m über sie erhebend, bis zur Regione Tempone im SW.

Erwähnenswert ist noch die an der N-Grenze des Bosco di Linguaglossa in 1517 m Höhe gelegene Caserma der königl. Waldwächter.

Die höchsten vorübergehend bewohnten Siedelungen, ausgenommen das neue Ätnaobservatorium, d. i. die frühere Casa inglese (2942 m), finden sich im S bei 1670 m (Casa del vescovo), im O bei 1150 m, im N bei 1040 m, im W bei 1050 m.

Die zwischen 1600 m und 1800 m gelegenen (etwa 12) Màndare, pyramidenförmige Hütten, die die Hirten sich aus Kieferstämmen und Laubwerk bauen, sollen wenigstens erwähnt sein.

Der in neuerer Zeit nicht zu verkennende expansive Zug der Ätnabewohner in bezug auf die Siedelungen hängt mit der Entwicklung des Kleinbesitzes, die durch die Zerschlagung der Kirchengüter schnell gefördert worden ist, und mit dem dadurch herbeigeführten schnellen Aufschwung der Bodenkultur eng zusammen.

Diese steht in nächster Beziehung zur Bevölkerungsdichtigkeit, was am Ätna sowohl in ihrer verschiedenen Intensität, als auch in der Verschiedenheit ihrer regionalen Ausdehnung deutlich zum Ausdruck kommt. Während auf der nordwestlichen Hälfte des Ätna Feldbau und Ölbaumzucht vorherrschen, die weniger der beständigen Hülfe des Menschen bedürfen, herrschen auf der bevölkerten südöstlichen Hälfte, die zugleich klimatisch und durch die Nähe des Meeres begünstigt ist, die Kulturen der Agrumen, der Gemüse und des

Weines vor, die eine bedeutend gröfsere Anzahl menschlicher Arbeitskräfte erfordern, aber auch bedeutend höheren Ertrag liefern.

Die im Durchschnitt höhere Lage der Kulturgrenzen im S und
SW hängt ebenfalls mit der dichteren Bevölkerung jener Gegend aufs
engste zusammen, so wie der dünneren Bevölkerung im N und W
die geringere Ausdehnung der Bodenkultur dort entspricht.

Im O hat die Val del bove eine Störung herbeigeführt, die der
Mensch noch nicht überwinden konnte.

Deutlich zeigte die geschichtliche Betrachtung der Höhengürtel
den Einflufs der Menschen auf die Waldregion. Dafs diese am
S-Hang des Ätna, dem bevölkertsten Teile, fast gänzlich verwischt
ist, ist bezeichnend. Heute sind die der Waldverwüstung so günstig
gewesenen Diritti promiscui[1] aufgehoben, und damit ist ein Stillstand
in der Entwaldung eingetreten. Zudem hat gegenwärtig der Mensch
sich selbst durch Gesetze dort Grenzen gezogen. Seit 1877 sind die
Ätnawälder jenseits der Kastaniengrenze gefesselt (vincolati), und damit
ist zugleich die Grenze der Kulturregion auf unabsehbare Zeit im
allgemeinen festgelegt.

Im einzelnen den Einflufs des Menschen auf die Lage der
Höhengrenzen nachzuweisen, würde zu weit führen. Die Natur hat
seinem Treiben Schranken gesetzt, die er zum Teil erreicht hat, die
er aber nur in engbegrenztem Mafse durchbrechen kann.

In der intensiven Bodennutzung steht ihm noch ein weiterer
Spielraum frei als in der extensiven, und darin werden auch die
künftigen regionalen Veränderungen am Ätna wesentlich vor sich
gehen.

---

[1] Nach solchem Rechte durften z. B. die Einwohner der 14 sobborghi di
Catania, der heutigen Villaggi del bosco, in dem bischöflichen Walde holzen,
säen, Eicheln und Futterkräuter sammeln, Holzkohle bereiten und Herden weiden;
doch beschränkte sich das Holzen nur auf dürre Bäume und Zweige und auf
Sträucher und Ginster. Der Bischof hatte dagegen das Recht, von dem Ertrag
jeder salma (= 1,743 ha) Roggen 2 tumuli und von je 100 Stück Kleinvieh, die
dort weideten, 3 Tiere zu fordern. Scuderi, S., trattato dei boschi dell' Etna.
Atti I, v. 2. p. 24.

Schluſs.

Wägt man zurückblickend die Bestimmungsfaktoren nach der Gröſse ihres Einflusses auf die Regionen am Ätna, so muſs man zwar den klimatischen den ersten Rang einräumen, denn sie zeichnen in groſsen Zügen die Grenzlinien vor; aber bei der Gestaltung im einzelnen gebührt die erste Stelle dem Menschen, der durch seinen Geist die vorteilbietenden Verhältnisse des orographischen Baues ausnutzt und selbst das Klima in seinen Dienst stellt.

Die angestellten Betrachtungen haben gezeigt, daſs die von dem gesunden Sinne des Volkes schon vor Jahrhunderten erfundene Einteilung in Regionen naturgemäſs und zweckentsprechend ist. Auch in die Wissenschaft der Pflanzengeographie hat diese Gliederung Eingang gefunden, freilich unter verändertem Namen.

Schon R. A. Philippi bezeichnete 1832 die obere, die wüste Region, als Alpenregion; A. Grisebach hat später die Bezeichnung alpine eingeführt.

Für pflanzengeographische Vergleiche ist ein derartiger einheitlicher Begriff sehr zweckmäſsig, die Bezeichnung ist aber unglücklich gewählt, wie die Verhältnisse am Ätna zeigen. Denn nicht nur die Armut an Arten, die über der Baumgrenze am Ätna herrscht, ist nicht alpin, sondern auch die wenigen Pflanzen seiner Gipfelregion haben mit der Flora der Alpen nichts gemein. Eine neutralere Bezeichnung wäre daher vorzuziehen.

Noch sei die jüngste Einteilung des Ätna in Regionen erwähnt, die F. Tornabene[1] vorgeschlagen hat. Er unterscheidet 4 Zonen:

1. la zona pedemontana, bis 700 m.
2. la zona nemorosa, bis 1600 m. „Einst ausschlieſslich von Quercus und Ilex, sowie von Birken und Kastanien eingenommen“, „heute auſser mit Eichen und Kastanien mit Mespilus, Pyrus, Cydonia, Sorbus, Myrtus u. a. bewachsen, denen die Kunst des Landmanns die verschiedenen Arten des Weinstocks hinzugefügt hat“.
3. la zona alpina, bis 2660 m. „Der Vegetationscharakter dieser Zone wird bestimmt durch die Buche, die Kiefer, die Ber-

---

[1] Tornabene, F., Flora Aetnea. 3 Bde. Catania 1889—92. Bd. I, S. XIV ff.

beritze und die Birke". „Allmählich werden diese Pflanzen verdrängt durch Pyrusarten und Kastanien".

4. la zona deserta. „Deshalb wüste genannt, weil in ihr keine Pflanze auch nur kurze Zeit leben kann".

Abgesehen von dem gänzlichen Mangel eines bestimmten Einteilungsgrundes zeigt diese Gliederung noch andere logische und sachliche Schwächen, die ihre Annahme unmöglich machen. So fällt nach ihr z. B. die Kultur des Weinstocks zum grofsen Teile, die des Roggens ganz in die Waldzone. Besonders ungerechtfertigt und ungenügend ist aber die Bezeichnung und Fassung der dritten, der sogenannten alpinen Zone.

Nach des Verfassers Ansicht wird man dem kultur- und dem pflanzengeographischen Standpunkte am meisten gerecht, wenn man die alte Einteilung in Kultur-, Wald- und wüste Region beibehält. Jede dieser Regionen läfst sich aber ohne Zwang in 2 Unterabteilungen scheiden, so die

I. Kulturregion in die

    a. Region der immergrünen Kulturgewächse, die mit dem Ölbaum abschliefst (800 m),

    b. Region der sommergrünen Kulturgewächse, die mit dem Ackerbau ihre Grenze findet (1550 m).

II. Waldregion:

    a. immergrüne Waldregion oder Kiefernregion (1850 m),

    b. sommergrüne Waldregion oder Birkenregion (2000 m).

III. Wüste Region:

    a. Weideregion (2700 m.),

    b. Firnfleckenregion.

Beilage 1.

Statistik der Bodenkultur am Ätna.
Zum Kreise Catania gehörige Gemeinden.
1892.

			Fläche	Davon liegen ausserhalb des Ätnagebiets	Agrumen Zahl der Bäume	Oliven	Wein	Roggen	Weizen	Fruchttr. Kast.	Wald
			ha	ha		ha	ha	ha	ha	ha	ha
1	Adernò	W	11300		35000	395	410	350	1875	170	1561
2	Belpasso	S	18500		Or. 4500 Li. 4000	340	1800	222	9000	100	700
3	Biancavilla	S	6400		12000	50	800	110	2300	12	714
4	Bronte	W	27000	15000	4750	700	400	100	12000	—	250
5	Camporotondo	S	600		300	240	130	16	—	—	—
6	Gravina	S	400		2000 6600	20	137	—	—	—	—
7	Catania	S	16400	12000	30000* 240000	1300	4500	—	7000	—	—
8	Maletto	W	3550		—		200	240	177	—	877
9	Mascalucia	S	1450		700 100	240	350	—	1200	—	—
10	Misterbianco	S	3200	2000	800 9600	580	630	3	340	—	—
11	Motta S. Anast.	S	3300	2000	1000 2000	160	412	—	1863	—	—
12	Nicolosi	S	4150		—		800	—	—	10	—
13	Paternò	S	24000	15000	564000* 4200	1000	1550	110	10500	27	968
14	Pedara	S	1550		—		534	—	—	200	—
15	S. Giov. di Gal.	S	250		100 800	50	52	—	—	—	—
16	S. Giov. la Punt.	S	950			80	230	—	—	—	—
17	S. Gregorio	S	500		1000 4000	20	151	—	—	—	—
18	San Pietro Clar.	S	550		160 10	25	50	7	—	—	—
19	S. Agata li Batt.	S	250		300 1000	18	90	—	—	—	—
20	Sta Maria di Lic.	S			300000* 2000	200	350	8	95	—	—
21	Trecastagne	S	1300		—		800	—	—	300	—
22	Tremestieri	S	600		—	12	300	—	—	—	—
23	Viagrande	S	850		60 30	3	680	—	—	2	—
24	Zaffarana	O	11400		—	—	2000	150		9	—
			1	2	3	4	5	6	7	8	9

Zum Kreise Acireale gehörige Gemeinden.
1892.

			Fläche ha	Davon liegen außerhalb des Ätnagebiets ha	Agrumen Zahl der Bäume	Oliven ha	Wein ha	Roggen ha	Weizen ha	Fruchttr. Kast. ha	Wald ha
1	Aci Bonacorsi .	S	150		Or. 150 Li. 100	3	87	—	—	—	—
2	Aci Castello .	S	750		800 20 000	3	50	—	36	—	—
3	Aci Catena . .	S	750		— 50 000	—	406	—	—	—	—
4	Acireale . . .	O	4350		— 92 000	12	2700	—	—	✓	
5	Aci S. Antonio	S	1500		2000 16 000	5	1153	—	—	10	—
6	Castiglione . .	N	12500	6500	40 000 10 000	15	800	425	260	65	2000
7	Fiumefreddo .	O	1000	500	500 50 000	—	500	—	—	—	—
8	Giarre . . .	O	7000		1100 10 000	18	3000	52	—	210	802
9	Linguaglossa .	O	6050	2200	—	—	1000	200	100	400	2174
10	Mascali . . .	O	2350		130 000	—	2500	—	—	20	
11	Piedimonte . .	O	2000		— 10 000	10	1200	—	—	—	—
12	Randazzo . .	N	22400	8500	—	40	1200	200	2000	51	250
13	Riposto . . .	O	1100		6000 68 000	—	972	—	—	—	
			1	2	3	4	5	6	7	8	9

Die Zahlenreihen 3—8 sind den handschriftlichen Gemeindeberichten im Archiv der Präfektur zu Catania entliehen.

Reihe 9 entstammt dem handschriftlichen Hauptbuche der Forstinspektion zu Catania.

Reihe 2 ist nach der Generalstabskarte gemessen.

Reihe 1 ist einer älteren (1875) Statistik entnommen.